水利水电工程施工技术全书

第二卷 土石方工程

第二册

开挖与填筑
施工技术

吴高见　张永春　田中涛　高尚泰　编著

中国水利水电出版社

www.waterpub.com.cn

·北京·

内 容 提 要

本书是《水利水电工程施工技术全书》第二卷《土石方工程》中的第二分册。本书系统地阐述了土石方开挖与填筑工程的施工技术和方法，并根据土石方工程施工技术的发展趋势和工程实践着重介绍机械化施工、数字化施工、安全防护等技术内涵及应用，主要内容包括：综述、施工组织设计、施工水流及地下水控制、土方开挖、石方开挖、土石方运输与堆存、土石方填筑、数字化施工技术、安全防护等。

本书可作为水利水电工程施工领域的工程技术人员、工程管理人员和高级技术工人的工具书，也可供从事水利水电工程科研、设计、建设及运行管理和相关企事业单位的工程技术人员、工程管理人员使用，并可作为大专院校水利水电工程及机电专业师生教学参考书。

图书在版编目（ＣＩＰ）数据

开挖与填筑施工技术 / 吴高见等编著. -- 北京：
中国水利水电出版社，2018.7
（水利水电工程施工技术全书. 第二卷，土石方工程；
第二册）
ISBN 978-7-5170-6873-0

Ⅰ．①开… Ⅱ．①吴… Ⅲ．①水利水电工程－清除开挖－建筑施工②水利水电工程－填筑－建筑施工 Ⅳ．①TV53

中国版本图书馆CIP数据核字(2018)第211212号

书　　名	水利水电工程施工技术全书 第二卷　土石方工程 第二册　开挖与填筑施工技术 KAIWA YU TIANZHU SHIGONG JISHU
作　　者	吴高见　张永春　田中涛　高尚泰　编著
出版发行	中国水利水电出版社 （北京市海淀区玉渊潭南路 1 号 D 座　100038） 网址：www. waterpub. com. cn E - mail：sales@waterpub. com. cn 电话：(010) 68367658（营销中心）
经　　售	北京科水图书销售中心（零售） 电话：(010) 88383994、63202643、68545874 全国各地新华书店和相关出版物销售网点
排　　版	中国水利水电出版社微机排版中心
印　　刷	天津嘉恒印务有限公司
规　　格	184mm×260mm　16 开本　26.75 印张　634 千字
版　　次	2018 年 7 月第 1 版　2018 年 7 月第 1 次印刷
印　　数	0001—3000 册
定　　价	**120.00 元**

《水利水电工程施工技术全书》
编审委员会

《水利水电工程施工技术全书》
各卷主（组）编单位和主编（审）人员

卷序	卷名	组编单位	主编单位	主编人	主审人
第一卷	地基与基础工程	中国电力建设集团（股份）有限公司	中国电力建设集团（股份）有限公司 中国水电基础局有限公司 中国葛洲坝集团基础工程有限公司	宗敦峰 肖恩尚 焦家训	谭靖夷 夏可风
第二卷	土石方工程	中国人民武装警察部队水电指挥部	中国人民武装警察部队水电指挥部 中国水利水电第十四工程局有限公司 中国水利水电第五工程局有限公司	梅锦煜 和孙文 吴高见	马洪琪 梅锦煜
第三卷	混凝土工程	中国电力建设集团（股份）有限公司	中国水利水电第四工程局有限公司 中国葛洲坝集团有限公司 中国水利水电第八工程局有限公司	席　浩 戴志清 涂怀健	张超然 周厚贵
第四卷	金属结构制作与机电安装工程	中国能源建设集团（股份）有限公司	中国葛洲坝集团有限公司 中国电力建设集团（股份）有限公司 中国葛洲坝集团机电建设有限公司	江小兵 付元初 张　晔	付元初
第五卷	施工导（截）流与度汛工程	中国能源建设集团（股份）有限公司	中国能源建设集团（股份）有限公司 中国葛洲坝集团有限公司 中国水利水电第八工程局有限公司	周厚贵 郭光文 涂怀健	郑守仁

《水利水电工程施工技术全书》
第二卷《土石方工程》编委会

《水利水电工程施工技术全书》
第二卷《土石方工程》
第二册《开挖与填筑施工技术》
编写人员名单

主　　编：吴高见

审　　稿：吴高见　　张永春　　孙林智

编写人员：吴高见　　张永春　　田中涛　　高尚泰　　孙林智

序 一

水利水电工程建设在我国作为一项基础建设事业，已经走过了近百年的历程，这是一条不平凡而又伟大的创业之路。

新中国成立 66 年来，党和国家领导一直高度重视水利水电工程建设，水电在我国已经成为了一种不可替代的清洁能源。我国已经成为世界上水电装机容量第一位的大国，水利水电工程建设不论是规模还是技术水平，都处于国防领先或先进水平，这是几代水利水电工程建设者长期艰苦奋斗所创造出来的。

改革开放以来，特别是进入 21 世纪以后，我国的水利水电工程建设又进入了一个前所未有的高速发展时期。到 2014 年，我国水电总装机容量突破 3 亿 kW，占全国电力装机容量的 23%。发电量也历史性地突破 31 万亿 kW·h。水电作为我国当前重要的可再生能源，为我国能源电力结构调整、温室气体减排和气候环境改善做出了重大贡献。

我国水利水电工程建设在新技术、新工艺、新材料、新设备等方面都取得了突破性的进展，无论是技术、工艺，还是在材料、设备等方面，都取得了令人瞩目的成就，它不仅推动了技术创新市场的活跃和发展，也推动了水利水电工程建设的前进步伐。

为了对当今水利水电工程施工技术进展进行科学的总结，及时形成我国水利水电工程施工技术的自主知识产权和满足水利水电建设事业的工作需要，全国水利水电施工技术信息网组织编撰了《水利水电工程施工技术全书》。该全书编撰历时 5 年，在编撰过程中组织了一大批长期工作在工程建设一线的中青年技术负责人和技术骨干执笔，并得到了有关领导、知名专家的悉心指导和审定，遵循"简明、实用、求新"的编撰原则，立足于满足广大水利水电工程技术人员的实际工作需要，并注重参考和指导价值。该全书内容涵盖了水利水电工程建设地基与基础工程、土石方工程、混凝土工程、金属结构制作与机电安装工程、施工导（截）流与度汛工程等内容的目标任务、原理方法及工程实例，既有理论阐述，又有实例介绍，重点突出，图文并茂，针对性及可操作性强，对今后的水利水电工程建设施工具有重要指导作用。

《水利水电工程施工技术全书》是对水利水电施工技术实践的总结和理论提炼，是一套具有权威性、实用性的大型工具书，为水利水电工程施工"四新"技术成果的推广、应用、继承、创新提供了一个有效载体。为大力推动水利水电技术进步和创新，推进中国水利水电事业又好又快地发展，具有十分重要的现实意义和深远的科技意义。

水利水电工程是人类文明进步的共同成果，是现代社会发展对保障水资源供给和可再生能源供应的基本需求，水利水电工程施工技术在近代水利水电工程建设中起到了重要的推动作用。人类应对全球气候变化的共识之一是低碳减排，尽可能多地利用绿色能源就成为重要选择，太阳能、风能及水能等成为首选，其中水能蕴藏丰富、可再生性、技术成熟、调度灵活等特点成为最优的绿色能源。随着水利水电工程建设与管理技术的不断发展，水利水电工程，特别是一些高坝大库能有效利用自然条件、降低开发运行成本、提高水库综合效能，高坝大库的（高度、库容）记录不断被刷新。特别是随着三峡、拉西瓦、小湾、溪洛渡、锦屏、向家坝等一批大型、特大型水利水电工程相继建成并投入运行，标志着我国水利水电工程技术已跨入世界领先行列。

近年来，我国水利水电工程施工企业积极实施走出去战略，海外市场开拓业绩突出。目前，我国水利水电工程施工企业在亚洲、非洲、南美洲多个国家承建了上百个水利水电工程项目，如尼罗河上的苏丹麦洛维水电站、号称"东南亚三峡工程"的马来西亚巴贡水电站、巨型碾压混凝土坝泰国科隆泰丹水利工程、位居非洲第一水利枢纽工程的埃塞俄比亚泰克泽水电站等，"中国水电"的品牌价值已被全球业内所认可。

《水利水电工程施工技术全书》对我国水利水电施工技术进行了全面阐述。特别是在众多国内外大型水利水电工程成功建设后，我国水利水电工程施工人员创造出一大批新技术、新工法、新经验，对这些内容及时总结并公开出版，与全体水利水电工作者分享，这不仅能促进我国水利水电行业的快速发展，提高水利水电工程施工质量，保障施工安全，规范水利水电施工行业发展，而且有助于我国水利水电行业走进更多国际市场，展示我国水利水电行业的国际形象和实力，提高我国水利水电行业在国际上的影响力。

　　该全书的出版不仅能提高水利水电工程施工的技术水平，而且有助于提高我国水利水电行业在国内、国际上的影响力，我在此向广大水利水电工程建设者、工程技术人员、勘测设计人员和在校的水利水电专业师生推荐此书。

孙洪水

2015 年 4 月 8 日

序 二

《水利水电工程施工技术全书》作为我国水利水电工程技术综合性大型工具书之一，与广大读者见面了！

这是一套非常好的工具书，它也是在《水利水电工程施工手册》基础上的传承、修订和创新。集中介绍了进入 21 世纪以来我国在水利水电施工领域从施工地基与基础工程、土石方工程、混凝土工程、金属结构制作与机电安装工程、施工导（截）流与度汛工程等方面采用的各类创新技术，如信息化技术的运用：在施工过程模拟仿真技术、混凝土温控防裂技术与工艺智能化等关键技术，应用了数字信息技术、施工仿真技术和云计算技术，实现工程施工全过程实时监控，使现代信息技术与传统筑坝施工技术相结合，提高了混凝土施工质量，简化了施工工艺，降低了施工成本，达到了混凝土坝快速施工的目的；再如碾压混凝土技术在国内大规模运用：节省了水泥，降低了能耗，简化了施工工艺，降低了工程造价和成本；还有，在科研、勘察设计和施工一体化方面，数字化设计研究面向设计施工一体化的三维施工总布置、水工结构、钢筋配置、金属结构设计技术，推广复杂结构三维技施设计技术和前期项目三维枢纽设计技术，形成建筑工程信息模型的协同设计能力，推进建筑工程三维数字化设计移交标准工程化应用，也有了长足的进步。因此，在当前形势下，编撰出一部新的水利水电施工技术大型工具书非常必要和及时。

随着水利水电工程施工技术的不断推进，必然会给水利水电施工带来新的发展机遇。同时，也会出现更多值得研究的新课题，相信这些都将对水利水电工程建设事业起到积极的促进作用。该全书是当今反映水利水电工程施工技术最全、最新的系列图书，体现了当前水利水电最先进的施工技术，其中多项工程实例都是曾经创造了水利水电工程的世界纪录。该全书总结的施工技术具有先进性、前瞻性，可读性强。该全书的编者们都是参加过我国大型水利水电工程的建设者，有着非常丰富的各专业施工经验。他们以高度的社会责任感和使命感、饱满的工作热情和扎实的工作作风，大力发展和创新水电科学技术，为推进我国水利水电事业又好又快地发展，做出了新的贡献！

近年来，我国水利水电工程建设快速发展，各类施工技术日臻成熟，相继建成了三峡、龙滩、水布垭等具有代表性的水电工程，又有拉西瓦、小湾、溪洛渡、锦屏、糯扎渡、向家坝等一批大型、特大型水电工程，在施工过程中总结和积累了大量新的施工技术，尤其是混凝土温控防裂的施工方法在三峡水利枢纽工程的成功应用，高寒地区高拱坝冬季施工综合技术在拉西瓦等多座水电站工程中的应用……，其中的多项施工技术获得过国家发明专利，达到了国际领先水平，为今后水利水电工程施工提供了参考与借鉴。

目前，我国水利水电工程施工技术已经走在了世界的前列，该全书的出版，是对我国水利水电工程建设领域的一大贡献，为后续在水利水电开发，例如金沙江上游、长江上游、通天河、黄河上游的水电开发、南水北调西线工程等建设提供借鉴。该全书可作为工具书，为广大工程建设者们提供一个完整的水利水电工程施工理论体系及工程实例，对今后水利水电工程建设具有指导、传承和促进发展的显著作用。

《水利水电工程施工技术全书》的编撰、出版是一项浩繁辛苦的工作，也是一个具有创造性的劳动过程，凝聚了几百位编、审人员近5年的辛勤劳动，克服了各种困难。值此该全书出版之际，谨向所有为该全书的编撰给予关心、支持以及为此付出了辛勤劳动的领导、专家和同志们表示衷心的感谢！

2015 年 4 月 18 日

前　言

由全国水利水电施工技术信息网组织编写的《水利水电工程施工技术全书》第二卷《土石方工程》共分为十册，《开挖与填筑施工技术》为第二册，由中国水利水电第五工程局有限公司编撰。

近20年来，水利水电工程建设取得了突飞猛进的发展，特别是三峡、小浪底、水布垭、瀑布沟、糯扎渡、长河坝及南水北调等大型水利水电工程的建设，极大地推进了土石方开挖与填筑工程施工技术的发展。本册在编写过程中总结了近年来土石方开挖与填筑工程的先进施工经验，在借鉴和吸取相关资料精髓的基础上，充分吸纳了土石方开挖与填筑工程施工技术机械化、信息化及绿色施工发展的新理念、新成果，并与大量的工程实例相结合，图文并茂，较全面地反映了土石方开挖与填筑的主要施工内容和方法。

本册简要回顾了土石方工程的发展历史，对土石方工程施工技术的发展提出了展望。施工组织设计主要介绍了开挖与填筑工程施工组织设计编制、施工进度计划及作业流程、土石方平衡、料场及渣场规划，以及施工设施规划布置等；施工水流及地下水控制主要介绍了开挖与填筑过程中地表水和地下水的控制；土方开挖和石方开挖主要介绍了开挖特点及施工要求、开挖规划、开挖方法、开挖设备选型与配套等；土石方运输与堆存主要介绍了运输方式方法、中转料场和弃渣场堆存规划要求等；土石方填筑主要介绍了填筑材料、填筑规划、施工方法、设备配置和质量控制等内容；数字化施工技术主要介绍了设备智能控制技术、施工过程智能管理系统、数字化填筑控制系统等；安全防护主要介绍了施工过程中安全防护的范围、类型、原则，以及安全防护技术等。

在本书的编写过程中得到一些领导、专家、技术人员的支持和帮助，在此表示衷心的感谢。

限于作者水平，书中难免有不妥之处，恳请读者批评指正。

作者

2017 年 6 月

目　录

1 综　　述

1.1　土石方工程发展与展望

土石方工程是水利水电工程的基础性工程和重要施工内容，大型水利水电枢纽工程往往伴随着大型的土石方工程。土石方开挖与填筑，不仅是水利水电工程施工的先行施工工序和关键施工过程，也是以土、石等当地材料填筑的临时或主体建筑物（施工场地、建筑物基础、道路路基、土石围堰、土石坝、渠堤等）的主要组成部分或主要施工作业程序。

土石方工程是伴随着工程材料、施工工具、施工机械、施工方法和工程理论的技术进步逐步发展的。

土石方工程的发展基本上与工业革命的发展同步，可划分为第一次工业革命以前的早期发展阶段、第一次工业革命至第二次工业革命期间的近代发展阶段及第三次工业革命以后的现代发展阶段等。

1.1.1　发展阶段

1.1.1.1　早期发展

18 世纪 60 年代以前属于土石方工程的早期发展阶段。

人类从最初以木、石、骨制简陋工具进行掘土为穴、构木为巢的原始土木活动，以及进行简单的栽桩架屋、移木搭桥、平土治水等早期的土木工程活动，多为因地制宜、就地取材，所用材料为天然或手工制备，施工工具简陋，施工方法简单。

伴随青铜器和铁器的出现，产生了简单的施工机械。铁制工具及简单施工机械的普遍使用与施工方法的改进，大大提高了土石方工程的施工效率。这一期间我国经历了夏、商、周向春秋、战国时代的转变，出现了鲧禹父子、李冰父子等治水事迹，也产生了很多著名的水利工程，如芍陂、邗沟、鸿沟、引漳溉邺、都江堰、郑国渠、黄河堤防等。秦统一全国后，我国进入封建社会，也相继修筑了许多大型水利工程，如灵渠、坎儿井、六门堰、海塘、它山堰、京杭大运河、元大都水利工程等，所有这些工程都堪称中华民族的骄傲。

同一时期，世界其他地区也出现了大量的土石方工程。建于公元前 3200 多年位于现约旦王国杰瓦地区的小土坝群，是已知的最古老土石坝；大约 4000 年前，古埃及、印度、秘鲁等地即有修建土石坝的记载，有记录的还有古巴比伦王国的阿基拉大坝、幼发拉底河上的运河汗谟拉比渠、古代也门的马里卜水坝、尼罗河流域的异教徒坝、马拉水库、苏丹大蓄水池，以及罗马帝国时期欧洲建设的一系列城市供水系统和引水渠道，如意大利的阿庇乌水渠及奥古斯塔水渠、法国的嘉德水道、沟通莱茵河和多瑙河的运河"卡罗莱纳大水沟"等。

1.1.1.2　近代发展

18 世纪 60 年代至 20 世纪 40 年代属于土石方工程的近代发展阶段。

伴随着人类认识自然、改造自然的实践，火药的发明，被不断完美地应用于土石方工程。火药传入欧洲被用于采矿，随继工业炸药问世，凿岩爆破代替人工挖掘，爆破技术成为土石方工程技术发展的重要里程碑。18 世纪 60 年代的第一次工业革命促进了机械设备的发展，19 世纪 70 年代的第二次工业革命促进了电力的广泛应用，两次工业革命为土石方工程的快速发展奠定了良好的基础。炸药和机械的广泛使用，以及岩土理论、爆破理论、管理科学的出现，使得工程规模和施工效率大为提高，土石方工程进入近代发展阶段。

这一时期，1836 年美国开始了以兴建通航工程为主的田纳西河流域综合开发工程；1878 年法国建成世界第一座水电站，1879 年瑞士建成世界上第一座抽水蓄能电站——勒顿抽水蓄能电站；20 世纪初美国相继建设威尔逊大坝、胡佛大坝、沙斯塔大坝等，苏联也相继建成莫斯科-伏尔加河运河、雷宾斯克水利枢纽和第聂伯河水电站等工程。

工程实践经验的积累促进了理论的发展。1773 年法国人库仑提出沙土抗剪强度公式和挡土墙土压力滑楔理论；随后法国人达西得出水在岩土孔隙中线性渗透定律；英国人朗肯提出土压力的极限平衡理论；1925 年美国人太沙基《土力学》出版，紧接着海姆提出岩石应力的静水压力理论，随即地压理论和松散介质理论也被提出，奠定了岩土力学的理论基础。1871 年，苏联鲍列斯柯夫提出了鲍氏公式 $Q=k(n)W^3$，爆破进入半经验半理论的探索阶段。1911 年，泰勒通过实证式管理试验，提出了科学管理理论；同期吉尔布雷斯夫妇通过影片分析法，提出动作的经济原则，并制订了生产程序图和流程图；1917 年，劳伦斯·甘特发明甘特图即生产计划进度图，人类进入科学管理时代。土力学、岩石力学、爆破设计理论和生产计划管理等科学方法的发展，使土石方工程从技艺走向科学。

1.1.1.3　现代发展

20 世纪 40 年代至今属于土石方工程的现代发展阶段。

进入 20 世纪中叶，电子计算机、微电子技术、航天技术、分子生物学和遗传工程等领域的重大突破，标志着第三次工业革命的来临，开创了以数字化制造及新型材料应用为代表的崭新时代。现代科学技术突飞猛进，高速公路、高速铁路、港口码头、航空机场、矿山开采、市政地铁、房屋建筑及水利水电等工程建设，使得土石方工程进入高速、高效和科学的现代发展新阶段。

（1）土石方工程世界范围的现代发展。第二次工业革命结束后，社会生产力出现了新的飞跃。由于应用了反射拉伸波理论，采用了毫秒雷管、铵油炸药，以及控制爆破和非电起爆方法等，使爆破技术取得了显著的进步。

20 世纪 50 年代，全回转式液压挖掘机问世，随后全液压反铲挖掘机、轮式液压挖掘机、装载机、自行式振动压路机等相继推出；20 世纪 50 年代后，由于使用了潜孔钻机、牙轮钻机、自行凿岩台车等新型设备，采掘设备实现大型化，运输、提升设备实现自动化。

电子计算机技术用于规划设计、科学计算和生产管理，开始用系统科学研究土石方工程问题。土力学、岩石力学、地质学、爆破理论进一步发展和完善，土石方工程施工开始利用现代试验设备、测试技术和电子计算机技术，预测和解算某些实际工程问题。

这一时期，世界土石方工程成效卓著。1951年美国建成高168m的大古力水电站混凝土大坝，扩建后装机总容量达649.4万kW，水电站初期工程开挖土石方1730万m³，扩建挖除原坝体混凝土23657m³，开挖土石方1759万m³；1971年埃及建成高111m的阿斯旺水坝，黏土心墙堆石坝堆石体4430万m³；1980年苏联在塔吉克斯坦共和国境内建成努列克水利枢纽，大坝为300m高土石坝，土石方填筑量5600万m³；1991年巴西与巴拉圭共建的伊泰普水电站，总装机容量1400万kW，主坝为高196m的混凝土重力坝，石方开挖3300万m³。

（2）中国土石方工程新发展。面对世界土石方工程突飞猛进的发展，我国经历了新中国成立初期的国民经济恢复和规模空前的经济建设时期，水利水电工程建设也迈入了较快的发展阶段，期间"蓄泄兼筹治淮安邦"的治淮工程、载誉世界第八奇迹的"人工天河"安阳红旗渠、当时的亚洲第一大土坝岳城水库的建成，以及新安江水电站、三门峡水电站、龙羊峡水电站、刘家峡水电站、碧口水电站、龚嘴水电站、铜街子水电站相继建成，开创了我国水利水电建设"人定胜天"的大兵团作战时代。改革开放后中国致力于现代化建设，西部大开发战略更使得水电建设发展加快，葛洲坝水利枢纽工程、二滩水电站、万家寨水利枢纽工程相继建成；小浪底水利枢纽工程、三峡水利枢纽工程、南水北调工程以及小湾、龙滩、紫坪铺、瀑布沟、水布垭、拉西瓦、向家坝、溪洛渡、白鹤滩、糯扎渡、长河坝、两河口、双江口等水电站相继开工建设或投产，见证了伴随着水利水电发展的景气周期，我国土石方工程开始的现代化的发展进程。小浪底水利枢纽工程，总装机容量180万kW，壤土心墙堆石坝，最大坝高154m，土石方填筑量5184万m³；世界最大水电站三峡水利枢纽，总装机容量1820万kW，土石方工程量1.34亿m³；水布垭水电站，装机容量184万kW，堆石面板坝，最大坝高233m，土石方填筑量1526万m³，长河坝水电站砾石土心墙堆石坝，最大坝高240m，土石方填筑量3400万m³。截至目前，我国已建成各类水库大坝9.8万座，其中坝高30m及以上大坝6539座，坝高60m及以上大坝896座，坝高100m及以上大坝216座，坝高200m及以上16座。一大批世界性水利水电工程的建成，以及目前大批300m级高坝的建设，标志着我国在水电建设的若干重大关键技术领域取得了突破性进展，土石方工程发展进入辉煌的发展时期。

1.1.2 未来展望

随着水利水电工程建设日益发展，世界上一些大型工程的土石方工程已达到数千万立方米工程量，有的甚至上亿立方米，如中国三峡水利枢纽工程（土石方工程量1.34亿m³）、葛洲坝水利枢纽（土石方工程量1.08亿m³）；南水北调仅东、中两条调水线路的土石方工程量即达16.7亿m³；巴基斯坦塔贝拉土石坝填筑量达1.2亿m³。随着水利水电工程的持续开发，土石方工程及土石方施工技术具有广阔的发展前景。

1.1.2.1 水利水电土石方工程发展趋势

水利水电工程建设的不断发展带动了土石方工程的快速进步，未来的土石方工程将呈现出以下的发展趋势。

（1）工程规模大型化。土石方工程为了适应不同地区、不同目的的水利水电工程开发项目，尤其是水利水电项目逐步走入河流上游深山峡谷地区，有的工程规模极为宏大，多座土石坝坝高达 300m 级；大型水利水电工程的土石方开挖都在百万立方米以上，有的土石坝填筑方量达数千万立方米。

（2）工程地质复杂化。我国水资源的时空分布特征使得西南地区水资源及水电资源蕴藏丰富，水电开发热点及南水北调西线工程都处于国家西南地区，而西南地区位于亚欧板块和印度洋板块交界地带及地中海—喜马拉雅山地震断裂带处，地质构造复杂，地壳运动活跃，断层活动强烈，地震频发。多数水电工程地处高海拔、高寒、低氧、低湿、蒸发量大的地区，坡陡谷深，卸荷体、滑坡体、泥石流、高地应力、深覆盖层等地质问题，都对水利水电土石方工程提出了严峻挑战。

（3）工程施工高速化。施工机械设备的大型化、多功能化，人员队伍的专业化以及施工技术、管理理论及管理经验的丰富，使得施工生产效率大幅度提高，施工进度加快，施工工期缩短。

（4）工程建设绿色化。在西南地区及西藏地区进行大规模土石方工程建设，其工程安全、脆弱的生态平衡以及施工期的生态环境保护、民族文化保护、耕地及林地保护、土石方平衡、弃渣防护、节能减排、安全生产、文明施工、绿色施工，都需要进行理念更新和行为改变。

（5）工程管理科学化，水资源的科学利用。工程项目为了满足专门和多样的功能需要，将在发电、防洪、供水、养殖、旅游及生态保护等方面进行进一步协调。土石方工程施工将更多地需要与各种现代科学技术、管理技术、信息技术相互渗透、融合。

1.1.2.2　规划中的大型土石方工程

目前，处于规划中的大型水利水电工程有刚果民主共和国大英加水电站（装机 4400万 kW）、塔吉克斯坦罗贡土石坝（坝高 335m）、我国雅鲁藏布江大峡谷水电站（装机 5000 万 kW）、金沙江其宗水电站大坝（坝高 358m）、金沙江日冕水电站大坝（坝高 346m），以及南水北调西线工程等。我国规划中部分当地材料坝的坝高及其土石方填筑量见表 1-1。

表 1-1　　　　　　我国规划中部分当地材料坝的坝高及其土石方填筑量表

大坝类型	大坝名称	大坝高度/m	土石方填筑量/万 m³	备　　注
土心墙堆石坝	其宗	358.0	9774.91	金沙江，拟建
	日冕	346.0	7294.46	金沙江，拟建
	如美	315.0	4814.00	澜沧江，拟建
	双江口	314.0	4400.00	大渡河，在建
	古水	305.0	4756.00	澜沧江上游，拟建
	两河口	295.0	4160.00	雅砻江，在建
	同加	302.0		西线调水，拟建
	下尔呷	296.0		西线调水，拟建
	侧仿	273.0		西线调水，拟建

大坝类型	大坝名称	大坝高度/m	土石方填筑量/万 m³	备　　注
混凝土面板堆石坝	马吉	290.0	3280.00	怒江上游，拟建
	茨哈峡	254.0	3150.00	黄河上游，拟建
	大石峡	251.0	2052.00	库马拉克河，在建
	拉哇	234.0		金沙江上游，拟建
	玉龙喀什	229.5	1241.00	玉龙喀什河，拟建
	岗托	229.0		金沙江上游，拟建
	猴子岩	223.5	2100.00	大渡河，在建
	巴拉	220.0		脚木足河，拟建
	乔巴特	220.0		布尔津河，在建
	江坪河	219.0	887.14	溇水，停工待建
	滚哈布奇勒	210.0		开都河，拟建
	玛尔挡	211.0		黄河上游，拟建
	古贤	199.0	4642.30	黄河中游，拟建
	阿仁萨很托亥	181.3		和静，拟建
	阿尔塔什	164.8	2565.70	叶尔羌河，在建
	精河二级	164.2	524.80	精河，拟建
	扎洛	150.0		西线调水，玛柯河
沥青混凝土心墙堆石坝	去学	171.2	420.65	硕曲河，在建
	苏哇龙	112.0		金沙江，拟建
	官帽舟	109.0	270.00	马边河，在建
	隘口	100.3		平江河，在建
	巴底	98.0		大渡河，拟建
	黄金坪	95.5	590.92	大渡河，在建
	库什塔依	91.1	385.00	特克斯河，在建
	金峰	88.5		武都引水，在建
	敦化下水库	70.0		抽水蓄能电站，在建
	巴塘	70.0		金沙江，拟建

1.1.2.3　土石方工程施工技术的发展趋势

伴随着土石方工程规模大型化、地质复杂化、施工高速化、建设绿色化等的发展，其施工技术的发展有以下趋势。

（1）材料优质高能。随着材料科学的发展，土石方工程所涉及的钻具钻头、爆破器材、运输油料、支护材料等性能高、质量优的新材料得以推广。高强度的合金应用于钻杆、钻头，使得凿岩机钻孔的直径、速度都大大提升；岩石炸药、新型水胶炸药、抗水炸药、毫秒雷管、数字雷管、静态破碎剂得到进一步应用，大型爆破作业已向现场混装炸药方式转变，不仅使安全得到保证，而且使大孔径、宽间距、耦合装药变为可能，大大提高了爆破效能；高品质燃油、润滑油、燃油添加剂的应用，以及耐磨轮胎的使用，使得挖装、运输、填筑的效率更加提高；支护喷射混凝土新材料（如自进式锚杆、预应力锚索、纳米级超细水泥、钢纤维、聚乙烯微纤维等）的使用，进一步保证了工程的施工安全。

（2）设备性能多样。土石方工程的规模化使得施工机械化水平日益朝着大型、高效方向发展，其主要特点：①发展大容量、大功率、高效率的土石方施工机械；②大型专用机械及一机多用的小型多功能机械同步发展；③各工序所采用的机械成龙配套，容量、效率互相配合；④广泛采用电子技术和液压技术，应用新材料；⑤广泛应用自动控制技术，实现作业自动化、智能化；⑥注重施工机械的维修和保养。

（3）施工过程精细。大规模土石方工程广泛采用钻孔定位技术、微差挤压爆破技术、预裂爆破技术、光面爆破技术、爆刻技术、智能爆破技术、峒室爆破技术、定向爆破技术等，解决了大量的土石方工程施工技术难题。基于全球定位系统 GPS、地理信息系统 GIS、遥感技术 RS 等多种高技术支持的计算机网络信息系统已应用于施工现场管理的数字大坝系统中，基于车辆识别系统、激光引导技术、全球卫星定位系统引导及控制的智能施工机械技术，包括摊铺层厚控制以及振动设备碾压轨迹、碾压遍数、行走速度、激振力状态监控系统已大量应用到土石坝填筑施工中。

（4）理论分析多维仿真。现代信息技术使得计算力学、结构动力学、动态规划法、网络理论、滤波理论、BIM 技术、随机过程论等新理论及试验方法，随着计算机普及而应用到土石方工程领域。荷载不再是静止的和确定性的，而将作为随时间变化的随机过程来处理。静态、确定、线性、单个的分析，逐步被动态、随机、非线性、系统与空间分析所代替。电子计算机使多维度的分析成为可能，从材料特性、结构分析、结构抗力计算到极限状态理论，在土石方工程领域得到充分发展，计算机不仅用以辅助设计，更作为优化手段；不但运用于结构分析，而且扩展到建筑、规划领域。

（5）施工绿色环保。现代土石方工程与环境关系更加密切，与环境的协调问题更为突出。现代生产排放的大量废水、废气、废渣和噪声，污染着环境。水利水电工程建设需要占用耕地和进行移民，大坝建设需要截断河流影响洄游鱼类，水库使得水流流速降低、河流输沙能力变弱、水体自净能力变差等，都会对局部自然环境产生影响。如何与自然"天人合一、和谐共处"，保持自然界生态平衡的理念，已逐步成为土石方界的普遍认知。

1.2 开挖与填筑工程范围与分类

1.2.1 工程范围
1.2.1.1 开挖工程

土石方开挖一般有土方开挖、石方开挖及特殊土开挖；由于施工所处环境不同，而有明挖、洞挖和水下开挖之分。在水利水电工程中，土石方开挖广泛应用于场地平整、边坡削坡、管线槽挖、水工建筑物基础开挖，以及填筑材料、骨料毛料、建筑石料的开采等工程。

利用岩土导向、定向钻进等手段，在地表不挖槽的情况下，铺设、更换或修复各种地下管线或挖掘地下洞线的土石方非开挖工程，以及地下工程洞挖、水下疏浚开挖，由于具有单独的指向性，通常意义上讲，不包括在土石方开挖工程内。

土石方开挖工程多指土石方明挖工程，包括土方开挖、石方开挖和爆破作业及其附带的运输、弃渣等主要施工过程，以及场地清理、测量放线、排水、降水、边坡支护等准备工作和辅助工作。

1.2.1.2 填筑工程

土石方填筑分为堆石体填筑、砂砾石填筑和土方填筑等。水利工程中，土石方填筑主要用于场地平整、渣场填筑、修筑道路、渠堤及河堤填筑、围堰及土石坝填筑等临时或永久建筑物工程。土石方填筑工程一般常与土石方开挖工程相结合，成为其下游施工工序。

1.2.2 工程分类

1.2.2.1 开挖工程

土石方开挖可按开挖项目、开挖部位、开挖断面特征、开挖对象、开挖手段和施工程序进行分类。土石方开挖工程类型见表1-2。

表1-2　　　　　　　　　　　　　土石方开挖工程类型表

序号	分类方法	类　型
1	开挖项目	1. 挡水建筑物（坝、闸等）基础开挖 2. 泄水建筑物（溢洪道，泄洪洞进出口段，消力池等）基础开挖 3. 引水建筑物（明渠，隧洞进水口、出水口等）基础开挖 4. 发电厂工程（厂房、尾水渠等）基础开挖 5. 过船、过坝建筑物（船闸、升船机、鱼道、生态流量道等）基础开挖 6. 料场开挖（土料场、堆石料场、砌石料场、天然骨料场） 7. 围堰拆除
2	开挖部位	清表、覆盖层剥离、岸坡开挖、基坑开挖（水上、水下）、建基面开挖、齿槽开挖、集水井开挖等
3	开挖断面特征	槽挖、井挖、洞挖、大开挖（全面开挖）、分部位开挖、分层开挖、分段开挖、边坡开挖等
4	开挖对象	土方开挖、石方开挖、砂卵石开挖等
5	开挖手段	人工开挖、机械开挖、爆破开挖等
6	施工程序	降排水、钻孔、爆破、松土、破碎、挖装、运输、弃渣及工作面支护、卸料面防护等

1.2.2.2 填筑工程

土石方填筑按填筑项目、填筑部位、填筑断面特征、填筑物料特性、填筑手段、施工程序进行分类。土石方填筑工程类型见表1-3。

表1-3　　　　　　　　　　　　　土石方填筑工程类型表

序号	分类方法	类　型
1	填筑项目	1. 挡水建筑物（坝、库岸等）填筑 2. 引水建筑物（渠堤、导流堤等）填筑 3. 泄水建筑物（防冲槽、堤脚抛石等）填筑 4. 发电厂工程（主、副厂房及主变场，开关站平台等）基础回填 5. 过船、过坝建筑物（船闸、升船机、鱼道、生态流量道等）填筑 6. 道路填筑、场地回填、渣场回填 7. 围堰填筑

序号	分类方法	类　型
2	填筑部位	场地平整、基础回填、渣场填筑、路堤填筑、渠堤填筑、坝面填筑、心墙填筑、尾水渠填筑等
3	填筑断面特征	全断面填筑、分部填筑和分层填筑、分段填筑等
4	填筑物料特性	土料填筑、堆石料填筑、反滤料填筑、过渡料填筑、砂砾石填筑、抛石填筑
5	填筑手段	人工夯实填筑、机械碾压法、水力法填筑等
6	施工程序	挖装、运输、卸料、铺散、压实、检测等

1.3　开挖与填筑工程施工特性

1.3.1　施工特点

土石方工程是水利水电工程中主要的分部工程之一，有时也单独成为单位工程，一段包括土石方的开挖（钻孔、爆破、拼装、运输）、填筑（运输、摊铺、平整、压实）等主要施工过程以及场地清理、测量放线，施工降排水和安全支护等施工准备与辅助工作，其施工特点有以下几点。

（1）土石方工程普遍规模大、工期紧。土石方工程通常都具有工程规模大、作业范围广、工期要求紧、施工强度高和施工对象部位集中的特点。土石方施工贯穿于整体工程的施工全过程，且一般都是单项、单位工程的前期工序，占直线工期，与其他工程项目多有干扰，应从系统管理的角度，精心筹划、安排，以减少对后续工作的影响。

（2）采用成龙配套的机械进行施工。土石方工程施工，常采取设备机群机械化作业，辅以较少的人工作业。影响因素多，管理要求高，应特别注重设备选型配套、运输线路规划、挖填协同作业及实施土石方平衡等；应按照流水作业原则，做好机械设备的生产调度管理，加强机械设备维护管理与道路维护，提高设备的完好率、利用率，充分发挥设备效率。

（3）挖填平衡的经济性影响较大。土石方挖填平衡和就地利用，是在土石方运输量或土石方运输成本最低的条件下，确定挖填分区的土石方调配方向和数量，可以减少开挖料的中转和废弃，实现开挖料综合利用；合理调配，可减少运距，缩短工期，提高工程效益。土石方平衡还可减少弃渣和堆存占地，减少渣场拦挡、坡面防护、防洪排导及进行复垦、恢复植被等费用，节约成本。

（4）自然及环境因素干扰多。土石方工程施工与自然条件的关系极为密切，露天作业受气候和水文、地质条件的影响因素较多。土石方工程地质环境、岩土性质复杂多变，开挖揭示的地质情况和岩土参数往往与设计依据的条件不相符合，差异较大时，往往需要设计变更。水利水电工程施工不可避免地要进行江河导截流，涉及不同截流时段水文参数变化、工程量变化等，可变因素多、实施难度高，其成败关系到工程主体顺利实施。冬雨季节、台风地区、高寒地区、高原缺氧环境等自然条件都可能对施工造成干扰。

（5）质量、安全及环境保护要求高。水利水电工程土石方工程都与水工建筑物密切相关，其施工质量事关工程建设的"百年大计"，关系到下游人民生命、财产的安危，工程施工质量要求较高。土石方施工多涉及高边坡、深基坑以及工程爆破等危险作业，工程本身的安全及施工安全工作十分重要。土石方施工还涉及占用土地，而且施工过程会产生大量的弃渣、扬尘、废气、排水及噪声污染等，弃土防护不当时，会造成水土流失，所以土石方施工应加强节能减排、环境保护工作，确保安全生产、文明施工。

（6）施工理论及经验的局限性较强。土石方工程施工所采用的计算理论、统计分析多为半经验理论，参数选取范围大，计算结果不精确，需要在施工中试验验证，因此原位测试、实体试验、原型观测、生产性试验等对于检验工程设计的合理性和监测施工质量与安全具有特别重要的意义。"一带一路"战略将使西部开发建设项目面临更加复杂的地形、地质条件（包括高地震烈度、高地应力、喀斯特岩溶等）和更多的高边坡和深厚覆盖层难题，将在更不利的环境条件下修建各类高坝大库。土石方工程有些技术还处于成长发展阶段，有些问题亟待进一步完善、解决。

1.3.2　基本要求

土石方开挖与填筑工程受不同的工程地质、水文环境及工程的质量、安全与环保要求以及施工效率、效益等影响，一般具有以下基本要求。

（1）土石方开挖与填筑工程应做好施工组织设计工作，对开挖作业面、施工道路、储备料场、填筑作业面、弃渣场地及生产、生活设施进行总体规划，贯彻不占或少占农田、林地和有利于改地造田、护渣固土的原则，减少植被破坏和水土流失。

（2）土石方开挖与填筑应根据地质条件、岩土特性、建筑物布置和控制性节点工期要求进行施工部署。开挖与填筑应采用分期、分层、分区、分段的方式进行施工，施工组织应采取流水作业方式进行。

（3）土石方开挖与填筑应进行土石方平衡，在土石方运输量最小或经济成本最低的条件下，确定挖方调配方向和数量，达到缩短工期和节约成本的目的。进度安排上应使挖方弃料与填方取料相结合、临建设施与永久设施相结合，尽量安排挖填同步作业，减少堆存和倒运，避免迂回运输，增加工作效率。

（4）土石方工程应注重机械设备的配套选型，注重主导设备和辅助设备的性能、型号及数量等的配置，解决好机械化施工中的排队问题，使得机械化机群作业整体效能最佳、效率最高；重视机械设备使用计划、调配安排的准确性，注重现场调度指挥管理，充分发挥机械设备流水作业的效能，保证机群作业的综合平衡，满足施工进度要求。

（5）运输道路的通行能力是土石方施工强度和整体机群作业效率发挥的关键因素，应重视前期的运输道路规划、设计、建设及后期的管理、维护，确保土石方工程的高强度需求。

（6）边坡支护是制约高边坡开挖的重要因素，降排水及基坑围护是制约深基坑开挖的重要因素。土石方开挖与填筑应做好施工专项技术方案的设计与优化工作，统筹考虑施工期排水、地下水降排、爆破设计、边坡防护、基坑围护、变形观测及物料检验、碾压试验等主要施工措施。

（7）水工建筑物基础开挖，体型轮廓复杂，建基面基岩质量要求严格，施工过程中对光面爆破、预裂爆破、边坡防护、保护层开挖、基底清理等技术要求高，过程管理严，验收要求细，质量的好坏制约着工程进度，应加强对基坑、基槽开挖轮廓的过程控制，及时进行测量、纠偏，精细化施工，确保施工质量。

（8）土石方填筑形成的水工建筑物，地基处理及填筑体压实质量要求高，高塑性土料、防渗料、反滤料、过渡料、堆石料，不同结构功能区的填筑料要求具有相应的物理力学特性及压实控制指标，不同填筑料的铺筑厚度、碾压参数还需要进行碾压试验确定，过程控制严，质量要求高，需要加强现场检验与监督，保证填筑质量。

（9）充分分析冬雨季施工对工程进度、质量、安全的影响，统筹安排，合理安排施工计划和制定土石方调配方案，尽量不安排或少安排在雨季进行大规模土石方施工，降低土石方工程施工费用。确需在冬雨季进行施工时，应制定科学、合理的施工专项措施，加强过程控制，确保施工质量、安全。

（10）水利水电工程土石方施工是在大江大河上改造自然的行为，必须要遵循河道所在流域的水势、雨情，要做好开挖基坑、填筑作业面、道路、渣场的防洪度汛工作，确保度汛安全。

（11）土石方工程的爆破规模大，一次起爆药量多，爆破效应危害大，对自身开挖边坡、相邻建筑物都有较大影响，因此对于地质条件复杂、环境因素众多的爆破作业，应进行爆破试验和过程检测，确保爆破施工安全。

（12）水利水电工程土石方施工常处于地震破碎带，岩石卸荷严重，节理裂隙发育，山体崩塌、泥石流等灾害频发。开挖深度深，边坡支护多，施工难度大，爆破作业、机群作业安全影响因素多，施工安全风险突出。应综合分析工程特点、水文地质条件和危险因素，制定专项安全施工方案，加强深基坑围护和高边坡支护，强化有地下水条件下和雨季时的施工管理，必要时要进行安全风险评估，建立应急预案。

（13）土石方施工常产生的扬尘、噪声、废气和工程废弃物，容易对周边环境及人员职业健康安全产生影响；土地占用、植被破坏、水土流失等将对区域环境造成长时段影响。水利水电工程的环境保护工作，事关行业的科学与可持续发展，因此要做好料场、渣场的植被保护及水土保持，防止发生泥石流灾害；同时要做好道路扬尘、噪声及废气的防治工作，统筹考虑建设、运营、养护的全生命周期总成本，逐步建立质量优良、进度可控、工地平安、环境协调、资源节约、员工和谐、管理科学的管理体系。

2 施 工 组 织 设 计

2.1 施工组织设计概述

施工组织设计是用来指导施工项目全过程各项活动的技术、经济和组织的综合性文件，是施工技术与施工项目管理有机结合的产物，是工程有序、高效、科学合理地进行各项施工活动的重要手段。施工组织设计具有战略部署和战术安排的双重作用，体现了实现基本建设计划和设计的要求，提供了各阶段施工准备的工作内容，对协调施工过程中各施工单位、施工工序、施工资源之间的相互关系具有重要作用。

水利水电工程施工组织设计是以完成某一水利水电工程的具体施工任务为目的，对施工工艺、施工方法、施工管理进行规划和设计，从工程的全局出发，按照客观施工规律和当时当地的具体条件，统筹考虑施工活动中的人力、资金、材料、设备和施工方法等因素后，对整个工程的施工进度和资源消耗等做出科学、合理的安排。

2.1.1 基本类型

施工组织设计一般分为设计阶段施工组织设计和施工阶段施工组织设计两类。招投标阶段施工组织设计介于两者之间，招标施工组织设计属于设计阶段（招标设计）施工组织设计，投标性施工组织设计与实施性施工组织设计都属于施工阶段施工组织设计。施工组织设计类型见表 2-1。

表 2-1　　　　　　　　　　　　施工组织设计类型表

序号	分类方法		类　　型
1	按项目阶段分		设计阶段施工组织设计、施工阶段施工组织设计
2	按设计阶段分	两阶段设计	施工组织总设计、单位工程施工组织设计
		三阶段设计	施工组织设计大纲、施工组织总设计和单位工程施工组织设计
3	按施工阶段分		投标性施工组织设计、实施性施工组织设计
4	按编制对象分		施工组织总设计、单位工程施工组织设计和分部（项）工程施工组织设计
5	按繁简程度分		完整施工组织设计、简单施工组织设计

施工组织总设计是对整个建设项目的全局性战略部署，其内容和范围比较概括；单位工程施工组织设计是在施工组织总设计的控制下，以施工组织总设计和企业施工计划为依据编制的，针对具体的单位工程，把施工组织总设计的内容具体化；分部（项）工程施工组织设计是以施工组织总设计、单位工程施工组织设计和企业施工计划为依据编制的，针

对具体的分部（项）工程，把单位工程施工组织设计进一步具体化，它是专业工程更加详细、具体的施工组织设计。

投标性施工组织设计是投标方在招投标阶段以中标为目的，根据招标方的要求和所投工程的特点，以及施工的需要，结合自身技术水平和管理经验而编制的施工组织设计。实施性施工组织设计是承建方以全面、合理、有计划地组织施工为手段，为使设计意图变为现实产品为目的，对中标工程施工全过程中技术、经济和组织等活动进行规划部署的综合性文件，是施工能够按连续性、均衡性、节奏性、协调性和经济性进行的指导性文件。

对于工程规模小、结构简单、技术要求和工艺方法不复杂的拟建工程项目，可以编制仅包括施工方案、施工进度计划和施工总平面布置图等内容粗略的简单施工组织设计。

2.1.2 基本内容

施工组织设计的关键是依据客观条件选择适合的施工方案和施工组织方法。通过施工组织设计的编制，不仅可以综合考虑拟建工程的各种具体施工条件，扬长避短地拟定合理的施工方案，确定施工顺序、施工方法、劳动组合以及技术经济的组织措施，统筹合理的拟定施工进度计划，保证拟建工程按期投产或交付使用。

施工组织设计一般包括四项基本内容：①施工方案，即施工方法与相应的技术组织措施；②施工进度计划；③施工现场平面布置；④有关劳动力、机械设备、建筑安装材料、运输仓储、施工用风水电设施等需要量及其供应与解决办法。前两项用以指导施工，后两项则是施工准备的依据。

2.1.3 技术经济性

一个好的施工组织设计，不仅技术合理、工艺先进、工期最少、可操作性强，而且在经济性评价上投资省、成本低、效益好。施工组织设计的经济性体现在其与工程造价相结合的方面，好的施工组织设计往往工程概预算造价较低。

（1）施工组织设计为工程概预算的编制提供了基础依据。施工方案的选择是施工组织设计的核心内容，它决定了投入的人、机、料等资源性要素的数量，直接影响工程造价，因此工程概预算必须以其为基础进行编制。

（2）施工组织设计的作用决定了它必须从技术上保证工程施工所选取方案，在规定的工期内能够保质保量完成施工任务，又必须从工程造价的角度来体现其经济性，以保证能够有效的控制成本，以有限的资源投入取得较高的经济效益。因此，重要的施工方法、技术方案，往往需要拟定多个技术方案进行经济性比较。

（3）以施工组织设计为基础编制的施工图预算或施工预算是根据施工图纸、工程量计算规则、预算定额、材料和设备预算单价、各项取费标准预先计算工程建设费用的技术经济文件，或是根据施工图纸、施工定额等通过工料分析计算确定拟建工程所需工、料、机台班消耗及其相应费用的技术经济文件。施工图预算可作为确定工程造价、制定招标标底、编制投标文件、签订承发包合同、进行工程价款结算、考核工程成本以及施工企业编制施工计划的主要依据。施工预算可作为下达施工任务单、限额领料、实行经济核算的依据，是企业加强施工计划管理、编制作业计划的依据，是实行计件工资、按劳分配的依据。

2.2 施工组织设计编制

土石方开挖与填筑工程一般多作为单位工程或分部（项）工程进行施工，其施工组织设计具有施工阶段的单位工程施工组织设计或分部（项）工程施工组织设计的特点，多作为投标施工组织设计或实施性施工组织设计。分部（项）工程施工组织设计一般与单位工程施工组织设计一同进行。

2.2.1 编制原则与依据

2.2.1.1 编制原则

施工组织设计的编制应遵循以下原则。

（1）施工组织设计的编制应科学、合理，遵守国家及行业的法律、法规和标准，且符合工程属性、工序特性，以及与其他工序的衔接关系。

（2）采用现代科学管理原理、流水施工方法和网络计划技术，重视施工目标控制，做好土石方平衡调配，组织有节奏、均衡和连续地施工。

（3）积极采用新技术、新工艺、新材料、新设备，充分利用成龙配套的施工机械，提高施工的机械化、自动化程度，改善劳动条件，提高生产率。

（4）科学安排冬季、雨季施工，保证施工生产的均衡性和连续性，并根据水文、季节和施工条件，做好防洪度汛工作。

（5）尽可能利用永久性设施和组装式施工设施，科学地规划施工总平面，因地制宜地安排好交通运输路线以及风、水、电等系统，努力减少施工用地和施工设施建造量。

（6）做好施工降排水措施，对施工中可能遇到涌水、流沙、边坡垮塌、地基沉降等现象，要进行技术分析，提出预案。

（7）优化现场物资储存量和规模，确定物资储存方式，尽量减少库存量和物资损耗。

（8）采用的施工工艺、方法应能保证工程质量，且施工现场生产安全、施工文明。

（9）积极改善劳动条件，减少施工声、渣、水、气对生态环境影响，做好水土保持，满足当地的环境保护要求，保证施工作业人员的健康和安全。

2.2.1.2 编制依据

施工组织设计的编制依据应包括以下几点。

（1）法律、法规及规程、规范要求。土石方工程常常涉及占用大量土地，需要清除地上附着的林木、植被及房屋设施，有的工程可能还位于自然保护区、文物保护区范围，有特殊的法律法规要求；土石方开挖涉及民用爆破器材与油料使用、交通运输、防洪度汛、水土保持、环境保护和劳动保护等，都应符合国家及地方相关法律、法规要求。

土石方工程施工应执行国家、行业及地方相关标准，如建设工程项目管理、爆破施工技术、边坡施工技术、降排水工程技术、深基坑安全施工技术、施工验收等规范，以及质量标准与操作规程等。

（2）工程相关文件。土石方施工组织设计应符合上级主管部门对工程项目批准建设的项目立项批复文件及有关建设要求，以及土地、环保、水保、林业、地质灾害等评价报告要求。土石方施工组织设计应满足土地规划、土地复垦方案、环境影响评价、水土保持方案、使用林地可行性报告、地质灾害评估等评价报告的要求。

（3）合同条件。土石方施工组织设计应符合合同文件中的要求，包括：①开、竣工日期；②里程碑事件进度目标；③质量目标及创优规划；④建设单位对工程施工可能提供的条件，如施工场地的占用、临时办公、仓库的施工用房及职工食堂、浴室、宿舍、医疗条件等情况，水、电供应等；⑤主要材料的供应情况；⑥预付款、质量保证金及资金结算、支付条件；⑦变更及索赔条件等。

（4）施工组织总设计规定和要求。单位工程的土石方施工组织设计，则应遵守施工总组织设计中的有关施工部署和具体要求，分部（项）工程的施工组织设计还需了解遵守单位工程施工组织设计的有关内容。土石方工程施工组织设计应遵守施工总组织设计总平面布置的规定，包括办公及生活设施布置，临时性工程设施布置，施工交通布置，风、水、电供应等。

（5）设计文件与图纸。土石方施工组织设计应符合设计文件与图纸的规定，包括设计文件和经过会审的施工图、会审记录、图纸修改核定单，以及有关的标准图纸等。

设计文件包括气象水文资料、地形测绘资料、工程测量控制网、工程地质勘察报告、道路运输、料场及渣场布置等；图纸修改包含由于设计工作本身的漏项、错误等原因而修改部分，以及补充原设计的技术资料、非设计原因而发生的对原设计图纸的变更、对原设计图纸和设计文件中所表达的设计标准状态的修改、完善和优化等；设计采用的有关标准图纸、图集是设计文件的组成部分，也是编制施工组织设计的依据。

（6）现有资源配置情况。土石方施工组织设计应熟悉了解配备的劳动力情况、施工主要机械的配备条件及其生产能力，以及各种原材料、民爆器材、加工品来源及供应情况等。

劳动力主要来源包括企业为工程施工所配置的管理人员、技术人员来源和可能的分包规划，以及分包队伍资质、能力、人员情况等。企业为进行工程施工所配置的主要机械设备的来源（调拨、新购或租赁）还应包括生产能力、完好状态等情况，属特大型设备或特种设备、计量设备及器具的，除了解其完好、备检状况外，还应了解机长及随机人员情况。土石方施工爆破及运输作业，离不开民爆器材的供应及油料、配件等的供应，当地材料坝填筑施工也离不开反滤料、垫层料和过渡料的制备供应，部分混凝土粗、细骨料也需要制备，这些材料的供应情况是施工组织设计的基础资料。

（7）施工现场调查资料。土石方施工组织设计应调查了解工程的地质、水文、气象、地形、高程和工程所在地的交通、供水、电力、能源、材料供应等经济发展状况，以及工程施工环境及地上、地下的障碍物等情况。

地质、水文、气象资料是施工组织设计的基本条件，是选定施工作业在空间、时间进行资源配置的依据；地形和高程在高原缺氧环境下，对人和设备的选择具有一定的限制作用。地方经济发展水平决定当地的市场供应状况、物价水平和劳动力价格，交通、供水、电力、能源、材料等供应影响着施工组织设计的仓储备用和自备电源、供水方案的选用。施工所在地环境是否处于居民区、自然保护区或文物保护区，对施工产生的声、渣、水、气等附加影响的承受能力如何，以及其地上、地下有无障碍物，既有管线的作用与挖断后的后果，都需要在施工组织设计前进行调查、收集；土石方施工深基坑降水对周边建筑物的稳定产生不利影响，也应是施工组织设计需要重点关注对象。

（8）其他有关资料。土石方施工组织设计还应遵守施工企业的年度计划、施工企业预算文件和有关定额，以及企业施工组织设计编制要求等。可参照施工组织设计范本及企业类似施工项目经验资料、实例等进行编制。

投标施工组织设计的编制依据还应包括项目招标文件及其释疑资料、发包人提供的信息、现场踏勘情况、投标竞争信息、企业管理层对招标文件的分析结果、企业决策层投标决策意见、企业施工工艺标准、企业质量管理体系、环境管理体系和职业健康安全管理体系，以及企业技术力量、施工能力、施工经验、机械设备状况和自有技术的资料等。实施性施工组织设计的编制依据还应包括项目投标阶段答疑材料、招标阶段投标小组提出的合理化建议、企业项目策划或项目规划大纲内容、企业施工工艺标准、企业质量管理体系、环境管理体系和职业健康安全管理体系等。

2.2.2　编制内容与程序

土石方开挖与填筑作为单位工程、分部（项）工程施工组织设计，其编制多在工程项目招标阶段或工程施工阶段进行，应满足不同阶段施工组织设计、施工方案或施工专项设计的要求。

2.2.2.1　编制内容

施工组织设计应根据工程项目的具体特点、建设要求、施工条件，从实际和可能的条件出发进行编制。施工方法的确定、施工机具和设备的选择、施工顺序的安排、现场的平面布置及各种技术措施应力求达到施工组织科学、施工进度合理。施工组织设计的内容应包括一般内容和专业内容，同时根据工程实际情况和企业标准要求，可增设附加内容。

（1）一般内容。

1）编制依据及说明。

2）工程概况，包括工程构成状况、各专业工程设计概况、建设项目的现场条件、施工组织总设计要求等。

3）施工准备工作，包括需要业主完成的施工准备工作、施工单位的准备工作等。

4）施工管理组织机构及主要人员，包括施工管理组织机构设置、项目经理部决策层岗位职责和各管理部门职责、项目主要管理人员的简历及证明材料等。

5）施工部署，包括工程总体目标、工程总体施工方案等。

6）施工现场平面布置与管理，包括施工现场各个不同阶段的平面布置、施工临时用水、施工临时用电、施工现场平面管理规划等。

7）施工进度计划，包括工期控制目标、施工进度计划、工期保证措施。

8）资源需求计划，包括劳动力需求计划，主要材料和半成品需求计划，机械设备、大型工具、器具需求计划，生产工艺设备需求计划，施工设施需求计划等。

9）工程质量保证措施，包括质量管理组织机构、保证质量的技术管理措施、工程计量管理措施、材料检验制度、工程技术档案管理制度、工程质量的保修计划等。

10）安全生产保证措施，包括安全生产管理组织机构、保证安全生产的技术管理措施等。

11）文明施工、环境保护保证措施，包括文明施工及环境保护管理组织机构、文明施工及环境保护措施等。

12）冬季、雨季施工保证措施，包括工程所在地的气候特点、场地位置、现场条件、冬雨季的施工特点及保证措施等。

（2）专业内容。

1）施工组织设计专业内容主要是分部（项）工程的施工方法。分部（项）工程施工方法应涵盖工程项目的各个专业。

2）分部（项）工程的施工方法包括施工准备、材料构件、机具设备、工艺流程、操作要点、检验检测、质量控制、安全环保、成品保护等。

3）工程施工的重点、难点应根据企业施工经验和技术水平，综合考虑工程的复杂程度、场地和气候特点、机械设备能力和人员素质及技术要求等因素进行单列编写。

（3）附加内容。

1）新技术、新工艺、新材料和新设备应用。当结合工程的实际情况，采用"四新"技术时，施工组织设计应包括"四新"技术名称和简介、应用部位和范围、注意事项及采取措施、社会效益和经济效益等。

2）成本控制措施。成本控制包括成本控制目标、降低成本的措施等。

3）施工风险防范。项目施工风险应根据施工经验、社会发展、国际环境、工程特点和施工周期等因素进行综合预测。施工风险防范包括项目施工风险、风险管理重点、风险防范对策、风险管理责任等。

4）总承包管理与协调。当工程采用总承包方式时，应编制总承包管理工作内容、总承包管理计划，以及对各分包单位的管理措施与各分包单位的协调配合措施等。

5）工程创优计划及保证措施。当有创优目标时，应编制工程创优计划、创优组织机构、创优保证措施等。

6）技术经济指标评价。

7）其他应说明的事项。

2.2.2.2 编制程序

（1）常规编制程序。

1）调查分析基本资料，掌握土石方工程特性和施工条件，做好设计基础工作。

2）估算分部（项）工程的土石方工程量，从整个工程的角度研究开挖与填筑程序。在研究中应特别注意关键性的控制部位和自然条件特殊地段。

3）研究开挖、填筑施工方法。可选择两三种施工方法和机械设备配置方案作比较，从施工强度、工期保证方面进行研究；对工期满足要求的施工方法，进一步研究施工费用，最后确定最优方案。

4）施工平面布置设计。进行临建设施、出渣场地、交通运输和现场布置的设计工作。

5）以流水作业方式，排定施工进度计划。根据流水作业原理，按照工期要求、作业面情况、工程结构对分层分段的影响等，组织流水作业，决定劳动力和机械的具体需要量以及各工序作业时间，编制网络计划，并按工作日编制施工进度计划、技术供应计划和质量安全计划。

6）平衡劳动力、材料物资和施工机械的需要量并修正进度计划。根据对劳动力和材料物资的计算绘制相应的曲线以检查其平衡状况。对过大的高峰或低谷，应将进度计划作适当的调整与修改，使其尽可能趋于平衡，以便使劳动力的利用和物资的供应更为合理。

7）编制施工预算，绘制图表，编写技术经济指标及说明。

施工组织设计编制程序见图2-1。

（2）特殊交叉编制。施工组织设计编制程序中有些顺序必须符合编制程序要求，不可逆转。

1）拟订施工方案后才可编制施工进度计划（因为进度的安排取决于施工的方案）。

2）编制施工总进度计划后才可编制资源需求量计划（因为资源需求量计划要反映各种资源在时间上的需求）。

3）根据具体项目交叉进行，如确定施工的总体布置和拟订施工方案，两者有紧密的联系，往往可以交叉进行。

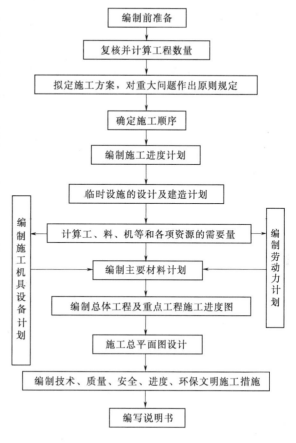

图2-1　施工组织设计编制程序图

2.2.3　投标性施工组织设计编制

投标性施工组织设计编制应符合以下要求。

（1）投标性施工组织设计应符合招标文件的规定，对招标文件提出的要求做出明确、具体的承诺。

（2）应从技术上、组织上和管理上论证工期、质量、安全、文明施工、环境保护、投标报价六大目标的合理性和可行性。

（3）投标性施工组织设计的编写内容应重点突出、核心部分深入、篇幅合理、图文并茂。

（4）应根据招标文件规定的评审规则编制施工组织设计。当对投标性施工组织设计要求仅做符合性评价时（评审结果为合格或不合格），可编制简化类投标性施工组织设计；当对投标性施工组织设计采用评分方法（评审结果用分数表示）时，应编制基本类投标性施工组织设计。

（5）简化类和基本类投标性施工组织设计的编写还应符合表2-2的要求。

表 2－2 投标性施工组织设计的编写表

	内容目录	简化类	基本类
第一部分一般内容	编制依据及说明		依据文件的名称
	工程概况	简述工程规模、工程特点、结构型式和现场条件特点	分别介绍各专业内容、建筑场地特点、现场施工条件和施工总布置及施工导流方式。分析工程施工关键问题。土石方开挖与填筑的施工组织设计应与工程导流方式、总进度、总布置相适应
	施工准备工作		针对工程特点，简述施工单位的技术准备、生产准备
	施工管理组织机构	项目经理和项目技术负责人的简历及证书复印件	项目管理机构设置及主要管理人员的简历和证书复印件
	施工部署		概述工程质量、安全、工期、文明施工、环保目标，施工区段划分，大型机械设备及精密测量装置配备，劳动力投入，分包项目名称
	施工现场平面布置与管理	施工现场总平面图	施工各阶段平面、土石方平衡、布置及管理措施，用图表示，并加说明
	施工进度计划	施工总进度计划	施工总进度计划及次级进度计划，论证进度计划的合理性
	资源需求计划		用表格形式列出主要资源需求计划，如劳动力、主要材料和预制品、机械设备及大型工器具、生产工艺设备、施工设施等
	工程质量保证措施	企业三项管理体系认证证书复印件	企业三项管理体系认证证书复印件，三项管理体系在具体工程中的注意事项和深化事宜
	安全生产保证措施		
	文明施工、环境保护保证措施		
	冬季、雨季（低温季节、高温季节）的施工保证措施	根据工程的特点、施工周期和施工场地环境条件，针对性地进行叙述	
第二部分专业内容	分部分项工程施工方法	确定各分部分项工程的施工方法，提供企业工艺标准中相应的章节名称，主导机械设备与辅助机械设备选型配套	
	工程施工的重点和难点	列出工程重点、难点部位名称，详细介绍其施工方法及保证措施	
第三部分附加内容	新技术、新工艺、新材料和新设备应用	罗列采用的新技术、新工艺、新材料和新设备名称	罗列采用的新技术、新工艺、新材料和新设备名称，应用部位，注意事项，预测其经济效益和社会效益
	成本控制措施	预测成本控制总目标	预测成本控制总目标及为实现总目标所采取的技术措施和管理措施
	施工风险防范	列举可能发生的风险，简述应对措施	列举并评估各种可能发生的风险，细述防范对策和管理措施
	总承包管理和协调	分包项目名称	分包项目名称和内容，总包和各分包单位的主要协调配合措施，总包对各分包单位的主要管理措施
	工程创优计划及保证措施	创优目标及过程路线图（目标分解）	创优目标及过程路线图（目标分解），采取的技术、组织和经济措施

2.2.4 实施性施工组织设计编制

实施性施工组织设计编制应符合以下要求。

（1）实施性施工组织设计应满足指导土石方工程全过程各项施工活动的要求，每项措施都应具有可操作性。

（2）应在投标性施工组织设计的基础上进行充实和完善，其主题不宜脱离投标性施工组织设计。

（3）实施性施工组织设计的编写在文字表述上应具体直观、浅显易懂，满足项目部各阶层相关人员的阅读要求。

（4）结构复杂、容易出现质量安全问题、施工难度大、技术含量高的部位应在施工前编制专项施工方案。

（5）工程开工前，应组织有关部门人员对实施性施工组织设计进行会审，编制人员应根据会审结论对实施性施工组织设计进行修订。

（6）当工程范围变更、施工条件变化、工期缩短或延长、法规变化、质量及特征要求变更以及各种原因造成的停工、发包人违反合同约定、不可抗力事件等发生时，应对实施性施工组织设计进行修改或调整。

（7）实施性施工组织设计修改或调整应按照实施性施工组织设计的编写、审核、审批的相同程序进行。

（8）实施性施工组织设计的编写还应符合表2-3的要求。

表 2-3　　　　　　　　　　实施性施工组织设计的编写表

编写目录		编写要求
第一部分一般内容	编制依据及说明	依据的文件名称
	工程概况	简述工程名称、地点、规模、特点和当地自然状况，建设单位、设计单位、监理单位、质量安全监督单位、施工总包、主要分包、结构型式、施工条件（水、电、道路、场地等情况）施工总布置及施工导流方式。各专业工程设计概况（可采用表格化形式说明）、分析工程施工中的关键问题。土石方开挖与填筑的施工组织设计应与工程导流方式、总进度、总布置相适应
	施工准备工作	针对工程特点，简述业主及施工单位的技术准备、生产准备。技术准备包括罗列出需编制专项施工方案的名称、样板引路施工计划、试验工作计划、职工培训计划，向业主索取已施工项目的验收证明文件等。生产准备包括现场道、水、电来源及其引入方案，机械设备的来源，各种临时设施的布置，劳动力的来源及有关证件的办理，选定分包单位并签订施工合同等
	施工管理组织机构	以图表形式列出项目管理组织机构图，详细阐述项目各职能部门及主要管理人员的岗位职责，对企业相关体系文件中有的内容可加以引用，但体系文件应配备施工组织设计同时使用
	施工部署	概述工程质量、安全、工期、文明施工、环保目标，施工区段（阶段）的划分，大型机械设备及精密测量装置的配备，拟投入的各工种劳动力数量，计划分包项目名称及具体进场与出场时间
	施工现场平面布置与管理	结合工程实际，有针对性地对施工现场的平面布置加以说明，画出各阶段现场平面布置图，进行土石方平衡，并阐述施工现场平面管理规划

编写目录		编写要求
第一部分一般内容	施工进度计划	根据合同工期要求，编制出施工总进度计划、单位工程施工进度计划及次级进度计划，并阐述具体的保障各级进度计划的技术措施、组织措施、经济措施及相应的奖惩条例
	资源需求计划	用表格形式列出主要资源需求计划，如劳动力需求计划、主要材料和预制品需求计划、机械设备及大型工器具需求计划、生产工艺设备需求计划、施工设施需求计划
	工程质量保证措施	对于通过三个体系认证的企业，质量、安全、文明施工、环境保护各项保证措施的内容可不编写，配合相应体系文件同时使用；对于企业没有通过体系认证的部分内容，对应的保证措施的内容应详细编写；结合工程实际情况，在体系文件中未包含的一些具有针对性的保证措施应重点编写
	安全生产保证措施	
	文明施工、环境保护保证措施	
	冬季、雨季（低温季、高温季节）的施工保证措施	根据工程特点、施工周期及场地环境简要介绍
第二部分专业内容	分部分项工程施工方法	1. 结合具体工程，确定各分部分项工程名称 2. 当企业有内部工艺标准时，分部分项工程施工方法可引用企业工艺标准中的对应内容，对企业工艺标准中没有的内容，应详细编写，重点突出 3. 当企业无内部工艺标准时，分部分项工程施工方法应结合工程具体情况及企业自身素质，有针对性地编写 4. 主导机械设备与辅助机械设备选型配套
	工程重点、难点的施工方法及措施	企业结合自身素质和工程的实际情况，列出重点、难点部位，详细介绍施工方法及保证措施
第三部分附加内容	新技术、新工艺、新材料和新设备应用	罗列出新技术、新工艺、新材料和新设备的名称、应用部位，预测其经济效益和社会效益
	成本控制措施	预测成本控制目标及为实现总目标所采取的技术措施和管理措施。具体措施包括：优选材料、设备质量和价格；优化工期和成本，减少赶工费；跟踪监控计划成本与实际成本差额；分析产生原因，采取纠正措施；全面履行合同，减少业主索赔机会；健全工程施工成本控制组织，落实控制者责任等
	施工风险防范	列举并评估各种可能发生的风险，细述防范对策和管理措施
	总承包管理和协调	概述分包项目名称和内容，总包与分包单位的主要协调配合措施，总包对各分包单位的主要管理措施及质量、安全、进度、文明施工、环保的要求。主要管理措施包括：与分包单位签订质量、安全、进度、文明施工、环保目标责任协议书，建立定期联检制，加强三检制，加强例会制，充分利用计算机、网络等信息化技术参与管理等
	工程创优计划及保证措施	明确创优目标及过程路线图（目标分解），细述所采取的技术、组织及经济措施

2.3 施工进度计划及作业流程

施工进度计划是以拟建工程项目为对象，以时间顺序为主线，以施工方案、工作项目、作业流程为基础，根据规定工期（开工时间、里程碑节点目标时间、完工时间）和技术、物资、设备等的供应条件，遵循各施工过程合理的工艺顺序，统筹安排各项施工活动而编制的技术性文件。它的任务是为各施工过程指明一个确定的施工日期，即时间计划，并以此为依据确定施工作业所必需的劳动力和各种技术、物资、设备的供应计划。施工进度管理是施工项目管理的主线，也是施工过程中引起矛盾、问题最多的管理要素，按时交付项目是项目管理者面临的最大挑战之一。

采用顺序作业、平行作业和流水作业等不同的作业流程，对于相同的施工对象来说，其作业组织方式和施工效果也各不相同。

2.3.1 施工进度计划类型及作用

2.3.1.1 施工进度计划种类

施工进度计划可按计划功能、施工组织设计、编制单位不同进行分类。

（1）以计划的功能进行分类。工程项目施工进度计划可分为控制性施工进度计划、指导性施工进度计划和实施性施工进度计划。控制性施工进度计划是整个项目施工进度控制的纲领性文件，是组织和指挥施工的依据，是施工进度动态控制的依据。控制性进度计划一般由施工企业按照合同要求提出，项目部执行，可包括工程项目总进度规划、工程项目总进度计划、分阶段进度计划、子项目进度计划和单项进度计划、年（季）度计划等。实施性施工进度计划是用于直接组织施工的，它必须非常具体。分部（项）施工进度计划以及月度施工计划和旬、周施工作业计划是用于直接组织施工作业的计划，属于实施性施工进度计划。

（2）以对应于不同施工组织设计进行分类。施工进度计划可对应分为施工总进度计划和单位工程施工进度计划、分部（项）工程施工进度计划等。施工总进度计划、单位工程施工进度计划一般作为控制性进度计划。分部（项）施工进度计划是单位工程施工进度计划的进一步细化，是进行项目施工的实施性施工进度计划。

（3）以编制单位不同进行分类。施工进度计划可分为业主方施工进度计划、设计方施工进度计划、施工方施工进度计划以及采购与供货方施工进度计划。在建设工程项目进度计划系统中，业主方、设计方、施工方与采购方和供货方等的进度计划编制和调整时，必须注意其相互间的联系和协调。

2.3.1.2 施工进度计划作用

进度计划管理的目的除了对施工活动作出一系列的时间安排，指导施工如期履约，保证按时获利以补偿已经发生的费用支出外，同时还可以协调资源，使资源在需要时可被利用，并预测在不同时间上所需的资源的级别以便赋予项目不同的优先级，满足严格的完工时间约束等。

（1）控制性施工进度的作用。控制性施工进度计划的主要作用是：论证施工总进度目标；对施工总进度目标进行分解，确定里程碑事件的进度目标；作为编制实施性进度计划、编制其他相关进度计划及施工进度动态控制的依据。

（2）实施性施工进度计划的作用。实施性施工进度计划的主要作用是：确定施工作业的具体时间安排；确定（或据此可计算）一个时间段（月或旬、周）内人工需求（工种及其相应的数量）、施工机械需求（机械名称和数量）、成品和半成品及辅助材料等建筑材料需求（建筑材料的名称和数量）、资金需求等。

2.3.2 施工进度计划编制

2.3.2.1 编制原则及依据

（1）编制原则。

1）施工总进度应遵守基本建设程序；采用国内平均先进施工水平，合理安排工期；均衡分配资源（人力、物资和资金等）。

2）单项工程施工进度与施工总进度相互协调，各项目施工程序前后兼顾、衔接合理、干扰少、施工均衡。

3）在保证工程施工质量、总工期的前提下，充分发挥投资效益；突出主要关键工序（线路）及重要工程；明确准备工程、开工、截流、蓄水、首台机组发电和工程完工日期等控制性工期。

4）单位工程施工进度应以拟建工程在合同规定的期限为约束条件；以尽快发挥投资效益为目标；采用流水作业方式，保持施工的连续性和均衡性；节约施工费用。

（2）编制依据。施工进度计划的编制依据包括：施工里程碑目标，施工总进度目标，上层级进度计划，施工方案，施工预算，预算定额，施工定额，资源供应状况，工地进度，建设单位对工期的要求（合同要求）以及类似工程的实际经验等。

2.3.2.2 施工进度计划编制要求

（1）保证重点，兼顾一般。编制施工进度计划，要分清主次，抓住重点，同时期进行的项目不宜过多，以免分散有限的人力、物力。主要工程项目指工程量大、工期长、质量要求高、施工难度大，以及对其他工程施工影响大、对整个建设项目的顺利完成起关键性作用的工程子项。这些项目在各系统的控制期限内应优先安排。

（2）施工连续、强度均衡。编制施工进度计划，应尽量使各工种施工人员、施工机械在全工地内连续施工，同时尽量使施工强度及劳动力、施工机具和物资消耗量在全工地上达到均衡，避免出现突出的高峰和低谷，以利于劳动力的调度、原材料供应和充分利用临时设施。为达到这种要求，应考虑在工程项目之间组织大流水施工，即在相同结构特征的建筑物或主要工种工程之间组织流水施工，从而实现人力、材料和施工机械的综合平衡。另外，为实现连续均衡施工，还要留出一些后备项目，如附属或辅助设施等，作为调节项目，可穿插在主要项目的流水中。

（3）满足生产工艺要求。生产工艺系统是串联各个建筑物的主动脉。要根据工艺所确定的分期分批建设方案，合理安排各个建筑物的施工顺序，使土建施工、设备安装和试生产实现"一条龙"，以缩短建设周期，尽快发挥投资效益。如利用开挖料作为坝体填筑材料或砂石骨料时，开挖施工进度宜与需求相协调。

（4）分析考虑各种限制条件。确定各建筑物施工顺序，还应考虑各种客观条件的限制。如施工企业的施工力量，各种原材料、机械设备、安装设备的供应情况，设计单位提供图纸的时间、各年度建设投资数量等，对各项建筑物的开工时间和先后顺序予以调整。同时，由于建筑施工受季节、环境影响较大，因此，经常会对某些项目的施工时间提出具体要求，从而对施工的时间和顺序安排产生影响。如岸坡开挖一般与导流工程平行施工，通常安排在截流工程施工前完成。

（5）充分认识施工总平面空间布置的影响。总平面布置设计，应在满足有关规范要求的前提下，使各建筑物的布置尽量紧凑，以节省占地面积，缩短场内各种道路、管线的长度，但由于建筑物密集，也会导致场地狭小，使场内运输、材料堆放、设备组装和施工机械布置等产生困难。为减少由此造成的不利影响，除采取一定的技术措施外，对相邻各建筑物的开工时间和施工顺序予以调整，以避免或减少相互影响也是重要措施之一。

2.3.2.3　施工进度计划编制方法

（1）施工进度计划的编制程序。收集编制依据→划分施工过程→确定施工顺序→计算工程量→套用计划定额→计算劳动量或机械台班需用量→确定施工过程的持续时间→绘制网络计划或流水施工横道图→工期符合性、劳动力和机械均衡性以及材料供应能力判断调整→绘制正式进度计划。

（2）施工进度计划的编制步骤。

1）收集、研究编制进度计划所必需的资料，尤其是开工日期、完工日期、里程碑节点目标、施工进度规划、施工总进度计划等控制性计划目标。

2）项目结构分解，划分施工作业单元，列出工程项目一览表并计算工程量。

3）确定施工组织及主要工程项目、重要工程项目的施工方案。

4）划分施工工序并编制工艺流程。

5）采用施工定额计算工序持续时间，确定各单位工程的施工期限及劳动力、材料、设备台班的消耗量。

6）编制进度计划初始方案，确定各单位工程的开工时间、完工时间和相互搭接关系。

7）网络图时间参数、施工强度计算及关键线路的确定。

8）初始网络计划的调整与优化。

9）编制下达施工的进度计划。

2.3.2.4　项目结构分解及确定施工顺序

（1）项目结构分解。施工过程（施工作业单元）是进度计划的基本组成单元，其包含的内容多少、划分的粗细程度应根据计划的需要来决定。划分施工过程也就是按照工作分解结构的方法把施工项目以内在结构或实施过程的顺序进行逐层分解而形成的结构层次表格。一般说来，单位工程施工进度计划的施工过程应明确到分项工程或更具体，以满足指导施工作业的要求。

（2）确定施工顺序。施工活动应按其依赖关系进行排序，强制性依赖关系是硬逻辑关系，是施工活动固有的依赖关系，形成了对后续施工活动的外部客观限制条件；可自由处理的依赖关系分为优先级逻辑关系和软逻辑关系，是内部根据具体情况安排的依赖关系，这类关系可能会限制施工活动的顺序安排。

施工活动的逻辑依赖关系可用：完成-开始型（后续工作开始依赖于前置工作的完成）、开始-开始型（后续工作的开始依赖于前置工作的开始）、完成-完成型（后续工作的完成依赖于前置工作的完成）和开始-完成型（后续工作的完成依赖于前置工作的开始）等四种类型表现。通常划分施工过程应按顺序列成表格，编排序号，插队施工遗漏或重复。凡是与工程对象现场施工直接有关的内容均应列入，辅助性内容和服务性内容可不予列入。划分施工过程应与施工方案一致。

施工进度计划是按流水作业、顺序作业或平行作业原理的网络计划方法进行编制的。

流水作业是在分工协作和大批量生产的基础上形成的一种科学的生产组织方法。它的特点体现在生产的连续性、节奏性和均衡性上。由于建筑产品及其生产的技术经济特点，在施工中采用流水作业方法时，须把工程分成若干施工段，当第一个专业施工队组完成了第一个施工段的前一道工序而空出工作面并转入第二个施工段时，第二个专业施工队组即可进入第一施工段去完成后一道工序，然后再转入第二施工段连续作业。这样既保证了各施工队组工作的连续性，又使后一道工序能提前插入施工，充分利用了空间，争取了时间，缩短了工期，使施工能快速而稳定地进行。

施工顺序是在施工方案中确定的施工流向和施工程序的基础上，按照所选施工方法和施工机械的要求确定的。由于施工顺序是在施工进度计划中正式定案的，所以最好能够在施工进度计划编制时具体研究确定施工顺序。确定施工顺序是为了按照施工的技术规律和合理的组织关系，解决各项目之间在时间上的先后顺序和搭接关系，以期做到充分利用空间，在保证工程质量、施工安全的基础上争取时间，实现合理安排工期的目的。安排施工顺序必须遵循工艺关系，优化组织关系。

2.3.2.5 计算工程量和持续时间

（1）计算工程量。计算工程量应针对划分的每一个施工过程分段计算，可套用施工预算的工程量，也可以由编制者根据图纸并按施工方案安排自行计算，或根据施工预算加工整理。需要时计算劳动量和机械分班制。

（2）计算持续时间。年度、月度进度计划以及旬、周施工作业计划是以年、月、旬、周为计划时段的施工作业的具体安排。年度、月度施工计划应反映各施工作业相应的日历天的安排。旬、周施工作业计划应反映各施工作业相应的日历天及分班作业的安排。

施工过程的持续时间应按正常情况确定，它的费用一般是最低的。施工活动时间的计算可采用定额计算、历史数据、经验类比和专家意见等方法确定，并应考虑人员熟练程度及设备完好状况、队伍工作能力及效率、突发事件影响、计划调整的时间损失等。

进度的时间参数主要包括约定开始时间和结束时间、最早开始时间和最早结束时间、最迟开始时间和最迟结束时间以及时差等。约定开始时间和结束时间实际上规定了项目的时间周期，也就是规定了完成项目的时间限制；时差是施工活动由于最早开始时间与最迟开始时间不同造成的开始时间浮动或最早结束时间与最迟结束时间不同造成的结束时间浮动所形成的。

经过计算编制出初始计划应结合实际按均衡生产的原则和资源最佳投入方式作必要的调整，是避免因盲目抢工而造成浪费的有效方法。按照实际施工条件来估算项目的持续时间是较为简单的方法。

2.3.2.6 施工进度计划表达

施工进度计划通常采用里程碑、横道图、网络图、斜率图进行表达，以横道图与网络图最为常用。

（1）里程碑法。里程碑法也称关键日期表法，是一种仅表示主要可交付成果的计划开始和完成时间、重要事件标记及关键外部接口的表格式简单的进度计划，一般以纵列表示时间、横列表示施工过程，是计划阶段应重点考虑的关键点，里程碑进度表见表2-4。

表 2 - 4

里 程 碑 进 度 表

序号	里程碑节点		开始时间/(年-月-日)		完成时间/(年-月-日)		交付成果要求
			计划	实际	计划	实际	
1	进场准备	人员设备进场			1995 - 5 - 1		
		施工设施完建	1995 - 8 - 30		1997 - 5 - 31		
2	坝肩开挖	左坝肩	1995 - 7 - 31		1997 - 10 - 15		
		右坝肩	1995 - 7 - 31		1997 - 7 - 31		
3	施工导流		1996 - 2 - 1		1997 - 10 - 31		1997年5月四面体备存
4	围堰施工	上游围堰高程 185.00m	1997 - 11 - 10		1998 - 6 - 30		100 年一遇洪水度汛高程
		下游围堰高程 145.00m	1997 - 11 - 10		1998 - 6 - 30		下游围堰顶高程
5	大坝填筑	高程 144.00m	1998 - 2 - 10		1998 - 6 - 30		主坝全断面高程
		高程 200.00m	1998 - 7 - 1		1999 - 6 - 30		300 年一遇洪水度汛高程
		高程 215.00m	1999 - 7 - 1		1999 - 12 - 31		满足水库蓄水及首台机组发电要求
		高程 236.00m	2000 - 1 - 1		2000 - 6 - 30		500 年一遇洪水度汛高程
		高程 283.00m	2000 - 7 - 1		2001 - 8 - 1		坝顶高程

（2）横道图法。横道图法，又称甘特图法，是一种带时标的表格形式计划，是以图示的方式通过活动列表和时间刻度形象地表示出任何特定项目的活动顺序与持续时间，具有简明、形象、易懂的优点。在横道图中，横轴方向表示时间，纵轴方向并列工作任务内容等，图表内以线条、数字、文字代号、圆点等来表示计划（实际）所需时间、计划（实际）产量、计划（实际）开工或完工时间等，横道图进度表见表 2 - 5。横道图的不足是在进度计划中不能表示各项工作之间的相互依赖及制约关系，不能直观看出工作的机动时间（伸缩余地）及完成计划的关键线路所在，对于特别复杂的项目，难以适应计划管理的需要。

表 2 - 5

横 道 图 进 度 表

序号	项目名称	单位	数量	2010 年 9 月 1 2 3 4 5 6 7 8 9 10 11 12 13 14 15 16 17 18 19
1	一层柱混凝土浇筑	m³	80	
2	二层梁板模板安装	m²	1810	
3	二层梁板钢筋加工、安装	t	17	
4	二层梁板混凝土浇筑	m³	170	
5	二层柱钢筋加工、安装	t	12	
6	二层柱模板安装	m²	780	
7	二层柱混凝土浇筑	m³	90	

（3）网络图法。网络图法又称箭头图法，是 20 世纪 50 年代中期出现的网络计划方法。网络图是按一项工作各工序的先后次序和流程方向，自左向右以箭头画成。它弥补了横道图的缺陷，使施工管理人员能集中注意力去抓关键，而且在执行中还可预测出情况变化对工期和以后工作的影响，以便及时采取对策。网络图法有单代号网络计划及双代号网络计划两种。

1）单代号网络计划。以节点及其编号表示工作，以箭线表示工作之间的逻辑关系，并在节点中加注工作代号、名称和持续时间，以形成节点式单代号网络计划。单代号网络中的每项活动由一个节点框表示，该活动的名称及活动序号、工期、责任人等详细信息都可写入框中，其活动序号表示在时间上的优先或并列关系。单代号网络表示法见图 2-2。

图 2-2　单代号网络表示法

单代号网络中每个节点活动中只能有一个活动顺序和一个工期估计，一项工作活动只能用一条箭线表示。每个网络图只能有一个起点和一个终点，其网络图是单向图，不能出现循环闭路；单代号网络计划见图 2-3。

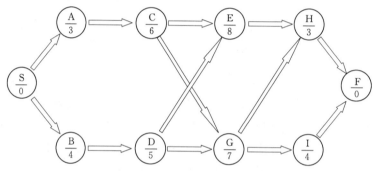

图 2-3　单代号网络计划图

2）双代号网络计划。以箭线及两端节点编号表示工作的逻辑关系及开始与结束时间，以形成箭线式双代号网络计划，双代号网络中的箭线是用来表示工作，箭头方向表示工作活动发展方向，箭尾表示工作活动的开始，箭头表示工作活动结束，箭线式双代号网络中，工作是通过节点联系起来的，圆圈节点中的编号代表事件序号。工作一般可分为消耗时间和资源的工作、只消耗时间不消耗资源的工作，以及既不消耗时间和资源，又不占用空间的虚工作。由起点节点开始，沿箭线方向连续通过一系列箭线与节点，最后达到终点节点的通路称为线路。

网络中线路持续时间最长的线路被称为关键线路，关键线路的时间代表着整个网络计划的计划总工期。关键线路上的工作成为关键工作，关键线路及关键工作都设有时间储备（富裕时间）。双代号网络表示法见图 2-4。

双代号网络中的箭线与活动一一对应，一项工作活动只能用一条箭线表示。每个网络图只能有一个起点和一个终点，其网络图是单向图，不能出现循环闭路；双代号网络中两个事件（编号）之间只能有一条箭线存在，对于并置关系，可引用虚箭线（虚活动）；箭线只能始于一个节点，终于另一个节点，

图 2-4　双代号网络表示法

而不能直接从箭线中叉出箭线。

网络计划的时间参数按其特性可分为两类，即控制性时间参数和协调性时间参数。在节点时间参数计算中控制性时间参数有节点最早可能实现时间（ET）和节点最迟必须实现时间（LT）；协调性时间参数有工作的总时差（TF）和工作的局部时差（FF）。

各时间参数应按式（2-1）、式（2-2）、式（2-3）进行计算：

$$ET(j) = \max[ET(i) + t_{(i,j)}] \tag{2-1}$$

$$LT(i) = \min[LT(j) + t_{(i,j)}] \tag{2-2}$$

$$\left.\begin{aligned} TF_{(i,j)} &= LT(j) - ET(i) - t_{(i,j)} \\ FF_{(i,j)} &= ET(j) - ET(i) - t_{(i,j)} \end{aligned}\right\} \tag{2-3}$$

以上各式中　$ET(i)$、$ET(j)$——前节点 i、后节点 j 最早可能实现时间；

$\qquad\qquad LT(i)$、$LT(j)$——前节点 i、后节点 j 最迟必须实现时间；

$\qquad\qquad TF_{(i,j)}$——节点 i 至后节点 j 的工作总时差；

$\qquad\qquad FF_{(i,j)}$——节点 i 至后节点 j 的工作局部时差；

$\qquad\qquad t_{(i,j)}$——工作的（i，j）持续时间。

已知起始节点的最早可能实现时间为 $ET(1)=0$，整个网络计划的总工期为终止节点的最早可能实现时间 $[T=ET(n)]$，终止节点的最迟必须实现时间为总工期 $[LT(n)=T]$。计算时先由起始节点开始依次递推出各节点的 ET，从而确定出整个进度计划的总工期 T，然后再由终止节点开始反向递减算出各节点的 LT，最后根据求得的控制性时间参数按式（2-3）计算各工作的总时差 TF 和局部时差 FF。双代号网络计划见图 2-5。

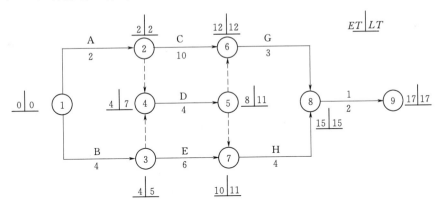

图 2-5　双代号网络计划图

双代号网络计划由于其能够反映各工作之间的相互依存和相互制约关系，便于对复杂而难度大的工程项目做出有序可行的安排，产生良好的管理效果和经济效益；通过计算可直观找出网络计划的关键线路、次关键线路及其他工作的机动时间，优化资源强度，调整工作进程，降低施工成本以及便于计算机技术应用等优点，而得到广泛应用，并发展出双代号时标网络计划，见图 2-6。

由于施工总进度计划只是起控制性作用，因此不必过细。当用横道图表达总进度计划时，项目的排列可按施工总体方案所确定的工程展开程序排列。横道图上应表达出各施工项目的开工、竣工时间及其施工持续时间。

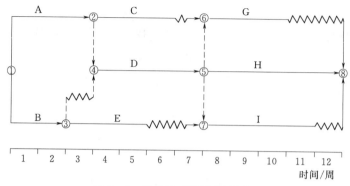

图 2-6 双代号时标网络计划图

随着网络计划技术的推广和普及，采用网络图表达施工总进度计划，已得到广泛应用。用有时间坐标的网络图表达总进度计划，比横道图更加直观，且可以表达出各项目之间的逻辑关系（见图 2-7）。网络计划目前应用比较广泛的两种计划方法是关键路径法（Critical Path Method，简称 CPM）和计划评审技术（Program Evaluation and Review Technique，简称 PERT）。CPM 和 PERT 是独立发展起来的计划方法。两者区别在于：CPM 是以经验数据为基础来确定各项的时间，而 PERT 则把各项工作的时间作为随机变量来处理。CPM 往往被称为肯定型网络计划技术，PERT 往往被称为非肯定型网络计划技术。网络计划按主要系统排列关键工作、关键线路、逻辑关系、持续时间和时差等信息。

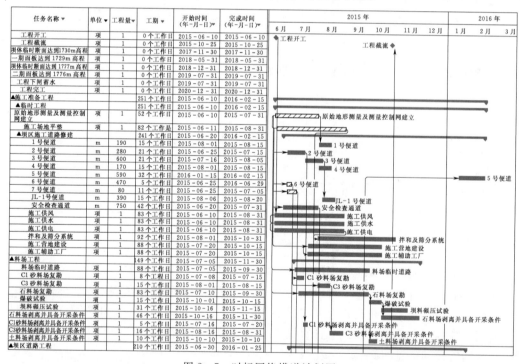

图 2-7 时标网络横道计划图

2.3.2.7 网络计划优化

所谓网络计划的优化，就是利用时差（网络计划中完成工序时的富余时间或机动日期)，不断改进网络计划的方案，从而达到工期最短、资源利用最有效和费用最少的一种网络改进方法。通常包括以下 3 种类型的优化。

（1）资源一定，工期最短。即在人力、物力、财力一定的条件下，寻求最短工期的方法。

1）向关键作业要时间。抓住关键路线，缩短关键作业的消耗时间。这可以采用改进作业方法或改进工艺方案、合理分配工作任务、改进工艺装备等技术措施加以实现。

2）向非关键工序要资源。利用时差从非关键工序中抽调部分人力、物力，集中用于关键工序，以缩短其所耗用的时间。

3）采取组织措施。在作业方法或工艺流程许可的条件下，对关键工序上的一些关键作业采取平行、交叉作业，合理调配工程技术人员或操作者，尽量缩短各项作业耗用的时间。

（2）工期一定，资源平衡，资源工期最佳结合。即在工期一定的条件下，寻求资源平衡合理的方法。

1）根据规定的工期和工作量，计算每一道工序所需的资源数量，编制出工程进度计划。

2）在不超过有限资源和保证总工期的前提下合理调配资源，将资源优化分配给关键工序和时差较小的工序，并尽量使资源能够均衡、连续地投入，避免大增大减。

3）为保证资源合理利用，必要时，适当调整总工期。这可以通过利用非关键路线上各工序的总时差，调整各非关键工序的开工和完工时间来实现。

（3）工期缩短，成本最低。这是寻求以最低的工程成本获得最短工期的一种方法。

工程直接费用和间接费用与工期的关系，一般说来，缩短工期会引起直接费用的增加和间接费用的减少；而延长工期则反之。解决"工期缩短，成本最低"这一"工期-成本优化"问题的基本思路是，首先在于不断地从这些工序的耗用时间和费用关系中，找出能使计划工期缩短而又能使直接费用增加幅度最少的工序，使其耗用时间最短；然后考虑间接费用随着工期缩短而减少的影响，把不同工期的直接费用和间接费用分别相加，即可求得工程成本最低时相应的最优工期。这可以通过诸如渐近法、简化法、标记法和线性规划法等来实现。

2.3.3 施工进度计划控制

2.3.3.1 施工进度计划实施

施工计划的实施实际上是进度目标的过程控制，是 PDCA 循环的 D 阶段。在这一阶段中主要做好以下工作。

（1）编制并执行时间周期计划。周期计划包括年、季、月、旬、周进度计划。周期计划落实施工进度计划，并以短期计划落实长期计划，做到短期保长期、周期保进度、进度保目标。

（2）用施工任务书把进度计划任务落实到班组。施工任务书是几十年来我国坚持使用的有效的管理工具，是管理层向作业人员下达任务的好形式，可用来进行作业和核算，特别有利于进度控制，故应当坚持使用。它的内容包括施工任务单、考勤表和限额领料单。

（3）坚持进度控制。应做好进度的跟踪、监督、预警并加强调度，记录实际进度，与施工合同对进度控制的承诺进行对比分析，落实进度控制措施，处理进度索赔，确保资源供应进度计划实现。

（4）加强分包进度管控。由分包人根据施工进度计划编制分包工程进度计划并组织实施；项目经理部将分包工程计划纳入进度控制范畴；项目经理部协助分包人解决进度控制中的相关问题。

（5）定期进行施工进度计划检查。依据施工进度计划的实施记录进行检查，检查内容包括实际完成和累计完成工程量、实际参加施工的人数和机械数及生产效率、机械台班数及其原因分析、进度偏差及进度管理情况、影响进度的特殊原因及分析等。一般来说，进度计划的检查由负责统计工作的管理人员按统计规则完成。

（6）及时进行施工进度计划调整。施工进度计划调整的依据是施工进度计划检查结果。调整的内容包括施工内容、工程量、起止时间、持续时间、工作关系和资源供应等。调整进度计划应采取科学方法，如网络计划计算机调整方法，并应编制调整后的施工进度计划。

2.3.3.2　进度计划测量方法

列表比较法、横道图比较法、S形曲线比较法、香蕉曲线比较法与前锋线比较法等是对进度计划执行情况进行测量和检查对比的几种方法，是进度控制的常用工具。

（1）列表比较法。列表比较法是采用列表的方式对计划完成日期与实际完成日期进行对比的方法，简单易行。适用于各种进度计划的测量检查和比较。

（2）横道图比较法。横道图比较法是指将在项目实施中检查实际进度收集的信息，经整理后直接用横道线并列标于原计划的横道线处，进行直观比较的方法。

（3）S形曲线比较法。S形曲线比较法是以横坐标表示进度时间，纵坐标表示累计完成任务量，而绘制出一条按计划时间累计完成任务量的S形曲线，将施工项目的各检查时间实际完成的任务量与S形曲线进行实际进度与计划进度相比较的一种方法。从整个施工项目的施工全过程而言，一般是开始和结尾阶段，单位时间投入的资源量较少，中间阶段单位时间投入的资源量较多，与其相关，单位时间完成的任务量也呈同样变化，而随时间进展累计完成的任务量，则应该呈S形变化。S形曲线比较法见图2-8，表明在检查日期 T_a 时，实际累计完成任务量为 a，比计划超额完成 ΔQ_a 的任务量，提前时间为 ΔT_a；在检查日期 T_b 时，实际累计完成任务量为 b，比计划欠额完成 ΔQ_b 的任务量、滞后时间为 ΔT_b；预计工程拖延时间 ΔT_c，完成日期 T_c。

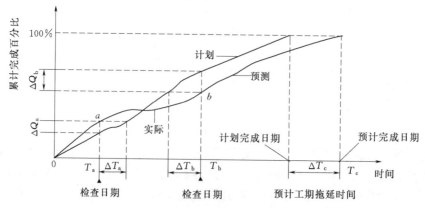

图2-8　S形曲线比较法图

（4）香蕉曲线比较法。香蕉曲线是由两条以同一开始时间、同一结束时间的S形曲线组合而成。其中，一条S形曲线是工作按最早开始时间安排进度所绘制的S形曲线，简称ES曲线；而另一条S形曲线是工作按最迟开始时间安排进度所绘制的S形曲线，简称LS曲线。两条S形曲线都是从计划的开始时刻开始和完成时刻结束，因此两条曲线是闭合的。一般情况，其余时刻ES曲线上的各点均落在LS曲线相应点的左侧，形成一个形如"香蕉"的曲线，故此称为香蕉曲线。在项目的实施中进度控制的理想状况是任一时刻按实际进度描绘的点，应落在该香蕉形曲线的区域内。香蕉曲线比较法见图2-9。

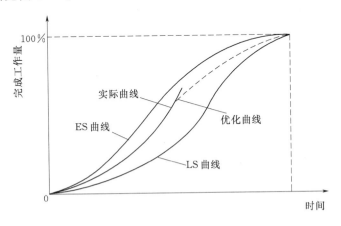

图2-9　香蕉曲线比较法图

（5）前锋线比较法。前锋线比较法是通过绘制某检查时刻工程项目实际进度前锋线，进行工程实际进度与计划进度比较的方法，它主要适用于时标网络计划。所谓前锋线，是指在原时标网络计划上，从检查时刻的时标点出发，用点划线依此将各项工作实际进展位置点连接而成的折线。前锋线比较法就是通过实际进度前锋线与原进度计划中各工作箭线交点的位置来判断工作实际进度与计划进度的偏差，进而判定该偏差对后续工作及总工期影响程度的一种方法。前锋线比较法见图2-10。

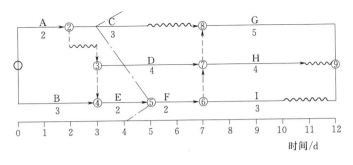

图2-10　前锋线比较法图

2.3.3.3　进度控制分析及调整

（1）进度控制分析。进度控制应以施工进度计划、进展报告、变更请求和进度管理计划为依据进行。经过批准的施工进度计划是进度控制的进度基准，是测量和报告进度实施的基础。进展报告提供了进度执行的实际情况和问题分析，以及将来可能遇到的与进度有关的问题。

定期测量、检查实际进度，并与基准进度进行对比和偏差分析，是进度控制的重要内容。进度的测量、检查及偏差分析可采用进度计划的测量方法等进行。

（2）进度调整压缩。赶工和快速跟进都是进度压缩常用的方法。赶工一般通过额外的工作来实现，特别是针对那些受资源限制影响较大的项目。比如某项活动受资源限制比较严重，可以通过加班的方式或者资源共享、增加资源方式加以解决。赶工通常会导致项目费用的增加。快速跟进则是将原来顺序执行的活动改为并行作业的方法，快速跟进可能会导致项目的返工而增加风险。

进度调整的成果是进度计划更新、纠正行动和经验教训的吸取，应以文件的形式形成进度管理的数据库组成资料。

2.3.4 施工作业流程管理

土石方开挖与填筑工程施工可划分为施工准备阶段、初期施工阶段、正常施工阶段、尾期施工阶段四个阶段。

此正常施工阶段为施工的高峰时期，重点是确保按施工进度计划完成施工任务。

2.3.4.1 施工程序

施工程序是指一个单位工程中各分部（项）工程或施工阶段的施工先后顺序及其制约关系，主要解决时间搭接问题。

（1）施工程序的确定原则。

1）严格执行开工报告制度。

2）先边坡开挖处理，后地面施工。

3）基础处理工程应在后续工程开工前验收完成。

4）建基面隐蔽前应验收完成。

5）不同施工组织施工界面转移前应验收完成。

（2）单位工程施工起点流向。单位工程施工起点流向是指竖向空间及平面空间上施工开始的部位及其流动方向。对于土石方开挖与填筑，如坝面填筑，按其堆石、心墙分区不同，分区分段确定平面上的施工流向；对于高边坡分层开挖，除了确定每层平面上的施工流向外，还要确定竖向的施工流向。它牵涉一系列施工活动的开展和进程，是组织施工的重要一环。确定单位工程施工起点流向时，一般应考虑以下几个因素。

1）生产工艺过程，往往是确定施工流向的基本因素。例如，要关键线路上的工段先施工，或施工工艺上要影响其他工段施工的先施工。

2）生产上或使用上要求急的工段或部位先施工。

3）根据单位工程各分部分项施工的繁简程度，一般说，对技术复杂、施工进度较慢、工期长的工段或部位，应先施工。

4）相邻基坑有深浅时，一般说开挖应按先深后浅的方向施工；大坝、渠堤填筑应按先低后高的施工方向。

5）根据工程条件，选用施工挖土机械开行路线或布置位置便决定了基础挖土的施工起点流向。

    6）按划分施工层、施工段的顺序决定施工起点流向。

    （3）分部（项）工程施工顺序。施工顺序是指分项工程或工序之间的施工先后次序，它的确定既是为了按照客观的施工规律组织施工，也是为了解决工种之间在时间上搭接问题，在保证质量与安全施工的前提下，以期做到充分利用空间、争取时间、缩短工期的目的。

    1）施工控制网测量及施工放样。

    2）施工降排水。土石方降排水包括边坡排水天沟施工、区段周边排水系统施工和区段内降排水（集水井降水、轻型井点降水、管井井点降水、深井井点降水、电渗井点降水等）。

    3）开挖方式及程序。自上而下的开挖方式以及开挖的不同部位，包括覆盖层开挖、土方开挖、石方开挖（机械开挖、石方爆破）、建基面开挖、齿槽开挖、集水井开挖等。

    4）运输方式、运输道路及运输机械，包括：短距离的推土机运输、装载机运输、铲运机运输；长距离的汽车运输、胶带运输、铁路运输、水上运输及缆索运输等方式。

    5）填筑方式及程序。先低后高的填筑方式以及土石方填筑的作业工序，包括土石方卸料、摊铺、碾压。

    6）边坡保护与防护。边坡保护与防护包括开挖边坡保护与防护和填筑体边坡保护与防护。

    7）防洪度汛与水土保持。

2.3.4.2　施工作业管理

    土石方开挖与填筑工程施工是一种复杂的生产过程，由于工程类型多、体积大、产品固定、露天作业、生产流动性大以及客观条件多变等特点，使施工组织增加不少困难，要使工程能保证质量、缩短工期、降低成本、提高效益，就必须要科学地组织施工，因此施工作业管理是一项十分重要的工作。

    （1）顺序作业法。把工程分为若干区段，按照先后顺序，依次进入施工，后一区段施工必须在前一区段完工后才能开始的施工方法。

    （2）平行作业法。把工程分为若干区段，每个区段分别组织施工力量，同时进行施工，同样时间完成各区段工程的施工方法。

    （3）流水作业法。流水作业法是把工程分为若干区段，按各区段内容，划分成几个相同的施工项目，分别由几个固定的专业工作组，依次在每个区段工程上执行同一内容的施工，在操作上各区段专业组是按照一定的流水方向循序前进的施工方法。

    在相同的工程量中，采用不同的施工组织方法，将有显著不同的结果。采用顺序施工法施工时，劳动力需要虽小，但周期性的起伏大，对于劳动力的调配和管理以及服务性设施的投资都是不利的，尤其是在按照专业工作组分工的情况下，每一工种的劳动力将造成严重窝工，对施工管理和工程成本都有不利影响。而流水施工法在工期上虽比平行施工法略有延长，但是它却保证了工程流水进行及各专业工作组的施工连续性及均衡性，使劳动力得到有效的使用，克服了窝工和劳动力过分集中的缺点，因此按流水施工法组织施工，能够保证工人劳动生产率和机具利用率的充分发挥，这种由于劳动分工协作化、劳动工具专门化所组织起来的流水施工法，是施工组织的一种好形式。

2.4 土石方平衡

土石方平衡是指土石方在开挖、填筑、转运、料场开采、余料弃渣等一系列活动中，以快速经济施工为目的所做的弃方借方设计、挖填平衡等规划工作。

2.4.1 土石方平衡类型及方法

2.4.1.1 土石方平衡类型

土石方平衡分为场地平整类土石方平衡、线性工程类土石方平衡、枢纽工程类土石方平衡等。

工程项目建设期土石方开挖与填筑，涉及工程的土石方总量、借方和弃方及利用方量、运输强度、设备配置、装运消耗以及工期目标，涉及项目的工程用地、取土场规划、弃渣场规划、水土保持、节能降耗与经济成本等，均与土石方平衡调配密不可分。土石方平衡还是水土保持方案中重要的一项内容。

2.4.1.2 土石方平衡方法

土石方平衡调配的一般方法有线性规划法、西北角分配法、最小二乘法、累积曲线法、调配图法等，其主要判断指标是运输费用，费用花费最少的方案就是最好的调配方案。

线性规划法是采用运筹学中的线性规划方法，通过建立由决策变量、约束或限制条件或目标函数组成的数学模型，解决土石方工程中开挖与填筑在质量、数量、时间、空间上的矛盾，以达到运距最省或成本最低的效果。使用线性规划解决施工中的优化问题，有着广泛的应用，包括土石方平衡优化、网络进度计划优化等，还可用来规划施工道路、进行现场布置、配置机械设备以及优化临时工程设计。

西北角分配法是指即采用列表的方法求解线性规划运输问题时，建立调运初始方案的一种方法。由于这种方法是从表的左上角（西北角）X11方格开始的，不考虑运输费用的因素，根据表内供应量与需求量的要求，进行分配，逐行逐列的予以满足，以达到供应与需求的调配平衡。因此称为西北角分配法。

最小二乘法（即最佳设计平面法）主要针对大型场地的竖向规划设计，应用最小二乘法原理，计算出最佳设计平面，可以满足挖填土方量平衡和总土方量最小两个条件。

2.4.2 土石方平衡规划

2.4.2.1 土石方平衡规划原则

土石方平衡原则简单说就是"料尽其用、时间匹配和容量适度"。

（1）就近合理平衡，充分合理地利用开挖料，以达到挖方与填方尽可能平衡和运距最短。

（2）根据开挖进度以及开挖料和开采料的料种与物理力学特性，安排采、供、弃规划，协调好近期施工与后期利用的关系，根据材料不同的性质安排在工程建筑物填筑的不同部位。

（3）协调挖填进度，创造挖方料直接填筑条件。

（4）考虑开挖料储存、调度要求和回采运输条件，并留有余地。

（5）妥善安排弃料，其堆存不得影响行洪和壅高上游水位，防止引发泥石流。

（6）便于施工，便于管理，便于质量控制。

2.4.2.2　土石方平衡调配区域划分

土石方平衡与工程项目建设场地的工程地质及构筑物的形式等密切相关。进行土方调配，必须依据现场具体情况、有关技术资料、工期要求、土石方施工与运输方法，综合土石方平衡原则，并经计算比较，选择经济合理的调配方案。

每个工程项目均由不同的建（构）筑物组成，各建（构）筑物分布在项目建设区内，其施工进度有先后之分，开挖出的土石方料与填筑需要的土石方料粒径、级配等性质各不相同。依照各建（构）筑物的功能及施工时序，可以把工程项目所在场地分成若干个施工作业区。

土石方调配区域的划分应与建筑物所处位置相协调，满足工程施工顺序和分期分批施工要求，近期施工与后期利用相结合；调配区域的大小应使机械和车辆功效得到充分的发挥；当土石方运距较大或场内土石方不平衡时，可根据附近地形，考虑就近借方或弃方，作为一个独立的调配区域。跨地区、跨河流和跨交通流量较大的公路及铁路进行土石方调配时应慎重。

2.4.2.3　土石方平衡主要参数

由工程项目的施工组织设计相关规定可知，土石方平衡计算的主要参数有挖方、填方、利用方、借方、弃方、调入方、调出方。在进行土石方平衡时，除了考虑填、挖土石方量外，还要考虑实方、松方体积变化的因素。

（1）松散系数。松散系数亦称最初松散系数，是自然土或石经开挖后的松散体积与原体积的比值，应按式（2-4）进行计算：

$$k_1 = V_2 / V_1 \qquad (2-4)$$

式中　k_1——松散系数，可从表 2-6 或有关规范中查得；

　　　V_1——土石方在天然密实状态下的体积，m^3；

　　　V_2——土石方经开挖后的松散体积（虚方），m^3。

（2）折方系数。折方系数亦称最后松散系数，是自然土或石经开挖并运至填方区夯实后的体积与原体积的比值，应按式（2-5）进行计算：

$$k_2 = V_3 / V_1 \qquad (2-5)$$

式中　k_2——折方系数，可从表 2-6 或有关规范中查得；

　　　V_1——土石方在天然密实状态下的体积，m^3；

　　　V_3——土石方经回填压实后的体积，m^3。

（3）压实系数。压实系数是自然土或石经开挖并运至填方区夯实后的体积与开挖后松散体积的比值，应按式（2-6）进行计算：

$$k_y = V_3 / V_2 = k_2 / k_1 \qquad (2-6)$$

式中　k_y——压实系数，一般 k_y 都小于 1；

k_1——松散系数，亦称最初松散系数；

k_2——折方系数，亦称最后松散系数；

V_2——土石方经开挖后的松散体积（虚方），m^3；

V_3——土石方经回填压实后的体积，m^3。

根据式（2-4）、式（2-5）和式（2-6），还可有 $k_2=k_y k_1$；$k_1=k_2/k_y$。

目前在许多设计规范中，已没有压实系数，只有上述两个松散系数；但由于计算上的习惯仍有不少单位在使用 k_y。

2.4.2.4 土石方平衡调度计算

土石方平衡调度可按式（2-7）进行计算：

$$T=[(Wk_1-Q_t+M_t)/k_1]k_2 \tag{2-7}$$

式中 T——调配区域内需要调运弥补的填方体积，m^3；

W——调配区域内开挖的天然密实状态土石方体积，m^3；

Q_t——调配区域内需要外运的无用料体积（虚方，松散状态体积），m^3；

M_t——调配区域内已有的有用料体积（虚方，松散状态体积），m^3；

k_1——松散系数，可从表2-6或有关规范中查得；

k_2——折方系数，可从表2-6或有关规范中查得。

普通土方体积换算系数表见表2-7。

表 2-6 系数 k_1、k_2 参考表

方别 料种	自然方	松散系数 k_1	折方系数 k_2
堆石料	1	1.5～1.7	1.28～1.32
砂砾料	1	1.18～1.22	0.92～1.10
防渗土料	1	1.25～1.33	0.85～0.9
普通土	1	1.20～1.30	1.03～1.04

表 2-7 普通土方体积换算系数表 单位：m^3

虚方	松填方	天然密实方	夯填方
1.00	0.83	0.77	0.67
1.20	1.00	0.92	0.80
1.30	1.08	1.00	0.87
1.50	1.25	1.15	1.00

2.4.3 土石方平衡计算

2.4.3.1 土石方工程量计算

土石方工程量的计算包括填筑工程量和开挖工程量的计算。计算方法很多，有方格网计算法、横断面计算法、查表法、计算图表法等。常用的是前两种方法。

（1）方格网计算法。将绘有等高线的总平面图划分为若干正方形方格网，间距取决于地表的复杂程度和计算的精度，一般采用20～40m；在每个方格中分别填入自然标高、设

计标高、施工高程，分别算出每个方格的挖、填方量，然后汇总。

（2）横断面计算法。一般用于场地纵横坡度变化有规律的地段。横断面线的走向，应取垂直于地形等高线的方向。间距视地形情况而定，平坦地区可取 40～100m，复杂地区可取 10～30m。当断面间距过大时精度较低。

对于渠堤、大坝等建筑物填筑，或隧洞、地下厂房或建筑物基础开挖，由于断面规律性强，断面间距合理时，工程量计算相对精确。

2.4.3.2 土石方平衡步骤

（1）根据建（构）筑物填筑施工项目等设计填筑工程量统计各料种填筑方量。

（2）根据建（构）筑物设计开挖工程量、地质资料和可用料分选标准，并进行经济比较，确定并计算可用料和无用料数量。

（3）根据施工进度计划和开挖料存储规划，确定可用料的直接填筑利用数量和需要存储的数量。

（4）根据折方系数、损耗系数，计算各建筑物开挖料的设计使用数量（含直接上坝数量和堆存数量）、舍弃数量和由料场开采的数量。

（5）填写土石方平衡表。土石方平衡表可参考表 2－8。

（6）进行土石方调度规划及优化，寻求总运输量最小的调度方案。若无用料数量较大时，可考虑优化调整设计参数或无用料改性改良措施加以利用。土石方调度可用线性规划方法进行优化处理。对于大型碾压式土石坝，有条件时宜进行料物调度施工模拟计算，论证并优化调度方案。

表 2－8　　　　　　　　土 石 方 平 衡 表　　　　　　　　单位：万 m³

分　区		动用土方总量	挖方	填方	利用方	调入	调出
电站厂房	进场交通洞开挖						
	地下主厂房开挖						
	母线洞开挖						
	出线井开挖						
	小计						
大坝枢纽	坝肩开挖						
	基坑开挖						
	围堰填筑						
	石料场开挖						
	土料厂开挖						
	反滤料生产						
	堆石料填筑						
	反滤料填筑						
	过渡料填筑						
	心墙土料填筑						
	小计						

分　区		动用土方总量	挖方	填方	利用方	调入	调出
隧洞	导流洞						
	泄洪洞						
	引水隧洞						
	小计						
⋮	⋮						
	⋮						
	⋮						
合计							

2.4.4　土石方平衡报告

土石方平衡报告包括土石方平衡分析、料场设置（取料场、中转料场、改性或加工场、弃料场等）、土石方流向框图、土石方平衡表等。

水电工程土石方调配曾经采用数量的简单平衡，这种管理对单个的土石方项目可能可行，但对于多个开挖和填筑项目需同时进行的工程来说，仅通过数量的简单平衡是不够的，需要对土石方的多个目标进行统筹管理。

土石方调配也可采用运筹学优化管理中的线性规划方法，根据土石方工程受时间-空间影响与约束的特点，分析土石方填筑和开挖工程之间的料源平衡和进度协调的关系，包括土石方工程数量、进度和质量的匹配，通过对基础数据和工程要求的分析，将土石方调配问题转化为由决策变量、约束条件和目标函数组成的数学模型，由决策变量和所要达到目的之间的函数关系确定目标函数，同时考虑实际施工中的一些人为约束因素，由决策变量所受的限制条件确定决策变量所要满足的约束条件，并确定资源常量和每个决策变量的取值范围，形成规范的线性规划数学模型，通过计算机对数学模型进行求解，得出满足工程要求和经济成本最低的土石方调配量，实现对土石方多点优化管理的目标。通过土石方平衡调度图将计算结果表现出来，使其能够清晰地反映用料流向和用料平衡关系。

2.5　料场及渣场规划

2.5.1　料场规划

料场规划是根据建（构）筑物各部位不同高程用料的数量和技术要求，各料场的分布高程、数量和质量、开采运输和加工条件、受洪水与冰冻等影响情况、拦洪蓄水和环境保护、占地迁移赔款以及施工强度与施工方法、施工进度及造价等条件，对选定料场提出综合平衡开采规划。

2.5.1.1　料场规划原则及内容

（1）料场规划原则。

1）主堆石料场、主土料场的储量和质量应满足工程施工要求，开采运输条件好，剥采比小，弃料少，开采强度满足高峰期需要。

2）料场应避开自然、文物、重要水源等保护区，不占或少占耕地，少毁林木。

3）对于高塑性黏土、反滤料、垫层料、过渡料等有特别质量、特殊级配要求的坝料，必要时可分别设置专用料场。

4）优先利用枢纽建（构）筑物的开挖料。爆破开挖宜进行控制，以获得满足设计级配要求的坝料，做到"计划开挖、分类堆存、优先直用"。

5）多料场时一般宜先近后远、先水上后水下、先库区内后库区外，力求低料低用、高料高用，避免或减少上游、下游物料交叉使用。

6）料场的工作面开采规划应与料场道路规划结合进行，并应满足不同施工时段填筑强度需要。

7）土料场开采应根据土料特性、土层厚度及地下水分布规律、天然含水量变化规律等因素，结合施工特点确定分区开采规划和开采方案。土料的天然含水量偏高或偏低时，应研究其调整控制措施。

8）天然砂砾料场开采应根据水文特性、地形条件、天然级配分布状况、料场级配平衡要求等因素，确定料场开采时段、开采分层、开采程序和开采设备。

9）石料场开采应分区开采，爆破开采的石料应符合建筑物不同填筑区域最大粒度和级配的要求。

10）料场边坡应保持稳定，开采应做好排水、防洪等规划和无用料弃渣堆存规划，防止水土流失及坍塌、滑坡、泥石流灾害。料场用完后应进行必要的复垦、造地或绿化。

（2）料场规划内容。

1）空间规划。空间规划是指对料场位置、高程进行恰当选择、合理布置。土石料场的上坝运距要尽可能短，选择的高程有利于重车下坡，减少运输车辆的油料消耗。近坝料场不应因取料而影响大坝的防渗稳定和上坝运输道路布置；道路坡度不应过陡以免引起运输事故。坝的上下游、左右岸最好都选有料场，能有利于同时供料，减少施工干扰，保证坝体均衡上升。料场的位置应有利于布置开采设备，且交通及排水通畅。用料原则应高料高用，低料低用；当高料场储量有富裕时，亦可高料低用；尽可能避免低料高用。同时，应考虑料场爆破的震动影响，以及料场应具有足够空间面积。

2）时间规划。时间规划是根据施工强度和坝体填筑部位变化选择料场使用时机和填料的数量。随着季节及坝前蓄水情况的变化，料场的工作条件也在变化。在用料规划上应力求做到上坝强度高时用近料场，低时用较远的料场，使运输任务比较均衡。对近料和上游的料场应先用，远料和下游的料场后用；上游易淹的料场先用，下游不易淹的料场后用；含水量高的料场旱季用，含水量低的料场雨季用；天然砂砾料场应避免洪水期水位的影响。

3）料场质与量的规划。即质量要满足设计要求，数量要满足填筑的要求。在选择和规划使用料场时，应对料场的地质成因、产状、埋深、储量以及各种物理力学指标进行全面勘探和试验。在施工组织设计中，进行用料规划，不仅应使料场的总储量满足坝体总方量的要求，而且要满足施工各阶段最大上坝强度的要求。

料场用量规划时应考虑料场可开采量（自然方）与坝体填筑量（压实方）的比值：堆石料为 1.1～1.4；砂砾石料，水上为 1.5～2.0，水下为 2.0～2.5。

2.5.1.2　料场规划步骤及成果

（1）料场规划步骤。

1）场地划分及料质、储量复查。土料场、堆石料场、砂石料场各料场的剥采比的计算和主料场的确定，选择主料场和备用料场。

2）料场防洪及排水设施。

3）坝料填筑平衡。

4）填筑料开采、制备，土料、反滤料、垫层料、过渡料、堆石料、砂砾料、砌石料等不同料的不同质量要求，需要制定不同的开采工艺或制备工艺。

5）料场边坡安全及环境保护。料场规划时应考虑料场开采后的边坡稳定，尤其是卸载后的后边坡和具有断层、裂隙或有水作用的高深边坡。天然砂石料场应考虑洪水高程对开采的影响，必要时可旱季开采堆存，雨季回采利用。

必要时料场规划应考虑用完后的复垦及绿化。

（2）料场规划成果。料场规划成果包括规划报告、规划布置图等。

2.5.2　渣场规划

合理地进行渣场规划，不仅是控制工程成本的需要，而且是控制工程建设水土流失、减轻生态环境的重要环节，还可以节约水土流失治理费用，节省投资。渣场分为可用料临时堆存的存渣场（中转料场）和废弃料永久堆存的弃渣场，渣场选址及各渣场的堆存量应结合土石方平衡进行。弃渣可分为填洼（塘）弃渣、沟道弃渣、坡面弃渣和平地弃渣四大类。

2.5.2.1　渣场规划原则及内容

（1）渣场规划原则。

1）渣场宜靠近开挖作业区的山沟、山坡、荒地、河滩等地段，不占或少占耕（林）地。渣场选址应满足环境保护、水土保持和当地建设规划的要求。

2）渣场应布置在无天然滑坡、泥石流、岩溶、涌水等地质灾害地区，地基承载力满足堆渣要求。渣场堆存不应影响河道、沟渠的排洪能力。

3）渣场位置应与场内交通、渣料来源相适应。存渣场应便于渣料回采，尽量避免或减少反向运输。

4）存渣与废渣应分开堆存，不得混堆，堆弃渣场容积应略大于堆弃料的堆存量。

5）有条件时弃渣场可选在水库死库容以下，但不得妨碍永久建筑物的正常运行。

6）利用下游河滩地作堆弃渣场时，不得影响河道正常行洪、航运和抬高下游水位。防洪标准内，渣料不应被水流冲蚀，以免引起水土流失。

7）按堆存物料的性状确定分层堆置的台阶高度和稳定边坡，保持堆存料的形体稳定，必要时提前做好堆场基底平整清理和设置挡渣墙、挡渣坝。

8）渣场周边应设置导水、排水、挡（截）水设施。

（2）渣场规划内容。

1）渣场选址应按"就近集中堆放"的原则进行，渣场应规划在施工区各出渣点附近，满足交通便利、地势平缓、容渣量大和防护工程量相对较小的要求。

2）渣场规划应考虑渣料来源、用途及容渣量等。渣料的来源、用途，涉及渣场的性质及分区规划，存渣场应方便后期渣料回采。存、弃同场要求存渣、弃渣分别堆存。

3）渣场时段及区域划分。受开挖施工时段、回采填筑时段及季节水位等影响，存渣场也应有相应的存渣、回采时段及弃、存区域划分。如水库死水位弃渣应在前期弃渣时段利用；需要回采的渣料应临时存放在距填筑作业面较近的渣场。

4）有用料临时堆渣场的防洪标准应根据渣场位置、规模及渣料回采要求等因素，在5～20年重现期内选用；水库死水位弃渣防洪标准应根据渣场规模、河道地形与水位变化及失事后果等因素，在5～20年重现期内选用；永久性弃渣场防洪标准应在20～50年重现期内选用。

5）渣场道路规划的道路设计指标（路宽、纵坡、曲线半径等）应满足工程项目的弃渣要求，桥隧结构应满足弃渣行车要求。

6）土石方流向规划是土石方施工现场协调指挥的依据，应使弃渣按照土石方流向规划进行，避免反向运输和增加不必要的回采工作。

7）渣场防护治理应根据不同的弃渣类型进行，确保渣场稳定性、排水泄洪能力和水土保持满足要求。

8）渣场管理不仅要对存渣、弃渣分别堆放和渣料回采进行管理，还要对渣场稳定性、排水系统、变形观测进行管理，防止不安全影响的出现。特别情况下，还应对有放射性的渣料按专门规定进行管理。

2.5.2.2 渣场规划步骤及成果

（1）渣场规划步骤。

1）选址及容渣量计算。

2）道路规划布置。

3）渣场时段及区域划分。

4）渣场防护（防洪设施、挡渣墙、排水系统等）设计。

5）渣场管理。

6）复耕及绿化环境。

（2）渣场规划成果。渣场规划成果包括：规划报告、渣场规划布置图等。

荒坡弃渣场应分析荒坡上加载弃渣后的稳定状态；荒沟弃渣场应分析排水沟的泄洪能力；沟台地弃渣场挡渣墙与河滩弃渣场挡渣墙的设计应分析墙前冲刷深度。

河漫滩弃渣场具有施工便利、投资省、征地少、弃渣量大等优点，但河漫滩是河道行洪断面的组成部分，弃渣场规划设计时，应进行详细的防洪计算，以满足河道防洪规划要求。

弃渣场是常规采用的工程措施，经理论分析，临时堆放的挖方，在坡度 β 小于土壤内摩擦角、无暴雨大风的情况下，能处于稳定的状态；但事实上，渣场在漫长的堆渣过程中，常常会受到水渗、振动等作用处在稳定不利的状况下，弃渣场一般需修建挡渣墙。挡渣墙的稳定性涉及抗滑、抗倾覆和抗塌陷三个方面，满足以上三方面的稳定性要求，挡渣墙才能达到稳定状态。

土料暂存场、反滤料暂存场等还应进行临时覆盖防护。

2.6　施工布置

土石方开挖与填筑施工布置的任务，就是根据土石方工程的规模、特点和施工条件，研究规划土石方工程开挖与填筑施工期间所需的临建设施、交通道路、料源场地、弃渣场地、仓库、临时房屋、施工动力、给排水管线及其他施工设施等的布置，解决土石方施工的空间组织问题，以期在规定的工期内完成任务。

2.6.1　施工布置原则及依据

2.6.1.1　施工布置原则

施工布置应遵循以下原则。

（1）施工布置应因地制宜、因时制宜、有利生产、方便生活、紧凑合理，在满足施工需要的前提下，尽量减少施工用地，合理利用荒地、滩地和坡地，不占或少占耕地和经济林地，减少移民搬迁。

（2）施工布置应综合考虑地形、地质条件和场内外交通，以及防洪、排水、给水、供电等要求，尽量选择地形平坦开阔、方便施工管理、地质条件较好的安全场地。

（3）施工布置应结合场外道路引入和施工生产流程流向，优先考虑主要物流运输线路、材料堆场、施工设施及仓库位置，科学规划施工道路，尽可能降低运输费用。

（4）场地划分布置应综合考虑分标段施工衔接情况，按功能满足、界限明确、相对独立、减少干扰、避免环境污染的原则，合理布置各施工区域、施工机械停放、办公及生活设施的位置和面积，确定施工用水用电的电网及管网位置。

（5）尽量利用永久性建筑物、构筑物及现有设施为施工服务，或采用永临结合进行施工布置，降低施工设施建设费用。

（6）分期布置应适应各施工期的特点，注意各施工期之间工艺布置的衔接和施工的连续性，避免迁建、改建和重建。

（7）施工布置要符合国家有关安全、防火、卫生、环境保护等规定。严重的不良地质区和滑坡体危害区，泥石流、山洪、沙尘暴或雪崩可能危害区，重点保护文物、古迹、名胜区或自然保护区，与重要资源开发有干扰的区域，受爆破或其他因素影响严重的区域均不应设置施工临时设施。

2.6.1.2　施工布置依据

施工布置主要应考虑以下依据。

（1）工程项目的施工总组织设计、枢纽总平面布置图、建筑物体型及结构图纸。

（2）工程项目施工部署、土石方平衡方案和主要建筑物施工方案。

（3）施工总进度计划、施工总质量计划和施工总成本计划。

（4）施工总资源计划和施工设施计划。

（5）施工用地范围和水源、电源位置，以及项目安全施工和防火标准。

2.6.2 施工布置程序及方法

2.6.2.1 施工布置程序

施工布置内容多，涉及专业广，政策性较强，需综合考虑方方面面的问题，其过程可概括为"承上启下、协调汇总、反复比较、择优成图"。施工布置程序见图2-11。

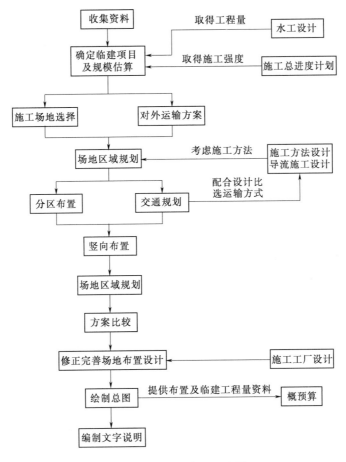

图 2-11　施工布置程序图

2.6.2.2 施工布置方法

施工布置一般以施工平面布置图、施工用地范围图及施工布置报告作为其最终成果、施工布置方法可按以下步骤进行。

（1）描绘施工用地范围内的地形和等高线，以及全部地上、地下已有和拟建的建筑物、构筑物、管线及其他设施的位置、尺寸，描绘全部拟建建筑物、构筑物和其他设施坐标网。

（2）根据施工进度、生产强度确定生产设施、生活设施项目及规模，估算出占地面积、建筑面积，提出布置要求。对于生产性设施项目应提出服务对象、生产能力、作业班制、人员数量及风水电需用量等。

（3）施工场地选择，就是选择单个施工场地或多个施工场地的主场地，并进行区域划分和场地规划，决定布置型式（集中布置或分散布置）及交通联络方式（支干线、隧道、桥梁）等。

（4）生产性设施（主要施工区域、施工工厂、物料堆场、弃渣场及仓库），应结合场外道路引入，配合选择场内运输方式、布置线路进行布置，包括主要施工道路、主体工程施工区、当地建筑材料开采区、施工工厂区、工程存弃渣料堆放区，以及仓库、站场、转运站、码头等储运系统和施工机械设备停放场等。

（5）选择合适的场地，确定生活性设施（施工管理区、生活区）的布置位置，进行生活性设施设计，包括施工管理区、生活区及工程建设管理区。

（6）确定施工场地的防洪标准，规划排水、防洪沟槽系统。防洪标准应根据工程规模、施工工期和河流水文特性等，在5～20年重现期内分析采用。主要生活区和重要的施工工厂取上限值。

（7）选择供水、供电、供风及通信网络等系统的位置，布置干管、干线路线。

（8）确定必要的安全、防火、绿化和环境保护设施布置。

（9）研究环境保护措施布置，洒水降尘、弃渣围挡、爆破控制、声屏障等。

（10）编制施工平面布置图、施工用地范围图及施工布置报告。

2.6.3 区域规划及分区布置

2.6.3.1 区域规划

（1）场地选择。施工场地选择应根据生产性施工设施、生活性施工设施的不同要求、占地面积及防洪标准等，由近及远、先下游后上游进行选择；垂直方向一般以防洪水位以上，由低到高进行选择。场地选择时，还应考虑施工活动对周围环境的影响，避免噪声、粉尘、污水、尾气、震动等污染对敏感区（办公生活区、变电站、供水厂等）的危害。

场地狭窄施工布置困难时，应利用后期施工的工程施工用地或库区场地，进行前期施工临时建筑物布置，也可利用坡地地形进行小台阶式布置。砂石骨料系统和混凝土拌和系统一般多结合坡地地形、高差进行布置。施工工厂和生活区也可采用提高临时房屋建筑物层数和适当缩小建筑物间距，或重复利用施工场地，以及在做好排水和防护的前提下，利用弃渣填平洼地、冲沟作为施工场地等措施进行施工布置。

1）主体工程施工区是整个工程施工的中心。主体工程施工区主要指土石方工程的施工现场，包括建筑物建基面开挖、堤坝填筑、场地回填、道路修筑等，布置时应注意爆破安全距离、道路坡度限制等对布置、占地的影响。

2）当地建筑材料开采区主要包括土料、石料、砂砾料等需要开采的当地建筑材料开采，以及土料原地的砾石掺配、含水率调整、性质改良等布置区域。布置时应注意分区、分期开采与各级道路的关系，天然砂石料开采还应注意不同时段洪水位的影响。

3）工程存、弃渣料堆放区是指工程开挖的有用料的存放和无用料的堆弃区域。工程存、弃渣堆放是一个动态的过程，堆放区施工后期可作其他场地使用。

4）施工工厂的主要任务是加工生产施工所需的建筑材料（反滤料、垫层料、过渡料、混凝土骨料等）、半成品（混凝土拌和物及预制件）、供应施工设备动力（供电、供风）和施工供水，建立施工通信联系，进行施工设备的维修保养和非标设备、金属结构件的加工制作等，施工工厂应尽量靠近服务对象进行场地选择。

5）仓库、站、场、码头等储运系统是外来材料和设备的中转装卸场及仓库，主要包括现场范围内的货场、码头、油库、炸药库、电气设备库和其他需要的仓库等。储运系统也包括通航河流施工断航、碍航期间人员、物资转运设施。储运系统的场地选择应满足防火、防爆、防盗和便于管理的要求。

6）施工机械停放场、施工管理区、施工生活区及工程建设管理区（业主、监理及设计办公生活区），包括现场公共设施（工地实验室、水文气象站、接待中心、警卫营地、医院、消防站、运动场、通信系统等）等的场地选择，可按现场实际情况适时选择。

（2）场地规划。施工布置应根据土石方开挖与填筑工程的施工流程及各生产性设施、生活性设施的特点，把性质相同、功能相近、联系密切、对安全环境要求一致的建筑物、构筑物和工程设施，分成若干组群，结合用地的地形、风向等条件，进行功能分区。

生产性施工设施与生活性施工设施有一定的距离，以避免干扰。相互关联、协作密切的施工工厂、仓储系统应各自就近集中布置并尽可能靠近服务对象和用户中心，避免原材料和半成品的逆向运输，方便施工。

场内交通道路系统应使主要施工流程简便、物料运输经济。

2.6.3.2 分区布置

（1）分区布置工作顺序。施工场地区域规划后，应进行各项临时设施的具体分区布置，包括场内交通道路布置，施工工厂及其他辅助设施布置，仓库、站、场及转运站布置，施工管理及生活区布置，场内排水系统布置，风、水、电系统布置，施工料场、中转料场及弃渣场布置，永久建筑物施工区布置等。

1）分区布置应按先布置重要（工艺质量严格）的、重点（工作处理量大）的施工工厂及其附属设施，再布置占地面积较大的项目，最后布置储运系统和其他施工工厂的顺序进行。

2）场内交通采用公路时，应首先布置重点施工工厂、其他施工工厂及辅助设施，再按顺序布置仓库、站场及转运站，施工管理及生活区设施，场内排水系统，风、水、电系统，施工料场、中转料场、弃渣场，永久性建筑物施工区，再用干线公路把各临时设施相连接。也可以先布置与场外公路相连接的主要公路干线，再沿干线公路布置各项临时设施。前者较适用于场地宽阔情况，后者适用于场地狭窄情况。

3）场内交通采用铁路、有铁路线路通过施工区域时，分区布置一般应首先布置铁路线路或预先考虑和预留线路布置空间。

4）场内交通采用铁路运输和水路运输时，首先应确定车站、码头的位置，然后再布置重点施工工厂，同时布置主要场内的主要交通干线；在沿线布置施工管理及生活区设施、其他施工工厂及辅助设施、仓库；最后布置风、水、电系统。

（2）分区布置型式。分区布置型式分为分散式布置、集中式布置和混合式布置三种型式。

1）分散式布置适用于土石方工程施工区域位于峡谷地区或场地狭窄、工程线路长、施工点分散时的布置。工程位于峡谷地区时，施工场地沿河岸冲沟依据对现场施工的影响程度大小，依次延伸布置，或按土石方线路上较为集中施工点进行施工临时设施布置。

2）集中式布置适用于土石方工程施工范围集中、场地开阔、交通比较方便时的布置方式。

3）混合式布置具有较大的灵活性，能更好地利用现有地形和不同的场地条件，因地制宜选择内部施工区域划分，以各区的布置要求和工艺流程为主，协调内部各生产环节，就近安排职工生活区，使该区构成有机整体。

2.6.4 施工布置成果

2.6.4.1 施工布置方案比较与选择

受场地条件影响，具有不同的施工布置方案，且各方案差异较大时，应进行施工布置方案比选或专题论证。

（1）定性比较项目。定性比较项目见表 2-9。

表 2-9　　　　　　　　　　　定 性 比 较 项 目 表

序号	定性比较项目	方案1	方案2
1	区域规划及其组合的合理性，管理是否集中、方便，是否有扩展余地		
2	场内交通布置的难易程度和技术指标优劣；运距远近及货物的流畅程度，是否有物料倒流现象		
3	工艺布置的难易程度和效益发挥程度		
4	施工供水、供电条件		
5	场地形成时间能否满足施工要求		
6	施工干扰程度		
7	对施工进度、施工强度的保证程度		
8	安全、防火、卫生的要求		
9	能否满足环保要求，对污染源采取的措施是否合理有效		

（2）定量比较项目。定量比较项目见表 2-10。

表 2-10　　　　　　　　　　　定 量 比 较 项 目 表

序号	定量比较项目	单位	数量	
			方案1	方案2
1	迁建、改建建安工作量			
2	临建工程量；场地平整的工程量及费用			
3	占地面积			
4	运输工作量或运输总功率消耗量			
5	达到的防洪标准			

2.6.4.2 施工用地范围及平面布置图

经过方案比选、优化的施工布置应形成施工布置报告、施工平面布置图及施工用地范围图。

（1）施工布置报告。施工布置报告内容见表 2-11。

表 2 - 11	施工布置报告内容一览表	
序号	施 工 布 置 报 告 内 容	备注
1	工程概况	
2	编制依据	
3	施工布置原则	
4	确定选定方案的分区布置，提出施工布置图和施工临时设施一览表，计算汇总场地平整主要工程量	
5	选定场内交通方案，提出场内交通布置及场内交通一览表，计算场内交通主要工程量	
6	说明工程土石方平衡及开挖料利用规划、存弃渣场规划，提出渣场防护的工程措施及主要工程量	
7	确定主要施工场地（包括渣场）的防洪标准及排水系统规划，提出主要排水系统的工程措施及主要工程量	
8	说明施工用地分区规划和分期用地计划，提出施工用地范围图	

（2）施工平面布置图。施工平面布置图应清晰地标明以下内容。

1）主体建筑物。

2）施工临时设施。

3）场内道路。

4）场内主要排水。

5）主要管线、料场渣场等位置，必要时进行注释。

6）建筑物、场地、道路等控制点高程。

7）施工临时设施一览表，场内交通一览表，料场渣场一览表。

8）河流流向，对外交通接线，供电、供水、通信等对外接口。

9）比例、图例、指北针方向等符合规范要求。

（3）施工用地范围图。施工用地范围图应标明以下内容。

1）施工期可用于施工的工程永久征地。

2）施工区永久征地和施工区临时征地等。

3）按照施工用地类型分区划分，并标明分期用地、返还规划。

4）应附有施工用地一览表和施工用地范围坐标表。

5）比例、图例、指北针方向等符合规范要求。

2.7 场内交通及排水规划

2.7.1 场内交通规划

场内交通是联系施工工地内部各工区、料场、堆料场及各生产区、生活区之间的交通纽带，道路规划的任务是正确选择施工场区内主要和辅助运输方式的布置线路和道路参数，合理规划和组织场内运输，使形成的交通网络能适应整个工程施工进度和工艺流程的要求。场内交通布置应有利于充分发挥各施工工厂设施的生产能力，满足施工进度和施工强度的交通量要求，管理方便，规模适中，投资较少。

2.7.1.1 土石方运输特性

场内交通规划应充分考虑所运输物料的运输特性，方能做到有的放矢、切合实际。土石方有以下运输特性。

（1）土石方物料品种多、用途不同、运输量大。土石方物料品种有堆石料、过渡料、反滤料、心墙料、高塑形黏土以及腐殖土、可加工料、弃料等，不同物料有不同的功能、用处，也有不同的处理方式。为达到最大限度的土石方平衡，有的可直接利用，有的需要堆存回采，因此运输组织复杂，车型多，运输量大，需要认真组织、精细施工。

（2）运输方式呈现多样性选择。由于土石方工程开挖料源多样、运距差异、渣场分散以及土石坝坝面分区填筑等，土石方运输方式呈现多样性特点，长距离运输可选择载重汽车运输、胶带机运输、火车运输、船舶运输等；短距离运输有推土机推运、铲运机铲运、反铲倒运、装载机装运等，运输方式多样。

（3）物料流向单向性强。土石方运输具有较强的单向性，开挖与填筑，弃渣或回采，物料流向因工程弃料和有用物料卸料地点不同，具有明显的单向性，很难实现往复运输，单项运输的特点明显突出。

（4）运输不均衡特性。场内运输强度受施工进度影响，具有明显的时间性，很难实现均衡运输。高峰运输强度出现在施工高峰阶段，而不同施工阶段道路的运输量也是不均衡的。

（5）运输的保障性要求高。土石方施工具有明显的季节性、时间性特点，雨季及寒冷季节施工限制条件多，枯水期施工强度大，对运输的保证性要求高，因此运输线路应有合适的标准，以满足运输强度的要求。

（6）场内道路的临时性。场内道路随工程结束，大部分道路将失去使用价值，在确定线路等级、标准时，应把道路使用年限、车流流量、载重量一并考虑。

（7）运输道路特殊情况允许降低标准。土石方运输场内地形复杂，且须在有限的范围内达到较高的作业面，因此在某些困难情况下，线形设计、纵坡设计允许降低标准，组织运输时，也允许不按正常规定运行，但须有充分的安全措施。

2.7.1.2 场内交通规划原则

场内交通规划应遵循以下原则。

（1）场内交通运输设施应满足施工总布置及各施工区施工布置的需要，场内干线、支线系统应尽量短接，并与主要物料流向一致，使得主要土石方物流运输线路最短。

（2）线路设计应考虑永久与临时、前期与后期相结合，主要的干线、支线尽量形成环形系统，使场内交通具有较大的灵活性。

（3）布置交通干线时，对运输繁忙的交叉点力求避免平面交叉，所采用的最大纵坡、最小转弯半径和视距应根据施工运输特点，在现行规范范围内合理选用；应综合协调主干交通网与各区域之间联系，充分利用主干交通网，减少联络线。

（4）场内道路的等级标准和路面结构型式应与运输车辆相适应。在个别超限件运输通过的路段可以考虑临时加固措施，并采用交通临时管制措施。场内交通应充分利用两岸已有的交通公路设施，尽量安排两岸独立施工，减少两岸交通沟通量。必要时可考虑临时沟通措施。

（5）场内临时道路在满足施工要求和安全运行的前提下，经充分论证容许适当降低标准。料场、弃渣场道路应满足分层取料、堆存的要求。

（6）桥梁规划位置选择应能适应永久工程、导流工程施工需要，能与场内公路干线协调，并布置在河道顺畅、水流稳定、地形地质条件较好的河段。桥梁位置方便两岸施工运输，并满足施工安全度汛要求，不影响大坝泄洪及尾水出流。

（7）线路工程（渠、堤、路）施工场内交通规划应以控制性建筑物施工为布置重点，充分利用已有的道路和供应条件，沿线施工道路宜布置在永久运行管理区内（征地红线内），或利用永久工程形成施工道路。

2.7.1.3 场内交通规划内容及步骤

场内交通规划的主要线路有对外接线公路、两岸沟通、左右岸上坝线路、左右岸沿河道路、料场、弃渣场线路、进厂道路、联络线、施工期过坝交通等。

场内交通规划内容和设计步骤见图 2-12。

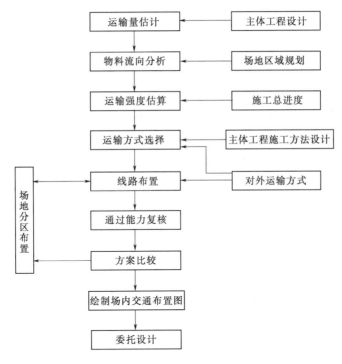

图 2-12　场内交通规划内容和设计步骤示意图

2.7.1.4 场内运输方式

（1）道路运输。道路运输是陆地运输的最基本运输方式之一。公路线路工程量较小，投资省，施工简单。施工工期短，投入运行快，能较好地满足工期要求。但公路也存在能量消耗多、车辆磨损快、路面维修费用高、运营成本高等不足。

场内道路可分为生产干线、生产支线、联络线、临时线四种线路。生产干线是各种物料运输共用路线和货运数量较大的路段；生产支线是连接各物料供需单位与生产干线的路段，多为单一物料运输线路；联络线是物料供需单位间的分隔路段或通行少量工程车辆和其他运输车辆的路段；临时线是料场、施工现场等内部运输使用时间较短的路段。

场内道路等级和主要技术标准以行车密度及可达到的年运输量作为指标，分为三级，见表 2-12；场内道路主要技术指标见表 2-13。

表 2-12   场内道路等级表

等级	单向行车密度/(辆/h)	年运输量/万 t	计算行车速度/(km/h)
一级	≥85	>1200	40
二级	25～85	250～1200	30
三级	<25	<250	20

表 2-13   场内道路主要技术指标表

道路等级	路基宽度/m	路面宽度/m	最小平曲线半径/m	最大纵坡/%
干线一级	≥13.5	≥12.0	60 (25)	8
干线二级	10.5～13.5	9.0～12.0	50 (20)	9
干线三级	6.0～10.5	4.5～9.0	30 (15)	10
支线				9～12
联络线				15～20

注　1. 选取支线道路参数时，宜与对应干线道路相等或降低一个等级。
　　2. 选取联络线参数时，宜不小于支线道路，个别临时联络线路基宽度应满足施工主导设备工作安全宽度。

由于场内交通多属于重载交通，且坡度较大，因而较高等级的路面多选用混凝土路面。场内道路路面等级及经常采用的面层类型见表 2-14。

表 2-14   场内道路路面等级及经常采用的面层类型表

路面等级	面层类型	使用条件		
		生产要求	线路等级	线路类型
高级路面	水泥混凝土	载重大、行车密度大、防泥泞	干线一级、二级、三级	干线、支线
	沥青混凝土	载重中等、行车密度大	干线一级、二级、三级	干线、支线
	厂拌沥青碎石	载重中等、行车密度大	干线一级、二级、三级	干线、支线
次高级路面	沥青灌入式碎石、砾石	载重中等、行车密度大	干线一级、二级、三级	干线、支线
	路拌沥青碎石、砾石	载重中等、行车密度大	干线一级、二级、三级	干线、支线
中级路面	碎、砾石（泥结或级配）	载重大、行车密度大、通行履带式车辆	干线一级、二级、三级	干线、支线
	其他粒料	载重大、行车密度大、通行履带式车辆	干线一级、二级、三级	干线、支线

路面等级	面层类型	使用条件		
		生产要求	线路等级	线路类型
低级路面	粒料加固土	载重大、行车密度小、通行履带式车辆	干线三级	支线、联络线
	其他当地材料加固或改善土	载重大、行车密度小、通行履带式车辆	干线三级	支线、联络线
	无路面	载重大、行车密度小、通行履带式车辆		联络线、临时道路

（2）铁路运输。铁路运输具有运输量大、可靠性好、运行耗能少、运营费用低的特点，但铁路站、线占地面积大，且要求地势平坦、顺直。铁路爬坡能力差，难于达到高差较大的施工场地，在以铁路方式为主运输时，须有其他运输方式相互配合和补充。铁路线路工程量大，一次投资较高，施工技术复杂，施工期长，不能很快投入运行。

场内铁路等级分类见表 2-15。

表 2-15　　　　　　　　　场内铁路等级分类表

铁路等级	重车方向年货运量/t	行驶速度/(km/h)	最小曲线半径/m		线路最大坡度/‰	
			一般地段	困难地段	蒸汽机车	内燃机车
Ⅰ	≥4	70	600	350	15	20
Ⅱ	1.5～4	55	350	300	20	25
Ⅲ	<1.5	40	200	200	25	30

（3）带式运输。带式运输具有占地面积小、线路易布置、运行可靠灵活等特点，适用于上坡不大于 25°、下坡不大于 10°的松散材料短途或长途运输，运距一般可为几十米至几百米，有时可达几千米。运输速率视型号、胶带宽度、胶带速度、胶带长度、物料种类及粒径等各异，运输能力大，运输费用低。水电工程常用胶带机作为辅助运输方式，运送土料、石料填筑土石坝体，运输砂砾石或骨料与运输拌制的混凝土。

国外长距离带式输送机主要技术指标及国内长距离带式输送机主要技术指标分别见表 2-16 和表 2-17。

表 2-16　　　　　　　　国外长距离带式输送机主要技术指标表

主要参数	顺槽可伸缩带式输送机	固定式强力带式输送机	备注
运距/m	2000～3000	>3000	
带速/(m/s)	3.5～4.0	4.0～5.0，最高达 8.0	300 万～500 万 t/a高产高效运能
输送量/(t/h)	2500～3000	3000～4000	
驱动功率/kW	1200～2000	1500～3000，最大 10100	

主要参数	顺槽可伸缩带式输送机	固定式强力带式输送机	备注
运距/m	2000～3000	>4500	200 万～300 万 t/a 高产高效运能
带速/(m/s)	2.5～4.5	3.0～5.0	
输送量/(t/h)	1500～3000	2000～3000	
驱动功率/kW	900～1600	1500～3000	

（4）其他运输方式。

1）水路运输。水路运输需要较好的通航和河岸条件。由于截流工程和拦洪蓄水等影响，使水路运输有明显的局限性，一般不作为场内主要运输方式。山区河流水流湍急、水位差大、堆石多，不宜采用水运方式。水运成本低，但需较大规模的转运码头、仓库，运输损耗大，可靠性差。

2）索道运输。索道运输不受地形和宽阔障碍物影响，爬坡能力大（可达 35°），占地少，工程省，建设速度快。适宜于装卸地点固定的松散物料或单件重量较小的机、器具和物料的运输，运输量单线可达 150t/h，双线可达 100～250t/h。但初期投资较大，设备维修困难，运输不太可靠，一般作辅助运输方式，用于运送土、石料、骨料等。根据维修和管理的需要，一般沿线要修一条简易公路。

3）缆车运输。缆车运输适用于陡坡的地形物料转运、人员运输转移等，是一种成熟的交通运输装置。

2.7.1.5 土石方工程运输量计算

（1）运输方量计算。运输方量可按式（2-8）式（2-9）进行计算：

$$Y = Wk_1 \tag{2-8}$$

$$Y = Tk_2 \tag{2-9}$$

以上各式中 Y——工程运输量，m^3；

           W——挖方量，m^3；

           T——填筑量，m^3；

           k_1——松散系数可从表 2-6 或有关规范中查得，一般范围 1.08～1.5，普通土取 1.2～1.3；

           k_2——折方系数可从表 2-6 或有关规范中查得，一般范围 1.01～1.3，普通土取 1.03～1.04。

（2）体积与重量换算。运输重量可按表 2-18 的规定进行计算。

表 2 - 18   运 输 重 量 表

材料名称	单位	单位体积运输重量	备注
土方	kg/m³	1500	实挖量
块石、碎石、卵石	kg/m³	1600	
黄砂（干中砂）	kg/m³	1550	自然砂 1200kg/m³

2.7.1.6 道路线路布置

（1）确定线路走向。

1）在有分区布置的地形图上，表明联系两岸的桥、渡的位置，地形，地物及地址上的控制点，如垭口、滑塌区、对外交通线进入厂区位置等。

2）将运量大、流向基本一致的供需单位和必经、必绕的控制点，按工艺布置的首尾顺序和物料流向，用一条或多条线路联系组成不同的干线、支线布局方案。

3）用支线、联络线将其他各供需单位与上述干线、支线相联系。

（2）图上定线。

1）根据线路走向和道路等级标准，用一定的平均坡度（采用一级小于3%、二级小于4%、三级小于5%）在地形图上定线。

2）按路段量测出图上线路长度，切纵剖面做纵剖面设计，切典型横剖面计算工程量。

3）确定大桥、中桥、小桥及涵洞工程量。

（3）线路测设。

1）道路线路经实地测设，最后定线。实地测设一般是在线路比选后，按选定方案的线路和走向进行，必要时经图上移线和补测，完成线路设计，并提出工程量。

2）实地测定线路各转角点的坐标值，将线路绘制到分区布置图上。

2.7.1.7 场内铁路布置方式

铁路的平面、纵剖面要求高，在施工场地平面布置时，一般先考虑铁路线路的技术要求，留有余地，并在线路布置和设站的同时，调整和修改施工场地的分区布置。

（1）单线、复线直通式布置方式。在运输量不大时，采用单线，若运距远，可在适当位置设避让站，以提高运输能力，必要时可布置复线。适用于场地狭窄的工程及土石坝的土、石运输。

（2）尽头式布置方法。线路分支的末端，布置较简单，高程选择应有利于装卸作业。适用于场地面积较小、运输量小的工程。

2.7.1.8 两岸交通桥渡位置选择

跨河桥渡位置是场内交通线路的重要控制点，在施工中起着主要的保证作用，因此应重点研究，妥善处理。

（1）建桥位置选择。

1）服从交通干线总方向，并满足线路的一般要求。

2）有较好的岸层条件，避开溶洞、滑塌等不良地质、水文地质地段。

3）考虑主河流及较大支流在施工导流、泄洪等不同水力条件下河道的变化，把桥位选在其影响范围以外或采取相应措施，减少阻滞水流和抬高尾水位，避免严重水害事故发生。

4）考虑施工方便、两岸联系简便、距施工区既近又能满足施工安全的要求，并避免施工干扰。根据工程实践经验，桥址常选在坝轴线下游1～2km处。

5）桥位应选在河道顺直、水流稳定、河槽较窄的河段上；桥轴尽量垂直高水位主流方向，避开支流汇合处及回流、浅滩等水流不稳定河段。

（2）渡口位置。

1）在满足两岸运输强度的情况下，可选择渡口形式作为临时或永久的两岸联系方式。

2）对于山涧河谷水位陡涨陡落、幅度较大以及低水位水深不能过渡、没有合适的地形以修建不同水位码头的河段等，不宜选择渡口方式。

2.7.1.9　场内运输方案比较

（1）方案比较步骤。

1）编制运输方案，包括运输方式选择及其联运时的相互衔接、设备及数量；运输量、运输强度及物料流向分析；对应运输方式的线路等级、标准及线路布置；与选定运输方式有关的设施及其规模；运输组织及过运输能力复核。

2）计算各方案技术经济指标。

3）对各方案进行技术评价、经济评价，选取最优方案。

（2）方案比较项目。方案比较项目见表2-19。

表2-19　　　　　　　　方案比较项目列表

序号	方案比较项目	方案1	方案2
1	主要基建工程量		
2	运输线路的技术条件，运输安全可靠性		
3	主要设备数量及其来源情况		
4	主要建筑材料需用量		
5	能源消耗量		
6	占地面积		
7	基建时间		
8	与施工工艺衔接和对施工进度保证情况		
9	直接及辅助生产人员数量，劳动条件		
10	基建费用和运营费用		

（3）经济效果评价。计算主要工程项目的建筑工程量、交通设备购置量、运输工程量，确定基建费用单价、运营费单价和装卸费单价，计算各方案总费用进行比较，选择经济上较优的方案。

2.7.2　场内排水规划

2.7.2.1　排水系统规划

场地排水一般包括降水、生产和生活废（污）水、天然沟渠汇水、地下渗水等。排水系统应完善、畅通、衔接合理，一般按高水高排、低水低排、多自排、少抽排的原则规划排水设施。

排水规划应减少基坑抽排的工作量，进入基坑的较大溪沟应采用截排的方式引出基坑范围，运行时间较短时经比选也可采取临时抽排措施。

相邻场地应尽量减少相对高差，宜利用弃渣平整场地，创造自然排水条件，避免形成积水洼地。施工场地地面排水坡度不宜小于3‰（湿陷性黄土地区不宜小于5‰），建筑物周围场地坡度宜大于2‰。

多雨地区降水量大、历时长，场地规划时应做好排水设计，避免冲沟、溪流水进入主要施工场地。

2.7.2.2 排水设施

应根据地形、地质、水文、气象等因素及环境保护要求，划分排水区域，估算排水水量，选定排水方式。结合地质条件，选择排水建筑物型式、断面和尺寸，并满足以下要求。

（1）分区排水的出水口位置可利用原有的沟谷排入河道，并结合岸坡防冲保护措施，选定出水口型式。

（2）生活区污水和施工工厂集中、排量大的污水、废水应进行处理，达到排放标准后自排或引至主排水系统排放。

（3）施工工作面的降水、渗水或生产用水，应与其他专业协调，采用管道引至主排水系统排放。

（4）弃渣场地、场地平整等填方区的溪沟排水一般采用涵洞或明渠方式，应在运用前完成排水设施。

（5）开挖、填筑的坡面排水一般设置截水、排水设施引至主排水系统。

（6）排水沟宜采用明沟或加盖明沟的排水型式。排水沟跨越道路或建筑物设置涵洞时，其断面尺寸除应满足过水要求外，应考虑清污条件；严寒地区应考虑冰冻对排水的影响。

（7）场地区域内的主要冲沟、溪流等应根据防洪标准及洪水流量，选择适当的泄水或挡水设施。

（8）对弃渣场应根据防洪标准及相应流量，结合渣场布置，选择合适的排水设施。

2.8 生产设施及生活区布置

2.8.1 生产设施布置

水利水电土石方工程的施工生产设施及其辅助设施包括砂石加工系统、设备修理厂及汽车维修厂、工地试验室等。

2.8.1.1 砂石加工系统

（1）系统组成。土石坝、渠道等填筑施工中的反滤料、垫层料、过渡料，以及道路、场地填筑基层和稳定碎石层中的级配碎石是由砂石加工系统生产的主要砂石产品掺配而来。最大粒径为 $40\sim100mm$ 反滤料、垫层料和过渡料中的细料一般来源于砂石加工系统的生产产品，有时与混凝土骨料生产一起组成统一的加工系统。

砂石加工系统一般由进料回车场、汽车受料仓、粗碎系统、预筛分系统、中碎系统、中筛分系统、细碎系统、细筛分系统、半成品料仓、成品料仓、运行电控系统、掺配控制系统、供电系统及场内公路等组成。

一般大型砂石加工系统的处理能力大于 $500t/h$，中型砂石加工系统的处理能力介于 $120\sim500t/h$ 之间。

（2）布置原则。

1）砂石加工系统应选取靠近料场，水源充足、运输及供电方便的位置布置，应有足够的堆料场地，以保证系统生产调节有适当的坡度以便排水、清淤。

2）系统布置可以根据不同的地形、地质条件进行最优化砂石系统设计，充分利用地形高差，减小皮带机倾角，降低电能消耗，减少工程量并少占耕地。

3）应按工艺流程的顺序进行设施的布置；尽可能避开不利的地形条件，减少基础处理和边坡支护工程量。

4）当地质、地形和场地条件受限制时，也可根据地形特点，充分利用地形高差，将系统加工厂分两部分布置；分别靠近采石场和成品骨料使用现场，两部分之间通过皮带机运输线衔接。

5）粗碎、预筛分、中碎系统及半成品料堆宜临近采石场附近布置，筛分、细碎、制砂及成品料堆宜靠近工程施工用料方向布置，减少毛料及成品料运输距离。

6）当采石场边坡高陡，运输道路难以满足时，也可采用深溜渣竖井进行垂直运输，并结合大型地下洞室布置粗碎加工系统、地下竖井作为成品料仓群等方案，以解决高陡边坡、狭窄场地砂石系统的布置难题。

7）系统的排水和废水处理应统一考虑。

8）对噪声源采取降噪隔离措施，附近有居民或办公点时，应采取声屏障进行降噪处理。

9）附属设施与相应车间就近布置，方便管理。

（3）系统平面布置。系统布置应充分利用地形地势，适当将系统分成几个独立的单元，各单元直接设置中间调节料仓；减少胶带机爬坡，缩短胶带输送长度；安装重型和强烈振动设备的建筑物应地质条件良好，基础结实牢靠；成品料仓应方便装运，有条件时可与生产下游产品的系统共用成品料仓，如进行反滤料、垫层料掺配生产或进行混凝土拌制时，可共用成品料仓。

天然砂砾石料场及工程利用料作为料源时，系统储量宜以堆存毛料为主；人工石料场作为料源时，宜以堆存本成品料为主；低温季节不具备砂石生产条件时，宜以堆存成品料为主。系统总储量可按高峰时段砂石需用量月平均值的 $50\% \sim 80\%$ 确定。成品料堆场容积、隔仓数量应满足砂石自然脱水时间要求。湿法制砂时，成品砂堆场隔仓不宜少于 3 个。混凝土用砂与反滤料用砂应分别堆存。

（4）工艺流程。砂石加工系统设计应按：确定产品要求、粗选料场、确定生产规模、进行平衡计算、拟定初步工艺流程、初选设备、流程计算、优化工艺流程和设备、加工系统平面布置、调整胶带机数量等步骤进行。

天然砂石骨料系统的流程一般采用的工艺较为简单，多采用筛洗工艺（超径石、超量级配作弃料处理）或筛洗加破碎工艺（超径石、超量级配进行破碎平衡级配或制砂）。

人工砂石料一般采用粗碎、中碎、细碎、超细碎和棒磨制砂等工艺来获取各级级配碎石和人工砂。低磨蚀性软岩可能产生大量石粉，系统宜配备石粉收集设备设施。

对于生产反滤料的砂石系统，可将砂子分粗砂（1.2～5mm）、细砂（<1.2mm）两级制备，采用洗砂槽、静力筛、振动筛、旋流器和振动脱水筛等设备筛分脱水后，再按包络线进行精确掺配。

典型的人工砂石加工系统工艺流程见图 2-13。

（5）设备选型。大型砂石加工系统宜对所选料源石料进行破碎指数及磨蚀性指数实

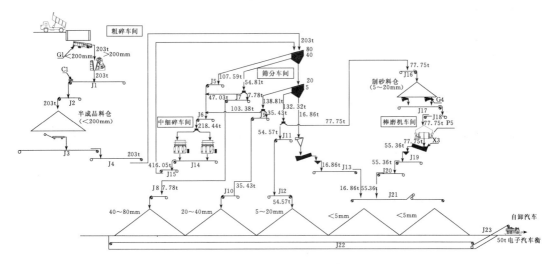

图 2-13　典型的人工砂石加工系统工艺流程图

验；大型加工系统宜选用与生产规模相适应的大型设备；同一作业的设备台数不宜少于 2 台；上下工序所选用设备负荷应均衡，同一作业宜选用相同型号设备；高硬度和高磨蚀性原料时，砂石加工主要设备宜整机备用。

1）粗碎设备。一般选用颚式破碎机或旋回破碎机，较软的岩石亦可用反击式破碎机。变质砂岩、石英岩、砂板岩宜出现整片状含量超标，当系统处理毛料出现超长石、针片状超径石等时，也可采用反击式破碎机进行骨料整形。给料粒径不大于破碎机进口宽度的 0.85 倍，其负荷系数可取 0.65～0.75。颚式破碎机结构简单，工作可靠；进料口尺寸大，排料口开度容易调节，能破碎各种硬度岩石。粗碎的分段标准：进料粒径为 100～500mm，出料粒径为 50～100mm。

2）中碎、细碎破碎设备。一般选用圆锥破碎机，其工作可靠，磨损轻、扬尘少，不易过粉碎，能破碎各种硬度的岩石。中等硬度的岩石也可选用反击式破碎机，其破碎比大，产量高，结构简单。中碎的分段标准：进料粒径为 50～80mm，出料粒径为 0～20mm。细碎的分段标准：进料粒径为 0～50mm，出料粒径为 0～5mm。

3）制砂设备。一般选用立轴冲击式破碎机和棒磨机联合制砂。立轴冲击破碎机处理能力大，产砂率高，干湿方式均可，能耗低，但所产砂细度模数偏大（大于 3.0）；棒磨机生产人工砂，产品理性好，粒度分布均匀，即配有规律，细度模数易于控制，质量稳定，但处理能力和产量较低，能耗高，只能湿法生产。一般多联合设置，优势互补，扬长避短。

4）筛分设备。用于混合料的分级一般选用圆振动筛，单一级配料脱水一般选用直线振动筛。圆振动筛可选择 1～3 层筛，最多可选 4 层筛，但 4 层筛的底层筛效率较低。

5）分级脱水设备。一般选用螺旋分级机或斗轮式洗砂机，兼有洗砂和脱水功能。由于反滤料对于石粉含量及砂粒级配要求严格，有时需将砂子通过静力冲洗筛、振动脱水筛将砂子分粗砂（1.2～5mm）、细砂（<1.2mm）再进行分级、掺配。

6）给料设备。粗碎车间或粒径大于 300mm 的石料一般选用具有给料和预筛分功能的振动给料机，粒径 300mm 以下的缓存料仓选用惯性振动给料机或往复式给料机。

7）物料输送设备。砂石料输送一般选用胶带输送机，带宽以物料输送量大小来选择，一般为 500～1200mm。带式输送机最大坡度不宜超过 16°。

（6）石粉回收和水处理系统。一般说来，除玄武岩、凝灰岩等岩石外，采用人工骨料加工都会产生大量石粉，尤其是采用片麻岩、大理岩等作原料时，石粉含量有时将达 30% 以上，如不进行处理，不仅会影响系统的工作环境，而且会造成产品质量不能满足要求。采用干法生产砂石骨料时，石粉回收一般采用静电回收、风力选粉等方式收尘。采用湿法生产砂石骨料时，石粉采用水洗方式清除。系统冲洗用水量一般为 1～2m³/t，压力控制在 0.2～0.3MPa。生产中产生的含有泥、砂、石粉等固体悬浮物的大量污水，可采用自然沉淀和加药快速沉淀等方式进行处理。采用自然沉淀时，需有较大容量的沉淀池，其容量应大于系统 72h 作业的用水量；采用加药快速沉淀时，应按工业废水处理工艺进行设计。砂石骨料生产也有采用半干式生产方式的，主要是控制物料的含水率，避免产生扬尘。

（7）流程计算。流程计算是根据系统生产处理能力、产品级配比例、拟定的工艺流程和初选设备性能进行逐级计算，使得每一作业的流程量平衡，即进入量等于流出量；各级成品产出量不小于需求强度且满足级配比例要求。若某一级配明显不合理时，可根据破碎机不同排料口的产品粒度分布曲线，调整其上一级排料口开度或下一级进料口料径。加工系统宜采用部分筛分效率法进行工艺流程计算，总筛分效率取值不低于 90%。

根据计算结果进行工艺流程优化和设备选型确定。

（8）生产规模估算。砂石加工系统规模可按式（2-10）进行估算：

$$Q = k\gamma fV/10000\mu \qquad (2-10)$$

式中　Q——砂石加工系统生产能力，万 t/月；

　　　k——生产不均衡系数；一般取 1.10～1.25；

　　　γ——反滤料或垫层料容重，t/m³（一般取石子 1.5～1.6t/m³，砂子 1.8t/m³）；

　　　f——超填系数；一般取 1.10～1.15；

　　　V——反滤料或垫层料设计量，m³；

　　　μ——加工成品率，一般取 0.65～0.75。

（9）建筑及占地面积。砂石加工系统的建筑面积、占地面积可按式（2-11）、式（2-12）进行估算：

$$F \leqslant 600Q^{0.4} \qquad (2-11)$$

$$A \approx 42000Q^{0.4} \qquad (2-12)$$

以上各式中　F——建筑面积，m²；

　　　　　　A——占地面积，m²；

　　　　　　Q——砂石系统月加工能力，万 t/月。

2.8.1.2　混凝土生产系统

混凝土及砂浆是土石方开挖与填筑工程阻水帷幕、安全支护和结构物施工不可或缺的重要材料，由混凝土生产系统拌制而成。

（1）系统组成。混凝土生产系统主要由搅拌站、砂石骨料储运系统、胶凝材料储运系统、供水系统、外加剂系统以及电气控制系统等组成，大型混凝土生产系统还配有预冷、预热、骨料二次筛分等系统。

（2）系统布置。

1）混凝土生产系统应尽可能靠近施工对象布置，短距离布置可缩短运输时间，保证拌和物的可施工性能，方便施工协调。当系统向多个施工对象供应混凝土时，应按经济性最优原则，统筹考虑施工全过程，并与骨料输送系统及出料线路匹配协调，充分体现整体布置理念。

2）系统布置应综合考虑地形及地质条件、现场交通条件、骨料供应方式、结构物施工或安全支护方式等。系统应与交通主干线连接，系统车辆进出安全便捷、通行顺畅；系统应充分利用地形条件尽可能使主要原材料自上而下输送，系统所处位置无塌方、滑坡、山洪、泥石流等不良地质现象，不受洪水期水位影响，并应满足爆破安全距离要求。

3）系统应以拌和设备为中心，统筹其他组成部分之间的相互关系，原材料进料方向与拌和物出料方向应错开布置。

4）受地形地质条件限制天然场地狭小时，可优先满足拌和站和进出运输线布置，其他设施可因地制宜紧凑布置。

5）集中设置的混凝土生产系统应能适应工程施工中各项运输方式、施工方法要求，满足不同混凝土品种及施工强度要求。

6）当混凝土需求点分散、运输不便、不能兼顾高低部位以及集中布置困难或骨料来源分散、距离较远、运输不经济且影响混凝土质量时，可分散布置。

7）分期布置的混凝土生产系统主要设备总量配备应根据各期施工强度选定设备数量，再根据可能拆迁转移时间，做出总的调度平衡。

（3）工艺流程。

1）骨料流程。混凝土生产用的粗骨料、细骨料来源一般为砂石加工系统或外购，并在混凝土拌和站设置成品料仓或骨料堆放场，采用胶带机输送或装载机上料进入拌和站储料仓。为保证骨料含水率（温度）稳定需在骨料堆放场设置防雨（晒）棚。对于有出机口温度限制的混凝土拌和物，还应对骨料进行预冷，对输送胶带机设置保温廊道等。进入拌和站储料仓的骨料再进入拌和站配料仓经计算机配料计量后，进入拌和机拌和。

2）胶凝材料流程。水泥用载重汽车运输到袋装水泥库或用水泥罐车直接输入水泥罐。袋装库中的水泥，可采用人工拆包或拆包机拆包。拆包后的水泥进入螺旋输送机把水泥输送进入散装水泥罐储存或送入拌和站水泥配料仓或进入拌和机斗式提升机。拌和楼配料仓内的水泥，经计算机称量计重后卸入拌和机内与砂石料、水等拌和。掺合料（粉煤灰、矿粉等）流程与水泥流程相同。

3）供水流程。一般采用在混凝土生产系统较高位置布置有一定容量（满足生产强度要求）的生产水池，用钢管自水池把水接入拌和楼的配水箱。水箱中的水经计算机计量后进入拌和机。

4）外加剂流程。外加剂原料经人工拆包（或开桶）并经计量后，倒入溶液搅拌池内按一定比例加水搅拌。合格的溶液进入储液池内存放。池内溶液由耐腐蚀泵向拌和站的储液箱供液。储液箱中的溶液，经电脑秤计量后进入拌和机。

5）污水处理流程。生产系统产生的污水主要有搅拌罐洗罐水及系统清洁卫生用水，对生产污水的处理采用污水沉淀池和絮凝池沉淀、净化的方法进行处理。在拌和楼旁设置排水沟将污水引至污水处理池内，污水在处理池内沉淀后溢出到净化池，在絮凝池内加入絮凝剂使溢出的污水得到进一步净化。净化后达到排放标准的生产废水通过系统排水沟排出。

（4）原材料储存及运输。系统骨料堆场（仓）应存纳一定的骨料存量，并有连续向拌和站供料的能力。

系统骨料堆场（仓）储存容量一般以活容积计算为高峰月施工强度平均3～5d用量；布置特别困难时最低不应小于1d的用量。与砂石生产系统距离较近并采用胶带机运输时，可设置调节料仓供拌和站使用，料仓容量不小于8～16h用量。

胶凝材料的储存量应根据生产规模、胶凝材料供应方式及运输条件，结合工程特点及储仓布置条件等综合分析确定，并以高峰月施工强度平均日需用量计算：公路运输4～7d、铁路运输7～10d、水路运输5～15d。

骨料堆场应设排水系统，袋装水泥堆场应有防雨、防潮设施。

（5）设备选择。

1）拌和站选择应根据工程规模、使用期限、混凝土品种（标号、级配、掺合料、坍落度、最大粒径）、温控要求等选择拌和站形式和数量。

2）拌和站拌和设备生产能力的总和应满足系统确定的生产规模及施工强度需要。

3）骨料储运系统向拌和站输送骨料采用胶带机上料时，胶带机宽度、带速及布设坡度应与输送的不同材料特性、输送能力相匹配；采用装载机上料时，装载机斗宽、上料高度、上料能力应与拌和站调节料仓相匹配。

4）胶凝材料储运系统向调节储料罐或拌和站输送材料，可根据输送距离、输送量、地形等具体条件，经比选可采用螺旋输送泵、喷射泵等正压输送设备。胶凝材料储存罐可选用装配式钢制水泥罐。

（6）生产能力。混凝土生产系统规模可按式（2-13）进行估算：

$$Q_h = k_h Q_m / mn \qquad (2-13)$$

$$Q_m = k_m VN \qquad (2-14)$$

上两式中　Q_h——系统小时生产能力，m^3/h；

　　　　　k_h——小时不均匀系数，可取1.5；

　　　　　m——混凝土生产系统月工作天数，一般取25；

　　　　　n——混凝土生产系统日工作小时数，一般取20；

　　　　　Q_m——混凝土高峰月施工强度，m^3，一般按施工进度计划确定，无进度计划时，可按式（2-14）计算；

　　　　　V——计算时段内由拌和站供应的混凝土量，m^3；

　　　　　N——相应于V的混凝土施工月数，月；

　　　　　k_m——月不均匀系数，当V为全工程混凝土总量时取1.8～2.4，当V为高峰年混凝土总量时取1.3～1.6，管理水平较高取小值。

（7）建筑及占地面积。混凝土拌和系统的建筑面积、占地面积可按式（2-15）、式

（2-16）进行估算：

$$F \leqslant 270 + 1400Q_m^{0.2} \qquad\qquad (2-15)$$
$$A \approx 18000Q_m^{0.6} \qquad\qquad (2-16)$$

以上各式中　F——建筑面积，m^2；

$\qquad\qquad A$——占地面积，m^2；

$\qquad\qquad Q_m$——拌和系统月生产能力，万 m^3/月。

2.8.1.3　设备修理厂

（1）设备修理厂功能。设备修理厂功能主要是对大型钻爆及挖装设备进行高级别保养及相应配件的加工、修制和修理材料、燃料的储存与发放等。

（2）设备修理厂规模。一个工程一般宜建一个中心修理厂。小型工程可简易布置设备修理厂；工程附近有社会维修力量时也可加以利用。

修理厂规模应视所拥有的运行设备、车辆数量而定。修理厂应根据运营车辆数及其大修、中修间隔年限计算生产能力，并以此为基础对修理厂的规模、厂房的大小等进行设计。

（3）设备修理厂布置。修理厂宜建在距各施工区段位置适中、交通方便，有可靠水电供应的地方。修理厂位置也应避免布置在交通流量较大的主干道上，厂区周边半径不小于25m范围内应避免有居民居住，噪声及排放应满足环保法规要求。

应按工艺路线、工作顺序和便于生产互相联系的要求安排各车间、工作间的位置。各主要通道的布局应整齐，应充分照顾到各种运输方式的衔接，尽力避免生产运输线路迂回往复以及跨越生产线的现象。各工作间应有门直接与主通道相连通。

热加工、锻压、铸工、电镀等会散发有害气体、烟尘及噪声的车间应置于主导风下风向和厂区的边缘，噪声过大的车间应设在隔开的房间内。

修理厂内道路一般采用工业企业道路等级三级，即单向行车密度15辆/h以下。回车场最小面积按铰接车计算；厂内道路最小转弯半径 R 应不小于12m；路面可按汽-13级设计；双车道宽7m以上，人行道最小宽度不低于1.2～2.5m，横向坡度为2%～3%，最大纵坡5%；直交路口弯道面积在31m^2左右，交叉路口（斜交）弯道面积为R^2。

修理厂内道路不应迂回曲折，主要道路应人车分道，宽度应不小于10m，人车出入的大门必须分开设置。车辆进出的主大门宽不小于12m；净高应不小于3.6m。厂门应直接与两条以上道路相连。

修理厂的生活性建筑可按以下要求进行设计。

1）食堂（包括厨房、餐厅及库房）要求能容纳在厂进餐职工。

2）浴室要求能容纳全厂4%左右的职工同时淋浴。

3）厕所除办公楼每层设置外，全厂应在车间、生活区等职工主要工作和生活的地方按全厂10%的职工均衡设置男女厕所。

4）单身职工宿舍，要求按不低于5m^2/人的标准设计。

（4）建筑及占地面积。修理厂生产车间建筑面积可按生产工人15～20m^2标准进行计算，辅助生产设施的建筑面积可取生产车间建筑面积的20%～25%，办公室及生活的建筑面积可取生产建筑面积的10%左右。

修理厂占地面积宜按所承担年修理车辆数，即每标准车 $250m^2$ 进行占地规划计算。在不考虑设备停放的情况下，生产建筑面积与占地面积的比例约为 $1/5\sim1/8$。

初步估算中心修配厂的建筑及占地面积时，也可按式（2-17）、式（2-18）进行计算：

$$F\leqslant165V^{0.5} \tag{2-17}$$

$$A\approx11V \tag{2-18}$$

以上各式中 F——建筑面积，m^2；

     A——占地面积，m^2；

     V——土石方工程量，万 m^3。

2.8.1.4 汽车维修保养厂

（1）汽车维修保养厂功能。汽车维修保养场的功能主要是承担运输车辆的较高级别保养任务及相应的配件加工、修制和修车材料、燃料的储存、发放等。

（2）汽车维修保养厂规模。汽车维修厂宜集中设置，保养规模一般为 $50\sim300$ 辆。汽车数量多或工地较分散时，一级保养可分散，二级保养尽可能集中进行。

汽车大修和总成检修尽可能不在工地进行。当汽车数量较多，且使用期多超过大修周期，工地又远离城市或基地时，可在工地设置汽车维修厂，大型或利用率较低的设备尽可能与设备修理厂合用。当汽车大修量较小时汽车维修厂可与设备修理厂合并。

停车场的低级保养和设备小修能力较差，汽车维修厂有提供其所需配件的任务；如车辆较少，不需单独建停车场时，可按停车场的各项要求在维修保养厂内建设停车场（库）。

（3）汽车维修保养厂布置。平面布置应有明显的功能分区，把功能相近、生产（工作）性质相同、动力需要和防火、卫生等要求类似的车间、办公室、设备、设施布置在同一功能分区内。尤其是保养车间及其附属的辅助车间必须按照工艺路线要求布置在相邻近的建筑物里，建筑物之间既有防火等合理的间隔，又要有顺畅而方便的联系。

办公及生活性建筑宜布置在厂前区。厂区的道路应不小于 7m，人行道不小于 1m；场区应设置符合标准的试车道及一定数量的机动停车坪。

维修厂的配电房、空压机房、乙炔发生站等动力设施应设在全场的负荷中心处。进出厂应有供机动车用的宽度不小于 12m 的铁栅主大门，主大门两边应有宽度不少于 3m 的人员出入门，同时还应在适当处设置紧急出入门。

汽车维修厂应有确保完成其生产任务的厂房，应根据保修生产的工艺路线要求，由保养车间和发动机、底盘、轮胎修理、喷烤漆工间等构成主车间，成为厂房的主要部分。其他如电工间、蓄电池间、设备维修间、材料配件工具库、动力站等构成辅助车间。各辅助车间应根据工艺要求，紧凑地布置在主车间的四周。对于有较大噪声、有毒气体、液体和易燃气体的空压机间、蓄电池间、乙炔间在布置时按《汽车库、修车库、停车场设计防火规范》（GB 50067—2014）的规定执行。

汽车维修厂应有固定的车身保养场所，单独建立车身保养车间（工段、组），单独进保进修。保修厂房应根据不同情况因地制宜地采取相适应的型式。一般宜采用通过式，顺车进房，顺车出房，利用房外通道回车。厂房宽度可据每日保修车辆台次确定，保养厂生产性建筑规划用地宜按每标准车 $50m^2$ 计算，各车间（包括库房、动力站）的用地应根据工艺设计确定。

维修厂房和辅助车间的地面应根据汽车一般保养、发动机和底盘解体清洗、蓄电池充电等不同作业特点分别采用高标号混凝土面层、耐机油、耐酸耐腐蚀材料面层和非刚性材料面层。其车间的采暖、通风、照明、给排水等分别参照有关规范、标准执行，场内应有污水净化处理设施。

汽车维修厂的设施可按下述经验数确定，即每百辆标准车需9个保修工位，其中车身2个、机电7个。

汽车维修厂的生活性建筑包括食堂、单身职工宿舍、会议和文娱活动用房、浴室、厕所。保养场应在场前区按合理关系和相互联系有机而紧凑地布置各项生活性建筑。

各项建筑用地可参照有关设计规范和各场的具体情况确定，确定的原则如下。

1) 食堂宜有宽敞的工作间（包括储藏室）。

2) 单身职工宿舍，要求按不低于 $5m^2$/人 的标准设计。

3) 应按有关卫生规范配备厕所和包括更衣室在内的淋浴室，其面积应据男女职工的具体比例确定。

（4）建筑及占地面积。汽车维修厂按所承担的保养车辆数计算，每辆标准车规划用地 $200m^2$，其生活性建筑用地每标准车 $35m^2$；并乘以用地系数 k_y。当保养车辆数不大于100辆时，k_y 值取 1.2；保养车辆数为150辆左右，k_y 值取 1.1；保养车辆数在200辆车以上时 k_y 值取 1。

初步估算汽车维修厂的建筑及占地面积时，也可按式（2-19）、式（2-20）进行计算：

$$F \leqslant 270V^{0.5} \qquad (2-19)$$

$$A \approx 830V^{0.5} \qquad (2-20)$$

以上各式中　F——建筑面积，m^2；

　　　　　　A——占地面积，m^2；

　　　　　　V——土石方工程量，万 m^3。

或已知年运输工作总量 Q 时，可按式（2-21）、式（2-22）计算建筑面积和占地面积：

$$F \leqslant 2.25Q \qquad (2-21)$$

$$A \approx 7.5Q \qquad (2-22)$$

以上各式中　F——建筑面积，m^2；

　　　　　　A——占地面积，m^2；

　　　　　　Q——年运输总量，万 m^3/a。

2.8.1.5　施工试验室

（1）工地试验室功能。工地试验室是为满足特定地质条件或工程设计需要而临时组建的，具有临时性的特点。施工试验室应紧靠工程施工现场布置，以方便试验与检验。

土石方工程施工试验多数为土工试验类项目，一般具有对各种粗、细土料的物理性质、压实特性、强度和变形特性、渗流和压缩特性、动强度特性、动变形特性等工程性质进行试验研究的能力，包括土的含水量测定、密度测定、颗粒分析、剪切试验、固结试验、渗透试验、击实试验、三轴压缩与液塑限联合测定、无侧限抗压强度试验等。

（2）工地试验室布置。工地试验室要根据工程的规模和特点，设置各功能室和办公室。功能室为留样室、集料室、土工室（击实间）等，需要进行混凝土试验或沥青混凝土试验的还需要有水泥室、混凝土室、养护室、力学室及沥青原材料室等，办公室和各功能室要分隔开，布局要合理，仪器设备摆放要科学。

（3）建筑及占地面积。试验室建筑面积可根据工程规模、特点和需要试验的项目确定，试验室各功能室建筑面积可参考表 2-20。

表 2-20　　　　　　　　　试验室各功能室建筑面积表

序号	功能室名称	建筑面积/m²	备注
1	留样室	15～20	
2	集料室	15～25	
3	土工室	15～25	击实间地基应有承载力要求
4	力学室	15～25	
5	混凝土室	15～25	
6	现场检测设备室	15～20	
7	水泥室	15～20	
8	办公室	15～30	1～2 间
9	资料室	15	

根据工程大小有的可以合并为一个房间，主要是体现功能分区和实用。试验室占地面积可按建筑面积的 3～5 倍考虑。

2.8.1.6　工地值班室

（1）工地值班室功能。值班工作是工程施工一项重要的日常性和基础性工作，是前方施工的运转中枢，在确保施工高效有序运转、及时处理紧急情况等方面发挥着重要作用，具有职能范围广、工作头绪多、协调任务重的工作特点。

（2）工地值班室布置。工地值班室应根据工程规模、特点及值班性质、内容，靠近工地施工现场布置，布置位置应方便观察工地全貌、交通便利、通信畅通、方便沟通和协调。

工地值班室应满足生产调度、技术服务、质量检查和运行维护等需求。

（3）建筑及占地面积。当工地值班性质、内容包括工地施工调度指挥、技术和质量现场指导服务、电工维护值班等时，应按功能、人数分室布置。每室建筑面积 15～20m²，有前方调度会议要求的，会议室按参会人数 3m²/人考虑。

工地值班室应考虑车辆临时停放要求。工地值班区占地面积可按建筑面积的 3～5 倍考虑。

2.8.2　生活区布置

2.8.2.1　生活区项目

生活区布置一般包括工程建设方营区及施工方营区布置。

（1）建设方营区。建设方营区是为工程建设方进行工程建设管理而建设的临时或永久性管理、生活设施。条件许可时一般与工程永久运营管理需求结合布置。

（2）施工方营区。施工方营区是为工程施工方进行工程施工而建设的临时管理、生活设施等。

2.8.2.2 布置原则与布置型式

（1）布置原则。

1）建设方营区和施工方营区可根据工程规模、自然条件等，采用分散布置的方式进行布置。

2）施工方营区设置宜相对靠近施工现场、交通便利、相对独立和安静，或相对集中布置于离生产区稍远的地点。

3）建设方营区布置应结合工程特点、施工分期和运行管理要求等，兼顾生产与生活一起布置。

4）营区位置应场内外交通联系方便、施工期干扰较小、环境污染少，具备良好的排水、通风、日照等条件，无地质灾害隐患。

5）施工期业主、监理、设计办公生活区宜集中布置。

6）办公、生活及公共福利等各功能区应有明确界限，相对独立。单职工宿舍、民工宿舍和职工家属住宅应有相对独立的区段。

7）营区布置应考虑居住建筑的特点，尽可能选择具有良好建筑朝向的地段。寒冷地区以保证冬季必要的日照时间和质量、防止寒风吹袭为主要因素；炎热地区以避免夏季西晒和争取自然通风为主要因素。

8）通过建筑组合的变化、搭配以及绿化遮阳等措施，防止日晒。

9）地震区划的地区，应按要求考虑必要的防震抗灾措施。

（2）布置型式。

1）居住建筑布置型式。居住建筑布置型式可综合地形、规模等因素，采用行列式布置、沿路布置、融合布置或零散布置等型式。

2）公共建筑布置型式。公共建筑布置宜采用工地生活区级或居住小区级分级配置型式。

工地生活区级服务中心以工地全部居民为服务对象，在合理的服务半径范围内，布置必要的、规模较大的公共建筑，形成整个工地的服务中心，设置在居民集中、交通方便，并能反映工地生活区面貌的地段，包括医院（医务室）、招待所、商店、理发店、浴室、综合服务中心及其运动场馆。

居住小区级服务中心以小区内居民为服务对象，设置居民经常使用、日常必需的服务项目，形成区域中心。项目内容可包括诊所、理发店、浴室、百货副食店及职工食堂等。居住区规模较小，或使用时间较短的临时性场地，可只设置个别项目或营业点。

（3）建筑及占地面积。

1）以劳动力曲线计算劳动人数。工地总人数数量可按式（2-23）计算：

$$N = N_0 / (1 - \lambda_1 + \lambda_2 + \lambda_3) \tag{2-23}$$

式中　N——工地总人数，人；

N_0——施工总进度劳动力曲线高峰年连续 3 个月平均高峰生产人员数量，人；

λ_1——非生产人员比例，可取 14％；

λ_2——缺勤人员比例，可取 5％～8％；

λ_3——非生产单位派驻工地人员比例，可取 1％～2％。

2）以劳动力投入总工时计算劳动人数。根据分项工程量清单的工程量，按照代表社会平均先进水平劳动效率的《劳动定额》中"工时消耗/单位工程量"或"产量/单位时间"计算劳动力投入总工时。在劳动力投入总工时一定的情况下，假定持续时间内的劳动力投入强度相等，劳动效率也相等，进而确定每日班次及每班次的劳动时间，则可按式（2-24）计算劳动力投入量。

$$N=kQq/nvt \qquad (2-24)$$

式中　N——劳动力投入量，人；

k——劳动力不均衡系数，可在 1.0～1.5 取值；

Q——工程量，m^3、m^2 或 t；

q——劳动效率，工时消耗/单位工程量；

n——每天班次，班；

v——每班工时，时；

t——持续时间，d。

3）以控制性进度估算劳动人数。根据控制性进度表给出的各主要工程项目的平均高峰月强度，以及初步分析确定的月平均施工天数，求得平均日强度；并按现行定额计算完成该项工程基本作业循环所需的日综合劳动力定额［工程量（人·d）］，与平均日强度相除即为该项工程所需的基本劳动力数。

临时工人数量可按施工总进度劳动力曲线连续 3 年平均高峰生产人员数的 20％～60％估算。

4）综合指标法计算建筑面积。施工管理及生活设施建筑面积可根据工程规模、建设工期、建设管理模式分析确定其建筑面积与占地面积，建筑面积可按式（2-25）进行计算。

$$F=Na \qquad (2-25)$$

式中　F——建筑面积，m^2；

N——工地总人数，人；

a——人均建筑面积综合指标，可取 8～$12m^2$/人。

5）占地面积。占地面积可依据建筑面积及容积率按式（2-26）进行计算：

$$A=RF \qquad (2-26)$$

$$R=CH \qquad (2-27)$$

上两式中　A——占地面积，m^2；

F——建筑面积，m^2；

R——容积率，按式（2-27）计算；

C——建筑密度，一般取 25％～45％；

H——层高，m。

容积率一般 6 层以下多层建筑取 0.8～1.2；平房取 0.5～1.0。

2.9 仓库系统规划布置

2.9.1 仓库类型及布置原则

2.9.1.1 仓库类型

（1）以管理型式及用途进行分类。仓库按其用途及管理型式可分为普通仓库、专用仓库和堆场三大类。仓库系统普通仓库是相对于专用仓库而言的，存储的多是普通材料，包括行政生活库、劳保库、备品配件库、五金库等，专用仓库包括施工设备库、油料库、雷管炸药库等。

1）普通仓库。普通仓库分为中心仓库与分库两类。

服务于较多对象的仓库，一般设置为中心仓库。有关行政办公用品、劳保用品、五金建材、备品配件等材料多以设置中心总库的方式进行储备、保管和发放领用。一般下设有行政生活库、劳保库、五金库、化工材料库、建材库等。

需要时可在靠近作业现场的施工工区或施工工厂，采用建立材料分库的方式进行存储，以方便工作和提高效率。分库规模一般不宜太大，存储时间也不太长，可与中心仓库形成一定的互补。

2）专用仓库。对有特殊的存储、保管、发放、领用以及使用要求的专用材料，采用建立专用仓库的方式进行存储，以达到安全管理的目的。如民用爆破器材仓库、油料库、施工设备库、永久设备库等。

3）堆场。对一些数量及体积庞大的散粒状、条块状的材料、器材，采用堆存的方式进行存储，如砂石骨料、石料、土料、袋装水泥、煤炭等，多采用堆场方式存放。

（2）以结构型式进行分类。

1）露天式仓库。适合储存一些数量较多、体积较大、移动不便、受气候影响较少的物资、器材，如砂石骨料、砌块、预制件、木料、煤炭及露天存放设备等。

2）棚式仓库。适合储存一些长期露天存放容易引起锈蚀、变质、占用面积较大的材料或体积大、重量大不能入库的大型设备，如水泥、石灰、钢筋、多臂钻机等。这种有顶无墙的棚式仓库可防止日晒雨淋。

3）房式仓库。适合储存一些数量较少、体积不大、容易丢失、较为贵重的材料、设备。

2.9.1.2 布置原则

（1）仓库布置的目的是寻找一种布置方案，使得总搬运量最小。仓库布置应有利于缩短存取货物时间、降低仓储管理成本。

（2）大宗建筑材料一般应直接运往使用地点存放，以减少施工现场的二次搬运。

（3）中心仓库的服务对象较多，一般布置于对外交通线路连接施工区的入口处附近；服务对象单一的仓库、堆场，可靠近所服务的施工工厂或施工工区的地点布置，也可作为某一施工工厂的组成部分。

（4）仓库的平面布置应满足防火间距的要求。当施工场地限制不足以在平面上满足防火间距要求时，应有相应的防火设施及措施，保证安全生产。

（5）易燃易爆材料，如炸药、油料、煤等，应布置于对施工现场、施工工厂、生活办公区域危害较小的安全位置，最好布置在远离其他建筑物的下风处，并应考虑防雷、防火。当库内易燃、易爆、有毒等材料存储量达到或超过《危险化学品重大危险源辨识》（GB 18218—2009）规定的临界量时，仓库布置应满足重大危险源控制要求，并符合国家安全生产监督管理总局的《危险化学品重大危险源监督管理暂行规定》。

2.9.2 仓库系统布置

2.9.2.1 普通中心仓库

（1）中心仓库规模。中心仓库规模应满足土石方工程生产及生活需要，当有分库储存时，应按定额使用量统一计算。

（2）中心仓库布置。中心仓库应选择与所服务对象相近的中心位置布置，其位置应采用重心法计算确定。中心仓库选址在现有仓库中确立一个为中心仓库时，可用总距离最短、总运输周转量最小、总运输费用最小来计算；新建中心仓库时，可用因素比重法、重心法、盈亏平衡法、微分法和运输模型法来进行评估选址。

需求频次较高以及体积大或重量重的材料物资，应放置在仓库方便搬运的地方。

（3）中心仓库建筑及占地面积。

1）仓库建筑面积可按式（2-28）计算：

$$S=q/P\mu \qquad\qquad (2-28)$$

$$q=Quk/n \qquad\qquad (2-29)$$

上两式中　S——仓库面积，m^2；

$\quad\quad q$——材料存储量，t 或 m^3，按式（2-29）计算；

$\quad\quad P$——单位面积上存放材料的数量，t/m^2 或 m^3/m^2；

$\quad\quad \mu$——存放系数；

$\quad\quad Q$——高峰年材料总需要量，t 或 m^3；

$\quad\quad u$——材料储存时间，d，各种材料储备天数参考表 2-21；

$\quad\quad k$——不均匀系数，可取 1.2～1.5；

$\quad\quad n$——年工作日数，d。

表 2-21　　　　　　　各种材料储备天数参考表

序号	材料名称	材料储存时间 u/d	备注
1	设备配件	180～270	
2	炸药、雷管	15～30	
3	油料	15～30	
4	五金材料	20～30	
5	电线、电缆	40～50	根据同种配件的多少乘以 0.5～1.0 修正系数；油料若有商业供应条件，储备天数可缩短
6	电石、油漆、化工	20～30	
7	地方房建材料	10～20	
8	砂石骨料（成品）	10～20	
9	劳保生活用品	30～40	
10	土产杂品	30～40	

2）仓库占地面积可按式（2-30）进行计算：

$$A=k\sum S \qquad\qquad (2-30)$$

式中　A——占地面积，m^2；

　　　k——仓库占地利用系数，可按表 2-22 取值；

　　　S——仓库面积，m^2。

表 2-22　　　　　　　　　　　　仓库占地利用系数表

仓库种类	k	仓库种类	k	仓库种类	k
物资总库	4	机电仓库	8	钢筋钢材库	3～4
油库	6	炸药库	6	圆木堆场	

2.9.2.2　设备配件库

（1）设备配件库规模。设备配件库规模应根据施工实际情况，如生产任务量、设备配置状况、设备新度、磨损情况、维修能力（包括自制备件能力）和供应协作条件等确定。一般配件库存可按备件卡规定的储备定额进行库存；常用件储量可根据配件使用量历史规律，按统计概率累积法进行计算，并按不缺货的保证率储备；事故件储量按随机变量单周期存储模型的损失期望值最小进行确定；或按设备原购置总值的 1%～2% 估算配件库存。

（2）设备配件库布置。设备配件库选址应尽量靠近设备维修作业点进行布置。

轮胎是汽车零部件中最有代表性的零部件，由于其体积较大，使用量多，橡胶存放易老化等特点，其仓储方式非常具有代表性。轮胎存储与其他货物存放有很大不同，不仅要求库房温度、湿度和避光等符合存放条件，立面存放时还要求轮胎垂直存放在货架上并定期变动其支点。轮胎立面存放、平面存放都应按照先进先出的发放模式进行。

（3）仓库建筑及占地面积。设备配件的存放指标可按 $1t/m^2$ 指标计算。在建筑面积指标表中，当设备配件重量小、供应条件差时，综合材料库和设备备件库的建筑面积指标取大值。

轮胎采用两层立面存放时，其建筑面积可按 4 条/m^2 计算；平面存放时，轮胎存储的建筑面积，可按 2 条/m^2 计算。

仓库占地面积可按式（2-30）进行计算。

2.9.2.3　修理厂分库

（1）修理厂分库规模。修理厂分库是典型的备品备件分库，规模以满足修理厂生产为原则。

（2）分库布置。修理厂分库宜靠近修理车间布置。

（3）分库建筑及占地面积。对于修理厂仓库面积可按式（2-31）计算：

$$S_Q=QKn/12P \qquad\qquad (2-31)$$

式中　S_Q——一般修理厂仓库的面积，m^2；

　　　Q——该修理厂年生产量，修车数/a；

　　　K——物料入库量占年生产量的百分比；

　　　n——材料储备期，月；

　　　P——仓库单位面积材料储存量，t/m^2 或件/m^2，见表 2-23。

表 2-23 　　　　　　　　　　　仓库单位面积材料储存量表

序号	材料名称	五金	电线、电缆	多种劳保用品
1	储备天数/d	20～30	40～50	30～40
2	单位面积储存量/t	1.0	0.3	250
3	堆置高度/m	2.2	2.0	2
4	仓库类型	库	库	库

仓库占地面积可按式（2-30）进行计算。

2.9.2.4　民用爆破物品储存库

（1）小型民用爆破储存库规模。民用爆破物品储存库的规模应满足土石方工程开挖爆破作业的需要，并以政府主管部门批准的位置和规模进行建设。民用爆破物品储存总仓库区内单个爆炸物品仓库中允许的最大存药量，应根据《民用爆破器材工程设计安全规范》（GB 50089）的具体规定来执行。一般小型民用爆炸物品储存库最大储存量，不得超过该工程 3d 的最大炸药需要量和 10d 的最大雷管需要量。

（2）小型民用爆炸储存库储量。小型民用爆炸物品储存库是指只有一个炸药库房和一个雷管库房的简单结构，小型民用爆炸物品储存库单一品种的最大允许储存量见表 2-24。民用爆炸物品储量大于表 2-24 的储存库，以及覆土库和洞库，应按《民用爆破器材工程设计安全规范》进行设计。

表 2-24 　　　　　　小型民用爆炸物品储存库单一品种的最大允许储存量表

序号	产品类别	最大允许储存量
1	工业炸药及制品	5000kg
2	黑火药	3000kg
3	工业导爆索	50000m（计算药量 600kg）
4	工业雷管	20000 发（计算药量 20kg）
5	塑料导爆管	100000m

注　1. 工业炸药及制品包括铵梯类炸药、铵油炸药、硝化甘油炸药、乳化炸药、水胶炸药、射孔弹、起爆药柱、震源药柱等。

　　2. 工业雷管包括电雷管、导爆管雷管及继爆管等。

　　3. 工业导爆索包括导爆索和爆裂管等。

　　4. 其他民用爆炸物品按与本表中产品相近性归类确定储存量：普通型导爆索药量为 12g/m，常用雷管药量为 1g/发，特殊规格产品的计算药量按照产品说明书给出的数值计算。

（3）储存库选址。小型民用爆炸物品储存库的选址一般应选择远离城镇的独立地段，不应建在城市或重要保护设施、居民聚居区域，以及风景名胜区等重要目标附近。不应布置在有山洪、滑坡和其他地质危害的地方，应尽量利用山丘、土包等自然屏障保护。不应让无关人员和物流通过储存库区。

小型民用爆炸物品储存库分为地面库、洞库和覆土库等型式。小型民用爆炸物品储存库距外部的距离，应按其库房级别、危险等级等按国家标准《小型民用爆炸物品储存库安全规范》（GA 838）、《民用爆破器材工程设计安全规范》（GB 50089）、《地下及覆土火药炸药仓库设计安全规范》（GB 50154）的要求执行。储存库距露天爆破作业点外部边缘的距离应符合爆破安全规程的要求，且最低不应小于300m。

库区内储存库应根据各储存库的危险等级和计算药量并结合地形特点进行布置，以有利于储存、运输和装卸的作业安全。计算药量较大的储存库不宜布置在储存库区出入口附近。地面库不宜水平长面相对布置，储存库区运输主干道纵坡不宜大于6%。储存库区四周应设密实围墙，围墙至最近储存库墙脚的距离不宜小于5m，围墙高度不应低于2m，墙顶应有防攀越的设施。储存库区周围有陡峭山体、水沟等能起到防盗、防火作用的自然屏障处，可不设密实围墙，但应设铁丝网围墙。值班室宜布置在围墙外的安全地带，朝向库房面可建设防护屏障或利用自然屏障相隔以抵挡爆炸冲击波作用。

（4）储存库布置。仓库总平面布置应根据库房级别、危险等级和存药量结合地形布置。民用爆破器材仓库布置包括：炸药库房、雷管库房、警卫室、库房隔离网、避雷针、进场便道、防护堤等。

储存库区内部最小距离：工业炸药及制品、工业导爆索、黑火药地面储存库之间最小允许距离不应小于20m，其储存库与雷管储存库之间最小允许距离不应小于12m。值班室距雷管库房的距离不应小于20m；值班室与工业炸药及制品、工业导爆索、黑火药库房的最小允许距离应符合表2-25的要求。

表2-25　值班室与工业炸药及制品、工业导爆索、黑火药库房的最小允许距离表　　单位：m

防护状况	单库计算药量/kg	
	$3000 < Q \leqslant 5000$	$Q \leqslant 3000$
有防护屏障	65	30
无防护屏障	90	60

（5）储存库结构。储存库应为单层建筑，可采用砖墙承重，屋盖宜为钢筋混凝土结构，净高不宜低于3m。值班室宜为单层，可采用地面、覆土或洞室建筑方式，当采用地面建筑时，应采用现浇钢筋混凝土屋面板，墙四角设置构造柱并与墙拉结，朝向库房方向不应有窗户。

储存库的防火要求应符合《建筑设计防火规范》（GB 50016—2014）要求。地面库区应按一类防雷建筑物防雷规定设防，具有可靠的防雷接地设施。

储存库的门均应向外开起，外层门应为防盗门，内层门应为加金属网的通风栅栏门。门的宽度不宜小于1.5m，高度不宜小于2.0m，不宜设置门槛。储存库内任意一点到门口的距离不应大于15m。

储存库的窗应能开启并配置铁栅栏和金属网，在窗下靠近地面的适当部位可设置通风孔并配铁栅栏和金属网。储存库地面宜采用不发生火花的地面。

储存库门口8m范围内不应有枯草等易燃物，储存库区内以及围墙外15m范围内不应有针叶树和竹林等易燃性植物，库区内不应堆放易燃物和种植高棵植物；草原和森林地区的储存库周围宜修建防火沟渠。库区内宜设置高位水池或设消防水池并配备消防水泵，水池储水量不小于15m³。

（6）建筑及占地面积。民用爆炸物品储存建筑要求主要不在于建筑面积，而在于炸药库、雷管库、值班室之间距离。炸药仓库的单位建筑面积存储量见表2-26；5t炸药仓库的建筑面积参考值见表 2 - 27。

表 2 - 26 炸药仓库的单位建筑面积存储量表

项目	材料名称	
	炸药	雷管
储存天数/d	10～30	10～30
单位面积储存量/t	0.7	0.7
堆置高度/m	1.0	1.0
仓库类型	库	库

仓库建筑面积可按式（2 - 32）进行计算：

$$W = q/Pk \qquad (2 - 32)$$

式中　W——仓库面积，m^2；

　　　q——材料储存量，t；

　　　P——单位面积存储量，参考表 2 - 26；

　　　k——仓库面积利用系数，炸药可取 0.45～0.60。

表 2 - 27　　　　　　　　　5t 炸药仓库的建筑面积参考值表

建筑物名称	建筑物结构	建筑面积
门卫室	砖混结构	3.9m×6.0m
炸药发放室	砖混结构	2.1m×4.8m
炸药库	砖混结构＋混凝土屋盖	5.4m×4.8m
雷管发放室		2.1m×3.3m
雷管库	砖混结构＋混凝土屋盖	3.3m×3.3m
犬舍	砖混结构	1.5m×2.0m
15m³ 消防水池	砖混结构	2.5m×2.5m×3.5m（深）
围墙	砖混结构	0.24m（厚）×2.0m（高）

仓库占地面积可按式（2 - 30）进行计算。

2.9.2.5　油库及加油站

（1）油库及加油站规模。油库及加油站规模应满足土石方工程施工需要。油库油罐的储油能力，一般不小于全日车辆用油总量的 3～4 倍。

临时性油库是指在工程建设过程中储存施工用油的企业附属油库，一般容量小于 500m³。这类油库使用时间短，工程结束后即予拆除。临时性油库可参考四级油库（500～2500m³）因地制宜地进行建设。

加油站按照加油罐容量可划分为一级、二级、三级加油站，加油站等级划分见表 2 - 28。

（2）油库及加油站选址。油库及加油站应选在交通方便、远离行政生活区的独立地段布置。油库、加油站库址应具备良好的地质条件，不得选在有土崩、断层、滑坡、沼泽、流沙及泥石流的地区和地下矿藏开采后有可能塌陷的地区。

　　　　　　　　　　　　　加 油 站 等 级 划 分 表 　　　　　　　　　　　　单位：m³

等级	油罐容量	
	总容量	单罐容量
一级	120～180	≤50
二级	60～120	≤50
三级	≤60	≤50

当库址选定在靠近江河、湖泊或水库的滨水地段时，库区场地最低设计标高，应高于最高洪水位 0.5m。

油库、加油站库址，应具有满足生产、消防、生活所需的水源和电源，还应排水方便。

油库、加油站与周围居住区、工矿企业、交通线等的安全距离，与储存油品的火灾危险性有关，其安全距离应符合相关规定要求。

（3）油库及加油站布置。油库一般包括库房（办公室）、油罐和加油站三部分。油库内设施应按照功能分区方式进行布置，做到分区明确、规模合理。在保证安全距离符合要求的前提下，合理安排各分区的间距，减少油品输送距离。辅助生产设施宜靠近生产设施布置，油库的辅助生产区宜与行政管理区生活区合并为综合管理区。储油罐区在满足工艺要求的前提下宜集中布置。分区内的建（构）筑物力求布置紧凑，在满足使用要求的前提下宜合并建造，以减少占地。油罐可设置在地下、半地下或地上。

油罐、加油机等与站外建、构筑物的防火距离见表 2－29。

表 2－29 　　　　　　　**油罐、加油机等与站外建、构筑物的防火距离表** 　　　　　单位：m

项目	类别	埋地油罐			通气管管口	加油机
		一级站	二级站	三级站		
重要公共建筑物		50	50	50	50	50
民用建筑物保护类别	一类保护物	30	25	18	18	18
	二类保护物	25	20	16	16	16
	三类保护物	16	12	10	10	10
城市道路	快速路、主干线	10	8	8	8	6
	次干路、支路	8	6	6	6	5

加油站的构造材料必须采用以铁物撞击不发生火花的可靠防火材料。加油站应配置自动计量油泵给车辆加油，油泵上方应有罩棚，棚的下沿距地面净高应不小于 3.3m。

（4）建筑及占地面积。加油站应有站房供管理人员值班休息，站房使用面积应不小于 10m²。

油库各功能设施建筑面积参考值见表 2－30，临时油库（三级、四级以下）可在表 2－30 基础上适当减少。

表 2-30 油库各功能设施建筑面积参考值表

用途	建筑物名称	油库等级		备注
		一级、二级	三级、四级	
辅助设施	变配电间/m²	120~150	90~120	含发电机间
	消防泵房/m²	230~360	180~200	包括值班室、器材室,其中一级、二级含车库
	化验室/m²	150~280	100~150	B级
	计量室/m²	30	20	
	维修间/m²	40	20	
	器材库/m²	45	30	
管理设施	办公用房/m²	400~600	200~400	包括楼梯、走道、卫生间、会议室
	值班宿舍/(m²/人)	5	5	净面积
	警消宿舍/(m²/人)	12	15	包括厕所、盥洗室、活动室面积
	食堂/m²	80~150	40~60	包括厨房、餐厅,其中三级、四级可不设餐厅
	浴室/m²	30~50	30	包括淋浴室、更衣室
	总控制室/m²	60~80	50~60	
	付油区管理室/m²	180~220	120~170	含业务室、控制室、配电间、厕所

加油站各功能设施建筑及占地面积参考值可见表 2-31。

表 2-31 加油站各功能设施建筑及占地面积参考值表 单位:m²

建筑物名称	加油站等级			备注
	一级	二级	三级	
加油亭罩棚	600~1000	300~600	400	投影面积
站房	190~220	110~160	10~100	
辅助用房	120~140	100~140	0~70	
占地面积	3000~4000	1600~2000	1400	

仓库占地面积可按式(2-30)进行计算。

2.9.2.6 设备停放场

(1)设备停放场功能。设备停放场包括大型设备停放场及汽车停车场,主要停放大型钻爆与挖装设备、汽车运输设备以及其他设备等。

(2)设备停放场规模。对于小规模土石方工程,由于设备数量有限,机械停放、设备修理及汽车维修可联合布置。

汽车停车场的规模一般以 100 辆为宜,最大不超过 150 辆,主要用以停放车辆、低级保养和小修等。

（3）设备停放场布置。设备停放场的平面布置包括停机场、停车场、停车库、低级保养保修工间、办公及生活区、绿化和机动用地。

机械设备停放应与汽车停放应分区布置。

机械设备停放宜近邻设备修理厂；汽车停放宜近邻汽车维修厂。设备停放场、设备修理厂、汽车维修厂相邻布置，方便共同使用加工修配力量，其位置一般选在较高且平坦、宽阔、交通方便的地段。若分散布置时，宜分别靠近使用机械、车辆的施工区段。

汽车停车场宜设置在运输线路范围的重心处，使得汽车空驶里程最少、调度方便、进出口面向交通流量较少的次干道。

停车场的停车数大于50辆，其汽车疏散出口不应少于2个，停车总数不超过50辆时可设一个疏散口。停车场出入口宽度不得小于7m。

停车场出入口坡道纵坡，直线坡道宜小于8%，曲线坡道宜不大于6%。

出入口处视线应避免遮挡，即自出入口后退2m的道路中线两侧各60°角范围内无障碍物。

停车场车辆纵、横向净距，车辆与墙、柱之间的距离，停车场通道最小曲率半径应符合要求。

停车场内的车辆宜分组停放，车辆停放的横向净距1.0m，最小不应小于0.8m，每组停车数量不宜超过50辆，组与组之间防火间距不应小于6m。

停车区前的出车通道净宽不应小于12m；停车场的进站、出站通道，单车道净宽不应小于4m，双车道净宽不应小于6m，因地形高差通道为坡道时，双车道则不应小于7m。

停车场应合理布置洗车设施及检修台。通向洗车设施及检修台前的通道应保持不小于10m的直道。

停车场周边宜种植常绿乔木绿化环境、降低周边环境噪声。

利用渣场作为设备停放场时，应采取措施防止不均匀沉降。

（4）建筑及占地面积。设备停放场建筑面积按需要室内存放设备的投影面积为基础计算，占地面积可按式（2-33）进行估算：

$$A = 1/k \sum na \qquad (2-33)$$

式中　A——设备停放场面积，m^2；

　　　k——面积利用系数，库内有天车时，取 $k=0.3$，库内无天车时，取 $k=0.17$；

　　　n——停放设备数量；

　　　a——单台设备的占地面积，m^2，施工机械设备占地面积参考值见表2-32。

表 2-32　　　　　　　　　　施工机械设备占地面积参考值表

施工机械名称	停放场地面积/(m²/台)	存放方式
履带式正铲、反铲，拖式铲运机	75～100	露天
推土机、拖拉机、压路机	25～35	露天
汽车式起重机	20～30	露天
轮胎式起重机	75～150	露天
履带式起重机	100～125	露天

施工机械名称	停放场地面积/（m²/台）	存放方式
塔式起重机	200～300	露天
门式起重机	300～400	露天
汽车（室内）	20～30	室内
汽车（室外）	40～60	露天
平板拖车	100～150	露天
水泵、空压机、电动机、卷扬机、搅拌机、油泵等	4～6	30%室内

设备停放场占地面积、建筑面积也可按以下方法计算确定。

1）根据车型具体尺寸确定，一般小型车停车场按每辆 25～30m² 计，小型车库按每辆 30～40m² 估算。

2）规划用地可按停放的主要设备投影面积作计算标准，但应不小于每标准车 50m²。

3）停车场（库）设计车型外廓尺寸和换算系数见表 2-33。

表 2-33　　　　　停车场（库）设计车型外廓尺寸和换算系数表

项目　　　类型	各类车型外廓尺寸/m			车辆换算系数
	总长	总宽	总高	
微型汽车	3.2	1.6	1.8	0.7
小型汽车	5	2	2.2	1
中型汽车	8.7	2.5	4	2
大型汽车	12	2.5	4	2.5
铰接车	18	2.5	4	3.5

设备停放场的建筑面积一般不大，主要为车库、门卫用房及低级保养、小修用的车间、库房等。

2.10　施工用风水电和通信系统

2.10.1　施工供电

2.10.1.1　施工供电特点

水利水电工程基本上都处在远离城镇的地区，交通不便，自然环境恶劣，与常用供电系统相比，有以下的特点。

（1）施工供电系统中临时性供电、用电设备多，线路变更频繁。大型水电站的建设周期一般不超过 10 年，施工区域面积接近或超过十几平方千米，工程浩大，作业点多、面广。施工高峰时期用电量相当于一个中小城市的用电量，但工程阶段性完工后，用电设备和人员撤离，相关的供电设施就需拆除，施工供电系统中采用的临时性措施较多。同时，随着水电站工程的进展，施工作业面交替开工，供电、用电设备经常移位，线路架设、拆除频繁。

（2）施工供电系统中网架结构简单，线路支点多。水利水电工程建设多在深山峡谷中，各施工作业面基本沿江河左岸、右岸铺开。供电走廊有限，变电站的选址和出线布置受地形、施工的影响，线路架设困难，大多采取单电源辐射形供电，重要负荷也只能是双回路供电，合环点少，备用电源不足，有些负荷需超半径供电。

（3）施工供电系统中的负荷性质重要，供电的质量、可靠性要求高。水利水电工程建设过程中的负荷基本上多是电动机械，电压波动幅度过大，易造成设备损坏，电压稳定性要求高。有的用电设备，如防渗水上升淹没基坑的排水系统、防洞内瓦斯浓度过高的通风系统等都需要较高的供电可靠性。一旦停电，不仅会对施工的质量产生影响，也会对人身安全造成极大的威胁，停电时间越长，影响越大。

（4）施工供电系统负荷变化幅度大，电压波动不易控制。施工供电系统负荷受工程进度的影响，均衡施工时用电量平稳，抢工时用电负荷短时增加；受气候影响雨天用电少，晴天用电多；一天之内，白天用电多，晚间用电少，峰谷差较大，供电设备利用率不高。同时，外部电网和施工区内部电网均不够强壮，施工区供电电源距离远，电压压降大。电网故障及大负荷的投、切，均易引起电压大幅波动。

（5）施工供电系统中动力设备占绝大多数，均为感性负荷，功率因数偏低。施工区中的用电设备多为大功率电动机，工作时段集中，功率因数控制困难，不仅增加供电线路的损失，降低电压，同时也降低了工区供电设备的有效利用率，增加了工程成本。

（6）施工供电系统负荷分散，线路和设备故障率高。施工供电系统受地形限制负荷分散，部分用电设备需随施工进度挪动位置，同时由于施工作业、爆破作业影响，特殊气候和高边坡的地理环境造成线路事故不断，线路安全难以保证。加上工区灰尘大，空气污秽度高，供用电设备露天安放，绝缘能力降低，使工区设备的故障率平均比城市电网高10～20倍，如若施工单位为节省成本，使用低标准设备，或采用老旧设备，会使故障率居高不下。

2.10.1.2　施工供电要求

施工供电应满足以下要求。

（1）施工用电应安全可靠，确保质量且经济合理。施工现场临时用电一般应采用 TN－S 系统的三级配电系统、二级漏电保护系统和接零保护系统。若采用 TN－C 系统供电，应加强重复接地技术管理。

（2）施工供电电源应优先选择网电，只有在网电供给确有困难，且临时短时期供给时，可选择自备发电电源。

（3）低压变电站或自备电厂应布置在负荷中心附近，以减少配电设施的投资及电能损失，减少供电事故，提高供用电可靠性，利于方便管理。自备电厂不得与系统电网并列。

（4）机房布置应满足生产工艺、运行程序的需要，各建筑物布置要紧凑合理、节约用地，减少基建及运行费用。

2.10.1.3　施工供电规划

（1）确定用电量。施工供电一般包括动力用电和照明用电两种。在计算用电数量时应考虑：①全工地所使用的机械动力设备、电器工具、照明用电的数量；②施工总进度计划中施工高峰阶段同时用电的机械设备最高数量；③各种机械设备在施工中的需用情况。

总用电量可按式（2-34）进行计算：

$$P=k(k_1\sum p_1/\cos\varphi_1+k_2\sum p_2+k_3\sum p_3/\cos\varphi_3+k_4\sum p_4/\cos\varphi_4) \quad (2-34)$$

式中　　　　P——供电设备总需要容量，kVA；

　　　　　　k——保证系数，一般取值 1.05～1.10；

k_1、k_2、k_3、k_4——需要系数，见表 2-34；

　　　　　　p_1——电动机，kW；

　　　　　　p_2——电焊机，kVA；

　　　　　　p_3——室内照明容量，kW；

　　　　　　p_4——室外照明容量，kW；

　　　　$\cos\varphi_1$——电动机的平均功率因数，施工现场最高取值 0.75～0.78，一般取值为 0.65～0.75；

$\cos\varphi_3$、$\cos\varphi_4$——室内、外照明器具平均功率因数，视感性容量多少以及无功补偿情况而定，一般在 0.75～1.0 间取值，见表 2-35。

表 2-34　　　　　　　　　　需要系数参考取值表

用电名称	数量/台	需要系数		备注
		k_i	数值	
电动机	3～10	k_1	0.7	
	11～30		0.6	
	>30		0.5	
加工厂动力设备			0.5	施工中需要电热时，式中各项动力和照明用电，应根据不同工作性质分类计算
电焊机	3～10	k_2	0.5	
	>10		0.5	
室内照明		k_3	0.8	
室外照明		k_4	1.0	

表 2-35　　　　　　　　　　$\cos\varphi$、$\tan\varphi$ 的对应参考取值表

序号	用电设备名称		需要系数	$\cos\varphi$	$\tan\varphi$
1	运输机、传送带		0.53～0.59	0.76	0.89
2	通风机		0.76～0.84	0.78	0.76
3	混凝土、砂浆搅拌机		0.68～0.71	0.62	1.17
4	破碎机、卷扬机		0.72	0.68	1.03
5	起重机、升降机		0.72	0.68	1.03
6	电焊机、变压器		0.28	0.67	1.97
7	室外照明	有投光灯	1.00	0.98	0.00
		无投光灯	0.88	0.98	0.00

对于计算工地变电所低压母线及低压干线负荷时，还应考虑各用户的同时系数，同时系数的大小取决于用户数量的多少，见表 2-36。

表 2 - 36　同 时 系 数 参 考 取 值 表

1	工地变电所低压母线	同时系数 $k_t = 0.85 \sim 0.89$
2	工地变电所低压干线	同时系数 $k_t = 0.88 \sim 1.00$

单班施工时，用电量计算可不考虑照明用电。

室内照明用电定额参考值见表 2 - 37、室外照明用电定额参考值见表 2 - 38。

由于照明用电量所占比较动力用电要少得多，所以在估算用电量时也可以简化为在动力用电量之外加 10% 作为照明用电。

表 2 - 37　　　　　　室内照明用电定额参考值表

序号	用电定额	容量/(W/m²)	序号	用电定额	容量/(W/m²)
1	空气压缩机及泵房	7	13	办公楼、实验室	6
2	砂石骨料加工系统	8	14	仓库及棚库	2
3	发电站及变电所	10	15	宿舍	3
4	汽车库或机车库	5	16	招待所	5
5	设备安装及维修厂	8	17	俱乐部	5
6	机电修配及金结加工	12	18	浴室、盥洗室、厕所	3
7	混凝土及灰浆搅拌	5	19	食堂	5
8	混凝土构件预制场	6	20	锅炉房	3
9	钢筋室内加工	8	21	诊疗所	6
10	钢筋室外加工	10	22	理发室	10
11	木材锯木及细木作	5~7	23	学校	6
12	木材模板加工	8	24	其他文化福利	3

表 2 - 38　　　　　　室外照明用电定额参考值表

序号	用电定额	容量	序号	用电定额	容量
1	人工挖土作业	0.8W/m²	8	车辆、行人主干道	2000W/km
2	机械挖土作业	1.0W/m²	9	车辆、行人非主干道	1000W/km
3	填筑碾压作业	1.0W/m²	10	夜间运料	0.8W/m²
4	防渗墙工程	0.6W/m²	11	夜间不运料	0.5W/m²
5	砌石作业	1.2W/m²	12	混凝土浇筑工程	1.0W/m²
6	卸料场	1.0W/m²	13	安装及焊接工程	2.0W/m²
7	设备、砂石、钢材、半成品等堆放场	0.8W/m²	14	警卫照明	1000W/km

（2）供电方案选择。施工供电方案的选择应考虑施工进度、工程量及各个施工阶段的电力需要量、施工现场大小、用电设备分布、电气设备容量及电源距离等综合因素。施工临时供电方案应包括电力系统完全供电方案、临时供电系统方案和联合供电方案等。

完全由附近的电力系统供电时，在全面开工前把永久性供电外线工程完成，设置变电站；也可以利用附近高压电力网，申请临时配电变压器。没有电力系统的边远地区，电力由临时供电系统供给；附近电力系统只能供应一部分时，可增设临时供电系统或扩大原有电源。

临时供电系统一般为内燃式发电站，在经济比较后，还可设置火力发电站或水力发电站等。

（3）确定供电系统。当施工现场附近有高压电力网时，则可采用降压变电站把电压分级降到10kV/0.4kV或6kV/0.4kV（应优先选用前者）。初估时，相应的供电半径以20～0.6km为宜。

当现场采用临时供电系统时，工地变电站变压器的网路电压应与永久系统电压一致，低压侧主要为0.4kV。

对于10kV、6kV的高压线路可采用裸线，其电杆距离为40～60m，或采用地下电缆。对于户外0.4kV低压线路亦可采用裸线，其电杆间距为25～40m，在与建筑物或脚手架等不能保持必要安全距离的地方，应采取可靠的绝缘措施和防止因导线晃动摩擦损坏导线外绝缘的措施。分支线及引入线均应由电杆处接出。

配电应尽量设置在道路一侧，不得妨碍交通，不得影响施工机械的装、拆及运转，避开堆料、挖槽作业及需要修建临时设施的用地。

室内低压动力线路及照明线路，均采用绝缘导线。采用导线截面均应按导线机械强度、允许电流、允许电压降进行选择；照明允许的电压压降为2.5%～5.0%，动力线路允许的电压波动为±5.0%。

（4）供电设施确定。

1）发电设施。发电站的站址选择应满足靠近负荷中心、线路引出方便、交通便利、远离施工危险地段和设在污染源全年最小频率风向的下风侧等条件。

发电站站区内平面布置的建筑物应力求紧凑，符合生产运行程序；发电机房、控制室与配电室、冷却水池与喷水池的设置位置应利于减少发电燃烧的污染影响及消防安全；站内地面排水坡度不应小于0.5%；燃油罐布置数量不应少于2个；事故油池应设在发电机房外，其与发电机房外墙的距离不应小于5m；事故油池的贮油量不应少于全部日用燃油的燃油量；柴油机应有单独的排烟管道和消音器；发电机房内架空敷设的排烟管应设隔热层；地沟内的排烟管穿越油管路时应采取防火措施；发电机房外垂直敷设的排烟管至发电机房的距离不得小于1m；排烟管的管口应高出屋檐，且不小于1m。

移动式柴油发电机停放的地点应平坦，拖车的前后轮应卡住。移动式柴油发电机的拖车应有可靠的接地。

发电机机组配置，柴油发电机的总容量应满足最大负荷的需要和大容量电动机启动时的要求；启动时母线电压不应低于额定电压的80%；柴油发电机的出口侧应安装短路保护、过负荷保护及低电压保护等装置；发电站内应设可在带电场所使用的消防设施。

2）变电设施、配电设施。变电所、配电所的所址选择应接近负荷中心、进出线方便、靠近电源侧、交通运输方便，并且其自然环境有利于安全运行。

变压器室、控制室及配电室的建筑和变电设备、配电设备选择及安装应符合专业规范要求。

3）架空配电线路及电缆线路。供电线路应选择合理的路径，避开易撞、易碰、易受雨水冲刷和气体腐蚀的地带，避开热力管道、河道和施工中交通频繁等场所。外电架空线路边线与建筑工程外侧边缘之间最小安全操作距离见表 2-39。

表 2-39　　外电架空线路边线与建筑工程外侧边缘之间最小安全操作距离表

外电线路电压/kV	最小安全操作距离/m	外电线路电压/kV	最小安全操作距离/m
<1	4	154~220	10
1~10	6	330~500	15
35~110	8		

施工现场内的低压架空线路穿过人员频繁活动区或大型机具集中作业区时，应采用绝缘线。绝缘线不得成束架空敷设，不得直接捆绑在电杆、树木、脚手架上，也不得拖拉在地面上；埋地敷设时应穿管，管内不得有接头，其管口应密封；埋地敷设采用钢管穿线时，导线必须穿入同一根钢管。

架线电杆宜采用专业生产的混凝土杆，若采用木杆和木横担，其材质必须坚实。木杆总长度不宜小于 8m，梢径不宜小于 140mm。电杆埋设深度应符合设计要求，回填时应分层夯实。杆坑应设高度超出地面 0.3m 的防沉土台。

导线截面选择时，导线的负荷电流不应大于导线允许载流量；线路末端的允许电压降不应大于额定值的 5%；导线跨越铁路、公路或其他电力线路时，铜绞线截面不得小于 16mm²；铝绞线不得小于 35mm²；钢芯铝绞线截面不得小于 25mm²。

当施工现场设有专供施工用的低压侧为 0.4kV 中性点直接接地的变压器时，其低压侧应采用保护零线和工作零线分离接地系统（TN-S 系统）或电源系统接地、保护导体就地接地系统（TT 系统）。但由同一电源供电的低压系统，不应同时采用上述两种保护形式。

采用 TN-S 供电系统（三相五线制），总配电盘及区域配电箱与电源变压器的距离超过 50m 或供电线路终端时，其保护零线（PE 线）应作重复接地，接地电阻值不应大于 10Ω；PE 线上严禁装设开关或熔断器；严禁工作零线重复接地。

严禁利用设备（设施）的金属外壳、金属构架等跨接代替工作零线或保护零线。保护零线和相线的材质应相同，保护零线的最小截面应符合要求。

接引至移动式电动工具或手持式电动工具的保护零线必须采用铜芯软线，其截面不宜小于相线的 1/3，且不得小于 1.5mm²。

当施工现场不单独装设低压侧为 0.4kV 中性点直接接地的变压器而利用原有供电系统时，电气设备应根据原系统要求作保护接零或保护接地。

山区或多雷地区的变电所、配电所应装设独立避雷针；高压架空线路及变压器高压侧应装设避雷器或放电间隙。

4）常用电气设备。配电箱和开关箱的安装应牢固并便于操作和维修；落地安装的配电箱和开关箱，设置地点应平坦并高出地面，其附近不得堆放杂物；配电箱、开关箱的进线口和出线口宜设在箱的下面或侧面，电源的引出线应穿管并设防水弯头；配电箱、开关箱内的导线应绝缘良好、排列整齐、固定牢固，导线端头应采用螺栓连接或压接。

手动开关只许用于直接照明电路和容量不大于 5.5kW 的动力电路。容量大于 5.5kW 的动力电路应采用自动开关电器或降压启动装置控制。实行"一机、一闸、一漏、一箱、一锁"的原则，即每一分路刀闸不应接 2 台或 2 台以上电气设备，不应供 2 个或 2 个以上作业组使用。具有 3 个回路以上的配电箱应设总刀闸及分路刀闸。照明、动力合一的配电箱应分别装设刀闸或开关。

2.10.1.4 建筑及占地面积

（1）施工供电系统建筑面积。施工供电系统建筑面积可按式（2-35）估算：

$$F \approx 0.05P \qquad (2-35)$$

式中　F——施工供电系统建筑面积，m^2；

　　　P——供电设备总需要容量，kVA。

（2）施工供电系统占地面积。施工供电系统占地面积可按式（2-36）估算：

$$A \approx 0.50P \qquad (2-36)$$

式中　A——施工供电系统建筑面积，m^2；

　　　P——供电设备总需要容量，kVA。

2.10.2　施工供水

2.10.2.1　施工供水特点

水利水电工程施工供水多采用自建临时供水系统，一般具有以下特点。

（1）供水用户分散且高差较大。水利水电工程的施工生产区、生活区布置，一般按河流左右岸依地形高低错落展开，供水用户多而分散。但大高差也为简化供水设施和降低设施费用提供了恰当利用的便利条件。

（2）各用户水质水压要求不同。生活用水的水质要求符合相关饮用水的卫生标准；消防用水的水质一般没有严格要求；施工生产用水的水质应保证不会给产品质量带来不良影响。各用户用水的压力也有不同的要求。

（3）施工供水用户用水阶段性强。水利水电工程的生活用水量的变化与一般中小城镇用水量的变化相似，日变化系数较小，而年变化系数较大。施工工程量一般呈跳跃式突变，施工高峰期工程量大而持续时间短，生产用水总量亦随之相应变化；其生产用水大户都是不连续生产的，一般每日生产一班、二班或三班，每班工作日制为 6~7h，而不同用户的工作时间并不相同，造成生产用水的日变化系数较大。

（4）部分废水可回收处理循环使用。为减少源水取水量和基坑排水量，满足"达标排放"要求，根据不同用户排放废水的水质特点，可分别对制冷系统和混凝土骨料加工、二次筛分系统排出的废水进行回收处理以循环使用，供水系统只补充各用户的损耗水量。

2.10.2.2　施工供水要求

施工供水应满足以下要求。

（1）施工供水尽量集中，选择水质、水量满足要求且靠近主要用水地点的地方，并使干管总长度最短。如用水地点分散，可采用多水源分区供水。

（2）生产用水的水质符合填筑堆石料加水、土料含水率调整用水、砂石骨料系统用水、混凝土拌和用水等的要求；水质标准定为浑浊度不大于 20mg/L。生活用水的水质按国家生活饮用水标准执行，其中浑浊度不大于 3mg/L。

（3）供水量应满足施工生产、生活、消防用水以及绿化用水等用户的用水量要求。

（4）供水压力应满足各不同高差的用户对水压的要求，生活水和消防水可按营区建筑高度确定，同时需满足用水设备对于进水压力的要求。

（5）废水循环利用方面，可对用水大户及集中用户使用后的废水进行工艺处理，向水质要求不高的用户供水等。

（6）临时供水系统应与永久供水系统一起联合考虑，分期实施完善。

2.10.2.3 施工供水规划

供水系统作为辅助系统，其规划设计和建设既要提前于主体工程的进度，又要能够根据主体工程相关系统的变化作相应调整，做到"一次规划，主动灵活，分步实施"。

（1）供水方式。供水方式的选择应综合考虑工程区域地形、进场道路、高区供水、供水安全等因素，确定合理的水厂厂址和供水系统方案。

供水系统方案应根据工地实际情况，在统一水质供水与多水质供水、多水源供水与单水源供水、分区供水与不分区供水、一次性使用与重复利用、设高位调节池与水泵分级运行、前后期供水结合等方面做出选择。可以采用兼顾总体、局部加压等灵活、经济、安全的方式，解决部分生产用户分散且高差大的问题。

（2）取水口位置选择。取水口位置应结合水深、水质、对航运影响、曲水管长度、与水厂间的距离等因素确定。饮用水水源地符合地表水功能区划，且河势稳定、水量丰沛、水质、水深条件优良，能够满足水厂取水要求。取水口应位于含藻量较低、水深较大、河面开阔的位置；取水口不得设在水华频发区，不宜设在高藻季节主导风向的下侧凹弯区。最低水位时取水口上缘的淹没深度，应根据上层水的含藻量、漂浮生物和冰层厚度确定，但不得小于 1m。取水口下缘距湖泊、水库底的高程，应根据底部淤泥成分、泥沙沉积和变迁情况以及底层水质等因素确定，但不得小于 1m。

（3）取水口型式选择。取水口型式按水力特性分为孔流型、管流型、溢流型和吸入型取水口；按结构型式分为表层式取水口和分层式取水口；按连接型式分为固定式取水口及活动式取水口；固定式进水口有斜置式（斜卧管、斜塔式）、竖塔式等；活动式进水口有浮船、浮箱带动随水位升降的孔流型平面门、多节伸缩套筒式圆筒门或半圆筒形门等型式。

水厂船是集取水、制水和加压于一体的供水设施，移动灵活，多应用于大型水利水电工程的生产供水系统。但施工期河势变化对水厂船的船岸连接影响较大，要引起足够的重视。水厂船的船岸连接多采用摇臂管桥方式，使船岸两端采取双向活络接头进行连接。对于船体受壅浪冲击，采用两端活络接头可能遭受破坏时，可用浮船连接方式，并在岸坡段采用若干小浮囷进行过渡，水涨时浮囷自然依次浮起，水落时自然依次下落并被限位在岸坡上，克服了常规阶梯式连接方式中接口拆卸复杂而不能适应水位快速涨落的缺点。

（4）水处理工艺。由于对生产水和生活水的出厂水质要求不同，所以对应的水处理工艺也有所区别。生活用水和生产用水典型处理工艺流程见图 2-14 和图 2-15。生活用水处理工艺的水源，可考虑设在生产用水工艺的适当环节，一般设在沉砂工艺之后。

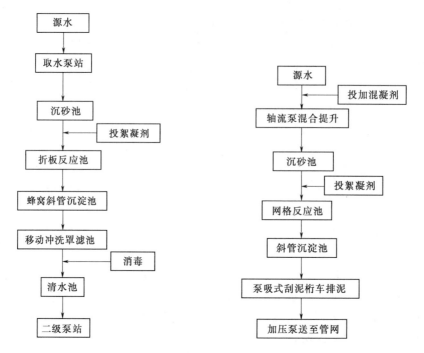

图 2-14　生活用水典型处理工艺流程图　　　图 2-15　生产用水典型处理工艺流程图

对于取水泵站上又有排污口的，水体多会呈富营养化，表现为沉淀池和滤池中藻类繁殖异常，需进行源水预处理。生物氧化处理与常规工艺相结合是预处理的发展趋势；而臭氧氧化处理与活性炭吸附是后处理工艺中较成熟的技术。

（5）生产水调配系统。各施工生产系统用水的日变化系数和管网压力不同，系统的重要性不同，对事故停水、备用水量有限时的适应手段不同，决定了供水系统管网供水主干网的供水差别。重要的、优先等级的用户应有专用供水主干管。

重要的、优先等级的用户是生产水调配系统的重中之重。由于生产水系统内部各用水点对供水压力要求各异，在现场场地允许的情况下，可考虑设置调配水池，一方面可根据其内部要求自行加压，既不影响管网中其他用户的压力，又可降低主管网压力，减少工程投资和运行成本；另一方面，在主管网发生故障时具有一定的储备水量，可尽量减少对生产的影响。水池的设置位置及结构设计，尤其是具有较高势能的高位水池，须避开下部重要设施和进行结构验算，加强施工质量管理，确保结构稳定安全。

生产水在施工前期和施工高峰期的用水量变化很大，在调配泵站水泵选型时，应考虑大小水泵的搭配和变频设备的选用。

（6）生产水循环利用。对于集中使用量较大的系统，采用废水回收系统回用，以减少源水损耗。对于混凝土骨料加工系统和二次筛分系统，可分别设废水回收水处理设施，供水系统可只补充30%的损耗水即可满足系统用水量需求；对于混凝土制冷系统和大坝混凝土冷却系统，设降温循环水设施，供水系统可只补充5%的损耗水即可满足系统用水量需求；实际运行中，这些补充水量会随处理设施运行情况的变化而相应变化。

2.10.2.4　供水量确定

（1）施工现场用水量。施工现场用水量可按式（2-37）计算：

$$Q_1 = k \frac{\sum q_1 N_1}{T_1 t} \times \frac{k_1}{8 \times 3600} \qquad\qquad (2-37)$$

式中　Q_1——施工用水量，L/s；

　　　k——供水保证系数，一般取 1.05～1.15；

　　　N_1——年度工程量，以实物计量单位表示；

　　　q_1——各项工程量施工用水定额，可参照表 2-40；

　　　T_1——年度有效作业天数，d；

　　　t——每天作业班数，班；

　　　k_1——用水不均衡系数，现场施工用水一般可取 1.5。

表 2-40　　　　　　　　　　　　施工用水参考定额表

序号	用水对象	单位	耗水量	备注
1	开挖及堆料抑尘用水	L/(m²·d)	0.4～8.0	4～5 次/d
2	原土地坪、路基用水	L/m²	0.2～0.3	
3	道路洒水降尘用水	L/(m²·d)	0.8～5.0	0.2～1.0L/m²
4	绿化用水	L/(m²·d)	1～3	
5	堆石料碾压生产用水	L/m³	100～200	堆石体积的 10%～20%
6	砂石骨料生产用水	L/m³	2.5～3.5	湿式 1.0～1.2m³/t 干式不大于 0.3m³/t
7	人工冲洗石子用水	L/m³	1000	含泥量 2%～3%
8	机械冲洗石子用水	L/m³	600	
9	洗砂用水	L/m³	1000	
10	混凝土施工全部用水	L/m³	1700～2400	
11	搅拌普通混凝土用水	L/m³	250	包括拌和、冲洗以及冷却用水时，可取 500L/m³
12	搅拌砂浆用水	L/m³	300	
13	搅拌机清洗	L/台班	600	
14	模板冲洗用水	L/m²	5	
15	混凝土冲毛用水	L/m²	40～90	冲毛机效率 50～100m²/h
16	混凝土养护用水	L/m³	200～400	自然养护，也可按混凝土露明面 40L/m²，养护 7d
17	混凝土清仓用水	L/m²	5～20	
18	砌石工程全部用水	L/m³	50～80	
19	砌砖工程全部用水	L/m³	150～250	
20	抹灰工程全部用水	L/m²	30	
21	抹面	L/m²	4～6	不包括调制用水
22	楼地面	L/m²	190	主要为找平层
23	浇砖	L/千块	200～250	
24	浇硅酸盐砌块	L/m³	300～350	
25	石灰消化用水	L/t	3000	

据最新调查资料显示，工程单位面积的实际施工用水量为 $800\sim2220L/m^2$，平均单位面积实际施工用水量为 $1600L/m^2$，但这一平均值未包括商品混凝土的生产用水。加上商品混凝土的用水，并考虑使用雨水、河水后，所做的不完全统计，平均单位面积最小的实际施工用水量为 $1330L/m^2$，相比工程的单位面积定额用水量 $830\sim2460L/m^2$、平均单位面积定额用水量为 $1330L/m^2$。建议单位面积的实际施工用水量可按 $1330\sim1600L/m^2$ 计算施工用水需求量，取平均值可按 $1500L/m^2$ 计算施工用水需求量。

（2）施工机械用水量。施工机械用水量可按式（2-38）计算：

$$Q_2 = k\sum q_2 N_2 \times \frac{k_2}{8\times3600} \qquad (2-38)$$

式中　Q_2——机械用水量，L/s；

k——供水保证系数，一般取值 $1.05\sim1.15$；

N_2——同种机械台数，台；

q_2——各种机械用水定额，可参照施工机械用水参考定额表 2-41；

k_2——用水不均衡系数，施工机械用水一般可取 2.0。

表 2-41　　　　　　　　　　施工机械用水参考定额表

序号	机械名称	单位	用水量	备注
1	手风钻钻孔	L/(h·台)	240	7655 风钻湿式钻孔
2	凿岩机	L/(h·台)	$200\sim300$	
3	液压钻机用水量	L/(h·台)	600	
4	空压机	L/(d·台)	5000	按循环水考虑
5	洒水机	L/(min·台)	30	按每次爆破后喷雾 30min
6	液压挖掘机	L/(m³·台班)	$200\sim300$	以斗容量 m³ 计
7	装载机	L/(m³·台班)	$200\sim300$	
8	推土机	L/(t·台班)	$200\sim300$	
9	压路机	L/(t·台班)	$200\sim300$	
10	汽车	L/(d·辆)	$400\sim700$	
11	液压起重机	L/(t·台班)	$15\sim18$	以起重能力 t 计
12	施工用锅炉	L/(t·h)	1000	以锅炉蒸发量计

（3）施工生活用水量。施工生活用水量可按式（2-39）计算：

$$Q_3 = \frac{P_1 q_3 k_3}{t} \times \frac{k_3}{8\times3600} + \frac{P_2 q_4 k_4}{24\times3600} \qquad (2-39)$$

式中　Q_3——生活用水量，L/s；

P_1——施工现场高峰昼夜施工人数，人；

P_2——施工居住人数，人；

q_3——施工现场人员生活用水定额可参考表 2-42。无统计时，一般可采用 $20\sim$
$60L/$（人·班），并视当地气候选定；

q_4——生活区居住人员生活用水定额可参考表 2-42，无统计时，一般可采用

$100\sim120L/(人 \cdot d)$，随地区和室内有无卫生设施而选定；

　　t——每天作业班数，班；

k_3、k_4——用水不均衡系数、施工现场生活用水不均衡系数，k_3一般取$1.3\sim1.5$，生活区生活用水不均衡系数k_4一般取$2.0\sim2.5$。

表 2-42　　　　　　　　　　　　　施工工地生活用水定额表

序号	用 水 名 称	单位	用水量
1	施工现场生活用水	L/(人·班)	20.0
2	盥洗、饮用水	L/(人·d)	25.0
3	食堂	L/(人·d)	10.0
4	淋浴	L/(人·d)	50.0
5	洗衣房	L/(人·d)	40.0
6	生活区全部生活用水	L/(人·d)	80.0

　　（4）现场消防用水量。现场消防用水量可按式（2-40）计算：

$$Q_4 = k_5 q_5 \tag{2-40}$$

式中　Q_4——消防用水量，m^3；

　　　k_5——用水系数；

　　　q_5——消防用水量定额。

　　现场消防用水量参考值见表 2-43。

表 2-43　　　　　　　　　　　　　现场消防用水量参考值表

序号	用水名称		火灾同时发生次数	用水量/(L/s)
1	生活区消防用水	5000 人以内	1	10
		10000 人以内	2	10~15
		25000 人以内	2	15~20
2	施工现场消防用水	25hm² 以内	1	10~15
		50hm² 以内	2	15~20
		75hm² 以内	3	20~25

　　（5）总用水量 Q 的计算。

　　1）当 $(Q_1 + Q_2 + Q_3) \leqslant Q_4$ 时，总用水量可按式（2-41）计算：

$$Q = 0.5(Q_1 + Q_2 + Q_3) + Q_4 \tag{2-41}$$

　　2）当 $(Q_1 + Q_2 + Q_3) > Q_4$ 时，总用水量可按式（2-42）计算：

$$Q = Q_1 + Q_2 + Q_3 \tag{2-42}$$

　　3）当工地面积小于 $5hm^2$，且 $(Q_1 + Q_2 + Q_3) < Q_4$ 时，总用水量可按式（2-43）计算：

$$Q = Q_4 \tag{2-43}$$

　　4）考虑管路漏水损失，计算的总水量可增加 10%。

2.10.2.5 配水管网设计

（1）管网布置。配水管网是在保证不间断供水情况下，以管道铺设短、管路损失小、维护费用少、经济成本低为原则，同时兼顾施工期间局部各段管网具有可移动性进行布置的。管网布置一般可采用环形管网、树枝状管网和混合式管网。

（2）管径选择。

1）计算法。

$$d = \sqrt{\frac{4Q}{1000\pi v}} \tag{2-44}$$

式中　　d——配水管直径，mm；

　　　　Q——供水水量，L/s；

　　　　v——管网中水流速度，m/s，可参考临时水管经济流速（见表2-44）。

表2-44　　　　　　　　　临时水管经济流速表

序号	管径/mm	流速/(m/s)	
		正常时间	消防时间
1	$d<100$	0.5～1.2	
2	$100\leqslant d\leqslant300$	1.0～1.6	2.5～3.0
3	$d>300$	1.5～2.5	2.5～3.0

2）查表法。为减少计算工作量，可根据确定的管段流量 q 和流速范围，直接查表2-45、表2-46得不同材质的配水管直径。流速是管径的函数，要通过管网水力分析才能得到。流速上下界由平均经济流速范围限定，平均经济流速范围是由最优流速统计得到的。通过对已有的大量供水管网的经济分析，可以得到供水管网的平均经济流速。在平均经济流速取值区间内可以任意取一个值作为设计流速值，但得到的管径不一定是标准管径，需要进行管径的圆整。管径圆整的原则是选用与计算管径相近的标准管径，对管径圆整后的管网进行流速分析，如果部分管段的流速不在平均经济流速取值区间内，对这一部分管段的管径要作简单调整，使其流速落在平均经济流速范围内。

表2-45　　　　　　　　　给水铸铁管计算表

流量/(L/s)	管径/mm									
	75		100		150		200		250	
	i	v	i	v	i	v	i	v	i	v
2	7.98	0.46	1.94	0.26						
4	28.40	0.93	6.69	0.52						
6	61.50	1.39	14.00	0.78	1.87	0.34				
8	109.00	1.86	23.90	1.04	3.14	0.46	0.765	0.26		
10	171.00	2.33	36.50	1.30	4.69	0.57	1.130	0.32		
12	246.00	2.76	52.60	1.56	6.55	0.69	1.580	0.39	0.529	0.25
14			71.60	1.82	8.71	0.80	2.080	0.45	0.695	0.29

流量 /(L/s)	管径/mm									
	75		100		150		200		250	
	i	v	i	v	i	v	i	v	i	v
16			93.50	2.08	11.10	0.92	2.640	0.51	0.886	0.33
18			118.00	2.34	13.90	1.03	3.280	0.58	1.090	0.37
20			146.00	2.60	16.90	1.15	3.970	0.64	1.320	0.41
22			177.00	2.86	20.20	1.26	4.730	0.71	1.570	0.45
24					24.10	1.38	5.560	0.77	1.830	0.49
26					28.30	1.49	6.640	0.84	2.120	0.53
28					32.80	1.61	7.380	0.90	2.420	0.57
30					37.70	1.72	8.400	0.96	2.750	0.62
32					42.80	1.84	9.460	1.03	3.090	0.66
34					84.40	1.95	10.600	1.09	3.450	0.70
36					54.20	2.06	11.800	1.16	3.830	0.74
38					60.40	2.18	13.000	1.22	4.230	0.78

注 v 为流速，m/s；i 为压力损失，m/km 或 mm/m。

表 2 - 46   **给 水 钢 管 计 算 表**

流量 /(L/s)	管径/mm									
	75		100		150		200		250	
	i	v	i	v	i	v	i	v	i	v
2	7.98	0.46	1.94	0.26						
4	28.40	0.93	6.69	0.52						
6	61.50	1.39	14.00	0.78	1.87	0.34				
8	109.00	1.86	23.90	1.04	3.14	0.46	0.765	0.26		
10	171.00	2.33	36.50	1.30	4.69	0.57	1.130	0.32		
12	246.00	2.76	52.60	1.56	6.55	0.69	1.580	0.39	0.529	0.25
14			71.60	1.82	8.71	0.80	2.080	0.45	0.695	0.29
16			93.50	2.08	11.10	0.92	2.640	0.51	0.886	0.33
18			118.00	2.34	13.90	1.03	3.280	0.58	1.090	0.37
20			146.00	2.60	16.90	1.15	3.970	0.64	1.320	0.41
22			177.00	2.86	20.20	1.26	4.730	0.71	1.570	0.45
24					24.10	1.38	5.560	0.77	1.830	0.49
26					28.30	1.49	6.640	0.84	2.120	0.53
28					32.80	1.61	7.380	0.90	2.420	0.57
30					37.70	1.72	8.400	0.96	2.750	0.62
32					42.80	1.84	9.460	1.03	3.090	0.66
34					84.40	1.95	10.600	1.09	3.450	0.70
36					54.20	2.06	11.800	1.16	3.830	0.74
38					60.40	2.18	13.000	1.22	4.230	0.78

注 v 为流速，m/s；i 为压力损失，m/km 或 mm/m。

2.10.2.6 供水系统建筑及占地面积

（1）建筑面积。建筑面积可按式（2-45）估算：

$$F \approx 0.45q \qquad (2-45)$$

式中　F——供水系统建筑面积，m^2；

　　　q——施工供水系统生产规模，m^3/h，当供水规模 $q>5000m^3/h$ 时，建筑面积可按 $F=800+0.29q$ 进行计算。

（2）占地面积。占地面积可按式（2-46）估算：

$$A \approx 75q^{0.6} \qquad (2-46)$$

式中　A——供水系统占地面积，m^2；

　　　q 同式（2-45）。

泵站建设占地面积不应超过表 2-47 的规定。

表 2-47　　　　　　　　　　　　　泵站建设占地面积表

规格/（m³/d）	Ⅰ类：30 万～50 万	Ⅱ类：10 万～30 万	Ⅲ类：5 万～10 万
面积/m²	5500～8000	3500～5500	2500～3500

注　1. 表中面积为泵站围墙以内，包括整个流程中的构筑物和附属建筑物、附属设施等的用地面积。
　　2. 小于Ⅲ类规格的泵站，用地面积参照Ⅲ类规模的用地面积控制。
　　3. 泵站有水量调节池时，可按实际增加建设用地。

2.10.3 施工供风

2.10.3.1 施工供风特点

水利水电工程施工供风，主要用于开挖及边坡处理基础处理施工中的风动送量钻孔设备用风，具有以下特点。

（1）压缩空气具有安全、无公害、调节性能好、输送方便等优点，是工业领域中应用最广泛的动力源之一，已广泛应用于工业现代化、自动化领域。

（2）水利水电土石方施工中用风对象相对集中于各个作业面的机械设备动力源，有利于采用集中式供风或分散式供风进行供给。

（3）高风压、中风压、低风压等用风对象对压缩空气的压力有一定要求，设备以满足不同的动力驱动所需。

（4）供风系统具有运行成本高的特点。运转能源费用约占总成本 70%～80%、初期购置费用占总成本 10%～20%、正常保养占总成本 5%～10%、异常修理占总成本 2%～5%。

（5）压缩空气具有易泄漏的特点，5%～10%的泄漏量为可接受范围。而一般压缩空气系统泄漏量达 30%～50%，管理较好的也达 10%～30%；主要为自动泄水器持续性泄气、管线腐蚀生锈处、劣等的快速接头、老旧的法兰垫片、破损的空压软管、破裂的管路阀门等处的泄漏。

（6）因规划选用不当及控制不良造成的假性需求浪费严重。如高压与低压需求未分离处理；无适当控制系统导致空车运转；管路设计有误致使末端压力不足，只得调高空压机排气压力来应对（每调高设定压力 1kg/cm²，约需增加 5%～7%电费，减少 8%排气量）；

机房环境温湿度未适当控制导致空压机排气量减少而徒增电费（空压机进气温度每增10℃，实际排气量减少2%～4%；环境温度每降20℃，压缩空气中含水量降50%）；冷冻式及吸附式干燥机选配不当，压力露点未适当监控（干燥机入气温度每增10℃，耗能增加25%，以维持相同的压力露点）等。

2.10.3.2 施工供风要求

施工供风应满足以下要求。

（1）压缩空气站靠近负荷中心，调峰填谷速度快，管理效率高。

（2）压缩空气系统的供电、供水合理方便。

（3）管网管径大小适宜，管路距离较短，损耗小、维修少、成本低。

（4）压缩空气的压力、流量满足要求。一般地，施工用压缩空气压力在1.0MPa以下为低压，1.0～2.0MPa为中压，2.0MPa以上为高压。不同设备对于压缩空气的压力、流量有不同的要求，目前最普遍的压力值采用低风压0.7MPa左右。

（5）压缩气体的干燥度（即含水量或露点温度）满足要求。在多数场合，对压缩空气的露点温度要求在0℃以上就已足够。压缩空气的露点要求通常由干燥机来实现。

（6）压缩空气的清洁度满足要求。压缩空气的清洁度主要指气体中固体物、油雾、微生物、有害气体等的含量，主要由压缩空气过滤器、油水分离器等实现。

2.10.3.3 施工供风规划

（1）规划设计原则。

1）保证安全生产、保护环境、节约能源。

2）改善劳动条件，做到技术先进。

3）供风系统的工作压力、供风流量应做到高风压用户与低风压用户、用风流量高峰与流量低谷统筹兼顾，经济合理。

4）供风系统空压机的数量和型号在确保供气的同时，应适应负荷变化、方便运行调度和备用，以及便于维修管理。

（2）供风方式。供风方式主要有地面站集中供风、地面站分区域供风、地下站分区域供风、地面与地下站分区域供风4种，其供气的管理方式可分为集中管理与分散管理两种模式。具体选用要根据供电条件、施工区大小、气源消耗状况、气源中断所造成的影响情况而确定。

1）集中供风。集中供风相对于分区供风的备用功率以及供电、供水等附属设施，具有以下优点：①投资较省；②空压机系统维修方便、容易；③管理集中，运行控制系统较为先进的，自动化程度高；④电源容量启动、运行可变频调节，利于节能减排；⑤可控制机房环境温度、湿度，提高空压机产气效率。

2）分散供风。分散供风具有以下优点：①移动空压机靠近用气中心，设备运移方便灵活，气压稳定可靠；②移动供风可以及时合理变更供气线路，减少阻力损失，提高用气压力；③合理调整供风时间，提高压风系统的运行效率；④占用布置空间小，节约基建投资；⑤节约维修费用、节省电费，降低运营成本；⑥改进控制系统，提高其灵敏度，可有效缩短压缩机开机时间，降低空载能耗；⑦根据具体开采情况适时调整供风方式，加强供风管理，可以起到良好的节能降耗的作用。

3）混合式供风。供风系统在条件许可时可采用分散供风与集中供风相结合的方式，布置采用在用风量相对集中的作业区域分区域布置空气压缩站，然后用管路把分区域分散布置的压缩机连接，互相补充或备用。

（3）空气压缩站。压缩空气站布置的距离对有噪声、振动要求的场所，其间距应符合国家现行有关标准的规定，并避免靠近散发爆炸性、腐蚀性和有毒气体及粉尘等有害物场所。

压缩空气站朝向宜使机器间有良好的通风条件，并减少西晒。压缩空气站内，空气压缩机的台数以 3～6 台为宜。对同一品质、同一压力的供气系统，空气压缩机的型号不宜超过两种。

压缩空气站的备用容量，应根据负荷和系统情况确定，并保证在系统最大机组检修时，通过适当的减气措施，足以保证生产所需气量。

（4）储气罐及其他附属设施。固定式压力容器按压力分为 4 个压力级别：低压容器 $0.1MPa \leq p < 1.6MPa$；中压容器 $1.6MPa \leq p < 10MPa$；高压容器 $10MPa \leq p < 100MPa$；超高压容器 $p \geq 100MPa$。（其中 p 为压力容器的设计压力。）

空压机储气罐属低压容器类或中压容器类，是特种设备，应纳入特种设备管理，与其有关的压力表亦应符合国家相关规定。

（5）供风管网。压缩空气系统管网配置应避免目前普遍存在的人为需求、运行效率低、设备不匹配、管路损失大、系统泄漏、不正确使用和不适当系统控制等问题。

2.10.3.4　供风量确定

（1）供风系统总耗风量的计算。应根据同时工作的各种风动机具最大耗风量和管路漏风系数等，通过总耗风量的计算确定，总耗风量按式（2-47）计算：

$$Q = (1+k)k_j k_0 \sum q_i \tag{2-47}$$

式中　Q——总耗风量，m^3/min；

　　q_i——各风动机具最大耗风量，m^3/min；

　　k——空压机使用备用系数，电动空压机为 $30\% \sim 50\%$，内燃空压机为 $36\% \sim 60\%$；

　　k_j——空压机本身效率降低的修正系数，一般采用 $1.05 \sim 1.10$；

　　k_0——安装高程修正系数，应满足设备说明书要求，设备说明书无明确要求时，可按当地海拔高程确定，当海拔高度不大于 1000m 时，取 1.0，大于 1000m 时，每增高 100m，系数增加 1%。

（2）风动机具同时工作耗风总量。风动机具同时工作耗风量总和 $\sum Q_i$，可按式（2-48）计算：

$$\sum Q_i = \sum (n_i q_i k_i c_i) + La \tag{2-48}$$

式中　n_i——各种风动机械（具）台数；

　　q_i——每台风动机械（具）耗风量，m^3/min，按设备说明书或表 2-48 取值；

　　k_i——风动机具磨损系数，对凿岩机取 1.15，其他取 1.10；

　　c_i——同时使用系数，达到设计生产能力时的风动工具用气量，风钻、风镐使用台数不大于 5 台时，同时使用系数取 $1.05 \sim 0.85$，使用台数 6～10 台时，同时使用系数取 0.85～0.75，混凝土喷射机使用台数不大于 2 时，同时使用台数取 1 台，使用台数为 3 台时，同时使用台数取 2 台；

L——送风管路的理论长度（包括主、支管路实际铺设长度和配件折合成管路当量），km；

a——每千米送风管路 1min 的漏风量，$m^3/(min \cdot km)$，一般取值 $a=1.15～2.00m^3/(min \cdot km)$。

表 2-48　　　　　　　　　　　　常用风动机械（具）耗风量表

序号	用风机械	耗风量/(m^3/min)	备注
1	YT-28 凿岩机	3.5	工作风压 0.4～0.63MPa
2	QZJ-100BD	12.0	工作压力 0.5～0.7MPa
3	CM351 气动潜孔钻	17.0～21.0	工作压力 1.05～2.46MPa
4	DXC165 锚固钻机	17～25	工作压力 1.05MPa
5	PZ-10C 混凝土喷射机	7～9	工作压力 0.2～0.4MPa
6	HPC-11 混凝土喷射车	18	工作压力 0.2～0.4MPa
7	HPJ-1 混凝土喷射机组	7～8	工作压力 0.2～0.4MPa

关于输送高压风管路的管径选定条件，应满足能通过计算的供风量，高压风通过管路损失压力后钢管终端的风压不得小于 0.6MPa，通过胶皮管到达风动机械（具）后，仍有不小于 0.5MPa 的风压，以保证机械（具）能正常工作。

（3）风压损失计算。高压风在输送过程中，因沿程和局部阻力损失使风压有所损失。管径越小，输送距离越长，弯段、变径、管件等愈多则阻力愈大，其风压损失（ΔP）可按式（2-49）计算：

$$\Delta P = \frac{\lambda L v^2 \gamma \times 10^{-6}}{2gd} \qquad (2-49)$$

式中　λ——摩阻系数，见表 2-49；

　　　L——送风管长度（包括配件当量长度）；

　　　d——送风管内径，m；

　　　g——重力加速度，取 $g=9.8m/s^2$；

　　　γ——压缩空气的容重，N/m^3，大气压强下，温度为 0℃时，空气容重为 $12.9N/m^3$；温度为 t℃时，其容重则为 $\gamma_t = 12.9 \times 273/(273+t)$，此时，表压力为 P 的压缩空气的容重 $\gamma = \gamma_t(P+0.1)/0.1$，$P$ 为空压机生产的压缩空气的表压力，由空压机性能得知，MPa；

　　　v——高压风在送风管中的速度，m/s，此数值按下述方法计算。

将标准大气压下的空气流量 Q_b 换算成压力 p 下的高压风流量 Q_p，然后除以风管截面积（$1/4\pi d^2$），得每分钟流速，再换算成每秒流速，即

$$v = 0.1 Q_b / [15\pi d^2(P+0.1)] \qquad (2-50)$$

根据计算，选定钢管的管径，确定容许最大通风量和在全管路的风压损失，管路终端

的风压能保证在风动机具工作压力之上。

表 2-49 风管摩阻系数 λ 值表

风管内径/mm	λ	风管内径/mm	λ
50	0.0371	150	0.0264
75	0.0324	200	0.0245
100	0.0298	250	0.0234
125	0.0282	300	0.0221

高压风通过钢管、胶皮管的风压损失是很大的，供风风压必须考虑风压损失并略大一些才最为经济合理。在施工中应尽量缩短其使用长度。

（4）管径的选择。供风系统配管管径选取范围见表 2-50。过滤器减压阀上游侧供气系统配管的最小管径为 DN15。

表 2-50 供风系统配管管径选取范围表

公称直径 DN/mm	用风点数量/个	公称直径 DN/mm	用风点数量/个
8	1	40（1~1/2）	21~60
15	1~3	50（2）	61~150
20	4~8	65（2~1/2）	151~250
25	9~20	80（3）	251~500

8mm 配管只限于短距离选用，通常用于过滤器减压阀下游侧配管。

供风主管（集气管）的直径一般为 DN40~DN50mm，材质应为不锈钢或黄铜。

2.10.3.5 供风系统建筑及占地面积

（1）建筑面积。应根据空压机布置型式、维修空间、运行维护通道、运输起重、值班室环境安全等因素综合确定供风系统的建筑面积。

供风系统的建筑面积可按式（2-51）估算：

$$F \approx 1.8Q \tag{2-51}$$

式中 F——建筑面积，m^2；

Q——供风总量，m^3/min。

（2）占地面积。应根据空压机储气罐型式及联通设施、冷却水供应及其建筑物布置、电源或燃油动力设备设施、运行维护通道等，以及起重运输、边坡滚石防护、生活环境安全等因素，综合确定供风系统的占地面积；空压机系统平台土建开挖工程难易程度及工程量也应予以考虑。

供风系统占地面积可按式（2-52）估算：

$$A \approx kF \tag{2-52}$$

式中 A——占地面积，m^2；

F——建筑面积，m^2；

k——系数，取 2.0~2.5。

2.10.4 施工通信

2.10.4.1 施工通信特点

施工通信是项目管理信息交流和指令传递的中枢神经系统,是以实施生产调度指挥为目的,集有线、无线传输为一体,综合运用数字程控交换、微波接力通信、光传输通信、一点多址微波、集群移动通信等通信工具进行信息传递,用以加强项目管理、保障施工生产的基本手段。施工通信包括有线及无线通信、卫星通信、互联网、传真、广播电视、会议视频、视频监控等。随着科学的进步与发展,数字化的电子信息技术将更加广泛地应用于工程项目管理。施工通信具有以下特点。

(1)现代化的通信系统已成为现场管理的重要保证。土石方工程的项目管理的重要部分是现场管理,而现场管理需要及时、准确地传递现场信息和调度指令,以加快施工生产效率。

(2)土石方工程施工现场场面宽阔、生产周期长、作业场地不断变化,进行施工作业的人员、设备等要素多,分散且流动,安全运行及有序作业矛盾突出,通信系统需要适应不断变化的施工现场需求。

(3)人与人、人与机、机与机之间的通信更加普及。移动电话系统、无线对讲系统、程控电话系统、GPS卫星定位、视频监视技术、视频会议技术、互联网信息技术等信息技术的应用,使得人机之间利用交互平台进行信息交流成为可能。

(4)手持式终端、数据即时传递、卫星通信等技术的迅速发展,使得手机、对讲机、手写板、GPS接收机、手持式控制器等广泛应用于工程通信、工程管理、工程测量、机械操作、设备故障诊断的各个方面,及时上传现场各种资源现状数据至共用系统,供生产指挥调度系统掌握、运用。

(5)互联网技术、项目管理综合信息技术的不断应用,信息的传递更加快捷,项目管理流程固化和项目管理标准化的提高,产生了良好的经济效益。

(6)视频监视系统已广泛应用于重要施工生产场所、生产环节,GPS技术、数字化技术、OA办公自动化系统、视频会议系统也已开始在大型工程中得到应用。

2.10.4.2 施工通信要求

施工通信应满足以下要求。

(1)施工通信系统应符合国家相关部门的进网条件,设备应选用符合国家有关技术标准的定型产品,并执行有关通信设备国产化政策。

(2)系统综合性能、基本业务功能、提供的特殊功能、外围接口配置、技术指标、信号方式、组网能力等,以及业务接口及数据终端、系统容量与负载能力应满足项目各个场所、不同工作、不同功能的需求。

(3)系统应具有较强的数据通信能力,具备与所选用计算机连接功能。它应具有多种数据通信单元可供选择,其数据通信单元的接口标准和信令,应能与计算机相关标准一致。

(4)系统应有较高的可靠性、稳定性和易维护性,系统应采用数字技术,采用标准统一的综合布线和宽带网络传输,系统应线路简单、抗干扰能力强、信号稳定、日常维护量少。

（5）系统安全保护体系完善。系统应具有双机热备份或容错工作方式，以保证在其硬件出现故障时通信不至中断。一旦出现系统停机时，应能保证在尽可能短的时间内恢复，且所用部件标准化程度高，可替代性强。

（6）系统应具有较好的兼容性，以便系统能够升级、扩展或添增系统。由于数字网络技术的灵活性、扩展性、兼容性，数字技术属未来科技发展的方向，系统应有前瞻性、先进性。

（7）系统应全面覆盖工程管理、生活区域和施工现场，并做到区域系统与外网系统互联。电信接入、互联网宽带接入、电视差转的带宽及服务器等设施应保证工程管理区域、生活区域、生产区域的用户需求。

（8）系统宜有覆盖信息传播较为封闭和部分地下作业场所技术措施，以保证流动工作人员在任何位置都能信息沟通。一般要求地下作业场所具有选呼、组呼和通播功能，有线电话机应互联，保证不同用户可以相互呼叫。

（9）重要生产场所、生产环节可建立的视频监视系统，其分辨率、视角范围应满足生产管理要求。视频会议、办公自动化、项目管理系统的建设可根据管理要求、工程规模、工期长短等确定。

2.10.4.3 施工通信规划

（1）施工通信规划内容。用于水利水电施工的通信工程通常包括有线电话通信、数字移动通信、卫星通信、微波通信、无线对讲通信、Internet 网络通信以及办公自动化、视频会议、视频监控等。

通信系统规划就是要宏观预测项目的通信需求量，预测和确定项目电话数量、装机容量以及移动通信、广播、电视等的规模和功能，确定通信系统网络结构、自动化传输方式、无线收发信区、微波通道等，以及办公、机房、基站等基础建设与造价估算。通信工程的基础建设包括通信设备的防雷、接地、防静电、设备使用环境准备以及线缆铺设等方面。

通信需求量预测可采用高峰人员数量进行不同通信需求量预测。

（2）施工通信规划步骤。

1）需求预测，预测项目的通信需求量。

2）需求分析确认，分析确认需求数量、装机容量、系统功能等。

3）确定系统采用的通信技术、网络架构、自动化传输方式等。

4）办公、机房、基站、通信线路等基础设施设计。

5）建设实施及系统调试。

6）运行维护及管理。

2.10.4.4 施工通信数量确定

（1）有线电话数量确定。交换机容量的设计，首先确定有线电话使用数量。有线电话数量的计算方法很多，常见有以下方法。

1）按照所用电话机数计算。办公室、前方调度室、项目招待所每室 1 部，警卫室、值班室每室 1 部，重要的宿舍及重要作业面每处 1 部，并预留 10% 的备用量。

2）按照建筑物面积计算。规模较大、工期较长的项目也可按照临时建筑面积进行估算，一般可按 1 部/（100m²）～0.5 部/（100m²）进行估算。

3）按照人员数计算。也可按高峰期项目人数以 1 部/（5 人）指标进行估算 ［城市 1 部/（3～3.5 人）］。

程控交换机在通信网中，起着沟通网络、交换信息的中枢作用。因此设备的选择，对整个网络建设具有重要意义。对设备的选择要充分考虑使用中的具体情况。目前，我国广泛采用程控交换机，按规定将程控交换机的容量分成三类：小容量，250 门以下；中容量，250～1000 门；大容量，1000 门以上。

程控用户交换机一般都在 2000 门以下为宜。

（2）移动电话数量确定。当项目所在地地处偏僻、当地移动通信建设较差时，可考虑一个项目选用一个运营商（中国移动 TD－SCDMA 网络、中国联通 WCDMA 网络或中国电信 CDMA 网络）运营，且应与互联网系统一起考虑。此时，移动电话数量一般按照人数数量确定，其指标为 1 部/人考虑。

短距离移动对讲系统使用数量可视项目使用地点、地形环境、使用人数情况确定。

当项目所在地移动通信建设较好时，可不予以考虑。

（3）办公电脑及宽带容量的确定。办公电脑接口数量的计算方法很多，常见有以下方法。

1）按照所用电脑数计算。办公室、前方调度室、项目招待所每室 1 接口，办公人员的宿舍及重要作业面监控室每处 1 接口，并预留 10% 的备用量。

2）按照建筑物面积计算。规模较大、工期较长的项目也可按照临时建筑面积进行估算，一般可按 1 接口/（100m²）～0.5 接口/（100m²）进行估算。

3）按照人员数计算。也可按高峰期项目人数以 1 接口/（5 人）指标进行估算。

宽带线路用户线可按双绞线 20M 带宽进行布线。

2.10.4.5 施工通信建筑面积

施工通信建筑面积可按以下方法进行计算。

（1）主机房使用面积可按式（2－53）进行计算：

$$W = k \sum S \tag{2-53}$$

式中　W——主机房使用面积，m²；

　　　k——系数，可取 5～7；

　　　S——通信设备的投影面积，m²。

（2）当通信设备尚未确定规格时：

$$W = FN \tag{2-54}$$

式中　W——主机房使用面积，m²；

　　　F——单台设备占用面积，可取 3.5～5.5m²/台；

　　　N——主机房内所有设备总台数，台。

辅助区面积可取主机房面积的 0.2～1.0 倍。

硬件、软件人员办公室面积可按 5～7m²/人进行计算。

（3）通信系统建筑面积也可按用户数量进行估算，500 户以下不小于 30m²；500～1000 户不小于 50m²；1000 户以上不小于 60m²。

3 施工水流及地下水控制

3.1 概述

施工水流控制及地下水控制，是在工程施工过程中，为避免地表水、地下水对正常施工和安全、环境等造成危害而进行的水控制措施。水利水电工程大多数建筑物都位于距水源较近或地下水位较高，且渗透系数较大的河道或洼地。在河流上进行水利水电工程施工，或在地下水位较高的地区开挖深基坑，施工前都需要进行有效的水流控制，亦即施工导流或降排水工程，以保证工程施工处于干地施工状态，并保持基坑边坡、基坑基底的稳定，以及保证邻近建筑物与地下管线的正常使用。

(1) 施工导流及降排水技术的发展。

1) 河道导截流工程在我国已有上千年的历史，施工导截流理论与技术也经历了漫长的发展过程。古老的水利工程都江堰时期即已使用了束窄河道导流、枬槎截流等技术。1930 年苏联学者 С·В·伊兹巴什为戈尔瓦工程截流第一次进行模型试验；随后在多个工程成功地进行了人工抛石截流筑坝；并分别于 1932 年、1949 年出版了《流水中抛石筑坝》《施工水力学》，系统地论述了截流抛石粒径与水流形状关系；为施工导流、截流、围堰工程等理论研究奠定基础。随着水利水电工程的大规模开发建设，导截流技术取得了很大的发展，在大江大河上进行机械化投块料的高强度立堵导截流经验不断得以丰富。导截流技术不仅使施工更加方便，速度更加迅捷，而且就地取材、因地制宜，更加经济适用。

2) 工程降水中的井点降水技术也有百余年的发展史。人们在土石方开挖活动中，最早是采用一些简单的集水坑道，继而出现了滤水井，采用水泵把井内的水抽出。国外第一个有记录的降水实例是英国伯明翰铁路基尔斯比隧道降水工程；1896 年柏林地铁建造时首先使用深井降水；美国 1927 年即开始运用井点降水，并在井点系统上进行创新，纽约地铁工程第一次大规模使用 700 口喷射井点降水；1931 年德国不来梅港建造水闸时采用58 口深井进行减压；由于工程实践发展的需要，出现了真空泵井点，即轻型井点；到了20 世纪 30 年代又出现了电渗井点。由于降水深度的不断增加，先后出现了多级井点和喷射井点、深井井点降水技术。从 20 世纪 50 年代降水技术引入中国，各种井点降水技术、降水设备等普遍得到了较大的发展。轻型井点已从单一真空泵式抽水发展到射流泵式抽水；管井与轻型井点、轻型井点与喷射井点以及管井与砂砾井点相结合的降水方法成功地应用于渗水性强弱相间土层的降水工程；应用喷射技术发展起来的喷射井点，有效解决了弱透水黏土层、降水深度较大的降水工程；砂砾井点自渗排除上层滞水的应用，深基坑降水的成功以及发展起来的辐射井、水平集水管降水方法等，使我国降水技术水平得到较大的提高。

(2) 施工导流及降排水的主要作用。

1) 创造干地施工的条件。抽排基坑内的积水、雨水及基坑坡面和基底的渗水，保持基坑底部干燥，便于施工。

2) 增加边坡和基底的稳定性。降水可使基坑周围地下水降至开挖面以下，消除了渗流对边坡、基底的影响，防止了流沙的产生，从而增加了边坡和基底的稳定性。

3) 提高土体物理力学性能。降排水可减少土中孔隙水压力，增加土体有效应力，土体的抗剪强度也可以得到增长。对于放坡开挖而言可以提高边坡稳定度；对于支护开挖可以增加被动区土抗力，减少主动区土体侧压力，从而提高支护体系的稳定度，减少支护体系变形。

4) 提高土体固结程度，增加地基的抗剪强度，降低地下水位，减少土体含水量，从而提高土体的固结程度。

(3) 水流控制中水对岩土体的影响。水利水电工程施工中，地表水导流、排泄方式，以及临近的河道洪水位和常水位的变化会给工程带来漫堰、溃坝、滑坡、沉陷、冻胀、翻浆等危害；而在工程施工、运行与维护造成危害的诸多因素中，影响最持久的是地下水。水与土体相互作用，可以使土体的强度和稳定性降低，致使地下构筑物或道路路基周围土体软化，并可能产生滑坡、沉陷、潜蚀、管涌、冻胀、翻浆等事故。

1) 地表水对岩土体作用主要表现为：①水蚀作用，包括在降水、径流等水力作用下发生的面蚀、沟蚀、山洪冲蚀和岩溶侵蚀等；②冲刷作用，洪水的冲刷使河床下切加深，冲淤平衡变化，河岸条件改变，甚至河流改道；③搬运作用，地表水的重力作用可使土体浸润、湿化、饱和及过饱和，形成崩塌、坍塌、蠕动、滑坡等，暴雨、洪水时极易在具备山高沟深、地形陡峻、沟床纵坡降大及便于水流汇集的地形上形成泥石流灾害。

2) 地下水对岩土体的影响表现在地下水通过物理、化学及力学作用改变岩土体的结构，从而改变岩土体的抗剪强度指标的大小。①物理作用，地下水的物理作用是指地下水对岩土体的润滑作用、湿软化作用、泥化解作用，以及结合水强化作用、盐类结晶作用、冰劈作用等；②化学作用，地下水的化学作用是指地下水对岩土体的离子交换和溶解、水解、溶蚀等作用，水的化学作用往往是节理岩体失稳破坏的重要诱发因素；③力学作用，地下水的力学作用是指地下水对岩土体的孔隙静水压力、孔隙动水压力和水力劈裂等的作用，岩石中的孔隙（孔隙、裂隙、溶隙等）常以一定方式连接起来构成孔隙网络，成为地下水有效的储容空间和运移通道。孔隙静水压力是赋存于岩土体孔隙内的地下水以静水压力形式传递自重应力而作用于岩土体上的力。孔隙静水压力影响岩土体的有效应力而降低岩土体的强度；孔隙动水压力是孔隙网络中的地下水在水位差作用下流动形成孔隙水压力。孔隙动水压力对岩土体产生切向推力，降低岩土体的抗剪强度；水力劈裂是赋存于岩土体裂隙中的地下水，通过对裂隙面的水力作用，使岩土体原有裂隙或空隙发生扩展和相互连通的物理现象。

3.2　施工水流控制

水利工程建筑物基础开挖施工和地基处理多低于地面或水面，并受河流外水位影响，因此需要进行导截流或分期导流，用围堰通过束窄河道或把地表水导入导流建筑物（导流洞、导流明渠）把基坑围护起来进行施工；土石筑成的挡水建筑物还存在蓄水及水位涨落的影响。为了给施工创造一个干地施工的良好环境，排出围堰基坑内渗水、围堰范围内的降雨和地下水的渗漏，成为水利工程施工中的重要环节。

3.2.1　地表水水文特征

地表水是存在于地壳表面、暴露于大气中的水，是冰川、河流、湖泊、沼泽四种水体的总称。冰川及永冻积雪多分布于江河源头，冰川融水是河流水量的重要补给来源。河流一般多发源于山地，分为上游、中游和下游，其特点是流经地域大，集水区域广，流程长，流量较大。河水流量受季节和降水量影响有很大波动，汛期洪水流量与枯水期流量有时相差几十倍到数百倍。湖沼一般指陆地洼地储存有一定量静止的水，与海洋没有直接联系。湖的深度一般 5m 以上，沼比湖浅，通常水深不到 2m。水库是以调节水量为目的而建立的人工湖。

地表水从其显露特征常分为降水地表水（雨水、冰雪融水）、径流地表水（溪水、河流）、湖塘地表水（池塘、湖泊、水库）、泽田地表水（沼泽、湿地、水田）、出露地表水（泉水、暗河、渗漏水、地下水抽排）等。地表水水文特征有以下几个方面。

（1）流域面积。流域盆地是由分水岭分割而成的汇水区域。任何一个天然河网都由大小不等、形态不一的水道联合而成，每个水道都有其汇水范围和流域面积。流域面积是由分水线组成流域边界所围成的区域平面大小的测量值。

（2）河道参数。河道参数包括河道长度、河道落差、河道形态、断面形状、河道比降、河道糙率等。河道形态包括河势、分汊、凹凸岸、阶地等情况；断面形状包括宽度、深度、左右岸坡坡度等。

（3）水力学参数。河流水力学参数包括流量、流速、水面宽度、水深、水位及水面线等。流量与水位是河流最主要的水力学参数。流量是表示单位时间内通过过水断面的水量（体积），水位是表示相应流量下水体的自由水面相对于大地水准面的高程。分别有历史最大流量（历史最大洪峰流量）、年最大流量、月最大流量、历史最小流量（历史枯水期最小流量）、多年平均流量、月平均流量、日平均流量等及其相应水位。

（4）洪水频率。一般指某洪水特征值（如洪峰流量等）出现的累计频率。即在多年时期内，该特征值等于或超过某定量的可能出现次数，也可折合成每一年内可能出现的概率，以百分数表示，其倒数即为"重现期"。

3.2.2　施工导截流
3.2.2.1　导流方案

施工导流是在河流水域内修建水利工程过程中，为创造干地施工条件，前期利用围堰围护基坑，将河道水流通过预定方式绕过施工场地导向下游的工程措施。施工导流是水利工程施工，特别是修建闸、坝工程所特有的一项十分重要的工程措施。

导流方案的选定和实施，关系到整个工程施工的工期、质量、造价和安全度汛，应周密设计、精心施工。导流方案是在充分掌握并分析河流的水文特性和工程地点的气象、地形、地质等基本资料的基础上，选定导流时段、导流标准、导流程序、导流流量、导流方式及导流建筑物类型，并拟定导流建筑物的施工顺序、拆除围堰及封堵导流建筑物的施工方法，制定拦洪度汛和基坑排水措施，确定施工期通航、筏运、渔业、供水、排冰或水电站运行等综合利用措施。施工导流措施受多方面因素的制约，一个完整的方案，需要通过技术经济比较，必要时要做水文模型试验，反复论证。

（1）导流标准。导流标准是导流设计的洪水频率标准，体现了经济性与风险性的选择。施工导流标准、导流时段、导流设计流量是选择导流方案、确定导流建筑物的主要依据。导流标准的选择应系统全面地分析导流建筑物级别、导流建筑物类型及风险度影响等控制性因素，以确定洪水重现期。依据导流标准、导流时段及围堰的挡水型式、过水型式来确定导流设计流量。土坝、堆石坝、支墩坝等在洪水来临前不能完建时，围堰导流时段一般以全年为标准（全年挡水），导流设计流量按导流标准选择相应洪水重现期的最大流量。若洪水来临前坝身能起拦洪作用，则围堰导流时段为洪水来临前的施工时段（枯水期挡水），导流设计流量为该时段内按导流标准选择的相应洪水重现期最大流量。对于梯级水利水电工程施工导流标准及流量的选用，当梯级电站上游已有水库改变了下游河道的天然水文条件时，施工导流可在充分论证前提下适当降低导流设计流量。

（2）导流程序。导流程序是在工程施工过程的不同阶段，采用不同类型和规模的挡水建筑物与泄水建筑物，形成不同导流方法组合的顺序。如一般情况下按照电站机组尽早投产发挥效益的原则，电站厂房为控制性项目，如无其他制约因素，电站厂房应安排在第一期施工；山区狭窄河谷可先进行导流明渠、导流隧洞施工，再进行全河床一次断流来进行厂房及挡水坝段施工。

（3）导流时段。导流时段是按导流程序划分的各施工阶段的延续时间，即挡水时段和施工时段。导流时段划分是以施工过程对全年流量变化过程线所划分的水文时段为基本依据，其实质是解决在施工阶段逐年来水的下泄方式。导流时段划分应考虑的因素包括河道水文特征、枢纽类型、导流方式、施工总进度及工期等。

（4）导流方式。导流方式分一次拦断法和分期导流法。一次拦断法按泄水道型式可分为明渠导流、隧洞导流、涵管导流、渡槽导流等型式；分期导流法按泄水道型式可分为束窄河床导流、底孔导流、缺口导流、疏齿导流、厂房导流等型式。分期导流时，河床束窄不应使河道过水断面减小过大，以致流速增大而引起河床的集中冲刷，一期束窄度一般为40%～70%。在岩基和覆盖层小于3m的河床，可控制在40%～60%，如新安江、西津为60%，青铜峡达70%；如河床较宽，且纵向围堰建在覆盖层上，一般取30%～40%，如大化为40%；在大江大河修建纵向围堰影响因素较多，一期围堰束窄度宜30%，如葛洲坝25%，三峡30%。导流方式应进行必要的水力计算以确定导流方案的水力参数及导流建筑物的基本尺寸。

（5）纵向围堰位置。纵向围堰位置的确定应利用河心洲、浅滩、小岛、基岩等可供布置的有利地形地质条件，尽可能利用厂坝、厂闸、闸坝等水工建筑物布置间的隔水导墙；

综合考虑与河床地质条件和通航要求有关的河床允许束窄度（束窄流速常可允许达 3m/s）、一期基坑围护施工的所有泄水建筑物宣泄二期导流流量过水要求等；并使各期基坑围护施工的施工强度应尽量均衡。

3.2.2.2 围堰型式

围堰是指在水利水电工程建设中，为建造永久性工程设施而修建的临时性围护结构，其主要功能是防止水进入建筑物的修建位置，以便在围堰内进行排水，开挖基坑和修筑建筑物。

围堰布置应水流平顺，不发生局部冲刷；堰体结构稳定，强度、防渗、抗冲和渗透稳定符合要求；堰体构造简单，便于施工、维修和拆除；围堰接头及岸坡连接处可靠，避免因集中渗漏等引起围堰失事；围堰顶面高出施工期可能出现的最高水位 0.5m 以上；堰内有足够的面积以满足抽排水作业；围堰布置应经济合理等。

围堰按挡水时段可分为过水围堰、不过水围堰（全年挡水围堰）；按结构材料分可分为土围堰、草土围堰、土石围堰、混凝土围堰、钢板桩围堰等；按与水流的相对位置可分为横向围堰、纵向围堰等。

（1）土围堰。土围堰一般适用于水深在 2m 以内、流速缓慢、基底为不渗水的情况。土围堰的厚度及其四周斜坡应根据使用的土质、渗水程度及围堰本身在水压力作用下的稳定性而定。袋装土围堰一般适用于水深在 2.5m 以内、流速小于 1.5m/s、河床不透水的情况。填石竹笼黏土墙防水围堰由内外两排填石竹笼中间夹一层黏土墙组成，可用于水深 2～3m 时。

（2）草土围堰。草土围堰是采用土、草互层的方式在水中逐渐堆筑形成的挡水结构，下层草土体依靠上层草土体的重量，逐步下沉并稳定。堰体边坡很小，基本断面近似为矩形，断面宽度为水深的 2.7～3.3 倍。也有采用浆砌石作为围堰型式的。

（3）土石围堰。土石围堰适用于水深较深、流量与流速较大的场合。堰基防渗一般采用防渗墙（冲击钻、高喷、静压灌浆等）、截水槽等型式，堰体防渗采用黏土防渗、复合土工布等型式。

（4）混凝土围堰。混凝土围堰有重力式围堰和拱式围堰两种类型。从材料上有常规混凝土和碾压混凝土等型式。混凝土围堰具有安全性大、防渗性好和耐冲刷等优点，但工程施工配套设施要求高，费用较大。混凝土围堰一般适用于大型工程，一般应具有较好的岩石地基，进行混凝土拌制的施工工厂已建成。目前新开发的碾压胶凝砂砾料围堰，工艺简单，可施工性强，已在水电工程得到应用。

（5）钢板桩围堰。钢板桩围堰一般适用于砂类土、半干硬黏性土、碎石类土以及风化岩等地层中。钢板桩围堰有单层、双层和构体式等几种。单层钢板桩围堰常用于水中桥梁基础工程；双层钢板桩围堰多应用在水深而需确保围堰不漏水，或因基坑范围很大、不便安设支撑的情况下；在水深坑大、无法安设支撑时，也可采用平直型板桩组成的构体式钢板桩围堰。

（6）沉箱围堰。沉箱是无盖无底或有盖无底、依靠自重或加重、随着挖土而能自沉的钢筋混凝土或钢结构井筒，也称沉井。井筒的平面形状可分为圆形、椭圆形和矩形等；井筒壁的下端有刃脚。封底后的沉箱具有既防水、围水，又可支撑基坑坑壁的作用。沉箱围堰多用于桥梁承台基础水下施工。

3.2.2.3 截流

截流是导流建筑物完建后，采用预进占、龙口加固、合龙、闭气等作业截断河流，迫使河流改道经由导流泄水建筑物下泄的施工过程。截流型式有平堵截流、立堵截流和双戗堤立堵截流、宽戗堤立堵截流等型式。平堵法截流是利用浮桥、栈桥或缆机等跨河设施、设备，沿龙口全线抛投截流材料，使戗堤均匀上升的截流方法。立堵法截流是由龙口一端向另一端或由龙口两端向中间抛投截流材料的进占方法。

（1）截流方案。截流方案应分析河流水文特征、水流变化规律、河床地形地质条件，选择截流日期和截流设计流量，选定采用立堵或平堵、单向或双向进占、单戗堤或双戗堤等截流方法以及相应的截流设备，选择截流戗堤轴线、龙口位置，确定截流材料、类型、尺寸和数量，组织截流施工。必要时可进行截流模型试验。

1）截流设计流量。可采用截流时段内重现期为5～10年的月或旬平均流量进行设计，也可用统计资料分析法、预报法等进行确定。

截流所用的设计流量由四部分进行分担，用式（3-1）计算：

$$Q = Q_g + Q_d + Q_r + Q_s \qquad (3-1)$$

式中　Q——截流设计流量，m^3/s；

　　　Q_g——龙口下泄流量，m^3/s；

　　　Q_d——分流建筑物泄流流量，m^3/s；

　　　Q_r——上游河道调蓄流量，m^3/s；

　　　Q_s——截流基坑渗流流量，m^3/s。

截流时可将 Q_r 和 Q_s 作为安全裕度不予考虑。

2）选择龙口位置。龙口位置选择应着重考虑地形、地质条件和水流的水力条件。地质条件方面，龙口应选择在河床抗冲刷能力强的地方，如岩石裸露或覆盖层较薄等；地形条件方面，龙口应选择在底部无顺流向陡坡、深坑的河道，龙口附近有较宽阔的场地，距料场和特殊材料堆场较近，便于施工布置和组织。水力条件方面，对于有通航要求的河流，预留龙口宜布置在深槽主航道处。

3）龙口宽度。龙口宽度的确定，主要取决于戗堤束窄河床后形成的水力条件、对龙口底部和两侧裹头部位的冲刷影响，以及截流期通航河流对通航安全的要求。合理的龙口宽度应是满足龙口水力及通航条件的最小宽度。龙口宽度应尽可能窄些，这样合龙的工程量就小些，截流延续时间也短些，但以不引起龙口及其下游河床的冲刷为限。

龙口宽度根据不同流态采用不同的公式分别计算。计算假定：视龙口为梯形或三角形过水的宽顶堰，堰顶水面水平，忽略坡状水面影响；淹没流时上游水深等于下游水深，不计回弹落差；非淹没流时，上游水深为临界水深。

根据龙口流量，判断水流流态，淹没流、非淹没流时龙口泄流流量分别用式（3-2）、式（3-3）计算：

$$Q_g = \sigma m B_{cp} \sqrt{2g H_0^3} \qquad (3-2)$$

$$Q_g = m B_{cp} \sqrt{2g H_0^3} \qquad (3-3)$$

以上各式中　Q_g——龙口流量，m^3；

　　　　　　σ——淹没系数，龙口呈梯形断面，h_n/H_0 不小于 0.7 时为淹没流，淹没系数查巴甫洛夫斯基淹没系数表，龙口呈三角形断面，h_n/H_0 不小于 0.8 时为淹没流，淹没系数查别列津斯基淹没系数表；

　　　　　　m——流量系数，考虑口门束窄影响，一般采用 0.30～0.32；

　　　　　　H_0——龙口上游水头（包括流速水头），m；

　　　　　　B_{cp}——龙口平均宽度，m，淹没流时按式（3-4）计算，非淹没流时，B_{cp} 按式（3-5）计算。

$$B_{cp} = sh_n + b \qquad (3-4)$$
$$B_{cp} = sh_k + b \qquad (3-5)$$

以上各式中　h_n——龙口下游水位，m；

　　　　　　h_k——龙口临界水深，m；

　　　　　　s——截流材料水中站立坡比；

　　　　　　b——龙口底宽，m。

若龙口段河床覆盖层抗冲能力低，可预先在龙口段抛石或抛铅丝笼护底，增大糙率和抗冲能力，减少合龙工作量，降低截流难度。

4）龙口水力学参数。龙口单宽流量、落差、流速等可采用水量平衡进行计算，其成果及其变化规律（上游水位-分水建筑物泄流量关系曲线、上游水位-龙口宽度泄流量关系曲线），可用来确定截流材料的块径尺寸及相应数量。

龙口平均流速按式（3-6）进行计算：

$$v = \frac{Q_g}{B_{cp} + h_k} \qquad (3-6)$$

式中　v——龙口平均流速，m/s；

其他同式（3-2）、式（3-3）。

龙口抛投材料块径尺寸按式（3-7）进行计算：

$$d = \frac{\rho v_{max}^2}{2gk^2(\rho_m - \rho)} \qquad (3-7)$$

式中　d——石块折算为球体的直径，m；

　　　v_{max}——最大流速，计算时取龙口最大平均流速，m/s；

　　　k——综合稳定系数，与块体形状与重量、抛投强度大小及抛投时边界条件等因素有关，一般动水抛投可取 0.9，过头防冲可取 1.02；

　　　ρ_m——抛投体容重，kN/m^3；

　　　ρ——水的容重，可取 $10kN/m^3$。

抛投材料数量确定非龙口段抛投按 1:1 的流失系数考虑，龙口段抛投按 1:2 流失系数考虑。

截流龙口水力计算可截流设计流量分担不考虑上游河道调蓄和截流基坑渗流时，只由龙口下泄流量和导流分流量承担，即 $Q = Q_g + Q_d$，则可按图 3-1 进行图解法计算。

图解法截流水力计算步骤：①绘制分流曲线 $Q_d - \Delta H$（ΔH 为龙口上下游水位差）；

②绘制龙口泄水曲线 Q-$f(B_{cp}, \Delta H)$；③按照图解法求出几组相应的 B_{cp}、ΔH、Q_g 和 Q_d 值，并绘制曲线簇；④判断流态，求水深，淹没流时 $h = h_s$，h_s 下游水深为常数，非淹没流时 $h = h_c$，此时梯形断面 $h_c = \alpha B_{cp}/n$，简化用矩形断面临界水深代替时，$h_c = (\alpha Q_g^2/gB_{cp}^2)^{1/3}$，三角形断面 $h = h_c = (2\alpha Q_g^2/n^2 g)^{1/5}$，$\alpha$ 一般取 1.0；⑤按照 $v = Q_g/(B_{cp}h)$ 计算合龙过程中的断面平均流速；⑥列表计算截流过程的各水力参数，如上下游落差 z、龙口平均流速 v 等；⑦确定抛投块最大粒径，计算出流速分区。

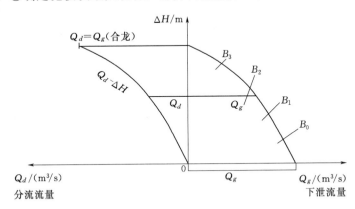

图 3-1　龙口水力计算图解法简图

（2）截流实施。

1）截流形象检查。截流实施前，与截流相关的主要工程建筑物的形象面貌应达到截流要求，如分流建筑物（导流洞、导流明渠等）应具备过流条件；导截流设计方案得到批准，截流料场储备、特殊材料制备及截流所用机械设备、人员准备就绪。

2）截流施工布置。截流施工布置是截流能否顺利实施的关键问题。施工道路、堤头布置、施工照明、施工用风、施工通信、特殊材料堆场、道路及堤头维护设备、水文参数检测、现场安全防护应规划到位。

3）截流程序规划。截流程序一般为非龙口段截流戗堤堤头预进占→龙口护底与裹头防护→龙口合龙段施工→戗堤闭气→围堰堰基填筑。非龙口段预进占一般采用低戗堤进占、尾随分层加高的全断面填筑方式进行；龙口合龙段施工一般多采用全断面推进和凸出堤头上下挑角两种进占方式进行，并根据龙口进占不同，将龙口段分为 2～3 个区段进行不同材料的抛投。

4）截流预进占及龙口保护。利用施工适当时段，在不影响导流建筑物施工及航道通航的条件下，适时的进行截流预进占至龙口宽度，并进行龙口保护。其目的一是减少截流工程量和缩短截流时间，二是加宽堤头截流工作场地和进行龙口护底、裹头防护等工作，为截流创造施工条件。龙口保护包括龙口护底和裹头防护。龙口护底多采用抛投护底增糙材料、抛投钢筋笼加糙拦石坎、修建梳齿混凝土墩或提前进行混凝土桩基施工；裹头防护一般采用钢筋石笼或块石进行防护。

5）截流组织。截流前应成立截流指挥中心，其主要任务是下达截流命令，协调解决截流过程中的矛盾，决策处理截流施工中重大问题，直接领导截流整个过程的实施。指挥中心下设备专业工作组和作业队等，包括总指挥、现场指挥、安全负责、技术负责、调度中心、现场物资、后勤治安、水文监测、救援抢险等。

（3）围堰施工。截流完成后应尽快转入堰基防渗施工与堰体加高施工，尽快使围堰在汛期到来前达到围堰防汛高程和具有设计确定的防渗功能。

3.2.2.4 围堰基坑排水

围堰基坑排水分为初期排水和经常性排水等。

（1）初期排水。初期排水是在围堰合龙闭气后，对围堰内的积水进行排出的工作。围堰完成后要充分利用下游水位较低的地形条件自流排水，余水经排水沟导引到低洼处或开挖排水井集中，用水泵排出。排干积水的工作应及早进行，使基坑有一个固结干燥的时间，便于安排施工准备工作。

初期排水应根据地形、基坑来水情况、基坑范围的大小、开挖的深度，以及不同的土质、工期长短结合经常性排水来采取排水措施。

初期排水量由围堰形成后积聚的余水，排水期的大气降水和围堰、基面及周边渗水或泉水等组成，初期排水可按式（3-8）进行计算。

$$Q_c = (V_j + V_s + V_y)/T = kSh/T + qS_h t/T \tag{3-8}$$

式中　Q_c——初期排水量，m^3/h；

　　　V_j——围堰内积水，m^3；

　　　V_s——围堰渗水（包括渗流、泉水等），m^3；

　　　V_y——大气降雨汇水，m^3；

　　　S——积水面积，m^2；

　　　h——积水水深，m；

　　　k——经验系数，也称积水体积系数，一般大型工程取 $4\sim8$，小型工程取 $2\sim3$；

　　　T——初期排水时间，h；

　　　q——多年平均降雨强度，mm/h，降雪量可按积雪厚度以 $15:1$ 的比例换算（1500mm 厚的积雪约为 97.7mm 降水量）；

　　　S_h——汇水面积，可采用实测得到，也可取用积水面积 S 的 $1.5\sim2.0$ 倍，m^2；

　　　t——降雨历时，h。

小型水利工程地下水位以下的基础部分施工尽量安排在枯水期进行，所以在进行排水设计时通常不考虑大气降水，需要考虑时，按抽水时段内的多年平均日降水量计算，可以查当地水文资料获得。

（2）经常性排水。经常性排水是在初期排水后进行，用以排除基坑开挖及建筑物施工过程中基坑渗水、施工弃水、大气降水等积水的工作。初期排水后，基坑集水基本排干，围堰内外水位差增大，渗流量相应增大；在施工期内会有施工弃水及降雨，都是经常性排水的内容。

1）排水量组成。经常性排水应分别计算围堰和基础在设计水位下的渗流量、覆盖层的含水量、排水期降水量及施工弃水量。

2）排水量计算。基坑渗水量可通过分析围堰型式、防渗方式、堰基情况、地质资料可靠程度、渗流水头等因素适当扩大。基坑渗水主要为地基侧渗，排水量往往无抽水实验资料，可根据经验按式（3-9）进行估算。

$$Q = q_0 S h \tag{3-9}$$

式中　Q——单位时间内渗入基坑的总水量，m^3/h；

　　　q_0——单位面积基坑单位水头下的渗透流量，m^3/h；

　　　S——基坑底面积，m^2；

　　　h——水头，m。

当无可靠的渗透系数等资料时，透水地基上的基坑，可按表 3-1 单位面积基坑单位水头下的渗透流量进行计算。

表 3-1　　　　　　　　　　　　单位面积基坑单位水头下的渗透流量表

土类	含淤泥的泥土	细砂	中砂	粗砂	砂砾石	有裂缝岩石	风化岩
渗透流量/(m^3/h)	0.1	0.15	0.23	0.3～2.0	0.35	0.15～0.25	0.05～0.10

明沟排水降雨量按抽水时段最大日降雨量汇水面积上的集雨量以当天排干计算，可查阅相关水文资料进行计算。

土石方开挖工程的施工弃水几乎可以省略；土石方填筑工程需加水碾压的施工弃水需按加水量进行计算。当有混凝土施工时，施工弃水主要考虑混凝土养护用水，其用水量的估算，应根据气温条件和混凝土养护的要求而定，一般按养护 8 次/d，单位方量的混凝土每次 $5L/m^3$ 进行估算。

经常性排水设计中一般考虑渗水与降雨、渗水与施工弃水两种不同组合，择其大者选择排水设备。

3）排水时间确定。排水时间主要受水位下降速度的限制，水位下降太快，围堰边坡受动水压力变化的影响，容易引起塌坡；水位下降太慢，则延误工期。在实际工程中，应综合考虑围堰型式、地基特性及基坑内水深等因素而定。一般土质边坡水位下降速度宜控制在 0.5～0.7m/d；采用木笼及板桩围堰时水位下降速度为 1.0～1.5m/d；如边坡稳定性较好，可适当将水位下降速度加大到 3～5m/d，以不塌方为控制原则。

4）水泵的选择。水利工程常用的排水设备有离心式清水泵、离心式渣浆泵和潜水排污泵。潜水排污泵使用范围较广，而离心泵安装高程受水泵吸程限制。潜水排污泵和离心式渣浆泵适用于抽送含有大颗粒、纤维介质和高浓度的水体，而离心式清水泵对水质要求较高。水泵扬程通过现场地形测量确定最高上水位与最低下水位之间的高差，再计入水泵及吸水管路、排水管路水头损失，最后确定水泵设计扬程。水泵设计扬程可按式（3-10）计算

$$H = h_y + h_j + h_b + h_f + Z \tag{3-10}$$

式中　H——水泵设计扬程，m；

　　　h_y——吸水管和出水管沿程水头损失，m；

　　　h_j——从吸水管进口到出水管出口局部水头损失，m；

　　　h_b——泵站内水头损失，一般离心泵按 2m 取值，m；

　　　h_f——出水管出口富裕水头，一般按 0.5～1.0m 考虑，m；

　　　Z——设计最高上水位与最低下水位之间的高差，m。

初期排水通常需选择大容量低水头水泵；在降低地下水位时，宜选择小容量中高扬程

的水泵；在将集中基坑积水汇水排出时，则需选择大容量中高水头的水泵。为运转方便，应选择容量不同的水泵以便组合运行。

根据排水流量即可确定水泵工作台数，并考虑一定的备用量。5台以下时备用1台，5台以上时，按20％备用。

5）泵站布置。小型水利设施排水一般采用固定式泵站，如果采用离心泵可设在围堰上或基坑边上，这种布置适用于吸水高度小于6m的情况。如果吸水高度超过6m，则需在较低高程处设置固定平台（如桩台、木笼墩台等），将泵站转移到平台上。

当基坑水深远大于6m或受地形限制扬程高度较大时，则应考虑选用潜水泵，即将潜水泵安装在基坑内，设置泵架和吊绳，使用过程中，水泵顶部在水面以下的潜入深度应不少于0.5m，以防泵体被淤泥淹埋影响排水效果或造成烧泵。

受堰外水位影响，堰内水位变化较大时，也可采用浮船式或滑轨式泵站进行布置。

3.2.3 工程度汛及蓄水

3.2.3.1 工程度汛

工程度汛事关工程本身安全及下游人民群众生命财产安全，事关经济社会的和谐稳定发展，意义重大，是施工水流控制中的一项重要内容，须高度重视，周密部署，充分准备；工程度汛分临时工程挡水度汛和永久工程挡水度汛两种情况，应制定相应的切实可行的工程度汛方案，按照度汛标准的形象要求加快施工进度，组织对施工工地的安全度汛隐患进行全面排查对施工范围内的山洪、滑坡、崩塌、泥石流等灾害危险进行超前防范，加强督促和检查力度，确保工程安全度汛。

工程度汛方案编制内容主要包括编制依据、工程概况、度汛标准、度汛形象要求、度汛措施、防汛组织机构、汛情与险情信息通报、抢险队伍与防汛设备材料、应急预案及启动条件等方面的内容。

3.2.3.2 工程蓄水

土石挡水建筑物的初期蓄水挡水，应严格控制水位上升速度，使得土石挡水建筑物有一个渐进缓慢的加压过程，以避免大坝变形和水力劈裂。水库蓄水还应考虑下游河道环境需水量、用水用户的需水状况、取水设施的取水能力、水库入水过程、施工进度、蓄水安全等因素。所以蓄水时机的选择非常重要，枯期蓄水流量小，水位上升慢，蓄水安全，但时间长，影响发电效益；汛期蓄水流量大，水位上升快，利于尽快提高发电收益，但蓄水风险大。

蓄水除应选择适合的蓄水时机外，还应遵循以下原则。

（1）库区清理、淹没移民及淹没补偿已处理完毕，对水库蓄水没有影响。

（2）泄水建筑物主体工程已具备过流条件。

（3）挡水建筑物满足蓄水各项要求，如填筑高程、灌浆高程等。

（4）取水设施、输水设施等供水措施满足要求。

土石坝水库蓄水初期是水力劈裂的危险期；完全均质的心墙内不会发生水力劈裂；"裂缝或局部的缺陷"及"迅速蓄水的初期"是土石坝心墙发生水力劈裂的两个重要条件，水力劈裂发生的根本原因是局部高水力梯度的存在，所以应重视控制水位上升的速度。

3.2.4　地面排水系统

地面排水系统一般由雨水截汇系统、排水沟支沟、排洪干沟及排水设施共同组成。

在施工区域周围修设临时或永久性排水沟、防洪沟或挡水堤，山坡地段应在坡底、坡脚设环形防洪沟或截水沟，以拦截附近的雨水、潜水进入。

现场内外原有自然排水系统尽可能保留或适当加以修整、疏通、改造或根据需要增设少量排水沟，以利排泄现场积水、雨水和地表滞水。场地排水常会遇到地下水和地表水大量渗入，造成场地浸水，破坏边坡稳定，影响施工进行，因此必须做好现场场地的截水、排水、疏水、排洪等工作，并尽可能减少雨季施工工作量。在有条件时，尽可能利用永久工程排水系统为施工服务，可先修建工程主干排水设施和管网，以方便排除地面滞水和基坑井点抽出的地下水。

3.2.4.1　截水天沟

设置在挖方边坡坡顶以外上方的适当位置，用以拦截边坡上方流向施工区域的地表水，保护挖方边坡不受流水冲刷和损害的人工沟渠，称为截水天沟。

（1）截水天沟设置。在山坡地区开挖施工前，应在坡顶开挖范围外先做好永久性截水天沟或设置临时截水天沟，以阻止山坡水流进入施工区域。截水天沟一般围绕开挖开口外侧周围设置。挖方边坡的截水天沟应设置在坡口5m以外，并宜结合地形进行布设。

（2）截水天沟结构。截水沟的横断面形式，一般为梯形，边坡坡度一般采用1：1.0～1：1.5。沟壁、沟底应防止渗漏。截水沟的平转角、纵转角处应设曲线连接，其沟底纵坡应不小于0.3％。当流速大于土壤容许冲刷的流速时，应对沟面采取加固措施或设法减小沟底纵坡。

（3）截水天沟出水口。截水天沟长度一般不宜过长，当截水沟长度超过500m时应选择适当的地点设出水口，将水引至山坡侧的自然沟中或桥涵进水口。受水流冲刷、山体崩坍等影响截水沟的出水口必须稳定牢靠，必要时须设置排水沟、跌水或激流槽等。

3.2.4.2　边沟

边沟是设置在挖方坡脚处或填方坡脚处、填方坡肩处，用以汇集和排除施工区域范围内和流向施工场地的少量地面水的纵向人工沟渠，如场地边沟、路堑边沟、路基边沟等。开挖与填筑设置的马道内侧也应设置边沟。

在平坦地区施工时，可采用挖临时排水沟或筑土堤等措施，阻止场外水流入施工场地。

边沟的横断面形式，有梯形、矩形、三角形及流线形等。边沟横断面一般采用梯形，梯形边沟内侧边坡为1：1.0～1：1.5，外侧边坡坡度与挖方边坡坡度相同。

3.2.4.3　排水沟

排水沟主要用于引水，将施工区域范围内各种来水（如截水沟、边沟、取土坑、边坡和作业面附近积水），引至区域范围以外的指定地点。

（1）排水沟横断面。排水沟一般采用梯形断面，尺寸大小应经过水力水文计算选定。用于边沟、截水沟及取土坑出水口的排水沟，横断面应根据当地气象资料，按照施工期内最大流量确定。底宽与深度不宜小于0.5m，沟边坡度应根据土质和沟的深度确定，一般为1：0.7～1：1.5，岩石边坡可适当放陡。

（2）排水沟纵坡。排水沟应具有合适的纵坡，以保证水流畅通，不致流速太大而产生冲刷，亦不可流速太小而形成淤积，宜通过水文水力计算择优选定。一般情况下，排水沟的纵向坡度应根据地形确定，可取 $0.5\% \sim 1.0\%$，不小于 0.3%，亦不宜大于 3%。特殊时，平坦地区不应小于 $2‰$，沼泽地区可减至 $1‰$。排水沟与原水道成锐角相交，即交角不大于 $45°$，有条件可用半径 $R = 10b$（b 为沟顶宽）的圆曲线相接。

（3）排水沟出水口。出水口应设置在远离建筑物或构筑物的低洼地点，并应保证排水畅通。排水暗沟的出水口应防止冻结。

3.2.4.4 其他排水设施

（1）跌水与急流槽。跌水与急流槽是地面排水沟渠的特殊形式，用于陡坡地段，沟底纵坡可达 $45°$。通常应采用浆砌块石或水泥混凝土预制块砌筑，并具有相应的防护加固措施。急流槽的纵坡，比跌水的平均纵坡更陡，结构的坚固稳定性要求更高，是山区公路回头曲线沟通上下线路基排水及沟渠出水口的一种常见排水设施。

（2）倒虹吸与渡水槽。当水流需要横跨施工区域，同时受到地面高程限制时，可以采用管道或沟槽，从施工区域的底部或上部架空跨越，前者称倒虹吸，后者为渡水槽。

（3）积水蒸发池。气候干旱、排水困难地段，可利用沿线的集中取土坑或专门设置蒸发池排除地表水。

3.3　地下水控制

地下水控制的主要目的是针对基坑（坑槽、沟槽等）开挖高程低于地表水、地下水位时产生的渗水、涌水等，依据工程地质资料、开挖基础尺寸，分别或综合选用明排降水、井点降水和阻水帷幕等措施，用以降低施工区域范围内的地下水位，防止地基土结构遭受破坏，保证工程施工安全。

地下水控制的基本原则是疏堵结合。疏是指将基坑范围内的地表水与地下水排除，如采用明排降水、井点降水等，该方法施工简便，成本低，操作技术易于掌握，已广泛应用于各类基坑施工中；堵是指通过有效手段在基坑周围形成阻水帷幕，将地下水止于基坑之外，如混凝土地下防渗墙、高压旋喷桩、粉（浆）喷桩帷幕、沉井法、花管注浆、灌浆法等。阻水法相对成本较高，施工难度较大。地下水控制一般采用明排降水、阻水帷幕、轻型井点、喷射井点、电渗井点以及引渗井点、管井降水、大口径降水、辐射井降水、真空管井（潜埋井点、减压井点）和回灌井点等型式单独或组合使用的方法进行。水利水电工程中常用的围堰堰基防渗墙属于阻水帷幕，而围堰内的经常性排水多属于明排降水。

3.3.1　地下水水文特征

地下水是指储存于地表以下岩土层中水的总称。广义地下水包括土壤、隔水层和含水层中的重力水和非重力水；狭义地下水指土壤、隔水层和含水层中的重力水。

地下水按含水构造可划分为滞水层、潜水层和承压水层（见图 3 - 2）。滞水层存在于表层土壤中地下水位线之上的包气带中，是潜水层以上包气带局部隔水层上积聚的重力水。滞水有自由水面，但分布范围有限，水量不多，季节变化大。上层滞水主要由季节降水、地表水及管线渗水等下渗时被局部隔水层阻滞而形成，分布区与补给区一致。潜水层是地面以下第一个稳定隔水层以上具有自由表面的重力水。它由大气降水和地表水经过包气带向下渗透，遇到第一个稳定的隔水层后逐渐积累，将岩石空隙充满呈饱和状的重力水。承压水层是两个隔水层之间透水层中的重力水，其主要来源是渗透的重力水，形成的条件是倾斜岩层中透水层夹在不透水层之中，同时其高起部分露出地表接受渗透水或潜水补给，水量充沛时其水体由于受上部水柱压力而具有承压性。

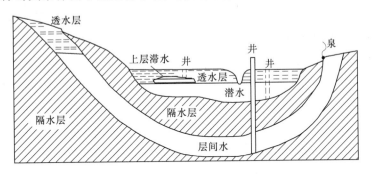

图 3-2　地下水含水构造种类图

地下水按含水层性质分类，可分为孔隙水、裂隙水、岩溶水。孔隙水是疏松岩石孔隙中的水。孔隙水是储存于第四系松散沉积物及第三系少数胶结不良的沉积物的孔隙中的地下水。裂隙水是赋存于坚硬、半坚硬基岩裂隙中的重力水。裂隙水的埋藏和分布具有不均一性和一定的方向性；含水层的形态多种多样，明显受地质构造因素的控制，水动力条件比较复杂。岩溶水是赋存于岩溶空隙中的水，水量丰富而分布不均一；含水系统中多重含水介质并存，既有统一水位面的含水网络，又具有相对孤立的管道流；既有向排泄区的运动，又有导水通道与蓄水网络之间的互相补排运动。地下水的综合分类组合见表 3-2。

表 3-2　　　　　　　　　　　　　　地下水综合分类组合表

地下水分类	孔隙水	裂隙水	岩溶水
上层滞水	沼泽水、土壤水、沙漠及滨海沙丘水、隔水透晶体上的水	基岩风化壳中季节性存在的水	裸露岩层中季节性存在的水
潜水	冲积物、坡积物、洪积物、湖积物、冰积物中的水	基岩上部裂隙中存在的层状水、未被水充满的层间裂隙水	裸露岩层上部层状水、未被充满的岩层岩溶、未被充满岩溶的地下暗河水
承压水	松散岩层的向斜与单斜中的水、山前平原的深部水	向斜或单斜构造层状裂隙岩层中的水、构造破碎带与接触带中的水	构造盆地、向斜或单斜构造中的岩溶水，构造破碎带与接触带中的水

地下水可以用以下的水文特征进行描述。

（1）地下水补给及补给量。地下水补给来源有降水入渗、河流侧渗、灌溉水入渗和上游侧向径流等多种。降水垂直入渗是地下水的主要补给来源。一个较完整的水文地质单元地下水补给总量由单元内自然地理和地质构造特点决定。

（2）地下水流向。地下水流向的判断需要通过测定地下水水位的高低来确定。一般向河流或低势流动，有时与地面坡度总倾斜大体一致。

（3）地下水排泄。地下水排泄是含水层或含水系统失去水量的过程。地下水排泄方式有垂直蒸发排泄、向河流水平排泄、泉水出露排泄及人工排泄等。

（4）水位动态。地下水位动态特征，随不同区域不同因素的影响强度而异。河流补给的地下水水位动态与河水关系密切；降雨入渗补给的地下水位受降雨影响较大，高水位随雨季而出现；地下水开采量较大的地区，地下水位明显受开采量、开采季节的影响，浅层地下水位下降幅度大，回升缓慢。

3.3.2 明排降水

明排降水法是采用排水沟、集水井、水泵及输水管路等组成的排水系统将基坑内的渗漏水排泄至坑外的方法。施工场地内干沟、支沟及集水井相互连通，支沟水进入干沟，干沟与集水井相连，形成系统。明排降水适用于地下水位高于基坑基础底板高程不大于2.0m、渗透系数小于0.5m/d，不易产生流砂、流土、管涌和塌陷等现象的黏性土、砂土和碎石土。

3.3.2.1 底部明排法

底部明排法的明沟、集水井是在基坑开挖底部的两侧或四周设置排水明沟，在基坑开挖范围以外设置集水井，使基坑渗出的水通过排水明沟汇集到集水井，然后采用水泵排出。

（1）底部明排设置。底部明排应逐层开挖逐层设置，其底部明排见图3-3。底部明排适用于地下水位较低，基坑开挖深度不大，基坑降水深度不超过5m，土体渗透系数不大于20m/d，涌水量不大的情况。底部明排法是应用最广泛，亦是最简单、最经济的方法。

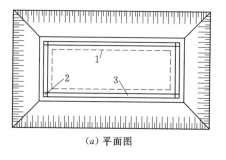
(a) 平面图

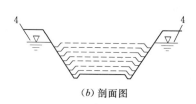
(b) 剖面图

图 3-3　基坑底部明排图
1—基坑边线；2—集水井；3—排水沟；4—地下水位线

排水沟和集水井宜布置在拟建建筑基础边净距0.4m以外，排水沟边缘离开边坡坡脚不应小于0.3m；排水沟底面应比挖土面低0.3～0.4m，纵坡宜控制在1‰～2‰。排水干沟的布置应尽量不干扰施工。集水井一般设置在基坑四角或每隔30～40m设置一个，集水井底面应比沟底面低0.5m以上。集水井的设置间距与土的含水量、渗透系数、基坑平面形状及水泵能力有关，排水沟和集水井的断面应根据渗水量和纵坡确定。

（2）排水量计算。水泵排水量应按式（3-11）进行计算：

$$V \geqslant 1.5Q \tag{3-11}$$

式中　V——排水量，m^3；

Q——基坑总涌水量，m^3，Q 可依据不同地层按式（3-26）、式（3-27）及式（3-28）计算确定。

（3）集水井结构。集水井的大小一般相当于所用水泵 10～15min 的排水量，集水井深度应保证水泵工作深度，或深于抽水泵进水阀的高度以上，并随基坑的挖深而加深，保持水流畅通，使地下水位低于开挖基坑底 0.5m。集水坑的直径或宽度一般为 0.6～0.8m，集水井底应铺设 0.3m 厚的碎石滤水层。

3.3.2.2　分层明排法

分层明排是当基坑较深、地下水位较高，或深度范围内含有多个含水层（开挖土层有多种土组成且中部夹有透水性强的砂类土）时，为避免上层地下水冲刷基坑下部边坡，造成塌方，可在基坑边坡上设置 2～3 层明沟及相应集水井，分层阻截并排除上部土层中的地下水。

分层明排排水沟与集水井的设置应防止上层排水沟的地下水溢出流向下层排水沟，冲坏、掏空下部边坡，造成塌方。基坑分层明排见图 3-4。

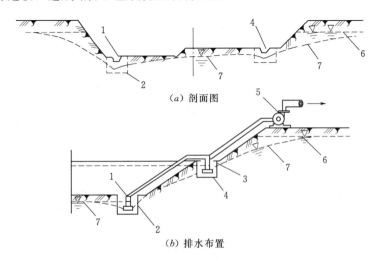

（a）剖面图

（b）排水布置

图 3-4　基坑分层明排图

1—底层排水沟；2—底层集水井；3—二层排水沟；4—二层集水井；5—水泵；
6—原地下水位线；7—降低后地下水位线

分层明排能在保持基坑边坡稳定同时，减少边坡高度和排水扬程，适用于深度较大，地下水位较高，且上部有透水性较强土层的基坑排水。

3.3.2.3　深层明排法

当地下基坑相连，土层渗水量和基坑面积较大时，为减少过多设置排水沟的复杂性，可在基坑内距边 6～30m 或基坑内深基础部位开挖一条纵、长、深的明排水沟作为主沟，使基坑附近地下水通过深沟自行流入集水井用泵排出。排水主沟沟底比最深基坑底板低 0.5～1.0m，主沟比支沟低 0.5～0.7m，通过基础部位时用碎石及砂子做盲沟，基坑回填前分段用黏土回填夯实截面，以免地下水在沟内继续流动破坏地基土。集水井宜设置在深基础部位或附近。深层明排法适用于深度大的大面积地下室、箱基、设备基础群等施工时的降排水，是将多块小面积基坑排水变为集中排水，节省了降水设施和费用，施工方便，降水效果好。

3.3.2.4　综合明排法

综合明排法是以上几种方法的综合应用。水利水电工程施工中围堰所围护的基坑面积大，开挖深度深，来水范围广，其经常性排水受围堰渗水、基坑渗水、降雨量和施工废水组成，故常常采用综合明排法进行降排水。

综合明排适用于基坑较大的地基或深基坑岩石基础，对于砂砾石或粗砂覆盖层基础，当渗透系数大于 $10^{-1}\,\mathrm{cm/s}$ 时，也可采用明排降水。

综合明排时，凡是有条件利用地形自流排水的要尽量自排，可采用沿基坑四周的等高线开挖排水沟使截流的雨水和渗水自流排出或用水泵排出；在基坑四周自高向低开挖排水沟，把渗水引向集水井用水泵排出等方式；当基坑开挖范围和深度较大、地下水水位较高、土质差、渗水量大时，可沿等高线分层设排水沟和排水井，分别用水泵排出。

基坑范围较小、渗水量不大，可以顺纵向轴线自上而下开排水沟，在下游设集水井，也可以同时开几条横沟，把渗水引向纵沟，集中到排水井用水泵排出。

3.3.3　阻水帷幕

阻水帷幕是在基坑开挖前环绕基坑四周采用灌浆、搅拌、冻结、板桩、浇筑混凝土墙等方法形成垂直或水平封闭的截水幕墙，阻止地下水向基坑内流动或延长地下水向基坑内流动渗径，达到基坑内无水作业的目的。阻水帷幕适用于软土地区或基坑临近大型地面水体时的深基坑开挖。阻水帷幕是地下水控制最为有效的方法之一，可直接阻止地下水渗透到基坑（槽）内。

阻水帷幕一般常与支护结构同时组合进行考虑。

阻水帷幕根据其底部是否插入下卧不透水层，分为落底式、悬挂式和水平阻水帷幕等。帷幕防渗基本工艺有高压喷射、深层搅拌、压密注浆、打压板桩地下连续墙、冻结法等。

3.3.3.1　落底式阻水帷幕

落底式阻水帷幕是指帷幕底部插入下部不透水层，形成封闭的止水体系（见图 3-5）。

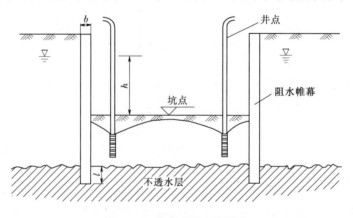

图 3-5　落底式阻水帷幕图

（1）插入深度。落底式阻水帷幕插入下卧不透水层深度可按式（3-12）计算：

$$L = 0.2h_w - 0.5b \qquad (3-12)$$

式中　L——帷幕插入不透水层深度，m；

h_w——作用水头，m；

b——帷幕厚度，m。

（2）帷幕厚度。落底式阻水帷幕的厚度应满足基坑防渗要求，阻水帷幕的渗透系数宜小于 1.0×10^{-6} cm/s。

（3）嵌固深度。当基坑底为碎石土及砂土，基坑内排水且作用有渗透水压力时，阻水帷幕的排桩、地下连续墙除应满足支护结构规定外，嵌固深度设计值尚应满足式（3-13）的抗渗透稳定条件：

$$h_d \geqslant 1.2 r_0 (h - h_{wa}) \tag{3-13}$$

式中　h_d——嵌固深度，m；

r_0——基坑重要性系数，见表3-3；

h——基坑开挖挖深，m；

h_{wa}——基坑壁表面至地下水位之间的距离，m。

表3-3　　　　　　　　　　基坑侧壁安全等级及重要性系数表

安全等级	破　坏　后　果	r_0
一级	支护结构破坏、土体失稳或过大变形对基坑周边环境及地下结构施工影响很严重	1.10
二级	支护结构破坏、土体失稳或过大变形对基坑周边环境及地下结构施工影响一般	1.00
三级	支护结构破坏、土体失稳或过大变形对基坑周边环境及地下结构施工影响不严重	0.90

注　有特殊要求的建筑基坑侧壁安全等级可根据具体情况另行确定。

（4）降水配套措施。阻水帷幕插入弱透水地层中，需进行基底渗流稳定、隆起验算，如果安全，坑外可不布设降水井，坑内需根据当地类似工程经验布设降水井以控制地下水在基底以下，反之，坑外宜按降水设计计算结果布设降水井或坑内布设降压井。

基坑工程地下部分建设周期一般为4~6个月，当地层中有隔水层时，采用落底式阻水帷幕的费用较井点降水低约50%。

3.3.3.2　悬挂式阻水帷幕

对于相对不透水层埋深较深，做成落底式阻水帷幕投资太大难以承受时，可做成悬挂式阻水帷幕（见图3-6）。悬挂式阻水帷幕延长了绕渗路径，可起到减少渗流量的作用。悬挂式阻水帷幕须配合基坑内的降水工程，以确保基坑内干地施工。

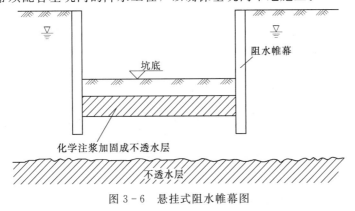

图3-6　悬挂式阻水帷幕图

（1）下插深度。采用悬挂式阻水帷幕时，基坑不得发生流沙、管涌等渗透破坏，此时的阻水帷幕下插深度可按式（3-14）计算：

$$L=[h_w-i_0(h_w+b)]/2i_0 \qquad (3-14)$$

式中　　L——帷幕插入深度，m；

h_w——作用水头，m；

b——帷幕厚度，m；

i_0——不产生渗透破坏的允许水力梯度。

（2）降水配套措施。若基坑周围有建筑物或管道，在确定阻水帷幕深度时还应进行沉降验算，保证降水引起的沉降不超过允许值。不满足时，可采用局部回灌和控制基坑外水位的办法解决。

当基坑位于深厚含水层，且含水层渗透性较强时，可采用悬挂式阻水帷幕与水平帷幕封底结合，或悬挂式帷幕与井点降水结合进行施工。

3.3.3.3　水平阻水帷幕

水平阻水帷幕是在基坑开挖深度以下一定的位置，采用高压旋喷等形成足够强度的水泥土隔渗板，以水平隔渗板的自重、坑底一定厚度土的自重、工程桩与底板间的摩擦力来平衡地下水的浮托力，防止坑底隆起。水平阻水帷幕常与悬挂式阻水帷幕一起组成周底阻水隔渗体系。

水平阻水帷幕的厚度按照压重平衡法原理计算时，水平帷幕及其上覆土的重量与水压力相平衡可按式（3-15）计算：

$$hr_t+Hr_w \geqslant F_t \qquad (3-15)$$

则

$$H \geqslant (F_t-hr_t)/r_w \qquad (3-16)$$

以上各式中　　H——水平帷幕厚度，cm；

F_t——水对水平帷幕的浮托应力，kg/cm²；

h——帷幕隔渗板上覆土厚度，cm；

r_w——水平帷幕隔渗板容重，kg/cm³，一般取覆土容重的 1.03～1.05；

r_t——覆土容重，kg/cm³。

水平帷幕与基坑桩基一起施工时，可考虑桩基的变形约束作用（多跨连续板）；当基础较窄时，也应考虑周边竖向帷幕的约束作用。

3.3.3.4　阻水帷幕与基坑围护

阻水帷幕是基坑围护结构的组成部分。一般的基坑围护分挡土桩、阻水帷幕和支护结构等三部分。挡土桩部分主要起到挡土墙的作用，型式有钢筋混凝土灌注桩或其他型式的桩，桩与桩之间有一定的空隙，但是能挡土；阻水帷幕部分的作用是将挡土墙后的土体固结，阻断基坑内外的水层交流，型式有水泥土搅拌桩或者压密注浆等；支护结构是基坑围护结构的重要组成部分，是为保证地下结构施工及基坑周边环境的安全，对基坑侧壁及周边环境采用的支挡、加固与保护措施。

（1）支护结构。支护结构常见的型式有：①排桩支护（包括悬臂式支护结构、拉锚式支护结构、内撑式支护结构和锚杆式支护结构）；②地下连续墙支护；③重力式水泥土挡墙；④型钢桩横挡板支护、钢板桩支护；⑤土钉墙（喷锚支护）；⑥逆作拱墙；⑦原状土放坡；⑧基坑内支撑；⑨桩、墙加支撑系统；⑩简单水平支撑以及上述两种或者两种以上方式合理组合等。如土钉墙支护结构（见图3-7）、桩墙-锚杆支护结构（见图3-8）、桩墙-内支撑支护结构（见图3-9）等。

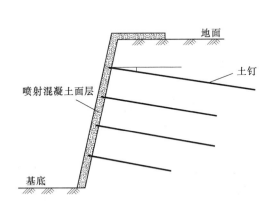

图3-7 土钉墙支护结构图　　　　图3-8 桩墙-锚杆支护结构图

阻水帷幕与支护结构结合时，可根据基坑周边环境、开挖深度、工程地质与水文地质、施工作业设备和施工季节等条件，选择支护型式，一并进行施工。阻水帷幕一般有连续搅拌桩（水泥土搅拌桩等）、单管、三管旋喷桩及防渗墙等型式。

阻水帷幕与支护结构结合选型时，应考虑结构的空间效应和受力特点，要采用有利支护结构材料受力性状的型式。排桩、地下连续墙嵌固深度要进行设计。

（2）帷幕施工。旋喷桩施工时，水泥土桩与桩之间的搭接宽度应根据挡土及阻水要求确定。考虑阻水作用时，桩的有效搭接宽度不宜小于150mm；当不考虑阻水作用时，搭接宽度不宜小于100mm。

深层搅拌桩作为阻水帷幕时，要求桩的设计长度应大于防止管涌和工程所需的止水深度，并进入不透水层的长度宜取1～2倍设计桩径为宜；桩的垂直度允许偏差不超过1.5%；桩的搭接宽度宜大于150mm。深层搅拌桩的垂直度偏差过大，容易使相互搭接的桩间形成缝隙、孔洞，致使相邻桩体不能完全弥合成一个完整的防水体。

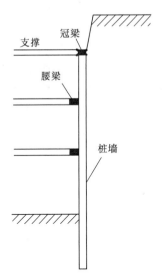

图3-9 桩墙-内支撑支护结构图

阻水帷幕施工方法、工艺和机具的选择应根据场地工程地质、水文地质及施工条件等综合确定。

高压旋喷桩支护应根据现场土样情况进行室内配合比试验和现场试桩试验，调整加固料的喷浆量，确定搅拌桩搅拌机提升速度、搅拌轴回转速度、喷入压力、停浆面等施工工艺参数。

深层搅拌桩支护宜优先采用喷浆法施工，可使桩体均匀、强度高、抗渗性能好，但水泥用量较多些。当土的含水量大于60％、基坑较浅，且无严格防渗要求时，亦可采用喷粉法施工，且水泥用量相比较少。

阻水帷幕施工后，基坑中的水量或水压较大时，宜采用基坑内降水。当基坑底为隔水层且层底作用有承压水时，应进行坑底突涌验算。必要时可采取水平封底隔渗或钻孔减压措施保证坑底土层稳定。

3.3.4 井点降水

井点降水是在基坑开挖前，沿基坑四周或一侧、二侧埋设一定数量深于坑底的井点滤水管或管井，以总管连接或直接与抽水设备连接从中抽水，使地下水位降落到基坑底0.5～1.0m以下，以便在无水干燥的条件下开挖土方和进行基础施工。井点降水不但可避免大量涌水、冒泥、翻浆，而且在粉细砂、粉土地层中开挖基坑降低地下水位时，可防止流沙现象发生；同时由于土中水分排出后，动水压力减少或消除，大大提高了边坡的稳定性，使得边坡可放陡，减少土方开挖量；此外由于渗流向下，动水压力加强，增加土颗粒间的压力使坑底土层更加密实，改善了土的性质。井点降水还可大大改善施工作业条件，提高工效，加快施工进度。但井点降水一次性投入较高，运行费用较大，施工中应合理地布置和适当地安排工期，以减少作业时间，降低排水费用。

3.3.4.1 井点降水分类及适用条件

（1）井点降水分类。井点降水方法的种类有单层轻型井点、多层轻型井点、喷射井点、电渗井点、管井井点、深井井点、无砂混凝土管井点以及小沉井井点等。可根据土的种类、透水层位置、厚度、土层渗透系数、水的补给源、井点的布置型式、要求降水深度、邻近建筑物及管线情况、工程特点、场地及设备条件，以及施工技术水平等情况，做出技术经济和节能比较后确定，选用一种或两种，或井点与明排综合使用。

（2）井点适用条件。各种井点适用土层的渗透系数和降水深度见表3-4，表3-5为地下水控制方法适用条件，可供选用参考。

表3-4 各种井点适用土层的渗透系数和降水深度表

项次	井点类别		土层渗透系数/（m/d）	降水深度/m
1	轻型井点类	单层轻型井点	0.1～80	3～6
2		多层轻型井点	0.1～80	<20
3		喷射井点	0.1～2.0	8～20
4		电渗井点	<0.1	依据选用井点确定
5	管井类	管井井点	20～200	6～10
6		深井井点	5～250	>15

注 无砂混凝土管井点、小沉井井点适用于土层渗透系数10～250m/d，降水深度5～10m。

118

表 3-5　　　　　　　　　　　　　　地下水控制方法的适用条件表

方法名称		土　类	渗透系数/(m/d)	降水深度/m	水文地质特征
明排降水		黏性土、砂土、碎石土	<0.5	<2	上层滞水或水量不大的潜水
井点降水	轻型井点	黏土、粉土、黏性土、砂土、细沙	0.1~80.0	单级 3~6 多级<20	
	喷射井点	粉土、砂土	0.1~20.0	8~20	
	电渗井点	粉土、黏性土	<0.1	<6	
	管井井点	粉土、砂土、碎石土、可溶岩、破碎带	1.0~200.0	>3	含水丰富的潜水、承压水、裂隙水
	深井井点	砂土、碎石土	1.0~200.0	<20	
	引渗井点	黏性土、砂土	0.1~20.0	由下伏含水层的埋深、水头而定	
	辐射井点	黏性土、砂土	0.1~20.0	<20	
	潜埋井点	黏性土、砂土、砂砾	0.1~20.0	<2	残留水体
	降压井点	砂土、碎石土	>1	不限	承压水
截水		黏性土、粉土、砂土、碎石土、岩溶岩	不限	不限	
回灌		填土、粉土、砂土、碎石土	0.1~200	不限	

3.3.4.2　轻型井点降水

　　轻型井点是在基坑的四周或一侧，以一定的间距将较细的井点管沉入含水层中，井点管上部与总管相连，通过总管利用真空泵将地下水从井点管中不断抽出，以达到降低地下水位的目的。受真空泵工作真空度限制，轻型井点可分为单级井点和多级井点，井点降水深度超过 6m（450mmHg）时应采用多级井点降水；从布置上井点降水可分为单排井点、双排井点、环形井点等。单级井点立面见图 3-10、多级井点立面见图 3-11，单排井点布置见图 3-12。

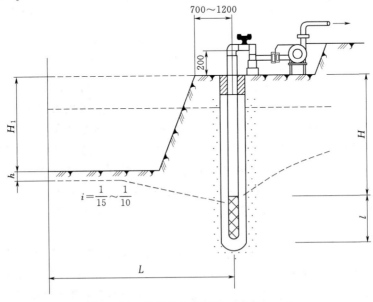

图 3-10　单级井点立面图（单位：mm）

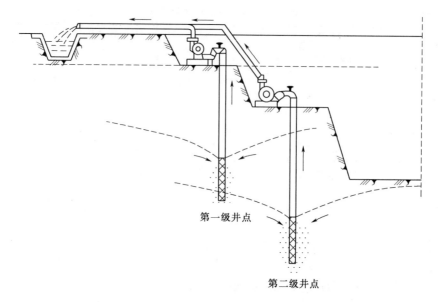

第一级井点

第二级井点

图 3-11　多级井点立面图

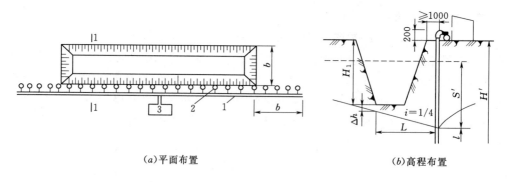

（a）平面布置　　　　　　　　（b）高程布置

图 3-12　单排井点布置图（单位：mm）

1—总管；2—井点管；3—真空泵

（1）适用条件。轻型井点降水适用于黏土、粉质黏土、粉土地层，渗透系数 0.1～80.0m/d，基坑（槽）边坡不稳定，易产生流土、流沙、管涌等现象的场地；基坑场地有限或在涵洞、水下降水的工程，可根据需要采用水平点井、倾斜点井降水方法。

（2）轻型井点构造。轻型井点构造是沿基坑周围每隔一定距离钻孔（或冲孔），沉埋直径为 38～55mm 井点管，并与地面上总管及真空抽吸设备相连。井点管下部为滤管，高度应低于坑底一定深度，井点管周围填以砂砾做过滤层。

（3）主要机具设备。轻型井点系统的主要机具设备由井点管、连接弯管、集水总管及抽水设备等组成（见图 3-13）。

井点管采用直径 38～55mm、长度 5～7m 钢管或镀锌钢管，管下端配有滤管及管尖。滤管直径与井点管相同，长度不小于含水层厚度的 2/3（一般为 0.7～1.9m），管壁呈梅花形钻孔，直径 10～18mm，管壁外包两层滤网，滤管下端安置锥形铸铁头管尖。井点管上端用连接弯管与集水总管相连。

连接弯管用塑料管或胶皮管、钢管制成，直径 38～55mm。为方便检修每个连接弯管均宜安装阀门。集水总管一般用 75～100mm 的钢管分节连接，每节长 4m，每隔 0.8～1.6m 设一个连接井点管的接头。

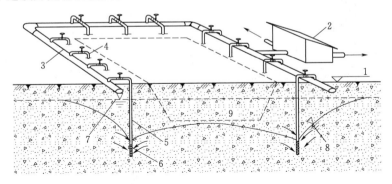

图 3-13　轻型井点降低地下水位全貌图
1—地面；2—水泵房；3—总管；4—弯联管；5—井点管；6—滤管；
7—原有地下水位线；8—降低后地下水位线；9—基坑

轻型井点根据抽水机组类型不同，分为真空泵轻型井点、射流泵轻型井点和隔膜泵轻型井点三种。真空泵轻型井点设备由 1 台真空泵、2 台离心式水泵（1 台备用）和 1 台汽水分离器组成一套抽水机组。射流泵轻型井点设备由离心水泵、射流泵、水箱等组成。隔膜泵轻型井点分为真空型、压力型和真空压力型三种。真空型、压力型由真空泵、隔膜泵、气液分离器等组成；真空压力型则兼有二者特性，可一级代三级。

（4）井点布置。井点布置应根据基坑平面形状与大小、地质和水文情况、工程性质、降水深度等而定。当基坑（槽）宽度小于 6m，且降水深度不超过 6m，可采用单排井点。当基坑（槽）宽度大于 6m，或土质不良、渗透系数较大时，宜采用双排井点（布置在基坑两侧），双排井点布置见图 3-14。当基坑面积较大时，宜采用环形井点（见图 3-15）。

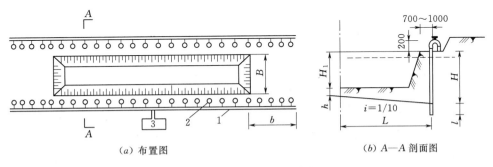

（a）布置图　　　　　　　　　（b）A—A 剖面图

图 3-14　双排井点布置图（单位：mm）
1—总管；2—井点管；3—真空泵

井点管距基坑边壁应为 0.7～1.2m，间距为 0.8～1.6m。集水总管标高应尽量接近地下水位线，并沿抽水水流方向有 0.25%～0.50% 的上仰坡度，水泵轴心与集水总管齐平。井点管的入土深度应根据降水深度及储水层所在位置决定，但必须将滤水管埋入含水层

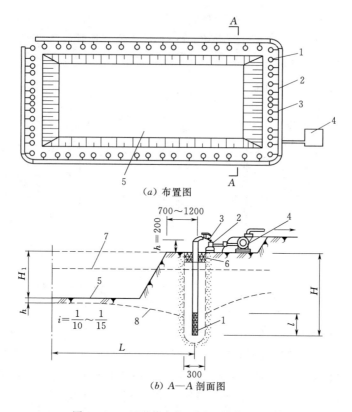

图 3-15 环形井点布置图（单位：mm）

1—井点管；2—总管；3—连接弯管；4—真空泵；5—基坑；6—井口封堵；

7—降水前水面线；8—降水后水面线

内，并且比开挖基坑（沟、槽）底深 0.9～1.2m。井点管的埋置深度亦可按式（3-17）计算：

$$H \geqslant H_1 + h + iL \qquad (3-17)$$

式中　　H——井点降水深度，m；

　　　H_1——井点管埋置深度，m；

　　　h——基坑底面至降低后地下水位线的距离，m；

　　　i——水力坡度，单排井点取 1/4，环形井点取 1/10；

　　　L——井点管至基坑中心的水平距离，m。

（5）施工工艺流程。施工工艺流程应按照：定点放线→铺设总管→冲孔→安装井点管、填砂砾滤料、上部填黏土密封→用连接弯管与排水总管相连→安装抽水设备→安装集水箱与排水管→开动真空泵排气和离心泵抽水→测量观测井中地下水位变化等进行。

（6）井点施工。井点管冲孔直径不应小于 300mm，冲孔深度比滤管低 0.5m，井点管位于砂滤之间；井点管连接管与集水总管使用前严格清洗；井点管埋设后应检验渗水性能；井点管在地面以下 0.5～1.0m 深度内应用黏土填实，以防止漏气。埋设完毕应检查井点系统是否漏水、漏气，出水是否正常、有无淤塞。井点使用时应保证连续不断抽水，并准备好电源。

3.3.4.3 喷射井点降水

喷射井点降水是在井点管内部装设特制的喷射器，用高压水泵或空气压缩机通过井点管中的内管向喷射器输入高压水（喷水井点）或压缩空气（喷气井点），形成水气射流负压状态，将地下水经井点外管与内管之间的间隙抽出排走的降水方法。

（1）适用条件。喷射井点降水设备较简单，排水深度大，比采用多层轻型井点降水设备少，基坑土方开挖量少，施工快，费用低。当降水深度超过 6m 时，宜采用喷射井点。

喷射井点降水适用于基坑开挖较深、降水深度 6~20m、土渗透系数为 3~50m/d 的砂土或渗透系数为 0.1~3.0m/d 的粉土、粉砂、淤泥质土、粉质黏土中的降水工程。

（2）喷射井点构造。喷射井点主要由沿基坑周围每隔一定距离钻孔（或冲孔）沉埋的喷射井管、高压水泵（或空气压缩机）和管路系统组成。喷射井管分内管和外管两部分，内管下端装有喷射器，并与过滤管相接；喷射器由喷嘴、混合室、扩散室等组成。喷射井点布置及构造见图 3-16。

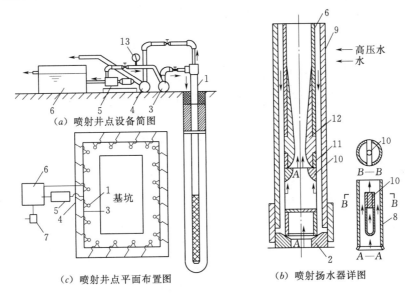

（a）喷射井点设备简图

（c）喷射井点平面布置图

（b）喷射扬水器详图

图 3-16　喷射井点布置及构造图

1—喷射井管；2—滤管；3—进水总管；4—排水总管；5—高压水泵；6—集水池；7—低压水泵；
8—内管；9—外管；10—喷嘴；11—混合室；12—扩散管；13—压力表

（3）系统设备。根据其工作时使用的喷射介质不同，分为喷水井点和喷气井点两种。其系统设备有高压水泵（喷水井点时）或空气压缩机（喷气井点时）、喷射井管和管路系统。

水泵工作水头需用压力按式（3-18）计算：

$$P = P_0/a \tag{3-18}$$

式中　P——水泵水头工作压力，m；

　　　P_0——扬水高程，m；

　　　a——扬水高程与喷嘴前面工作水头之比，混合室直径一般取 14mm，喷嘴直径一般取 6.5mm。

（4）井点布置。喷射井点的管路布置、高程布置与井点管理设与轻型井点基本相同。

基坑面积较大时，采用环形布置；基坑宽度小于10m，采用单线型布置；大于10m时做双排布置。喷射井管间距一般为2.0～3.5m，采用环形布置，进出口（或道路）处的井点可适当放宽至5～7m。冲孔直径为400～600mm，深度比滤管底深1m以上。

喷射井点的涌水量计算及确定井点管数与间距、抽水设备等均与轻型井点相同。

（5）施工工艺流程。施工工艺流程应按：设置泵房→安装进水总管、排水总管→水冲法或钻孔法成井→安装喷射井点管、填滤料→接通进水总管、排水总管→安装高压水泵或空气压缩机→将各井点管的外管管口与排水管接通并通至循环水箱→启动高压水泵或空气压缩机抽水→用离心泵排除循环水箱中多余的水→测量观测井中地下水位等进行。

（6）井点施工。井点管埋设前，应逐根冲洗，检查完好后方可使用；井点管埋设宜采用套管冲枪（或钻机）成孔，加压水及压缩空气排泥。当套管内含泥量经测定小于5%时，下放井管及灌沙，然后再将套管拔起。下井管时水泵应先开机运转，以便每下一节井管，测定其真空度，待井管出水变清为止。地面测定真空度不宜小于93.3kPa。全部井点管沉设完成后，再接通回水总管，全面试抽水，然后让工作水循环正式工作。各套进水总管均应用阀门隔开，各套回水总管应分开。

3.3.4.4 电渗井点降水

电渗井点降水是利用黏土中的电渗现象和电泳特性，使黏性土空隙中的水流动加快，起到一定的疏干作用，从而使软土及排水效率得到提高。电渗井点是井点管作阴极，在其内侧相应地插进钢筋或钢管作阳极，通进直流电后，在电场的作用下，带负电荷的土粒向阳极方向移动（电泳作用），带电荷的空隙水则向阴极方向集中产生电渗现象，使土中的水流加速向阴极渗透，流向井点管。

（1）适用条件。电渗井点降水适用于渗透系数很小（0.10～0.02m/d）的饱和黏土，特别是淤泥和淤泥质黏土。在饱和黏性土、淤泥和淤泥质黏土中，由于土的渗透系数很小，土的透水性较差，持水性较强，使用重力或真空作用的一般轻型井点降水效果很差，此时宜增加电渗井点来配合轻型井点或喷射井点进行降水。采用电渗井点可以利用电渗与电泳现象，使黏土空隙中的水加速流向井管，还能使阳极周围土体加密，并可防止黏土颗粒淤塞井点管的过滤网，保证井点正常降水。

由于电渗井点耗电多，比轻型井点增加电渗费用0.5～1.0元/m³，只在特殊情况下使用。

（2）电渗井点构造。电渗井点构造是以轻型井点或喷射井点的井点管作为负极，以打入土体（或淤泥）中的钢筋或钢管作正极，通以直流电后，土颗粒即自负极向正极移动，水则自正极向负极移动而被集中排出。电渗井点构造见图3-17。

（3）电渗井点设备。电渗井点系统的主要机具设备由阴极（井点管）、阳极（钢管或钢筋）、连接弯管、集水总管及抽水设备等组成。

电渗井点一般利用轻型井点管或喷射井点管的井

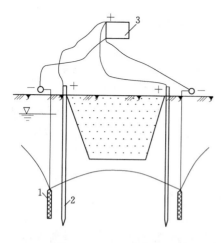

图3-17 电渗井点构造图
1—井点管；2—电极；3—小于60V的直流电源

点管作为阴极，沿基坑（沟、槽）外围布置。电渗井点一般采用钢管（或钢筋）作阳极。钢管直径 50～70mm（钢筋直径大于 25mm）。

直流发电机一般可采用 9.5～55.0kW 的直流电焊机代替直流发电机使用。

阴极、阳极分别用 BX 型铜芯橡皮线或扁钢、钢筋连成通路，接到直流发电机的相应电极上。

直流电机的功率选择按式（3-19）进行计算：

$$P=UJF/1000 \qquad (3-19)$$

$$F=hL \qquad (3-20)$$

上两式中　P——直流电机功率，kW；

U——电渗电压，V，一般为 45～60V；

J——电流密度，A/m²，宜为 0.5～1.0A/m²；

F——电渗面积，m²，按式（3-20）计算；

h——导电深度，m；

L——井点周长，m。

（4）井点布置。阴极沿基坑（沟、槽）外围布置，阳极埋设在井点管环圈内侧 1.25m 处，外露地面 200～400mm，其入土深度应比井点管深 500mm，以保证水位能降到所要求的深度。

阴极、阳极本身间距，采用轻型井点管时，一般为 0.8～1.0m；采用喷射井点时，一般为 1.2～1.5m。并成平行交错排列，阴极、阳极的数量宜相等，必要时阳极数量可多于阴极数量。

（5）施工工艺流程。埋设轻型井点管或喷射井点管→埋设电渗阴极→埋设阳极→连接通路→与直流发电机相连→间歇通电。

（6）井点施工。电渗井点施工是在埋设轻型井点或喷射井点施工时，预留出布置电渗井点阴极的位置，当轻型井点或喷射井点不能满足降水要求时，埋设电渗阴极、阳极及电渗系统。电渗井点是采用井管作为阴极，其井管埋设与轻型井点、喷射井点相同，阳极埋设可用 75mm 旋叶式电钻钻孔，钻进时加水和高压空气循环排泥。阳极就位后可利用下一钻孔排出的泥浆倒灌填孔，使阳极与土体接触良好，减少电阻，以利电渗。如阳极深度不大时，亦可采用锤击法打入。阳极（钢管或钢筋）需尽量垂直，严禁与相邻阳极相碰造成短路，损坏设备。工作电压不宜大于 60V，土体通电的电流密度宜为 0.5～1.0A/m²。为防止大量电流从土体表面通过，降低电渗效果，可在不需要电渗的土层（渗透系数较大）阳极表面涂沥青以绝缘，并使地面保持干燥，把阴极、阳极间的金属或其他导电物清理干净。有条件时也可在土体表面涂上一层沥青，以提高电渗效果。电渗降水时，为清除积聚在电极附近及表面的电解作用产生的气体，防止土体电阻加大、电能消耗增加，应采取间歇通电方式，即通电 24h，然后停电 2～3h 再通电。

3.3.4.5　管井井点降水

管井井点降水是沿基坑周边间隔一定距离设置一个管井，每个管井单独用一台水泵不断抽水来降低地下水位。管井直径一般为 150～250mm，管井间距一般为 20～50m，管井深度为 8～15m。可使井内水位降低 6～10m，两井中间水位降低 3～5m。

管井井点设备较轻型井点简单,排水量大,降水较深,具有更大的降水效果,可代替多组轻型井点作用。管井井点水泵设在地面,易于维护。

（1）适用条件。管井降水适用于第四系含水层厚度大于 5.0m；基岩裂隙含水层和岩溶含水层，厚度可小于 5.0m；含水层渗透系数宜大于 1.0m/d。多用于渗透系数较大，地下水丰富的土层、砂层，或用明沟排水法易造成土粒大量流失，引起边坡塌方及轻型井点难以满足要求情况下使用。

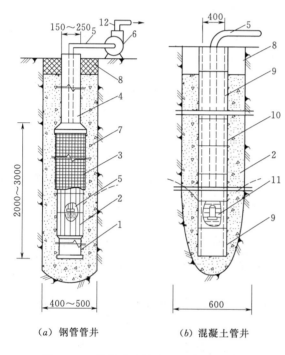

（a）钢管管井　（b）混凝土管井

图 3-18　管井井点构造图（单位：mm）

1—沉砂管；2—钢筋焊接骨架；3—滤网；4—管身；5—吸水管；6—离心泵；7—小砾石过滤层；8—黏土封口；9—混凝土实壁管；10—混凝土过滤管；11—潜水泵；12—出水管

（2）管井井点构造。管井井点由滤水井管、吸水管和抽水设备等组成。管井下部滤水井管过滤部分用钢筋焊接骨架，外包孔眼为 1～2mm、长 2.0～3.0m 的滤网，上部井管部分采用直径 200mm 以上的钢管。吸水管采用直径 50～100mm 的钢管或胶管，插入滤水井管中，其底端应下沉至管井吸水时的最低水位以下，并装逆止阀，上端装设带法兰盘的短钢管。管井井点构造见图 3-18。

（3）管井井点设备。每个井管装设 1 台 BA 型或 B 型离心式水泵，水泵流量 10～25m³/h，水泵的最大真空吸水高度应满足降水深度的要求。

（4）管井布置。基坑总渗水量确定后演算单根井点极限排水量，然后确定井点的数量。

坑槽外布置管井降水时，可根据基坑的平面形状或沟槽的宽度进行布置，布置方式可沿基坑外围四周呈环形布置，也可沿基坑、沟槽两侧或单侧直线布置。井中心距基坑边缘的距离，依据所用钻机的钻孔方法而定，冲击钻时为 0.5～1.5m，钻孔法成孔时不小于 3m。管井埋设深度和间距应根据需降水的范围和深度以及土层的渗透系数而定（一般埋设深度 5～10m，间距 10～20m）。管井立面布置见图 3-19，管井平面布置见图 3-20。

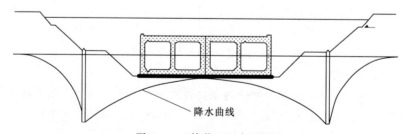

降水曲线

图 3-19　管井立面布置图

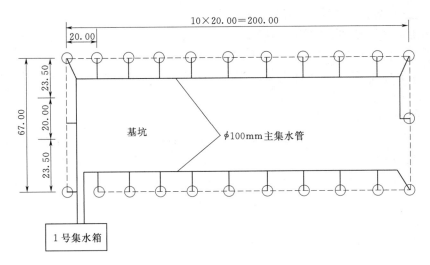

图 3-20　管井平面布置图（单位：m）

当基坑开挖面积较大或者出于防止降低地下水对周围环境的不利影响，而采用坑槽内布置管井降水时，可根据所需降水的深度单侧漏水量及抽水影响半径 R 等确定管井井点间距（一般 10～15m），以此在坑内呈棋盘状布置管井，同时应不小于 $\sqrt{2}R$，以保证基坑内全范围地下水位降低。

（5）施工工艺流程。施工工艺流程应按：井点测量定位→挖井口安装护筒→钻机定位→钻孔→泥浆护壁→成孔→清孔→吊放钢筋笼井管→回填砂砾石过滤层→黏土封井口→洗井→安装水泵→试抽水→降水→观测和记录井内水位降和流量等。

（6）管井施工。管井可采用水冲沉井或泥浆护壁冲击钻成孔、泥浆护壁钻孔成孔，钻孔底部应比滤水井管低 200mm，当井管外径 400～500mm 时，造孔直径宜为 700～800mm，为阻止造孔时井壁坍塌，可用比重为 1.1～1.2 的泥浆固壁，孔内泥浆面应高出地下水水面，并低于管口 0.5m 左右，当钻孔达到深度要求后，应立即下放井管。井管下沉前应清洗滤井，冲除沉渣，可采用灌入稀泥浆用吸水泵抽出置换或采用空压机清洗法清洗，并保持滤网畅通，然后下管。滤水井管应置于管井中心，下端用圆木堵塞管口，井管与孔壁之间用 3～15mm 砾石填充作为过滤层，地面下 0.5m 内用黏土填充夯实。如滤料颗粒较粗，可以在透水管外包塑料窗纱布或玻璃丝布，用铅丝箍紧，也有较好的滤水作用。

洗井方法应根据含水层地层情况、钻进时间、泥浆使用等情况确定，对成孔时间长、泥浆消耗大的井，采用活塞、空压机、提桶、水泵联合洗井，活塞洗井破坏泥皮拉实滤料，空压机振荡洗通水道，排出管内沉淀物。

合理选择井径和管径，保证井径和管径间有一定的环状间隙，来充填有效阻砂透水的滤料，保证水清砂净。

管井建成后，须根据抽水实验的结果，选择抽水设备，不可盲目安装大泵，否则使井的出水量超过正常的出水量，因流速过大而引起大量来砂。管井正常抽水时，其水位降深不能超过第一个取水含水层的过滤器，避免过滤管的缠丝因氧化、损坏而造成涌砂。

井管施工一定要在滤水管部位安装扶正器，扶正器一般每5～6m安装一组，每组由4～6片构成，防止滤水管在孔内不居中，偏向一面，从而使该面没有砾料或者很少，失去过滤作用，造成涌砂。

水泵的设置标高应根据要求的降水深度和所选用水泵的最大真空吸水高度而定，一般为5～7m；当吸程不够时，可将水泵设在基坑内。

3.3.4.6 深井井点降水

深井井点降水是在深基坑的周围埋置深于基底的井管（外径300mm），利用深井进行重力集水，通过设置在井管内的长轴深井泵或深井潜水泵将地下水从深井内抽升到地面排出，以达到降低地下水的目的。深井井点具有排水量大，降水深（＞15m），不受吸程限制，排水效果好；井距大，对平面布置干扰小；可用于各种情况，不受土层限制；成孔易解决，制作维护简单，施工速度快。如井点管采用钢管、塑料管，可整根拔出重复使用；单位降水费用较轻型井点低等优点；但一次性投入大，成孔质量要求严格；降水完毕，井管拔出较困难。

（1）适用条件。深井降水适用于第四系地下水层渗透性强、补给丰富的碎石土；地下水位埋深在15.0m以内，且厚度大于3.0m的含水层。当大口井施工条件允许时，地下水位埋深可大于15m。可用于布设管井受场地限制，机械化施工有困难和渗透系数较大（10～250m/d）的砂类土。地下水丰富、降水深、面积大、时间长的情况下降水深可达50m，在有流沙的地区和重复挖填土方地区使用效果尤佳。

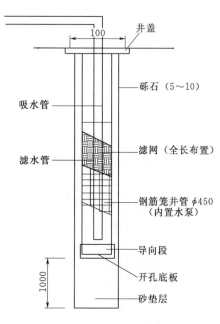

图 3-21 深井井点降水构造图
（单位：mm）

（2）深井井点构造。深井井点系统也称为大口径井点降水系统，一般由深井井管、水泵、排水管和观察井等组成。

井管由滤水管、吸水管和沉沙管三部分组成，可用钢管、塑料管或混凝土管制成，管井外径为300～357mm，内径宜大于潜水泵外径50mm。深井井点降水构造见图3-21。

（3）深井井点系统设备。滤水管的作用是在降水过程中，使含水层的水通过该管滤网将土、沙颗粒被拦在外边，清水流入管内。滤水管的长度取决于含水层厚度、透水层渗透速度和降水速度，一般为3～9m，通常是在钢管上打孔并外包滤网。简易深井井点亦可采用钢筋笼作井管，钢筋笼主筋、箍筋及加强筋之间采用点焊连接形成骨架，外包滤网。每节长8m，考虑有接头，纵筋应长于井笼300mm，钢筋笼直径比井孔小200mm。当土质较好，深度在15m内时，亦可采用外径380～600mm、壁厚50～60mm、长1.2～1.5m的无砂混凝土管作滤水管。

吸水管采用与滤水管同直径的钢管制成。沉沙管一般采用与滤水管同直径的钢管，下端用钢板封底。

水泵采用 QY-25 型、QW-25 型、QB40-25 型潜水电泵，或者 QJ50-52 型浸油式潜水电泵、深井泵。每井 1 台，带吸水铸铁管或胶管，并配置控制井内水位的自动开关，在井口安装阀门以便调节流量。每个基坑井点群应有 2 台备用泵。

排水管采用直径 325～500mm 钢管或混凝土管，并设 3‰ 的坡度，与附近排水通道接通。

(4) 井点布置。深井降水井点一般沿工程基坑周围离边坡上缘 0.5～1.5m 呈环形布置；当基坑宽度较窄，亦可在一侧呈直线形布置；当为面积不大的独立深基坑，亦可采取点式布置。井点宜深入到透水层 6～9m，通常还应比所需降水的深度深 6～8m，间距一般相当于埋深，为 10～30m。基坑开挖 8m 以内，井距为 10～15m；基坑深 8m 以上，井距为 15～20m。深井井点平面布置见图 3-22。观测井一般布置基坑周边、被保护对象（如建筑物、地下管线等）周边或在两者之间布置，观测井间距宜为 20～50m。相邻建（构）筑物、重要的地下管线或管线密集处应布置水位观测点；如有止水帷幕，宜布置在止水帷幕的外侧约 2m 处。

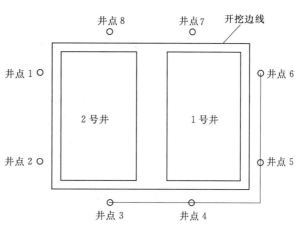

图 3-22　深井井点平面布置图

(5) 施工工艺流程。施工工艺流程应按：井点测量定位→挖井口、安护筒→钻机就位→钻孔→回填井底砂垫层→吊放井管→回填井管与孔壁间砂砾过滤层→洗井→井管内下设水泵及安装抽水控制电路→试抽水→降水井正常工作→降水完毕拔井管→封井进行。

(6) 深井施工。深井成孔可根据土质条件和孔深要求，采用冲击钻钻孔（CZ-22 型或 CZ-20 型）、回转钻钻孔、潜水电钻钻孔等，用泥浆护壁，孔口设置护筒，以防孔口塌方，并在一侧设排泥沟、泥浆坑。孔径应较井管直径大 300～500mm；当不设沉沙管时，钻孔深度应比运行期内可能淤积高度适当加深。成孔后应立即安装井管，以防塌方。

深井井管沉放前应清孔，一般用压缩空气洗井或用吊筒反复上下取出泥渣洗井，或用压缩空气（压力为 0.8MPa，排气量为 12m³/min）与潜水泵联合洗井。

采用钢管制作的井管下放时应分段进行，分段焊接，直至井底。井管安放应力求垂直，并置于井孔中间；管顶部比自然地面高 500mm 左右。当采用无砂混凝土管作井管时，可在成孔完孔后，逐节沉入无砂混凝土管，并使接头对正。井管过滤部分应放置在含水层适当范围内。井管就位后应及时在井管与土壁间分层填充砂砾滤料，滤料粒径应大于滤网孔径，一般为 3～8mm 的细砾石。滤料要一次连续填充至井口下 1m 左右，上部采用黏土封口。管周围填砂滤料后，安设水泵前应先用压缩空气洗井，冲除沉渣。洗井应在下完井管、填好滤料、黏土封口后 8h 内进行，以免时间过长，致使护壁泥皮逐渐老化，难以破坏，影响渗水效果。

潜水泵安装前，应进行检查无疑后可放入井中使用。安装完毕应进行试抽水，满足要求后转入正常降水运行。降水时，基坑周围井点应对称、同时抽水，控制水位差在要求限度内；靠近建筑物的深井，应使建筑物处的水位与附近水位差不大于1m，以免不均匀沉降使建筑物出现裂缝。要加强水位观察，水位差过大时，应采取措施。井点供电系统应采用双回路或备用电源，增加供电保证率，防止停电事故引起的水淹基坑。

3.3.4.7 其他井点降水

（1）引渗井点降水。引渗井点降水是将基坑范围内的滞水，通过引渗井，引渗至基坑底部以下强导水层中消纳，达到降水的目的。采用引渗井降水的工程除布设引渗井的引渗能力应大于基坑实际出水量外，尚应计算引渗条件下的下层含水层水位上升值，其水位应低于降水水位。

引渗井点降水适用于当含水层的下层水位低于上层水位，上层含水层的重力水可通过钻孔导入渗流到下部含水层后，其混合水位满足降水要求时，可采用引渗自降。当采用引渗井降水时，应预防生产有害水质污染下部含水层。

引渗井施工采用螺旋钻、工程钻孔钻，易塌地层可用套管法成孔。如钻进中自造泥浆，成孔后根据土质、出水量情况可采用裸井方式，即成孔直径为200～500mm，孔内直接填入洗净的砂砾或砂砾混合滤料，滤料含泥量应小于0.5%；或采用管井方式，即成孔后埋入无砂混凝土滤水管、钢筋笼、铁滤水管，井周根据情况确定填滤料。

（2）辐射井点降水。辐射井点降水是由采用大直径的竖井和自竖井向四周含水层的任意高程和水平方向打进具有一定长度的多层、数根至数十根水平辐射滤水管组成，用以汇集地下水。它的显著特点是伸向含水层的滤水管范围大、数量多，与同深度的管井相比较，排水量一般是管井的8倍左右。

辐射井点适用于降水范围较大或地面施工困难的黏性土、砂土、砾砂地层。降水深度4～20m。

竖井采用钻机成孔法成孔，漂浮法下井管成井。竖井可以打到100m深度，但由于目前水平辐射管施工技术和排砂设备达不到这一深度，因此竖井深度限制在40m左右。水平辐射管则采用具有扭力、推力、拉力和水冲力的全液压水平钻机完成，施工方法分为直接顶进法和套管法两种。

（3）潜埋井点降水。潜埋井点是降水施工中，当基坑或涵洞底部残留一定高度的地下水时，把抽水井埋设到设计降水深度以下进行抽水，使地下水位降低满足设计降水深度要求的井。它是近年来基坑施工中发展起来的一项降水新技术，对基坑或涵洞底部残存水的排除有较好的效果，在实践中需要与其他降水技术配合使用。

潜埋井点适用于黏土、粉质黏土、粉土地层，以及基坑（槽）边坡不稳定，易产生流土、流沙、管涌等现象的场地。

（4）降压井点降水。降压井点是当基坑底板下部存在承压水层，基坑底至承压含水层顶板间厚度较小，有可能在地下水作用下产生突涌、隆起、管涌、流沙等渗流破坏现象，或与基坑上部含水层有水力联系时，则需采用降低下部承压水水透压力所采用的抽水井点。一般多采用管井。当基坑底板下存在承压水层时，应对基坑稳定进行验算，并进行单井流量设计。

降压井点适用于上有不透水底层、下有饱和砂层的地层，下部土层渗透系数大于 1m/d，地下水有承压水存在或与上层含水层有水力联系的情况。

3.3.5　降排水设计

3.3.5.1　降排水计算模型

（1）明排降水模型。基坑明排降水的用水量计算有基坑底部渗水模型、基坑底部及四周坑壁共同渗水模型等。

（2）井点降水模型。按照法国水力学家裴布依的水井理论，根据地下水有无压力和水井底部是否达到不透水层进行分类，水井可分为无压完整井、无压非完整井、承压完整井和承压非完整井四大类（见图 3-23）。无压完整井是地下水无压，水井底部到达不透水层的井；无压非完整井是地下水无压，水井底部没有到达不透水层的井。承压完整井是地下水承压，水井底部到达不透水层的井；承压非完整井是地下水承压，水井底部没有到达不透水层的井。

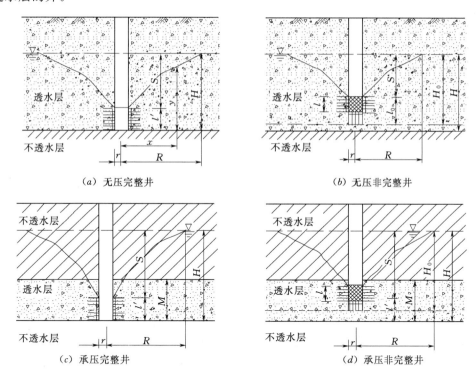

（a）无压完整井　　　　　　　　　（b）无压非完整井

（c）承压完整井　　　　　　　　　（d）承压非完整井

图 3-23　水井的四类降水模型示意图

H—潜水含水层厚度或承压水位至含水层底板深度；H_0—井底以上潜水层厚度也称有效含水深度；
S—基坑水位降深；l—过滤器有效工作长度；l'—基坑水位不透水层顶板水深；
l_0—基坑水位距井底深度；M—水压含水层厚度；x—降水曲线上的
点距水井中心距离；y—降水曲线上的点距井深距离

3.3.5.2　基本参数

（1）渗透系数。渗透系数是井点降水设计中重要的水文地质参数，一般可从相应的岩土工程勘察报告中获得，必要时可通过试验测定。小型工程也可根据经验值估算。土层渗透系数参考值见表3-6。

表3-6 　　　　　　　　　　　土层渗透系数参考值表 　　　　　　　　　单位：m/d

土类	渗透系数	土类	渗透系数	土类	渗透系数
黏土	<0.001	砂质粉土	0.1~0.5	中砂	5.0~20.0
粉质黏土	0.001~0.05	粉砂	0.5~1.0	粗砂	20.0~50.0
黏质粉土	0.05~0.1	细砂	1.0~5.0	砂卵石	>50.0

（2）基坑等效半径。当基坑为圆形时，基坑等效半径等于圆半径；当基坑为非圆形时，等效半径可按下列规定计算。

1）矩形基坑等效半径：

$$r_0 = 0.29(a+b) \tag{3-21}$$

式中　a、b——基坑的长边、短边，m。

2）不规则块状基坑等效半径：

$$r_0 = \sqrt{\frac{A}{\pi}} \tag{3-22}$$

式中　A——基坑面积。

不同基坑等效半径换算表也可参见表3-7。η取值见表3-8。

表3-7 　　　　　　　　　　　　　不同基坑等效半径换算表

基坑平面图形	r_0 计算式	式中符号说明
椭圆形	$r_0 = \dfrac{D_1 + D_2}{4}$	D_1 和 D_2 为椭圆长轴及短轴长度
矩形	$r_0 = \eta \dfrac{a+b}{4}$	a 和 b 为矩形边长（η见表3-8）
方形	$r_0 = 0.59a$	a 为方形边长
不规则的圆形	$r_0 = \sqrt{\dfrac{F}{\pi}}$	$\dfrac{a}{b} < 2 \sim 3$ 时，采用该式计算；F 为基坑面积
不规则的多边形	$r_0 = \dfrac{P}{2\pi}$	$\dfrac{a}{b} > 2 \sim 3$ 时，用此式计算；P 为基坑周长

表3-8 　　　　　　　　　　　　　　η 取 值 表

b/a	0.20	0.40	0.60	0.80	1.00
η	1.12	1.14	1.16	1.18	1.18

（3）降水影响半径。降水影响半径宜通过试验或根据当地经验确定，也可按表列经验计算式进行计算（见表3-9），或以土层渗透系数查得影响半径经验值（见表3-11），或

以土层典型粒径含量比例查得影响半径经验值（见表 3-12）。

表 3-9   降水影响半径经验计算式表

序号	地下水状态	计算式	公式编号
1	无压潜水	$R=2S\sqrt{kH}$	(3-23)
2	承压水	$R=10S\sqrt{k}$	(3-24)
3	线状基坑	$R=1.73\sqrt{\dfrac{kHS}{\mu}}$	(3-25)

注 R 为降水影响半径，m；k 为渗透系数，m/d；H 为潜水含水层厚度或承压水水位至含水层底板深度，m；S 为基坑水位降深，m；μ 为给水度，给水度是含水层的释水能力，数值上等于释出的水的体积与释水的饱和岩土总体积之比，无经验数据时按表 3-10 选用。

表 3-10   给水度（μ）经验值表

岩性	卵砾石	粗砂	中砂	细砂	粉砂	裂隙岩石
给水度 μ	0.30~0.35	0.25~0.30	0.20~0.25	0.15~0.20	0.10~0.15	0.002~0.01

注 黏性土可参照裂隙岩石选取。

表 3-11   渗透系数（k）与影响半径（R）经验值

土层	黏土	粉质黏土	粉土	粉砂	细砂	中砂	粗砂	砾、卵石
$k/(\text{m/d})$	<0.01	0.01~0.1	0.1~1.0	1.0~5.0	5.0~10.0	10~20	20~50	>50
R/m	<10	10~20	20~30	50~100	80~150	200~300	400~500	>500

注 当互层状含水层渗透系数相差不超过一个数量级时，综合渗透系数可取厚度加权平均值（$k=\sum k_i h_i / \sum h_i$，$k_i$、$h_i$ 为某单层含水层渗透系数和对应的层厚）。

表 3-12   典型粒径含量与影响半径 R 值的关系表

土类	极细砂	细砂	中砂	粗砂	极粗砂	小砾石	中砾石	大砾石
粒径/mm	0.05~0.01	0.01~0.25	0.25~0.5	0.5~1.0	1.0~2.0	2.0~3.0	3.0~5.0	5.0~10.0
质量比例/%	<70	>50	>50	>50	>50	—	—	—
R/m	20~50	50~100	100~200	200~400	400~500	500~600	600~1500	1500~3000

影响半径是一个重要参数，对涌水量的计算结果影响较大，一般需进行抽水试验确定。当场地水文地质条件简单，降深较浅，周围环境宽松时，影响半径也可按表 3-11 选用。

影响半径取值与降深和抽水时间延续时间有关，一般随降深和延续时间增加而加大。

3.3.5.3 明排降水用水量计算

基坑明排的渗水量与土的种类、渗透系数、水头、基坑面积等有关。

（1）基坑底部渗水时：

$$Q=\frac{1.366kS(2H-S)}{\lg R-\lg r_0} \tag{3-26}$$

式中　Q——基坑总涌水量，m^3；

　　　k——土的渗透系数，m/d；

　　　S——抽水时坑内水位下降值，m；

　　　H——抽水前坑底以上水位高度，m；

R——抽水影响半径，m，可按表 3 - 9 计算或表 3 - 11、表 3 - 12 选用；

r_0——基坑等效半径，m，计算见表 3 - 7。

（2）基坑底部及基坑壁周渗水：

$$Q=\frac{1.366kS(2H-S)}{\lg R-\lg r_0}+\frac{6.28kSr_0}{1.57+\frac{r_0}{m_0}\left(1+1.85\lg\frac{R}{4m_0}\right)} \tag{3-27}$$

式中 Q——基坑总涌水量，m^3；

k——土的渗透系数，m/d；

S——抽水时坑内水位下降值，m；

H——抽水前坑底以上水位高度，m；

R——抽水影响半径，m，可按表 3 - 9 计算或表 3 - 11、表 3 - 12 选用；

r_0——基坑等效半径，m，计算见表 3 - 7；

m_0——从基坑底到下卧不透水层的距离，m。

（3）当缺地质水文资料时，可按单位面积渗水强度与渗水坑底渗水面积、坑壁渗水面积估算基坑总涌水量。

$$Q=F_1q_1+F_2q_2 \tag{3-28}$$

式中 Q——基坑总涌水量，m^3；

q_1——基坑底部单位面积渗水强度，$m^3/(m^2\cdot h)$，见表 3 - 13；

q_2——基坑侧壁单位面积渗水强度，$m^3/(m^2\cdot h)$，见表 3 - 14；

F_1——基坑底面积，m^2；

F_2——基坑侧面积，m^2。

表 3 - 13　　　　　　　　　　基坑底部单位面积渗水强度参考值表

序号	土类	土的特征及粒径	渗水强度 q_1 /$[m^3/(m^2\cdot h)]$
1	细粒土质砂、松动粉质土	基坑外侧有地表水，内侧为岸边干地，土的天然含水量小于 20%，土粒径小于 0.05mm	0.14~0.18
2	有裂隙的碎石岩层、较密实的黏质土	多裂隙透水岩层，有孔隙水的黏质土层	0.15~0.25
3	黏土质砂、黄土层、紧密砾石土	细砂粒径 0.05~0.25mm，大孔土质量 800~950kg/m^3，砾石土孔隙率在 20% 以下	0.16~0.32
4	中粒砂、砾砂层	砂粒径 0.25~1.00mm，砾石含量 30% 以下，平均粒径 10mm 以下	0.24~0.8
5	细粒砂、砾石层	砂粒径 1.0~2.5mm，砾石含量 30%~70%，平均最大粒径 150mm 以下	0.8~3.0
6	砾卵砂、砾卵石层	砂粒径 2.0mm 以上，砾石、卵石含量 30% 以上，泉眼总面积 0.07m^2 以下，泉眼直径 0.15mm^2 以下	2.4~4.0
7	漂石、卵石土有泉眼或砂粒卵石有较大泉眼	石粒平均直径 50~200mm，或有个别大孤石在 0.5m^2 以下，泉眼直径在 300mm 以下，泉眼总面积在 0.15m^2 以下	4.0~8.0
8	砾石、卵石、漂石、粗砂，泉眼较多		>8.0

表 3−14		基坑侧壁单位面积渗水强度参考值表
序号	基坑侧壁开挖状况	渗水强度 $q_2/[\mathrm{m}^3/(\mathrm{m}^2 \cdot \mathrm{h})]$
1	敞口放坡开挖基坑或土围堰	按表 3−13 同类土质渗水强度 20%～30%计
2	石笼填土心墙围堰	按表 3−13 同类土质渗水强度 10%～20%计
3	挡土板或单层草袋围堰	按表 3−13 同类土质渗水强度 10%～20%计
4	钢板桩、沉箱及混凝土支护坑壁	按表 3−13 同类土质渗水强度 0～5%计
5	竹笼围堰	按表 3−13 同类土质渗水强度 15%～30%计

3.3.5.4 井点降水涌水量计算

（1）无压完整井基坑涌水量。无压完整井基坑涌水量计算公式及简图见表 3−15。

表 3−15　　　　　　　无压完整井基坑涌水量计算公式及简图列表

边界条件	计算简图	涌水量计算公式	公式编号
基坑远离边界		$Q = 1.366k \dfrac{(2H-S)S}{\lg(1+R/r_0)}$	(3−29)
单侧岸边降水 $(b<0.5R)$		$Q = 1.366k \dfrac{(2H-S)S}{\lg \dfrac{2b}{r_0}}$	(3−30)
基坑位于两地表水体之间		$Q = 1.366k \dfrac{(2H-S)S}{\lg\left[\dfrac{2(b_1+b_2)}{\pi r_0}\cos\dfrac{\pi(b_1-b_2)}{2(b_1+b_2)}\right]}$	(3−31)
基坑靠近隔水边界 $(b<0.5R)$		$Q = 1.366k \dfrac{(2H-S)S}{\lg(R+r_0)^2 - \lg r_0(2b+r_0)}$	(3−32)

注　Q 为基坑涌水量，m^3；k 为渗透系数，$\mathrm{m/d}$；H 为潜水含水层厚度，m；S 为基坑水位降深，m；b 为基坑中心到地表水体岸边的距离或基坑中心至隔水边界的距离，m；R 为降水影响半径，m；r_0 为基坑等效半径，m。

（2）无压非完整井基坑涌水量。无压非完整井基坑涌水量计算公式及简图见表 3−16。

表 3−16　　　　　　　无压非完整井基坑涌水量计算公式及简图列表

边界条件	计算简图	涌水量计算公式	公式编号
基坑远离边界		$Q = 1.366k \dfrac{H^2 - h_m^2}{\lg\left(1+\dfrac{R}{r_0}\right) + \dfrac{h_m-l}{l}\lg\left(1+0.2\dfrac{h_m}{r_0}\right)}$	(3−33)

边界条件	计 算 简 图	涌水量计算公式	公式编号
含水层厚度不大的近河基坑 $(b>0.5T)$		$Q=\pi kS\left(\dfrac{L+S}{\ln\dfrac{2b}{r_0}}+\dfrac{2l}{\text{arsh}\dfrac{0.125l}{r_0}+\text{arsh}\dfrac{0.875l}{r_0}+0.5\dfrac{l}{T}\ln\dfrac{b^2}{T^2-0.14l^2}}\right)$	$(3-34)$
含水层很厚的近河基坑		$b>l$ 时： $Q=\pi kS\left(\dfrac{l+S}{\ln\dfrac{2b}{r_0}}+\dfrac{2l}{\text{arsh}\dfrac{0.125l}{r_0}+\text{arsh}\dfrac{0.875l}{r_0}-1.012\,\text{arsh}\dfrac{0.44l}{b}}\right)$	$(3-35)$
		$b<l$ 时： $Q=\pi kS\left(\dfrac{l+S}{\ln\dfrac{2b}{r_0}}+\dfrac{2l}{\text{arsh}\dfrac{0.125l}{r_0}+\text{arsh}\dfrac{0.875l}{r_0}-\dfrac{0.506l}{b}}\right)$	$(3-36)$
基坑靠近隔水边界 $(b<0.5R)$		$Q=k\left[\dfrac{\pi(2h_s-S)S}{\ln\dfrac{(R+r_0)^2}{2br_0}}+\dfrac{2\pi TS}{\ln\dfrac{(R+r_0)^2}{2bT}+\xi}\right]$	$(3-37)$
		$\xi=\dfrac{T}{l}\left\{2\ln\left[\dfrac{4T}{r_0}-f\left(\dfrac{l}{2T}\right)\right]\right\}-1.38$	$(3-38)$

注 Q 为基坑涌水量，m^3；k 为渗透系数，m/d；H 为潜水含水层厚度，m；h 为动水位以下（井壁外侧水位）含水层厚度，m；h_m 为无压潜水含水层厚度与动水位以下含水层厚度平均值 $h_m=\dfrac{H+h}{2}$，m；h_s 为过滤器有效进水部分长度 $1/2$ 处至静水位的距离，m；S 为基坑水位降深，m；T 为含水层底板到过滤器有效工作部分中点的距离，m；b 为基坑中心到地表水体岸边的距离，m；l 为过滤器有效工作长度，m；R 为降水影响半径，m；r_0 为基坑等效半径，m；ξ 为不完整井阻力系数。

对于无压非完整井基坑远离边界的涌水量计算公式（3-33），由于含水层厚度不同存在两种情况需要区别对待：

1）当含水层接近无限含水层时，影响无压非完整井涌水量大小的仅仅是有效含水深度 H_a，深度 H_a 以下的水体不受抽水井影响，H_a 是与滤水器长度和降水深度有关的函数。

$$H_a=\left(2+\lg\dfrac{S}{S+l}\right)(S+l)$$

$H>H_a$ 时，涌水量可采用式（3-29），用 H_a 代替 H 进行计算。

2）当含水层为有限含水层，而有限含水层厚度较厚时，无压非完整井的涌水量的计算与界限含水层厚度 H_p 有关。H_p 是式（3-33）无压非完整井的极值，即当含水层厚度超过界限含水层厚度时，计算得到的涌水量反而会减小，式（3-33）不再适用。H_p 是与滤水器长度和降水深度有关的另一函数。

令 $\beta=\dfrac{S}{S+l}$

则 $H_p=(-18.32\beta^4+38.12\beta^3-33.55\beta^2+13.66\beta+0.83)(S+l)$

①$\beta<0.875$，则 $H_p>H_a$。

当 $H<H_a$ 时，涌水量可采用式（3-33）进行计算；

当 $H>H_a$ 时，涌水量可采用式（3-29）完整井，用 H_a 代替 H 进行计算。

②$\beta>0.875$，则 $H_p<H_a$。

当 $H<H_p$ 时，涌水量可采用式（3-33）进行计算；

当 $H>H_p$ 时，涌水量可采用式（3-33），用 H_p 代替 H 进行计算。

（3）承压完整井基坑涌水量。承压完整井基坑涌水量公式及简图见表3-17。

表3-17 承压完整井基坑涌水量计算公式及简图列表

边界条件	计算简图	涌水量计算公式	公式编号
基坑远离边界		$Q=2.73k\dfrac{MS}{\lg(1+R/r_0)}$	（3-39）
基坑岸边降水 $(b<0.5R)$		$Q=2.73k\dfrac{MS}{\lg(2b/r_0)}$	（3-40）
基坑位于两地表水体之间		$Q=2.73k\dfrac{MS}{\lg\left[\dfrac{2(b_1+b_2)}{\pi r_0}\cos\dfrac{\pi(b_1-b_2)}{2(b_1+b_2)}\right]}$	（3-41）
基坑靠近隔水边界 $(b<0.5R)$		$Q=\dfrac{2.73kMS}{\lg(R+r_0)^2-\lg r_0(2b)}$	（3-42）

注　Q 为基坑涌水量，m^3；k 为渗透系数，m/d；H 为承压水水位至含水层底板深度，m；S 为基坑水位降深，m；M 为承压含水层厚度，m；b 为基坑中心到地表水体岸边的距离或基坑中心到隔水边界的距离，m；R 为降水影响半径，m；r_0 为基坑等效半径，m。

（4）承压非完整井基坑涌水量。承压非完整井基坑涌水量计算公式及简图见表3-18。

表3-18 承压非完整井基坑涌水量计算公式及简图列表

边界条件	计算简图	涌水量计算公式	公式编号
基坑远离边界		$Q=2.73k\dfrac{MS}{\lg\left(1+\dfrac{R}{r_0}\right)+\dfrac{M-l}{l}\lg\left(1+0.2\dfrac{M}{r_0}\right)}$	（3-43）
岸边降水		$l<0.3M$、$b<2l$ 时： $Q=\dfrac{klS}{0.16[\ln(1.32l/r_0)-l/2b]}$	（3-44）
		$l<0.3M$、$b>2l$ 时： $Q=\dfrac{klS}{0.16[\ln(1.32l/r_0)-\text{arsh}(0.88l/b)-0.06l/b]}$	（3-45）

边界条件	计算简图	涌水量计算公式	公式编号
靠近隔水边界 $(b<0.5R)$		$$Q=\dfrac{2.73kMS}{\lg(R+r_0)^2-\lg2bM+\xi}$$	(3-46)
		$$\xi=\dfrac{M}{2l}\{2\ln[4M/r_0-f(l/M)]\}-1.38$$	(3-47)

注 Q 为基坑涌水量，m^3；k 为渗透系数，m/d；H 为承压水水位至含水层底板深度，m；S 为基坑水位降深，m；M 为承压含水层厚度，m；b 为基坑中心到地表水体岸边的距离或基坑中心到隔水边界的距离，m；l 为过滤器有效工作长度，m；R 为降水影响半径，m；r_0 为基坑等效半径，m；ξ 为不完整井阻力系数。

（5）承压-潜水完整井基坑涌水量。承压-潜水完整井基坑涌水量计算公式及简图见表 3-19。

表 3-19 　　　　　**承压-潜水完整井基坑涌水量计算公式及简图列表**

边界条件	计算简图	涌水量计算公式	公式编号
基坑远离边界		$$Q=1.366k\dfrac{(2H-M)M-h^2}{\lg(1+R/r_0)}$$	(3-48)
基坑靠近隔水边界 $(b<0.5R)$		$$Q=\dfrac{2.73k[(2H-M)M-h^2]}{\lg(R+r_0)^2-\lg2br_0}$$	(3-49)

注 Q 为基坑涌水量，m^3；k 为渗透系数，m/d；H 为承压水水位至含水层底板深度，m；h 为动水位以下（井壁外侧水位）含水层厚度，m；S 为基坑水位降深，m；M 为承压含水层厚度，m；b 为基坑中心到隔水边界的距离，m；R 为降水影响半径，m；r_0 为基坑等效半径，m。

（6）承压-潜水非完整井基坑涌水量。承压-潜水非完整井基坑涌水量计算公式及简图见表 3-20。

表 3-20 　　　　　**承压-潜水非完整井基坑涌水量计算公式及简图列表**

边界条件	计算简图	涌水量计算公式	公式编号
岸边降水 $(b<0.5R)$		$$Q=k\left\{\dfrac{\pi\left[(2H'-M')M'-\left(\dfrac{l}{2}\right)^2\right]}{\lg(2b/r_0)}+\dfrac{2\pi TS}{\ln(2b/T)+\xi}\right\}$$	(3-50)

边界条件	计算简图	涌水量计算公式	公式编号
基坑靠近隔水边界 $(b<0.5R)$	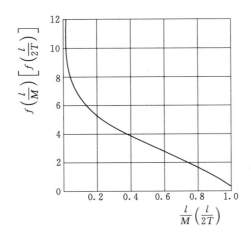	$Q=k\left\{\dfrac{\pi\left[(2H'-M')M'-\left(\dfrac{l}{2}\right)^2\right]}{\lg(2b/r_0)}+\dfrac{2\pi TS}{\ln(2b/T)+\xi}\right\}$	(3-51)

注 Q 为基坑涌水量，m^3；k 为渗透系数，m/d；H 为承压水水位至含水层底板深度，m；H' 为过滤器进水部分长度 1/2 处至静水位的距离，m；S 为基坑水位降深，m；M 为承压含水层厚度，m；M' 为过滤器进水部分长度 1/2 处至含水顶板的距离，m；T 为含水层底板至过滤器有效工作部分中点的长度，m；b 为基坑中心到地表水体岸边的距离或基坑中心至隔水边界的距离，m；l 为过滤器有效工作长度，m；R 为降水影响半径，m；r_0 为基坑等效半径，m；ξ 为不完整井阻力系数，$\xi=f\left(\dfrac{l}{M}\right)$ 或 $\xi=f\left(\dfrac{l}{2T}\right)$ 可根据 l/M 或 $l/2T$ 查图 3-24 得。

图 3-24　$f(l/M)\left[f(l/2T)\right]$ 与 $\dfrac{l}{M}\left(\dfrac{l}{2T}\right)$ 的关系曲线图

（7）线形狭长基坑时的涌水量。线形狭长基坑时的涌水量计算公式及简图见表 3-21。

表 3-21　　　　　线形狭长基坑时的涌水量计算公式及简图列表

边界条件	计 算 简 图	涌水量计算公式	公式编号
无压完整井		$q=\dfrac{\pi k(2H-S)S}{\ln\dfrac{d}{\pi r_w}+\dfrac{\pi R}{2d}}$	(3-52)
无压非完整井		$q=\dfrac{\pi k(2H'-S)S}{\ln(d+\pi r_w)+\dfrac{\pi R}{2d}}+\dfrac{2\pi kTS}{\ln(d+\pi r_w)+\dfrac{\pi R}{2d}+\xi}$	(3-53)

边界条件	计算简图	涌水量计算公式	公式编号
承压完整井		$q=\dfrac{2\pi kMS}{\ln\dfrac{d}{\pi r_w}+\dfrac{\pi R}{2d}}$	(3-54)
承压非完整井		$q=\dfrac{2\pi kMS}{\ln\dfrac{d}{\pi M}+\dfrac{\pi R}{2d}+\xi}$	(3-55)
承压-潜水完整井		$q=\dfrac{\pi k\left[(2H-M)M-h^2\right]}{\ln\dfrac{d}{\pi r_w}+\dfrac{\pi R}{2d}}$	(3-56)
承压-潜水非完整井		$q=\dfrac{\pi k\left[(2H'-M')M'-\left(\dfrac{l}{2}\right)^2\right]}{\ln\dfrac{d}{\pi r_w}+\dfrac{\pi R}{2d}}+\dfrac{2\pi kTS}{\ln\dfrac{d}{\pi r_w}+\dfrac{\pi R}{2d}+\xi}$	(3-57)

注 q 为单排布井的单井干扰出水量，m^3，双排布井时单井干扰出水量为其计算值的一半；k 为渗透系数，m/d；H 为潜水含水层厚度或承压水水位至含水层底板深度，m；H' 为过滤器进水部分长度 1/2 处至静水位的距离，$H'=S+l/2$，m；S 为基坑水位降深，m；M 为承压含水层厚度，m；M' 为过滤器进水部分长度 1/2 处至含水顶板的距离，m；T 为含水层底板到过滤器有效工作部分中点的长度，$T=H-H'$，m；d 为井间距之半，m；R 为降水影响半径，m；r_w 为单排降水井井半径，m；ξ 为不完整井阻力系数，可根据 $f(l/M)$ 或 $f(l/2T)$ 查图 3-24 得。

3.3.5.5　降水井井点数及间距确定

（1）井点数量。对于长宽比小于 5、宽度小于 2 倍抽水影响半径的基坑降水井点布置数量可按式（3-58）计算：

$$n=(1.1\sim1.2)Q/q \tag{3-58}$$

式中　n——井点数量（n 按均质土考虑，黏性土与非黏性土互层的地层或非均质土层时，仅供参考），个；

　　　Q——基坑总涌水量，m^3；

　　　q——设计单井出水量，m^3/d。

（2）单井出水量。降水井出水量与地下水性质、渗透系数、水位降深、降水方法、井的直径、抽水设备及群井干扰等有关。对于单井出水量有很多计算公式，有的地区还有特别规定。

1）有对无压完整井、承压完整井按干扰井群进行计算的，如：

A. 无压完整井：

$$q = \frac{2k(2H_0 - S_w)S_w}{\ln \dfrac{R_0^n}{nr_w r_0^{n-1}}} \qquad (3-59)$$

B. 承压完整井：

$$q = \frac{2\pi k n S_w}{\ln \dfrac{R_0^n}{nr_w r_0^{n-1}}} \qquad (3-60)$$

以上各式中　k——含水层渗透系数，m/d；

$\quad\quad\quad\quad H_0$——含水层静水位标高，m；

$\quad\quad\quad\quad S_w$——设计基坑水位降深，m；

$\quad\quad\quad\quad R_0$——引用影响半径，$R_0 = R + r_0$，m；

$\quad\quad\quad\quad R$——影响半径，m；

$\quad\quad\quad\quad n$——降水井数量，个；

$\quad\quad\quad\quad r_w$——单井降水半径，m；

$\quad\quad\quad\quad r_0$——基坑等效半径，m。

C. 无压非完整井、承压非完整井出水量受流态影响，可按无压完整井、承压完整井计算基础上减少 $10\% \sim 20\%$。

2）按土体与滤管渗水量进行计算的，井径与出水量的关系到目前为止还没有统一的认识和公认的公式。

A. 理论最大出力：

$$q = 120\pi r l \sqrt[3]{k} \qquad (3-61)$$

考虑折减修正系数后：

$$q = 120j\pi r l \sqrt[3]{k} \qquad (3-62)$$

B. 规范考虑修正后：

$$q = 65\pi d l \sqrt[3]{k} \qquad (3-63)$$

以上各式中　d——滤管直径或水泵抽水管径，m；

$\quad\quad\quad\quad r$——滤管半径，m；

$\quad\quad\quad\quad l$——滤管长度，m；

$\quad\quad\quad\quad k$——含水层渗透系数，m/d；

$\quad\quad\quad\quad j$——影响系数，可取 $0.13 \sim 1.00$。

3）按抽水功率进行计算或按水泵设计流量进行选用。不同降水方式所用的水泵不同，流量、扬程也不同。如常用的水泵 PM6503，真空度 65MPa，流量 3L/min；水泵 QY15-26 流量 15m³/h，扬程 26m；水泵 QS30-20 流量 30m³/h，扬程 20m；水泵 150QJ20-26 最小井径 150mm，流量 20m³/h，扬程 26m。

4）不同型式的井点降水方式进行选择。

A. 真空井点的出水量可按 $36 \sim 60$m³/d（$1.5 \sim 2.5$m³/h）选用。

B. 喷射井点的出水量可按表 3-22 选用。

表 3-22 <center>喷 射 井 点 出 水 量 表</center>

型号	外管直径 /mm	喷射器		工作水压力 /MPa	工作水流量 /(m³/h)	单井出水量 /(m³/h)	适用含水层渗透系数 /(m/h)
		喷嘴直径 /mm	混合室直径 /mm				
1.5 型并列式	38	7	14	0.60～0.80	4.70～6.80	4.22～5.76	0.10～5.00
2.5 型同心式	68	7	14	0.60～0.80	4.60～6.20	4.30～5.76	0.10～5.00
4.0 型同心式	100	10	20	0.60～0.80	9.60	10.80～16.20	5.00～10.00
6.0 型同心式	162	19	40	0.60～0.80	30.00	25.00～30.00	10.00～20.00

C. 降水管井的出水能力应选择群井抽水中水位干扰影响最大的井，按式（3-64）计算：

$$q = 24ld/\lambda \tag{3-64}$$

式中 d——管井管径，m；

l——淹没部分的滤管长度即过滤器过水长度，m；

λ——与渗透系数有关的经验系数可按表 3-23 选用。

表 3-23 <center>经 验 系 数 λ 值 表</center>

含水层渗透系数 k /(m/d)	λ	
	含水层厚度不小于 20m	含水层厚度小于 20m
2～5	100	130
5～15	70	100
15～30	50	70
30～70	30	50

5）有按经验公式进行计算的，如：

$$q = 1.25kidl \tag{3-65}$$

式中 k——含水层渗透系数，m/d；

i——水力坡降；

d——滤管直径，m；

l——滤管长度，m。

（3）井间间距可按式（3-66）进行计算：

$$a = L/n \tag{3-66}$$

式中 a——井间间距（防止相邻井管相互干扰宜 $a \geq 15d$），m；

L——基坑周边长度，m；

n——井点数量，个。

3.3.5.6 演算单井进水管长度

群井抽水时，各井点单井过滤器进水部分长度，可按式（3-67）、式（3-68）进行计算：

（1）无压完整井时：

$$y_0 = \sqrt{H^2 - \frac{0.732Q}{k}\left(\lg R_0 - \frac{1}{n}\lg nr_0^{n-1}r_w\right)} \qquad (3-67)$$

（2）承压完整井时：

$$y_0 = H' - \frac{0.366Q}{kM}\left(\lg R_0 - \frac{1}{n}\lg nr_0^{n-1}r_w\right) \qquad (3-68)$$

以上各式中　　y_0——单井井管进水长度，m；

　　　　H——潜水含水层厚度，m；

　　　　H'——承压水位至该承压含水层底板距离，m；

　　　　M——承压水层厚度，m；

　　　　Q——基坑总涌水量，m³/d；

　　　　k——渗透系数，m/d；

　　　　R_0——基坑等效半径与降水影响半径之和，即 $R_0 = r_0 + R$，m；

　　　　R——降水影响半径，m；

　　　　r_0——基坑等效半径，m；

　　　　n——群井井点的单井数量，个；

　　　　r_w——管井半径，m。

（3）对于无压非完整井、承压非完整井、承压-潜水完整井、承压-潜水非完整井暂未演算单井进水管长度。

3.3.5.7　计算水位降深

对基坑任一点的水位降深，可按式（3-69）、式（3-70）进行计算：

（1）无压完整井稳定流时：

$$S = H - \sqrt{H^2 - \frac{Q}{1.366k}\left[\lg R_0 - \frac{1}{n}\lg(r_1 r_2 \cdots r_n)\right]} \qquad (3-69)$$

（2）承压完整井稳定流时：

$$S = \frac{0.366Q}{Mk}\left[\lg R_0 - \frac{1}{n}\lg(r_1 r_2 \cdots r_n)\right] \qquad (3-70)$$

式中　　　　S——降水场区任一点水位降深，m；

　　　　H——潜水含水层厚度，m；

　　　　M——承压水层厚度，m；

　　　　Q——基坑总涌水量，m³/d；

　　　　k——渗透系数，m/d；

　　　　R_0——基坑等效半径与降水影响半径之和，即 $R_0 = r_0 + R$，m；

　　　　R——降水影响半径，m；

　　　　r_0——基坑等效半径，m；

　　　　n——群井井点的单井数量，个；

$r_1，r_2，\cdots，r_n$——计算的降深点到各个井点中心距离，m。

3.4 水的工程损伤效应控制

3.4.1 水的工程损伤效应

水作为工程环境的重要组成部分，其赋存状态冲蚀性能、渗流特征等，直接影响岩土体的性状和行为，无不对工程结构的承受能力，变形性状与稳定性，永久性施加很大影响。水是岩土工程或基础工程中的重要主角。

岩土体在水的作用下常常导致自身的工程性质劣化。水对工程的损伤劣化效应主要是地表水和地下水对岩土体的物理、化学和力学作用，使得岩土体原有的压缩特性、抗剪特性、渗透特性发生改变而产生的边坡变形、沉降变形和渗透变形等。深基坑、高边坡所带来的工程安全问题都是由于其岩土体过大的边坡变形、沉降变形和渗透变形而引起的。

岩土的压缩特性是指在压力作用下岩土体积受压缩变形的性能。土体的压缩主要是由于孔隙中的水分和气体被挤出，土粒相互移动靠拢，致使土的孔隙体积减小而引起的，土的压缩性能以其压缩系数来表示，土的压缩特性遵循有效应力原理。土体的外力作用超过土粒间连接强度（远小于土粒本身强度）而使其间发生相对错动，引起土中的一部分相对于另一部分产生移动破坏称为土的抗剪破坏。土的强度特征就是土的抗剪特性，土的抗剪特性符合库仑定律。土体具有的被水等液体从高的能量点向低的能量点运动透过的性质称为土的渗透特性，发生渗流的区域称为渗流场。土的渗透特性符合达西定律。土的渗透性同土的其他物理性质常数相比，其变化范围要大得多，且具有高度的不均匀和各向异性。

3.4.1.1 边坡变形

边坡工程既涉及土力学中的强度与稳定问题，又包含变形和渗流问题，同时还涉及岩土体与支护结构的共同作用。地表水入渗以及地下水位上升都将引起边坡内部渗流场及应力状态发生变化，从而导致边坡的稳定性降低。

（1）地表水对边坡稳定性的影响。雨水的入渗对于碎散性岩土体的影响主要是岩土体含水量的变化引起的。土体作为碎散性材料，水-土的相互作用随着土体中含水量的变化，土体会从近似刚体向弹性体、黏弹性体、塑性体和流体方向转化。

1）一般岩土体都具有遇水软化的特点，与水作用后，岩土体的抗剪强度指标会有较大幅度的降低，一些对水损伤比较敏感的特殊岩土体尤为明显。在膨胀土饱和渗透过程中，土体含水率增大，强度降低，造成坡体稳定系数大幅度下降。边坡体浅层部位存在阻水层时，岩土体内水位上升产生的水作用力会对边坡稳定产生不利影响，其程度取决于阻水层的埋深与厚度比值大小。

2）高陡的岩质边坡遇降雨时，暴雨通过空隙、裂缝等迅速入渗到斜坡体内，导致地下水位迅速升高，增强了滑面润滑作用，同时迅速升高的地下水难以在坡脚处及时排泄，坡脚处瞬间形成很大的静水压力使坡前滑移；另外在斜坡顶部后缘拉裂缝（多由坡脚滑移诱发）内雨水充盈，形成很大的静水压力使裂缝扩容，坡体瞬间滑移导致坡前地下水渗流的排泄通道迅速减小，在坡前发生极高的渗透破坏，即出现水滚现象，引起滑坡。

3）降水入渗受大气压力影响使得朝向斜坡深度的渗透变慢，斜坡浅层迅速饱和，形成斜坡浅部从坡顶到坡脚方向的渗流，易在坡脚处产生破坏。渗透性较大岩土边坡遇到水的入渗，其稳定系数随饱和渗透持续时间的增加而降低，并在某个持续时间达到最低值，然后随着渗透持续时间的加长而增高。融雪渗透型表层滑坡即是此种类型。需要注意的是，在基坑开挖支护中，某些管涵、渠道的渗漏有时比渗透更具有危险性和不可预测性。

4）滑坡与土的类型、降雨持续时间、降雨强度、水分保持曲线的形状和土的渗透性有关。边坡稳定因素变化所需的时间与土的渗透系数成反比，当饱和渗透系数小于 10^{-7} m/s 时，降雨当时的安全因素无明显下降；对于水分保持曲线形状比较光滑（级配较好）的土，安全因素下降所需延迟时间较为显著，高降雨强度和低渗透性的参数组合可导致降雨后安全因素的降低。泥石流是介于流水与滑坡之间的一种地质作用，暴雨、洪水将含有沙石且松软的土质山体经饱和稀释后形成的洪流，它的面积、体积和流量都较滑坡大。典型的泥石流由悬浮着粗大固体碎屑物并富含粉砂及黏土的黏稠泥浆组成。在适当的地形条件下，大量的水体浸透流水山坡或沟床中的固体堆积物质，使其稳定性降低，饱含水分的固体堆积物质在自身重力作用下发生运动，就形成了泥石流。

（2）地下水对边坡稳定性影响。

1）土体是一个非均质、多相的、颗粒化的、分散的多孔系统，其组织或架构在组成成分、结构及各相之间都表现为复杂的相互作用；岩石是矿物的集合体，其物理力学性质主要取决于岩石矿物成分和颗粒间的联结以及存在于其内部的微裂纹。水的存在往往是土体及节理岩体失稳破坏的重要诱发因素。水-岩土相互作用包括物理作用、化学作用等，其化学作用的力学效应具有显著的时间效应。岩土体中的地下水增大了岩石容重，岩土体重量增大，边坡失稳的下滑力增加；在裂隙发育、贯通程度好的岩体中，地下水渗流产生的静水压力、动水压力，致使边坡岩体的下滑力增大。地下水影响岩石的力学强度。在节理、裂隙发育且有充填物的边坡岩体中，地下水可使充填物软化，降低结构面间的抗剪强度，致使边坡的稳定性下降。在季节性冻结地带，岩体中的地下水可能冻结，在裂隙中起楔胀作用，破坏边坡稳定。地下水循环作用加快岩石的风化速度，降低边坡稳定性。

2）地下水对边坡岩土体通常具有产生静水压力、动水压力，以及降低岩土体的强度等方面的作用。地下水压力作用于岩土体结构面（潜在破坏面、滑动面），存在着三个方面的影响：①孔隙水压力降低潜在破坏面的正应力，减小摩阻力，进而降低崩滑体的抗滑力；②动水压力向边坡临空面方向产生的推力增加了下滑力；③孔隙水压力的"水楔"作用，推动了裂隙的扩展，进而破坏岩体，使边坡发生渐性破坏。

3）边坡岩性的差异和地质构造的各向异性是地下水压力空间变化的根本原因。由于岩体中结构面分布不均，结构面渗透性能差异较大，对地下水压力存在着显著的控制作用。边坡的侧向临空状态，边坡的形态、坡角大小、坡脚应力集中程度及岩体边坡内部地应力的大小和方向均可影响地下水压力的分布。

沿岩层层面的平面滑动破坏是顺层边坡发生最多、规模很大的一种破坏模式。以顺层滑移的力学机制划分有滑移拉裂型和水力驱动型两种类型。滑移拉裂型滑坡的失稳条件是边坡高度大于临界高度；水力驱动型滑移破坏是地下水在顺层边坡后缘张裂隙和滑动面形成的渗流通道中运动时，对滑体产生张裂隙静水压力、滑动面扬压力和拖曳力，边坡后缘张裂隙充水高度决定了这三种力的大小，当张裂隙充水高度达到临界值后，边坡在水压力作用下发生滑移破坏。

当边坡滑塌体后缘及其以上岩土体为强透水岩土且泄水不畅时，孔隙水压力因地下水上升而快速增加，这在边坡变形破坏中起着十分重要的作用。具有丰富张裂隙的岩体边坡，变形体后缘的拉张裂隙及前部鼓张裂隙中，若裂隙水压力增加明显，容易诱发边坡的破坏。并且，由于动水压力的作用，边坡中某些土体、岩体破碎带和软弱结构面中以及岩土体接触面上的某些颗粒会被渗透水流搬移，使岩土体产生渗透变形、强度降低而产生渗透破坏。

水库库区斜坡岩土体的渗透性较差时，在库水位蓄到该岩体并保持一定时间后水位骤降，岩土体内的地下水随之向外排泄。由于岸坡岩土体渗透性差而导致坡脚处动静水压力迅速增长，可能引起岸坡失稳。而当岸坡岩土体渗透性较强遇库水位骤升时，库水迅速渗入坡体并在边坡坡脚处迅速形成很高的扬压力，岩体的有效应力减少，也容易导致岸坡失稳。

在边坡坡脚处有泉水时，泉水排泄使得坡体内地下水位处于滑面以下，边坡处于稳定状态。当冬季来临泉眼冻结，地下水无法排出，水位上升，增大了坡脚处动水压力，同时地下水位逐渐高于滑面，增大了滑面的润滑作用，水压力也使得滑面土体抗剪强度减小，容易导致边坡失稳。大型滑坡多出现在冻结期，其滑面深入冻土带以下；小型滑坡出现在消融期，滑面在季节性冻土带上。

3.4.1.2 沉降变形

降排水引起的地基沉降和填筑体产生的工后沉降都会对工程产生不良影响。

（1）沉降变形机理。有效应力是指单位面积上土的粒间应力。有效应力原理：有效应力等于总应力减去孔隙水压力。土的变形和强度只取决于有效应力的大小。

有效应力原理可以帮助我们分析地下水位变动情况下岩土体中有效应力的变化以及由此引起的散粒状岩土体压密问题。地下水位下降，则孔隙水压力减小，有效应力增大；地下水位上升，则孔隙水压力增大，有效应力减小。岩土体是通过颗粒间的点接触或与孔隙水接触而承受应力的。孔隙水压力降低，有效应力增加，颗粒发生位移，排列更为紧密，颗粒的接触面积增加，孔隙度降低，岩土体压密。

（2）地面沉降。地面沉降是在自然条件和人为因素作用下，由于地壳表层土压缩而导致区域性地面标高降低的一种环境地质现象。发生地面沉降的地区一般都由岩性不同的多个砂土、粉土、粉质黏土、黏土、淤泥质黏土等土层组成，各土层的变形量不仅与它的压缩性有关，也与它本身的厚度有关。过量抽汲地下水引起地层压密、固结是造成地面沉降的主要原因。工程降排水改变地下水位，也会引起一定范围内的地面不均匀沉降。

地面沉降是地层被压缩变形后在地表的反映。松散地层的沉积过程十分漫长，在天然状态下，地层中各点的静水压力均已达到平衡。由于含水地层中水被抽取而产生的地面沉降有两部分：一部分是含水层水被抽取后，孔隙水压力降低，有效应力增加，体积压缩而引起；另一部分是因隔水层（相对不透水层）的固结而引起，固结的附加应力来源于地下水抽取后所引起的地下水位下降或承压水头降低。开采地下水或别的原因使得地下水位下降后，含水砂层中地下水压力由于地下水未能及时补给或补给不足而减小，颗粒间孔隙水压力下降，有效应力增加，砂层产生压缩变形。与此同时，含水砂层与顶部、底部黏性土隔水层之间的孔隙水压力平衡也被打破，两者之间产生一定的水头差，黏性土中的孔隙水在压力差的作用下向含水砂层缓慢渗流，静水压力降低，土粒之间有效压力相应增大，而孔隙水的流失又为土粒间提供了压缩空间，因此，黏性土层也随之释水固结压密，引起地面沉降。

砂土地层的压密与砂层的初始密度、颗粒的均匀程度及磨圆度等因素有关。初始密度低、颗粒级配及磨圆度差的砂层变形较大，反之则较小。由于砂层渗透性强，水位降低时，砂层的孔隙水在压力作用下迅速析出，有效压力迅速增加到与降低后的地下水位相平衡，变形几乎瞬时完成。这种变形速度快、沉降量小、水位恢复时可回弹的变形属弹性变形。但当地下水位在含水层内部上下波动或接近疏干状态时，砂粒受水动力影响将重新排序，原有孔隙被压密，压缩量可成倍增长，这种压缩改变了砂层结构，很难恢复。砂土变形基本特征是压缩过程中总的应力与应变关系为非线性，压缩变形以塑性变形为主并包含蠕变。

与含水砂层相比，黏性土层中孔隙水压力的降低是滞后的，且由表及里逐渐发展，先释水者先压密，后释水者后压密，但其进程较为缓慢。处于含水层顶、底板处的黏性土层，由于渗透性差，释水缓慢，当含水层水头下降时，孔隙水渗流从距抽水含水层最近的地方开始，滞后地向远离含水层的一侧发展。开始产生渗流的时间由近及远依次推后。随着时间的延长，黏性土层中的水头不断降低，孔隙水释放速度减小，当黏性土释水结束时，其渗透压密过程也就停止。

地下水位升降，使地基土中自重应力也相应发生变化。如在软土地区，因大量抽取地下水，以致地下水位长期大幅度下降，使地基中有效自重应力增加，从而引起地面大面积沉降。

（3）地面沉降的危害。地面沉降给人们的生活、生产等各方面造成很大危害：①地面不均匀沉降使邻近建筑物失稳，通信光缆、电力电缆、供水、供气管道损坏；②施工后沉降过大，影响工程功能，堤坝下沉使防汛标准降低，桥墩下沉使桥梁净空减小，场地、道路下沉易形成成片洼地，雨季路面积水；③地面沉降造成大面积低洼湿地，导致耕地沼泽化。

（4）填筑体压实沉降与超填。坝体、路基填筑是依靠碾压机械振动压实功形成作用于岩土体的冲击压应力及剪切应力，破坏原有土体的抗剪强度，使土体克服粒间阻力，颗粒重新排列，土中孔隙减少，土体挤密压实的过程。填筑压实的土料，其含水率应处于最优含水率状态。含水率过小，土中只有强结合水，强结合膜太薄，压实功的作用难以克服土体粒间的摩阻力及引力，颗粒移动困难，不易压实或压实不经济；含水率过大，土中自由水过多，占据了一定的土粒孔隙空间，减少了压实作用的有效应力，土体压实过程出现"弹簧土"，土体难以压实。坝体填筑过程是一个堆载压实不断变化的过程，也是岩土体沉降逐步完成的过程。高填方的黏性土施工过程中，土内自由水难以及时排出，产生超孔隙水压力，将会影响后续施工过程中继续压密，导致固结过程所需的时间延长。施工期的沉降过大，会使面板坝面板产生脱空、心墙坝心墙拱效应产生裂缝等，危及坝体安全。

对于高填方的大坝、渠道、道路等土石建筑物一般都需在工序完工前预先进行一定高度的超填，以避免后期沉降后建筑物高度、高程不能满足设计要求。

3.4.1.3 渗透变形

岩土体在地下水渗透力的作用下，部分颗粒或整体发生移动，引起的变形、破坏的现象称为渗透破坏。渗透类型一般有流沙、管涌、接触冲刷等，表现为鼓胀、浮动、断裂、泉眼、沙浮、土体翻动等。基坑有承压水存在时，开挖减少了不透水覆盖厚度，容易出现突涌。

（1）流沙现象。粒径很小、无塑性的土壤在动力水压推动下失去稳定，随地下水一起流动涌出，这种现象就被称为流沙或流土现象。由于土体在受水浸泡饱和时，土粒中亲水胶体颗粒吸水膨胀使土粒密度减小，在动水压力的作用下，动水压力超过土粒的重力时，土粒产生悬浮流动，即形成流沙。动水压力是产生流沙的一个重要因素。产生流沙的临界条件公式 $I=(\rho-1)(1-n)$ 揭示了临界水力坡度 I 与土粒密度 ρ、土的孔隙率 n 的关系。

流沙发生时，颗粒在向上的渗流力作用下，粒间有效应力为零，颗粒群发生悬浮、移动，这种现象多发生在颗粒级配均匀的饱和细砂、粉砂和粉土层中。它的发生一般是突发性的，流沙使得土完全失去承载力，流沙边挖边冒，土方开挖无法达到设计深度，极易引起土体塌方，严重者附近建筑物下沉、倾斜，甚至倒塌，拖延工期、增加费用，对工程危害极大。流沙现象的产生取决于土的性质，当土的孔隙比大、含水量大、黏粒含量少、粉粒多、渗透系数小、排水性能差等条件时，均容易产生流沙现象。因此，细砂、粉砂和亚黏土中易产生流沙现象，但是否发生流沙现象，还取决于一定的外因条件，即取决于渗流力的大小，同时与土的性质相关。

（2）管涌现象。在渗透水流作用下，土体中的化合物不断溶解、细小颗粒在大颗粒间的孔隙中移动，以致流失；随着土的孔隙不断扩大，渗透速度不断增加，较粗的颗粒也相继被水流逐渐带走，最终导致土体内贯通成一条管状渗流通道，这种现象称为管涌，又称翻沙鼓水、泡泉。

管涌破坏一般有一定的时间发展过程，是一种渐进性质的破坏，当主渗漏涌水通道上的细颗粒被基本带走后，在较强的水流冲刷下，主通道两侧的细颗粒进入涌水主通道，使涌水主通道逐渐变宽，管涌持续时间越长，通道的宽度越宽，继而发生大量涌水和塌方事故。

产生管涌的条件比较复杂，从单个土粒来看，如果只计土粒的重量，则当土粒周界上水压力合力的垂直分量大于土粒的重量时，土粒即可被向上冲出。实际上管涌也可能在水平方向发生，土粒之间还有摩擦力作用，它们很难计算确定。因此，发生管涌的临界水力梯度一般通过试验确定。渗透速度随水力梯度的变化率在发生管涌前后有明显不同，试验表明，在发生管涌前后渗透速度分别形成两条直线，这两条直线的交点对应的水力梯度即为发生管涌的临界水力梯度。

土是否会发生管涌，首先取决于土的性质。管涌多发生在砂性土中，其特征是颗粒大小差别较大，往往缺少某种粒径，孔隙直径大且相互连通。无黏性土产生管涌须具备两个条件：①几何条件，土中粗颗粒所构成的孔隙直径必须大于细颗粒的直径，这是必要条件，一般不均匀系数 $d_{60}/d_{10}>10$ 的土才会发生管涌；②水力条件，水力坡度形成的渗流力能够带动细颗粒在孔隙间滚动或移动是发生管涌的充分条件，以 G_s 代表土粒比重、n

代表土体孔隙率时，临界水力坡度 $r_{cr} = 2.2(G_s - 1)(1 - n)d_5/d_{10}$。

当深基坑距离河塘较近或基坑底下土层中存在承压含水层时，由于土体的不均匀性，在水位差的作用下，土体中某一部位填充在土体骨架空隙中的细颗粒被渗水带走也会形成管涌。

管涌破坏的产生过程中，渗透水流与土体之间各种力的复杂相互作用决定了管涌的发展与历时，管涌的产生与发展是一个非线性的、渐进的动态过程。

（3）接触冲刷。当渗流沿着粗细两种土层接触面或建筑物与地基的接触面流动时，沿接触面带走细颗粒的现象，称接触冲刷。对多层地质结构的土体，各层的渗透系数相差悬殊（相互接触的两种土层的渗透系数比 $k_1/k_2 > 2$）时，垂直层面渗流将渗透系数小的土层中的细粒带到渗透系数大的土层中的现象，又称接触流失。

上下两地层的颗粒直径悬殊越大越易发生接触冲刷。在自然界中沿两种介质界面，如坝体与坝基、土坝与涵管等接触面流动而造成的冲刷，都属于此类破坏，一般认为接触冲刷在砂砾石层与黏土层的交界面处最易发生。

3.4.2 边坡变形监测与控制

3.4.2.1 边坡分类与分级

水利水电工程边坡按其枢纽所属工程等级、建筑物级别、边坡所处位置、边坡重要性和失事后的危险程度，划分边坡类别和边坡级别，水利水电工程边坡类别和级别划分见表3-24。

表 3-24　　　　　　　　　　水利水电工程边坡类别和级别划分表

类别 级别	A 类 枢纽工程区边坡	B 类 水库边坡
Ⅰ级	影响1级水工建筑物安全的边坡	滑坡产生危害性涌浪或滑坡灾害可能危及1级建筑物安全的边坡
Ⅱ级	影响2级、3级水工建筑物安全的边坡	可能发生滑坡并危及2级、3级建筑物安全的边坡
Ⅲ级	影响4级、5级水工建筑物安全的边坡	要求整体稳定而允许部分失稳或缓慢滑落的边坡

失事仅对建筑物正常运行有影响，而不危害建筑物安全和人身安全的枢纽工程区边坡，经论证可降低一级。

3.4.2.2 边坡结构及稳定分析

（1）边坡结构。边坡结构根据地质分区有土质边坡、岩质边坡和岩土混合边坡；根据地质评价有稳定边坡、潜在不稳定边坡、变形边坡、不稳定边坡和失稳后边坡等。

土质边坡根据地质资料可划分为均质土边坡、层状土边坡和非均质土边坡。均质砂性土边坡、均质黏性土边坡的滑动破坏分别按平面形滑动、弧面形滑动进行分析；层状土边坡可能沿层面或复合的层面滑动；非均质土边坡可能沿弱层面发生滑动，对于黄土、软土和膨胀土等特殊土质边坡，应根据工程地质条件，结合变形分析，研究确定其失稳模式。

岩质边坡根据地质资料可分为块状结构、层状结构、碎裂结构、散体结构等。岩质边坡应分析边坡内可能形成规模不等的潜在不稳定岩体或块体。在有多条结构面组合的情况下，应首先分析软弱结构面、软弱层带和贯穿性结构面组合形成的确定性块体。对于层状结构的岩质边坡，应根据层面产状与边坡坡面的相对关系，按层状同向结构、层状反向结构、层状横向结构、层状斜向结构和层状平叠结构等边坡结构，判断其可能发生的变形与破坏形式。在滑动破坏类型的块状结构和层状结构岩质边坡中，应按平面型滑动、楔形体滑动、复合滑面型滑动等滑动模式选取相应的抗滑稳定计算方法进行稳定分析；对碎裂结构的岩质边坡，还应对弧面形滑动进行分析。散体结构岩质边坡的抗滑分析可按土质边坡对待。

具有上土下岩结构的岩土混合边坡可能发生土体沿基岩顶面的滑动，也可能发生在土体或岩体内部的滑动。

（2）稳定分析。极限平衡方法是边坡稳定分析的基本方法，适用于滑动破坏类型的边坡。对于Ⅰ级边坡、Ⅱ级边坡，应采取包括极限平衡、有限元、离散元等方法进行两种或以上计算分析，综合评价边坡变形与抗滑稳定的安全性。

对于岩质、土质滑坡体，当滑面近似圆弧时，可采用简化毕肖普法，也可采用詹布法；当为复合型滑面时，可采用摩根斯坦-普莱斯法，也可采用传递系数法。具有次滑面的滑坡体，应计算分析沿不同滑面或滑面组合构成滑体的整体稳定性和局部稳定性。对于具有特定滑面的滑坡，经过处理满足设计安全系数后，应检验滑体内部是否存在沿新的滑面发生破坏的可能性。

边坡的应力、应变分析应涵盖其自重应力影响的高度和深度。

水利水电工程边坡设计安全系数见表3-25。

表3-25   水利水电工程边坡设计安全系数表

级别	类别及工况	A类 枢纽工程区边坡			B类 水库边坡		
		持久状况	短暂状况	偶然状况	持久状况	短暂状况	偶然状况
Ⅰ级		1.30~1.25	1.20~1.15	1.10~1.05	1.25~1.15	1.15~1.05	1.05
Ⅱ级		1.25~1.15	1.15~1.05	1.05	1.15~1.05	1.10~1.05	1.05~1.00
Ⅲ级		1.15~1.05	1.10~1.05	1.00	1.10~1.00	1.05~1.00	≤1.00

3.4.2.3 边坡变形监测及预警

边坡工程是一个动态变化的复杂系统，不确定的因素很多，包括：①与岩土性质有关的工程地质和水文地质条件勘察所得到的数据离散性较大，往往难以代表土层的总体情况，勘察报告所提供的地质资料有限；②设计计算中土体侧压力计算和支护结构简化计算的模型与工程实际可能不一致；③土的物理性质参数是随着其条件及存在环境改变而改变的，土质参数多是凭经验选择的，其准确性难以检验；④基坑周围条件复杂，邻近建筑物、构筑物、道路和地下管网设施等都会干扰基坑施工；⑤基坑工程施工过程中，不可避免会遇到一些人为的欠支、超挖、支撑不及时和排水不畅等情况，将对基坑产生不良影响；⑥连续降雨或暴雨对基坑开挖具有极大的影响，雨水的冲刷、浸泡、地下水渗透等往往使边坡失稳；⑦进行围护结构内力计算时支撑力是通过开挖最终的支护系统静力确定的，但是侧土压力和支撑力在开挖过程中是不断变化的，桩体的内力也随之改变，如果设计没有考虑变形相容和位移协调关系等，仅仅依靠理论分析和经验估计是很难保证基坑施工安全的。因此，加强现场监测，并对实际监测资料进行分析、预警就成了边坡及基坑安全施工的重要环节。

边坡变形检测已由早期的现象预测、经验预测、统计预测发展到现今的非线性预测、实时跟踪动态预测、定性预测、定量预测和现代数值预测技术相结合的综合预测模型平台，尤其是融合了 GPS、GIS、RS，以及数学模型、专家系统等技术的在线监测预报系统使得变形监测及预报更具科学性和及时性。

对于土石方开挖与填筑工程中的高边坡、深基坑属于具有危险性的专项工程，应建立变形监测和预报信息系统，适时指导工程施工。

变形观测的内容包括裂缝观测、坡面观测、沉降观测和水平位移观测等。检测手段可根据工程实际采取人工巡视、测量监测、实时跟踪动态监测及在线检测变形预警等进行。

（1）人工巡视。人工巡视检查是边坡监测工作的主要内容之一，它不仅可以及时发现和处置险情，而且能系统地综合分析边坡施工和周边环境变化的过程，及时发现被揭露的不利地质状况。人工巡视主要包括以下内容。

1）边坡地表有无新的裂缝、坍塌发生，原有裂缝有无扩大、延伸。

2）地表有无隆起或下陷，滑坡体后缘有无裂缝，前缘有无剪口出现，局部楔形体有无滑动现象。

3）排水沟、截水沟是否畅通，排水孔是否正常。

4）挡墙基础是否出现架空现象，原有孔隙有无扩大。

5）有无新的地下水出漏现象，原有的渗水水量和水质变化如何。

（2）测量监测。测量监测一般包括裂缝监测、坡面测量及沉降和位移观测等。变形监测点的布置应包括坡顶水平位移及垂直变形、支护结构沉降与位移观测。

1）裂缝监测。裂缝一般产生在边坡坡顶平台和边坡体边缘部位，部分分布在边坡体的结构层附近。裂缝监测应在发现的主要裂缝位置及时埋设裂缝监测点。测点应沿裂缝间距以每 20m 布置 1 点为宜，适当位置可加密，其方向应平行滑坡的主滑方向或边坡的位移方向。测点的设置可在裂缝两侧稳定土体中浇筑深度 30～50cm 的混凝土测墩，并预埋测缝铁片，方便游标卡尺进行测量。

2）坡面测量。坡面观测网采用方格形网格，边坡体上的观测点布置在各级边坡平台上，每级平台不少于 5 个观测点，观测点间距 15～30m。对可能形成的滑动带、重点监测部位可加密布点。当同一坡面上有深层位移观测点时，坡面上应有一条纵向观测线与之同在一条直线上，以便相互验证和对比分析。监测点应稳固，监测基点应设置在稳定区域并远离监测坡体。

3）沉降位移观测。沉降观测采用沉降板，水平位移观测采用位移边桩。

（3）实时跟踪动态监测及在线检测。目前基于 GPS、GIS 及无线移动通信等技术在内的数字化边坡变形检测系统已成功运用于大的变形体、滑坡体检测方面，可根据工程重要性、经济性及工期时长选择采用。

（4）变形预警。变形预警及预报应建立变形预警综合控制标准，一般采用最大位移速率（mm/d）、累积位移量、开挖过程完成速率收敛状况及坡面、坡顶裂缝的变化趋势进行确定。

3.4.2.4　边坡变形控制

（1）边坡排水。边坡排水包括地表排水和地下排水。地表排水是对边坡因地制宜地规划落实地表截水设施、排水设施和边坡防水措施。边坡地下排水是对边坡确定截排水系统的整体布置方案，包括截水渗沟、排水孔、排水井、排水洞等。

（2）开挖放坡与支护。开挖边坡上方的危岩体、危石应在开挖前清除。开挖边坡应根据岩土体特性、风化、卸荷、节理裂隙发育情况等，按照坡面自稳要求，确定边坡坡度，自上而下分层形成开挖坡面。开挖边坡要求采取控制爆破工艺。对于不利结构面组合，易于发生强烈卸荷开裂，可能引起滑动、倾倒和溃屈的部位，以及边坡开挖线附近或边坡洞口段的锁口部位，应采取超前锚杆、先固后挖或边挖边锚的施工顺序。

根据坡体上方、下方需要保护对象的不同情况，结合结构布置和地形条件，可以采取开挖减载、削缓坡度、坡脚压重、减载与压重相结合的方法，提高边坡的稳定性。压脚填方土体应保证坡脚地下水排泄畅通，否则应以大块石、碎石或砂砾石料作透水层。各层回填料应分层碾压密实并作必要的截水、排水措施和坡面保护。

（3）边坡加固。

1）坡面保护。边坡坡面保护包括喷混凝土、贴坡混凝土，以及布置模袋混凝土、钢筋石笼、砌石、土工织物和植被覆盖等。所有表层保护结构均应保证自身的坡面稳定性。

2）浅表层加固。当边坡浅表岩体存在不利的层理、片理、节理、裂隙和断层等结构面，组合成较普遍分布的不稳定块体和楔体，易发生滑动，倾倒或溃屈等破坏时，应对岩体进行浅表层加固。浅表性加固措施包括锚杆、挂金属网、喷混凝土、贴坡混凝土、布置混凝土格构等。

3）深层加固。深层加固是对深层潜在滑移面进行加固，包括抗滑桩、抗剪洞、锚固洞、预应力锚索和边坡支挡等的布置。

（4）深基坑围护结构控制。

1）基坑围护体系的总位移与基坑暴露时间有关，暴露时间越长，风险性越大。

2）基坑工程的受力特点是大面积卸载，基坑周围和坑底应力场从原始条件逐渐降低，基坑暴露后及时铺设混凝土垫层可保护坑底土体不受施工扰动，减少土体应力松弛。

3）基坑周边超载，会增加墙后土体压力及滑动力矩，降低围护体系的安全度。

4）由于大量卸荷，基坑周围应力场变化，地面或多或少会产生许多裂纹、裂缝，降雨或施工用水随之进入土体会降低土体的强度，并增加土压力。

5）应根据环境要求选择基坑位移的控制等级。基坑的最大的水平位移值与基坑开挖深度、地质条件及支护结构类型等有关，支护结构水平位移最大值与坑底土层的隆起抗力系数成正相关关系。

6）鉴于围护体系平面形状为圆形、弧形、拱形时的变形较好，以及在最不利的转角位置、墙后地面和墙面等容易出现裂缝的特点，围护桩体系的平面形状与底板形状可不完全一致。

7）围护桩根部插入较好土层中时，围护体系的变形小，稳定性好。

（5）边坡坍塌防治处理。

1）对开挖深度大、施工时间长、坑边要停放机械等的基坑，应按规定允许坡度适当放缓，当基坑（槽）附近有主要建筑物时，基坑边坡的坡度应为 $1 : 1.0 \sim 1 : 1.5$。

2）开挖基坑（槽）时，若因场地限制不能放坡或放坡后增加的土方量太大，为防止边坡坍塌，可采用设置挡墙支撑的方法。

3）防治地表水流入坑槽和渗流渗入土坡体。严格控制坡顶护道以内的静荷载或较大的动荷载。

3.4.3 沉降变形预测与监控

地下水较为丰富的深基坑施工，在采用科学合理的降水方式及边坡支护的前提下，还必须对其本身及周边环境的沉降变形进行预测、监测和控制，从而为整个施工过程提供安全保障。高填方工程为了保证工程标高，也须对工后沉降进行预测，以便精准超填。

3.4.3.1 地基沉降计算理论

地基沉降量是指地基土在荷载作用下达到压缩稳定时地基表面最大的沉降量。地基沉降计算是地基基础工程的重大难题之一，是建筑物施工和使用阶段非常重要的控制指标。计算地基最终沉降量可预知地基变形大小其是否超出允许范围，以便在建筑物设计或施工时，为采取相应的工程措施提供科学依据，保证建筑物的安全。

经典的沉降计算方法是将沉降分为瞬时沉降、主固结沉降和次固结沉降三部分，总沉降量为三部分沉降之和。瞬时沉降是紧随着加载加压之后地基即时发生的沉降，主要是地基土的畸曲变形，属不排水沉降；瞬时沉降包括由地基弹性变形产生的和由地基塑性区开展、扩大所产生侧向剪切位移引起的两部分。主固结沉降是土体加载后排水固结而产生的沉降。次固结沉降是指土中孔隙水已经消散，有效应力增长基本不变之后变形随时间缓慢增长所引起的沉降，这种沉降变形既包括剪应变，又包括体积变化，与孔隙水排出无关，只取决于土骨架本身的蠕变性质。即某一时刻地基沉降量可由下式表示：

$$s_t = s_d + u_t s_c + s_s \tag{3-71}$$

式中　s_t——某一时刻地基沉降量；

s_d——地基瞬时沉降量；

s_c——地基主固结沉降量；

s_s——地基次固结沉降量；

u_t——t 时刻地基固结度。

主固结沉降占总沉量的主要部分，瞬时沉降一般占主固结沉降的 $20\% \sim 40\%$；次固结沉降占主固结沉降的 $5\% \sim 10\%$。最终沉降量的计算通常采用固结沉降值乘以经验系数的方法。

对于固结沉降的预测目前流行的有三类沉降计算方法，第一类为经典的分层总和法类，第二类为数值计算方法类，第三类为实测资料沉降预测法类等。

（1）分层总和法类。分层总和法类的沉降计算有分层总和法、应力面积法、应力路径法、历史应力法（e-$\lg p$ 曲线法）及斯肯普顿-比伦变形发展三分法等。

分层总和法是先求出路基土的竖向应力，然后用室内压缩曲线或相应的压缩性指标（压缩系数或压缩模量）分层求算变形量再总的起来。分层总和法没有考虑土体的前期应力，历史应力法（e-$\lg p$ 曲线法）克服了这个不足，可求出正常固结、超固结和欠固结情况下土体的沉降。但分层总和法、历史应力法都是完全侧限条件下的变形计算方法，所以斯肯普顿-比伦提出变形发展三分法，利用半经验的方法来解决这个问题。分层总和法使用时，应重视压缩层深度的选择。

（2）数值计算法类。沉降的数值计算是利用了各类计算软件，建立数值分析模型，有弹性理论法、平面非线性有限元法、三维弹塑性有限元法、离散元法、弦线模量法、灰色理论预测沉降法、神经网络混合法、基于 Mindlin 应力公式的地基沉降数值计算以及基于原位测试的反分析法等。数值计算可获得拓宽土体应力与变形规律的认识。

（3）实测资料沉降预测法类。由于荷载作用下土体沉降需要一段时间才能完成，所以通过前期的沉降观测资料可以推算最终沉降量，这些方法有对数配合法、双曲线拟合法、指数曲线法和星野法等。此类方法多适用于填筑引起的沉降预测。

1）对数配合法是基于太沙基-维固结理论、忽略次固结沉降影响，由基础固结度常用式 $U=1-ae^{-\beta t}$ 及其定义式，在实测的初期沉降-时间曲线上任意取 3 点且使它们之间的时间间隔相等，可得最终沉降量。为使推算结果精确，时间间隔值尽可能取大一些，其对应的沉降差值相对大些。

2）双曲线拟合法认为沉降量与时间为一双曲线函数。在沉降过程观测历时较长，且最终沉降量着重于后一阶段的沉降曲线时，可得到较好的结果。双曲线拟合法模型简单实用，预测值较实测值稍微偏大，偏于保守，但对工程沉降预测有利。

3）指数曲线法是基于地基沉降速率以负指数变化的规律、考虑了次固结沉降的影响。在沉降时间关系曲线上，取最大横截面内的三点，并使三点的时间间隔相等，将三点的时间与相应的沉降代入固结度的常用公式 $U=1-ae^{-\beta t}$ 即可得指数曲线法的具体表达式。由于采用了实测的三点时间和对应沉降值，三点的选择以沉降曲线趋于稳定阶段，且三点间隔尽可能大最为有利，此时推算的沉降值最准确。

4）星野法认为总沉降量（包括剪切应变在内的沉降）是与时间的平方成正比并推导的沉降计算公式。

3.4.3.2　分层总和法沉降计算

分层总和法是一种较为普遍的沉降计算方法，降排水引起的沉降多采用分层总和法进行计算。

（1）基本假定。

1）地基上每个分层为均匀、连续、各向同性的半无限空间弹性体。

2）地基沉降量计算的部位，取基础中心 O 点土柱所受附加应力进行计算。

3）地基土变形假定为有侧限的，计算参数由试验确定或采用经验值。

4）沉降计算深度应根据附加应力随深度扩散减小规律，确定地基压缩层范围，若地基压缩层下有软弱土层时，则应计算至软弱土层底部。

（2）计算原理。分层总和法是基于地基附加应力随土层深度逐渐减小，而地基土的压缩只发生在深度有限的土层范围内，此范围内的土层可划分为若干分层，因每一分层足够薄，可近似认为每层土顶面、底面的应力在本层内不随深度变化，且不考虑压缩变形时的侧向变形，采用弹性理论计算地基中的附加应力，以基础中心点下的附加应力和侧限条件下的压缩指标分别计算每一分层土的压缩变形量，最后进行叠加作为最终沉降量。

（3）计算公式。

1) 地基最终沉降量：

$$s = \sum_{i=1}^{n} \Delta s_i \qquad (3-72)$$

2) 各分层土的压缩量：

$$\Delta s_i = \frac{\Delta e_i}{1+e_{1i}} H_i = \frac{e_{1i}-e_{2i}}{1+e_{1i}} H_i \qquad (3-73)$$

以上各式中　　s——地基最终沉降量，mm；

s_i——在计算深度范围内第 i 分层土的计算沉降量，mm；

H_i——在计算深度范围内第 i 分层的厚度，m；

e_{1i}——压缩量对应于计算范围内第 i 分层上下层面自重应力均值 p_{1i}，MPa；

e_{2i}——压缩量对应于计算范围内第 i 分层自重应力均值 p_{1i} 与上下层面附加应力均值 Δp_i 之和 p_{2i}，MPa。

由于 e_{1i} 为对应于计算范围内第 i 分层上下层面自重应力均值 p_{1i}；e_{2i} 为对应于计算范围内第 i 分层自重应力均值 p_{1i} 与上下层面附加应力均值 Δp_i 之和 p_{2i}，p_{1i}、p_{2i} 从土的压缩曲线可得到空隙比，则有：

$$p_{1i} = \frac{\sigma_{c(i-1)} + \sigma_{ci}}{2} \qquad (3-74)$$

$$p_{2i} = p_{1i} + \Delta p_i \qquad (3-75)$$

$$\Delta p_i = \frac{\sigma_{z(i-1)} + \sigma_{zi}}{2} \qquad (3-76)$$

式中　　p_{1i}——对应于计算范围内第 i 分层上下层面自重应力均值；

p_{2i}——对应于计算范围内第 i 分层自重应力均值与上下层面附加应力均值之和；

Δp_i——对应于计算范围内第 i 分层上下层面附加应力均值；

$\sigma_{c(i-1)}$、σ_{ci}——对应于计算范围内第 $i-1$ 分层、第 i 分层上下层面自重应力值；

$\sigma_{z(i-1)}$、σ_{zi}——对应于计算范围内第 $i-1$ 分层、第 i 分层上下层面附加应力值。

（4）计算步骤。

1) 根据土层不同的压缩性质及重度进行地基分层。成层土的层面（不同土层的压缩性及重度不同）及地下水面（水面上下的有效重度不同）是常见的分层界面，分层厚度一般不以大于 $0.4b$（b 为基底宽度）。

2) 计算各分层界面处土的自重应力。土自重应力从天然地面起算，地下水位以下取有效重度。计算各分层上下界面处自重应力均值 p_{1i}。

3) 计算各分层界面处基底中心下竖向附加应力。计算各分层上下界面处附加应力均值。将各分层自重应力均值和附加应力均值之和作为该分层受压后的总应力 p_{2i}。

4) 确定地基沉降计算深度（或压缩层厚度）。一般取地基附加应力等于自重应力的 20% 深度处作为沉降计算的限制；若在该深度以下为高压缩性土，则应取地基附加应力等于自重应力的 10% 深度处作为计算深度的限制。

5) 计算各分层土的压缩量 Δs_i。

6) 叠加计算基础总沉降量 s。

$$s = \sum_{i=1}^{\lambda} \Delta s_i \qquad\qquad (3-77)$$

3.4.3.3 应力面积法沉降计算

《建筑地基基础设计规范》（GB 50007）规定了地基最终沉降量计算方法——应力面积法，是另一种形式的简化分层总和法。它也采用侧限条件的压缩性指标，并运用了平均附加应力系数计算，还规定了地基沉降计算深度的标准，提出了地基的沉降计算经验系数，使得计算成果接近于实测值。

（1）基本原理与基本假定。应力面积法和分层总和法的基本原理与基本假定是一致的，在计算方法上进行了改进、优化，应用更为简单、方便，所以在常规设计中，更多地采用应力面积法进行最终沉降量计算。

（2）计算公式：

$$s = \psi_s s' = \psi_s \sum_{i=1}^{n} \Delta s'_i = \psi_s \sum_{i=1}^{n} \frac{p_0}{E_{si}} (z_i \bar{\alpha}_i - z_{i-1} \bar{\alpha}_{i-1}) \qquad (3-78)$$

式中　　　s——最终沉降量，mm；

　　　　　s'——按分层总和法原理计算得到的地基沉降量，mm；

　　　　　n——沉降计算深度范围内划分的土层数，层；

　　　　　p_0——基底附加压力，MPa；

　　　　　E_{si}——第 i 层土的压缩模量，MPa；

　z_i、z_{i-1}——第 i 层、第 $i-1$ 层土层层底距基础底面距离，m；

　$\bar{\alpha}_i$、$\bar{\alpha}_{i-1}$——第 i 层、第 $i-1$ 层的土层平均附加应力系数，$\bar{\alpha} = f\left(\dfrac{l}{b},\ \dfrac{z}{b}\right)$（$b$ 基础宽度、lz 基础下地基深度）与基础的形状、埋深等有关，可查《建筑地基基础设计规范》（GB 50007）附表 K 取得；

$\bar{\alpha}_i p_0$、$\bar{\alpha}_{i-1} p_0$——将基底中心以下地基中 z_i、z_{i-1} 深度范围附加应力，按等面积划为相同深度范围内矩形分布时分布应力的大小；

　　　　　ψ_s——沉降计算经验系数，可根据计算深度范围内的压缩模量当量值由表 3-26 查得，也可取当地经验数据。

表 3-26　　　　　　　　　　　沉降计算经验系数 ψ_s 表

基底附加应力	压缩模量当量值 $\bar{E}_s$				
	2.5	4.0	7.0	15.0	20.0
$p_0 \geqslant f_k$	1.4	1.3	1.0	0.4	0.2
$p_0 \leqslant 0.75 f_k$	1.1	1.0	0.7	0.4	0.2

压缩模量当量值采用式（3-79）进行计算：

$$\bar{E}_s = \frac{\sum A_s}{\sum \dfrac{A_s}{E_{si}}} = \frac{\sum (z_i \bar{\alpha}_i - z_{i-1} \bar{\alpha}_{i-1})}{\sum \left(\dfrac{z_i \bar{\alpha}_i - z_{i-1} \bar{\alpha}_{i-1}}{E_{si}}\right)} \qquad (3-79)$$

式中　$\bar{E}_s$——压缩模量当量值，MPa；

　　　E_{si}——基础底面下第 i 层土的压缩模量，MPa，应取土的自重压力至土的自重压力与附加压力之和范围内的压力段计算；

A_s——第 i 层土附加应力系数沿土层厚度的积分值；

其他符号意义同前。

（3）优化简化措施。

1）简化地基分层，以每天然土层作为一层来计算变形量，不再以分层总和法的 $0.4b$（b 为基础宽度）作为分层标准，不再考虑压缩性指标随深度变化问题。

2）采用平均附加应力系数使繁琐的计算工作表格化、简单化。

3）地基变形计算深度重新作了规定。分层总和法采用应力比法，以地基附加应力与自重应力之比的 20% 或 10%（软土）作为控制标准；应力面积法采用相对变形作为控制标准（变形比法），即要求在计算深度处向上取一定厚度土层的计算沉降量不大于计算深度范围内总沉降量的 25‰。变形比法相对于应力比法更加切合实际。

4）引入沉降计算经验系数，以消除简化措施带来的误差和分层总和法本身的误差，使计算结果与实际情况更加贴合。大量沉降观测资料与分层总和法计算结果对比表明：当地基土层较密实时，计算沉降值偏大；当土层较软弱时，计算沉降值偏小。应力面积法引入的经验系数，是从大量的工程沉降观测资料中，经数理统计分析得出的，能综合反映地基实际应力状态、作用荷载与地基承载力之间的关系，以及压缩层厚度的基础尺寸效应等多因素影响，更接近于实际。

（4）计算深度确定。计算地基沉降时，压缩层厚度的确定主要有应变控制法和应力控制法两种。确定压缩层厚度的方法不同则计算产生的结果将会不同。

1）应力控制法。应力控制法是指地基压缩层厚度自基础底面算起，计算以附加应力等于土层自重应力的某一比值作为沉降计算的终止条件。分层总和法一般采用地基压缩层厚度自基础底面算起，对于一般土算到附加应力与土层自重应力比值为 0.2 处；对于软土，计算到附加应力与土层自重应力比值为 0.1 处，作为沉降计算深度界限。

2）应变控制法。应变控制法是指地基压缩层厚度自基础地面算起，算到某一厚度土层的压缩量满足一定条件作为沉降计算的终止条件。《建筑地基基础设计规范》（GB 50007—2011）规定。

地基沉降计算深度 Z_m 应符合式（3-80）要求：

$$\Delta s_n' \leqslant 0.025 \sum_{i=1}^{n} \Delta s_i' \qquad (3-80)$$

式中　$\Delta s_n'$——在计算深度处向上取厚度为 Δz 土层计算的沉降值，mm；Δz 取值应符合规范规定，如确定的计算深度下部仍然有较软弱的土层时，应继续计算；

$\Delta s_i'$——在计算深度范围内第 i 层土的计算沉降量，mm。

（5）计算步骤。

1）搜集、分析建筑场地资料并绘图。

2）按分层总和法和应力控制法进行分层，并按场地实际地基地质剖面考虑，确定各层分层厚度 z_i 和沉降计算深度 $\sum z_i$，并使得最后一层 $z_n \leqslant \sum z_i$。

3）根据上部荷载，考虑到基底以上原状土的平均重度或浮重度，计算基础底面的附加压力 P_0。

4）计算压缩模量 E_{si}，复合地基时，其压缩模量需根据复合地基与天然地基的承载力特征值比值进行修正。

5）根据基础形状系数，并考虑相邻基础影响，采用角点法计算附加平均应力系数 α_i，列表计算各土层分层沉降量 s_i'。

6）根据计算深度范围内的压缩模量当量值，确定沉降计算经验系数 ψ_s，求得修正后的地基最终沉降量 s。

3.4.3.4 地面沉降监测

开展地面沉降监测前必须收集、分析已有地面沉降监测成果和资料，根据监测要求和监测条件，采用适合的方法和技术。

（1）监测目的。

1）查明和研究地面可能沉降区的水文地质工程地质条件，为进行工程施工提供基础资料和数据。

2）对降排地下水（液态资源）引发的地面沉降区、相邻建筑物进行重点监测，预测预报地面沉降的发展趋势，为控制或防治地面沉降提供决策依据。

3）提供地面沉降监测的信息服务，为减轻地面沉降灾害提供技术支撑。

（2）监控方案。地面沉降监测实施前，必须进行技术设计，以保证监测成果符合技术标准的要求。

尤其对于深基坑，开挖前应做出系统的开挖监控方案，监控方案应包括监控目的、监测项目、监测点布置、监控报警值、监测方法及精度要求、监测周期、工序管理和记录制度以及信息反馈系统等。其监测点的布置应满足监控要求，基坑边缘以外 1～2 倍开挖深度范围内的需要保护物体均应作为监控对象。基坑监测项目可按表 3-27 选择。

表 3-27 基 坑 监 测 项 目 列 表

检测项目 \ 安全等级	一级	二级	三级
支护结构水平位移	应测	应测	应测
周围建筑物、地下管线变形	应测	应测	宜测
地下水位	应测	应测	宜测
桩、墙内力	应测	宜测	可测
锚杆拉力	应测	宜测	可测
支撑轴力	应测	宜测	可测
立柱变形	应测	宜测	可测
土体分层竖向位移	应测	宜测	可测
支护结构界面侧向压力	宜测	可测	可测

（3）基点布置及监测要求。沉降观测精度按照三等水准精度施测，沉降量观测中误差不大于 ± 1.0mm。

水准测量点不得选在以下位置：①即将进行建筑施工的位置或准备拆修的建筑物上；②地势低洼，易于积水淹没之处；③地质条件不良（如崩塌、滑坡、泥石流等）之处或地下管线之上；④附近有剧烈振动的地点；⑤位置隐蔽，通视条件不良、不便于观测之处。

基点布置应远离降水区域，一般大于800m，埋设深度不小于1m。

工作基点布置应距降水区域较近，一般为200～300m，埋设深度不小于1m。

监测点布置应于基坑沿线及需监测的建筑物各个角点上，测点用钻孔插入钢筋固定。

位移观测基准点数量不少于两点，且应设在影响范围以外；监测项目在基坑开挖前应测得初始值，且不应少于两次。

（4）监测及报警。一般为10d一次监测，较为稳定时延长监测周期，有突变可缩短监测周期。监测结果定时报告。

基坑监测项目的监控报警值应根据监测对象的有关规范及支护结构设计要求确定；各项监测的时间间隔可根据施工进程确定。当变形超过有关标准或监测结果变化速率较大时，应加密观测次数。当有事故征兆时，应连续监测。为消除或削弱地面沉降观测过程中水准点间的不均匀下沉所产生的影响，保证观测精度，应采取以下措施：

1）尽量缩短水准环线或路线的长度，亦可用两架同级仪器代替往返测量，以缩短观测时间。

2）测量路线、测量季节及所使用的测量仪器应保持固定。

3）测量作业应从沉降量大的地区开始，依次向沉降量小的地区推进。当高等水准路线和低等水准路线在同期施测时，宜同期进行。

4）沉降量较大的地区，应在短时间内完成一个闭合环的测量。

5）最佳测量时段应选择沉降量相对最小的时段，一次测完。

（5）监测报告。基坑开挖监测过程中，应根据设计要求提交阶段性监测结果报告。工程结束时应提交完整的监测报告，报告内容应包括：①工程概况；②监测项目和各测点的平面布置图和立面布置图；③采用仪器设备和监测方法；④监测数据处理方法和监测结果过程曲线；⑤监测结果评价。

（6）观测及分析。对获取的被观测对象基础和垂直位移变形大小的资料，应采用统计检验的方法进行分析研究，以得出工程建筑物垂直变形的大小和规律，作出垂直变形的成因分析，特别是要对观测数据中某些具有工程意义的异常值进行研究，做出对工程建筑物垂直位移变化的监测性预报。

（7）动态观测。水文动态观测及效果见表3-28、预检项目见表3-29、隐蔽工程见表3-30。

表 3-28　　　　　　　　　　　　　水文动态观测及效果表

序号	项　目	要　点
1	防止地下水降深不足或降低太慢	详细复查降水施工组织设计，充分考虑到地下情况复杂性，保证降水方案合理
		施工严格按规范，施工组织设计及有关规定执行，避免出现死井
		管线安装前必须要清洗
		灌填砂填料后，及时按规定试抽、洗井
		井点孔口到地面上一定深度应用黏土填塞封孔，防止漏气和地面水下渗

序号	项 目	要 点
2	控制基坑降水对周围环境影响	抽出地下水含砂量应符合规定，如水质浑浊，应分析原因，并及时处理，防止泥沙流失
		适当放缓降水坡度，减少不均匀沉降
		井点应连续运转，尽量避免间歇加载
		加强施工进度控制，减少降水时间
		对沉降要求较高区域采用隔水墙或回灌技术
3	防止围护结构发生过大变形	严格执行"分层开挖，先撑后挖，边撑边挖"的原则
		挖土至设计挖土面后及时进行排水措施、垫层、支撑等施工，控制无支撑暴露时间72h以内
		发现围护结构有质量问题及时派施工力量进行修补，以免影响支撑施工，增加暴露时间
		严格控制基坑周围土体超载不超设计要求
4	控制挖土对周围环境影响	加强各施工环节管理，尽量减少围护结构变形
		挖土阶段对周围有保护要求的对象进行严密监测
		有充足的事故应急能力（措施、人力、材料、机械设备）

表 3-29　　　　　　　　　预 检 项 目 表

序号	项 目	检 查 要 点
1	施工方案	人员、机械配备情况
		挖土方案
		降排水方案
		监测及事故应急方案
2	复测	红线、轴线、标高
		控制坐标转移保护
3	降水系统	降水材料尤其是人造砂的质量情况
		井管、滤管、滤网完整情况
4	降水深度	开挖前满足设计要求，开挖期间，定期测量，保证地下水标高在开挖面0.5m以下
5	降水系统洗井，试抽	正常操作，抽出清水
6	开挖	开挖标高距设计标高200mm时，人工开挖
		接近红线灰线时，严密注视避免误差
7	围护结构荷载	周围堆载不超过设计要求

表 3-30　　　　　　　　　隐 蔽 工 程 列 表

序号	项 目	检 查 要 点
1	深井井点	成孔质量
		充填砂滤料量及高度
2	分层开挖标高及基底标高	满足设计及施工组织设计要求
3	基底土质	会同设计单位（或建设单位）检查

3.4.3.5 基坑降排水的沉降控制

（1）采用全封闭型（如地下连续墙、锁口钢板桩、灌注桩、旋喷桩、水泥土搅拌桩等）挡墙或其他密封措施，在坑内设置井点，井管深度不超过挡墙的深度，仅降低坑内水位，维持坑外水位在原水位。

（2）适当调整井点管的埋置深度，以使基坑内降水曲面低于坑底 0.5～1.0m 深度；在没有密封型挡墙的情况下，在降水影响区范围内有需要保护的建（构）筑物、管线时，可在确保不发生流沙、地下水不从坑壁渗入的条件下，适当提高井点管设计标高。

（3）当井点设置较深时，随着降水时间延长，可适当控制抽水量和抽吸设备真空度。

（4）井点应连续运转，尽量避免间隙和反复抽水，以免增加反复抽水次数，避免使总的沉降量形成积累。

（5）井点降水前，在需要控制沉降的建筑物基础周边，布置注浆孔，控制注浆压力，减少邻近建筑物基础下地基土因水位下降、水土流失而产生的沉降。

3.4.3.6 回灌法沉降控制

采用井点降水降低地下水位时，随着基坑开挖，基坑周围地区地下水位不断降低，使土层失水，有效应力增加而压密，导致邻近建筑物（或构筑物）、管线等产生不均匀沉降或开裂。当施工降水影响区域已有建筑物、构筑物和地下管线，对地面沉降有严格要求和施工降水对地下水资源有较大影响时，可采取回灌井回灌，以基本维持原有的地下水水位线。

（1）工作原理。回灌井的工作原理与井点降水相反，是将水灌入井点，使水向井点周围的土层渗透，在土层中形成一个与降水井点降水漏斗相反的升水漏斗。通过井点回灌，向土层中灌入足够的水来补充原有建筑物（或构筑物）下流失的地下水，使地下水位基本保持，土层压力处于原平衡状态，使井点降水对周围建筑物（或构筑物）的影响减少到最小限度。

（2）回灌井分类与系统结构。

1）回灌井分类。回灌井从深度上可以根据回灌地下水的深浅分为浅层回灌井、深层回灌井，一般降水回灌井多为浅层地下水回灌；回灌井从回灌注水层与降水取水层是否相同可分为同层回灌、异层回灌。同层回灌是指回灌井注水层与降水井的取水层为同一地下水层位；异层回灌是指回灌井注水层与降水井的取水层为不同的地下水层位。还可从回灌井数量上分类为单井回灌、对井回灌、多井回灌等。单井回灌与对井回灌属于"点"保护布设，多井回灌属于"群"保护布设。单井回灌多用于降水井与回灌井不具有水力联系的情况；对井回灌多用于一口井降水，与之有水力联系的另一口井进行回灌注水；多井回灌，当不能判断降水井点与回灌井点有直接的水力联系或保护对象多时，可采用多井回灌（必要时观察井也可作为回灌井使用）。按压力分可分为自然回灌、常压回灌和高压回灌等。

回灌井可采用管井、砂井、砂沟等进行回灌。

2）回灌井系统结构。回灌井系统是由水源、水泵、水箱、总管路、止水阀、回水阀、压力表、回灌井管、回灌井、观测井等组成（见图 3-25 和图 3-26）。

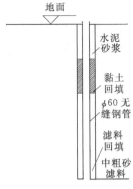

图 3-25 回灌井结构图

（3）井点设置。

1）回灌井井点设置。回灌井点的设置位置，应在降水井点与被保护对象的中间，并适当偏向被保护对象，以减少回灌井点的渗水对基坑的影响，保持良好的降水曲线。回灌井点的埋设深度应根据透水层厚度确定，在整个透水土层中，井管都应设滤水管。井管上部滤水管应从常年地下水位以上0.5m处开始设置。回灌井的间距应与降水井点相适应。同层回灌的回灌井与降水井的距离不宜小于6m。对以保护已有建筑物、构筑物和地下管线为目的而设置的回灌井，其间距应根据降水井的间距和被保护对象的平面位置确定。

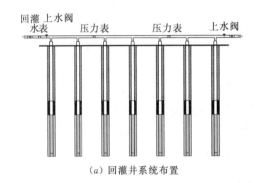

（a）回灌井系统布置

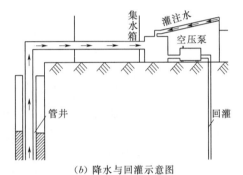

（b）降水与回灌示意图

图 3-26 回灌井系统结构图

回灌井宜深入稳定的水面下1m，且位于渗透性较好的土层中，过滤器的长度应大于降水井过滤器的长度。

2）观测井、观测点设置。观测井应设置在回灌井点与被保护的对象之间；被保护对象周围应设置沉降观测点。回灌井与水位观测井可同排布设，设置在基坑外侧距阻水帷幕6～10m处（距基坑尽可能远些）。当回灌井无法满足回灌要求时，水位观测井也可兼作回灌井使用。回灌井与水位观测井的设计参数相同，做法也同坑内降水井。

（4）回灌系统设计。

1）抽-注水群井的地下水位计算。以完整抽-注水井为基础，当在无压含水层中有几个抽水井和 m 个注水井时，抽水井群回灌井群的抽水和灌水水位曲线见图3-27和图3-28，其水位曲线方程分别为式（3-81）、式（3-82）。

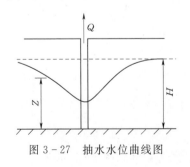

图 3-27 抽水水位曲线图

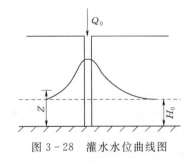

图 3-28 灌水水位曲线图

$$Z=\sqrt{H^2-\frac{0.73Q}{k}\left[\lg R-\frac{1}{n}(r_1\cdots r_n)\right]} \qquad (3-81)$$

$$Z=\sqrt{H_0^2-\frac{0.73Q_0}{k}\left[\lg R-\frac{1}{m}(r_1\cdots r_m)\right]} \qquad (3-82)$$

式中 Z——基坑内某一点的水头值，m；

k——土层渗透系数，m/d；

H——含水层厚度，m；

Q——抽水井群涌水量，m^3/d；

R——井群影响半径，m；

n——抽水井数量，个；

$r_1\cdots r_n$——基坑内某一点到各抽水井的距离，m；

H_0——回灌水位影响半径以外的地下水位，m；

Q_0——回灌井群的回灌量，m^3/d；

$r_1\cdots r_m$——基坑内某一点到各回灌井的距离，m；

m——回灌井数量，个。

2）回灌井群回灌量计算。回灌通常要求降水前后的地下水位基本一致，即在选取降水曲线方程上最高点与最低点以及对应在回灌井群作用下回水曲线方程上的水位时，具有：

$$Z_1+Z_1'=Z_2+Z_2' \qquad (3-83)$$

以式（3-81）与式（3-82）计算所列的 Z_1、Z_2，式（3-80）计算所列的 Z_1'、Z_2' 建立联立方程，即可求解回灌井群回灌量 Q。

（5）地下水回灌施工。控制因基坑降水而引起的工程性地面沉降、最直接有效的办法是控制地下水位，而控制地下水位措施中，地下水回灌不失为一种经济有效的方法。

1）回灌管井。在降水井点和要保护的地区之间设置一排回灌管井井点，降水的同时利用回灌井点向土层内灌入一定数量的水，形成一道水幕，从而减少降水以外区域的地下水流失，使其地下水位基本不变，达到防止沉降、保护环境的目的。

回灌井点的布置和管路设备等与抽水管井井点相似，抽水井点抽出的水通到储水箱，用低压送到注水总管，多余的水用沟管排出。城市环境施工时也有采用自来水回水进行回灌注水。回灌井点的深度应按降水水位曲线和土层渗透性来确定，一般应控制在降水曲线以下 1m。回灌井点的滤管长度应大于抽水井点的滤管，通常为 $2.0\sim2.5m$，井管与井壁间回填中粗砂作为过滤层。由于回灌水时会有 $Fe(OH)_2$ 沉淀物、活动性的锈蚀及不溶解的物质积聚在注水管内，在注水期内需不断增加注水压力才能保持稳定的注水量。对注水期较长的大型工程可以采用涂料加阴极防护的方法，在储水箱进出口处设置滤网，以减轻注水管被堵塞的现象。回灌过程中应保持回灌水的清洁。

回灌管井的回灌方法主要有真空回灌和压力回灌两大类。后者又可分为常压回灌和高压回灌两种。不同的回灌方法其作用原理、适用条件、地表设施及操作方法均有所区别。

常压回灌一般利用抽水井点抽出的水通到地面储水箱，通过注水总管，注水回灌，也可利用自来水的管网压（0.1～0.2MPa）产生水头差进行回灌。高压回灌在常压回灌装置的基础上，使用机械动力设备（如离心泵）加压，产生更大的水头差。

常压回灌，压力较小，高压回灌利用机械动力对回灌水源加压，压力可以自由控制，其大小可根据井的结构强度和回灌量而定。因此，压力回灌的适用范围很大，特别是对地下水位较高和透水较差的含水层来说，采用压力回灌的效果较好。由于压力回灌对滤水管网眼和含水层的冲击力较大，宜适用于滤网强度较大的深井。

2）回灌砂井及砂沟。砂井、砂沟是设置在降水井点与被保护区域之间，用打桩机具获得的按一定规律排列的孔眼，并在孔眼中灌入粗砂形成砂井，再在地表用砂沟将各个砂井联结起来地下水回灌通道。降水井点抽出来的水适时、适量地排入砂沟，再经砂井回灌到地下，从而保证被保护区域地下水位的基本稳定，达到保护环境的目的。

回灌砂井或回灌砂沟与降水井点的距离一般不宜小于6m，以防降水井点仅抽吸回灌井点的水，而使基坑内水位无法下降，失去降水的作用。砂井的深度应按降水水位曲线和土层渗透性来确定，一般应控制在降水曲线以下1m。回灌砂沟应设在透水性较好的土层内。砂沟应设在透水性较好的土层内。回灌砂井的灌砂量应取井孔体积的95%，填料宜采用含泥量不大于3%、不均匀系数在3～5之间的纯净中粗砂。

（6）回灌水质控制。回灌水宜采用清水，可采用同层地下水或自来水。回灌水采用基坑抽出的地下水时，回灌前应经沉淀过滤后使用；用其他水源作回灌水时，水质要洁净未受污染。地下水回灌工作必须与环境保护工作密切相结合，在选择回灌水源时必须慎重考虑水源的水质。

对回灌水源水质的基本要求如下。

1）回灌水源的水质要比原地下水的水质略好，最好达到饮用水的标准。

2）回灌水源回灌后不会引起区域性地下水的水质变坏和受污染。

3）回灌水源中不含使井管和滤水管腐蚀的特殊离子和气体。

4）采用江河及工业排放水回灌，必须先进行净化和预处理，达到回灌水源水质标准后方可回灌。

（7）水位观测与沉降观测。

1）水位观测。回灌井与降水井应协调控制。回灌水量可通过水位观测井中水位变化进行控制和调节，不宜超过原水位标高。回灌水箱高度可根据灌入水量配置。

降水施工前，必须对场地内所有的水位观测井内的稳定水位进行测量、标定和记录；降水与回灌施工过程中应加强水位观测工作，以指导和调整降水与回灌施工。

回灌井与降水井是一个完整的系统，只有使系统共同有效地工作，才能保证地下水位处于某一动态平衡，其中任何一方失效都会破坏这种平衡，因此回灌与降水在正常施工中必须同时启动、同时停止、同时恢复。

水位观测应定时、定人、定设备仪器。应根据观测情况，及时调整回灌井的数量、压力等，尽量保持抽、灌平衡。

2）沉降观测。对于被保护对象周围的沉降观测点应进行观测，并与水位观测数据一道指导回灌井回灌。观测应定时、定人、定设备仪器。

3.4.4 渗透变形影响控制

渗透变形是地基在长期渗流作用下，土体颗粒流失，导致地基变形甚至破坏的现象。水工建筑物地基的渗透变形破坏，主要发生在砂性土、砂砾石层和胶结不良的断层破碎带开挖施工中。工程实践表明，地基渗透变形可使岩土体孔隙增大，承载力降低，甚至出现管道空洞，导致地基失稳，在闸、坝、堤防事故中占有很大比例。

3.4.4.1 流沙及管涌影响控制

流沙与管涌是导致基坑失稳、斜坡滑动、边坡坍塌的重要原因之一。管涌与流沙通常由工程活动引起，但在有地下水渗出的斜坡、岸边等地带也会发生。管涌与流沙的不同之处在于管涌缓慢地、由少到多地带走细小颗粒，流沙则突发地大量带走岩土颗粒，相对来说流沙对工程危害较大。

（1）流沙及其防治。流沙现象一般发生在有动水压力存在的细砂、粉砂和亚砂土中，孔隙率大、含水量大、黏粒含量少、粉粒多、渗透系数小、排水能力差的更易产生流沙现象。

防止流沙的三种途径：①减少和平衡动水压力；②截住地下水流；③改变动水压力的方向。

流沙防治的具体措施：①利用枯水季节低水位状态施工，以便减小基坑内外水位差；②用钢板桩打入坑底一定深度，增加地下水从坑外绕渗的距离，减少水力坡度，以减小动水压力，防止流沙发生；③水中挖土或在向上渗流的地表出口处用透水材料覆盖压重以平衡渗流力；采用不排水的水下开挖，使坑内外水压相平衡，使其无发生流沙的条件，一般沉井挖土采用此法；④建造板桩及地下连续墙以承重、护壁，并达到阻水效果，防止流沙的发生；⑤采用轻型井点、喷射井点、管井井点和深井泵井点等进行人工降低地下水水位的方法进行土方施工，使动水压力方向向下，增大土粒间的压力，从而有效地制止流沙现象的发生；⑥采取土层加固处理，如采用冻结法、注浆法和抛大石块，以及加快施工速度等。

（2）管涌及其防治。管涌多发生在动水压力下的砂性土中，其特征是颗粒大小差别较大，往往缺少某种粒径，孔隙直径大且相互连通。

管涌防治的具体措施一般包括改变土体几何条件和降低水力梯度两个方面。改变土体的几何条件是在渗流逸出部位铺设反滤层，用以防止管涌破坏；降低水力梯度可通过人工降水降低水位落差，打板桩、做防渗墙等改变水力条件。

管涌抢护的具体措施：①蓄水平压，在管涌周围用土袋垒成围井，井中不填反滤料，井壁需不漏水，形成蓄水池，蓄水抬高井（池）内水位，以减小水位差；②反滤围井，在涌水孔周围垒土袋，筑成围井，并使井壁底部与地面紧密接触，井内按三层反滤要求分铺垫砂石或柴草滤料或土工反滤材料。在井口安设排水管，将渗出的清水引走，以防溢流冲塌井壁；③滤水压浸台，在大片管涌面上分层铺填粗砂、石屑、碎石，下细上粗形成反滤，每层厚20cm左右，最后压块石或土袋。如缺乏砂石料，可用秸柳做成柴排（厚15～30cm），再压块石或土袋，袋上也可再压砂料，厚度以不使柴草压褥太紧，能够挡砂滤水为限。适用于管涌数目多，出现范围较大的情况。如水下发生管涌，切不可将水抽干再填料，以免险情恶化。

3.4.4.2 接触冲刷影响控制

由于接触冲刷或接触流土的发展速度往往较快，因此对建筑物的威胁很大，必须对其进行除险加固。

接触冲刷影响控制措施有：①黏性土填料与坝基的接合部位，沿着坝轴线在坝基底部开挖几道浅沟浅槽，回填相应的填料；②结构面、基岩面等接触面处，在结构物上设置截水环、刺墙等，以及增加接触面粗糙毛面并涂刷浓泥浆或水泥浆；③提高接触部位填筑料的压实密度；④在接触冲刷渗流出口设置反滤保护。

接触流土影响控制有增设水平反滤、铺设土工织物等措施。

由于土石坝岸坡上部坝体的填土压力相对较小，极易发生裂缝，所以要求尽量避免岸坡出现垂直台阶面，而是要将其设置为倾斜面、倾斜折面等形式，以有效减小结合面的坡度。通常土石坝与岸坡接合面的坡度应小于 1：0.75，在特殊情况下也要严格控制在 1：0.5。

3.4.5 专项方案与应急预案

施工导截流事关工程成败，围堰失事会造成水利水电工程工期延误至少一个汛期；施工降排水不当引起的坑壁坍塌、沉降过大不仅造成工程延误，有的还造成周围地下管线和建筑物不同程度的损坏；有时坑底下会遇到承压含水层，若不减压，就会导致基底隆胀流沙、坑底土流失甚至基底破坏现象。

随着基坑深度的增加，基坑开挖过程遇到的地下水问题也越来越多。在基坑施工过程中如果对地下水处理不当，极易引发工程事故，尤其是软土地区，地下水问题尤为显著。基坑开挖过程中的降水施工，可能导致周围土体不均匀沉降、水平位移、建筑物产生不均匀沉降、倾斜，严重时甚至倒塌等。在基坑降水施工中，不仅需要对周围建筑物沉降及时进行观测，而且要求应根据前期实测沉降对其沉降发展趋势、未来沉降量的大小进行预测，获取动态信息，以便调整施工方案，及时采取必要的工程措施。

一般施工导流及降排水都属于具有一定规模、危险性较大的分部、分项工程，应制定专项施工方案，必要时应有应急预案。

3.4.5.1 施工导流专项方案内容

（1）工程概况。

（2）施工导流设计，包括导流、截流、围堰结构等设计。

（3）主要施工方法。

（4）工程进度及保证措施。

（5）质量、安全及环境保证措施。

（6）应急措施。

3.4.5.2 施工降排水专项方案内容

（1）工程概况。

（2）施工降排水设计，包括边坡防护、基坑支护、降水设计、设备选型、安全监测等设计。

（3）主要工艺及施工方法。

（4）工程进度及保证措施。

（5）质量、安全及环境保证措施。

（6）应急措施。

3.4.5.3　应急预案

导截流及降排水施工都具有较大风险性，对其实施应急管理预案不仅对施工安全，而且对基坑周边一定范围内已有的建（构）筑物安全都具有重要意义。以导截流、降排水条件下导截流建筑物、基坑围护体系及周边地基的结构稳定、渗流稳定和沉降安全为目的，制定技术及管理措施，减少基坑开挖施工中排水事故发生的风险，及时、准确、科学、合理地处置各种突发事故。

（1）编制原则与依据。

1）基本原则。应急预案应遵循"安全第一，预防为主"和"安全责任重于泰山"的理念；坚持以人为本，生命至上，以预防为主、自救为主、统一指挥、分工负责为原则。

2）编制依据。项目水文地质条件、地形特点、施工特点，基坑土石方开挖施工组织设计、导截流设计、降排水设计等，以及《中华人民共和国安全生产法》《中华人民共和国突发事件应对法》《生产经营单位安全生产事故应急预案编制导则》及其他相关法律、法规、标准等。

（2）组织机构及职责。

1）组织机构。成立应急救援领导小组，确定其组长、副组长等组成成员和项目应急救援领导小组办公室人员，明确相关人员通信方式及值班电话。

2）职责权限。实行职责分工，各司其职，各负其责。

（3）危险辨识与风险评价。确定项目导截流、基坑降排水及开挖事件、事故和紧急情况清单，包括序号、类型、地点、潜在险情影响范围大小及人数等，如基底流沙管涌、基地隆起、基壁突泥突水、变形坍塌、周边地面沉降引起建筑物变位，以及客水流入基坑、停电基坑被淹、停电影响回灌水位等事件、事故。

（4）预控措施。预控措施包括对现场人员的安全交底、施工注意事项、日常检查事项、机械使用安全、用电安全、安全文明施工，以及特殊气候条件（暴雨、台风、洪水）、特殊地质条件下施工措施等。

（5）通告程序和报警系统。

1）接警与通知。应规定专门接警人员。接警人接到报警后，应详细询问情况，包括事件事故发生时间、详细地点、事故性质、事故原因初步判断、简要经过介绍、人员伤亡情况、现场事态控制及发展情况等，并做好记录。接警人在接到报警后，应及时向应急救援领导小组组长报告，并由组长决定是否启动应急救援预案及是否向有关应急机构、政府及上级部门发出应急救援申请。应急救援预案的启动通知应由应急救援领导小组办公室及时下达至应急组织机构中各负责人等。

2）应急通信联络系统。应确定项目应急救援联络工作负责人及应急救援联络途径，设置应急联络电话、对外应急求救的公安警力求救电话、火警支援求救电话、医疗急救求救电话以及项目应急救援领导小组成员联络电话等。

（6）应急设备、设施与物资储备。应急设备、设施与物资储备包括防雨器具、排水设备、物资材料及其他应急设备与设施的序号、设备名称、单位数量、停放位置等。

（7）对应急能力与资源进行评价。为保障应急体系始终处于良好的战备状态，并实现持续改进，需要对应急机构的设置情况、制度和工作程序的建立与执行情况、队伍的建设和人员培训与考核情况、应急装备和经费管理与使用情况等，在应急能力评价体系中实行自上而下的监督、检查和考核。

（8）保护措施。

1）现场保护。突发的紧急事件、事故发生后，应立即派人赶赴现场，负责事故、事件的现场保护。

2）警报和紧急公告。当事故可能影响到周边地区，对周边地区的公众可能造成威胁时，应及时启动警报系统，向周边公众发出警报，同时通过各种途径向公众发出紧急公告，告知事故性质、对健康的影响、自我保护措施、注意事项等，以保证公众能够做出及时自我防护响应。

3）事态监测。发生突发性紧急事故、事件并启动应急预案后，应组成事态监测小组，负责对事态的发展进行动态监测并做好过程记录。

4）参与治安。为保障现场应急救援工作的顺利开展，在事故现场周边应建立警戒区域，实施交通管制，维护现场秩序，防止与救援无关人员进入，保障救援人员、物资及人群疏散等的交通畅通，避免发生不必要伤亡。

5）人群疏散。人群疏散是减少人员伤亡扩大的关键措施，也是最彻底的应急响应。应根据事故的性质、控制程度等决定是否对人员进行疏散。

6）医疗与卫生。应与附近医院建立联系，负责对在突发性事故中受伤的人员进行现场急救。

7）应急救援人员的安全。应急救援过程中，应对参与应急救援人员的安全进行周密的考虑和监视。必要时，应有专业抢险人员参与指挥或作业。

8）现场外影响区域的疏散机制。在对施工场区周边情况摸查基础上，确立事故现场外影响区域的疏散路线和方向，形成行之有效的疏散通道网络。

9）交通管制机制。交通管制机制由事故现场警戒和交通管制两部分构成。事故发生后，应对场区周边进行警戒隔离。其作用是保护事故现场、维护现场秩序、防止外来干扰、尽力保护事故现场人员的安全等。

（9）应急救援预案的培训与演练。按照应急预案的计划安排，应按时组织各应急分队进行应急技能的学习和培训，适时组织应急技能的演练；通过培训和演练，及时修正应急中的不足和缺陷，逐步完善培训演练内容及应急实施机制和措施。

（10）事故报告及预案的评审。事故发生后，应督促事故发生单位写出《降排水事故情况分析报告》，并组织相关人员对应急救援预案的适应性进行评审，如发现预案部分条款不适应时则应及时修订。

（11）事故技术处理措施。

1）边坡坍塌方防治处理。

2）基坑管涌及流沙防治。

3）减少基坑降排水影响。

4）加强围护结构抗变形能力，切断影响围护结构安全的途径。

3.5 工程实例——某供水工程井点降水

3.5.1 工程概况

某污水处理扩建工程，东南、西南分别与两条江河为伴，东北、西北与城市桥梁和道路为邻，其施工条件差、环境要求高。

消化池单体工程位于整个扩建工程的东南部，由 A、B、C 三个同形状的蛋形壳体钢筋混凝土构筑物组成，最大直径 24m，总高度 44.5m，单池容量 1.09 万 m³。基坑深度 13.7m，单池荷重 220000kN，基础采用 φ1000mm 钻孔灌注桩，单桩承载力 4500kN，每池布桩 50 根，分别布于 7m、14m、21m 的环梁中，基坑平面布置见图 3-29。

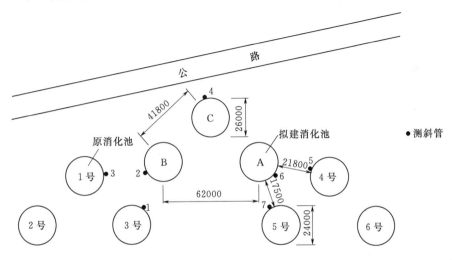

图 3-29　基坑平面布置图（单位：mm）

3.5.2 周围环境

（1）在拟建的消化池周围建有已投产的 6 个直径 24m、高 16m 的圆柱形消化池，其中 1 号、2 号、3 号消化池基础采用混凝土预制桩，4 号、5 号、6 号消化池基础采用砂垫层，其基础资料见表 3-31 和表 3-32。已建消化池距拟建消化池基坑边缘最短距离 10m。

表 3-31　　　　　　　　　1 号、2 号、3 号消化池基础资料表

原消化池	基础形式	底板高程/m	桩顶高程/m	桩长/m	桩数/根
1 号	400×400 预制方桩	3.20	2.20	14.30	157
2 号		4.70	3.70	17.00	134
				15.80	23
3 号		4.70	3.70	15.70	157

（2）沿厂区东南侧围墙外有一条公路，平行路边有一条 3 万 V 高压线路，以及路灯照明线、通信电话线、地下电缆线等，公路距拟建的 C 号消化池中心 22.9m，高压线杆距 C 号消化池中心 26.5m。

4 号、5 号、6 号消化池基础资料表

原消化池	基础形式	底板高程 /m	垫层顶高程 /m	垫层底高程 /m	垫层底宽 /m	垫层顶宽 /m
4 号		3.20	2.20	1.40	28.20	30.90
5 号	砂垫层	4.75	3.75	1.90	28.20	30.90
6 号		4.75	3.75	1.90	28.20	30.40

3.5.3 工程地质与水文地质

（1）工程地质条件。各层地基土的工程地质特性见表 3－33。

表 3－33 　　　　　　　　　**各层地基土的工程地质特性表**

层次	土层名称	厚度 /m	含水量 /%	容重 /(kN/m³)	孔隙比	压缩系数 /MPa⁻¹	压缩模量 /MPa	渗透系数 /(×10⁻⁵cm/s)	固结快剪 内摩擦角/(°)	固结快剪 黏聚力 /kPa
1	杂填土	4.8								
2	砂质粉土	8.7	21.4	20.6	0.890	0.25	7.60	1.95	34	3.0
3	粉砂土	7.5	29.3	19.1	0.836	0.20	10.00	6.50	34	6.4
4	淤泥质黏土	8.0	40.8	18.2	1.115	0.54	3.94		16	16.5

（2）水文地质条件。工程区域的地下水类型属潜水型，地下水埋深 2.2m。地下水主要补给为大气降水，但××江距离厂区不足 100m，且具有明显的潮汐水文特征，夏秋季更甚，潮汐水位高达 7.5m 以上。随着潮汐季节厂区地下水位将增高。

3.5.4 降水设计

（1）确定渗透系数。从地质勘查所提供的各层地基土工程地质特性中，砂质粉土与粉砂层土的渗透系数分别为 $1.95×10^{-5}$cm/s、$6.50×10^{-5}$cm/s，明显与现场实地不相符合。根据经验取渗透系数 $k=1.5$m/d 进行计算。

（2）确定含水层厚度。根据地质勘察资料，在高程 －12.80m 处有一厚度为 8m 的淤泥质黏土层，为不透水层，其上的砂质粉土与粉砂土可以视为统一的含水地层，总厚度 21m，地下水位高程为 6.00m，故厂区内原始水差为 18.8m（即含水层厚度为 18.8m），工程降水要求降至基坑底面以下 0.5m（即高程为 －5.90m），降水深度 11.9m。

（3）计算井管埋深。井管埋深计算按照式（3－84）进行计算。

$$L > H_j + h + ia + l \qquad (3-84)$$

式中　L——井管埋深，m；

　　H_j——基坑深度，m，取 13.7m；

　　h——基坑以下地下水位超降深度，m，取 0.5m；

　　i——井管降水坡度，m；i 值与井管距离有关，取 0.1～0.3；

　　a——井管距基坑中心距离，m，取 19m；

　　l——滤水管长度，m，取 1m。

则 $L > 13.7 + 0.5 + (3×0.3 + 3×0.2 + 13×0.1) + 1 = 18$(m)。

（4）确定降水影响半径。考虑设置三层井点降水，由于第三层（最底层）的井点管埋设于直径9m基坑内，井管至基坑中心最大距离为4.5m，因此第三层井点管的实际埋深修正为：

$$L>13.7+0.5+(3\times0.3+1.5\times0.2)+1=16.4(m)$$

减去滤水管长度和地下水埋深，则实际降水深度：

$$S=16.4-1.0-2.2=13.2(m)$$

降水影响半径：

$$R=10S\sqrt{k}=10\times13.2\times\sqrt{1.5}=162(m)$$

（5）计算总涌水量。虽然厂区与两条江河为邻，但由于距离较大（100m左右），不作为近河基坑。由图3-30可以看出，降水系统为潜水非完整井降水模型。

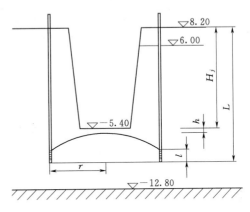

图3-30 降水示意图

对于潜水非完整井，应首先计算其界限含水层厚度。

$$\beta=S/(S+l)=13.2/(13.2+1)=0.93$$

$$H_a=[2+\lg S/(S+l)](S+l)=[2+\lg13.2/(13.2+1)](13.2+1)=27.95(m)$$

$$H_a>L=18.8(m)$$

$$H_p=(-18.82\beta^4+38.12\beta^3-33.55\beta^2+13.66\beta+0.83)(S+l)$$
$$=(-18.82\times0.93^4+38.12\times0.93^3-33.55\times0.93^2+13.66\times0.93+0.83)\times$$
$$(13.2+1)=20.87(m)$$

$$H_p>L=18.8(m)$$

故可以按无压非完整井公式进行计算：

$$Q=1.366k(H^2-hm^2)/[\lg(1+R/r_0)+(h_m-l)\lg(1+0.2h_m/r_0)/l] \quad (3-85)$$

经计算得出涌水量$Q=236m^3/d$，A、B、C三个消化池的总涌水量为$708m^3/d$。

（6）计算单根井点管极限涌水量。单根井点管的极限涌水量可按式（3-86）进行计算：

$$q=130j\pi r_0l\sqrt[3]{k} \quad (3-86)$$

式中　q——单根井管的极限涌水量，m^3/d；

　　　j——折减系数，考虑到井管的实际抽水能力，取0.5；

　　　r_0——滤水管长度，m，取0.025m；

　　　l——滤水管长度，m，取1m；

　　　k——渗透系数，取1.5m/d。

则：$q=0.5\times130\times\pi\times0.025\times1\times\sqrt[3]{1.5}=5.8(m^3/d)$。

则单管的极限涌水量为$5.8m^3/d$。

（7）井管数量。井管数量为：$n=Q/q=236/5.8=41$（根）。

3.5.5 降水影响分析

在井点降水无大量细颗粒随地下水带走的情况下，周围地面所产生的沉降量可以用分层总和法进行计算。

降水过程中，地下水在降水面以下的土层通常产生的固结沉降较小，而降水面至原始地下水水面间的土层因排水条件较好，会在所增加的自重力条件下快速固结产生沉降。通常降水所引起的地面沉降即以此部分沉降为主，可采用式（3-87）进行估算。

$$s = \Delta p \times \frac{\Delta H}{E_{1-2}} \qquad (3-87)$$

式中　s——沉降量，mm；

Δp——降水产生的自重增加应力，kN；

ΔH——降水深度，即降水面与原始地下水面的深度差，m；

E_{1-2}——降水深度范围内地基土层的压缩模量，MPa。

经计算，在地下水位下降后，地面最大沉降可达 198mm，而原消化池靠近基坑一段的沉降量为 103.1mm，背离基坑一侧的沉降量为 53.6mm，原消化池的差异沉降达 49.5mm，由于在原消化池的基础中，1 号、2 号、3 号是采用桩基，4 号、5 号、6 号是砂垫层，为确保原消化池的安全，必须采用回灌措施。

3.5.6 回灌系统

回灌系统设计主要包括：回灌井点的回灌水量、井点布置、回灌井点深度、水位验算、水箱水位计算等。

（1）回灌井点的回灌水量。在保护对象中选出降水曲线水位最高点和水位最低点（降水后水位分别为 z_1、z_2），对应此两点的回灌井群作用下灌水曲线的水位分别为 z_1'、z_2'，根据灌水曲线方程和计算得出的抽水量、灌水影响半径等建立联立方程（计算过程减略），得出抽水量为 1467m³/d 时的注水量为 736m³/d。

（2）回灌井点布置。回灌井点的间距通常采用 1.0～3.0m，根据相关工程经验布置回灌井点，然后根据迭代计算的结果进行调整。取回灌井点滤管顶位于曲线下 2.0m，与抽水井点的最近距离约 10m，回灌井点间距取 2.0m。由于整个厂区呈近似左右对称，原消化池周围回灌井点也采用对称布置。

3 号、5 号消化池周围的回灌井点管长 10m，其中滤管长 2.5m，1 号、4 号消化池周围的回灌井点管长 9m，其中滤管长 2.5m。2 号、6 号消化池因所受影响较小，未采取回灌措施。回灌井点布置见图 3-31。

（3）回灌井点深度。回灌井点深度的宜浅不宜深，且降水水位曲线至少高过滤水管标高 1m。同时回灌井点滤水管长度应大于抽水井点滤水管长度，一般取 2.0～2.5m，拟取为 2.5m。

（4）水位验算。根据水位计算结果，计算保护对象各特征点由于回灌引起的水位上升值，并与降水后回灌前的水位叠加，求得回灌后各特征点的地下水位。如地下水位低于天然水位或设计水位时，则可通过调整回灌井点深度和间距等进行回灌水量和水位再计算，直至满足设计水位要求。

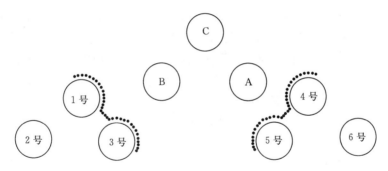

图 3-31 回灌井点布置示意图

降水后及回灌后保护对象（原消化池）各特征点地下水位水头值分别见图 3-32 和图 3-33。可以看出降水后回灌前 2 号、6 号消化池所受影响下较小水位，其余 4 个消化池地下水位下降影响较大，产生了明显的水位差，需要采取回灌措施。采取回灌后 4 号、5 号消化池的地下水位基本保持在自然地下水位标高（6.0m）左右，且地下水位分布比较均匀。由于未考虑 4 号、5 号周围回灌井对 6 号消化池的影响，实际上 6 号消化池地下水位将出现抬升现象。

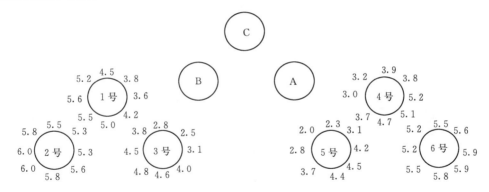

图 3-32 降水后保护对象各特征点地下水位水头值示意图（单位：m）

（5）水箱水位计算。根据流体力学公式可推得，回灌水箱水位必须保持在地面 4.0m 以上，且 1 号和 3 号、4 号、5 号消化池共用一个回灌水箱，以减少水力沿程损失。

3.5.7 回灌系统实施及注意事项

（1）回灌系统实施。回灌系统由水源、水箱、流量计、回灌总管、回灌支管及回灌井点构成。由于回灌水中含有 $Fe(OH)_2$ 的沉淀物，活性锈蚀及不溶解的物质会积

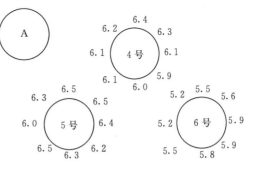

图 3-33 回灌后保护对象各特征点地下水位水头值示意图（单位：m）

聚在注水管内，造成注水管阻力增大甚至堵塞，故回灌水源采用自来水。回灌井点管构造及埋设方法与普通轻型抽水井点管相同，只是回灌井点管滤水管较长，为 2.5m，而后者

一般为 1.0~1.5m。为促使回灌水量在回灌井点上均匀分布，由回灌总管引出多根支管，每根支管上布置 3~4 个回灌井点，以使每一回灌井点分摊的回灌水量均匀。

回灌系统启用后，对保护对象——原消化池地下水位控制较好，基本能够维持水位在原天然地下水位上。但由于降水后基坑与回灌井点间的水头差增大，回灌水量也不断增多并流入基坑，造成基坑靠近回灌井点的边坡出现渗水。由于基坑太深，为安全考虑，在基坑与回灌井点间，用注浆法设置一条隔水帷幕（见图 3-34），并适当降低回灌后的地下水位，缓解基坑降水压力。

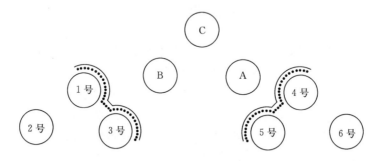

图 3-34　隔水帷幕示意图

（2）注意事项。

1）构成回灌井点系统的回灌总管、回灌井点等与轻型井点相同，施工方法亦相同。

2）由于井点深度大，沉设井管时宜采用套管式冲枪水冲法施工，并经过试验验证满足设计要求。沉设时孔深应考虑比滤管底部多 0.5m 的超深。

3）每根井管沉设后，应检验其渗水性能。在装填粗砂滤料时，管口应有泥浆冒出，管口注水后，管内水位下沉。

4）井点系统安装完毕后，须试灌以检查井点系统质量。发现有"死井"和漏气现象，应补救处理，保证系统正常运转。

5）回灌系统需用清洁水源，禁止用浑浊水、污染水，可以采用降水井点管抽出的水，但必须采取过滤措施，以防污染地下水及回灌井堵塞、失效。

3.5.8　过程监测

消化池基坑开挖过程中，进行必要的监控量测，实行信息化施工，是基坑与周围建（构）筑物安全的重要保证。

（1）地下水位观测。通过水位观测对回灌井点的回灌水量进行动态控制，是回灌措施成败的关键。

一方面，回灌应避免水量过小导致地下水位下降而引起地表沉降；另一方面，回灌也应防止回灌量过大使得水头差增大，造成地下水流动加快的不利影响。考虑到井点施工质量、土体渗透系数各项异性等因素影响，实际的水位曲线与计算曲线可能存在一定误差，必须通过地下水位观测对回灌井点进行调控。

本工程共设有 69 根水位观测管，回灌地段的水位观测管长 5m，其余地段水位观测管长 8m。基坑降水、回灌过程中应定期进行水位观测，并绘制水位变化与时间关系曲线，分析地下水位变化的影响，及时动态调控。观测点布置见图 3-35。

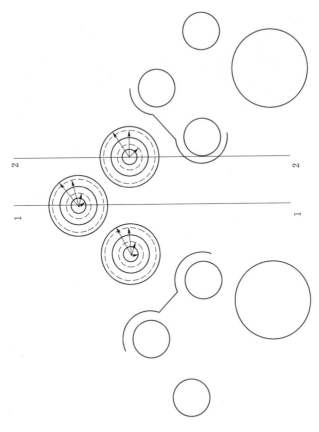

图 3-35 观测点布置示意图

（2）沉降观测。沉降观测主要针对保护对象，即原有的 6 个消化池在开挖降水过程中的建（构）筑物基础沉降，应定期观测、记录和分析，对于异常沉降，应及时预警，及时采取措施。

（3）水平位移观测。主要针对深层土体水平位移和深基坑支护水平位移观测。

4 土 方 开 挖

4.1 土的工程分类、分级及性质

在进行土石方开挖及确定挖运组织管理时，须根据各种土石的工程性质及其具体指标来选择施工方法及配置施工机具。对土石方工程施工影响较大的因素有土壤级别与特征。

从广义的角度而言，土包括土质土和岩石两大类。由于开挖的难易程度不同，水利水电工程中沿用十六级分类法时，通常把前Ⅰ～Ⅳ级称土质土，Ⅴ级以上的都称作岩石。

4.1.1 土的工程分类

（1）土的代号。土的代号见表4-1。

表4-1　　　　　　　　　　　土的代号列表

名　称	代号	名　称	代号
漂石（块石）	B	黄土	Y
卵石（碎石）	Cb	膨胀土	E
砾（角砾）	G	红黏土	R
砂	S	盐渍土	St
粉土	M	级配良好	W
黏土	C	级配不良	P
细粒土（C和M合称）	F	高液限	H
混合土（粗粒土、细粒土合称）	SI	低液限	L
有机质土	O		

（2）土的分类。

1）土的粒组划分见表4-2。

表4-2　　　　　　　　　　　土的粒组划分表

粒组统称	粒组划分	粒径范围/mm
巨粒组	漂石（块石）组	$d>200$
	卵石（碎石）组	$200\geqslant d>60$

粒组统称	粒组划分		粒径范围/mm
粗粒组	砾粒（角砾）	粗砾	$60 \geqslant d > 20$
		中砾	$20 \geqslant d > 5$
		细砾	$5 \geqslant d > 2$
	砂粒	粗砂	$2 \geqslant d > 0.5$
		中砂	$0.5 \geqslant d > 0.25$
		细砂	$0.25 \geqslant d > 0.075$
细粒组	粉粒		$0.075 \geqslant d > 0.005$
	黏粒		$d \leqslant 0.005$

2）巨粒土和含巨粒土分类。巨粒土和含巨粒土的分类见表 4 - 3。

表 4 - 3 巨粒土和含巨粒土的分类表

土类	粒 组 含 量		代号	名称
巨粒土	巨粒含量为 75%～100%	漂石粒含量大于 50%	B	漂石
		漂石粒含量不大于 50%	Cb	卵石
混合土巨粒	巨粒含量大于 50%，小于 75%	漂石粒含量大于 50%	BSI	混合土漂石
		漂石粒含量不大于 50%	CbSI	混合土卵石
巨粒混合土	巨粒含量为 15%～50%	漂石含量大于卵石含量	SIB	漂石混合土
		漂石含量不大于卵石含量	SICb	卵石混合土

注 试样中的巨粒组质量小于总质量 15% 的土，可扣除巨粒土，按粗粒土或细粒土的相应规定分类。

3）粗粒土的分类。试样中的粗粒组质量大于总质量 50% 的土称粗粒类土。粗粒类土中砾粒组质量大于总质量 50% 的土称砾类土；砾粒组质量不大于总质量 50% 的土称砂类土。

砾类土分类见表 4 - 4，砂类土分类见表 4 - 5。

表 4 - 4 砾 类 土 分 类 表

土类	粒 组 含 量		代号	名称
砾	细粒含量小于 5%	级配：$C_u \geqslant 5$，$C_c = 1 \sim 3$	GW	级配良好砾
		级配：不同时满足上述要求	CP	级配不良砾
含细粒土砾	细粒含量 5%～15%		GF	含细粒土砾
细粒土质砾	细粒含量大于 15%，不大于 50%	细粒为黏土	GC	黏土质砾
		细粒为粉土	GM	粉土质砾

注 表中细粒土质砾土类，应按细粒土在塑性图中的位置定名。

表 4 - 5 砂 类 土 分 类 表

土类	粒 组 含 量		代号	名称
砂	细粒含量小于 5%	级配：$C_u \geqslant 5$，$C_c = 1 \sim 3$	SW	级配良好砂
		级配：不同时满足上述要求	SP	级配不良砂

土类	粒 组 含 量		代号	名称
含细粒土砂	细粒含量 5%~15%		SF	含细粒土砂
细粒土质砂	细粒含量大于 15%，不大于 50%	细粒为黏土	SC	黏土质砂
		细粒为粉土	SM	粉土质砂

注 表中细粒土质砂土类，应按细粒土在塑性图中的位置定名。

4）细粒土的分类。细粒组质量不小于总质量 50% 的土称细粒类土。粗粒组小于总质量 25% 的土称细粒土。含有部分有机质（有机质含量不小于 5% 且不大于 10%）的土称有机质土。

细粒土应根据塑性图分类。塑性图（见图 4-1）的横坐标为土的液限（w_L）、纵坐标为塑性指数（I_p）。塑性图中有 A、B 两条界限线。

A. A 线方程式：$I_p = 0.73(w_L - 20)$。A 线上侧为黏土，下侧为粉土。

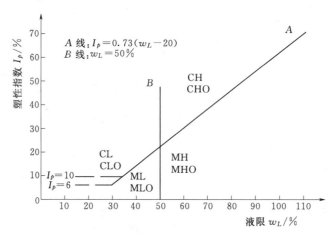

图 4-1 细粒土分类塑性图

B. B 线方程式：$w_L = 50$。$w_L \geq 50$ 为高液限，$w_L < 50$ 为低液限。

细粒土应按塑性图中的位置确定土的类别，并按表 4-6 分类和定名。

表 4-6   细 粒 土 的 分 类 表

土的塑性指标在塑性图中的位置		代号	名称
塑性指数	液限		
$I_p \geq 0.73(w_L - 20)$ 和 $I_p \geq 10$	$w_L \geq 50\%$	CH	高液限黏土
	$w_L < 50\%$	CL	低液限黏土
$I_p < 0.73(w_L - 20)$ 和 $I_p < 10$	$w_L \geq 50\%$	MH	高液限粉土
	$w_L < 50\%$	ML	低液限粉土

含粗粒土的细粒土先按表 4-6 的规定确定细粒土名称，再按下列规定最终定名。

A. 粗粒中砾粒占优势，称含砾细粒土，应在细粒土名代号后缀以代号 G。

例如：CHG——含砾高液限黏土；MLG——含砾低液限粉土。

B. 粗粒中砾粒占优势，称含砂细土，应在细粒土代号后缀以代号 S。

例如：CHS——含砂高液限黏土；MLS——含砂低液限粉土。

C. 有机质土可按表 4-5 规定划分定名，在各相应土类代号之后缀以代号 O。

例如：CHO——有机质高液限黏土；MLO——有机质低液限粉土。

5）特殊土分类。特殊土包括黄土、膨胀土、红黏土等，特殊土塑性图见图 4-2。黄土、膨胀土、红黏土的判别见表 4-7。这类土的最终分类和定名尚应遵守相应的专门规范。

表 4-7　　　　　　　　　　黄土、膨胀土、红黏土的判别表

土的塑性指标在塑性图中的位置		代号	名称
塑性指数	液限		
$I_p \geq 0.73(w_L - 20)$	$w_L < 40\%$	CLY	低液限黏土（黄土）
	$w_L > 50\%$	CHE	高液限黏土（膨胀土）
$I_p < 0.73(w_L - 20)$	$w_L > 55\%$	MHR	高液限黏土（红黏土）

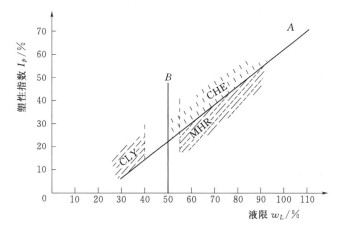

图 4-2　特殊土塑性图

另外，按土的沉积年代，将晚更新世 Q_3 及其以前的土定为老沉积土，第四纪全新世中近期沉积的土定为新近沉积土。按土的成因，可将土划分为残积土、坡积土、洪积土、冲积土、淤积土和风积土等。

4.1.2　土的工程分级

土的工程分级按照十六级分类法，前 Ⅳ 级称为土（见表 4-8）。

同一级土中各类土壤的特征有着很大的差异。例如坚硬黏土和含砾石黏土，前者含黏粒量（粒径小于 0.005mm）在 50% 左右，而后者含砾石量在 50% 左右。它们虽都属 Ⅳ 级土，但颗粒组成不同，开挖方法也不尽相同。

在实际工程中，对土壤的特性及外界条件应在分级的基础上，进行分析研究认真确定土的级别。

表 4-8　　　　　　　　　　　　一般工程土壤分级表

定额分类	普氏分级	土壤及岩石名称	天然湿密度/(kg/m³)	外形特征	开挖方法及工具	坚固性系数 f
一类土壤和二类土壤	I	沙	1500	疏松、黏着力差或易透水，略有黏性	用锹，有时略加脚踩开挖	0.5～0.6
		砂壤土	1600			
		腐殖土	1200			
		泥炭	600			
	II	轻壤土和黄土类土	1600	开挖时能成块并易打碎	用锹并用脚踩开挖，少数用镐开挖	0.6～0.8
		潮湿而松散的黄土，软的盐渍土和碱土	1600			
		平均粒径 15mm 以内的松散而软的砾石	1700			
		含有草根的密实腐殖土	1400			
		含有直径在 30mm 以内根类的泥炭和腐殖土	1100			
		掺有卵石、碎石和石屑的砂和腐殖土	1650			
		含有卵石或碎石杂质的胶结成块的填土	1750			
		含有卵石、碎石和建筑碎料杂质的砂壤土	1900			
三类土壤	III	肥黏土其中包括石炭纪、侏罗纪的黏土和冰黏土	1800	黏手，看不见砂粒或干硬	用尖锹并同时用镐开挖（30%）	0.8～1.0
		重壤土、粗砾石、粒径为 15～40mm 的碎石和卵石	1750			
		干黄土和掺有碎石或卵石的自然含水量黄土	1790			
		含有直径大于 30mm 的根类腐殖土或泥炭	1400			
		掺有碎石或卵石和建筑碎料的土壤	1900			
四类土壤	IV	土含有碎石重黏土，其中包括侏罗纪和石炭纪的硬黏土	1950	土壤结构坚硬，将土分裂后成块状或含黏粒，砾石较多	用尖锹并同时用镐和撬棍开挖（30%）	1.0～1.5
		含有碎石、卵石、建筑碎料和重达 25kg 以内的顽石（总体积 10% 以内）等杂质的硬黏土和重黏土	1950			
		冰碛黏土，含有重量在 50kg 以内的巨砾，其含量在总体积 10% 以内	2000			
		泥板岩	2000			
		不含或含有重达 10kg 的顽石	1950			
		石藻岩和软白垩岩	1800			
		胶结力弱的砾石	1900			
		各种不坚实的片岩	2600			
		石膏	2200			
		特别坚固的辉长辉绿岩、石英岩和玢岩	3000			

4.1.3　土的工程性质

自然状态下的土，经开挖扰动之后，因土体变得松散而使体积增大，这种性质称作土的松散性，土的容重和松散系数见表4-9。

表4-9　　　　　　　　　　　　　　土的容重和松散系数表

土的类别	自然状态		挖松后		弃土堆	
	γ_1	k_1	γ_2	k_2	γ_3	k_3
砂土	1.65～1.75	1.00	1.50～1.55	1.05～1.15	1.60～1.65	1.00～1.10
壤土	1.75～1.85	1.00	1.65～1.70	1.05～1.10	1.75～1.80	1.00～1.05
黏土	1.80～1.95	1.00	1.60～1.65	1.10～1.20	1.75～1.80	1.00～1.10
砂砾土	1.90～2.05	1.00	1.50～1.70	1.10～1.40	1.70～1.90	1.00～1.20
含砂砾壤土	1.85～2.00	1.00	1.70～1.80	1.05～1.10	1.85～1.95	1.00～1.05
含砂砾黏土	1.90～2.10	1.00	1.55～1.75	1.10～1.35	1.75～2.00	1.00～1.20
卵石	1.95～2.15	1.00	1.70～1.90	1.15	1.90～2.05	1.00～1.05

注　γ为容重；k_1为松散系数；表中k_2＝挖松后土的体积/自然状态下土的体积；k_3＝未加人工压实的堆弃土的体积/自然状态下土的体积。

（1）土的体积关系。在土方工程施工中，土方主要有三种状态，即自然方、松方、压实方，它们之间有着密切的关系。

土体在自然状态下是由土粒（矿物颗粒）、水和气体三相组成。当自然土体松动后，气体体积（即孔隙）增大，当土粒数量不变，原自然土体积$V_{自}$＜$V_{松}$（松动后的土体积）；当经过碾压或振动后，气体被排出，则压实后的土体$V_{实}$＜$V_{自}$。三者之间的关系即：$V_{实}$＜$V_{自}$＜$V_{松}$，$V_{实}$为压实方，$V_{松}$为松方。

对于砾石和卵石，由于它们的块度大或颗粒粗，可塑性远小于土粒，因而它们的体积关系为压实方大于自然方（见表4-10）。

表4-10　　　　　　　　　　　　几种典型土的体积变化换算系数表

土壤种类	$V_{自}$	$V_{松}$	$V_{实}$
黏土	1.00	1.27	0.90
壤土	1.00	1.25	0.90
砂	1.00	1.12	0.95
固结砾石	1.00	1.42	1.29

（2）自然方和压实方的关系。在土方工程施工中，设计工程量为压实后的成品方，取料场的储量是自然方。在计算压实工程的备料量和运输量时，应该将二者之间的关系考虑进去，并考虑施工过程中的各种损耗。压实成品方与所需自然方的换算公式：

$$V_{实} = (1+A)\gamma_d/\gamma_a \tag{4-1}$$

式中　$V_{实}$——压实成品方的体积，m^3；

　　　A——综合系数，％；

　　　γ_d——设计干容重，t/m^3；

　　　γ_a——未经扰动的自然干容重，t/m^3。

式中综合系数 A 考虑了施工中各种损失。它包括坝上运输、雨后清理、边坡削坡、接缝削坡、施工沉陷、取土坑、试验坑和不可避免的压坏等损失因素。土料施工综合系数 A 见表 4-11。

表 4-11 土料施工综合系数 A 表

填筑料	A	填筑料	A
机械填筑混合坝体土料	5.86	人工填筑坝体土料	3.43
机械填筑均质坝坝体土料	4.93	人工填筑心墙土料	3.43
机械填筑心墙土料	5.70	坝体砂石料、反滤料	2.20

4.2 土方开挖特点及施工要求

4.2.1 开挖特点

水利水电工程，特别是大中型工程中的土方开挖，一般有以下特点。

（1）工程量大、有时开挖工作面集中、干扰多、工期紧。

（2）往往开挖深度大、形成的高边坡施工难度大，地下水、地表水以及气候条件对开挖影响较大，安全问题突出。

（3）因地形、地貌、地质、水文条件的不同，各种工程在土方开挖的施工难度和工期方面的差异较大。

（4）各类土壤的特性有着很大差异，并且随着外部条件的变化而改变。

（5）露天作业受雨季的影响极大。

（6）开挖边坡需要及时防护。

4.2.2 技术要求

（1）按设计图纸和规程规范的要求组织施工，并严格控制反坡或超挖、欠挖。

（2）掌握土质分层、地表水、地下水、气象等自然条件，作为正确制定施工措施和安全防护的依据。

（3）做好测量、放线、计量等工作，方量计算值的误差不得大于5%。重要的三角网基点和水准基点应妥善保护。

（4）对开挖范围内和周围有影响区域的建筑物及障碍物，如房屋、树木、坟墓、电线、管道等，应有妥善处理的措施。

（5）比较并选定开挖方法，合理布置开挖工作面，确定开挖分区、分段、分层及开挖程序，以充分发挥机械的生产效率。

（6）切实做好截水措施、排水措施，防止地表水和地下水对开挖造成影响。在考虑排水措施时，土的渗透系数可参考表 4-12。

（7）做好汛期防洪、边坡保护等措施，防止边坡坍塌造成事故。

（8）按要求设置保护层，对开挖成型后的表面及时进行防护。

（9）充分利用弃土，做好挖填平衡或弃土造田；弃土尽量不占或少占农田。

表 4-12			土的渗透系数参考值			
土壤名称	渗透系数		土壤名称	渗透系数		
	m/d	cm/s		m/d	cm/s	
黏土	<0.005	$<6\times10^{-6}$	均质中砂	35～50	$4\times10^{-2}\sim6\times10^{-2}$	
亚黏土	0.005～0.1	$6\times10^{-6}\sim1\times10^{-4}$	粗砂	20～50	$2\times10^{-2}\sim6\times10^{-2}$	
轻亚黏土	0.1～0.5	$1\times10^{-4}\sim6\times10^{-4}$	均质粗砂	60～75	$7\times10^{-2}\sim9\times10^{-2}$	
黄土	0.25～0.5	$3\times10^{-4}\sim6\times10^{-4}$	圆砾	50～100	$6\times10^{-2}\sim1\times10^{-1}$	
粉砂	0.5～1.0	$6\times10^{-4}\sim1\times10^{-3}$	卵石	100～500	$1\times10^{-1}\sim6\times10^{-1}$	
细砂	1.0～5.0	$1\times10^{-3}\sim6\times10^{-3}$	无充填物卵石	500～1000	$6\times10^{-1}\sim1$	
中砂	5.0～20	$6\times10^{-3}\sim2\times10^{-2}$				

4.2.3 边坡稳定

对于重要的土方开挖边坡，其稳定安全应通过专门计算和设计。土方开挖施工安全边坡可参考表 4-13 和表 4-14。

表 4-13	土方开挖施工安全边坡参考值表		
土 的 类 别		开挖高度/m	施工安全边坡
天然湿度的均质砂土		<5	1:1～1:2
天然湿度的均质壤土		<5	1:0.5～1:1.25
		5～18	1:1.25～1:1.5
湿度适中的黏土		<5	1:0.5～1:1.25
		5～18	1:1.25～1:1.5
砂砾石	水上	<8	1:0.5～1:1.25
	水下		1:1～1:1.5
干燥地区原状黄土、类黄土		<18	1:1.01～1:1.25
崩积土石体		<18	1:0.5～1:1.5

表 4-14	挖深在 5m 以内的窄槽未加支撑时的施工安全边坡参考值	
施工方法 土的类别	人 工 开 挖	机 械 开 挖
砂土	1:1.00	1:0.75
轻亚黏土	1:0.67	1:0.50
亚黏土	1:0.50	1:0.33
黏土	1:0.33	1:0.25
砾石土	1:0.67	1:0.50
干黄土	1:0.25	1:0.10

注 1. 必须做好防水措施，雨季应加支撑。
2. 附近如有强烈震动，应加支撑。

专门设计施工安全边坡时，应进行土坡稳定计算，通常采用圆弧法。对于土质单一、边坡坡度不变、没有地下水的土坡，可简化计算，或采用图解法。

无黏性土简单土坡，当土的凝聚力 $c=0$ 时，则：

$$K=\frac{\tan\varphi}{\tan\theta} \tag{4-2}$$

式中　K——安全系数，对于基坑开挖边坡，K 可采用 $1.1\sim1.2$；

　　　φ——土的内摩擦角，(°)；

　　　θ——边坡坡角，(°)。

黏性土简单土坡，$c\neq0$，可根据罗巴索夫图（见图 4-3），求得安全边坡。该图是在土坡处于极限平衡状态时（安全系数 $K=1$），土坡的内摩擦角 φ、坡角 θ 与 $N=c/rH$ 之间的关系曲线。

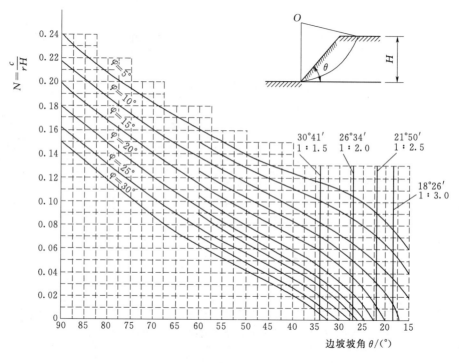

图 4-3　黏性土简单土坡罗巴索夫计算图

4.3　开挖规划

4.3.1　土方开挖规划原则

（1）根据开挖的地形条件、开采要求等，合理布置场内施工道路、排水设施、风水电系统等。

（2）根据土方的可利用量、土方所需位置及时间要求、弃料量和弃渣场位置等，进行土方平衡，制订合理的开挖进度计划。

（3）根据土质特性、开挖规模、开采条件、开挖进度和用途等，确定人工开挖、机械开挖或其他开挖等开挖方法。

（4）土方开挖遵循自上而下逐层开挖的原则，根据地形条件、工程特性、开挖强度、含水量、有用料分布情况等进行分区、分层。

（5）根据土质特性、开挖强度、开采条件、道路及运输设备情况等，进行开挖设备的选型和数量配置。

（6）根据表层无用料及夹层的分布状况，确定其堆存、弃料、直接利用等处置方案。

（7）土方开挖后的边坡，应及时防护，保证边坡安全。

（8）特殊开挖方法，如爆破开挖、水力开挖土方等，应制订专项开挖方案。

（9）高边坡、深基坑、水边开挖等应进行安全论证。

4.3.2 临时设施布置规划

临时设施主要有场内施工道路、风水电系统、截排水设施、施工用房、弃渣场等；临时设施现场布置应充分利用自然地形条件，做到布局合理并满足施工需要，尽量做到大型临建设施与永久设施相结合，挖方弃料与填方或造田相结合，做好土方挖填平衡。

临时设施现场布置要点如下。

（1）应结合工程施工总布置考虑，做到技术可靠、经济合理、规模适中、干扰较小且便于与施工总布置中各相关设施相互衔接。

（2）应有利于充分发挥临时设施的生产能力，满足施工总进度中土石方开挖强度的要求。

（3）场内道路布置要满足运输要求，并连通至每个开挖作业面，且尽量形成循环道路。

（4）截排水设施的设置应尽量减少对开挖的影响，并随时维护，保持有效。

（5）表层土堆存区应不影响土方开挖施工。

（6）不应设置临时设施的区域包括：严重不良地质区域或滑坡体危害区域；泥石流、山洪、沙暴或雪崩可能危害区域；受土石方开挖爆破或其他因素影响严重的区域。

施工道路、风水电系统等临时设施的具体布置参见第 2 章。

4.3.3 施工方法选择

土方开挖的方法主要有人工开挖、机械开挖和其他开挖方法（如爆破开挖、水力开挖等）。

（1）人工开挖适用于一些土方量小及不便于机械化施工的地方，如排（截）水沟、输水渠等。挖土用铁锹、镐等工具；运土用筐、手推车、架子车等工具。

（2）机械开挖适用于土方工程量大、施工机械便于操作的地方，如坝基、溢洪道、土料场等的开挖。

土方开挖施工机械的选择应根据工程规模、工期要求、地质情况以及施工现场条件等来确定。常用的土方挖装机械有推土机、正铲及反铲挖掘机、装载机、铲运机、抓斗挖掘机、拉铲挖掘机、斗轮挖掘机等。铲运机同时具有运输和摊铺功能。

（3）爆破开挖。爆破开挖适用于坚实黏性土、冻土开挖和一次爆破成渠开挖等。

采用爆破松土与人工、推土机、装载机或水枪冲土等开挖方式配合，可显著提高开挖效率；在平坦地面上开挖土方渠道，可采用定向爆破方法一次爆破成渠，再配合人工、推土机等进行修整。

（4）水力开挖。水力开挖适用于水力冲填坝开采土料、开挖深渠道与溢洪道等。水力开挖土方，所用设备简单，在一定条件下，省工节能，具有较大的经济效益。

4.3.4 分区分层

土方工程量较大的坝基或渠道开挖、土料场开挖等，遵循自上而下逐层开挖的原则，合理进行分层、分区；分层分区的目的是合理布置开挖区域，以保证开挖连续进行，发挥开挖机械最大效能，做到有序开挖、流水作业；考虑的因素有地形条件、开挖规模、土质特性、开挖进度、开挖强度、有用料分布、支护进度和排水设施情况等。

（1）分层。分层的厚度主要根据开挖机械的有效挖深确定。

若存在无用料夹层，根据夹层间有用料厚度、夹层分布状态分别确定开挖层厚；夹层间有用料厚度小于机械有效挖深时，有用料厚度即为分层厚度；夹层间有用料厚度大于机械有效挖深时，分层厚度为机械有效挖深。

若需薄层开挖以降低土料含水量，开挖分层厚度应服从含水量调整的需要。

分层的厚度不宜太大，一般为 3～5m。

（2）分区。水利水电工程中大方量的土方开挖主要有坝基（肩）土方开挖、渠道土方开挖和土料场开挖等，其分区因地形条件、工程量大小和开挖体型及要求的不同而不同。按开挖程序和形成流水作业的要求，根据开挖进度和开挖强度，充分考虑挖运设备的有效布置，从而确定每个分区的工程量和面积。

1）坝基（肩）土方开挖。坝基土方开挖分区主要考虑导流和排水的需要，水上部分一般沿河流方向划分区块，自河流向两岸逐区块开挖；水下部分属基坑开挖，主排水泵坑一般设置在下游，区块划分同水上部分，开挖时开挖面向下游形成一定的坡度，以利自然排水。坝肩土方开挖主要根据坝肩道路布置情况划分区块，道路之间的土方即为一个开挖区块，每条道路承担其以上区块的土方开挖出渣。

2）渠道土方开挖。渠道属线性工程，根据开挖进度和开挖强度划分土方开挖区段。

3）土料场开挖。含水量调整往往是土料场开挖中主要施工程序，且一般情况下在土料场进行，所以按照施工程序可将土料场分为覆盖层剥离区、含水量调整区和有用料开挖区等；需要时还应设置边坡支护区。土料场开挖典型分区见图 4-4。

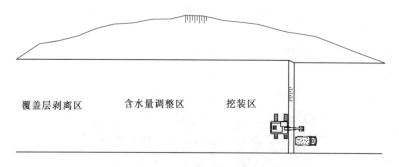

图 4-4　土料场开挖典型分区图

4.4 开挖方法

土方开挖的方法主要有人工开挖、机械开挖、爆破开挖、水力开挖和特殊土（淤泥、流沙、膨胀土和冻土）开挖。

4.4.1 人工开挖

一些土方量小及不便于机械化施工的地方采用人工开挖，如排（截）水沟、输水渠等。挖土用铁锹、镐等工具；运土用筐、手推车、架子车等工具。

人工开挖以小型沟渠最为典型，下面以渠道人工开挖为例说明开挖方法。

人工开挖渠道时，应自中心向外，分层下挖，先深后宽，边坡处可按边坡比挖成台阶状，待挖至设计要求时，再进行削坡。如有条件应尽可能做到挖填平衡。必须弃土时，应先行规划堆土区，做到先挖远倒，后挖近倒，先平后高。

受地下水影响的渠道，应设排水沟，排水应本着上游照顾下游，下游服从上游的原则，即向下游放水的时间和流量，应照顾下游的排水条件；同时下游服从上游的需要。一般下游应先开工，并不得阻碍上游水量的排泄，以保证水流畅通。开挖主要有以下两种方式。

（1）一次到底法。一次到底法（见图4-5）适用于土质较好，挖深2～3m的渠道。开挖时应先将排水沟挖到低于渠底设计高程0.50m处，然后再按阶梯状逐层向下开挖，直到渠底为止。

（2）分层下挖法。此法适用于土质不好且挖深较大的渠道。将排水沟布置在渠道中部，先逐层挖排水沟，再挖渠道，直至挖到渠底为止［见图4-6（a）］。如渠道较宽，可采用翻滚排水沟［见图4-6（b）］。这种方法的优点是排水沟分层开挖，沟的断面小，土方量少，施工较安全。

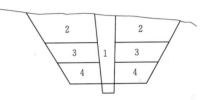

图4-5 一次到底法示意图
1～4—开挖顺序

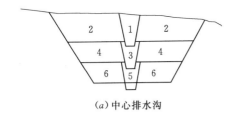

（a）中心排水沟

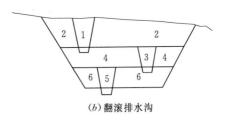

（b）翻滚排水沟

图4-6 分层下挖法示意图
1～6—开挖顺序

4.4.2 机械开挖

常用的土方挖装机械有推土机、正铲及反铲挖掘机、装载机、铲运机、抓斗挖掘机、拉铲挖掘机、斗轮挖掘机等。铲运机同时具有运输和摊铺功能。

土方开挖施工机械的选择应根据工程规模、工期要求、地质情况以及施工现场条件等来确定。

（1）推土机。推土机开挖的基本作业是铲土、运土、卸土三个工作行程和空载回驶行程。常用的作业方法如下：

1）槽形推土法。推土机多次重复在一条作业线上切土和推土，使地面逐渐形成一条浅槽，再反复在沟槽中进行推土，以减少土从铲刀两侧漏散，可提高工作效率10%～30%。

2）下坡推土法。推土机顺着下坡方向切土与推运，借机械向下的重力作用切土，增大切土深度和运土数量，可提高生产率30%～40%，但坡度不宜超过15°，避免后退时爬坡困难。

3）并列推土法。用2～3台推土机并列作业，以减少土体漏失量。铲刀相距15～30cm，平均运距不宜超过50～70m，亦不宜小于20m。

4）分段铲土集中推送法。在硬质土中，切土深度不大，将铲下的土分堆集中，然后再整批推送到卸料区。堆积距离不宜大于30m，堆土高度以2m内为宜。

5）斜角推土法。将铲刀斜装在支架上或水平放置，并与前进方向成一倾斜角度进行推土。

（2）挖掘机。挖掘机按行走方式分为履带式和轮胎式两种；大中型挖掘机多为履带式，轮胎式挖掘机一般为小型设备。

按传动方式分为机械传动和液压传动两种；由于液压传动工作效率高，故液压挖掘机的使用较为广泛。

根据工作装置不同，分为正铲挖掘机和反铲挖掘机。

1）正铲挖掘机。正铲挖掘机主要用于开挖停机面以上的土方开挖。其开挖方式有以下两种：

A. 正向开挖、侧向装土法。正铲向前进方向挖土，汽车位于正铲的侧向装车。铲臂卸土回转角度小于90°，装车方便，循环时间短、生产效率高。

B. 正向开挖、后方装土法。开挖工作面较大，位铲臂卸土回转角度大、生产效率较低。

2）反铲挖掘机。适用于Ⅰ～Ⅲ类土开挖，主要用于开挖停机面以下的土方。其开挖方法有以下几种：

A. 端向开挖法（沟槽）。反铲停于沟端，后退挖土，同时往沟一侧弃土或装车运走。

B. 侧向开挖法（沟槽）。反铲停于沟侧沿沟边后退开挖，铲臂回转角度小，能将土弃于距沟边较远的地方，但挖土宽度比挖掘半径小，边坡不好控制，同时机身靠沟边停放，稳定性较差。

C. 多层接边开挖法。用两台或多台挖掘机设在不同作业高度上同时挖土，边挖土边将土传递到上层，再由地表挖掘机或装载机装车外运。

3）拉铲挖掘机。拉铲工作时，可利用惯性力，将铲斗甩出去，挖掘半径较大。适用于Ⅰ～Ⅲ类土开挖，尤其适合于深基坑水下作业。

4）抓铲挖掘机。适用于开挖土质比较松软（Ⅰ～Ⅱ类土）、施工面狭窄而深的基坑，以及深槽、河床清淤等工程，最适宜于水下挖土，或用于装卸碎石、矿渣等松散材料，抓铲能在回转半径范围内开挖基坑中任何位置的土方。

（3）装载机。装载机按行走方式分为履带式和轮胎式两种，土方工程主要使用轮胎装载机，它具有操作轻便、灵活、转运方便、快速、容易维修等特点，适用于装卸松散土料，也可用于较软土体的表层剥离、地面平整、场地清理和土方运送等工作。装载机一般同推土机配合作业，即由推土机松土、集土，装载机装运。

（4）铲运机。铲运机的基本作业是铲土、运土、卸土三个工程行程和一个空载回驶行程。根据施工场地的不同，常用的开行路线有以下几种：

1）椭圆形开行路线。从挖方到填方按椭圆形路线回转，适合于长 100m 内基坑开挖、场地平整等工程使用。

2）"8"字形开行路线。装土、运土和卸土时按"8"字形运行，可减少转弯次数和空车行驶距离，提高生产率，同时避免机械行驶部分单侧磨损。

3）大环形开行路线。从挖方到填方均按封闭的环形路线回转。当挖土和填土交替，而刚好填土区在挖土区的两端时，则可采用大环形路线。

4）连续式开行路线。铲运机在同一直线段连续地进行铲土和卸土作业。可消除跑空车现象，减少转弯次数，提高生产效率，同时还可使整个填方面积得到均匀压实。适合于大面积场地整平，且填方和挖方轮次交替出现的地段采用。

为了提高铲运机的生产效率，通常采用以下几种方法：

A. 下坡铲土法。铲运机顺地势下坡铲土，借机械下行自重产生的附加牵引力来提高切土深度和充盈数量，最大坡度不应超过 20°，铲土厚度以 20cm 为宜。

B. 沟槽铲土法。在较坚硬的地段挖土时，采取预留土埂间隔铲土。土埂两边沟槽深度以不大于 0.3m、宽度略大于铲斗宽度 10～20cm 为宜，作业时埂与槽交替下挖。

C. 助铲法。在坚硬的土体中，使用自行式铲运机，另配一台推土机松土或在铲运机的后拖杆上进行顶推，协助铲土，可缩短铲土时间，每 3～4 台铲运机配置一台推土机助铲，可提高生产率 30% 以上。

（5）斗轮挖掘机。适用于大体积的土方开挖工程，且具有较高的掌子面，不宜料含水量过大。多与胶带运输机合作长距离运输。

4.4.3 爆破开挖

（1）爆破松土。在坚实黏性土和冻土开挖中，采用爆破松土与人工、推土机、装载机或水枪冲土等开挖方式配合，可显著提高开挖效率。

爆破松土一般采用钻孔爆破法。有时也采用洞室、药壶等集中药包，大方量坚实黏性土和冻土开挖且地形条件满足要求的宜采用洞室爆破；地形条件不宜采用洞室爆破的或小方量坚实黏性土和冻土开挖，宜采用药壶爆破；爆破参数如洞室、药壶布置及洞室开挖要求、如何成壶等可参考 5.4.2 节。

1）密实土爆破。土方松动爆破的装药量 Q 可按式（4-3）计算：

$$Q = mqW^3 \qquad\qquad (4-3)$$

式中　Q——土方松动爆破装药量，kg；

　　　m——根据地形确定的松动爆破系数，陡崖及台阶地形 0.33～0.4，平坦地形 0.4
　　　　　～0.5；

q——标准抛掷爆破的单位耗药量，kg/m³，砂质黄土 0.85～0.95，密实黄土 0.9～1.0，一般黏土 1.0～1.1，坚实黏土 1.1～1.2。

也可按式（4-4）计算：

$$q=0.4+\left(\frac{\gamma}{2450}\right)^2 \tag{4-4}$$

式中　γ——土料的自然容重，kg/m³；

　　　W——最小抵抗线，m。

2）冻土爆破。这是最为有效、简便的松动冻土层方法。爆破所需炸药量按式（4-5）计算：

$$Q=q_dW^3 \tag{4-5}$$

式中　Q——冻土爆破炸药需要量，kg；

　　　q_d——冻土层单位体积耗药量，按岩石硝铵炸药计，可参考表 4-15；

　　　W——最小抵抗线，m。

表 4-15　　　　　　　　冻土层松动爆破单位耗药量 q_d 取值表　　　　　　　单位：kg/m³

土的类别	q_d	土的类别	q_d
地表植土层	0.31	壤土、轻黏土	0.39
砂土	0.35	黏土	0.55

冻土层进行松动爆破的炮孔深度可为冻土层厚度的 0.75～0.90 倍，炮孔间距可取 $1.5W$。冻土层松动爆破装药量见表 4-16。

表 4-16　　　　　　　　冻土层松动爆破装药量取值表　　　　　　　单位：kg

土的类别	冻土层厚度/m			
	0.5	1.0	1.5	2.0
地表植土层	0.03～0.04	0.24～0.31	0.69～1.04	1.64～2.46
轻黏土	0.04～0.05	0.31～0.40	1.04～1.31	2.46～3.12
含砾黏土	0.06～0.07	0.40～0.55	1.31～1.85	3.12～4.40

爆破冻土应伴随爆破即时开挖清除。一次爆破的土方不宜过多，以免再次冻结。在气温 -10℃时，一次爆破的方量不宜超过两个工作班的清除量；气温在 -25℃时，不宜超过一个工作班的清除量。

冻土层中钻炮孔可采用风钻、电钻或钻机，并应用长 800～1000mm 的麻花钻头；炮孔也可采用热钻（如蒸汽针等）钻孔，或在上冻以前预先钻设炮孔并加以保护，在冬季施工时应用。

（2）爆破开渠。在平坦地面上开挖土方渠道，可采用定向爆破方法一次爆破成渠，再配合人工、推土机等进行修整。爆破开渠的药包布置见图 4-7。

1）药包排数 N，根据渠道开挖宽度和深度计算。

$$N=\frac{1}{a}(B+2mH-2nW)+1 \tag{4-6}$$

式中 N——药包排数；

a——药包间（排）距，m；

B——渠道宽度，m；

m——渠道边坡系数；

H——平均开挖深度，m；

n——爆破作用指数；

W——各药包的平均最小抵抗线，m。

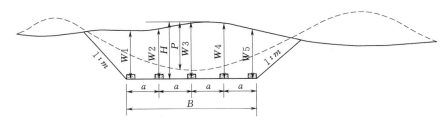

图 4-7 爆破开渠的药包布置图

2）爆破作用指数 n，根据土方扬弃量或爆破后土方回落形成的爆破漏斗可见深度 P 进行选择。平坦地形开渠，按土方扬弃量估算爆破作用指数时，可采用式（4-7）。

$$n=\frac{E}{55}+0.5 \qquad (4-7)$$

式中 n——爆破作用指数；

E——土方抛掷爆破扬弃量的百分数。

按可见深度 P 确定爆破作用指数，其关系可参考表 4-17；可见深度的大小将直接影响耗药量和回落土方量的大小，宜根据各工程具体情况通过经济比较确定。

表 4-17　　　　平坦地面爆破开渠的爆破作用指数 n 与可见深度 P 的关系表

n	0.75	1.00	1.25	1.50	1.75	2.00
P	0.165W	0.330W	0.495W	0.660W	0.825W	1.00W

3）药包间（排）距 a，可由爆破作用指数确定（见表 4-18）。

表 4-18　　　　　　　　爆破开渠的药包间距 a 取值表

爆破方式	松动爆破	抛　掷　爆　破				
n	<0.75	1.00	1.25	1.50	1.75	2.00
a	(0.08~1.0)W	1.00W	1.16W	1.34W	1.53W	1.73W

4）每个药包装药量 Q，可按式（4-8）计算。

$$Q=qeW^3(0.4+0.6n^3) \qquad (4-8)$$

式中 Q——药包装药量，kg；

e——炸药换算系数；

W——最小抵抗线，宜采用 $W=(0.6\sim0.8)H$，H 为开挖深度，m；

q——标准爆破单位耗药量，kg/m^3。

在多排药包爆破中，为增加可见深度，边排可取较小的 n 值（1.25～1.75）并先起爆；中排药包取较大的 n 值（1.75～2.25），延迟十数秒后起爆，将边排药包扬起的土方在回落前堆至渠道两侧。若要使扬起的土方主要向一侧抛掷，则可将同一侧边排的药包取较小的 n 值，将另一侧边排的药包取较大的 n 值。

在深挖方渠道（$H=8～10\text{m}$ 以上）的爆破开挖中，宜采用双层或多层药包。上层药包宜采用较大的 n 值，使土方加强扬弃；下层药包采用松动爆破，再辅以人工可机械进行清除。

4.4.4　水力开挖

水力开挖土方，所用设备简单，在一定条件下，省工节能，具有较大的经济效益。

（1）引水冲土。这种方法是引用高处水源，使水流沿冲土沟下冲，人工或推土机将沟两侧土方推至沟中，形成泥浆沿输泥渠输走（见图 4-8）。

这种方法适用于水力冲填坝开采土料、开挖深渠道与溢洪道等。引水冲土的单位耗水量见表 4-19。

表 4-19　　　　　　　　　引水冲土的单位耗水量表

土的类别	耗水量/(m³/m³)	土的类别	耗水量/(m³/m³)
粉砂	0.8～1.0	砂壤土	1.0～1.3
砂土	1.0～1.2	黏土	1.2～1.5

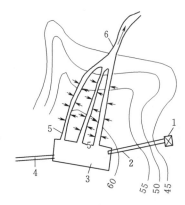

图 4-8　引水冲土开挖示意图
1—水泵站；2—压力水管；3—水池；4—高引水渠；5—冲土沟；6—输泥渠

冲土沟可采用窄深断面，底宽 0.5m、边坡 1∶1，深可达 3～5m。沟的纵坡视土质和泥浆浓度而定；当泥浆的土水比为 2∶1～3∶1 时，对于轻质黄土，纵坡宜为 10%～15%，对于砾质黏土，纵坡宜为 25%～40%。

输泥渠应满足数条冲土沟汇集起来的泥浆输泄的要求，纵坡应稍大于冲土沟的纵坡，对于轻质黄土可用 15%～20%。

（2）水枪冲土。

1）水枪。冲土用的水枪，目前多为不定型产品。根据下列工作参数选择水枪。

A. 冲土流速 v。水流作用于土掌上需要具有的流速，按土体性质确定（见表 4-20）。

表 4-20　　　　　　　　　冲　土　流　速　v　取　值　表

土体性质	砂土	轻质砂壤土	松黄土	密实黄土	一般壤土	一般黏土	密实黏土	密实肥黏土	含砾、含根黏土
冲土流速/(m/s)	10～12	13～15	13～15	18～20	18～25	20～26	25～30	30～35	32～35

B. 枪口水头和冲土距离。根据冲土流速的要求确定枪口水头和冲土距离。冲土距离还应考虑水枪工作安全距离的要求，它们有如下关系：

$$v = \left(\Phi \frac{d_0}{L} \right) 0.59 v_0 \tag{4-9}$$

$$v_0 = \varphi \sqrt{2gH_0} \tag{4-10}$$

以上各式中 v —— 冲土流速，m/s；

        Φ —— 水速质量系数，与水枪质量有关，$\Phi = 100 \sim 120$，一般取 100；

     d_0 —— 枪口直径，mm；

     L —— 枪口到土掌的距离，mm，与土掌高度（一般为 10m 左右）和土体性质有关，通常取 $6000 \sim 12000$mm；

     v_0 —— 枪口射流速度，m/s；

     φ —— 枪口流速系数，$\varphi = 0.92 \sim 0.96$，一般取 0.94；

     H_0 —— 枪口水头，m。

枪口直径和枪口到土掌距离一定，即可求得枪口水头与枪口射流速度及冲土流速的数值，表 4-21 列出 $d_0 = 20$mm、$L = 8000$mm 时 H_0 与 v_0 及 v 的关系。

表 4-21   枪口水头与枪口射流速度及冲土流速的关系表

枪口水头 H_0/m	枪口射流速度 v_0/(m/s) $(v_0 = 0.94\sqrt{2gH_0} = 4.17\sqrt{H_0})$	冲土流速 v/(m/s) $(v = 0.44v_0)$
10	13.19	5.80
20	18.65	8.21
30	22.84	10.05
40	26.37	11.60
50	29.49	12.98
60	32.30	14.21
80	37.30	16.41
100	41.70	18.35
150	51.07	22.47
200	58.97	25.93
250	65.93	29.01
300	72.22	31.78

C. 枪口流量。根据枪口水头和枪口直径，可算出枪口流量。

$$Q = \mu \omega \sqrt{2gH_0} \tag{4-11}$$

式中 Q —— 枪口流量，m³/s；

     μ —— 流量系数，通常取 0.94；

     ω —— 枪口截面积，m²。

简化式（4-11）可得：

$$Q = 3.275 d_0^2 \sqrt{H_0} \tag{4-12}$$

枪口流速和枪口流量可参见表 4-22。

表 4 - 22　　　　　　　　　　　枪口流速和枪口流量关系表

枪口水头/m	枪口射流速度/(m/s)	枪口直径/mm 枪口流量/(m³/s)						
		20	32	38	44	50	62.5	75
10	13.19	13	38	54	72	93	146	210
20	18.65	19	54	76	102	132	206	297
30	22.84	23	66	93	125	166	256	368
40	26.37	30	76	108	144	191	292	425
50	29.49	33	85	121	162	212	328	475
60	32.30	37	94	132	177	230	360	522
80	37.30	42	108	152	204	266	414	594
100	41.7	47	121	170	228	299	464	666
150	51.07	58	148	208	278	360	565	817
200	58.97	67	171	240	323	417	651	938
250	65.93	75	191	269	361	466	728	1049
300	72.22	82	209	295	395	510	798	1149

　　D. 枪口直径。当水枪枪口水头和枪口流量已确定，所需水枪枪口直径可由式（4 - 13）求得。

$$d_0 = 0.55 \sqrt{\frac{Q}{\sqrt{H_0}}} \tag{4 - 13}$$

式中符号代表意义与式（4 - 10）相同。

　　或者当枪口流量和枪口射流速度已确定，可由式（4 - 14）求得。

$$d_0 = \sqrt{\frac{4Q}{\pi v_0}} \tag{4 - 14}$$

　　换算后，得

$$d_0 = 18.8 \sqrt{\frac{Q}{v_0}} \tag{4 - 15}$$

式中　d_0——枪口直径，mm；

　　　Q——枪口流量，m³/s；

　　　v_0——枪口流速，m/s。

　　E. 水枪流量。冲土所需水枪流量根据冲土强度要求确定。

$$Q_1 = qP \tag{4 - 16}$$

式中　Q_1——冲土所需水枪流量，m³/h；

　　　q——冲土单位耗水量，m³/m³，可由表 4 - 23 选取；

P——冲土生产强度，m^3/h。

表 4-23　　　　　　　　　　冲挖各类土体所需水头和耗水量表

土的类别	土掌壁高度/m							
	<5		5~10		10~15		>15	
	q /(m^3/m^3)	H_0 /m	q /(m^3/m^3)	H_0 /m	q /(m^3/m^3)	H_0 /m	q /(m^3/m^3)	H_0 /m
预先松散的非黏结性土	5.0	30	4.5	35	4.0	40	3.5	50
中砂 松砂壤土 松黄土	6.0	30 30 40	5.5	35 35 45	5.0	40 40 50	4.0	50 50 60
中砂 松壤黏土 密实黄土	7.0	30 50 60	6.5	35 60 65	6.0	40 70 70	5.0	50 80 80
粗砂 重砂壤土 砂质黏土 密实壤黏土	9.0	30 60 70 80	8.5	35 65 75 90	8.0	40 70 80 100	7.0	50 80 90 120
含砾40%的砂砾石 含砾15%的黏土	12.0	40 70	11.5	45 80	11.0	50 90	10.0	60 100
含砾40%以上的砂砾石肥黏土	20.0	50 150	19.0	55 160	18.0	60 170	16.0	70 180

F. 水枪需用量。工作水枪的需用台数，可按式（4-17）计算。

$$M = \frac{Q_1}{Q} \tag{4-17}$$

式中　Q_1——冲土所需水枪流量，m^3/h；

　　　Q——单台水枪枪口流量，m^3/h；

　　　M——水枪台数，台。

G. 供水水泵选择。选择水泵扬程可按式（4-18）计算。

$$H = H_0 + h_d + h_g + h_j + h_q \tag{4-18}$$

式中　H——水泵的总扬程，m；

　　　H_0——水枪枪口水头，m；

　　　h_d——地形高差，即吸水面到枪口高差，m；

　　　h_g——水管沿程摩阻损失水头，m；

　　　h_j——水管局部损失水头，m；

　　　h_q——水枪损失水头，m。

H. 水枪生产能力。水枪的生产能力同土的性质、枪口流量和土掌壁高度等有关，可参见表4-24。

表 4 - 24

水 枪 生 产 能 力 表

土 的 类 别	枪口流量/(m³/s)	土掌壁高度/m			
		<5	6~10	11~15	>15
细砂、粉砂、轻砂土、松散黄土、松散泥炭	0.10	336	368	400	504
	0.15	504	560	608	760
	0.20	672	728	808	1008
中粗砂、重砂土、轻砂质黏土、致密黏土	0.10	228	312	336	400
	0.15	400	464	504	608
	0.20	568	616	672	808
粗砂、重砂土、中砂质黏土、瘦黏土	0.10	224	240	256	288
	0.15	336	360	384	440
	0.20	448	480	504	563
砂质土壤、半肥黏土	0.10	168	176	184	200
	0.15	248	264	272	304
	0.20	336	362	368	400
砂质砾石土壤、半肥黏土	0.10	96	104	112	128
	0.15	152	160	168	192
	0.20	200	216	224	248

2）水枪的冲土方法。水枪冲土方法见图 4 - 9。最常用的是下部冲土法，冲土率高，耗水量小，但劳动条件较差。在选择土掌高度和确定水枪离土掌壁距离时，应保证水枪冲土工作的安全。水枪离土掌的最小距离为：

$$L_{min} = aH \qquad (4 - 19)$$

式中　L_{min}——水枪枪口距土掌壁的最小距离，m；

　　　H——土掌壁高度，m；

　　　a——系数，黄土为 0.1.2，黏土为 1.0，壤土为 0.6~0.8，砂土为 0.4~0.6。

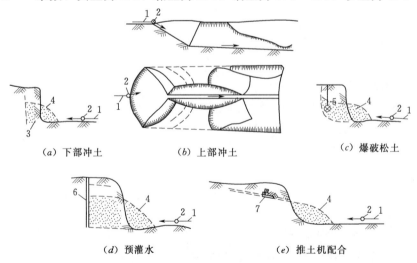

（a）下部冲土　　（b）上部冲土　　（c）爆破松土

（d）预灌水　　（e）推土机配合

图 4-9　水枪冲土方法图

1—供水管；2—水枪；3—冲土槽；4—坍塌土堆；5—炸药包；6—灌水孔；7—推土机

水枪距土掌壁的最大距离 $L_{\max}$ 应在水枪有效射程范围内，由式（4-20）确定。因此，水枪移动距离见图 4-10。

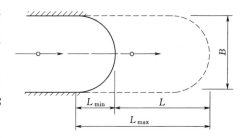

$$L = L_{\max} - L_{\min} \qquad (4-20)$$

冲土掌子的最大宽度 B 满足：$2L_{\min} < B < 2L_{\max}$。

图 4-10　水枪移动距离图

3）水枪冲土的施工布置。一般有两种布置方式：两侧冲土和一侧冲土，见图 4-11。泥浆由排泥沟流至泥浆泵站，由泥浆泵送至弃土区；若地形允许，泥浆由排泥沟直接排走。

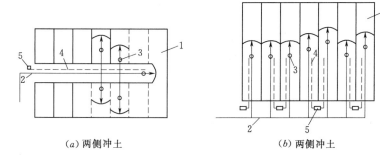

（a）两侧冲土　　　　　　（b）两侧冲土

图 4-11　水枪冲土施工布置图

1—开挖区；2—供水管；3—水枪；4—排泥沟；5—泥浆泵

常用的泥浆泵性能见表 4-25。排泥沟的断面与底坡，根据泥浆流量、泥浆浓度和土粒组成等因素确定。按经验，排泥沟的底坡可参照下列数值选取：一般土 0.02～0.03；砂土 0.03～0.06；含砾土及砂砾 0.035～0.12。

表 4-25　　　　　　　　　　　　常 用 的 泥 浆 泵 性 能 表

性能指标＼型号 性能参数	TBW-50/15 立式单作用	TBW-200/40 卧式、双缸双作用	BW-250/50 卧式单作用	2DN-6/30 卧式、双缸双作用	2DN-15/40	100/15 隔膜式、单缸单作用
缸数	2	2	3	2	2	1
缸径/mm	60	85	75	70	90,75,60	110
柱塞行程/mm	50	140	85	100	150	110
往复次数/（次/min）	190	81	250,150	84	76	170
最大排水量/（L/min）	50	200	250,150	100(6m³/h)	250,170,100	100
最大工作压力/（kgf/cm²）[①]	15	40	25,50	30	40	15
皮带轮直径/mm		600	380	400	600	
传动转速/（r/min）		300	540	240	420	
吸水管直径/mm	27	89	63.5	54	75	
排水管直径/mm	23	38	38	44	54	65

型号 性能 参数 性能指标	TBW－50/15	TBW－200/40	BW－250/50	2DN－6/30	2DN－15/40	100/15
	立式 单作用	卧式、双 缸双作用	卧式 单作用	卧式、双 缸双作用		隔膜式、 单缸单作用
需用功率/kW	2.2	18	15	10	30	7
外形尺寸(长×宽×高) /(mm×mm×mm)	1054×353 ×645	1670×890 ×1600	1100×810 ×680	1695×830 ×920	1750×700 ×1130	2325×925 ×1561
质量/kg	192	680	400	634	825	1050

① 1kgf/cm² ＝9.8×10⁴Pa。

4.4.5 特殊土开挖

对具有一定特性的淤泥、流沙、膨胀土和冻土等，应选择合理的开挖方法。

（1）淤泥开挖。这里主要介绍淤泥露天开挖方法。

淤泥有黏质淤泥和砂质淤泥两类，前者多含有有机质，难以排干水分，需在软泥状态或泥浆状态下进行开挖；后者尚可排干水分，可先逐层开挖排水沟，再进行开挖。

1）人工开挖。

A．洼坑排淤。利用天然洼坑或人工挖出的洼坑，将淤泥排至坑中。在河道开挖工程中可采用此法。

B．铺土挤淤。将干土铺填于淤泥中，逐渐向淤泥坑延伸铺出土路，然后在土路上进行淤泥开挖。根据淤泥含水量的大小，可采用戽铲斗等工具。

C．梢捆铺路。用芦苇、柳梢等柴草料扎成直径约30cm梢捆，每3～4个为一排，用小桩连成排铺于淤泥上，开成通路，工人即可在梢捆上进行挖淤。

D．跳板或船驳挖淤。在淤泥上铺纵横两层木板作为通路，在板上挖淤运泥；若为稀淤，则可用船驳取淤，用绳索拉船至岸边卸泥。

2）机械开挖。索铲、反铲、抓斗挖掘机适于软质及砂质淤泥开挖，但稀淤泥开挖不宜采用，需要布设出渣道路时，可根据淤泥的承载力情况，一般采用垫石渣或铺设钢板等措施形成出渣道路。

（2）流沙开挖。开挖流沙层，首要的问题是"排水"。流沙层的渗透系数一般较大，易于排水，故把流沙层中的水排出，开挖即无困难。其次是"封闭"，把开挖区的流沙与整个流沙层隔开。

人工开挖流沙层的方法如下。

1）开沟排水开挖。排水沟可布置在流沙层的边缘或流沙层上。淮北地区采用高低沟排水开挖流沙层（见图4-12）。在即将挖到流沙层时，先挖出排水沟1开始排水，当挖到流沙层，即刻挖出排水沟2，使流沙层中的水排至沟2，并分段将水提至沟1，再汇集到集水井排出；当第②层流沙挖完以后，立即挖出排水沟3，形成新的高低排水沟2、高低排水沟3，进行第③层的开挖；……排水沟深约1m，边坡1∶1～1∶1.5。

2）沉箱排水开挖。在流沙层中沉入0.5～0.8m高的无底滤水箱、筐或无砂混凝土管等，挖去箱（筐）内流沙即成为排水坑，将周围砂层中的水排出，则流沙层较容易进行开挖。

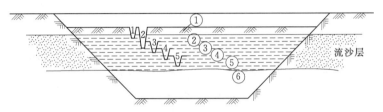

图 4－12　流沙层高低沟排水开挖示意图

1～5—排水沟；①～⑥—开挖序号

3）放缓边坡开挖。当流沙层厚度在 4～5m 以下，而且土质条件允许时，可放缓边坡进行开挖。根据流沙层的土粒组成、紧密程度及含水量情况，边坡可采用 1：4～1：8。

4）用土隔砂开挖。从流沙层边缘开始，用挖沙还土的办法先筑成纵横土埝，将流沙层隔成小块，然后再将沙层挖去。此法适用于流沙层厚度不大的情况。

5）桩柳护岸开挖。河北省海河工地在开挖深度超过 5～6m、流沙严重的河段时，多采用此法（见图 4－13）。先在地下水逸出点以上约 0.5m 的边坡上，开挖宽 0.5～0.7m、深 1～1.2m 的沟，然后在沟中打桩，深入设计河底以下约 1m，桩距为 1m，在桩后填压柳捆，直到桩顶。开挖以后，桩前临河一侧原 1：2 边坡，在自然坍塌后形成 1：8～1：10 的边坡。

6）苇捆固砂、石块分格开挖。内蒙古舍力虎水库泄水闸基础为细砂层，基坑面积 4200m²，水下开挖深度 3.8m，两岸为 10～15m 高的流动沙丘。在基坑开挖中采用苇捆挡沙。其方法是用苇子或麦秆捆成直径为 10～12cm、长约 45cm 的苇捆，每开挖一层，砌筑一圈苇捆，上压块石或碎石，逐层开挖，逐层砌筑（见图 4－14）。上部开挖时，开挖层厚 0.7～1.0m，接近底部时，开挖层厚减至 0.5～0.7m。

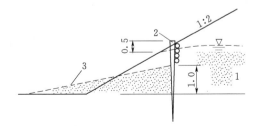

图 4－13　桩柳护岸开挖流沙图（单位：m）

1—流沙层；2—桩；3—坍塌后岸坡

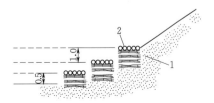

图 4－14　汇泄水闸苇捆挡沙开挖

流沙图（单位：m）

1—苇捆；2—块石或碎石压重

当开挖到基底时，为防止排水过程中基础沙面的流动，在基底面上开挖排水沟，沟宽 0.4～0.6m、深 0.3～0.4m，沟内填碎石（见图 4－15）。

7）板桩封闭开挖。用木板桩或钢板桩将流沙层封闭隔离，在板桩保护下进行开挖（见图 4－16）。板桩深入基坑底部的深度与基坑开挖深度关系见表 4－26。

表 4－26　　　　　　　板桩深入基坑底部的深度与基坑开挖深度关系表

开挖深度 h_1/m	0.5	0.75	1	1.25	1.5	1.75	2	2.5	3	3.5	4
板桩插入深度 h_2/m	0.9	1.4	1.8	2.3	2.8	3.2	3.7	4.6	5.5	6.5	7.4

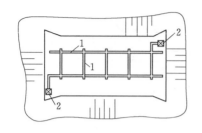
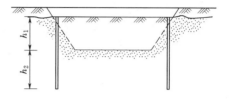

图 4-15　汇泄水闸流沙基坑的排水布置图　　　图 4-16　板桩封闭流沙层开挖示意图
1—排水沟；2—排水坑

（3）膨胀土开挖。膨胀土层的特点是当去掉上部覆盖重量、暴露在空气中以后，即迅速风化，吸水膨胀，并立即湿化崩解。膨胀土的分类见表 4-27。

表 4-27　　　　　　　　　　　　　膨 胀 土 的 分 类 表

类　　别	膨胀率/%	伸缩率/%
高膨胀土类	>10	>16
中等膨胀土类	1~10	10~16
轻膨胀土类	<1	<10

膨胀土开挖措施如下。

1）开挖深度小于 6m 时，开挖边坡采用 1:1.5~1:2.0，可不设边坡平台；开挖深度为 6~10m 时，边坡为 1:1.75~1:2.5，边坡平台宽度应大于 2m。

2）排干地表水和地下水，防止土吸水膨胀。

3）加速开挖，使土体暴露的时间减至最短。

4）边开挖边加设保护层和防渗层，使之与大气和水隔离。保护方法有植被保护、填筑黏土层保护、片石骨架（内铺草皮）保护和浆砌石或浇喷混凝土保护等。

5）加设浆砌石等盖重，防止土体的隆胀变形。

（4）冻土开挖。冻土层的开挖需要消耗大量能量，因此应尽量在土层冻结以前采取防冻措施，如排水防冻，翻松表土层或采用树叶、矿渣、秫秸、雪盖、冰盖等保温防冻。

冬季开挖土方，宜采用较高的立面土掌，不宜采用平层开挖，除非开挖速度快，使露出的表层土在开挖前不会发生冻结。

冬季开挖的挖方边坡，要注意化冻后使其不致发生崩塌。对于建筑物地基，开挖后的基底土层，要绝对防止发生冻结。

当冻土层厚度为 0.15~0.25m 时，可直接应用 0.5~1m³ 正铲挖掘机开挖；冻土层厚度不超过 0.4m 时，可用 3m³ 正铲挖掘机开挖；用拉铲挖掘机进，一般可挖厚度不超过 0.1m 的冻土层。

较厚冻土层的开挖方法如下。

1）劈土法。将开挖面挖成高 3~4m 的直立面，底部掏槽（深约 0.5~0.7m），顶部每隔 3~5m 分段挖一侧槽，然后在冻土层顶部用钢钎（间距 0.3~0.5m），在孔中打入木桩，即可将土劈裂。人工劈土工效可达 10~15m³/工日。

2）爆破松冻。参见第 4.4.3 节。

3）犁式松土机松冻。适用于冻土层厚约 0.25m 的情况。

4）尖劈松冻。在铁制尖劈上用落锤冲击，将土劈裂。根据尖劈和落锤的重量，可劈裂 0.3～0.6m 厚冻土层，其人工工效为 3～6m³/工日。

5）锤击松冻。用 1～3t 重的楔形锤或半球形锤可击松 0.25～0.5m 厚冻土层。

6）融冻法。用火烤或热水、蒸汽、电、远红外线等加热方法融化冻土，其效率不高，只适用于局部少量的冻土开挖。

4.5　开挖设备选型与配套

4.5.1　选型与配套原则

（1）选型原则。

1）根据地形条件、开挖强度、工程量大小、配套运输设备等进行选择；应首先确定开挖工序中起控制性作用的主导设备。

2）按机械用途和性能选型。对于以挖掘作业为主的土石方工程应优先选用挖掘机；铲运土方并需平整的工程应根据作业场地的大小选择推土机或者铲运机；运输机械吨位大小取决于施工道路和配套的挖掘设备。

3）按施工经济性选择机械。挖掘机械经济运距表见表 4-28。

表 4-28　　　　　　　　　挖掘机械经济运距表

机械	推土机	轮式装载机	自行铲运机	拖式铲运机
运距/m	<100	<150	<1500	<500

4）优先选择生产效率高的设备，但型号不宜过多。

5）优先选择一机多用、性能优良的设备，尽量少选专用设备。

6）优先选择配件供应、设备维修等市场较为发达的常用设备。

（2）配套原则。

1）选用配套机械设备，其性能和参数应满足施工组织设计；与工程施工条件、施工方案和工艺流程相符合；与开挖地段的地形和地质条件相适应；能满足开挖强度和开挖质量的要求。

2）开挖过程中各工序所采用的机械，要注重相互间的配合，应能充分发挥其生产效率，确保生产进度。

3）选用配套机械设备，应首先确定开挖工序中起主导、控制作用的机械。如运输机械的车厢容积一般为挖掘机械的 3～5 倍。其他机械随主导机械而定，生产能力应略大于主导机械的生产能力，达到效能的合理匹配。

4）对选用的机械设备，要从供货渠道、产品质量、操作技术、维修保养、售后服务和环保性能等方面进行综合评价，确保技术可靠，经济适用。

5）有利于计算机控制，适应信息化管理。

4.5.2 设备选型

常用的土方挖装机械有推土机、正铲及反铲挖掘机、装载机、铲运机、抓斗挖掘机、拉铲挖掘机、斗轮挖掘机等。铲运机同时具有运输和摊铺功能。

常用的土方运输机械有自卸汽车、皮带运输机、卷扬机、拖拉机等。

土方开挖施工机械的选择应根据工程规模、工期要求、地质情况以及施工现场条件等来确定，常用土方机械性能及其适用范围可参考表 4-29。

表 4-29　　　　　　　　　常用土方机械性能及其适用范围表

<table>
<tr><td colspan="2">机械名称、特性</td><td>作业特点</td><td>辅助机械</td><td>适用范围</td></tr>
<tr><td rowspan="2">挖运机械</td><td>推土机</td><td>操作灵活，运转方便，工作面小，可挖土、运土，应用广泛</td><td>①平整、堆集；②运距100m内的推土；③浅基坑开挖；④铲运机助铲</td><td>土方运输需配备装运设备；推挖Ⅲ～Ⅳ类土，应用松土器预先翻松，有的Ⅴ类土也可用裂土器裂松</td><td>①Ⅰ～Ⅳ类土；②场土平整，料堆平整；③短距离挖填，可填基坑（槽）、管沟并压实；④配合装载机集中土方，清理场地、修路开道等</td></tr>
<tr><td>铲运机</td><td>操作灵活，能独立完成铲、运、卸、填筑、压实等工序，行驶速度快，生产效率高</td><td>①大面积整平；②开挖大型基坑、沟渠；③牵引式铲运机的运距在500m内，自行式铲运机的运距一般为1000～1500m；④土方挖运，填筑路基、堤坝</td><td>开挖Ⅲ类、Ⅳ类土宜先用松土器预先翻松20～40cm；自行式铲运机适合于较长距离挖运</td><td>①开挖含水量25%以下Ⅰ～Ⅲ类土，土层内不含有卵砾和碎石；②大面积开挖、运输；③运距1500m内的土方挖运、铺填（自行式）</td></tr>
<tr><td rowspan="4">挖装机械</td><td>正铲挖掘机</td><td>装车轻便、灵活，回转速度快，移位方便，适应能力强，能挖掘坚硬土层，易控制开挖尺寸，工作效率高</td><td>①开挖停机面以上的土方；②工作面应在2.0m以上，开挖高度超过铲土机挖掘高度时，可采取分层开挖，装车外运</td><td>土方外运应配备自卸汽车，工作面应有推土机配合清表、平场等</td><td>①开挖Ⅰ～Ⅲ类土和经爆破后的岩石与冻土碎块；②独立基坑、边坡开挖</td></tr>
<tr><td>反铲挖掘机</td><td>除具有正铲挖掘机的性能外，还有较强的爬坡和自救能力</td><td>①开挖停机面以下的土方；②最大挖土深度和经济合理深度随机型而异；③可装车和两边甩土、堆放；④较大、较深基坑可用多层接力挖土</td><td>土方外运应配备自卸汽车</td><td>①Ⅰ～Ⅲ类土开挖；②管沟和基槽开挖；③边坡开挖及坡面修整；④部分水下开挖</td></tr>
<tr><td>装载机</td><td>操作灵活，回转移位方便、快速，可装卸土方和散料，行驶速度快、效率高</td><td>①短距离内自铲自运；②开挖停机面以上土方；③轮胎装载机运距一般不超过100～150m，履带式装载机不超过100m；④轮胎式只能装松散土方，履带式可装较密实土方</td><td>土方外运应配备自卸汽车，作业面需用推土机配合</td><td>①土方装运；②履带式换挖斗时，可用于土方开挖；③地面平整和场地清理等工作</td></tr>
<tr><td>拉铲挖掘机</td><td>挖掘半径及卸载半径大，操作灵活性较差，效率较低</td><td>①开挖停机面以下土方；②可装车和甩土；③开挖截面误差较大；④可将土甩在基坑（槽）两边较远处堆放</td><td>土方外运应配备自卸汽车</td><td>①挖掘Ⅰ～Ⅲ类土；②河床疏浚；③水下挖取泥土</td></tr>
</table>

机械名称、特性		作业特点	辅助机械	适用范围
挖装机械	抓铲挖掘机	钢丝绳牵拉灵活性较差，工效不高，不能挖掘硬土	①开挖直井或沉井土方；②可装车或甩土；③排水良好的深坑井挖	土方外运应配备自卸汽车	①土层比较松软、施工面较狭窄的深基坑、基槽；②水中挖取土沙或经爆破后的石渣；③桥基、桩孔挖土
	斗轮挖掘机	电力驱动，工作效率高，成本低，体积庞大，运输不便	①立面开挖停机面以上的土方；②自然方和松方均可；③可与自卸汽车和皮带机配套使用	配备带式运输机和自卸汽车外运	①大体积的土方开挖工程，如土石坝料场开挖；②高度在4.5m以上的掌子面

4.5.3　设备配套

（1）土石方机械产量指标。以机械设备的台班（时）产量为基本产量指标。机械设备的实际生产能力与其完好率、利用率和生产效率有关。上述"三率"是评定机械化施工管理水平的主要指标。"三率"的高低取决于机械设备的品质、现场作业条件以及生产调度管理、维修保养和操作人员的技术水平等。确定机械设备的产量指标时，要遵照现行定额，结合工程的具体情况，进行分析综合选用。

1）机械设备作业效率。施工机械的作业效率反映机械在施工时段有效利用程度。由于影响机械作业效率的因素很多，一般可用时间利用系数 k_t 来综合机械的影响程度。确定 k_t 的最好方法是现场测定机械的时间利用情况，并求得机械设备的台班（时）作业效率。一般情况可参照类似工程或参照表4-30经验数据选用。

表4-30　　　　　　　　　　施工机械时间利用系数 k_t 取值表

现场管理条件 作业条件	最好	良好	一般	较差	很差
最好	0.84	0.81	0.76	0.7	0.63
良好	0.78	0.75	0.71	0.65	0.60
一般	0.72	0.69	0.65	0.60	0.54
较差	0.63	0.61	0.57	0.52	0.45
很差	0.52	0.50	0.47	0.42	0.32

2）常用土石方机械产量指标。常用土石方机械设备年产量和作业天数参考指标见表4-31。常用土石方机械完好率、利用率参考指标见表4-32。

（2）配套计算。在土方开挖工程中，挖掘机械往往是主导机械。因此，开挖机械的选型配套及数量计算，主要是如何合理选择挖土机械和与之相匹配的运输机械类型和数量。其他各种辅助设备的类型和数量应根据主导机械的需要合理配置。

表 4 – 31　　　　　　　　　常用土石方机械设备年产量和作业天数参考指标表

机 械 名 称	计算内容	年产量		全年作业天数指标
		单位	指标	
正铲单斗挖掘机 4m³ 以上	每立方米斗容的挖土量	万 m³	4.0～11	135～184
轮式装载机、铲运机 3m³ 以下	每立方米斗容的挖土量	万 m³	0.6～1.2	123～184
推土机	每马力推土量	m³	160～320	135～172
自卸汽车	每吨载重能力运输量	m³	985～3000	160～197

表 4 – 32　　　　　　　常用土石方机械完好率、利用率参考指标表

机械名称	完好率/%	利用率/%	机械名称	完好率/%	利用率/%
挖掘机	80～95	55～75	自卸汽车	75～95	65～80
推土机	75～90	55～70	装载机	75～95	60～90
铲运机	70～95	50～75	机动翻斗车	80～95	70～85

土方开挖机械配套及数量计算包括：合理选择主要挖土机械和与之相适应的运土机械的类型和数量；选择配合主要挖土机械辅助机械和清理挖方中残留土方的机械；弃土场的卸土、弃土、平整机械；运土机械的装卸辅助设备（漏斗等）及修建养护道路的机械设备；确定对施工强度、工程单价起决定性作用的主导机械，其他各种机械的类型和数量应服从主导机械进行配置；尽量减少机械的类型、规格，以利调度管理和维修。

在土方开挖工程中，多数情况下挖土机械往往是主导机械；有时运土机械也可能成为主导机械。直接进行施工的主导机械的数量按式（4 – 21）确定：

$$N = \frac{Q}{TmP} \qquad\qquad (4 - 21)$$

式中　N——主导机械数量，台；

　　　Q——土方开挖工程量，m³；

　　　T——施工期限内，扣除停工后的有效施工天数，d；

　　　m——每日施工班数，班；

　　　P——机械的台班产量，根据定额或生产率计算确定，m³/台班。

工地上应拥有的机械数量为：

$$N' = \frac{N}{K_w K_L} \qquad\qquad (4 - 22)$$

式中　K_w、K_L——机械的完好率和利用率。

1）挖掘设备与自卸汽车的配套。

A. 以挖掘机为主导机械。按照工作面的作业参数和条件选用挖掘机，再选用与挖掘机相配套的自卸汽车。

B. 汽车斗容积与挖掘机的斗容积比 n 应适当。大斗容积的挖掘机不应配用斗容小的自卸汽车，否则不但生产效率不高，自卸汽车也易损坏。运距较远时，小斗容积挖掘机也可适当配一些大汽车。汽车容积与铲斗容积之合理比值 n 见表 4-33。

表 4-33　　　　　　　　汽车容积与铲斗容积之合理比值 n 取值表

运距/km	n	
	挖掘机	装载机
<1	3～5	3
1～2.5	4～7	4～5
3～5	7～10	4～5

C. 自卸汽车数量计算。配备自卸汽车数量应充分考虑开挖工程的特点，一般要考虑以下几点：装车工作面狭窄，易造成自卸汽车长时等待；装载工序受其他工序干扰时，时间利用率降低；出渣道路的好坏，将影响汽车的通行能力。

汽车数量 N_q 应满足挖掘机的连续开挖，即：

$$N_q = \frac{T}{t_z} \tag{4-23}$$

式中　N_q——汽车数量，台；

　　　T——汽车运土一次循环时间，min；

　　　t_z——挖掘机装车所需时间，min。

挖掘机配套自卸汽车的数量，除按生产率计算外，一般可按定额指标进行匡算。正铲挖掘机与自卸汽车的配套可参考表 4-34。装载机配置自卸汽车数量见表 4-35。

表 4-34　　　　　　　　正铲挖掘机与自卸汽车的配套参考表　　　　　　　　单位：台

正铲斗容积	汽车载重量	汽车运距						
		0.5km	1.0km	1.5km	2.0km	3.0km	4.0km	5.0km
0.5m³	3.5t	4	6	7	9	11	13	15
	5.0t	4	4	6	7	8	9	10
	6.5t	3	4	5	6	6	7	8
	8.0t	3	3	4	5	5	6	7
1.0m³	5.0t	5	7	8	9	11	13	15
	6.5t	5	6	7	8	9	11	12
	8.0t	4	5	6	7	8	10	11
	10.0t	4	5	6	6	8	9	10
2.0m³	8.0t	6	8	9	11	13	16	17
	10.0t	6	7	8	10	12	14	16
	15.0t	5	6	7	8	9	11	12
	20.0t	4	5	6	6	7	9	10

正铲斗容积	汽车载重量	汽　车　运　距						
		0.5km	1.0km	1.5km	2.0km	3.0km	4.0km	5.0km
3.0m³	10.0t	7	9	11	12	15	18	20
	15.0t	6	8	9	10	12	14	16
	20.0t	5	6	7	8	9	11	12
	32.0t	3	4	5	6	6	8	8
4.0m³	15.0t	7	9	11	12	14	17	19
	20.0t	6	7	8	9	11	13	14
	32.0t	4	5	6	6	8	9	10

表 4-35　　　　　　　　　　装载机配置自卸汽车数量参考表　　　　　　　　单位：台

装载机容积	汽车载重量	汽　车　运　距					
		0.5km	1.0km	2.0km	3.0km	4.0km	5.0km
1m³	5t	3	3	4	5	5	6
	8t	2	2	3	3	4	4
	10t	2	3	3	3	4	4
2m³	8t	3	4	4	5	6	7
	10t	3	3	4	5	6	6
	15t	2	3	3	4	5	6
	20t	2	2	3	4	4	5
3m³	10t	3	4	5	6	6	7
	15t	2	3	4	4	5	5
	20t	2	2	3	3	4	4
	25t	2	2	3	3	4	4
5m³	20t	3	3	4	4	5	5
	25t	3	3	4	4	4	5
	32t	2	2	3	3	3	4
	45t	2	2	2	3	3	4

注　本表按 2007 年水电建筑工程预算定额换算。

2）挖掘设备与带式输送机的配套。正铲挖掘机与带式输送机的配套见表 4-36。

表 4-36　　　　　　　　　正铲挖掘机与带式输送机的配套参考表

正铲斗容积/m³	0.5		1		3	
正铲台数/台	1	2	1	2	1	2
带宽/mm	500	400	800	500	650	500	800	650	1000	650	1200	1000
带速/(m/s)	1.5	2.5	1.0	2.5	1.5	2.5	2.0	3.0	1.5	3.0	1.5	3.0

4.6 工程实例——南水北调主干渠某段土方开挖

南水北调中线一期工程主干渠桩号 204+400~209+400 段，长 5.00km，为全土方挖方段，挖深 6~12m。渠道为明渠梯形过水断面，渠底高程 72.86~72.17m，设计底宽为 20.5~25.5m，渠道内过水断面边坡系数为 2.0~2.5，渠道纵坡为 1/30000，一级马道（堤顶）宽 5.0m。地形地貌由山前倾斜平原和侵蚀堆积河谷组成，高程多在 70.00~85.00m，地下水位低于渠底板。

该段土方明挖工程量约为 304 万 m³，施工的最高月强度为 22.4 万 m³/月。

4.6.1 施工道路

根据现场的地形条件及渠道的施工特点，布置三条施工道路，宽 7m，皆为泥结碎石路面；渠顶右岸沿渠道布置施工期道路，该路连接已有的周边公路。渠道中部一级马道设计有 4m 宽沥青混凝土路和泥结碎石路，该路为施工期中线路。渠底作为施工期低线路。岸坡预留斜坡道路连接各线道路。

4.6.2 开挖分区分层

渠段长 5km，挖深 6~12m。根据现场条件及开挖强度等情况平均分三个开挖施工区段，每个分区 1.6km 左右；根据渠道体型及配置设备情况分三层开挖，层厚 2~4m。土方开挖分层见图 4-17。

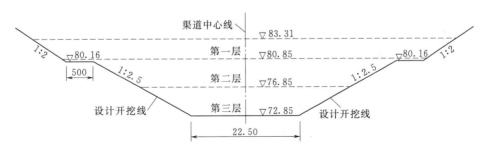

图 4-17　土方开挖分层图（单位：m）

4.6.3 开挖方法

各施工区均采用自上而下、分段分层、液压反铲 PC400 和 PC300 挖装、推土机辅助集料、15t 自卸汽车运输；边坡采用液压反铲 PC300 削坡成形、人工辅助削坡并对局部松坡进行夯实。

4.6.4 设备配置

装渣主要采用 6 台 PC400 和 3 台 PC300 液压反铲；PC400 液压反铲生产效率为每台月装载能力为 3.5 万 m³，PC300 液压反铲生产效率为每台月装载能力为 3.0 万 m³，施工总能力为 30 万 m³，满足最高月开挖强度约为 22.4 万 m³ 的施工需求。运输设备采用 15t 自卸汽车，每辆车月生产率为 5000m³，考虑机械检修及出勤率，配置 55 台 15t 自卸汽车。

5 石 方 开 挖

5.1 岩石的工程分类、分级及性质

5.1.1 岩石的工程分类

岩石的工程分类方法较多，可以按岩石的成因、风化程度、完整程度等进行定性划分，也可以按其抗压强度、完整性指数、渗透系数等进行定量划分。

（1）按岩石的成因分类。自然界的岩石按其成因可以划分为三大类：岩浆岩（火成岩）、沉积岩和变质岩。

岩浆岩（火成岩）是上地幔或地壳深部产生的炽热黏稠的岩浆冷凝固结形成的岩石，如花岗岩、玄武岩等。

沉积岩是成层堆积的松散沉积物固结而成的岩石。在地壳表层，母岩经风化作用、生物作用、火山喷发作用而形成的松散碎屑物及少量宇宙物质经过介质（主要是水）的搬运、沉积、成岩作用形成沉积岩，如灰岩、白云岩、砂岩等。

变质岩是指由于地质环境和物理化学条件的改变，使原先已形成岩石的矿物成分、结构构造甚至化学成分发生改变所形成的岩石，如片麻岩、大理岩等。

（2）按岩石坚硬程度划分。

1）岩石坚硬程度，按表 5-1 进行定性划分。

表 5-1　　　　　　　　　　岩石坚硬程度的定性划分表

名　称		定　性　鉴　定	代表性岩石
硬质岩	坚硬岩	锤击声清脆，有回弹，振手难击碎； 浸水后，大多无吸水反应	未风化～微风化： 花岗岩、正长岩、闪长岩、辉绿岩、玄武岩、安山岩、片麻岩、石英片岩、硅质板岩、石英岩、硅质胶结的砾石、石英砂岩、硅质石灰岩等
	较坚硬岩	锤击声较清脆，有轻微回弹，较坚硬岩稍振手，较难击碎； 浸水后，有轻微吸水反应	1. 弱风化的坚硬岩； 2. 未风化～微风化： 熔结凝灰岩、大理岩、板岩、白云岩、石灰岩、钙质胶结的砾岩等
软质岩	较软岩	锤击声不清脆，无回弹，较易击碎； 浸水后，指甲可刻出印痕	1. 强风化的坚硬岩； 2. 弱风化的较坚硬岩； 3. 未风化～微风化： 凝灰岩、千枚岩、砂质泥岩、泥灰岩、泥质砂岩、粉砂岩、页岩等

名　　称		定　性　鉴　定	代表性岩石
软质岩	软岩	锤击声哑，无回弹，有凹痕，易击碎；浸水后，手可掰开	1. 强风化的坚硬岩； 2. 弱风化～强风化的较坚硬岩； 3. 弱风化的较软岩； 4. 未风化的泥岩等
	极软岩	锤击声哑，无回弹，有较深极软岩凹痕，手可捏碎；浸水后，可捏成团	1. 全风化的各种岩石； 2. 各种半成岩

2）岩石坚硬程度定性划分时，其风化程度按表 5 - 2 确定。

表 5 - 2　　　　　　　　岩石风化程度的划分表

名称	风　化　特　征
未风化	结构构造未变，岩质新鲜
微风化	结构构造、矿物色泽基本未变，部分裂隙面有铁锰质渲染
弱风化	结构构造部分破坏，矿物色泽较明显变化，裂隙面出现风化矿物或存在风化夹层
强风化	结构构造大部分破坏，矿物色泽明显变化，长石、云母等多风化成次生矿物
全风化	结构构造全部破坏，矿物成分除石英外，大部分风化成土状

3）岩石饱和单轴抗压强度（R_b）与定性划分的岩石坚硬程度的对应关系，可分为硬质岩和软质岩两大类，按表 5 - 3 确定。

表 5 - 3　　　　　　　R_b 与定性划分岩石坚硬程度的对应关系表

分　　类	硬　质　岩		软　质　岩		
	坚硬岩	中硬岩	较软岩	软岩	极软岩
饱和单轴抗压强度 R_b/MPa	$R_b>60$	$30<R_b\leqslant60$	$15<R_b\leqslant30$	$5<R_b\leqslant15$	$R_b\leqslant5$

（3）**按岩体完整程度划分。**

1）岩体完整程度，按表 5 - 4 进行定性划分。

表 5 - 4　　　　　　　　岩体完整程度的定性划分表

名称	结构面发育程度		主要结构面的结合程度	主要结构面类型	相应结构类型
	组数	平均间距/m			
完整	1～2	＞1.0	结合好或结合一般	节理、裂隙、层面	整体状或巨厚层状结构
较完整	1～2	＞1.0	结合差	节理、裂隙、层面	块状或厚层状结构
	2～3	1.0～0.4	结合好或结合一般		块状结构
较破碎	2～3	1.0～0.4	结合差	节理、裂隙、层面、小断面	裂隙块状或中厚层状结构
	≥3	0.4～0.2	结合好		镶嵌碎裂结构
			结合一般		中层状、薄层状结构

名称	结构面发育程度		主要结构面的结合程度	主要结构面类型	相应结构类型
	组数	平均间距/m			
破碎	≥3	0.4～0.2	结合差	各种类型结构面	裂隙块状结构
		≤0.2	结合一般或结合差		碎裂状结构
极破碎	无序		结合很差		散体状结构

注 平均间距指主要结构面（1～2组）间距的平均值。

2) 结构面的结合程度，根据结构面特征，按表5-5确定。

表5-5 结构面结合程度的划分表

名称	结构面特征
组合好	张开度小于1mm，无充填物
结合好	张开度1～3mm，为硅质或铁质胶结； 张开度大于3mm，结构面粗糙，为硅质胶结
结合一般	张开度1～3mm，为钙质或泥质胶结； 张开度大于3mm，结构面粗糙，为铁质或钙质胶结
结合差	张开度1～3mm，结构面平直，为泥质或泥质和钙质胶结； 张开度大于3mm，多为泥质或岩屑充填
结合很差	泥质充填或泥夹岩屑充填，充填物厚度大于起伏差

3) 岩体完整程度的定量指标，采用岩体完整性指数（K_v）。K_v应采用实测值。当无条件取得实测值时，可用岩体体积节理数（J_v），按表5-6确定对应的K_v值。

表5-6 J_v 与 K_v 对 照 表

J_v/(条/m³)	<3	3～10	10～20	20～35	>35
K_v	>0.75	0.75～0.55	0.55～0.65	0.35～0.15	<0.15

4) 岩体完整性指数（K_v）与定性划分的岩体完整程度的对应关系，按表5-7确定。

表5-7 K_v 与定性划分的岩体完整程度的对应关系表

K_v	>0.75	0.75～0.55	0.55～0.35	0.35～0.15	<0.15
完整程度	完整	较完整	较破碎	破碎	极破碎

（4）按岩体风化带划分。岩体风化带划分见表5-8。

表5-8 岩 体 风 化 带 划 分 表

风化带	主要地质特征	风化岩与新鲜岩纵波速之比
全风化	1. 全部变色，光泽消失； 2. 岩石的组织结构完全破坏，已崩解和分解成松散的土状或砂状，有很大的体积变化，但未移动，仍残留有原始结构痕迹； 3. 除石英颗粒外，其余矿物大部分风化蚀变为次生矿物； 4. 锤击有松散感，出现凹坑，矿物手可捏碎、用锹可以挖动	<0.4

风化带		主要地质特征	风化岩与新鲜岩纵波速之比
强风化		1. 大部分变色，只有局部岩块保持原有颜色； 2. 岩石的组织结构大部分已破坏；小部分岩石已分解或崩解成土，大部分岩石呈不连续的骨架或心石，风化裂隙发育，有时含大量次生夹泥； 3. 除石英外，长石、云母和铁镁矿物已风化蚀变； 4. 锤击哑声，岩石大部分变酥，易碎，用镐撬可以挖动，坚硬部分需爆破	0.4~0.6
弱风化（中等风化）	上带	1. 岩石表面或裂隙面大部分变色，断口色泽较新鲜； 2. 岩石原始组织结构清楚完整，但大多数裂隙已风化，裂隙壁风化剧烈，一般宽5~10cm，大者可达数十厘米； 3. 沿裂隙铁镁矿物氧化锈蚀，长石变得浑浊、模糊不清； 4. 锤击哑声，用镐难挖，需用爆破	0.6~0.8
	下带	1. 岩石表面或裂隙面大部分变色，断口色泽新鲜； 2. 岩石原始组织结构清楚完整，沿部分裂隙风化，裂隙壁风化剧烈，一般宽1~3cm； 3. 沿裂隙铁镁矿物氧化锈蚀，长石变得浑浊、模糊不清； 4. 锤击发音较清脆，开挖需用爆破	
微风化		1. 岩石表面或裂隙面有轻微褪色； 2. 岩石组织结构无变化，保持原始完整结构； 3. 大部分裂隙闭合或为钙质薄膜充填，仅沿大裂隙有风化蚀变现象，或有锈膜浸染； 4. 锤击发音清脆，开挖需用爆破	0.8~0.9
新鲜		1. 保持新鲜色泽，仅大的裂隙面偶见褪色； 2. 裂隙面紧密、完整或焊接状充填，仅个别裂隙面有锈膜浸染或轻微蚀变； 3. 锤击发音清脆，开挖需用爆破	0.9~1.0

注　1. 除弱风化岩体外，当其他风化岩体厚度较大时，也可根据需要进一步划分。

　　2. 选择性风化作用地区，当发育囊状风化、隔层风化、沿裂隙风化等特定形态的风化带时，可根据岩石的风化状态确定其等级。

　　3. 某些特定地区，岩体风化剖面呈非连续性过渡时，分级可缺少一级或二级。

（5）按岩体结构分类。岩体中的结构面和结构体称为岩体的结构单元，不同类型的岩体结构单元在岩体内的组合排列形式称为岩体结构。结构面是指岩体内部具有一定方向、一定规模、一定形态与特性的面、缝、层和带状的地质界面。结构体是指不同规模、产状的结构面所围成的岩石块体。岩体的力学强度、受力后的变形、破坏机制和稳定性，主要受岩体结构的控制。

根据水利水电工程地质评价的实际，《水利水电工程地质勘察规范》（GB 50487—2008）附录K，将岩体结构划分为5大类、13亚类（见表5-9）。

表5-9　　　　　　　　　　　　岩 体 结 构 分 类 表

分类	亚类	岩体结构特征
块状结构	整体状结构	岩体完整，呈巨块状，结构面不发育，间距大于100cm
	块状结构	岩体较完整，呈块状，结构面轻度发育，间距一般50~100cm
	次块状结构	岩体较完整，呈次块状，结构面中等发育，间距一般30~50cm

分类	亚类	岩体结构特征
层状结构	巨厚层状结构	岩体完整，呈巨厚层状，层面不发育，间距大于100cm
	厚层状结构	岩体较完整，呈厚层状，层面轻度发育，间距一般50～100cm
	中厚层状结构	岩体较完整，呈中厚层，层面中等发育，间距一般30～50cm
	互层结构	岩体较完整或完整性差，呈互层状，层面较发育或发育，间距一般10～30cm
	薄层结构	岩体完整性差，呈薄层状，层面发育，间距一般小于10cm
镶嵌结构		岩体完整性差，岩块镶嵌紧密，结构面较发育到很发育，间距一般10～30cm
碎裂结构	块裂结构	岩体完整性差，岩块间有岩屑或泥质物充填，嵌合中等紧密到较松弛，结构面较发育到很发育，间距一般10～30cm
	碎裂结构	岩体破碎，结构面很发育，间距一般小于10cm
散体结构	碎块状结构	岩体破碎，岩块夹岩屑或泥质物
	碎屑状结构	岩体破碎，岩块夹岩屑或泥质物夹岩块

（6）按坝基岩体工程地质分类。坝基岩体工程地质分类见表5-10。

表5-10　　　　　　　　坝基岩体工程地质分类表

类别	A 坚硬岩（$R_b>60\text{MPa}$）		
	岩体特征	岩体工程性质评价	岩体主要特征值
I	A_I：岩体呈整体状、块状、巨厚层状、厚层状结构，结构面不发育到轻度发育，延展性差，多闭合，岩体力学特性各方向的差异性不显著	岩体完整，强度高，抗滑、抗变形性能强，不需做专门地基处理，属优良混凝土坝地基	$R_b>90\text{MPa}$，$V_p>5000\text{m/s}$，$RQD>85\%$，$K_v>0.85$
II	A_{II}：岩体呈块状、次块状、厚层结构，结构面中等发育，软弱结构面局部分布，不成为控制性结构面，不存在影响坝基或坝肩稳定的大型楔体或棱体	岩体较完整，强度高，软弱结构面不控制岩体稳定，抗滑、抗变形性能较高，专门性地基处理工作量不大，属良好高混凝土坝地基	$R_b>60\text{MPa}$，$V_p>4500\text{m/s}$，$RQD>70\%$，$K_v>0.75$
III	A_{III1}：岩体呈次块状、中厚层状结构或焊合牢固的薄层结构。结构面中等发育，岩体中分布有缓倾角或陡倾角（坝肩）的软弱结构面，存在影响局部坝基或坝肩稳定的楔体或棱体	岩体较完整，局部完整性差，强度较高，抗滑、抗变形性能在一定程度上受结构面控制。对影响岩体变形和稳定的结构面应做局部专门处理	$R_b>60\text{MPa}$，$V_p=4000～4500\text{m/s}$，$RQD=40\%～70\%$，$K_v=0.55～0.75$
	A_{III2}：岩体呈互层状、镶嵌状结构，层面为硅质或钙质胶结薄层状结构。结构面发育，但延展差，多闭合，岩块间嵌合力较好	完整性差，抗滑、抗变形性能受结构面发育程度、岩块间嵌合能力及岩体整体强度特性控制，基础处理以提高岩体的整体性为重点	$R_b>60\text{MPa}$，$V_p=3000～4500\text{m/s}$，$RQD=20\%～40\%$，$K_v=0.35～0.55$
IV	A_{IV1}：岩体呈互层状或薄层状结构，层间结合较差，结构面较发育～发育，明显存在不利于坝基及坝肩稳定的软弱结构面、较大的楔体或棱体	岩体完整性差，抗滑、抗变形性能明显受结构面控制，能否作为高混凝土坝地基，视处理难度和效果而定	$R_b>60\text{MPa}$，$V_p=2500～3500\text{m/s}$，$RQD=20\%～40\%$，$K_v=0.35～0.55$
	A_{IV2}：岩体呈镶嵌或碎裂结构，结构面很发育，且多张开或夹碎屑和泥，岩块间嵌合力弱	岩体较破碎，抗滑、抗变形性能差，一般不宜作高混凝土坝地基。当坝基局部存在该类岩体时，需做专门处理	$R_b>60\text{MPa}$，$V_p<2500\text{m/s}$，$RQD<20\%$，$K_v<0.35$

类别	A 坚硬岩（$R_b>60\text{MPa}$）		
	岩体特征	岩体工程性质评价	岩体主要特征值
V	A_V：岩体呈散体结构，由岩块夹泥或泥包岩块组成，具有松散连续介质特征	岩体破碎，不能作为高混凝土坝地基。当坝基局部地段分布该类岩体时，需做专门处理	—

类别	B 中硬岩（$R_b=30\sim60\text{MPa}$）		
I	—	—	—
II	B_{II}：岩体结构特征与 A_I 相似	岩体完整，强度较高，抗滑、抗变形性能较强，专门性地基处理工作量不大，属良好高混凝土坝地基	$R_b=40\sim60\text{MPa}$，$V_p=4000\sim4500\text{m/s}$，$RQD>70\%$，$K_v>0.75$
III	B_{III1}：岩体结构特征与 A_{II} 相似	岩体较完整，有一定强度，抗滑、抗变形性能一定程度受结构面和岩石强度控制，影响岩体变形和稳定的结构面应做局部专门处理	$R_b=40\sim60\text{MPa}$，$V_p=3500\sim4000\text{m/s}$，$RQD=40\%\sim70\%$，$K_v=0.55\sim0.75$
III	B_{III2}：岩体呈次块或中厚层状结构，或硅质、钙质胶结的薄层结构，结构面中等发育，多闭合，岩块间嵌合力较好，贯穿性结构面不多见	岩体较完整，局部完整性差，抗滑、抗变形性能受结构面和岩石强度控制	$R_b=40\sim60\text{MPa}$，$V_p=3000\sim3500\text{m/s}$，$RQD=20\%\sim40\%$，$K_v=0.35\sim0.55$
IV	B_{IV1}：岩体呈互层状或薄层状，层间结合较差，存在不利于坝基（肩）稳定的软弱结构面、较大楔体或棱体	岩体破碎，不能作为高混凝土坝地基。当坝基局部地段分布该类岩体时，需做专门处理	$R_b=30\sim60\text{MPa}$，$V_p=2000\sim3000\text{m/s}$，$RQD=20\%\sim40\%$，$K_v<0.35$
IV	B_{IV2}：岩体呈薄层状或碎裂状，结构面发育到很发育，多张开，岩块间嵌合力差	岩体破碎，不能作为高混凝土坝地基。当坝基局部地段分布该类岩体时，需做专门处理	$R_b=30\sim60\text{MPa}$，$V_p<2000\text{m/s}$，$RQD<20\%$，$K_v<0.35$
V	B_V：岩体呈散体结构，由岩块夹泥或泥包岩块组成，具有松散连续介质特征	岩体破碎，不能作为高混凝土坝地基。当坝基局部地段分布该类岩体时，需做专门处理	

类别	C 软质岩（$R_b<30\text{MPa}$）		
I	—	—	—
II	—	—	—
III	C_{III}：岩石强度大于 $15\sim30\text{MPa}$，岩体呈整体状或巨厚层状结构，结构面不发育到中等发育，岩体力学特性各方向的差异性不显著	岩体完整，抗滑、抗变形性能受岩石强度控制	$R_b<30\text{MPa}$，$V_p=2500\sim3500\text{m/s}$，$RQD>50\%$，$K_v>0.55$
IV	—	—	—
IV	C_{IV}：岩石强度大于 15MPa，但结构面较发育，或岩石强度小于 15MPa，结构面中等发育	岩体较完整，强度低，抗滑、抗变形性能差，不宜作为高混凝土坝地基，当坝基局部存在该类岩体，需做专门处理	$R_b<30\text{MPa}$，$V_p<2500\text{m/s}$，$RQD<50\%$，$K_v<0.55$
V	C_V：岩体呈散体结构，由岩块夹泥或泥包岩块组成，具有松散连续介质特征	岩体破碎，不能作为高混凝土坝地基。当坝基局部地段分布该类岩体时，需做专门处理	

注 1. 本分类适用于高度大于 70m 的混凝土坝。
   2. R_b 为饱和单轴抗压强度，V_p 为声波纵波波速，K_v 为岩体完整性系数，RQD 为岩石质量指标。

5.1.2 岩石的工程分级

采用定性和定量相结合的方法进行分级，先按岩石坚硬程度及岩体完整性加以划分，再按相应的定量指标以确定岩体的基本质量分级。

（1）按岩体基本质量分级。岩体基本质量分级，根据岩体基本质量的定性特征和岩体基本质量指标（BQ）两者相结合，按表5-11确定。

表5-11　　　　　　　　　　　岩体基本质量分级表

基本质量级别	岩体基本质量的定性特征	岩体基本质量指标（BQ）
I	坚硬岩，岩体完整	＞550
II	坚硬岩，岩体较完整； 较坚硬岩，岩体完整	550～451
III	坚硬岩，岩体较破碎； 较坚硬岩或软硬岩互层，岩体较完整； 较软岩，岩体完整	450～351
IV	坚硬岩，岩体破碎； 较坚硬岩，岩体较破碎～破碎； 较软岩或软硬岩互层，且以软岩为主，岩体较完整～较破碎； 软岩，岩体完整～较完整	350～251
V	较软岩，岩体破碎； 软岩，岩体较破碎～破碎； 全部极软岩或全部极破碎岩	＜250

注　1. 岩体基本质量的定性特征，应由所确定的岩石坚硬程度和岩体完整程度组合确定。

　　2. 岩体基本质量指标（BQ），应根据分级因素的定量指标R_b的兆帕数值和K_v，按下式计算：

$$BQ=90+3R_b+250K_v$$

使用该公式时，应遵守：当$R_b>90K_v+30$时，应以$R_b=90K_v+30$和K_v代入计算BQ值；当$K_v>0.04R_b+0.4$时，应以$K_v=0.04R_b+0.4$和R_b代入计算BQ值。

（2）普氏分级法。国内采用的主要分级方法即普氏分级法，根据苏联学者M·M·普洛托季亚可洛夫于1926年提出的坚固性系数f（也称为普氏系数）对土岩介质进行分级。普氏"岩石的坚固性在各方面的表现是趋于一致"的观点，普氏系数f可由式（5-1）确定。

$$f=R/10 \tag{5-1}$$

式中　R——岩石极限抗压强度，MPa。

根据f值大小划分的岩石工程分级，不仅可以确定岩石的开挖方法、判断岩石爆破的难易程度，而且可作为爆破设计时合理选择爆破参数的依据。按岩石坚固性系数f将岩石分成V～XVI级，见表5-12。

表5-12　　　　　　　　　　　岩石（普氏）分级表

定额分类	普氏分级	土壤及岩石名称	天然湿密度/(kg/m³)	极限压碎强度/MPa	用轻型钻机钻进1m耗时/min	开挖方法及工具	坚固性系数f
松石	V	含有重量在50kg以内的巨砾（占体积10%以上）的冰碛石	2100	＜20	＜3.5	部分用手凿工具，部分用爆破方法开挖	1.5～2.0
		石藻岩和软白垩岩	1800				
		胶结力弱的砾石	1900				
		各种不坚实的片岩	2600				
		石膏	2200				

定额分类	普氏分级	土壤及岩石名称	天然湿密度/(kg/m)	极限压碎强度/MPa	用轻型钻机钻进1m耗时/min	开挖方法及工具	坚固性系数 f
次坚石	VI	凝灰岩和浮石	1100	20～40	3.5	用风镐和爆破方法开挖	2～4
		松软多孔、裂隙严重的石灰岩和泥质石灰岩	1200				
		中等硬度的片岩	2700				
		中等硬度的泥灰岩	2300				
	VII	石灰质胶结带有卵石和沉积岩的砾石	2200	40～60	6.0	用爆破方法开挖	4～6
		风化和有大裂缝的黏土质砂岩	2000				
		坚实的泥板岩	2800				
		坚实的泥灰岩	2500				
	VIII	花岗质砾岩	2300	60～80	8.5	用爆破方法开挖	6～8
		泥灰质石灰岩	2300				
		黏土质砂岩	2200				
		砂质云母片岩	2300				
		硬石膏	2900				
普坚石	IX	强风化软弱的花岗岩、片麻岩和正长岩	2500	80～100	11.5	用爆破方法开挖	8～10
		蛇纹岩	2400				
		致密石灰岩	2500				
		含有卵石、沉积岩的硅质胶结砾岩	2500	80～100	11.5	用爆破方法开挖	8～10
		砂岩	2500				
		砂质、石灰质片岩	2500				
		菱镁矿	3000				
	X	白云岩	2700	100～120	15.0	用爆破方法开挖	10～12
		坚固的石灰岩	2700				
		大理岩	2700				
		石灰质胶结的致密砾石	2600				
		坚固砂质片岩	2600				
特坚石	XI	粗粒花岗岩	2800	120～140	18.5	用爆破方法开挖	12～14
		非常坚硬的白云岩	2900				
		蛇纹岩	2600				
		石灰质胶结的含有岩浆岩卵石的砾岩	2800				
		石英胶结的坚固砂岩	2700				
		粗粒正长岩	2700				

定额分类	普氏分级	土壤及岩石名称	天然湿密度 /（kg/m）	极限压碎强度 /MPa	用轻型钻机钻进 1m 耗时/min	开挖方法及工具	坚固性系数 f
特坚石	Ⅶ	具有风化痕迹的安山岩和玄武岩	2700	140～160	22.0	用爆破方法开挖	14～16
		片麻岩	2600				
		非常坚固的石灰岩	2900				
		硅质胶结的含有岩浆岩卵石的砾岩	2900				
		粗面岩	2600				
	Ⅷ	中粒花岗岩	3100	160～180	27.5	用爆破方法开挖	16～18
		坚固的片麻岩	2800				
		辉绿岩	2700				
		玢岩	2500				
		坚固的粗面岩	2800				
		中粒正长岩	2800				
	Ⅸ	非常坚固的细粒花岗岩	3300	180～200	32.5	用爆破方法开挖	18～20
		花岗片麻岩	2900				
		闪长岩	2900				
		高硬度的石灰岩	3100				
		坚固的玢岩	2700				
	ⅩⅤ	安山岩、玄武岩、坚固的角页岩	3100	200～250	46.0	用爆破方法开挖	20～25
		高硬度的辉绿岩和闪长岩	2900				
		坚固的辉长岩和石英岩	2800				
	ⅩⅥ	拉长玄武岩和橄榄玄武岩	3300	＞250	＞60	用爆破方法开挖	＞25
		特别坚固的辉长辉绿岩、石英岩和玢岩	3000				

5.1.3 岩石的工程性质

岩石是由一种或多种矿物组成的集合体。岩石是组成地壳的主要物质，在地壳中具有一定的产状，也是构成建筑物地基或围岩的基本介质。岩石的强度取决于岩石的成因类型、矿物成分、结构和构造等，它直接影响地基岩体或围岩的稳定。

（1）岩石的主要力学性质及指标。

1）单轴抗压强度（R），指岩石试件在单向受力破坏时所能承受的最大压应力，单位为 MPa。根据岩石的含水状态，表征岩石抗压强度的指标还有干抗压强度（R_c）、饱和抗压强度（R_s）等。

A. 干抗压强度（R_c），指岩石试件在干燥状态下的抗压强度。

B. 饱和抗压强度（R_s），指岩石试件在饱和状态下的抗压强度。

2）抗拉强度（σ_t），指岩石试件在单向受拉条件下所承受的最大拉应力，单位为 MPa。常用的试验方法有轴向拉伸法和劈裂法，其中采用劈裂法的较多。

3）抗剪强度（T），指岩石试件受剪力作用时能抵抗剪切破坏的最大剪应力。由凝聚力（c）和内摩擦阻力 $\sigma\tan\varphi$ 两部分组成。一般表达式为 $T=\sigma\tan\varphi+c$，单位为 MPa。

岩石抗剪强度指标，根据岩石受力作用形式不同（试验方式不同）通常分为 3 种。

A. 抗剪断强度是指在一定的法向应力作用下，沿预定剪切面剪断时的最大剪应力，反映了岩石的内聚力和内摩擦阻力之和。

B. 抗剪（摩擦）强度是指在一定的法向应力作用下，沿已有破裂面剪坏时最大剪应力。

C. 抗切强度是指法向应力为零时沿预定剪切面剪断时的最大剪应力。

4）变形模量（E_0），指在单向压缩条件下，岩石试件的轴向应力与轴向应变之比，单位为 MPa。当岩石的应力应变为直线关系时，变形模量为一常量，称为弹性模量（E）。

5）泊松比（μ），指在单向压缩条件下，岩石试件的横向应变与轴向应变之比。

（2）石方的体积关系。在石方工程施工中，主要有自然方、松方、压实方、码方四种状态，它们之间有着密切的关系，见表 5－13。

表 5－13　　　　　　　　　　石方体积折算系数表

石方类别	自然方	松方	压实方	码方
石方	1.00	1.54	1.31	
块石	1.00	1.75	1.43	1.67
砂夹石	1.00	1.07	0.94	

注　本表按《爆破工程消耗量定额》（GYD 102—2008）整理。

5.2　石方开挖特点及施工要求

5.2.1　石方开挖特点

（1）工程量大、部位集中、工期紧。

（2）开挖深度或高差大，形成的高边坡施工难度大，安全问题突出。

（3）工程地质复杂多变，如节理、裂隙、断层破碎带、软弱夹层和滑坡的存在，以及不同工序间衔接段对爆破开挖的特殊要求等，往往在一项开挖中需要采取多种爆破施工方法。开挖揭示的地质情况常和设计依据的地质条件不符，有较大变化时，就要修正设计，影响工程进度。

（4）水工建筑物基础开挖，轮廓复杂，对岩基的完整性、边坡稳定性以及开挖的规格尺寸等要求十分严格，需要采取预留保护层、预裂爆破、光面爆破等措施，利用开挖料时，还需对其级配进行控制，施工爆破技术要求高，制约开挖进度。

（5）基坑开挖常受河床岩基渗流的影响和洪水的威胁，在开挖施工部署中，经常与混凝土浇筑、灌浆、支护等工序平行或交叉施工，开挖程序上又属多层次的立体开挖作业，施工干扰大。

（6）露天作业受气候和水文条件的影响较大。

5.2.2 施工要求

（1）一般要求。

1）按设计图纸和规程规范的要求组织施工，并严格控制反坡或超挖、欠挖。

2）做好测量、放线、计量等工作，方量计算值的误差不得大于5%。重要的三角网基点和水准基点应妥善保护。

3）对开挖范围内和周围有影响区域的建筑物及障碍物，如房屋、树木、坟墓、电线、管道等，应有妥善处理的措施。

4）掌握岩石分层、地表水、地下水、气象等自然条件，作为正确制定施工措施和安全防护的依据。切实做好截水、排水措施，防止地表水和地下水对开挖造成影响。

5）比较并选定开挖方法，合理布置开挖工作面，确定开挖分区、分段、分层及开挖程序，以充分发挥机械的生产效率。

6）做好汛期防洪、边坡保护等措施，防止边坡坍塌造成事故。

（2）钻孔要求。

1）钻孔孔径，台阶爆破不宜大于150mm，紧邻保护层的台阶爆破及预裂爆破、光面爆破不宜大于110mm，保护层爆破不宜大于50mm。

2）台阶爆破钻孔不宜钻入预留的保护层内。无论采用何种开挖爆破方式，钻孔均不应钻入建基面。

3）钻孔孔位应根据爆破设计进行现场放样。钻孔开孔位置与爆破设计孔位的偏差，主爆孔不宜大于孔间排距的5%。

4）钻孔角度，应符合爆破设计的规定。钻孔角度偏差，一般爆破孔不宜大于2°；预裂和光面爆破孔不宜大于1°。

5）钻孔孔深应符合爆破设计规定。孔深允许偏差，一般爆破孔宜为0～+20cm，预裂和光面爆破孔宜为±5cm。

6）已完成的钻孔，孔内岩粉和积水应予清除，孔口应予以保护。对于因堵塞无法装药的钻孔，应予以扫孔或重钻。

（3）起爆网络要求。

1）紧邻建基面和边坡的开挖爆破应采用毫秒延时起爆网络。

2）在雷雨季节和多雷地区进行爆破应采用非电起爆网络。雷电来临应停止爆破作业。

3）对爆破噪声有限制的爆破，地表不宜采用导爆索传爆，如必须采用导爆索传爆时，应采用适当的防护措施。

（4）露天石方开挖要求。露天石方开挖应采用自上而下、分层进行台阶爆破的施工方法，如果某些部位需上下同时施工，应进行安全技术论证。

1）台阶高度不宜大于15m。爆破石渣的块度和爆堆，应能适合挖掘机械作业。爆破石渣如需利用，其块度和级配还应符合有关要求。爆破对紧邻爆区岩体的破坏范围小，爆区底部炮根少且较为平整。爆破振动效应、空气冲击波及噪声强度小。爆破无飞石或爆破飞石较少，飞散距离较近。

2）紧邻设计边坡宜设缓冲孔。

3）爆破的最大一段起爆药量，应不大于300kg；邻近设计建基面和设计边坡的台阶爆破以及缓冲孔爆破的最大一段起爆药量，应不大于100kg。

4）一次爆破排数较多时，宜每隔4～5排设置一排加密爆破孔。

5）水工建筑物岩石基础开挖中，不宜采用挤压爆破。

6）水工建筑物岩石基础开挖，除按要求控制单段爆破药量外，还应控制一次爆破总装药量和起爆排数。

（5）水平建基面开挖要求。

1）水平建基面优先采用预留保护层的开挖方法。

2）紧邻水平建基面的爆破效果，应使水平建基面岩体不致产生大量爆破裂隙，以及不使节理裂隙面、层面等弱面明显恶化，并不损害岩体的完整性。严禁在其附近部位采用洞室爆破法或药壶爆破法施工。

3）紧邻水平建基面的岩体保护层厚度，应由爆破试验确定，若无条件进行试验，保护层厚度宜为上一层台阶爆破药卷直径的25～40倍。

4）紧邻水平建基面的保护层宜选用下列一次爆破法予以挖除：沿建基面采取水平预裂爆破，上部采用水平孔台阶或浅孔台阶爆破法。沿建基面进行水平光面爆破，上部采用浅孔台阶爆破法。孔底无水时，可采用垂直（或倾斜）浅孔，孔底加柔性或复合材料垫层的台阶爆破法。以上任一种爆破方法均应经过试验证明可行后才可实施。

5）经爆破试验证明可行，水平建基面也可采用深孔台阶一次爆破法，水平建基面应采用水平预裂爆破方法。台阶爆破的爆破孔底与水平预裂面应有合适距离。

6）紧邻水平建基面的保护层也可采用分层爆破。

7）水平建基面高程的开挖允许超挖20cm、欠挖10cm。设计边坡的整体平均坡度，应符合设计要求；每一台阶的开挖允许偏差为其开挖高度的±2%。对破碎岩、极破碎岩、较软岩、软岩、极软岩、不良地质地段的岩体，以及设计另有要求的部位，其开挖偏差应符合设计要求。

（6）边坡、沟槽等体型开挖要求。

1）边坡、沟槽等体型开挖应采用预裂或光面爆破。

2）预裂爆破形成的裂缝面应贯通。在开挖轮廓面上，残留爆破孔痕迹应均匀分布。完整岩体的残留爆破孔痕迹保存率应达到85%以上；对较完整和较破碎的岩体，应达到60%以上；对破碎的岩体，应达到20%以上。相邻两残留爆破孔间的不平整度不应大于15cm，对于不允许欠挖的结构部位应满足结构尺寸的要求，残留爆破孔壁面不应有明显爆破裂隙，除明显地质缺陷处外，不应产生裂隙张开、错动及层面抬动现象。

3）对于台阶状开挖部位，预裂孔孔底与下一台阶面应留有一定的间隔，预裂范围应超出相应台阶爆破区，其间隔距离、超出尺寸及预裂缝宽度，应经试验确定。

4）预裂爆破孔和台阶爆破孔若在同一网路中起爆，预裂爆破孔先于相邻台阶爆破孔起爆的时间不应小于75ms。

5）预裂爆破或光面爆破的最大一段起爆药量，不宜大于50kg。

6）需采取分区爆破时，应在分区边界面实施施工预裂爆破。

7）沟槽爆破宜采用小直径炮孔分层爆破开挖，周边应采用光面爆破或预裂爆破。

8）对于宽度小于4m的沟槽，炮孔直径应小于50mm，炮孔深度宜小于1.5m。

9）沟槽两侧的预裂爆破不应同时起爆，如两侧的预裂爆破在同一网路中起爆，则其中一侧应至少滞后 100ms。

（7）爆破块度要求。

1）力求爆后块度均匀、爆堆集中。

2）爆破效果良好。效果良好爆破的主要特征见图 5-1，效果良好爆破评价见表 5-14。

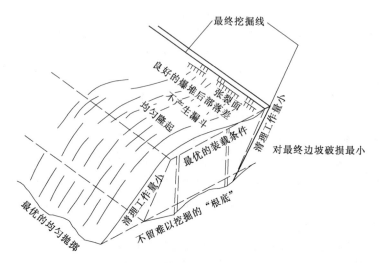

图 5-1　效果良好爆破的主要特征图

表 5-14　　　　　　　　　　　效果良好爆破评价表

内容	要求
岩石大块率	一般不大于 7%
爆破后的底板和梯段坡面	底板平坦、不残留根坎；后冲作用小，梯段坡面稳定；爆堆适中
爆破效率	一次爆破的方量大。钻孔直径 150mm，爆破方量一般为 15～18m³/m；钻孔直径 100mm，爆破方量一般为 8～10m³/m
单位炸药消耗量/(kg/m³)	一般为 0.4～0.5
安全	不发生事故

注　岩石大块率是指体积大于铲斗容积 50% 的岩块所占爆破方量的百分比。

3）破碎块度满足要求。岩石的破碎块度是爆破效果的最基本指标。不同的出渣机械和方式或不同的石渣利用方式，对破碎块度的要求均不相同。作为弃料时，其块度大小主要取决于挖掘机的铲斗容积。应尽量减少大块率，以便减少二次解炮的辅助工作量，降低钻爆费用，提高铲装效率，加快施工进度。

一般要求通过挖掘机铲斗的块石块度在两个方向的尺寸见式（5-2），或参照表 5-15 控制岩块尺寸。

$$a \leqslant 0.75 \sqrt[3]{V} \qquad\qquad (5-2)$$

式中　a——岩块尺度，m；

　　　V——铲斗容积，m³。

表 5-15 铲斗容积与最大岩块尺寸关系表

铲斗容积/m³	4.0	3.0	2.5	1.2	1.0	0.75	0.5
最大岩块/m	1.2	1.1	1.0	0.8	0.75	0.7	0.6

破碎块度可根据 Kuz-Ram 模型进行预测，这一模型依据 Kuznetsov 方程和 R-R 分布函数而提出。它从爆破参数导出 R-R 分布函数的指数将爆破参数与块度分布联系起来。它与块度分布曲线的粗粒径部分具有良好的相关性。

模型的基本表达式由 Kuznetsov 方程、R-R 分布函数和均度不均匀指数三部分所组成 [见式（5-3）、式（5-4）、式（5-5）]。

$$\overline{X} = Aq^{-0.8}Q^{1/6}(115/E)^{19/30} \qquad (5-3)$$

$$R = 1 - e^{-\left(\frac{x}{x_0}\right)^n} \qquad (5-4)$$

$$n = (2.2 - 14W/d)(1 - e/W)[1 + (m-1)/2]L/H \qquad (5-5)$$

对于式（5-4），当 $R=0.5$ 时，有：

$$0.5 = 1 - e^{-\left(\frac{x}{x_0}\right)^n} \qquad (5-6)$$

此时，$X = X_{50}$：

$$X_0 = X_{50}/(\ln 2)^{1/n} \qquad (5-7)$$

以上各式中　A——岩石系数，取值大小与岩石的节理、裂隙发育程度有关，节理裂隙越发育其值越小，可通过前期试验成果进行反算；

q——炸药单耗，kg/m³；

Q——单孔装药量，kg；

E——炸药相对重量威力，铵油炸药（非散装）为 100，TNT 为 115；

$\overline{X}$——即 d_{50}，爆破岩块的平均粒径，cm；

R——代表小于某粒径的石料质量百分数，%；

X——岩块颗粒直径，mm；

X_0——特征块度，cm，即筛下累积率为 63.21% 时块度尺寸；

n——不均匀指数，表示分布曲线的斜率；

e——钻孔精度，m；

L——不计超钻部分的装药长度；

d——炮孔直径，mm；

W——抵抗线，m；

m——间排距系数，孔距与真实排距（与起爆方式有关）之比；

H——台阶高度，m。

（8）爆破危害控制要求。邻近建筑物、已浇混凝土或已完工的灌浆地段等部位的爆破，应采用降振爆破技术，如微差爆破、预裂爆破、光面爆破，选择降振效果较好的起爆间隔时间、不偶合装药、间隔装药等方式，或应用低威力炸药爆破等，以减轻爆破危害。

1）在新浇筑大体积混凝土附近进行爆破，其基础面上的质点振动速度不应大于爆破振动安全允许标准。爆破振动安全允许标准应由爆破试验确定，若难以获得试验成果，可按照《水工建筑物岩石基础开挖工程施工技术规范》（DL/T 5389—2007）附录 A 的规定执行。钻孔爆破施工中，可参照《水土建筑物岩石基础开挖工程施工技术规范》（DL/T 5389—2007）附录B的经验公式进行预报和控制。

2）在灌浆区、预应力锚固区、锚喷（或喷浆）支护区等部位附近进行爆破，应参照《水工建筑物岩石基础开挖工程施工技术规范》（DL/T 5389—2007）附录A经过爆破试验论证后才能实施。特殊情况下，可按已有工程实例类比法经论证后确定。在有水或潮湿条件下进行爆破，宜采用抗水爆破器材，若使用不抗水或易潮湿的爆破器材，应采取防水或防潮措施。在寒冷地区的冬季进行爆破，应采用抗冻爆破器材。

5.3 开挖规划

5.3.1 开挖规划原则

（1）根据石方开挖的地形条件、开采要求等，结合边坡防护等相关工程，合理布置临建设施，如场内施工道路、风水电系统、炸药库等。

（2）根据石方的可利用量、石方所需位置和时间要求、弃料量和弃渣场位置等，进行石方平衡，制定合理的开挖进度。

（3）根据石方地质地形条件、开挖进度等，确定施工程序，划分作业区，选择作业方式。

（4）根据石方开挖的规模、开采条件、开挖进度、石方用途和性质、质量安全要求等，选定开挖方法、爆破方法，确定爆破规模，编制爆破规划设计纲要或典型爆破设计并绘制图表。

（5）石方开挖遵循自上而下逐层开挖的原则，根据开挖强度、地形条件、有（无）用料分布情况等进行分区，结合钻孔和挖掘机械的选用，确定开挖爆破梯段高度，并按分别计算各分区的开挖量和总开挖量。

（6）根据开挖强度、开采条件、分区分层、道路及运输设备情况等，进行开挖设备的选型和数量配置。

（7）根据表层无用料及夹层的分布状况，确定表层无用料剥除及夹层处置方案。

（8）爆破方案应根据爆破区周围环境及安全要求确定；大方量开采石料时，尽量采用混装炸药技术。

（9）石方开挖后的高边坡，根据要求及时防护，保证边坡稳定。

5.3.2 临时设施布置规划

临时设施主要有场内施工道路、风水电系统、截排水设施、施工用房、炸药库等；临时设施现场规划布置应在施工总体布置的基础上，按照施工总进度和开挖施工工艺要求，充分利用自然地形条件，尽量做到大型临建设施与永久设施相结合。

临时设施现场布置要点如下。

（1）应结合工程施工总布置考虑，做到技术可靠、经济合理、规模适中、干扰较小且便于与施工总布置中各相关设施相互衔接。

（2）应有利于充分发挥临时设施的生产能力，满足施工总进度中土石方开挖强度的要求。

（3）场内道路布置要满足运输要求，并连通至每个开挖作业面，且尽量形成循环道路。

（4）截排水设施的设置应尽量减少对开挖的影响，并随时维护保持有效。

（5）下列地区不应设置临时设施。

1）严重不良地质区域或滑坡体危害地区。

2）泥石流、山洪、沙暴或雪崩可能危害地区。

3）受土石方开挖爆破或其他因素影响严重的地区。

4）施工道路、风水电系统等临时设施的布置参见5.2节。

5.3.3 施工程序及作业方式选择

（1）选择施工程序的原则，从整个工程施工的角度考虑，需要比较、选择并确定不同单位工程合理的明挖施工顺序；就某一单位工程而言，选择施工程序应根据该工程明挖的特点（工程量、边坡、岩性、建基面的要求等），并应综合考虑以下因素。

1）地质条件、地形条件、枢纽布置、导流方式和施工条件等。

2）不良地质地段、不稳定边坡、上下层作业及工序间的干扰。

3）施工导截流、分期施工、拦洪度汛、蓄水发电以及施工期通航等。

4）受洪水威胁与导截流有关及有提前交面要求的部位；雨雪天或严寒季节开挖的部位。

（2）开挖程序及其适用条件。石方开挖程序及适用条件见表5-16。

表 5-16 石方开挖程序及适用条件表

序号	开挖程序	安排步骤	适用条件
1	自上而下开挖	先开挖岸坡（边坡），后开挖基坑（底板）	适用于各种场地，最为安全可靠
2	上下结合开挖	岸坡与基坑或边坡与底板上下结合开挖	用于较宽阔的施工场地和可以避开施工干扰的工程部位，有技术、安全保障措施
3	分期或分段开挖	按照施工时段或开挖部位高程等进行安排	用于较开阔的施工场地及分期导流的基坑开挖或有临时过水要求，岸坡（边坡）较低缓或岩石条件许可的工程项目

（3）基本要求如下。

1）保证开挖质量和施工安全，满足施工工期和开挖强度的要求。

2）有利于保证岩体完整和边坡稳定性。

3）辅助工程量小，可以充分发挥施工机械的生产能力。

4）满足下道工序施工的规范要求，减少施工干扰。

（4）施工作业区和作业方式。

1）施工作业一般是由基本作业和辅助作业所组成（见图5-2）。其中，基本作业的施工过程直接改变开挖形象，对施工进度和开挖工期具有决定作用；而辅助作业的时间占有效工时不长，在开挖中应根据具体情况穿插进行或平行安排。

2）施工作业区数目应根据开挖量、开挖强度、工期要求和施工机械的生产能力，经过计算确定。一般情况，开挖作业区数目可参照表 5-17 估算。

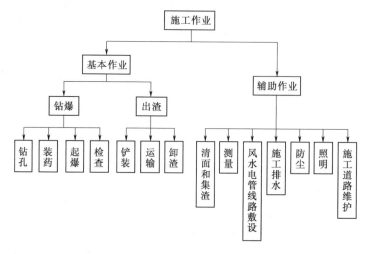

图 5-2　开挖施工作业组成图

表 5-17　　　　　　　　　　　　　　开挖作业区数目估算表

月平均开挖强度 /万 m³	需要铲斗总容积 /m³	3m³ 挖掘机 /台	φ150mm 潜孔钻机 /台	作业区数目 /个
5	6	2	3	2
10	12	4	6	4
15	18	6	9	6
20	24	8	11	8
30	36	12	17	12

注　1. 挖掘机每立方米斗容按年产量 10 万 m³ 计。

　　2. 1 台 φ150mm 型钻机按月钻爆 1.8 万 m³ 计。

　　3. 本表只用于估算施工作业区时参考；施工机械的选型配套参见第 5.5 节。

3）常用的施工作业方式可分为顺序作业、平行作业和流水作业 3 种（见表 5-18）。可根据作业区的施工场地条件参照表 5-19 选择。流水作业方式是合理先进的组织方式，在有条件的情况下应优先采用。

表 5-18　　　　　　　　　　　　　　开挖作业方式示例简表

工序	顺序作业		平行作业	流水作业			
钻爆				Ⅰ			
出渣				工作面			
钻爆				Ⅱ			
出渣				工作面			

表 5 - 19 　　　　　　　　　　　　**开挖作业方式选择表**

作业方式	作业区施工场地条件	适用范围	优缺点
顺序作业	一个作业区仅可布置一个工作面，各工序按作业顺序进行	机械化程度不高，或不具备平行作业条件的狭小工作面	1. 各工序作业互不干扰； 2. 循环作业时间长，施工进度慢
平行作业	一个作业区仅可布置一个工作面，但工作面上可同时进行钻爆、出渣等工序作业	施工机械化程度较高，并且工作面的空间可以满足钻爆、挖、装同时作业的要求	1. 可以缩短循环作业时间； 2. 同时作业的工序互相干扰
流水作业	一个作业区可布置两个或两个以上工作面，把一个开挖循环的主要工序分在两个工作面上同时进行	施工机械化程度高、挖方量大的石方开挖工程	1. 具有顺序作业和平行作业两种方式的优点； 2. 可组织多工作面作业

5.3.4 施工方法选择

石方开挖主要采用爆破开挖方法，另外还有机械直接开挖、静态破碎法、破碎锤法等。爆破开挖根据爆破的部位、目的不同和爆破开挖工程量的大小，具体分为浅孔爆破、深孔爆破、预裂爆破、光面爆破、洞室爆破、水下钻孔爆破等。

机械直接开挖适用于一些工程量小的风化及软弱岩石开挖。静态破碎法主要用于不允许有振动、飞石、噪声和瓦斯的破碎工程，以及大理石、花岗岩、汉白玉等贵重石料的切割。破碎锤法主要用于保护层开挖、欠挖处理、孤石解小等。

石方开挖主要采用爆破方法。

（1）开挖方法及适用条件。开挖方法及适用条件见表 5 - 20。

表 5 - 20 　　　　　　　　　　　　**开挖方法及适用条件表**

开挖方法	特点	适用条件	优缺点
薄层开挖	爆破规模小	一般开挖深度小于 4m	1. 风、水、电和道路布置简便； 2. 钻爆灵活，不受地形条件限制； 3. 生产能力低
分层开挖	按层作业	一般层厚大于 4m，是大量石方开挖常用的方法	1. 几个工作面可以同时作业，生产能力高； 2. 在每一分层上都需布置风、水、电和出渣道路
全断面开挖	开挖断面一次成型	用于特定条件下的一种方式	1. 单一作业，集中钻爆施工干扰大； 2. 钻爆作业占用时间长
高梯段开挖	梯段高 20m 以上	用于高陡岸坡开挖	1. 一次开挖量大、生产能力高； 2. 集中出渣，辅助工程量小； 3. 需要相应的配套机械设备

（2）爆破方法及适用条件。常用石方爆破方法及适用条件见表 5 - 21。

表 5-21

序号	爆破方法	适用条件	主要要求	优缺点
1	梯段爆破	广泛应用于各类型石方开挖工程，梯段高度结合开挖分层厚度确定	限用于保护层以上的爆破，单响最大段起爆药量应经现场试验确定，一般不大于500kg，邻近建基面保护层的上一层梯段不得大于300kg	1. 可减轻爆破地震强度，减少炸药地耗用量，降低爆堆高度，提高岩石破碎度和减少飞石； 2. 爆破网络本身复杂
2	预裂爆破	裂隙率越小，爆破后的残孔保留率越高，通常用于边坡预裂及水平建基面水平预裂及作成缝减振	1. 开挖轮廓面上残留炮孔痕迹应均匀分布，并且根据节理裂隙不发育、较发育（发育）和极发育岩体，残留率应分别达到大于80%、50%～80%、10%～50%； 2. 相邻炮孔间岩面的不平整度应不大于15cm； 3. 炮孔壁不应有明显的爆破裂隙	1. 减少开挖层次； 2. 减轻爆破地震强度，减少超挖量，提高开挖质量； 3. 要求钻孔精度高
3	光面爆破	在水工建筑物开挖中广泛用于地下工程开挖；明挖爆破对边坡面和水平建基面保护且标准比预裂爆破低时也可采用	1. 采用梯段爆破方法； 2. 炮孔不得穿过水平建基面； 3. 炮孔底应设置用柔性材料充填或由空气充当垫层	1. 网络连接简单，施工成本低； 2. 控制超欠挖，提高开挖质量； 3. 不能减小主体爆破对保留岩体的振动破坏
4	药室爆破	有专门的爆破设计、安全技术论证	根据岩石特性及爆破施工对象具体设计	爆破规模大、较为经济、破坏力强
5	沟槽爆破	常用于齿槽、截水槽、先锋槽、渠道等开挖爆破	对小于6m的沟槽可一次爆破成型，最大一段起爆药量不大于200kg，对大于6m的沟槽应用梯段爆破，最大一段起爆药量不大于300kg	1. 对槽深小于6m的沟槽可获得较好的爆破效果； 2. 单位用药量大
6	保护层爆破	适用于各种岩石条件和开挖规格尺寸，保护层厚度根据岩石性质和上一层的爆破方式确定	若保护层厚度大于1.5m，应分两层钻爆开挖。距建基面1.5m以上一层采用手风钻钻孔、微差爆破，最大一段起爆药量不大于300kg；距建基面1.5m以内一层采用手风钻钻斜孔爆破，坚硬岩石可钻至建基面终孔，但孔深不得超过50cm，软弱破碎岩石应留足20～30cm撬挖层	1. 施工简便易行； 2. 施工中耗用劳力多，占用工期长
7	静态爆破	常用于有特殊要求（避免振动、飞石等）的部位	1. 根据季节选择合适的品种； 2. 膨胀剂有腐蚀作用，应注意安全防护工作； 3. 温度过高或过低应采取相应孔口覆盖及保温、加湿措施	1. 安全可靠，没有爆破产生的公害； 2. 开裂时间长，破碎效率低

5.3.5　分区分层

工程量较大的坝基或溢洪道开挖、石料场开挖等，遵循自上而下逐层开挖的原则，根据开挖强度、地形条件、有（无）用料分布情况等进行分区，结合钻孔和挖掘机械的选用，确定开挖分层厚度，并分别计算各分区分层的开挖量和总开挖量。

分区分层的目的是合理布置开挖区域，以保证开挖连续进行，发挥开挖机械最大效能，做到有序开挖、流水作业；分区时考虑的因素有开挖进度、开挖强度、每个开挖区工程量、地形条件、有（无）用料分布情况等。

（1）分区。水利水电工程中大方量的石方开挖主要有坝基（肩）石开挖、渠道石方开挖和石料场开挖等，其分区因地形条件、工程量大小和开挖体型及要求的不同而不同。按开挖程序和形成流水作业的要求，根据开挖进度和开挖强度，充分考虑挖运设备的有效布置，从而确定每个分区的工程量和面积。

1）坝基（肩）石方开挖。坝基石方开挖分区主要考虑导流和排水的需要，一般划分为沿河流方向的区块，自河流向两岸逐区块开挖，基坑开挖时，主排水泵坑一般设置在下游，开挖时开挖面向下游形成一定的坡度，以利自然排水。坝肩石方开挖主要根据坝肩道路布置情况划分区块，道路之间的石方即为一个开挖区块，每条道路承担其以上区块的石方开挖出渣。

2）渠道石方开挖。渠道属线性工程，根据开挖进度和开挖强度划分石方开挖区段，每个区段开挖施工同时进行，各区段按施工工序又划分为钻爆区和挖装区，流水作业。

3）石料场开挖。按施工工序一般划分为钻爆区和挖装区，钻爆区又分为主爆区和预裂或光爆区，需要时还应设置边坡支护区。石料场开挖典型分区见图 5-3。

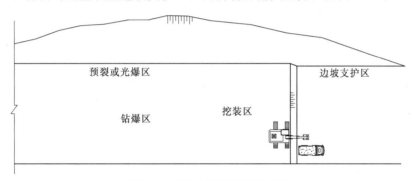

图 5-3　石料场开挖典型分区图

（2）分层。石方开挖分层实际上是确定爆破梯段和铲装梯段的高度。适宜的分层厚度应该是在保证开挖质量和施工安全的前提下，使钻爆和铲装作业有较高的生产效率和最少的费用，并且可以满足开挖强度的要求。

分层厚度应根据开挖工程性质、开挖量、开挖范围和深度，以及技术和工期要求，结合挖掘机械和钻孔机械的工作性能、岩层的稳定性、出渣道路布置条件等因素作综合分析确定；当设计有平台或马道结构要求时，还应结合其高程进行分析。

1）结合挖掘机械确定。挖掘机铲装作业与梯段高度的关系实践表明，当梯段高度过大时，铲装效率低，并且不能保证作业安全；当梯段高度过小时，则不能发挥机械的有效生产能力。铲斗容积与梯段高度关系见表 5-22。

表 5-22　　　　　　　　　　铲斗容积与梯段高度关系表

铲斗容积/m³	4.0	3.0～2.5	0.75～1.0	0.5
合适的梯段高度/m	12～15	10～12	8～10	5～8

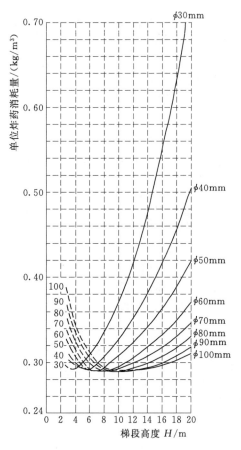

图 5-4 单位炸药消耗量与钻孔直径、
梯段高度的关系图

2）结合钻孔机械确定。根据水利水电工程石方开挖的特点和不同开挖部位对钻爆施工的要求，选择适用的钻机。其孔径、深度与梯段高度的关系，应综合考虑以下各因素。

A. 为保证开挖质量和作业安全，不应采用过大的钻孔直径。大直径钻孔虽然可以提高生产能力、降低钻孔费用，但随钻孔直径的增大将给施工带来石渣块度大、岩体完整性和岩层稳定性过度破坏、需要较大保护层厚度、飞石和空气冲击波增大等不良后果。

在施工场地狭小、施工干扰大的条件下，特别是对有较高要求的水工建筑物地基的石方开挖，钻孔直径是一个应予考虑的重要因素。

B. 从工程地质和钻爆成本角度分析，也不应采用过深的钻孔。过深的钻孔除不利于钻爆和铲装作业以外，还不利于判断断层状况，爆破后一旦出现岩层失稳或其他恶化地质现象，将很难处理。同时提高了单位炸药消耗指标（见图 5-4）和单位钻孔量消耗指标，即爆破每立方米岩石所需的钻孔进尺（见图 5-5）。

C. 一定的梯段高度要选用相应的钻孔直径。通常，梯段高度 H 与底板抵抗线 W_1 或最小抵抗线 W 的关系为 $H < 2W_1$ 或 $H < 2W$ 时，为低梯段开挖，一般采用小孔径钻爆；$H \geqslant 2W_1$ 或 $H \geqslant 2W$ 时，为高梯段开挖，一般采用大孔径钻爆。钻孔直径与梯段高度关系见表 5-23。

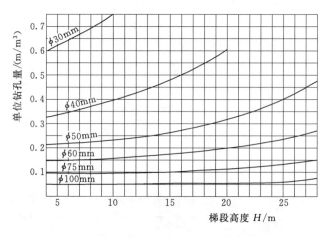

图 5-5 单位钻孔量与钻孔直径、梯段高度的关系图

表 5 - 23 　　　　　　　　　　　　钻孔直径与梯段高度关系表

钻孔直径/mm	最小梯段高度/m	适用的梯段高度/m
45	4.0	4.0~8.0
51	4.6	4.6~10.0
64	5.8	5.8~12.0
75	6.7	6.7~15.0
100	9.0	9.0~20.0

水利水电工程石方开挖爆破，最大钻孔直径不应大于 150mm，一般以 90～100mm 为宜；最大钻孔深度应使爆破后的梯段高度不大于 15m。

最小抵抗线与钻孔直径、梯段高度关系见图 5-6（该图适用范围为 $H \geqslant 2W$）。

经济合理的钻孔直径和梯段高度，可以由图 5-3～图 5-5 的相互关系中推导出来，供设计参考。

国内常用钻孔直径见表 5-24，国内常用开挖分层厚度范围见表 5-25。

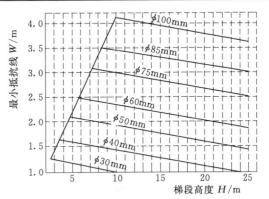

图 5-6　最小抵抗线与钻孔直径、梯段高度的关系图

3）结合地质条件确定。地质结构复杂或不稳岩体的开挖分层，尤其是开挖高边坡时，要保证边坡稳定和施工安全，确定分层。

表 5 - 24　　　　　　　　　　国 内 常 用 钻 孔 直 径 列 表

开挖部位	钻 孔 机 械	
	孔径/mm	机　　型
保护层开挖	<75	手风钻或轻型钻机
保护层的上一层开挖	75~100	轻型钻机
上面各层开挖	100~150	中型钻机

表 5 - 25　　　　　　　　　国内常用开挖分层厚度范围列表

开挖类型	开挖特征	分层厚度/m	备注
基坑	开挖深度大	6~9	
	开挖深度小	一次钻爆到保护层顶面	
岸坡	开挖量大的高缓岸坡	8~15	断面宽度应满足钻爆挖运联合作业空间要求
	开挖量小的一般岸坡	3~4	通常采用浅孔爆破
溢洪道	断面宽度大，挖方深	6~15	

4）结合出渣道路确定。出渣道路的布置，因为在每一分层的高程上都要布置一条出渣道路，所以确定分层厚度时，还需从技术经济的合理性考虑以下条件。

A. 道路纵坡一般不宜大于 8%。如分层厚度过大，则纵坡增大，汽车行驶困难，降低运输能力。

B. 道路尽可能有最高的利用率。如分层厚度过小，不但道路利用率低，并且增加了道路修筑和风、水、电布置的辅助工作量。

C. 要有最小的挖方量。当开挖断面外的道路挖方量不小于相应层的主体挖方量时，一般应调整分层厚度及其高程。

D. 进行岸坡开挖时，如在某一分层的高程上因受地形地质条件限制，不能开辟出渣道路时，应调整层次和相应的高程。

E. 基坑出渣道路的坡度受上下游围堰约束，若此段道路到基坑最终开挖底面的纵坡太大时，最好在围堰上暂留缺口减缓坡降，以利出渣，并使道路尽量少压或不压主体开挖部位（见图 5-7）。

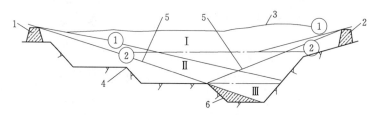

图 5-7　基坑开挖道路布置图

Ⅰ、Ⅱ、Ⅲ—开挖分层；①、②—开挖道路；1、2—上游、下游围堰；3—地面线；
4—设计开挖线；5—允许最大纵坡；6—最小压方量

F. 对于大方量基坑或岸坡石方开挖，尽可能使出渣道路沿上下游方向贯通，以便两端出渣，加快施工进度。

5）结合洞室爆破梯段高度确定。采用洞室爆破时主要由爆破规模及其对岩体的破坏深度确定梯段高度。常用洞室爆破的梯段高度见表 5-26。

表 5-26　　　　　　　　常用洞室爆破的梯段高度参考表

爆破型式	爆破规模		破坏深度/m		梯段高度 H/m
	最小抵抗线/m	装药量/(kg/室)	垂直方向	水平方向	（药室中心至地表铅直距离）
较大洞室爆破	12	1728	12.8	18.0	20
	10	1000	10.7	15.0	17
	8	512	8.6	12.0	13
小型洞室或蛇穴爆破	7	343	7.5	10.5	12
	5	125	5.4	7.5	8
	3.5	43	3.7	5.3	6
	2.5	16	2.7	3.8	4

注　1. 装药量按爆破作用指数 $n=1.0$、标准单位耗药量 $q=1kg/m^3$ 估算；破坏深度，垂直方向按 $1.07W$，水平方向按 $1.5W$ 估算。

2. 梯段高度 H 按 $W/H=0.6$ 估算。

6）结合爆破规模确定。根据作业区具体情况和不同开挖部位的爆破规模技术要求确定分层厚度。

A. 爆破规模主要包括：一次爆破的总装药量、分段起爆的最大一段起爆药量，以及爆破循环次数等，其具体内容见表 5-27。

开挖类型	开挖部位	岩石种类	炸药品种	单位用药量/(kg/m³)	爆破方法									装药量			循环次数/次
					延长药包爆破					集中药包爆破				总装药量/kg	分段数/段	最大段药量/kg	
					孔径/mm	药卷直径/mm	孔深/m	孔数/个	钻孔延米/m	单孔药量/kg	药室数/个	单室药量/kg	导洞延米/m				
共计																	

B. 最大一段起爆药量由爆破对岩体破坏影响范围、爆破地震效应对基岩及其建（构）筑物的安全影响程度，以及爆破方法、起爆方式和起爆顺序等因素决定。

爆破参数和最大一段起爆允许药量的选择，应通过试验确定；若不具备试验条件时，则应按照规范要求或参照类似工程确定。水工建筑物及新浇混凝土附近爆破参考见表 5－28。

表 5－28　　　　　　　水工建筑物及新浇混凝土附近爆破参考表

项目	混凝土龄期/d			爆破方式	限最大一段起爆药量/kg
	<7	7～14	14～28		
允许的最小距离/m	15	13	10	孔深 0.5m	
	30	25	15	孔深 1.0m	
	50	35	25	一般手风钻钻孔	
	80	50	35	一般手风钻钻孔	20
	90	55	40	延长药包	25
	105	70	45		50
	120	80	50		80
	130	85	55		100
	150	95	65		150
	165	105	70		200
	180	110	75		250
	190	120	80		300
	210	130	90		400
	220	140	100		500

C. 初拟爆破规模时参考资料。孔径与最小抵抗线变化范围参考见表 5－29。总装药量为 1.0t 的不同药卷直径 d 和梯段高度 H 爆破规模参考见表 5－30。某工程岸坡台阶式分层开挖设计示例见表 5－31。

表 5－29　　　　　　　　孔径与最小抵抗线变化范围参考表

孔径 ϕ/mm	50	65	75	90	100	125	150
最小抵抗线 W/m	1.1～2.1	1.4～2.4	1.5～2.6	1.9～3.3	2.3～3.9	2.8～4.9	3.5～5.6

表 5-30

总装药量为 1.0t 的不同药卷直径 d 和梯段高度 H 爆破规模参考表

钻爆参数	钻孔直径 φ/mm，药卷直径 d/mm，线装药量 q/(kg/m)												
	φ=80，d=60，q=2.827				φ=100，d=80，q=5.026				φ=125，d=100，q=7.854			φ=150，d=120，q=11.309	
单位用药量 0.40 /(kg/m³)													
梯段高度 H/m	6	8	10	12	8	10	12	15	10	12	15	12	15
钻孔深度 L/m	6.6	8.8	11.0	13.2	8.8	11.0	13.2	16.5	11.0	13.2	16.5	13.2	16.5
装药长度 L₁/m	4.62	6.16	7.70	9.24	6.16	7.70	9.24	11.55	7.70	9.24	11.55	9.24	11.55
堵塞长度 L₂/m	1.98	2.64	3.30	3.96	2.64	3.30	3.96	4.95	3.30	3.96	4.95	3.96	4.95
单孔装药量 Q/kg	13.06	17.41	21.77	26.12	30.96	38.70	46.44	58.05	60.48	72.57	90.71	104.50	130.62
单孔爆破量 V/m³	32.65	43.54	54.42	65.30	77.40	96.75	116.10	145.13	151.20	181.43	226.78	261.24	326.55
钻孔个数/个	76.57	57.44	45.93	38.28	32.30	25.84	21.53	17.23	16.53	13.78	11.02	9.57	7.66
爆破面积/m²	416.67	312.62	249.95	208.31	312.50	250.00	208.30	166.71	249.93	208.34	166.61	208.34	166.76
孔距×排距/(m×m)	5.44, 2.33²				9.68, 3.11²				15.12, 3.89²			21.77, 4.67²	
钻孔延米/m	505.36				284.25				181.83			126.32	
总爆破量/m³	2500				2500				2500			2500	
单位钻孔进尺/(m/m³)	0.202, 5				0.114, 8.8				0.073, 13.7			0.051, 19.6	
单位用药量 0.45 /(kg/m³)													
单孔爆破量 V/m³	29.02	38.69	48.38	58.04	68.80	86.00	103.20	129.00	134.40	161.27	201.58	232.22	290.27
钻孔个数/个	76.57	57.44	45.93	38.28	32.30	25.84	21.53	17.23	16.53	13.78	11.02	9.57	7.66
爆破面积/m²	370.37	277.88	222.18	185.16	277.78	222.22	185.16	148.19	222.16	185.19	148.10	185.19	148.23
孔距×排距/(m×m)	4.84, 2.2²				8.60, 2.93²				13.44, 3.67²			19.35, 4.4²	
钻孔延米/m	505.36				284.25				181.83			126.32	
总爆破量/m³	2222				2222				2222			2222	
单位钻孔进尺/(m/m³)	0.227, 4.4				0.128, 7.8				0.082, 12.22			0.057, 17.54	

钻爆参数		钻孔直径 φ/mm、药卷直径 d/mm、线装药量 q/(kg/m)			
		φ=80, d=60, q=2.827	φ=100, d=80, q=5.026	φ=125, d=100, q=7.854	φ=150, d=120, q=11.309
0.50	单孔爆破量 V/m³	26.12 34.83 43.54 54.24	61.92 77.40 92.88 116.10	120.96 145.14 181.42	208.99 261.24
	钻孔个数/个	76.57 57.44 45.93 38.28	32.30 25.84 21.53 17.23	16.53 13.78 11.02	9.57 7.66
	爆破面积/m²	333.33 250.08 199.98 166.66	250.00 200.00 166.64 133.36	199.95 166.67 133.28	166.67 133.41
	孔距×排距/(m×m)	4.35, 2.09²	7.74, 2.78²	12.09, 3.48²	17.42, 4.17²
	钻孔延米/m	505.36	284.25	181.83	126.32
	总爆破量/m³	2000	2000	2000	2000
	单位钻进尺/(m/m³)	0.253, 3.95	0.142, 7.04	0.091, 10.99	0.063, 15.87
0.60	单孔爆破量 V/m³	21.77 29.02 36.28 43.53	51.60 64.50 77.40 96.75	100.80 120.95 151.18	174.17 217.70
	钻孔个数/个	76.57 57.44 45.93 38.28	32.30 25.84 21.53 17.23	16.53 13.78 11.02	9.57 7.66
	爆破面积/m²	277.82 208.36 166.63 138.86	208.34 166.67 138.87 111.13	166.62 138.89 111.07	138.90 111.17
	孔距×排距/(m×m)	3.63, 1.90²	6.45, 2.54²	10.08, 3.17²	14.51, 3.81²
	钻孔延米/m	505.36	284.25	181.83	126.32
	总爆破量/m³	1667	1667	1667	1667
	单位钻进尺/(m/m³)	0.303, 3.30	0.171, 5.85	0.109, 9.17	0.076, 13.16

注　1. 本表数据系按 $Q=qV$，$L_1=0.7L$，$W=(30\sim40)d$ 时，炸药密度为 $1g/cm^3$ 估算，仅供规划爆破规模时参考，在作爆破设计时，需根据有关经验公式计算。

2. 当总装药量为 nt 时，表中的钻孔个数、爆破面积、钻孔延米及总爆破量均需乘以 n 值，而单孔爆破量，孔距×排距和单位钻进尺值不变。

3. 当梯段高度 H 有变化时，可用内插法求其爆破规模。

表 5－31 　　　　　　　某工程岸坡台阶式分层开挖设计示例表

层次	分层厚度/m	每层开挖量/万 m³		洞室爆破的方量、规模、循环次数、导洞延米	深孔爆破（规模 4.0t/次）				
		一般部位	边坡保护层		开挖量/万 m³	钻孔数/个	钻孔延米/m	装药量/t	循环次数/次
Ⅰ	12	9.0	0.2	每层爆破按 1.8 万 m³,7 层为 7×1.8＝12.6 万 m³；爆破规模：0.5 万～0.8 万 m³/次，炸药 2.0～3.0t/次，共 15～20 次循环；导洞延米按 120m³/m，共 1100m,总计：爆破 12.6 万 m³，导洞 1100m,炸药 50t	7.2	306	4042	32	8.0
Ⅱ	12	10.3	0.2		8.5	383	5053	38	9.5
Ⅲ	15	13.4	0.2		11.6	398	6568	52	13.0
Ⅳ	15	14.0	0.3		12.2	429	7074	56	14.0
Ⅴ	15	15.2	0.4		13.4	460	7579	60	15.0
Ⅵ	15	16.5	0.4		14.7	506	8337	66	16.6
Ⅶ	15	21.2	0.6		19.4	674	11116	88	22.0
总计	99	99.6	2.3		87.0	3156	49769	392	98.0

注　1. 深孔爆破单位用药量按 0.45kg/m³ 计。

　　2. 预留边坡保护层厚度为 3.0m。

7) 结合保护层厚度确定。临时建基面时的分层厚度即为保护层厚度。预留保护层是保证水工建筑物岩基开挖质量的重要措施，其厚度应使建基面及其岩体不因爆破作用而遭受破坏。在有试验条件的情况下，应根据爆破对岩体的破坏范围的试验分析确定。

A. 延长包爆破预留保护层厚度。

a. 延长药包爆破对岩体的破坏范围随药包直径的增加而加大。因此，在已知岩性的条件下，其预留厚度应取药包直径的一定倍数。保护层厚度与药卷直径的倍数关系见表 5－32。

表 5－32 　　　　　　　保护层厚度与药卷直径的倍数关系表

保护层名称	岩 石 性 质		
	软弱岩石（$\sigma_压$<300kgf/cm²）	中等坚硬岩石（$\sigma_压$＝300～600kgf/cm²）	坚硬岩石（$\sigma_压$＞600kgf/cm²）
垂直保护层	40	30	25
地表水平保护层	200～100		
底部水平保护层	150～75		

b. 国内部分坝基开挖爆破对岩体破坏范围统计见表 5－33，国内部分工程地基爆破开挖预留保护层厚度统计见表 5－34。

表 5－33 　　　　　　　国内部分坝基开挖爆破对岩体破坏范围统计表

工程名称	岩石性质	药卷直径/mm	地表水平破坏范围		底部水平破坏范围		底部垂直破坏范围	
			水平距离/m	药卷直径倍数	水平距离/m	药卷直径倍数	垂直深度/m	药卷直径倍数
龙羊峡水电站	花岗闪长岩，裂隙发育，极限抗压强度1200kgf/cm²	120	12.0～18.0	100～150	12	100	3.00	25.0
		110					4.00	36.4
		80	8.0～11.2	100～140	8	100	2.00～3.00	25.0～37.5
		60					2.00	33.3
		32					1.50	46.9

工程名称	岩石性质	药卷直径/mm	地表水平破坏范围		底部水平破坏范围		底部垂直破坏范围	
			水平距离/m	药卷直径倍数	水平距离/m	药卷直径倍数	垂直深度/m	药卷直径倍数
东江水电站	中细粒少斑花岗岩，极限抗压强度1200kgf/cm²	90			9	100	0.70~1.40	8.0~15.0
		32					0.70~1.80	22.0~56.0
大化水电站	灰岩（硬）、泥灰岩（软）及其互层，节理发育	130	13.0	100	8	62	2.10~2.60	16.0~20.0
		70			4~6	57~86	1.40	20.0
葛洲坝工程	黏土质砂岩、砂岩、粉砂岩	150	16.0	107	15.5	103	3.10~3.70	20.7~24.7
		130	13.4	103	18	138	2.60~3.80	21.0~30.0
		56	7.5	134			1.50~2.40	26.8~43.0
		35（电炮）					1.20~1.40	34.3~40.0
		35（火炮）					0.13~0.46	4.0~14.0
白山水电站	混合岩 $f=6\sim8$，强度800~1200kgf/cm²	60					2.50	41.7
安康水电站	震旦纪千枚岩，节理发育	120	13.0	108	8~10	66.6~83	1.50~3.00	12.5~25.0
乌江水电站	玉龙山灰岩，节理发育，$f=5\sim7$	80			4~4.8	50~60	2.20	27.5

注　f为坚固性系数。

表5-34　国内部分工程地基爆破开挖预留保护层厚度统计表

工程名称	岩石性质	开挖部位	孔径/mm	药卷直径/mm	预留保护层厚度	
					厚度/mm	药卷直径倍数
龙羊峡水电站	花岗闪长岩，裂隙发育，极限抗压强度1200kgf/cm²	有防渗要求的主要建筑物岩基	150~170	<110	>4.0	36
			100~110	<80	>3.0	37
			80~90	<60	>2.0	33
			40~44	（手风钻）	>1.5	45
		没有防渗要求和次要建筑物（如泄水建筑物）岩基	150~170	<120	>3.0	25
			100~110	<80	>2.0	25
葛洲坝工程	黏土质砂岩、砂岩、粉砂岩	主要建筑物和有防渗要求部位的岩基	150~170	<90	>3.0	33
			75~80	50~55	>2.0	36
			手风钻	32~36	>1.5	41
		一般部位（如护坦），没有防渗要求部位（防冲板和导墙）岩基	150~170	90~100	>3.0	30
			75~80	50~55	>2.0	36
			手风钻	32~36	>1.5	41
		航道和渠道的脚槽岩基	150~170	<100	>2.0	20
			75~80	50~55	>1.0	18
			手风钻	32~36	>0.5	14
大化水电站	泥岩、灰岩互层	厂房岩基	150	130	2.6	20
		厂房安装间岩基	150	130	2.0	15

B. 药室爆破预留保护层厚度。药室爆破对岩体的破坏范围与地形地质条件、装药量、爆破方向、起爆顺序等因素有关，但其主要因素取决于最小抵抗线和爆破作用指数的大小。保护层的厚度，根据不同的开挖部位要求如下：

a. 对建（构）筑物岩基开挖，在爆破中应尽量避免出现爆破裂隙。其预留保护层厚度应按照爆破破坏半径计算，见表 5-35。

表 5-35　　　　　　　　　　建筑物岩基开挖爆破破坏半径计算表

爆破作用指数 n	$0.4+0.6n^3$	垂直破坏半径 R_p/m			水平破坏半径 R_L/m		
		软弱岩石	中硬岩石	坚硬岩石	软弱岩石	中硬岩石	坚硬岩石
0.75	0.65	1.02W	0.93W	0.87W	1.43W	1.30W	1.22W
1.00	1.00	1.18W	1.07W	1.00W	1.65W	1.50W	1.40W
1.25	1.57	1.37W	1.24W	1.16W	1.92W	1.74W	1.62W
1.50	2.43	1.58W	1.43W	1.34W	2.21W	2.00W	1.88W
1.75	3.62	1.81W	1.64W	1.54W	2.54W	2.30W	2.16W

注　本表数据根据巴利维修正公式计算：$R_p=mW\sqrt[3]{(0.4+0.6n^3)}$，$R_L=1.4R_p$，式中：$W$ 为最小抵抗线，m；m 为岩石修正系数，软基取 1.18，中硬岩 1.07，硬岩取 1.00。

b. 对路堑开挖，在爆破后应保持稳定边坡。其预留保护层厚度，应按照爆破压缩圈半径计算，见表 5-36。

表 5-36　　　　　　　　　　路堑边坡爆破开挖预留保护层厚度计算表

爆破作用指数 n	软弱岩石	中硬岩石	坚硬岩石
0.75	0.28W	0.24W	(0.21~0.24)W
1.00	0.32W	0.27W	(0.24~0.27)W
1.25	0.38W	0.31W	(0.28~0.32)W
1.50	0.43W	0.36W	(0.32~0.39)W
1.75	0.49W	0.41W	(0.39~0.42)W

表 5-35 和表 5-36 供编制施工组织设计参考。

5.4　开挖方法

石方的开挖方法有人工开挖、机械开挖、爆破开挖和一些特殊的开挖方法等。

石方人工开挖主要是用人工对建基面（如齿槽基础、坝基等）撬挖层、断层、破碎带进行开挖或隧洞开挖断面人工修整等。石方人工开挖效率极低、进度慢，但对建基面和隧洞围岩的扰动小。石方人工开挖主要用大锤钢钎、风镐等简易工具进行开挖，开挖出的渣料由人工装小推车集堆，再由机械装车运走，或直接装入装载机或反铲的铲斗内，然后装车运走。

5.4.1　机械开挖

风化及软弱岩石可采用机械直接开挖。主要有采用挖掘机、推土机、裂土器或破碎锤机械直接开挖石方等。

（1）挖掘机或推土机直接开挖。适用于工程量较小的风化及软弱岩石开挖，缺点是效率低、机械磨损大。

（2）裂土器法。使用带有裂土器（松土器）的重型推土机破碎岩石，一次破碎深度约0.6～1.0m。该法适用于施工场地宽阔、大方量的软岩石方工程。优点是没有钻爆工序作业，不需要风、水、电辅助设施，不但简化了场地布置，而且施工进度快，生产能力高。但不适于破碎坚硬岩石。

裂土器装在大型、中型履带推土机的尾部，广泛用于凿裂风化岩、页岩、泥岩、硬土和以往需用爆破方法处理的软岩石、裂隙较多的中硬岩石等。经过裂土器凿裂过的岩石，可用推土机集料，挖掘、装载机械直接装运。

采用裂土器凿裂岩石的施工方法日益得到发展的主要原因是大功率和结构坚固的履带推土机的使用，因此推土机凿裂岩石的硬度范围也在不断扩大。如功率为456kW的推土机配备单齿裂土器，可凿裂地震波速为4000m/s以下的岩层；功率为515kW的推土机，可凿裂地震波速为4000m/s以上的岩层。

裂土器的技术（生产率）的计算：

$$P_j = 60DWLk_t/T \tag{5-8}$$

式中　P_j——裂土器生产率（自然方），m^3/h；

　　　D——平均裂土深度，一般取齿高的1/2，m；

　　　W——裂土宽度，m（一般取平均值）；

　　　L——一次行程凿裂的距离，视现场条件确定，一般取100m；

　　　k_t——时间利用系数，一般取0.7～0.75；

　　　T——一次凿裂行程所需要的时间，min。

$$T = L/v + 0.5 \tag{5-9}$$

式中　v——松土速度，m/min。

对易凿裂和可凿裂的岩土取 $v=26.8m/min$；对于难凿裂的岩石取 $v=20m/min$；但实际经验表明，公式计算的值比实际实测生产率值大15%～30%。

（3）破碎锤法，见第5.4.3节。

5.4.2　爆破开挖

石方露天爆破开挖根据开挖目的、开挖要求和开挖环境等的不同，有较多不同的爆破开挖方法，如为保证保留岩体有较规则平整的外观体型，而采取的预裂爆破法、光面爆破法或切割爆破法；为获得筑坝材料而采取的深孔梯段爆破法或洞室爆破法，其中为获得较小块度的筑坝级配料（如过渡料）而采取的深孔梯段微差挤压爆破法；为使爆破料移动至预定位置而达到填海或筑坝的目的，而采用的定向抛掷爆破法。有百米以上的高边坡开挖爆破；水电站基坑保护层已广泛采用小孔径、宽孔距、小抵抗线、炮孔底部设置柔性垫层的梯段爆破，以及使用水平预裂结合梯段爆破的一次爆除技术。

（1）浅孔爆破。

1）适用范围。浅孔爆破通常是指孔深小于5m、孔径小于75mm的爆破。浅孔爆破法设备简单，方便灵活，工艺简单。浅孔爆破在低边坡、沟槽开挖、路堑开挖、大型地下洞室开挖、石材开采、边坡危岩处理等工程中得到较广泛的应用。浅孔爆破适用范围和优缺点见表 5-37。

浅孔爆破适用范围和优缺点列表

适用范围	大量用于地下工程石方开挖，基础的保护层开挖，二次解炮，平整场地，沟槽开挖，桥涵基础开挖，岩石边坡和处理孤石、危石，以及无法用大型机械施工的部位和需要采用人工打眼爆破的作业
优点	施工机械和操作技术简单，易于掌握和运用，组织容易，应用广泛灵活，能够保证爆破质量和满足设计要求，适用性强；易通过调整炮孔位置和装药量的方法控制爆破岩石的块度、限制围岩的破坏范围
缺点	施工机械化程度不高，劳动强度大，劳动生产率低；不能适应与之配套的高效率作业机械，如挖掘机、装载机等的生产需要，不能满足高强度开挖的施工要求；爆破作业频繁，安全管理工作量大；台阶低，超钻加大，单耗增加

2）布孔和爆破方式。浅孔台阶爆破布孔可采用单排孔、多排孔两种形式，浅孔爆破一般采用垂直孔。在浅孔台阶爆破时一次爆破方量较少时用单排孔、一次爆破方量较大时则采用多排孔布置；多排孔排列是平行的，也可以是交错排列。

在钻孔深度大于 1.5m 时，应采用梯段爆破，可视具体情况布置单排、多排、垂直孔、倾斜孔、水平孔以及向上孔等，只要布孔恰当，都可取得良好爆破效果；在钻孔深度小于 1.5m 时，则需采用多排孔掏槽顺序爆破，以取得较好爆破效果。

3）爆破参数。根据爆破施工现场的具体条件和类似工程经验选取爆破参数，并通过施工中的实际情况进行调整修正，以求取适合该工程爆破施工条件的最佳参数。浅孔台阶爆破参数可按表 5-38 取值。

浅孔台阶爆破参数表

爆 破 参 数	经 验 公 式	备 注
孔径/mm	38～50	由所使用的钻孔机械决定
钻孔深度 L/m	$L=(1.1～1.5)H$ $L=(0.8～0.95)H$ $L=H$	用于坚硬岩石； 用于松软、破碎岩石； 用于中硬岩石
超钻孔深 h/m	$h=(0.1～0.15)H$	克服坚硬岩石台阶底部的阻力
孔距 a/m	$a=(1.0～2.0)W_1$ 或 $a=(0.5～1.0)L$	
排距 b/m	$b=(0.8～1.0)a$	梅花形布置
底盘抵抗线 W_1/m	$W_1=(0.4～1.0)H$	较高梯段或坚硬完整岩石取偏小值
药包量 Q/kg	$Q=(0.6～0.7)qW_1aH$	因为梯段爆破至少有两个临空面
单位炸药消耗量 q/(kg/m³)	$q=0.2～0.6$	q 值与岩性、台阶高度、炸药种类及孔径等因素有关

4）起爆顺序。浅孔台阶爆破是由外向内顺序开挖，由上向下逐层爆破。一般采用毫秒延期爆破，当台阶爆破时孔深较浅，周边环境条件较好时也可采用齐发爆破。

5）质量保证措施。

A. 合理控制单位炸药消耗量。一般浅孔台阶爆破的炸药单耗应控制在 0.50～1.20kg/m³，该炸药单耗量的选择范围已把对岩石的抛散药量也包括在内，掌握准确较难，选择不好会产生较多飞石，具体炸药单耗应通过现场试验确定。

B. 充分利用临空面。在确定单孔药量时应充分考虑临空面的多少和最小抵抗线 W 的大小，只有这样才能避免由于个别炮孔药量过大而产生飞石。在爆破时采用排间秒差或大延期起爆，避免由于前排起爆而改变了后排最小抵抗线的大小，导致意想不到的飞石。

C. 避免最小抵抗线与炮孔在同一方向。浅孔台阶爆破，尤其是孔深小于 0.5m 的岩石爆破，当台阶没有侧向临空面，又垂直水平临空面钻孔起爆，这样往往产生飞石或出现冲炮，爆破效果不理想。当孔深小于 0.5m 时，左右对称钻斜孔，使最小抵抗线与炮孔在同一方向，使炸药能量在岩石中充分起作用，可有效克服冲炮现象。

D. 合理分配炮孔底部装药。浅孔台阶爆破对于底部岩石的充分破碎应是整个爆破的重点，一旦台阶爆破残留根底，会给台阶下一步施工带来困难。要清除台阶爆破的残根，除钻孔上须超深外，还应合理分配炮孔底部炸药量，在单孔药量不变的前提下，增加炮孔底部装药量，炮孔底部药量占单孔药量的 60%～80% 为宜。

E. 确保堵塞长度。堵塞长度通常为炮孔深度的 1/3，而对完整坚硬的岩石爆破需加大单孔药量或应严格控制爆破飞石，堵塞长度取炮孔深度的 2/5 较好，达到既能防止飞石又可减少冲孔的发生。

（2）深孔台阶爆破。深孔台阶爆破通常是指孔深大于 5m、孔径大于 75mm 的爆破。由于它是在两个自由面以上条件下爆破，多排炮孔间还可以采用毫秒延期起爆，具有一次爆破方量大、破碎效果好、振动影响小等优点。深孔爆破对基岩和边坡的影响比较小，如配合预裂爆破或光面爆破技术，还可以避免超爆，使边坡平整稳定。因而台阶爆破得到广泛的应用，它是国内水电站坝基开挖、坝肩削坡、大型采料场的主要爆破方式。

1）台阶爆破的特点。台阶爆破的主要特点是在地面上以台阶形式推进的石方爆破方法，设备和施工人员在台阶平台上操作，台阶爆破作业机械化程度高，效率高，受气候影响小，作业条件稳定。同时，爆破块度可以通过爆破参数进行调整，若采用爆破试验选定的参数后，当爆破围岩地质条件变化不大时，可进行规格化生产，并获得稳定性的爆破效果，爆破质量得到有效控制。

2）台阶要素。深孔台阶爆破有利于边坡的成型和稳定，通常以台阶形式推进，布孔形式分为垂直深孔和倾斜深孔两种，台阶要素见图 5-8。它分为台阶参数、钻孔参数和装药参数三类。

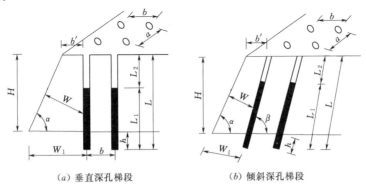

（a）垂直深孔梯段　　　　　　（b）倾斜深孔梯段

图 5-8　台阶要素图

H—台阶高度；h—超钻深度；L—钻孔深度（$L=H+h$）；W_1—前排钻孔的底板抵抗线；
L_1—装药长度；L_2—堵塞长度；α—台阶坡面角；b'—梯段上缘至前排孔距离；
a—孔距；b—排距；W—最小抵抗线；β—钻孔倾角

台阶参数包括：台阶高度 H、台阶坡面倾斜角 α、前排钻孔的底盘抵抗线 W_1、爆区宽度与长度，以及在台阶面上从钻孔中心至坡顶线的安全距离 B。

钻孔参数包括：钻孔深度 L、钻孔倾斜角 β、超钻深度 h、钻孔直径 d、孔距 a、排距 b。

装药参数包括：最小抵抗线 W、药卷直径 d、装药长度 L_1、堵塞长度 L_2、线装药量 q_1、单孔装药量 Q、单位炸药消耗量 q 等。

台阶爆破设计时首先应考虑以下因素：①岩石性质及地质构造；②台阶高度；③爆破规模；④爆破效率；⑤钻孔与装运方法；⑥控制钻孔爆破成本；⑦环境安全措施等。

对上述 7 个因素进行详细分析后，再确定爆破方法，选择相关爆破参数，选择钻孔设备与装运机械。爆破正式实施前应进行爆破试验，选择适合施工的爆破参数。

垂直深孔与倾斜深孔两种布孔形式的比较见表 5-39。

表 5-39 垂直深孔与倾斜深孔两种布孔形式的比较表

布孔形式	采用情况	优　　点	缺　　点
垂直深孔	在开挖工程中大量应用	1. 适用于各种地质条件； 2. 钻孔操作技术比倾斜孔容易； 3. 塌孔率低，钻孔角度偏差小； 4. 钻孔速度比较快	1. 大块率高，容易留根坎； 2. 爆破振动较大，后冲破坏较重；对后一循环第一排钻孔不利； 3. 梯段坡面稳固性差； 4. 爆炸能量利用率不如倾斜孔爆破，要求底部药量也大
倾斜深孔	随着新型钻机的发展，应用范围日益广泛	1. 布置的抵抗线比较均匀，爆块均匀，不易留根坎，大块率低； 2. 后冲破坏小，梯段比较稳固，梯段坡面容易保持； 3. 爆破软质岩石时，容易取得很高效率； 4. 爆堆形状好	1. 钻孔技术操作较复杂，钻孔难度稍大，容易卡钻； 2. 在坚硬岩石中不宜采用； 3. 钻孔速度比垂直深孔慢； 4. 塌孔率稍高，钻孔角度较难控制，偏差大

3）爆破参数。台阶爆破参数包括：孔径、孔深、超深、底盘抵抗线、孔距、排距、堵塞长度、单位炸药消耗量等。

A. 孔径。国内常用的深孔爆破孔径有 76～80mm、100mm、120mm、150mm、170mm、200mm、250mm、310mm 等多种。在深孔台阶爆破中一般采用孔径为 76～80mm、95～110mm 等几种，为保护基础岩体不在爆破时受到破坏一般不使用 120mm 以上的钻头。部分国产潜孔钻机的主要技术性能见表 5-40。

表 5-40 部分国产潜孔钻机的主要技术性能表

型号	钻孔直径 /mm	钻孔深度 /m	钻孔方向 /(°)	适应岩种 （f 系数）	爬坡能力 /(°)	最大功率 /kW	使用风压 /MPa	耗气量 /(m³/min)
KQD-80	80～120	向下 20，水平 30	横向 30～90，纵向 0～90	各种矿岩	20	33.0	0.5～0.7	12
KQN-90	95	20	向下 60～90	各种岩石	14	18.5	0.5～0.7	9
KQL100B	95	30	向下 45～90	各种岩石			0.5～0.7	12

型号	钻孔直径 /mm	钻孔深度 /m	钻孔方向 /(°)	适应岩种 (f系数)	爬坡能力 /(°)	最大功率 /kW	使用风压 /MPa	耗气量 /(m³/min)
CQ-100	95	10	90	各种岩石			0.5~0.7	9
QZJ100B/D	100	60	90	各种岩石			0.5~0.7	12
KQG-100	115	向下30，水平40	横向30~90，纵向0~90		20	33.0	1.1~1.2	12
KQX-120	120	44	向下60~90	切削<12，潜孔>12	14	88.5	0.5~0.7	10
KQL/G120	120	60	90	各种岩石	25		0.5~1.6	18
KQ-150	150	18	60~90	各种岩石	14	68.5	0.5~0.7	17.5

B. 药卷直径。深孔台阶爆破的药卷直径一般应小于孔径20mm。

C. 台阶高度。台阶高度 H 主要考虑地质情况、钻孔精度、爆堆高度与钻机装载设备匹配的影响等。岩体较差的部位和设计对边坡要求较高时，台阶高度不宜设置过高，以保证边坡稳定和开挖效果。台阶高度还应与挖装机械相匹配（爆堆高度一般为挖掘机高度的两倍左右），以增加开挖效率。目前，国内水利水电开挖工程中，一般部位爆破开挖的台阶高度为8~15m。

D. 超钻深度与钻孔深度。超钻深度 h 的作用是降低装药中心的位置，以便有效地克服台阶底部阻力，避免或减少留根底，以形成较平整的底部平盘。炮孔超深与岩石的构造和岩性最为密切，当台阶底部的岩石呈水平层面或有较大的水平理构造时可不设超深；当岩石软弱或节理裂隙发育时超深较小；当岩石较坚硬时超深较大。一般情况下，台阶高度越高，坡面角越小，这时底盘抵抗线越大，需要的超深越大，超深值一般为0.5~3.6m，后排孔的超深值一般比前排小0.5m。

根据工程实践经验，超深 h 可按下式确定。

按底盘抵抗线 W_1 确定：

$$h=(0.15\sim0.35)W_1 \tag{5-10}$$

按台阶高度 H 确定：

$$h=(0.12\sim0.25)H \quad （此式未考虑孔径因素，误差较大） \tag{5-11}$$

或

$$h=(8\sim12)d \tag{5-12}$$

式中　h——超深，m；

　　　d——孔径，mm；

　　　W_1——底盘抵抗线，m；

　　　H——台阶高度，m。

对于式（5-10）、式（5-12），当岩石松软时，h 取较小值；当岩石坚固时，h 取大值。对于要求特别保护的底部，超深 h 可取负值。

孔深 L 由台阶高度和超深确定：

$$L=H+h \tag{5-13}$$

倾斜深孔的孔深：

$$L=H/\sin\alpha+h \tag{5-14}$$

式中　α——炮孔倾角；

其余符号意义同前。

E. 底盘抵抗线。底盘抵抗线 W_1 是影响深孔爆破效果的重要参数，底盘抵抗线过大，会造成残留的底根多、大块率高、爆破振动、后冲和侧冲力大；过小的底盘抵抗线增大钻孔工作量，炸药也造成浪费，同时造成爆渣堆集分散、产生飞石、爆炸声音增大等有害效应。底盘抵抗线与炸药威力、岩石可爆性、岩石破碎块度要求、炮孔直径、台阶高度、坡面角度等多种因素有关，在台阶爆破设计中可由经验公式计算，并在施工过程中不断修改和调整，由此获得最佳爆破效果。

根据钻孔作业的安全条件：

$$W_1 \geqslant H\cot\alpha + B \tag{5-15}$$

式中　W_1——底盘抵抗线，m；

　　　α——台阶坡面角，角度一般为 $60°\sim75°$；

　　　H——台阶高度，m；

　　　B——炮孔中心至坡顶线的安全距离，对大型钻机 $B \geqslant 2.0\sim3.0\mathrm{m}$。

按台阶高度和孔径计算底盘抵抗线：

$$W_1 = (0.6\sim0.9)H \quad (\text{此式未考虑孔径因素，误差较大}) \tag{5-16}$$

$$W_1 = kd \tag{5-17}$$

式中　k——岩体地质因素修正系数，一般在 $1.00\sim1.20$ 范围内变化。

岩体结构与地质因素修正系数 k 的关系见表 5-41。

表 5-41　　　　　　　　　岩体结构与地质因素修正系数 k 的关系表

岩体结构特性	k
有微裂隙的整体或大块的韧性岩石	1.00
有闭合或有胶结的裂隙岩石	1.05
有张开或有软弱层的裂隙岩石	1.10
水平岩层夹松软物，岩石被分割成块体的节理裂隙发育岩石	1.15
底盘有水平层理，软弱岩石及半坚硬呈小块的岩石	1.20

按每孔装药条件（巴隆公式）：

$$W_1 = d\sqrt{\frac{7.85\Delta\tau}{mq}} \tag{5-18}$$

式中　d——孔径，m；

　　　Δ——装药密度，$\mathrm{kg/m^3}$；

　　　τ——装药长度系数，一般取 $\tau = 0.35\sim0.65$；

　　　q——单位炸药消耗量，$\mathrm{kg/m^3}$；

　　　m——炮孔密集系数（即孔距与排距之比），m 值通常大于 1.0，在宽孔距、小抵抗线爆破中，$m = 3\sim4$ 或更大，但是第一排炮孔往往由底盘抵抗线过大，应选用较小的密集系数，以克服台阶底盘的阻力。

底盘抵抗线受许多因素影响，变化范围较大，除了要考虑上述因素外，控制台阶坡面角大小也是调整底盘抵抗线的一个有效途径。

F. 孔距和排距。孔距与抵抗线的乘积，表示一个钻孔所负担的面积，而抵抗线和孔距的比值称为间距系数。在台阶爆破中，孔距一般不小于抵抗线。孔距取值大小既与爆破后岩石的块度有关，也与爆破后形成的下一个台阶坡面形状有关。同时，孔距 a 是指同一排炮孔中相邻两炮孔中心线间的距离。孔距按式（5-19）计算：

$$a = mW_1 \tag{5-19}$$

排距 b 是指多排孔爆破时，相邻两排炮孔间的距离，它与孔网参数和起爆顺序等因素有关。当采用等边三角形布孔时，排距与孔距采用式（5-20）计算：

$$b = a\sin60° = 0.866a \tag{5-20}$$

当在台阶爆破时，采用多排孔爆破，在确定孔径条件下，每个孔都有一个合理的负担面积，负担面积按式（5-21）式（5-22）计算：

$$S = ab \tag{5-21}$$

或

$$b = \frac{\dfrac{S}{m}}{2} \tag{5-22}$$

式中　S——炮孔负担面积，m^2。

当合理的炮孔负担面积 S 和炮孔密集系数 m 是已知时，即可求出炮孔排距 b。在台阶爆破中需要注意的是：布孔的间排距，由于起爆方式或顺序的改变，使炮孔的孔距有所变化。如方形布孔，采用 V 形起爆，孔间距变为 $2W$。这也是实现宽孔距爆破的一种方式。

G. 堵塞长度。堵塞长度应以控制爆炸气体不过早逸出和不造成岩石飞散为原则，为获得较好的爆破效果，改善堵塞方式，将爆炸气体在孔内的作用时间延长并超过 9ms 会使岩石的破碎效果更佳。

确定合理的堵塞长度 L_2，保证堵塞质量，对改善爆破效果和提高炸药能量利用率具有重要作用。合理的堵塞长度和改善堵塞质量能降低爆破气体能量损失，获得较好的爆破效果。但是，堵塞长度过大将会降低延米爆破量，造成台阶上部岩石破碎效果不佳；当堵塞长度过短时，则会造成炸药爆破能量的损失，并产生较强的空气冲击波、噪声，并产生个别的飞石危害，影响炮孔下部岩石破碎效果。

堵塞长度一般按式（5-23）确定：

$$L_2 = (0.7 \sim 1.0)W_1 \tag{5-23}$$

对于垂直深孔，取 $L_2 = (0.7 \sim 0.8)W_1$；倾斜深孔，取 $L_2 = (0.9 \sim 1.0)W_1$，或 $L_2 = (20 \sim 30)d$，其中 d 为炮孔直径，mm。

同时应注意，堵塞长度与堵塞材料、堵塞质量都是相依相存的，当堵塞材料密度大和堵塞质量又好时，可适当减小堵塞长度。国内台阶爆破时多采用钻屑作为堵塞材料，国外则用 4~9mm 的砂和砾石作为堵塞材料。

H. 单位炸药消耗量 q。爆破 $1m^3$ 岩石所需用的炸药量，称单位炸药消耗量（以 q 表示），同时，在深孔台阶爆破中，q 值是根据岩石爆破块度尺寸要求、岩石的坚固性、炸药种类、自由面条件、施工技术等因素综合确定。设计时可以参照类似工程的实际炸药单耗值选取，也可以按表 5-42 中数值选取。合理的单位炸药消耗量一般先根据经验选取几组数据，再通过现场爆破试验来确定。

表 5-42　　　　　　　　　　　　单位炸药消耗量 q 值表

岩石坚固性系数 f	0.8~2	3~4	5	6	8	10	12	14	16	20
$q/(kg/m^3)$	0.40	0.45	0.50	0.55	0.61	0.67	0.74	0.81	0.88	0.98

I. 单孔装药量。单排孔爆破或多排孔爆破时第一排孔的单孔装药量按式（5-24）计算：

$$Q=qaW_1H \tag{5-24}$$

多排孔爆破时，从第二排炮孔起，以后各排孔的每孔装药量按式（5-25）计算：

$$Q=kqabH \tag{5-25}$$

式中　k——考虑受前面各排孔岩石阻力作用的增加系数，一般 $k=1.1~1.2$。

国内部分水利水电工程深孔爆破参数见表 5-43。

表 5-43　　　　　　　　　　国内部分水利水电工程深孔爆破参数表

工程名称	岩性	台阶高度/m	孔深/m	底盘抵抗线/m	孔距/m	排距/m	孔斜/(°)	孔径/mm	炸药直径/mm	堵塞长度/m	炸药单耗/(kg/m)
三峡工程	左岸大坝二期厂房	花岗岩	7.0~10.0	10.0	2.50	3.5	2.50	75、90	105	80	3.0	0.77
	右岸基础开挖		10.0~13.0	13.0	2.00~2.60	2.5~3.5	2.00~2.60	75、90	89	70	3.0	0.77
									105	80		
葛洲坝工程	爆破试验	砂岩黏土砂岩	6.0	6.2	4.25	3.5	4.25		170	130		0.39
	掏槽爆破		4.0~8.0	4.0~8.0	中心线掏槽	2.0	1.50~2.60	60、75、90	170	90		1.40
	坝端进掏槽		5.5	6.0	端头掏槽	2.0~2.5	1.50	75	170	55		0.53
东江水电站边坡开挖工程		花岗岩	10.0	10.0	—	2.5	3.00	60、75、80	100	100		0.31~0.45
乌江渡水电站边坡开挖工程		灰岩	30.0	30.0	3.50~4.00	3.5	3.50	73	91~100	80~85		0.35
龙羊峡水电站边坡开挖工程		花岗岩	8.0	8.5	3.00	3.0	3.00	75	150	100		0.60
东风水电站坝肩开挖工程		白云岩、灰岩	10.0	10.0~12.0	3.00	3.0	2.50	80	115	—	2.5	0.70

工程名称	岩性	台阶高度/m	孔深/m	底盘抵抗线/m	孔距/m	排距/m	孔斜/(°)	孔径/mm	炸药直径/mm	堵塞长度/m	炸药单耗/(kg/m)
水布垭水电站溢洪道开挖工程	灰岩	10.0	11.0	2.50~3.50	5.0	3.50	85	—	—	3.8	0.45
小湾水电站边坡开挖工程	片麻岩	15.0	15.0	3.00~3.50	2.0~2.5	3.00~3.50	75	89	70、60	1.4~3.4	0.50~0.60
								105	90		
溪洛渡水电站边坡开挖工程	玄武岩	10.0~15.0	10.0~15.0	3.00	4.0	3.00	75	90	70	2.0~3.0	0.40~0.50
								105	80		
拉西瓦水电站边坡开挖	花岗岩	15.0	15.0	2.00~2.50	3.0~4.0	2.00~2.50	—	89	70	2.0~2.5	0.50~0.65
								120	80		

4）装药结构。在深孔台阶爆破时，在坝基开挖中，一般采用不耦合装药，减弱爆破对保留基岩的破坏。对于水工建筑物次要部位和料场的开挖，采用耦合装药，提高爆破效率。

在抵抗线相差不大的炮孔中常用同直径药卷装药结构。在斜孔台阶爆破中，一般采用底部装大直径药卷，上部装小直径药卷的变直径药卷装药结构。

台阶高度较低，上部岩石比较破碎或风化严重，上部抵抗线较小的深孔爆破，采用连续装药结构。为提高了装药高度，使炸药能量分布更为均匀，减小了孔口部位大块率的产生，采用分段装药结构。

在炮孔内只放一个雷管时，使用中部起爆较多。在国内水利水电施工中在炮孔内采用两个起爆点时，同时采用正向与反向起爆居多。

5）装药方法。深孔台阶爆破的装药方法主要采用人工装药，对于矿山、大方量开挖用药量很大的工程一般采用机械装药。

6）堵塞。堵塞材料一般采用钻屑、黏土、粗砂，水平孔堵塞采用黏土、粗砂等混合均匀制成后晾10h成炮泥卷。堵塞长度与最小抵抗线、钻孔直径和爆区环境密切相关。当不允许产生飞石时，堵塞长度取钻孔直径的30~35倍；允许有个别飞石时，取钻孔直径的20~25倍。

7）起爆网络。在爆破施工中，起爆网络按雷管连接形式可分为串联网络、并联网络、混联网络；按雷管实现毫秒起爆方法可分为孔内延时网络、孔外延时网络、孔内与孔外结合延时网络；按起爆器材分为电爆网络、导爆索网络、塑料导爆管网络，其中导爆管起爆网络应用比较广泛。上边三种方式的网络又可相互交叉演变成混合网络。

深孔台阶爆破的一个重要特征就是采用多排孔毫秒延期起爆，起爆顺序分为孔间、排间和孔内延期起爆。

排间顺序微差起爆施工简便，爆堆较整齐均匀，但是地震效应大，对围岩和邻近建筑物有较大的冲击破坏。

奇偶式微差起爆减振效果好，岩石块度均匀，适用于只有 3～4 排炮孔的爆区。

波浪式微差起爆推力较大，爆破的破碎效果好。

V 形微差起爆振动小、爆渣均匀、堆渣集中、破碎块度好，它适用于 4 排以上的爆区，使用于沟槽开挖效果更好。

梯形微差起爆破碎效果好、爆渣集中，适合于路堑开挖。

对角线微差起爆，爆破振动小，可改变爆渣抛掷堆积方向。

8）毫秒延期间隔时间的确定。毫秒延期间隔时间的选择主要与岩石性质、抵抗线、岩体移动速度以及对破碎效果和减振的要求等因素有关。选择合理的毫秒延期间隔时间，能得到良好的爆破破碎效果，可最大限度地降低爆破振动效应，还应保证先爆孔不破坏后爆孔和其网路。毫秒延期时间的确定，大多采用经验方法确定。

A. 经验公式：

$$\Delta t = \frac{2W}{v_p} + K_1 \frac{W}{C_p} + \frac{S}{v} \tag{5-26}$$

式中　Δt——毫秒延期时间，s；

　　　W——抵抗线，m；

　　　v_p——岩体中弹性纵波速度，m/s；

　　　K_1——岩体受高压气体作用后在抵抗线方向裂缝发展的过程系数，一般取 2～3；

　　　C_p——裂缝扩展速度，它与岩石性质、炸药特性以及爆破方式等因素有关，一般中硬岩石约为 1000～1500m/s，坚硬岩石为 2000m/s 左右，软岩石为 1000m/s；

　　　S——破裂面移动距离，一般取 0.1～0.3m；

　　　v——破裂体运动的平均速度，m/s，对于松动爆破而言，其值约为 10～20m/s。

或为：

$$\Delta t = t_d + \frac{L}{v} = KW + \frac{L}{v_c} \tag{5-27}$$

式中　t_d——从爆破到岩体开始移动的时间，ms；

　　　K——系数，一般为 2～4ms/m，也可通过观测确定；

　　　W——底盘抵抗线，m；

　　　v_c——裂隙宽度，m，一般取 0.01m。

B. 以形成新自由面所需要的时间确定延期间隔时间：

$$\Delta t = \zeta W \tag{5-28}$$

式中　ζ——与岩石性质、结构构造和爆破条件有关的系数，在露天台阶爆破条件下，ζ 值为 2～5。

C. 考虑岩石性质和底盘抵抗线的经验公式：

$$\Delta t = K_1 W (24 - f) \tag{5-29}$$

式中　Δt——毫秒延期时间，ms；

　　　K_1——岩石裂隙系数，裂隙少的岩石取 0.5，中等裂隙岩石取 0.75，裂隙发育的岩石取 0.9；

W——底盘抵抗线，m；

f——岩石坚固系数。

一般深孔台阶爆破时，孔内毫秒延期间隔时间为 $15\sim75$ms（大多用 $25\sim50$ms），排间间隔时间可取长一点，以保证岩石破碎质量，改善爆堆挖掘条件以及减少飞石和后冲作用，同时随着一次起爆排数的增加，排间间隔时间依次加长。国内台阶多排孔挤压爆破排间时间间隔通常取 50ms 以上；台阶高度为 $12\sim15$m 的坚硬岩石中使用威力较高炸药时，孔内毫秒延期时间以 $10\sim15$ms 为宜；当使用威力较低的铵油炸药时，孔内毫秒延期间隔时间多选用 $10\sim25$ms。孔内毫秒延期爆破方式有自上而下起爆、自下而上起爆的两种方式。

9）起爆与爆后检查。

A. 起爆前。应先检查起爆器是否完好正常，及时更换起爆器的电池，保证为起爆器提供足够的电能并能够快速充到爆破需求的电压值，在连接主线前必须对网路电阻进行检测，当安全警戒全部检查确定安全后，再次测定网路电阻值，电阻值无变化，才将主线与起爆器连接准备起爆。起爆后，应及时切断电源，将主线与起爆器分离。

B. 起爆后。爆破后不能立即进入现场进行检查，应等待一定时间，确保所有起爆露天深孔爆破，爆后应超过 15min 方准检查人员进入爆区。

（3）预裂爆破。预裂爆破是沿边坡开挖边界布置密集炮孔，采用不耦合装药且炮孔装填低威力炸药，是在主炮孔爆破之前先起爆布置在开挖线上的预裂孔，在相邻预裂炮孔之间形成一定宽度的贯穿裂缝，从而在开挖面上形成断裂面，控制主爆区爆破对保留岩体的破坏影响，且沿预裂面形成一个超挖很少或没有超挖的平整壁面。

1）一般原则。

A. 对于高边坡或深路堑石方爆破，宜采用预裂爆破。

B. 对于垂直或倾斜边坡的预裂爆破，边坡的倾角以大于 $60°$ 或坡比陡于 $1:0.5$ 为宜。

C. 预裂孔沿设计开挖边界线布置，炮孔倾斜角度应与设计边坡坡度一致。

D. 预裂爆破的台阶高度（一次开挖的深度）H，当预裂孔 $d=60\sim100$mm 时，台阶高度取 $H=5\sim15$m，当预裂孔 $d\leqslant40$mm 时，台阶高度 $H=2\sim4$m 为宜。

E. 预裂爆破一般采用不耦合装药。

F. 预裂爆破孔与主爆区炮孔应符合下列关系：一般预裂孔与主炮孔之间的最佳距离为最小抵抗线的 $0.3\sim0.5$ 倍。预裂孔、主炮孔间距和主炮孔装药量的经验关系见表 $5-44$。

表 5-44　　　　　　　　预裂孔、主炮孔间距与主炮孔装药量的经验关系表

主炮孔直径/mm	<32	<55	<70	<100
主炮孔单段起爆药量/kg	<20	<50	<100	<300
预裂孔与主炮孔间距/m	0.8	$0.8\sim1.2$	$1.2\sim1.5$	$1.5\sim3.5$

预裂爆破时，预裂孔的布孔界限应超出主体爆破区，宜向主体爆破区两侧各延伸 $5\sim10$m，缓冲孔位于预裂孔和主炮孔之间，设 $1\sim2$ 排（见图 $5-9$）。

预裂爆破和主体爆破同次起爆时，预裂爆破的炮孔应在主体爆破前起爆，对于软岩不

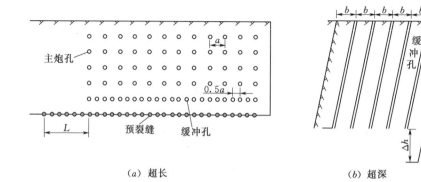

图 5-9　预裂缝的超深（Δh）及超长（L）示意图

注：间距和抵抗线均为主炮孔的 0.7 倍左右。

少于 150ms，硬岩不少于 75ms。

2）基本作业方法。

A. 预裂孔先行爆破法。在主爆破体石方钻孔之前，先沿边坡或台阶内边钻密孔进行预裂爆破，然后再进行主体石方钻孔爆破。

B. 一次分段延期起爆法。预裂孔和主爆孔一起钻孔，爆破时预裂孔和主爆破孔用毫秒延期雷管同次分段起爆，预裂孔先于主爆孔（100～150ms）起爆。

C. 聚能预裂爆破法。聚能爆破的机理是在药包爆炸后，炸药产生的爆炸能量向聚能穴方向汇聚，形成聚能射流的气刃对岩石形成切割与延伸，获得更好的预裂效果，聚能预裂孔先于主爆孔（75～100ms）起爆。

3）技术特性。预裂孔先爆，一般超前 50ms 以上，其爆破参数主要有孔径、孔距、装药结构、线装药密度、堵塞长度等。底部装药量适当增加，上部应适当减少装药，且孔口做好堵塞。预裂面与最近一排主炮孔之间的距离为主炮孔间距的一半，并减少装药量。钻孔超深根据地质和结构要求确定，一般为 0.4～1.0m。

A. 预裂爆破质量主要影响因素。其主要包括：所选爆破参数是否适当，应通过爆破试验选定参数；地质条件，尤其是节理裂隙组合情况与预裂面的关系；钻孔质量及爆破作业人员的经验。

B. 预裂爆破质量控制标准。预裂缝要贯通且在地面有一定的开裂宽度；对于中等坚硬岩石，缝宽不宜小于 1.0cm，坚硬岩石缝宽应达到 0.5cm 左右；但在松软岩石中，缝宽达到 1cm 时，减振作用并未显著提高，须经试验确定。

预裂面开挖后不平整度小于 15cm。

预裂面上的炮孔痕迹保留率应不低于 80%（应为 80%～90%），且炮孔附近岩石不应出现严重的爆破裂隙。

4）爆破参数。

A. 钻孔直径 d。钻孔直径根据台阶高度和钻机性能来确定，一般边坡和路堑边坡爆破，钻孔直径以 80～110mm 为宜，当边坡开挖质量要求较高时，钻孔直径以 42～60mm 为宜。

B. 钻孔间距 a。预裂爆破的钻孔间距与钻孔直径有关，一般取 $0.3\sim1.0$m 或 $a=(7\sim10)d$，钻孔直径大于 100mm 时取小值，小于 60mm 时取大值；岩石软弱破碎时取小值，岩石坚硬完整时取大值。

C. 不耦合系数 K_d。预裂爆破一般采用不耦合装药，一般不耦合系数取 $K_d=2\sim4$，岩石硬取大值，岩石软取小值，当 $K_d\geqslant2$ 时，只要药包不紧贴孔壁，孔壁就不会受到损伤。如果 $K_d<2$ 时，炮孔孔壁质量很难保证。

D. 超钻深度 Δh。超钻孔深 Δh，可在 $\Delta h=0.5\sim2.0$m 之间取值，钻孔深或岩石坚硬完整时超钻孔深取大值，当钻孔浅或岩石较软弱时超钻孔深取小值。

E. 孔深 h。预裂孔孔深的确定以不留根底和不破坏坡后岩体为原则。对于倾斜钻孔，可按公式 $h=H/\sin\beta+\Delta h$ 计算，式中 β 为钻孔倾斜角，H 为台阶高度。

F. 装药量。确定预裂爆破装药量有三种方法，即理论计算法、经验公式计算法和经验类比法。

a. 理论计算法。理论计算中多采用苏联 A·A. 费先柯和 B·C. 艾里斯托夫得出的计算方法。

预裂爆破必须满足预裂孔同时起爆，并符合以下力学方程。

$$\sigma_r\leqslant\sigma_压；\ \sigma_T\leqslant\sigma_拉 \qquad (5-30)$$

式中　σ_r——预裂孔壁受到的最大径向压应力，MPa；

　　　σ_T——预裂孔连心线上岩体受到的切向最大拉应力，MPa；

　　　$\sigma_压$——岩石的极限抗压强度，MPa；

　　　$\sigma_拉$——岩石的极限抗拉强度，MPa。

装药密度计算：根据炮孔内冲击应力波的作用理论，在保证孔壁岩体不被压碎的条件下，可求得最佳的装药密度。

$$\Delta=\{(\sigma_压/10)[2.5+\sqrt{6.25+1400/(\sigma_压/10)}]\}/100Q \qquad (5-31)$$

式中　Δ——最佳装药密度，g/cm^3；

　　　$\sigma_压$——岩石的极限抗压强度，kPa；

　　　Q——炸药的爆热，kJ/kg。

炮孔间距计算：

$$a=1.6[(\sigma_压/\sigma_拉)\mu/(1-\mu)]^{2/3}d \qquad (5-32)$$

式中　a——炮孔间距，cm；

　　　$\sigma_拉$——岩石的极限抗拉强度，kPa；

　　　μ——岩石的泊松比；

　　　d——炮孔直径，mm。

b. 经验公式计算法。预裂爆破经验计算式通式：

$$q_线=K(\sigma_压)^{\alpha}a^{\beta}d^{\gamma} \qquad (5-33)$$

式中　$q_线$——炮孔的线装药密度，kg/m；

　　　$\sigma_压$——岩石的极限抗压强度，MPa，根据工程施工经验，采用岩体极限抗压强度计算装药量偏高，宜选用极限抗压强度的 $70\%\sim80\%$ 或采用岩体抗压强度更适宜；

a——炮孔间距，m；

d——炮孔直径，mm；

K、α、β、γ——均为系数。

长江科学院预裂爆破计算式：

$$q_{线} = 0.034(\sigma_{压})^{0.63} d^{0.67} \qquad (5-34)$$

葛洲坝工程局预裂爆破计算式：

$$q_{线} = 0.367(\sigma_{压})^{0.5} d^{0.36} \qquad (5-35)$$

武汉水利电力学院预裂爆破计算式：

$$q_{线} = 0.127(\sigma_{压})^{0.5} a^{0.84} (d/2)^{0.24} \qquad (5-36)$$

c. 经验类比法。由于预裂爆破装药量的理论计算存在一些参数很难确定的缺陷，因此可以根据已完成的类似工程的实际经验资料，并结合地形地质条件、钻孔设备、爆破要求及爆破规模等进行工程类比选择，在爆破设计时，往往需要根据具体工程条件，并通过试验对有关数据进行适当调整，也是预裂爆破参数选择行之有效的方法（见表 5-45）。

表 5-45　　　　　　　　　　　预裂爆破参数经验数值表

岩石性质	岩石抗压强度/MPa	钻孔直径/mm	钻孔间距/cm	线装药量/(g/m)
软弱岩石	<50	80	0.6~0.8	100~180
		100	0.8~1.0	150~250
中硬岩石	50~80	80	0.6~0.8	180~300
		100	0.8~1.0	250~350
次坚石	80~120	90	0.8~1.0	250~400
		100	0.8~1.0	300~450
坚石	>120	90~100	0.8~1.0	300~700

预裂爆破计算时应注意的问题如下。

第一，炸药的性能。不同品种的炸药，它的密度、爆速、爆力、猛度都是不同的，它的爆破效果也不一样，应根据施工现场实际使用的炸药品种进行必要的换算。

第二，炮孔直径和孔深的关系。一般情况下，浅孔预裂爆破时，炮孔的孔径小；预裂爆破是深孔时，炮孔的孔径大。浅孔爆破时取孔径 $D = 42 \sim 60mm$，深孔爆破时取 $D = 80 \sim 110mm$，或者取更大值 $D = 250 \sim 350mm$。

预裂爆破台阶高度。预裂爆破台阶高度 H，浅孔预裂时 $H = 2 \sim 5m$，深孔预裂时 $H \leqslant 15m$ 为宜。当开挖深度大于 15m 时，宜分层爆破，层间应设置 $B = 1.5 \sim 2.0m$ 宽的平台。

炮孔直径与炮孔间距的关系。预裂爆破一般采用不耦合装药，不耦合系数应大于 2 为佳。一般取孔距 $a_{预} = (8 \sim 12)D$，设计和计算时应使 $a_{预}$ 符合此关系。

线装药密度。线装药密度指炮孔每延长米平均装药量，在实际施工时应根据不同装药结构进行处理。当预裂孔采用分段装药时，底部为加强装药段、中部为正常装药段、顶部为减弱装药段和堵塞段。在保证堵塞长度条件下，取加强装药段长度 $L_3 = 0.2L$，中部正常装药段长度 $L_2 = 0.5L$，顶部减弱装药和堵塞段 $L_1 = 0.3L$。

5）装药结构。预裂爆破常采用不耦合装药，装药结构有连续装药和间隔装药两种，大多采用竹片绑扎，使药卷居中，不耦合系数 2～5（坚硬岩石取较小值，松散岩石取较大值）（见图 5-10）。

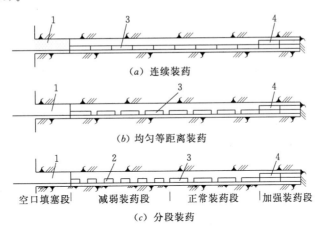

图 5-10　预裂孔装药结构示意图
1—堵塞段；2—顶部减弱装药段；3—正常装药段；4—底部加强装药段

A. 药包加工。一般用导爆索上绑药卷或把导爆索和药卷绑在竹片上的办法，把药包加工成线状。

B. 装药。预裂爆破一般采用人工装药，人工将加工好的药串抬起，慢慢地放到孔内，把竹片一侧靠在保留区一侧，将药串放到位固定好。

孔底加强装药。底部 0.5～1.5m，孔底装药增加系数见表 5-46，炮孔顶部 1～3m 的线装药密度适当减少。

表 5-46　　　　　　　　　　　孔底装药增加系数表

孔深/m	<5	5～10	>10
孔底装药增加系数	1～2	2～3	3～5

6）堵塞。堵塞长度一般取炮孔直径的 12～20 倍，国内一般堵塞长度为 0.6～2.0m，用沙子、泥土或石粉堵塞，用岩粉等材料逐层堵塞和捣实。有时为了减弱孔口上部影响，将顶部 1～3m 的线装药密度作相应调整。

在炮孔堵塞过程中，应注意保护好爆破的导爆索和雷管脚线，同时，堵塞质量应达到设计要求。

7）起爆网路。

A. 导爆索连接形式可采用搭接、套接和水手接。

B. 预裂爆破规模较大时，起爆时可采用分区分段起爆，在同一时段内采用导爆索起爆，各段之间分别用毫秒雷管引爆。

（4）光面爆破。光面爆破是在主炮孔爆破之后，利用布设在设计开挖轮廓线上的光爆孔，准确地把预留的"光爆层"从保留岩体上爆切下来，形成平整的开挖面。该种爆破技术能控制光爆层爆破时对保留岩体不产生过大的破坏，减少超挖和欠挖，它在坚硬岩石中使用较多。

1）一般原则。光面爆破适用于破碎岩石和一些不均匀的岩体、构造发育的岩体；炮孔采用不耦合装药或装填低威力炸药，在主爆区爆破之后延迟一定时间起爆光面炮孔；光爆孔沿设计开挖边界线布置，炮孔倾斜角度应与设计边坡坡度一致；须严格控制周边孔和辅助爆破孔装药量及相应的爆破参数；按主爆孔爆破产生的裂隙破坏区不得超过周边界限进行控制。

2）基本作业方法。

A. 预留光爆层法。先将主体石方进行爆破开挖，预留设计的光爆层厚度，然后再沿开挖边界钻密孔进行光面爆破，光爆层厚度是指边界孔与最外层主爆孔之间的距离，光爆层外设置一缓冲爆破孔，缓冲爆破与光面爆破层炮孔布置见图5-11。

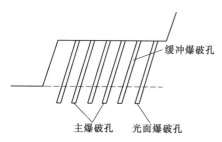

图5-11 缓冲爆破与光面爆破层炮孔布置示意图

B. 一次分段延期起爆。光面爆破孔和主体爆破孔用毫秒延期雷管同次分段起爆，同次分段起爆时光面爆破孔迟主爆孔（150～200ms）起爆。

3）技术特性。合理布置开挖边线上的边界炮孔，严格控制好炮孔间距，提高炮孔的钻孔质量，炮孔应达到平、直、齐。

光面爆炸药应采用直径13～25mm药卷，炸药应有良好的传爆性能，并且是低猛度、低爆速的炸药。

光面爆破中应采用适中的装药集中度，采用不耦合装药方式与空气间隔装药结构。

安排并排列好主爆孔与光爆孔的起爆顺序，使光面爆破孔在起爆时具有良好的自由面，提高光面爆破的质量。

光面爆破时，还应根据岩石的地质条件，合理利用围岩结构面或根据围岩结构面改变爆破工艺。根据围岩软弱面的位置，对炸药进行分散化、微量化处理，同时改变装药方式。在炮孔穿过断层、裂隙处，炮孔局部采用间隔装药，以减小爆破对围岩软弱面的过度破坏。

光面爆破质量控制标准：开挖轮廓面成形规则，岩面平整，无欠挖，相邻两炮孔间岩面的不平整度小于15cm。

岩壁上半个炮孔痕迹应均匀分布，节理不发育岩体的残留炮孔痕迹保留率应在80%以上，节理裂隙较发育和发育岩体应达到50%～80%，节理裂隙极发育的岩体应达到10%～50%。岩壁上观察不到明显的爆破裂隙，对围岩只有轻微破坏。

4）爆破参数。

A. 钻孔直径D。根据工程特点及现有机械设备情况，深孔光面爆破的钻孔直径$D=80～105mm$，可应用于边坡高度大于6m的光面爆破。对边坡较小的浅孔台阶光面爆破，炮孔直径$D=38～42mm$。

B. 梯段高度H。合理的梯段高度应视岩石边坡的要求，钻孔机械的钻孔能力、施工技术水平应综合考虑。根据岩石边坡的高度，台阶高度H与主体石方爆破台阶相同，一般情况，深孔取$H≤15m$，浅孔取$1.5m≤H<5m$为宜。

C. 最小抵抗线。最小的抵抗线一般采用下列经验公式确定：

$$W_光 = KD \qquad\qquad (5-37)$$

$$W_光 = K_1 a_光 \qquad\qquad (5-38)$$

式中　$W_光$——光面爆破最小抵抗线，m；

　　　D——光爆孔钻孔直径，mm，深孔时 $D=100mm$，浅孔时 $D=42mm$；

　　　K——计算系数，一般取 $K=15\sim25$，软岩取大值，硬岩取小值；

　　　K_1——计算系数，一般取 $K_1=1.5\sim2.0$，孔径大取小值，孔径小取大值；

　　　$a_光$——光面爆破孔孔距，m。

D. 孔距。光爆孔的间距跟岩石强度、完整性有关，光爆孔间距比主爆孔小。围岩软弱、破碎时孔距可适当调大，岩石坚硬完整时，光爆孔可适当调小确保岩石爆裂贯穿，光爆孔孔距过大，难以爆出平整的光面；孔距过小，会增加开挖费用。通常光爆孔的孔距可按下式计算：

$$a_光 = mW_光 \qquad\qquad (5-39)$$

$$a_光 \approx (10\sim20)D \qquad\qquad (5-40)$$

式中　m——炮孔密集系数，一般取 $m=0.6\sim0.8$。

E. 孔深 L 与超钻深度 h。光面爆破炮孔深度的选择应视梯段高度及钻机状况综合考虑。

孔深计算公式：

$$L = \frac{H}{\sin\alpha} + h \qquad\qquad (5-41)$$

式中　α——边坡坡面角。

超钻深度 h，上层 $h=0.5\sim1.0m$，下层 $h=1.0\sim1.5m$。

F. 缓冲孔。在深孔光面爆破时，光爆孔和主爆孔之间应布置缓冲孔，其孔距应比主爆孔缩小 $30\%\sim50\%$，单孔耗药量减少约 50%，并实行间隔装药以增加堵塞长度，减少主爆破孔爆破时对边坡的影响。

在深孔光面爆破中，缓冲孔主要分为倾斜缓冲孔和竖直缓冲孔两种，采用倾斜缓冲孔，易获得理想的爆破效果，但钻孔时易发生卡钻，装药时易卡孔，竖直缓冲孔适用于各种地质条件，但施工中较多采用倾斜缓冲孔，在严重破碎地质条件下采用竖直缓冲孔。

G. 装药量。理论计算法：由于光面爆破要求装药集中度很小，光面爆破的装药量计算，它分为线装药密度的计算和单孔装药量的计算。

线装药密度 $q_光$ 的计算：

$$q_光 = K_光 a_光 W_光 \qquad\qquad (5-42)$$

式中　$K_光$——松动爆破单位耗药量。

单孔装药量的计算：

$$Q_光 = q_光 L + Q_底 \qquad\qquad (5-43)$$

式中　$Q_光$——光面爆破的单孔装药量，g；

$q_光$——光面爆破的线装药密度，g/m，各类岩石光面爆破与预裂爆破炸药单耗见表 5-47；

$Q_底$——光面爆破底部加强装药，$Q_底$ 由超钻深度确定，岩石坚硬完整、超钻深度 $h \geqslant 0.8$ 时取高值，否则取小值。

各类岩石光面爆破与预裂爆破炸药单耗见表 5-47，瑞典古斯塔夫松的光爆参数和兰格弗尔斯的光爆参数分别见表 5-48 和表 5-49。

表 5-47 各类岩石光面爆破与预裂爆破炸药单耗列表

岩石名称	岩石特征	岩石坚固性系数 f 值	炮孔松动爆破 $K_松$/(g/m³)	光面爆破 $K_光$/(g/m³)	预裂爆破 $K_预$/(g/m³)
页岩	风化破碎	2~4	330~480	140~280	270~400
千枚岩	完整、微风化	4~6	400~520	150~310	300~460
板岩	泥质、薄层、层面张开、较破碎	3~5	370~520	150~300	300~450
泥灰岩	较完整、层面闭合	5~8	400~560	160~320	320~480
砂岩	泥质胶结、中薄层或风化破碎	4~6	330~480	130~270	270~400
	钙质胶结、中厚层、中细粒结构、裂隙不甚发育	7~8	430~560	160~330	330~500
	硅质胶结、石英质砂岩、厚层裂隙不发育未风化	9~14	470~680	190~390	380~580
砾岩	胶结性差、砾石以砂岩或较不坚硬岩石为主	5~8	400~560	160~320	320~480
	胶结好、由较坚硬的岩石组成、未风化	9~12	470~640	180~370	370~550
白云岩、大理岩	节理发育、较疏松破碎裂隙频率大于4条/m	5~8	400~560	160~320	320~480
	完整、坚硬	9~12	500~640	190~380	380~570
石灰岩	中薄层或含泥质竹叶状结构及裂隙较发育	6~8	430~560	160~330	330~500
	厚层、完整或含硅质、致密	9~15	470~680	190~380	380~580
花岗岩	风化严重、节理裂隙很发育、多组节理交割、裂隙频率大于5条/m	4~6	370~520	150~300	300~450
	风化较轻节理不甚发育或未风化的伟晶粗晶结构	7~12	430~640	180~360	360~540
	细晶均质结构、未风化、完整致密	12~20	530~720	210~420	420~630
流纹岩、粗面岩、蛇纹岩	较破碎	6~8	400~560	160~320	320~480
	完整	9~12	500~680	200~400	400~590
片麻岩	片理或节理发育	5~8	400~560	160~320	320~480
	完整坚硬	9~14	500~680	200~400	400~590
正长岩、闪长岩	较风化、整体性较差	8~12	430~600	170~340	340~520
	未风化、完整致密	12~18	530~700	200~410	410~620

岩石名称	岩石特征	岩石坚固性系数 f 值	炮孔松动爆破 $K_{松}/(g/m^3)$	光面爆破 $K_{光}/(g/m^3)$	预裂爆破 $K_{预}/(g/m^3)$
石英岩	风化破碎、裂隙频率大于 5 条/m	5～7	370～520	150～300	300～450
	中等坚硬、较完整	8～14	470～640	190～370	370～560
	很坚硬完整、致密	14～20	570～800	230～460	460～690
安山岩、玄武岩、	受节理裂隙切割	7～12	430～600	170～340	340～520
	完整坚硬致密	12～20	530～800	220～440	440～650
辉长岩、辉绿岩、橄榄岩	受节理切割	8～14	470～680	190～380	380～520
	很完整、很坚硬致密	14～25	600～840	240～480	480～720

表 5－48   瑞典古斯塔夫松的光爆参数表

炮孔直径 /mm	中部正常段线装药密度 /(kg/m)	炸药种类	最小抵抗线 /m	炮孔间距 /m
25～32	0.07	ϕ11mm 古力特	0.30～0.45	0.25～0.35
25～43	0.16	ϕ17mm 古力特	0.70～0.80	0.50～0.60
45～51	0.16	ϕ17mm 古力特	0.80～0.90	0.60～0.70
51	0.30	ϕ22mm 纳比特	1.00	0.8
64	0.30	ϕ22mm 纳比特	1.00～1.10	0.8～0.9

表 5－49   兰格弗尔斯的光爆参数表

炮孔直径 /mm	中部正常段线装药密度 /(kg/m)	炸药种类	药卷直径 /mm	最小抵抗线 /m	炮孔间距 /m
30		古力特		0.7	0.5
37	0.12	古力特		0.9	0.6
44	0.17	古力特		0.9	0.6
50	0.25	古力特		1.1	0.8
62	0.35	纳比特	22	1.3	1.0
75	0.50	纳比特	25	1.6	1.2
87	0.70	代纳米特	25	1.9	1.4
100	0.90	代纳米特	25	2.1	1.6
125	1.40	纳比特	40	2.7	2.0
150	2.00	纳比特	50	3.2	2.4
100	3.00	代纳比特	52	4.0	3.0

经验类比法：光面爆破装药量经验数据见表 5－50，光面爆破参数见表 5－51。

钻孔直径/mm	钻孔间距/m	最小抵抗线/m	线装药密度/(g/m)
37	0.60	0.90	120
44	0.60	0.90	170
50	0.80	1.10	250
62	1.00	1.30	350
89	1.00~1.20	1.50	560~800

岩石类别	周边孔间距/cm	周边孔抵抗线/cm	线装药密度/(g/m)
硬岩	55~65	60~80	300~350
中硬岩	45~60	60~75	200~300
软岩	35~45	45~55	70~120

注 炮孔直径 40~50mm，药卷直径 20~25mm。

H. 爆破参数参考。其他工程的光面爆破参数见表 5-52。

岩石强度系数 f	孔深 h/m	孔距 a/m	最小抵抗线 W/m	线装药密度 q/(kg/m)	加强装药 长度/m	加强装药 倍数	不装药长度/m	堵塞长度/m
$f>6$	$h>8$	0.8~1.5	1.2~2.5	0.6~0.9	>2.0	>3.5	1.0	1.5
	8>h>3	0.8~1.3	1.2~2.2	0.4~0.7	0.5~2.0	1.5~3.5	0.5~1.0	1.2~1.5
6>f>3	$h>8$	0.7~1.0	1.5~2.5	0.3~0.6	>1.5	>3.0	1.5	1.5
	8>h>3	0.6~1.0	1.5~2.5	0.3~0.6	0.5~1.5	1.5~2.5	0.5~1.5	1.2
3>f>2	$h>8$	0.6~0.8	1.8~2.5	0.1~0.3	>1.5	>1.2	2.0	1.0
	8>h>3	0.5~0.7	1.8~2.5	0.1~0.3	>0.3	>1.2	0.5~2.0	1.0

5）装药结构及起爆网络。

A. 装药结构。为使炸药沿炮孔内均匀分布，一般采用小直径药卷连续或间隔装药结构，因此，用装药集中度来表示装药量。

周边孔的装药集中度，在光面层单独爆落时，一般装药量为 0.15~0.25kg/m，当一次起爆时，为了尽量减少残孔和岩埂，需适当增加装药量其可达到 0.30~0.35kg/m。

a. 小直径药卷连续装药结构。在光面爆破中采用小直径药卷，以减少炮孔内装药集中度，使炸药沿炮孔均匀分布。

用特制小直径细药卷连续装药［见图 5-12（c）］，按装药集中度考虑，药卷直径为 13~17mm 为宜。当采用小直径药卷连续装药结构，能获得较好的光面爆破效果。在正常情况下，为了爆下炮孔底部位置的岩石，不管哪种装药结构，均应在炮孔底部放一直径为 32mm 的大药卷，作为起爆体和加强药包，光面、预裂爆破炮孔底部加强装药段药量增量见表 5-53。光面爆破的炮孔均应采用不耦合装药（D/d），不耦合系数宜为 2~5。

表 5-53　　　　　　　光面、预裂爆破炮孔底部加强装药段药量增量表

L/m	<3	3~5	5~10	10~15	15~20
L_1/m	0.2~0.5	0.5~1.0	1.0~1.5	1.5~2.0	2.0~2.5
q_{y1}/q_y	1.0~2.0	2.0~3.0	3.0~4.0	4.0~5.0	5.0~6.0
q_{g1}/q_g	1.0~1.5	1.5~2.5	2.5~3.0	3.0~4.0	4.0~5.0

注　L 为炮孔深度，m；L_1 为底部加强装药段长度，m；q_{y1} 为预裂爆破孔加强装药段线装药密度，g/m；q_y 为预裂爆破孔正常装药段线装药密度，g/m；q_{g1} 为光面爆破孔加强装药段线装药密度，g/m；q_g 为光面爆破孔正常装药段线装药密度，g/m。

目前，光面爆破的装药量，基本按照预裂爆破装药量的 80%~90% 计算，或者按炸药单耗取值 $q=0.15~0.25\mathrm{kg/m^3}$，由公式 $Q_线=qaW_光$ 来计算线装药密度。

b. 空气间隔装药结构。空气间隔分段装药结构，是在药卷较粗的情况下，为减少装药集中度，使装药量近似于小药卷连续装药结构。

当用普通直径 32mm 药卷的空气间隔装药结构［见图 5-12（a）］，这种方法比较简单，可直接用直径 32mm 的普通炸药，按照设计好的装药集中度，将炸药按一定间隔均匀地分布于炮孔内，起爆时采用导爆索一次起爆。这种装药结构由于药卷直径较大，药量集中，爆破后一般在靠近药卷处的孔壁处可见到爆破后岩石被爆震的裂缝及少量的岩石粉碎痕迹。

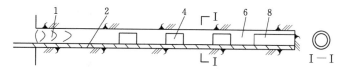

（a）φ32mm 药卷空气间隔装药

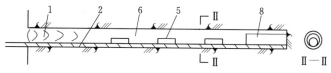

（b）φ25mm 药卷空气间隔装药

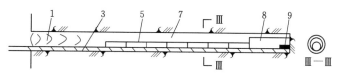

（c）φ13~17mm 药卷连续装药

图 5-12　光面爆破孔装药结构示意图

1—堵塞段；2—导爆索；3—雷管脚线；4—1/2φ32mm 药卷；5—φ20~25mm 药卷、φ13~17mm 药卷；
6—空气间隔；7—径向空气间隔；8—φ32mm 加强药卷；9—毫秒非电雷管

采用光面爆破药卷进行空气间隔装药［见图 5-12（b）］，炸药直径一般为 20~25mm，药卷长度 200~300mm。此方法除炸药直径减小外，一样采用导爆索一次起爆。

采用光面爆破药卷爆破时，可以减少爆破对围岩的破坏作用，爆破后围岩看不到爆震破坏痕迹。

B. 起爆网络。采用导爆索起爆网络，药卷都均匀地捆在导爆索上，导爆索连接形式可采用搭接、扭接和水手接。当光面爆破规模大时，可以采用分段起爆。在同一时段内采用导爆索起爆，各段之间分别用毫秒雷管引爆，光面（预裂）爆破导爆索连接起爆网络见图5-13。

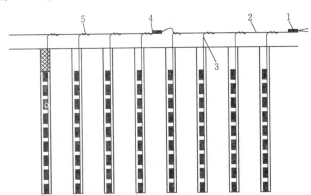

图 5 - 13　光面（预裂）爆破导爆索连接起爆网络示意图
1—引爆雷管；2—敷设于地面的导爆索主线；3—由孔内
药串引出的导爆索；4—孔外接力分段雷管；5—孔内
引出的导爆索与地面导爆索主线的连接点

6) 施工技术要求。光面爆破施工技术，是实现光面爆破的具体方法，光面爆破在周边孔施工中，应严格按炮孔位置、方向、深度、角度等进行施工，是获得平整规则的开挖轮廓面的基本条件。对周边孔的具体质量要求是，按设计给定的孔位，打出"平、直、齐"的周边孔。

A. 定准开孔位置。测量人员必须按台阶宽度放出边坡线，严格按边坡线布置光爆孔。做到布孔准确、深度相同、方位及孔斜率一致，开孔位置偏差不应大于3cm。

光面爆破钻孔前，必须在开挖边坡断面上，用红漆准确地标出周边孔的开口位置。同时标出其他相邻孔的孔位，以保证边界孔间距和光爆层厚度能精确达到设计要求。为保证光面爆破质量，钻孔施工时每班必须有专人负责。

B. 控制钻孔方向。为了获得平整规则的开挖边坡，打孔时必须严格控制边界孔的钻进方向，尽量使炮孔在同一平面内，打出"平、直"的边界孔。

打光爆孔时，首先打出"平、直"的标杆孔，并插入一长钎杆或炮棍，作为其他边界孔钻进时的标志。还可以采用仪器控制钻钎水平角度的方法，这对控制垂直炮孔钻进是非常有效的。

在打孔时（如果采用垂直孔时），不能使钎杆带着角度钻进，但由于机型影响，向上或向外甩出2°~3°进行控制。

C. 控制打孔深度。为了使炮孔打"齐"，保证一排的炮孔孔底落在同一平面上，当打深孔需要接钎时，对每段钎杆长度应做到心中有数。另外，打孔时应注意到岩面实际凹凸情况，炮孔的实际深度不一定都相等，但应使孔底都落在同一平面上。

D. 划分区域、定机定位。为了保证周边孔的钻孔质量，采用划分区域、定机定位的办法是很有效的，这样可避免开钻后出现混乱，也有利于提高打孔质量。

（5）沟槽爆破。沟槽是指从建基面中间部位向下开挖宽度较窄、形成较大长度的凹槽。一般宽度$B \leqslant 1.5 \sim 2.0m$，其深度不等；或者宽度$B = 2 \sim 8m$，深度$H > B$。采用拉槽形成临空面，拉槽时先对两侧进行预裂，预裂后进行中间部位拉槽开挖。

1）沟槽的基本特点。沟槽爆破是台阶爆破的另一种形式，但它有着不同于一般台阶爆破的特点。

A. 沟槽狭窄。沟槽深度往往比宽度大，爆破一般仅有向上的临空面，爆破时岩石受到的夹制作用特别明显，炸药不能充分发挥作用，炸药单耗大。

B. 爆破区延伸长。随着沟槽开挖的延长，地质条件变化大，爆破施工中必须根据地形、地质条件的变化随时调整爆破参数。

C. 爆破质量控制。由于沟槽宽度窄爆破时炸药单耗较高，爆破后很难使槽壁达到平整，超挖量也较大，难以获得理想的爆破效果。因此，在爆破上可采取预裂爆破和光面爆破等技术措施。

沟槽爆破布孔特点是中间孔（单孔或双孔）布置在沟槽中线两边，起爆顺序是先中间后两边，炮孔装药都相同，主要是克服夹制作用。

2）爆破开挖方法。沟槽爆破通常采用浅孔爆破法，爆破方式分为渐进式爆破开挖法（或浅孔台阶爆破法）和一次爆破成型法。对于水利水电施工中宽度、深度较大的沟槽，也可采用中深孔一次成型爆破法。

A. 渐进式爆破开挖法。由沟槽一端或两端为起点，逐渐向另一端或中间钻爆开挖的方法，每次起爆数排炮孔。由于它有一个端头临空面，能相对减弱岩层的夹制作用，获得较好的爆破效果。该方法进度慢，一次爆破的范围受到限制，施工中应对钻孔、爆破、出渣进行合理安排。

B. 一次爆破成型法。将整个沟槽的全部炮孔钻完后一次起爆，或者根据爆破规模的大小、长度，并将沟槽分成若干段进行分段钻孔、分段一次爆破成型，每段长度一般不小于沟宽的4～5倍。这种开挖方法夹制作用更大，炸药单耗较高，安全问题突出。

3）炮孔布置与起爆顺序。

A. 渐进式爆破开挖法。沟槽开挖渐进式爆破布孔及起爆顺序见图5-14，沟槽开挖断面小，炮孔布置3排，中心孔布置在沟槽中心线上，略向前30～40cm，左边孔、右边孔与中心孔相离30～40cm钻孔。起爆采用毫秒间隔顺序起爆，中间孔先起爆，边孔后起

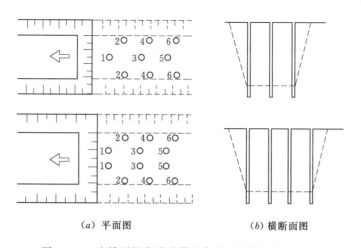

（a）平面图　　　　　　　　（b）横断面图

图5-14　沟槽开挖渐进式爆破布孔及起爆顺序示意图

爆，采用炮孔底部集中装药方式，用以克服爆破夹制作用。渐进式爆破的钻孔可采用垂直钻孔或倾斜钻孔。

对于较宽和深度大的沟槽开挖时，应采用分层台阶爆破法，上层布孔时中间垂直孔，沟槽开挖渐进式分层台阶爆破布孔见图 5-15。下层由于上部沟壁的阻碍，不能顺沟边钻倾斜孔，只能布置垂直孔。为了控制沟槽边坡质量，将靠沟边的炮孔孔距布小一些，使药量相应分散。对于特殊部位的建筑物，对沟壁全深进行事先预裂爆破，然后再进行分层、分段开挖。

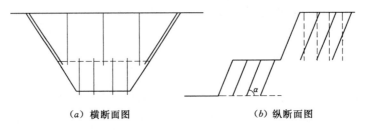

（a）横断面图　　　　　　　　　　（b）纵断面图

图 5-15　沟槽开挖渐进式分层台阶爆破布孔示意图

B. 一次爆破成型法。采用毫秒延迟爆破和中心掏槽爆破。一次成型沟槽爆破布孔方式及适用情况见表 5-54。

表 5-54　　　　　　　　　　一次成型沟槽爆破布孔方式及适用情况表

序号	适用情况	布孔方式	起爆顺序
1	一般沟槽爆破均可使用		
2	适合于较狭窄的沟槽爆破		
3	适合于 V 形或沟底窄小、上口宽的沟槽爆破		
4	适合于较宽的沟槽爆破		

4）沟槽爆破参数。沟槽爆破由于夹制作用比较大，孔网参数一般取得较小，炸药单耗则应适当增加。沟槽爆破的参数可以用公式计算，最后根据现场试验得到比较切实合理的参数。

A. 炮孔孔径 d：沟槽爆破通常采用风钻钻孔，钻孔直径一般为 $38\sim42mm$。

B. 最小抵抗线 W：$W=0.4\sim0.8m$。

C. 孔距 a：

$$a=(1.0\sim1.2)W \tag{5-44}$$

D. 排距 b：$$b=0.85a$$

或

$$b=(0.85\sim1.0)W \tag{5-45}$$

E. 孔深 h。对垂直钻孔：

$$h=H+\Delta h \tag{5-46}$$

对倾斜钻孔：

$$h=(H+\Delta h)/\sin\alpha \tag{5-47}$$

以上各式中　H——沟槽深度（或梯段高度），m；

Δh——超钻值，m，一般 $\Delta h=0.2\sim0.5m$；

α——角度，$\alpha=60°\sim70°$。

F. 单孔装药量：

$$Q=qHaW \tag{5-48}$$

或

$$Q=qHab \tag{5-49}$$

式中　q——用药量系数，一般取 $q=0.4\sim0.8kg/m^3$，对于边孔，q 取较小值。

常规沟槽爆破参数见表 5-55。

表 5-55　　　　　　　　　　　　常规沟槽爆破参数表

	沟槽深 H/m	1.0	1.5	2.0	2.5	3.0	3.5	4.0
	炮孔深 J/m	1.6	2.1	2.6	3.1	3.7	4.2	4.7
	抵抗线 W/m	0.9	1.0	1.0	1.0	0.9	0.9	0.9
底部装药	集中度/(kg/m)	0.9	0.9	0.9	0.9	0.8	0.8	0.7
	高度/m	0.3	0.5	0.5	0.6	0.8	0.9	0.9
	药量/kg	0.3	0.5	0.5	0.6	0.6	0.7	0.6
上部装药	集中度/(kg/m)	0.3	0.3	0.3	0.3	0.3	0.3	0.3
	高度/m	0.4	0.6	1.1	1.6	2.0	2.4	2.9
	药量/kg	0.1	0.2	0.3	0.5	0.6	0.7	0.9
	单孔药量/kg	0.4	0.7	0.8	1.1	1.2	1.4	1.5
	堵塞长度/m	0.9	1.0	1.0	0.9	0.9	0.9	0.9
	平均单耗/(kg/m³)	0.9	0.8	0.8	0.8	0.9	0.9	0.9

高效沟槽爆破参数见表 5-56。

沙特阿拉伯化学公司在进行沟槽开挖中，采用孔径 64mm 炮孔，开挖宽度 3.0m，沟槽开挖深度为 $2.0\sim5.0m$，炸药采用铵油炸药，非电导爆管和导爆索起爆，日进尺保持在

3km。布孔是每排 4 个孔，钻孔斜度 3:1（采用 70.5°）。

表 5-56　　　　　　　高效沟槽爆破参数表

槽深/m	2.0	2.5	3.0	3.5	4.0	4.5	5.0
孔深/m	2.6	3.2	3.7	4.2	4.7	5.3	5.8
抵抗线/m	1.6	1.6	1.6	1.6	1.5	1.5	1.5
装药集中度/(kg/m)	2.6	2.6	2.6	2.6	2.6	2.6	2.6
装药高度/m	0.6	1.2	1.7	2.2	2.7	3.3	3.8
ANFO 装药质量/kg	1.55	3.10	4.40	5.70	7.00	8.60	9.90
起爆药/kg	1.25	1.25	1.25	1.25	1.25	1.25	1.25
堵塞长度/m	1.5	1.5	1.5	1.5	1.5	1.5	1.5
平均单耗/(kg/m³)	1.2	1.2	1.6	1.6	1.8	1.8	1.8

直径 50mm 炮孔的钻爆参数见表 5-57。

当沟槽施工环境要求不是很严格时，爆破时允许产生抛掷和震动，加快施工进度，爆破时可以选用较大的孔径，同时适当加大最小抵抗线和孔间距，并提高沟槽的开挖速度。炮孔直径为 50mm，孔斜为 3:1。

表 5-57　　　　　　　直径 50mm 炮孔的钻爆参数表

序号	沟槽深度/m	炮孔深度/m	抵抗线/m		炮孔底部装药量/(kg/孔)		上部装药量/(kg/孔)
			最大	一般	底宽 1.0m 横向布 3 孔	底宽 1.5~2.0m 横向布 3 孔	
1	0.6	0.9	0.6	0.6	0.15	0.20	—
2	1.0	1.4	0.8	0.8	0.20	0.25	0.20
3	1.5	2.0	1.4	1.1	0.30	0.40	0.35
4	2.0	2.5	1.4	1.1	0.40	0.55	0.50
5	2.5	3.1	1.4	1.1	0.50	0.65	0.75
6	3.0	3.6	1.4	1.1	0.60	0.75	0.90
7	3.5	4.1	1.4	1.1	0.75	0.95	1.10
8	4.0	4.6	1.4	1.1	0.90	1.15	1.30

5）沟槽爆破的起爆网络。通常采用非电导爆管毫秒雷管网络或毫秒电雷管网络。受到雷管段别限制的毫秒延迟电雷管网络，一次起爆的炮孔数量不多，使用非电导爆管毫秒雷管网络，可采用接力网络，通常孔内采用高段位雷管，孔外接力采用低段位雷管。

沟槽爆破起爆顺序的原则如下。

A. 先起爆的药包，要为后续炮孔的爆破创造出临空面与岩石破碎的膨胀空间；对只有向上临空面的沟槽爆破时，掏槽炮孔应先起爆，为后续炮孔创造临空面；当沟槽爆破有侧向临空面时，应充分利用侧向临空面，合理设计起爆顺序。

B. 布置在中间部位的炮孔要先于边坡的炮孔起爆，为边帮炮孔提供临空面，也确保沟槽边坡的平整。

C. 采用分段装药结构时，孔内段与段之间用惰性材料分开，然后按照一定间隔时间自上而下顺序起爆。采用分段装药结构和毫秒延迟起爆方式，达到改变孔内炸药爆炸能量的分配规律，从而改善沟槽爆破效果。

（6）洞室爆破。通过平洞或竖井（含横巷平洞）将炸药装入药室内进行爆破的称为洞室爆破。它是完成土石方开挖的一种规模较大的爆破方法，它用于开挖导流明渠、大坝基坑和定向爆破筑堤坝、路堑爆破、料场爆破、建港爆破、平整场地及矿山剥离等。

根据《爆破安全规程》（GB 6722—2003）规定，A级大爆破（一次装药量 $1000t \leqslant Q \leqslant 3000t$）、B级大爆破（$300t \leqslant Q < 1000t$）、C级洞室大爆破（$50t \leqslant Q < 300t$）、D级洞室大爆破（$0.2t \leqslant Q < 50t$）。

1）洞室爆破特点。

A．地下洞室（导洞和药室）开挖施工条件较差（有的洞室开挖断面小、通风较差、施工时很困难），但在开挖施工中不受气候条件的影响，开挖设备简单，材料消耗少。

B．大爆破施工组织较复杂，需要一定施工经验的技术人员和熟练的操作工人密切配合（有时需请专家指导），施工安全问题突出，起爆网络长且必须采用复式网络，以确保"准爆"。

C．瞬时起爆，可爆落大量的土石方，但大块率高，二次解破的量大，对工程进度有影响。

D．洞室爆破时对周围环境影响较大（爆破地震、冲击波、飞石）等，附近的居民及其他建筑物的安全和防护工作量大。

E．爆破可能给工程后期的运行留下隐患。如岩体边坡不稳定、建筑物基础受破坏后影响设施运行等，在地质较差时，更应认真研究决策。

2）洞室爆破类型。按照工程爆破的目的、要求及工程的具体条件，洞室爆破划分的类型见图 5-16。

在进行露天开采石料或土石方开挖需采用洞室爆破时，往往采用松动爆破或加强松动爆破，以利于原地铲装和运输。松动爆破与加强松动爆破的主要区别在于爆破作用指数 n 的选择。一般对于松动爆破，$n < 0.75$，单位耗药量约为 $0.4 \sim 0.7 kg/m^3$，爆后岩渣堆积较集中，对爆区周围岩体破坏较小；对于加强松动爆破，其主要为了使爆破岩体得到充分破碎、降低爆堆高度，此时 $0.75 < n < 1.0$，其单位耗药量可达到 $0.8 kg/m^3$ 以上。

图 5-16　洞室爆破划分的类型图

根据爆破作用指数 n 的取值，抛掷爆破分为标准抛掷爆破（$n=1$）和加强抛掷爆破（$n>1$）。根据地面坡度的不同，抛掷爆破的爆破作用指数 n 一般在 $1.0 \sim 1.5$ 之间，单位耗药量为 $1.0 \sim 1.4 kg/m^3$，抛掷率可达到 60%左右。抛掷爆破能大幅提高挖、装、运等工序的生产效率。

在平坦地面或地面坡度小于 30°条件下，将开挖的沟渠、路堑等各种沟槽及基坑内的挖方部分或大部分扬弃到设计开挖范围以外，基本形成工程雏形的爆破方法，称为扬弃爆破。扬弃爆破需要利用炸药能量将岩石向上抬起并扬弃出去，在平坦地面，当爆破作用指数 $n=2$ 时，其扬弃率一般可达 80%左右。

3）药包布置。药包分为集中药包、条形（延长）药包。以往的工程实践以集中药包居多，其积累的经验也较多，设计方法与对爆破效果估计的偏差也较小。但是，近年来的爆破实践发现，条形药包有许多优点，如施工简单、爆破破坏影响小、抛掷效果好。但爆破后岩石的颗粒级配逊于集中药包。

A. 典型药包布置（见表 5-58）。

表 5-58　　　　　　　　　　洞室爆破典型药包布置型式表

布置型式	适用条件	起爆要求	图　示
单层单排药包	当爆破梯形断面较小时，药包埋深不大，适宜布置单层单排药包。宜布置条形药包的地方，应布置条形药包	采用同时起爆，爆破参数选择得当时，则扬弃爆破效果较好	
单层多排药包	在爆破梯形断面较大时，同时建筑物又呈宽浅形，即底宽 B 大于深度 H 时，宜布设单层多排药包		
	在爆破梯形断面较大时，同时建筑物又呈宽浅形，即底宽 B 大于深度 H 时，且工程有将爆堆主要集中于一侧抛掷堆积要求	应采用分段间隔顺序起爆	
单排两层药包	在爆破梯形断面底宽小于 8m，挖深大于 10m，适宜布置单排两层药包；斜坡地形单侧布置，地形陡，高差大，可布置单排多层药包	应采用分段间隔顺序起爆，多层药包的起爆顺序和起爆间隔时间是影响爆破效果的主要因素，前排起爆时间间隔应使后序药包起爆时，具有良好的临空面	
多排两层药包	在爆破梯形断面底宽大于 8m，且当岩石边坡为 1:0.5～1:0.75，挖深在 16m 以内；当边坡为 1:1.0，挖深在 20m 以内时，适宜布置多排两层药包		

注　 W 为抵抗线。

B. 不同类型爆破的药包布置。不同类型洞室爆破的药包布置型式见表 5-59。

表 5-59　　　　　　　　不同类型洞室爆破的药包布置型式表

类型		适用条件	图　示
山脊地形抛掷或加强松动爆破	单排双侧爆破	爆破地形的左、右两侧抵抗线基本相等，且地质结构与岩性差异不大	
	单排双侧并布置辅助小药包爆破	为改造较平缓地形，减小边缘根底，可在边缘部位布置辅助小药包实行同期爆破	

类型		适用条件	图　示
山脊地形抛掷或加强松动爆破	单排双侧而作用不等的爆破	由于药包两侧抵抗线不等，可采用控制一侧抛投而另一侧为松动爆破方式	
	双排并列等量作用爆破	对于底部宽且较高的山脊地形，可布置双排药包，且药包爆破抵抗线两侧相等，施工导洞开挖和实际药包装药量可适当大些，使爆破的把握性较大	
	双排并列不等量作用爆破	对于底部宽且较高的山脊地形，可布置双排药包，且药包爆破抵抗线两侧不等	
斜坡地面爆破		常用于路堑、爆破筑围堰等工程，药包布置分单排、多排、单层、多层；爆破又分为崩塌爆破、松动爆破、抛掷爆破；药包排列数多时，可用分段爆破	
特殊条件下的爆破		溶洞地质条件下，应使药包和各向抵抗线基本相等	
		断层破碎带地质条件下，应使药包和各向抵抗线基本相等	

4）爆破参数。

A. 标准抛掷爆破单位用药量系数 K 值。

a. 根据岩石名称、岩石强度等因素查表选取。各种岩石的标准抛掷爆破用药量系数 K 值参见表 5-60。

表 5-60　　　　　　　　　　各种岩石的标准抛掷爆破用药量系数 *K* 值表

岩石名称	岩 体 特 征	*f* 值	*K* 值/(kg/m³)
各种土	松软的土	<1.0	1.0~1.1
	坚实的土	1~2	1.1~1.2
土夹石	密实的土夹石	1~4	1.2~1.4
页岩、千枚岩	风化破碎	2~4	1.0~1.2
	完整、风化轻微	4~6	1.2~1.3
板岩、泥灰岩	泥质、薄层、层面张开、较破碎	3~5	1.1~1.3
	较完整，层面闭合	5~8	1.2~1.4
砂岩	泥质胶结，中薄层，或风化破碎	4~6	1.0~1.2
	钙质胶结，中厚层，中细粒结构，裂隙不发育	7~8	1.3~1.4
	硅质胶结，石英质砂岩，厚层，裂隙不发育，未风化	9~14	1.4~1.7
砾岩	胶结较差，砾石以砂岩或较不坚硬的岩石为主	5~8	1.2~1.4
	胶结好，以较坚硬的砾石组成，未风化	9~12	1.4~1.6
白云岩、大理岩	节理发育，较疏松破碎，裂隙频率大于 4 条/m	5~8	1.2~1.4
	完整、坚实的	9~12	1.5~1.6
石灰岩	中薄层，含泥质及裂隙发育的	6~8	1.3~1.4
	厚层完整或含硅质、致密的	9~15	1.4~1.7
花岗岩	风化严重，节理裂隙很发育，多组节理交割，裂隙频率大于 5 条/m	4~6	1.1~1.3
	风化较轻，节理不甚发育或未风化的伟晶粗晶结构的结晶均质结构	7~12	1.3~1.6
	未风化，完整致密岩体	12~20	1.6~1.8
流纹岩、粗面岩、蛇纹岩	较破碎	6~8	1.2~1.4
	完整	9~12	1.5~1.7
片麻岩	片理或节理裂隙发育	5~8	1.2~1.4
	完整坚硬	6~14	1.2~1.7
正长岩、闪长岩	较风化，整体性较差	8~12	1.3~1.5
	未风化、完整致密	12~18	1.6~1.8
石英岩	风化破碎，裂隙频率大于 5 条/m	5~7	1.1~1.3
	中等坚硬，较完整	8~14	1.4~1.6
	很坚硬、完整致密	14~20	1.7~2.0
安山岩、玄武岩	受节理裂隙切割	7~12	1.3~1.5
	完整坚硬致密	12~20	1.6~2.0
辉长岩、辉绿岩、橄榄岩	受节理裂隙切割	8~14	1.4~1.7
	很完整很坚硬致密	14~25	1.8~2.1

b. 用天然岩石密度 ρ 计算 K 值。

$$K=0.4+\left(\frac{\rho}{2450}\right)^2 \tag{5-50}$$

c. 根据岩石等级（16 级标准）计算 K 值。交通运输部公路爆破 K 值计算使用公式：

$$K=0.1N+b \tag{5-51}$$

式中　N——等级；

　　　b——当 $N\leqslant7$，则 $b=0.7$；当 $N>7$，则 $b=0.6$。

中水东北勘测设计研究有限责任公司采用（镜泊湖岩塞爆破）的 K 值计算公式：

$$K=0.8+0.085N \tag{5-52}$$

d. 工程类比法，选取 K 值。根据岩石名称、岩石风化状况及有关物理力学性能指标，参考已爆工程使用的 K 值进行选取。

B. 最小抵抗线。最小抵抗线方向应尽量避开爆区周边被保护对象，采用较大值的最小抵抗线虽能降低洞室开挖量，但爆破大块率较高，增大二次改炮量，使装运困难。而采用过小的最小抵抗线不仅会增加药包的个数和洞室开挖量，增大爆破成本，还会增大爆破施工的技术难度。

每一个药包均有自身的最小抵抗线，最小抵抗线一般应在 $10\sim25m$ 范围内选取，以 $20m$ 左右为宜，且最小抵抗线 W 与药包埋设深度 H 的比值一般应控制在 $W/H=0.6\sim0.8$。在确定 W 值时，确定时应注意以下几个问题。

a. 满足设计爆破方量、抛掷方向、抛掷距离和抛掷堆积距。

b. 应考虑隧洞与药室开挖方便、工程量大小、爆破时的安全。

c. 扬弃沟槽横断面体形与尺寸。

d. 多临空面（包括山脊地形）山地自然状态与清除的相应设计标高。

e. 爆破药包布置时，多排、多层药包对 W 值的相对大小与埋置深度的比例关系。

f. 爆破时对岩块破碎度要求。在多临空面的地形条件下，双侧作用药包两侧最小抵抗线关系见表 $5-61$。

表 5-61　　　　　　　　双侧作用药包两侧最小抵抗线关系表

控制方向	计算式	备注
控制 A、B 方向等量抛掷或松动	$W_A=W_B$	山体两侧地形对称，岩性又相同并均质
控制 A 方向抛掷、在 B 方向松动或加强松动	$W_B/W_A=3\sqrt{\dfrac{f(n_A)}{f(n_B)}}$	一般情况下，$W_B/W_A=1.2\sim1.4$ 时，爆破效果较好
控制 A 方向抛掷，在 B 方向不破碎	$W_B\geqslant1.3K_yW_A\sqrt{1+n_A^2}$	K_y 决定地质条件等的安全系数值，一般为 $1.00\sim1.08$

注　表中的 $f(n)$ 为爆破作用指数函数，$f(n)=0.4+0.6n^3$，n 为爆破作用指数，n_A 为抛掷爆破作用指数，n_B 为松动或加强松动爆破作用指数。

C. 爆破作用指数。爆破作用指数 n 值将影响爆破漏斗尺寸，包括：直径与可见漏斗深度；爆破抛掷方量和抛掷率；抛掷堆积长度与宽度，即爆堆分布状况。

a. 斜坡地面抛掷爆破，爆破作用指数 n 值将随着坡度的变化而发生变化，见表 $5-62$。

表 5 - 62

地面坡度/(°)	＜20	20～30	30～45	45～60	＞60
n 值	1.75～2.00	1.50～1.75	1.25～1.50	1.00～1.25	0.75～1.00

根据经验，抛掷至界外的抛掷百分数确定后，可根据下列关系式反求 n 值。

单排药包：

$$E_1 = 26(n+0.87)(0.012\alpha + 0.4) \tag{5-53}$$

两排药包：

$$E_2 = 26(n+0.87)\left(0.012\alpha + \frac{0.12}{D_w}\right) \tag{5-54}$$

式中 E_1、E_2——设计抛掷百分率，%；

α——地面斜坡与水平线的夹角，(°)；

D_w——前后排药包最小抵抗线之比值。

b. 较陡山坡地形爆破，抛掷与加强松动爆破作用的 n 值的选择范围为：抛掷爆破，$n=0.80～1.00$；加强松动爆破，$n=0.65～0.75$。

c. 平坦地面的扬弃爆破，按设计扬弃百分数，反求 n 值，即：

$$n = \frac{Ev}{55} + 0.5 \tag{5-55}$$

根据经验，有时由于工程的特殊需要（加大扬弃百分数，减少甚至于设想不清理沟槽内的松散方量），可将 n 值加大至 $2.0～3.0$。此法在国内水工防汛非常溢洪道爆破时使用过。

d. 多临空面地形爆破作用的 n 值根据工程经验选择：抛掷爆破，$n=1.00～1.25$；加强松动爆破，$n=0.70～0.80$。

D. 药包量。

a. 洞室爆破药包量计算：

$$Q = KW^3(0.4 + 0.6n^3) \tag{5-56}$$

式中 K——标准抛掷爆破时单耗药量，kg/m³；

W——最小抵抗线，m；

n——作用指数；

Q——药包量，kg。

公式的适用范围为 $3m \leqslant W < 20～25m$。当 $W < 3m$ 时，计算不够准确；当 $W > 25m$ 时，水平地面爆破漏斗偏小，应考虑重力修正，而作用指数为 $0.75 \leqslant n \leqslant 3.00$。

b. 平坦地面或地面坡度小于 $30°$ 的扬弃爆破的药量计算式仍为式（5-56）。当 $W > 15m$ 时，应按式（5-57）计算：

$$Q = KW^3(0.4 + 0.6n^3)\sqrt{\frac{W}{15}} \tag{5-57}$$

c. 抛掷爆破，斜坡地面当坡度 $\alpha > 30°$ 时，用公式 $Q = \dfrac{KW^3(0.4 + 0.6n^3)}{f(\alpha)}$，其中函数 $f(\alpha)$ 与 $\dfrac{f(n)}{f(\alpha)}$ 比值见表 5-63。

表 5-63 $f(\alpha)$ 和 $\dfrac{f(n)}{f(\alpha)}$ 的关系表

α	$f(\alpha)$ 硬岩	\multicolumn{5}{c}{$f(n)/f(\alpha)$}	$f(\alpha)$ 软岩	\multicolumn{5}{c}{$f(n)/f(\alpha)$}
		$n=1.00$	$n=1.25$	$n=1.50$	$n=1.75$	$n=2.00$		$n=1.00$	$n=1.25$	$n=1.50$	$n=1.75$	$n=2.00$
0°	1.00	1.00	1.57	2.43	3.62	5.20	1.00	1.00	1.57	2.43	3.62	5.20
15°	1.01	0.99	1.55	2.40	3.60	5.15	1.02	0.98	1.54	2.38	3.55	5.10
30°	1.10	0.91	1.43	2.21	3.28	4.83	1.26	0.78	1.25	1.93	2.88	4.14
45°	1.28	0.78	1.22	1.90	2.82	4.06	1.58	0.63	0.99	1.54	2.30	3.30
60°	1.55	0.65	1.01	1.57	2.34	3.36	2.05	0.49	0.77	1.18	1.77	2.54
75°	1.89	0.53	0.83	1.28	1.92	2.75	2.62	0.38	0.60	0.93	1.38	1.99
90°	2.28	0.44	0.69	1.06	1.59	2.28	3.25	0.31	0.48	0.75	1.13	1.60

d. 加强松动爆破，对于较完整岩石或矿山覆盖层剥离时，则：

$$Q=(0.44\sim1.00)KW^3 \tag{5-58}$$

e. 松动爆破，在平坦地面沟槽爆破，则：

$$Q=0.44KW^3 \tag{5-59}$$

f. 崩塌爆破，当地面坡度＞70°的陡岩或出现多面临空时，药包量计算可为：

$$Q=(0.125\sim0.44)KW^3 \tag{5-60}$$

g. 药包分散爆破，有时为改善爆破岩石的均匀性、控制岩石的飞散，将一个集中药包的药量分成两个彼此间距很小（$\leqslant0.5W$）且同时起爆的药包。这样做的好处是，既提高了爆破的可靠性，又有利于爆破岩石的均匀性和减小石块的飞散。不同情况下计算子药包量的方法：

$$Q=Q_1+Q_2 \tag{5-61}$$

$$Q_1=\frac{Q_1}{Q_1+Q_2}Q=\frac{K_1W_1^3f(n_1)}{K_1W_1^3f(n_1)+K_2W_2^3f(n_2)}Q \tag{5-62}$$

$$Q=\frac{Q_2}{Q_1+Q_2}Q=\frac{K_2W_2^3f(n_2)}{K_1W_1^3f(n_1)+K_2W_2^3f(n_2)}Q \tag{5-63}$$

式中　Q——集中药包装药量，kg；

　Q_1、Q_2——分散为两个子药包的装药量，kg。

设计时可根据实际的地质、地形、爆破要求、最小抵抗线指向等进行药包布置和参数选择。当 $K_1=K_2$，$n_1\neq n_2$ 时，将式中的 K 项约去；当 $K_1=K_2$，$n_1=n_2$ 时，Q_1、Q_2 仅与 $\dfrac{W_1^3}{W_1^3+W_2^3}$、$\dfrac{W_2^3}{W_1^3+W_2^3}$ 呈比例关系。

h. 条形药包爆破，在洞室爆破中，采用条形药包代替集中药包，药量的计算公式为：

$$q=\frac{Q}{a}=\frac{Q}{L}=\frac{Q}{0.5W(n+1)}=\frac{KW^3f(n)}{0.5W(n+1)}=\frac{2KW^2f(n)}{n+1} \tag{5-64}$$

$$L_{1\sim n}=\sum_{i=1}^{n}0.5W_i(n+1) \tag{5-65}$$

式中　q——条形药包单位长度装药量，kg/m；

$L_{1\sim n}$——1 排集中药包改为条形药包的装药长度，m。

E. 药包间距。合理的药包间距 a，应保证爆破后两药包间不留岩埂，且保证炸药能量能得到充分利用。药包间距大小与爆破类型、地形与地质条件有关，见表 5-64。

表 5-64 药包间距 a 计算式列表

爆破类型	地 形	岩石分类	间距 a 计算式
松动爆破	平坦地形	岩石	$a=(0.8\sim1.0)W$
	斜坡地形		$a=(1.0\sim1.2)W$
扬弃爆破	平坦地形	硬岩	$a=0.5W(n+1)$
		软岩	$a=W\sqrt[3]{f(n)}$
抛掷爆破	斜坡地形	硬岩	$a=W\sqrt[3]{f(n)}$
		软岩	$a=nW$
崩塌爆破	多临空面、陡坡	岩石	$a=(0.8\sim0.9)W\sqrt{1+n^2}$
分层爆破上下层之间的距离			$a=(1.2\sim2.0)W$
条形药包爆破			$a=W$
分集药包爆破			$a\leqslant0.5W$
斜坡地面抛掷爆破同排同时起爆时相邻药包间距 a			$0.5W(n+1)<a<nW$
斜坡地面抛掷爆破同时起爆上下层药包间距 b			$nW<b<0.9W\sqrt{1+n^2}$

F. 爆破漏斗破裂半径。水平地面以下埋置药包，埋置深度为最小抵抗线 W，爆破漏斗的半径 $r=nW$。

斜坡地形时，爆破漏斗下破裂半径 R：

$$R=W\sqrt{1+n^2} \tag{5-66}$$

上破裂半径 R'：

$$R'=W\sqrt{1+\beta n^2} \tag{5-67}$$

坡角 α 与破坏系数 β 的关系：

硬岩：

$$\beta=1+0.016(\alpha/10)^3 \tag{5-68}$$

软岩：

$$\beta=1+0.04(\alpha/10)^3 \tag{5-69}$$

以上各式中 β——破坏系数；

α——天然地面坡度角。

破坏系数 β 值，在不同地面坡度时，破坏系数可按表 5-65 选用。

表 5-65 破坏系数 β 值取值表

地面坡度/(°)	β 值	
	土质、软岩、中硬岩	坚硬、致密岩
20～30	2.0～3.0	1.5～2.0
30～50	4.0～6.0	2.0～3.0
50～65	6.0～7.0	3.0～4.0

G. 压缩圈半径。爆炸瞬间产生的高温、高压将使附近一定范围内的岩石粉碎。该爆破区的半径称为压缩圈（或粉碎圈）半径。压缩圈半径 R_c 的大小随药包型式、岩土性质而变化。集中或条形药包的经验公式是：

集中药包：

$$R_c = 0.62 \sqrt[3]{\frac{Q}{\Delta}} \mu \qquad (5-70)$$

条形药包：

$$R_c = 0.56 \sqrt[3]{\frac{Q}{\Delta}} \mu \qquad (5-71)$$

以上各式中　R_c——压缩圈半径，m；

　　　　　　Q——药包量，t；

　　　　　　Δ——炸药密度，t/m^3；

　　　　　　μ——压缩圈半径系数，按表 5-66 选取。

表 5-66　　　　　　　　压缩圈半径系数 μ 与岩石强度关系表

岩土种类	松软岩石	中等坚硬岩石	坚硬岩石
坚固性系数	<3	3～8	>8
μ 值	50	20	10

H. 药包埋置深度。斜坡地面药包布置时，要掌握药包埋置深度 H 与最小抵抗线 W 的比例关系，比例关系将影响爆破效果。对于抛掷爆破，W/H 值为 $0.6～0.8$；对于崩塌爆破，H 可加大，$W/H \leqslant 0.5～0.6$；当对爆破块度无严格要求时，崩落爆破 W/H 值可小于 0.5。

I. 预留边坡保护层。在路堑、渠道、溢洪道等洞室爆破中，应确保爆破后的边坡稳定，布置药包时，必须预留一定厚度的保护层 ρ（m），可按式（5-72）计算：

$$\rho = R_c + 0.7B \qquad (5-72)$$

式中　ρ——保护层厚度，m；

　　　B——药室中心靠边坡一侧的宽度，m；

　　　R_c——压缩圈半径，m。

预留保护层厚度亦可用式（5-73）计算：

$$\rho = AW \qquad (5-73)$$

式中　W——最小抵抗线；

　　　A——预留保护层系数，取值见表 5-67。

表 5-67　　　　　　　　预留边坡保护层系数 A 值表

土岩类别	单耗 K 值 /(t/m³)	压缩圈半径系数 μ	不同爆破作用指数 n 对应的预留保护层系数 A					
			0.75	1.00	1.25	1.50	1.75	2.00
黏土	1.10～1.35	250	0.415	0.474	0.550	0.635	0.715	0.820
坚硬土	1.10～1.40	150	0.362	0.413	0.479	0.549	0.632	0.715

土岩类别	单耗 K 值 /(t/m³)	压缩圈半径系数 μ	不同爆破作用指数 n 对应的预留保护层系数 A					
			0.75	1.00	1.25	1.50	1.75	2.00
松软岩石	1.25～1.40	50	0.283	0.323	0.375	0.433	0.494	0.558
中等坚硬岩石	1.40～1.60	20	0.235	0.268	0.311	0.360	0.411	0.464
坚硬岩石	1.50	10	0.210	0.240	0.279	0.322	0.368	0.416
	1.60	10	0.215	0.246	0.284	0.328	0.375	0.424
	1.70	10	0.219	0.250	0.290	0.335	0.363	0.433
	1.80	10	0.224	0.265	0.296	0.342	0.390	0.411
	1.90	10	0.227	0.260	0.302	0.348	0.398	0.450
	2.00	10	0.231	0.264	0.306	0.354	0.404	0.457
	2.10	10	0.236	0.269	0.312	0.361	0.412	0.466
	2.20 或以上	10	0.239	0.273	0.332	0.385	0.418	0.472

5）装药结构。

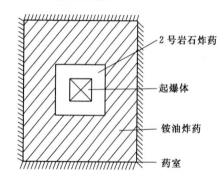

图 5-17 集中药包装药结构图

A. 集中药包装药结构。集中药包装药结构见图 5-17，起爆体放在药室炸药的正中间，起爆体周围装 2 号岩石炸药，其外围装铵油炸药。

主起爆体结构见图 5-18。主起爆体应采用木箱装优质 2 号岩石炸药、起爆雷管、导爆索等制成。木箱的作用是保证起爆体炸药的密度满足设计要求，同时防止雷管遭意外而产生爆炸，为了便于搬运和确保起爆效果，木箱内一般装药量为 20～30kg。

B. 条形药包装药结构。条形药包装药结构见图 5-19，条形药包除了在装药中心放置起爆体外，还应在主起爆体的两端按一定装药长度放置几个副起爆体，主副起爆体由导爆索相连接。主副起爆体之间的间距一般为 5～10m。

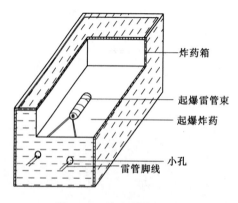

图 5-18 主起爆体结构图

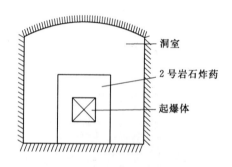

图 5-19 条形药包装药结构图

C. 装药方法。装药之前应对药室进行全面检查，清除残炮，排除塌方与危石，药室中有水时，应采取防水防潮措施。如遇到影响爆破效果或爆破安全的地质构造，应采取合理、可靠的技术措施。必要时，可由设计单位重新布置药室。对一般未与地面贯穿的小断层和破碎带，可采用堵混凝土加钢板等措施，一定要确保爆破安全。

开挖洞室的最小断面，一般应满足最小装渣设备和运输设备工作，取 1.7～1.8m，采用人工装渣，手推车运输的隧洞断面尺寸为 0.8m×1.5m。所以一般采用人工传递、人工背运或手推车运输装药。

在小型洞室爆破时，导洞尺寸较小，采用机械运输火工产品较为困难。

一般的洞室爆破工程采用小推车向药室内运送炸药，当公路离洞口较远时，采用人工从炸药临时堆放场向洞口搬运。

集中药室和条形药包装药时，由里到外逐个药室装药，先装后排药室。每个药室按其长度预留起爆体和副起爆体位置。

对于洞室爆破采用电爆网络时，洞内照明应采用 36V 低电压电源照明，或采用蓄电池矿灯、绝缘手电筒照明。无论是采用电爆网络还是塑料导爆管起爆网络，均严禁采用明火照明。

6）堵塞。堵塞的作用是防止爆破能量损失，保证炸药在药室中的反应更完全，形成的爆压较高，减少飞石，使洞室爆破达到预期的效果，堵塞时应先垒墙封闭药室，然后隔段作墙，墙与墙之间用石渣或黄土充填密实，堵塞长度一般要求大于最小抵抗线。

堵塞设计及施工时应注意以下问题：

A. 一般药室集中药包靠近主洞药室的支洞应全部堵塞，药室封口应严密，非靠近主洞药室的支洞堵塞长 3～5m，条形药包与集中药包基本相同。前排药包主洞的堵塞长度一般为 5～7m；后排药包主洞的堵塞长度一般为 3m。

L 形导洞布置时，导洞开挖的断面 2～3m²，堵塞长度为洞长的 80%；T 形导洞堵塞布置时，一般药室间连接部分全堵塞，另加共用通道的 3～5m 以上。

B. 堵塞材料可采用袋装开挖导洞的较细石渣或袋装沙土、黄土等。

C. 堵塞时应先垒墙封闭药室，集中药包装药后有少量空间时，可以不堵，但如果留有较大空间使得药包中心改变时，这时必须重新调整装药结构。

D. 堵塞应严密，如果堵塞质量较差，则炮轰气体能量对堵塞物做功所耗去的能量增加，甚至可能冲炮而缩短了爆炸本身在药室中的反应时间而影响了较高爆轰压的形成，因此其作用于岩石的能量减少，爆破作用效果也就相对较差。

E. 堵塞过程中一定要注意起爆网路的保护，保护可采用 PVC 管，把导爆管、雷管脚线装在 PVC 中，PVC 管应置于导洞的边角处，并用泥土盖住保护好。

F. 改善堵塞质量的方法为采用曲折布置通道、接近药室部分的隧洞断面变窄、药室与导洞连接处 3～5m 用土填塞密实。

7）起爆网络。

A. 爆破网络必须采用复式网络，如电网络、电爆与导爆索混合网络、塑料导爆管网络、塑料导爆管与电爆、塑料导爆管与导爆索混合网络等。

B. 起爆电源可采用 380V 工业用电、起爆器等，必须满足设计要求。

C. 在洞室大爆破时，应对起爆网路进行1∶1的试验，并对使用雷管的起爆延时进行实测，确保爆破网络满足设计要求。也可采用先进的智能雷管作爆破网络，该雷管的起爆延时能按设计要求输入。

D. 当洞室爆破采用电雷管起爆网络时，应对爆破区内的杂散电流进行监测，并出示监测报告。如果采用智能雷管、电磁雷管时可不检测杂散电流。

（7）其他爆破。其他爆破包括药壶爆破、蛇穴爆破和裸露爆破等。药壶爆破、蛇穴爆破和裸露爆破参数见表5-68。

表5-68 药壶爆破、蛇穴爆破和裸露爆破参数表

类型	适用范围	爆破参数	图示
药壶爆破	药壶应布置在整体岩层内，同时岩层有较多临空面，地面坡度大（最好大于50°），当阶梯高度大于12m时，可分层布置	抛掷爆破：$Q = KW^3 f(n)$ 松动爆破：$Q = 0.44KW^3$ K为标准抛掷爆破单位耗药量，kg/m³	
蛇穴爆破	主要用于次坚土壤，次坚石爆破	抛掷爆破：$Q = KW^3 f(n)d$ 松动爆破：$Q = 0.35KW^3 f(n)d$ K为标准抛掷爆破单位耗药量，kg/m³	
裸露爆破	天然大孤石、爆破后的过大岩石进行二次破碎改小、炸烂，药包应尽量和巨石表面接触并安置好雷管和起爆药包，必须用湿泥土或砂土类材料覆盖	破碎孤石用药量：0.6～1.0kg/m³ 抛投孤石用药量：1～2kg/m³	

药壶爆破（扩底爆破），俗称"葫芦炮"或"坛子炮"，它是在主爆药包未放入炮孔之前，在钻孔内先多次用少量炸药将孔底炸胀成壶状药室，再在药壶内装入主爆药包进行爆破。药壶炸胀爆破次数与药包重量见表5-69。

表5-69 药壶炸胀爆破次数与药包重量表

岩石等级	炸胀能量与药包重量比	爆破次数						
		1	2	3	4	5	6	7
V级以下	$Q/50$	100～200	200					
V～Ⅵ级	$Q/30$	200	200	300				
Ⅵ～Ⅷ级	$Q/20$	100	200	400	600			
IX～X级	$Q/10$	100	200	400	600	800	900	1000

蛇穴爆破，俗称"猫洞炮"，在被爆岩体中开凿水平或稍向下倾斜的孔洞后进行装药爆破。

裸露爆破指对裸露在地面上的天然大孤石或经初次爆破后的过大岩石进行二次破碎改

小的爆破，不钻孔而将炸药贴在表面的爆破。

5.4.3 其他开挖方法

（1）静态破碎法。静态破碎技术亦称静态破石技术、无声膨胀技术或无声破碎技术。静态破碎剂的物理化学性能稳定，储存、运输、使用安全，操作简便。破碎剂有普通型破碎剂、快速破碎剂、药卷型破碎剂等。

1）应用范围。无声破碎剂主要用于不允许有振动、飞石、噪声和瓦斯的破碎工程，对周围环境没有破坏和干扰，是作为控制爆破的预裂手段和炸药爆破的补充手段。按被破碎的介质分，其应用范围包括：①护坡工程的岩石破碎；②岩石的小切割和岩石的二次破碎；③道路扩宽工程和建房地基岩石的破碎；④下水管、电缆、煤气管等敷设工程的岩石开沟；⑤大理石、花岗岩、汉白玉等贵重石料的切割。

2）破碎剂的种类及性能。破碎剂有普通型破碎剂、快速破碎剂、药卷型破碎剂等。

A. 普通型破碎剂。国内使用的普通型静态破碎剂，一般为 SCA 和 JC 两个系列，其使用温度范围见表 5-70。

表 5-70　　　　　　　　　　　SCA 和 JC 型号及使用温度范围表

破裂剂型号	使用温度/℃	破裂剂型号	使用温度/℃
SCA-Ⅰ	20～35	JC-Ⅰ	＞25
SCA-Ⅱ	10～25	JC-Ⅱ	10～25
SCA-Ⅲ	5～15	JC-Ⅲ	0～10
SCA-Ⅳ	-5～8	JC-Ⅳ	＜10

注　当气温超过 35℃时，要在下午 5—6 时或上午 6—7 时灌孔，当气温低于 -5℃时，可用电热法加温养护，以加速 SCA 水化，提早开裂时间。

B. 快速破碎剂。快速静态破碎剂的最终膨胀压力可达到 58.8MPa，而且早期膨胀压力小，可使被破裂体在 10～60min 开裂。该破碎剂受温度的影响较小，具有适用全天候和可控制调节开裂时间的两大特点，快速破碎剂的性能和特征见表 5-71。

表 5-71　　　　　　　　　　　快速破碎剂的性能和特征表

成分	外观标志	尺寸（外径×长）/(mm×mm)	重量/(g·卷)	浸水温度	浸水时间/min
主体膨胀剂	白色	30×150	180	30℃以下	2～5
		30×250	300		
热敏剂	带红色标	30×150	180	30℃以下	2

工程应用中，根据环境温度和施工要求一般取热敏剂的比例为 10%～50%，当环境温度低和要求快速开裂时，可取大值；反之，取小值。

C. 药卷型破碎剂。目前，药卷破碎剂类型仅适用于普通炮孔，药卷规格见表 5-72，药卷型破碎剂的型号和适用条件见表 5-73，可根据其施工要求和工作环境温度选择。

型　　号	尺寸（外径×长度）/(mm×mm)	重量/(g/卷)	备注
I－3015	30×150	180	普通浅孔用
I－3025	30×250	300	普通较深孔用（>1.2m）

表 5－73　　　　　　　　　　　药卷型破碎剂的型号和适用条件表

型号	用途	适用气温/℃	浸水温度/℃
S 型	夏季用	15～40	<25
W 型	冬季用	0～20	<20

注　药卷型破碎剂外用塑胶袋包装，每袋 10 卷，外包装为专用纸箱，每箱重 18kg。

D. 各种类破碎剂优缺点。目前，普通型静态破碎剂为散装型粉末状制品。在施工中，一般要掺入 30%～35% 的水，且误差不许超过 2%，搅拌成具有较好流动性的浆体，才能装孔；因此，在施工现场皆需对破碎剂和水进行称量后再拌和，操作麻烦，装药时间长，影响进度；且不能用于水平孔和上向孔，同时可能有喷孔现象。

快速静态破碎剂由主体膨胀剂和热敏剂组成，为药卷结构，适用于各种方向的炮孔装药，该破碎剂受温度的影响较小，具有适用全天候和可控制调节开裂时间的两大特点。

药卷型静态破碎剂不仅使施工操作更加优化和能够适用于各种方向的炮孔装药，而且能使膨胀压力提高 10%～15%，并避免了喷孔现象。药卷型破碎剂是由塑胶袋包装，只要不受潮，存放一年以上不会变质，其受潮的鉴别方法十分简单，只要药卷外纸壳不被胀破，就可继续使用。

3）破碎剂参数。

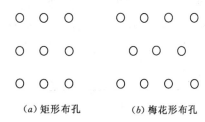

（a）矩形布孔　　　（b）梅花形布孔

图 5－20　炮孔排列方式

A. 炮孔排列。炮孔排列方式有矩形布孔和梅花形布孔两种（见图 5－20）。当采用矩形布孔时，炮孔与炮孔之间就是裂缝发展的方向，使被破碎体沿着与自由面平行的方向成条状裂开，形成对破碎体的切割。若采用梅花形布孔时，破碎结果可以出现两种情况。当最小抵抗线、孔距和排距都相等时，破碎结果是对破碎体切割成条状［见图 5－21（a）；若将最小抵抗线减小到为孔距的一半，排距为孔距的 60%～90%，孔深为破碎高度的 80% 以上时，就会产生不规则的裂缝，而将被破碎体破裂为小块［见图 5－21（b）］。

B. 孔径。最大孔径应以破碎剂不发生喷出现象为前提，应小于 65mm；一般宜采用 38～50mm 的孔径。

C. 孔距。当其他条件不变时，孔距越小，开裂越容易，破碎所需时间也随之缩短。但孔距过小，会增加钻孔工作量和静态破裂剂的消耗量。孔距按式（5－74）计算：

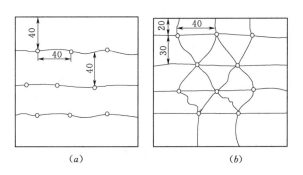

图 5 - 21　梅花形布孔两种破碎效果图（单位：cm）

$$a = Kd \tag{5-74}$$

式中　a——孔距，cm；

　　　d——孔距，cm；

　　　K——破碎系数，若使用普通型破碎剂时，K 值可从表 5 - 74 中选取。

孔距也可按经验取值，即破碎软质岩石，$a = 40 \sim 65$cm；破碎中硬岩石、硬质岩石 $a = 30 \sim 60$cm；切割岩石荒料，$a = 20 \sim 40$cm。

D. 排距。根据岩体的自由面决定，在多排孔分次破碎时，建议 $b = (0.6 \sim 0.9)a$，宜采取梅花形布孔。

表 5 - 74　　岩石的 K 值（孔径 $d \leqslant 50$mm）

岩石类别	莫氏硬度	标准 K 值
软岩	3～5	10～18
中硬岩	5～5	8～12
硬岩	7～9	5～10

E. 最小抵抗线。软岩 40～60cm，中硬质岩石 30～50cm，切割岩石荒料 100～200cm。

F. 孔深。当被破碎体的高度和其他条件相同时，炮孔深度大的比炮孔深度小的更容易开裂，破碎效果也更好，它们之间的关系为：

$$L = aH \tag{5-75}$$

式中　L——孔深，m；

　　　H——被破碎体的高度，m；

　　　a——孔深系数，与约束条件有关，孤石 $a = \dfrac{2}{3} \sim \dfrac{3}{4}$，原岩 $a = 1.05$。

G. 钻孔方向。

a. 岸坡岩石破碎。在有节理面的情况下，其布孔方法见图 5 - 22（a）；没有节理面时，见图 5 - 22（b）和图 5 - 22（c）。图中虚线为预定破碎面。其参数为：$D = 40 \sim 50$mm，$a = 40 \sim 60$cm，$L = (1.0 \sim 1.05)H$，$\theta = 80° \sim 90°$。

b. 开挖沟渠。开挖沟渠时首先需按图 5 - 23（a）把中心部挖除，形成两个自由面后，再按图 5 - 23（b）钻孔破碎。其参数为：$D = 40 \sim 50$mm，$a = 30 \sim 60$cm，$L = (1.0 \sim 1.05)H$；$\theta = 45° \sim 60°$。

c. 水平挖掘。钻孔布置与开挖沟渠相同，形成自由面后向一侧掘进。

H. 破碎剂的用量。

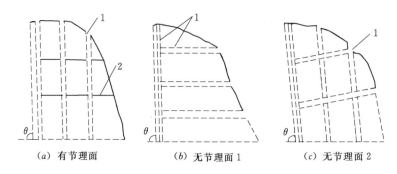

（a）有节理面　　　　　　（b）无节理面1　　　　　　（c）无节理面2

图 5-22　破碎岸坡岩石布孔示意图

1—钻孔；2—节理面

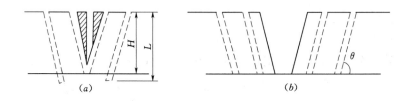

图 5-23　破碎岩石开沟布孔示意图

a. 按每延米炮孔装药量计算：

$$Q=(1+y)\sum Lq_i \qquad (5-76)$$

式中　Q——1个炮孔的用药量或1次破碎的总用药量，kg；

　　　y——损耗率，采用 0.05~0.1；

　　　$\sum L$——1个炮孔的延米数或1个破碎体全部炮孔的总延米数，m；

　　　q_1——单位炮孔长度用药量，kg/m，按表 5-75 选取。

表 5-75　　　　　　　　　　　单位炮孔长度用药量表

孔径/mm	30	32	34	36	38	40	42	44	46	48	50
用药量/(kg/m)	1.1	1.3	1.5	1.7	1.9	2.1	2.3	2.5	2.7	3.0	3.3

b. 按单位体积耗药量计算：

$$Q=q_2V \qquad (5-77)$$

式中　Q——用药量，kg；

　　　V——被破碎体体积，m³；

　　　q_2——破碎单位体积岩石的破碎剂用量，kg/m³，按表 5-76 选用。

表 5-76　　　　　　　　　　破碎单位体积岩石的破碎剂用量表

破碎对象	破碎剂用量/(kg/m³)	破碎对象	破碎剂用量/(kg/m³)
软质岩石破碎	8~10	岩石切割	5~15
中硬、硬质岩石破碎	10~15	孤石	20~30
硬质岩石破碎	12~20	孤石	5~10

综上所述，根据破碎对象的性质，一般情况下破碎设计参数见表5-77（供选用参考）。

表5-77 破碎设计参数表

破碎对象	钻孔参数				破碎剂使用量/(kg/m³)
	直径 D/mm	孔距 a/cm	孔深 L	最小抵抗线 W/cm	
软质岩石破碎	40～50	40～65	H	40～60	8～10
中硬、硬岩石破碎	40～65	30～60	$1.05H$	30～50	10～15
岩石切割	30～40	20～40	H	100～200	5～15

注 1. H 为破碎高度。

2. 多排孔时宜采取梅花孔布置，排距 $b=(0.6～0.9)a$。

3. 钻孔方向与岩石节理方向垂直，其破碎效果好。

药卷型破碎剂的初期膨胀压力和最高膨胀压力都比普通型破碎剂高10%～15%，可适当加大布孔参数。

4）装药施工方法。

A. 普通型破碎剂的装药施工。

a. 按确定的水灰比计算用水量和破碎剂的用量，并称量准确，在塑料或铁皮桶中，先倒入水再倒入破碎剂，然后用木棒搅拌均匀，搅拌时间一般为40～60s。

b. 搅拌好的破碎剂浆体，直接倾倒进垂直炮孔内，一定要装填密实；浆体必须在5～10min以内用完，否则会影响它的流动和破碎效果。

对于颗粒状破裂剂，装填时先在孔中插入一根铁棍，注入半孔水后，一边往孔里装填破碎剂，一边将铁棍轻轻搅动并拔出，以防破碎剂在孔中绷住（见图5-24），如发现孔中漏水，可事先在孔中装入一薄膜塑料袋，然后将水和破裂剂装入袋中。

B. 快速型破碎剂装药施工。快速破碎剂的装药结构，分为孔口热敏剂装药结构和分段间隔热敏剂装药结构，见图5-25。

a. 根据每孔装药量和装药结构，按顺序把药卷准备好，把容器内装入清水（水深以能浸泡平放药卷为准）。

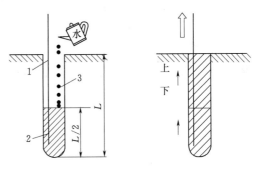

图5-24 颗粒状破裂剂装填方法图
1—细棍；2—水；3—炮孔

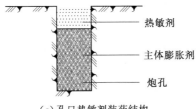

（a）孔口热敏剂装药结构

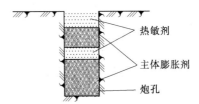

（b）分段间隔热敏剂装药结构

图5-25 快速破碎剂装药结构图

b. 把药卷按装药顺序一卷一卷平放入水中，每卷最好间隔 3～10s 时间，以便与装孔施工操作时间相符，从第一卷入水时间计算。

c. 浸水 2min 后，可按入水顺序一节一节取出装入炮孔中，每一节药都用炮棍捣实。

卷装快速破裂剂在浸水 2～5min 内，吸水率都在 26% 左右，误差不大，但是热敏剂在浸水后温度过高和浸水时间过长时，由于其反应膨胀很快，容易在水中把外壳胀破，因此，热敏剂的浸水温度要控制在 25℃ 以下，浸水时间保证在 2min 左右。

C. 药卷型破碎剂装药施工。装药时，把药卷全部放在水中浸泡 2min，取出装入到炮孔中，并用炮棍一节一节地捣实（见图 5-25）。孔口不够一卷长时，可把药卷分成两段分次装入，孔口也可留 5～10cm 不装药。

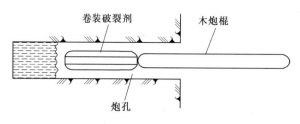

图 5-26　炮孔装药示意图

5）施工注意事项。

A. 装药施工时，为了安全，必须戴防保眼镜，装药后 1h 内，不要靠近孔口直视孔口，以防万一发生喷孔，伤害眼睛。

B. 如果人体皮肤上沾上破裂剂浆体，应立即用清水洗净，如误入眼睛，应立即用水冲洗干净，再到医院用酸性药水冲洗。

C. 药卷装填时，每卷都要捣实，如捣不实，在孔壁与药卷间留有空气，有发生喷孔的可能。

D. 药剂要保存在干燥场所，切勿受潮。

E. 在夏季装填完浆体后，孔口应当覆盖，以免发生喷孔；冬季气温过低时，应采取保温措施。

（2）破碎锤法。液压破碎锤也称为液压镐、破碎头等，是以挖掘机或装载机的液压系统提供动力，驱动活塞往复运动，活塞冲程时高速撞击钎杆，由钎杆破岩体。

液压破碎锤主要用于保护层开挖、欠挖处理、解小孤石等。

选用液压破碎锤的原则是根据挖掘机型号、岩石强度、作业的环境来选择最适合的液压破碎锤。

1）选型。液压破碎锤的品牌繁多、质量参差不齐，选配的破碎锤应主要考虑挖掘机的重量和斗容，破碎锤重量过大容易造成挖掘机倾翻，过小又不能充分发挥挖掘机的功效，同时又会加速破碎锤的损坏；只有挖掘机与破碎锤的重量相匹配时才能充分发挥挖掘机和破碎锤的功效。

一般情况下，挖掘机的标准斗容反映了挖掘机的重量，目前比较好的方法是根据挖掘机的斗容计算出可选配破碎锤的范围，斗容与破碎锤的重量之间的关系是：

$$W_h = W_1 + W_2 + W_3 = (0.6 \sim 0.8)(W_b + \rho V) \tag{5-78}$$

式中　W_h——破碎锤重量，kg；

　　　W_1——破碎锤锤体（裸锤）重量，kg；

　　　W_2——钎杆重量，kg；

W_3——破碎锤机架重量，kg；

W_b——挖掘机铲斗重量，kg；

ρ——砂土密度，一般为 1600kg/m³；

V——挖掘机铲斗斗容，m³。

2）使用方法。

A. 驾驶室前要装上碎片防护罩装置，防止作业时飞来的碎块造成伤害。

B. 操作前检查螺栓和连接头是否松动，以及液压管路是否有泄漏现象。

C. 破碎锤钎杆始终与被破碎岩体表面垂直，使用时钎杆紧压在岩石上，并保持一定压力后再开动破碎锤，破碎后立即停止破碎锤工作，防止空打。

D. 当破碎特别坚硬的岩石时，应先从边缘开始敲打，不要在同一点连续锤打超过 30s，以防止钎杆过热。

E. 不得在液压缸的活塞杆全伸或全缩状况下操作破碎锤。

F. 当液压软管出现剧烈振动时应停止操作，并检查蓄能器的压力。

G. 禁止在水中或水下使用破碎锤。

H. 不允许把液压破碎锤当撬杠使用，以免折断钎杆。

（3）解小孤石。解小孤石一般采用裸露爆破法和钻孔爆破法。裸露爆破法耗药量较大，效果和安全性较差；钻孔爆破法耗药量小，效果和安全性较好，但钻孔量大，劳动生产率低。

1）裸露爆破法。裸露爆破法也称表面爆破法，是将药包直接放在被炸物的表面，依靠爆炸最初产生的气体压力进行爆破的一种方法。常用于炸除地面孤石、巨石，使其破碎或抛移。此法不需打炮眼，但耗药量较大，比一般打眼爆破多 2～3 倍。

表面爆破应在药包上覆盖湿土、黄泥等，覆盖厚度需大于药包高度。覆压物内不能夹有石块，以防石块飞抛造成危险。为了提高爆破效果，在破石时通常将药包置于大块石的凹槽或裂缝处；也可将药包底部做成集能穴；还可将硝铵炸药敷于岩石上 3～5cm 厚，这样可节省炸药 15%～20%。需抛移石块时，则将药包放于孤石飞向的后方。

裸露爆破要求的安全区范围较大，且一般不用于成组药包。对成组药包，为防止先爆药包将后爆药包抛散在异地爆炸造成事故，应采用电力、导爆索或非电起爆法同时起爆。

2）钻孔爆破法。钻孔爆破法一般用于较大孤石的解小，成孔方法采用风钻机械或人工用锤、钢钎打孔。孔深一般为孤石直径或厚度的 1/2～2/3，爆破装药一般使用药卷，也可用散装药。装药长度为孔深的 1/3～1/2。装药后应用炮泥堵塞，堵塞长度为孔深的 1/5～1/2。钻孔数量应根据孤石的大小和解小后的块度决定。

5.5 开挖设备的选型与配套

5.5.1 选型与配套原则

（1）选型原则。

1）基本原则。根据地形条件、开挖强度、工程量大小、配套运输设备等进行选择。

2）按机械用途和性能选型。按照土石方机械使用范围选择机械，机械性能指标与其作业工况相适应。首先应确定主导设备，露天爆破凿岩机械应按爆破设计参数选择钻机，优先选用液压钻机；石方挖装应优先选用液压挖掘机。

3）钻孔设备选择。各类钻机均有不同优缺点，选用钻机可根据具体情况因地制宜，优化组合。

A. 根据工程量及进度计划要求选配。工程量大、工期紧的项目，要求每天均有一定的爆破开挖强度，钻孔设备要适应生产规模的需要，可选用孔径稍大、钻进速度快的重型钻机。

B. 根据工作面条件选配。山高坡陡道路狭窄的工作面，选用轻型支架式钻机，适应性强，灵活机动。大型地下工程可选用多臂钻机。

C. 根据岩性和地质条件选用。岩石的硬度、矿物成分以及节理裂隙发育程度，也是选用钻机的重要因素。高强度岩石可选用高风压的钻机和冲击钻；裂隙发育的破碎岩体，选用中风压的潜孔类钻机比选用液压钻机效果好，前者不易卡钻堵孔。

D. 根据建筑物要求选用。水工建筑物基础保护层、结构轮廓线及齿坎、沟槽开挖等项目，对爆破影响有较严格的限制，应选用小直径浅孔钻机，有利于提高造孔精度，适合于分散装药。

E. 根据钻机的特殊要求选配。有些工程对斜孔、孔深有特殊要求。比如角度较缓较深的边坡预裂孔，一般钻机达不到要求，可选用地质回转钻机。

4）挖装机械选择。起控制性作用的主导设备应主要满足挖装强度的要求。

5）其他。优先选择生产效率高的设备，但型号不宜过多；选择一机多用、性能优良的设备，尽量少选专用设备。优先选择配件供应、设备维修等市场较为发达的常用设备。

（2）配套原则。

1）选用配套机械设备，其性能和参数，应满足施工组织设计要求；应与工程施工条件、施工方案和工艺流程相符合，与开挖地段的地形和地质条件相适应，且能满足开挖强度和开挖质量的要求。

2）开挖过程中各工序所采用的机械，要注重相互间的配合，应能充分发挥其生产效率，确保生产进度。

3）选用配套机械设备，应首先确定开挖工序中起主导、控制作用的机械。如运输机械的车厢容积一般为挖掘机械斗容的3～5倍。其他机械随主导机械而定，生产能力应略大于主导机械的生产能力，达到效能的合理匹配。

4）对选用的机械设备，要从供货渠道、产品质量、操作技术、维修保养、售后服务和环保性能等方面进行综合评价，确保技术可靠、经济适用。

5）有利于计算机控制，适应信息化管理。

5.5.2　开挖设备的选型

（1）凿岩穿孔机械。在土石方工程施工中，钻爆法仍是最常用的施工方法。近几年来随着爆破技术的发展，高性能、大扭矩、全液压凿岩穿孔机械在大规模石方开挖、预裂光面爆破、深孔爆破等方面得到广泛应用。

1）爆破钻孔种类。根据爆破形式，露天钻孔种类主要有主爆孔、预裂孔、光爆孔、缓冲孔、导向孔等几种（见图5-27）；地下工程有掏槽孔、周边孔等；根据钻孔直径可分为小孔、中孔、大孔，孔径分别为小于 50mm、50～150mm、大于 150mm；根据孔深分为浅孔、中深孔、深孔等，孔深分别为小于 5m、5～20m，大于 20m；根据钻孔角度分为垂直孔、水平孔、斜孔等。

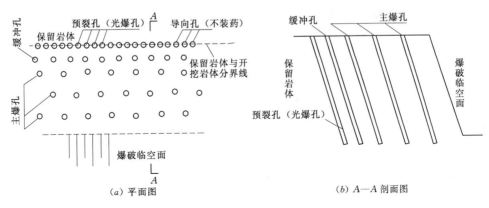

图 5 - 27 钻孔分类图

2）凿岩穿孔机械的分类及用途。

A. 凿岩穿孔机械的分类。凿岩穿孔机械以压缩空气、电、液压传动装置作为动力进行凿岩穿孔作业，通常可分为凿岩机和穿孔机。凿岩机按动力来源分为风动、液压、电动和内燃四种类型；按设备的结构原理可分为冲击式、回转式、冲击回转式三类；按操作方式可分为手持式、轻型支架式（气腿式、向上式、导轨式）和重型自行式（履带式）。穿孔机按破碎岩石的方式分为潜孔钻机、冲击钻机、牙轮钻机和回转钻机。一般情况下，凿岩机适用于钻凿小直径的钻孔。穿孔机适用于较大直径的钻孔。常用凿岩穿孔机械的主要特性及应用见表 5 - 78。

表 5 - 78 常用凿岩穿孔机械主要特性及应用表

类别	级别	类别	典型机种	钻孔尺寸		钻孔方向	质量/kg	应用范围
				孔径/mm	深度/m			
凿岩机	风动	手持式	Q1 - 30、Y - 24	34～56	4～7	水平、倾斜、向下	20～30	开挖量小、层薄、工作面小、解炮等
		气腿式	YT23、YT26	34～56	5～8	水平、倾斜、向下	23～30	
		向上式	YSP45	35～56			44～45	
		导轨式	YG40、YG290	40～80	15～40 4～6	与水平面向上成 60°～90°		视工作面而定
	液压	履带式	古河系列 阿特拉斯系列 英格索兰系列	76～120	8～10	水平、倾斜、向下	15000	工作面宽广、开挖工程量大、梯段高
	电动	导轨式	YYG - 80	42	4～7	任意方向	80	开挖量小、层薄、工作面小、解炮等
		手持式、气腿式	YDX40A、YTD25	35～56	4～7	水平、倾斜、向下	25～30	
	内燃	手持式	YN30A、YN25		6	水平、倾斜、向下	23～28	

类别	级别	类别	典型机种	钻孔尺寸		钻孔方向	质量/kg	应用范围
				孔径/mm	深度/m			
穿孔机	潜孔钻机	履带机	CLQ-80、YQ-100	85~130	20	0°~90°	4500	视工作面情况而定
			YQ-150	100~150	18	0°~90°、60°~90°	7000~35000	
			YQ-170	170	18	60°~90°	15000	
	回转钻机		KZ-Y20、YCZ76	95~150	30~60	70°~90°	大于15000	
			KHY-200	190~250	20	75°~90°		矿山、料场开采
	牙轮钻机		KY-250C	225~250	20	75°~90°	84000	

a. 冲击式钻机。根据钻机主机重量和使用目的可分为支架式钻机、伸缩式钻机和手持式钻机三种。冲击式钻机冲击频率一般在 2000~5500 次/min，最低的频率也在 1500 次/min 以上，手持式风动凿岩机的技术性能参数见表 5-79，气腿式风动凿岩机技术性能参数见表 5-80。

表 5-79　　　　　　　　　手持式风动凿岩机的技术性能参数表

型号	QY-30	QY-30改进型	Y24	QY-30A	YZ25
机身重量/kg	23	28	24	28	24
扭矩/(N/cm)	45	56	>50	55	>60
使用气压/MPa	0.5	0.5	0.5	0.5	0.5
钻孔直径/mm	38~42	38~42	34~42	34~42	34~42
最大孔深/m	4	6	6	6	6
耗气量/(m³/min)	1.4	2.65	2.9	2.7	2.9
钻杆规格/mm	25.4~30.0	25.4~30.0	25.4~30.0	25.4~30.0	25.4~30.0

表 5-80　　　　　　　　　气腿式风动凿岩机技术性能参数表

型号	7655	YT24、YT25	TYP26	YT26	YT30	ZY24	ZF1
使用气压/MPa	0.5	0.5~0.6	0.5	0.5	0.5	0.5	0.5
冲击功	60	60	60	70	60	55	60
扭矩/(N/cm)	150	130	180	150	130	140	150
耗气量/(m³/min)	<3.6	<2.9	3.0	3.5	2.9	2.9	3.5
钻孔直径/mm	34~38	38~42	36~42	34~42	34~38	36~42	34~38
最大孔深/m	5	5	5	6	6	4	4
钎尾规格/(mm×mm)	22×108	22×108	22×108	25.4×108	22×108	22×108	22×108
配用气腿型号	FT160	FT140B	FT170	FT160	FT140A	FT140	ZF1J
机身长度/mm	628	660	690	717	880		646
机身重量/kg	24	24	26.5	26	27	25	25

b. 回转式钻机。所谓回转式钻机，就是将回转力和挤压力传给钻杆，适用于湿润黏土层、软岩及煤矿开采。回转式钻机的动力可为电力、压缩空气或液压装置，机型有螺旋钻和安装在台车上的轻便钻机。

c. 冲击回转式钻机。冲击回转式钻机的冲击机构和旋转机构是完全独立的。冲击回转式钻机的孔径多为 $56\sim165mm$，与其他钻机相比，具有快速、高效、钻孔深等优点。

B. 凿岩穿孔机械造孔的一般要求。

a. 岩石特性。不同的岩石硬度和耐物成分是影响凿岩机钻进速度和钻头磨损的主要因素，也是决定采用何种钻机的重要因素。不同类型的岩石应选用适宜的凿岩方式的钻机（见表 5-81）。一般情况下，完整的岩石，宜采用较大孔径的钻机；裂隙发育的岩石，宜采用较小孔径的钻机。

表 5-81 　　　　　　　　不同岩性岩石的凿岩方式列表

岩石抗压强度/MPa	50	100	150	200	250	300	400	500
岩类	泥灰岩	砂岩	石英岩	页岩	花岗岩	石英岩	燧石	
凿岩方式	—	冲击式钻机（包括普通冲击钻和潜孔钻）						
		旋转压碎式						
	旋转压碎式							
	旋转磨削式							
	旋转切削式							

b. 工作条件。开挖工作面的大小、开挖梯段的高度、开挖强度等，是选择凿岩穿孔机械的基础条件。一般情况，开挖场面大、地形较为平坦的梯段爆破，可采用履带潜孔钻、旋转冲击钻或液压台车；开挖工作面狭窄和边坡开挖时，则宜采用导轨钻机或轻型钻机。

c. 开挖部位。水工建筑物对基础开挖质量要求高，对于保护层、设计边线以及淘槽开挖，应采用小直径钻机，基础开挖的钻孔直径不宜超过 110mm；而对于采石场等部位的岩石开挖，可采用直径大于 150mm 的钻孔机械。

d. 钻孔方向、孔径和深度。所选择的凿岩穿孔机械，应能满足施工方案对钻孔方向孔径和深度的要求。斜孔爆破对后坡方向的破坏影响较小。接近倾斜边坡或预裂爆破时，应采用能准确控制钻孔方向的钻机。一般地说，钻孔的偏斜度随着孔深增大而增大，孔径越小偏斜度越大。因此，高梯段爆破应选用较大孔径的钻机。

3）凿岩穿孔机械的动力配套设备——空压机。

A. 空压机分类。建设工程上凿岩穿孔机械的动力配套设备使用较多的是空压机，按结构型式分有活塞式、螺杆式和滑片式等类型。各种型式空压机的再分类大体相同，主要是以排气量、排气压力和轴功率分类。往复活塞式空压机除以上三种再分类方法外，还以其气缸布置型式和机构特点的不同来分类（见表 5-82）。

表 5-82　　　　　　　　　　　　　　　活塞式空压机的分类表

分类方法	名称	主 要 说 明
按排气量分类	微型	1m³/min 以下
	小型	1～10m³/min
	中型	10～100m³/min
	大型	100m³/min 以上
按排气压力分类	低压	0.2～1.0MPa
	中压	1～10MPa
	高压	10～100MPa
按气缸排列方式分类	卧式	气缸水平放置
	立式	气缸垂直放置
	角式	各气缸之间有一定夹角，如 L 形、V 形、W 形
	对置平衡式	各气缸作 H 形排列，水平配置
按压缩级数分类	单级	压缩比 2～8
	双级	压缩比 7～50（用于低中压）
	多级	压缩比大于 50（用于高压）
按作用次数分类	单作用	活塞往复无能运动一次（两个冲程）完成一个压缩过程
	双作用	活塞往复无能运动一次（两个冲程）完成两个压缩过程
按动力来源分类	电动机驱动	适用于有交流电源的大、中、小型空压机
	内燃机驱动	适用于无交流电源的移动式空压机

B. 空压机站容量的计算。风动机械耗气量的计算：

$$Q = K_1 K_2 m b_1 \tag{5-79}$$

式中　Q——风动机械耗气量，m³/min；

K_1——风动机械磨损增加耗风系数，一般取 1.1～1.25；

K_2——风动机械同时工作系数，按表 5-83 选取；

m——同型号的风动机械台数；

b_1——单台风动机械的耗气量，m³/min。

表 5-83　　　　　　　　　　　　　　风动机械同时工作系数表

类别	小型风动机械和机具（凿岩机、风镐等）			较大型风动机械（装岩机、锻钎机等）		
台数	1～6	7～10	11～30	1～2	3～4	5～6
同时工作系数 K_2	1.0～0.9	0.89～0.8	0.79～0.75	1～0.8	0.79～0.6	0.59～0.4

输送压气管道漏损量的计算：

$$Q_1 = K_3 L \tag{5-80}$$

式中　Q_1——管道漏损量，m³/min；

K_3——管道漏损系数，与接头严密程度有关，一般取 1.3～1.5m³/(min·km)；

L——输送管道长度，km。

空压机站工作总容量的计算：

$$Q_总 = K_4 K_5 (Q + Q_1) \tag{5-81}$$

式中　$Q_总$——空压机站工作总容量，m^3/min；

$\quad$　K_4——空压机的工作效率，一般取 $1.2 \sim 1.35$；

$\quad$　K_5——海拔高度修正系数，按表 5-84 选取。

表 5-84　　　　　　　　　　　海拔高度修正系数表

海拔高度/m	0	500	1000	1500	2000	2500	3000	3500	4000	4500	5000
修正系数 K_5	1.00	1.05	1.10	1.15	1.20	1.25	1.30	1.35	1.40	1.45	1.50

空压机站装机总容量的计算：

$$Q_K = K_6 Q_总 \tag{5-82}$$

式中　Q_K——空压机站装机总容量，m^3/min；

$\quad$　K_6——空压机维修保养备用系数，一般电动空压机站取 $1.3 \sim 1.5$，内燃机站取 $1.4 \sim 1.6$，新机可取下限值。

4）凿岩穿孔机械生产率的计算。土石方明挖工程凿岩机生产率为：

$$P = 480 v k_t \tag{5-83}$$

式中　P——凿岩机生产率，m/台班；

$\quad$　v——凿岩机钻进速度，m/min，可根据钻机厂家提供的资料或试验选取；

$\quad$　k_t——时间利用系数，扣除移位、定位、换钻具等辅助工作时间，一般取 $0.4 \sim 0.7$。

5）凿岩穿孔机械需用量的计算。梯段爆破凿岩机械的需用量为：

$$N = L/P \tag{5-84}$$

式中　N——凿岩机需用量，台（取整数）；

$\quad$　P——凿岩机生产率，m/台班；

$\quad$　L——一般岩石开挖量为 Q 时对应的钻孔总进尺，m。

$$L = Q/q' \tag{5-85}$$

式中　Q——开挖强度，$m^3/$台班；

$\quad$　q'——每延米钻孔爆破的岩石自然方量，$m^3/$延米，由钻爆设计确定（见表 5-85）。

表 5-85　　　　　　　每延米钻孔爆破的岩石自然方量 q' 表

坚固系数 f	炮孔直径/mm					
	70	105	150	200	250	300
<6	7.5	21.5	35	65	100	140
6~8	7.0	16	32	60	92	130
8~10	6.5	14	30	52	83	120
10~12	6.0	13.5	28	48	77	110
12~14	5.7	13	26	47	75	105
14~18	5.5	12	25	45	72	100
18~20	5.0	11	24	42	67	96

6) 凿岩穿孔机械的选用。选择凿岩穿孔机械应考虑下列主要因素。

A. 爆破设计的孔径、孔深，以及岩石的硬度和磨蚀性。

B. 钻孔工作量。

C. 施工地形、交通条件。

穿孔机械适应条件和钻孔速度见表 5-86。

表 5-86　　　　　　　　　　穿孔机械适应条件和钻孔速度表

钻孔机械	质量 /kg	孔径 /mm	孔深 /m	平均凿岩速度/(m/h)		
				软岩	中硬岩	硬岩
手持凿岩机	14～32	32～64	3～6	9～12	5～9	5
导轨凿岩机	180～270	38～89	15	21～30	9～21	9
凿岩台车	4000～10000	35～127	15	30～45	15～30	15
潜孔钻机	18000～30000	127～230	12～20	30～45	15～30	15
牙轮钻机	20000～100000	127～200	9～18	12～21	12～21	12
冲击式钻机		102～152	15	4～7	2～4	2

（2）主要挖装机械。

1）挖掘机。挖掘机用斗状工作装置挖取土壤或其他物料，剥离土层，是土石方工程开挖的主要施工机械设备。

A. 挖掘机分类及用途。挖掘机的分类及用途见表 5-87。

表 5-87　　　　　　　　　　挖掘机的分类及用途表

分类要素	型　式	用　途
工作装置	正铲、反铲、索铲、抓斗	
动力装置	电力驱动式、内燃机驱动式、混合动力等	
动力传递和控制方式	机械式、机械液压式和全液压式	挖掘基坑，疏通河道、道路，清理废墟，挖掘水库和河道，剥离表土，挖装土石材料等
行走方式	履带式、轮胎式、拖挂式	
作业方式	循环作业式、单斗挖掘机、连续作业式（多斗挖掘机）	

B. 挖掘机生产率的计算。

a. 技术生产率：

$$P_1 = 60qnk_e k_{ch} k_y k_z \qquad (5-86)$$

式中　P_1——挖掘机技术生产率（自然方）m³/h；

　　　q——铲斗几何容量，m³，查挖掘机技术参数；

　　　n——挖掘机每分钟挖土次数，可根据表 5-88 进行换算；

　　　k_e——土壤可松系数（土壤松散系数的倒数，即 $k_e = 1/k_s$），见表 5-89；

　　　k_{ch}——铲斗充盈系数，见表 5-90；

　　　k_y——挖掘机在掌子面内移动影响系数，根据掌子面宽度和爆堆高低而定，可取

$0.90 \sim 0.98$；

k_z——掌子面高低与旋转角大小的校正系数（见表 5 - 91）。

表 5 - 88　一次挖掘循环延续时间 t 取值表　　单位：s

铲斗类型	挖掘机斗容/m³						
	0.8	1.5	2.0	3.0	4.0	6.0	9.5
正铲	16～28	16～28	18～28	18～28	20～30	24～34	28～36
反铲	24～33	28～37	30～39	36～46	42～50	43～52	46～56

注　旋转角为 90°；开挖面高度为最佳值；易挖时取最大值，难挖时取最小值。

表 5 - 89　土壤可松系数 k_e 取值表

挖掘机斗容积 /m³	土 壤 级 别					
	I	II	III	V	爆得好的岩石	爆得不好的岩石
0.8～2.0	0.89	0.82	0.79	0.74	0.68	0.67
2.5～3.8	0.91	0.83	0.80	0.76	0.69	0.68
4.0～6.0	0.93	0.85	0.82	0.78	0.71	0.69
6.0～10.0	0.95	0.87	0.83	0.80	0.73	0.70

注　岩石爆破后分为块状、针状和片状爆破物，其最长对角线长度超过铲斗宽度 60% 以上或厚度超过铲斗口深度 55% 以上为爆得不好；最长对角线长度小于铲斗宽度 30% 以下或厚度小于铲斗 20% 以下为爆得好；介于两者之间的为一般的。

表 5 - 90　铲斗充盈系数 k_{ch} 取值表

岩土名称	k_{ch}	岩土名称	k_{ch}
湿砂、壤土	1.0～1.1	中等密实含砾石黏土	0.6～0.8
小砾石、砂壤土	0.8～1.0	密实含砾石黏土	0.6～0.7
中等黏土	0.75～1.0	爆得好的岩石	0.6～0.75
密实黏土	0.6～0.8	爆得不好的岩石	0.5～0.7

表 5 - 91　正铲挖掘机掌子面高低与旋转角大小校正系数 k_z 取值表

最佳掌子面高度/%	旋 转 角							
	30°	45°	60°	75°	90°	120°	150°	180°
40		0.93	0.89	0.85	0.80	0.72	0.65	0.59
60		1.10	1.03	0.96	0.91	0.81	0.73	0.66
80		1.22	1.12	1.04	0.98	0.86	0.77	0.69
100		1.26	1.16	1.07	1.00	0.88	0.79	0.71
120		1.20	1.11	1.03	0.97	0.86	0.77	0.70
140		1.12	1.04	0.97	0.91	0.81	0.73	0.66
160		1.03	0.96	0.90	0.85	0.75	0.67	0.62

注　1. 反铲可参照正铲参数选取。

　　2. 最佳掌子面高度，查挖掘机技术参数或使用说明书。

b. 实用生产率：

$$P_s = 8P_j k_t \qquad (5-87)$$

式中　P_s——挖掘机实用生产率，m^3/台班；

　　　P_j——挖掘机技术生产率（自然方），m^3/h；

　　　k_t——施工机械时间利用系数（见表5-92）。

表5-92 施工机械时间利用系数 k_t 取值表

作业条件	施工管理条件				
	最好	良好	一般	较差	很差
最好	0.84	0.81	0.76	0.70	0.63
良好	0.78	0.75	0.71	0.65	0.60
一般	0.72	0.69	0.65	0.60	0.54
较差	0.63	0.61	0.57	0.52	0.45
很差	0.52	0.50	0.47	0.42	032

C. 挖掘机需用量的计算。挖掘机需用量主要是根据开挖量和机械生产效率来确定，通常可采用下式计算：

$$N = M/WP_a k_t \qquad (5-88)$$

或

$$N = M/W'P_a \qquad (5-89)$$

以上各式中　N——挖掘机需用量，台（取整数）；

　　　　　M——计划时段内应开挖的方量，m^3；

　　　　　W——计划时段内挖掘机制度台班数；

　　　　　W'——计划时段内挖掘机额定台班数；

　　　　　P_a——挖掘机的生产效率，m^3/台班；

　　　　　k_t——施工机械时间利用系数（见表5-92）。

2）推土机。

A. 推土机的分类（见表5-93）。

表5-93 推 土 机 的 分 类 表

分类要素	型 式 及 特 点
行走机构	履带式和轮胎式，履带式接地比压小，牵引性能好
动力传动方式	机械式、液力机械式和全液压式
工作装置	直铲、角铲、U形铲等
发动机功率	轻型（30～74kW）、中型（75～220kW）、大型（220～520kW）和特大型（>520kW）
用途	通用型和专用型。专用型推土机用于特殊工况，如湿地推土机（接地比压为0.2～0.04MPa）和无人驾驶等推土机等

B. 推土机生产率的计算。

a. 推土机技术生产率（直铲推送土石、散砾料）：

$$P_j = 3600qk_p/T \qquad (5-90)$$

$$T = 2L/u + 0.5 \qquad (5-91)$$

以上各式中　P_j——推土机技术生产率（自然方），m^3/h；

　　　　　　q——推土机推运土料的体积，m^3；

　　　　　　k_p——坡度影响系数，见表 5-94；

　　　　　　T——次工作循环时间，min；

　　　　　　L——推土机一次行程距离，由现场条件取定，m；

　　　　　　u——推土机行进速度，m/s。

b. q 的确定方法。①根据推土机说明书推荐的性能参数确定；②根据推土板尺寸参数计算。

$$q = h^2 B k_e \tan\varphi k_{su}/2 \qquad (5-92)$$

式中　h——推土板高度，m；

　　　B——推土板宽度，m；

　　　k_e——土壤的可松系数，一般取 0.70；

　　　φ——推土板前土壤的自然倾角，（°）；

　　　k_{su}——土石移动时的损失系数，取 0.75～0.95（松散土壤和运距大时取小值）。

C. 推土机的实用生产率计算：

$$P_s = 8 P_j k_t \qquad (5-93)$$

式中　P_s——推土机的实用生产率，m^3/台班；

　　　k_t——推土机时间利用系数，与工作面条件有关，一般取 0.70～0.75。

表 5-94　　　　　　　　　　　坡度影响系数 k_p 取值表

推移距离/m	水平场面	下坡度（10%）	下坡度（20%）	上坡度（10%）
15	1.0	1.8	2.5	0.6
30	0.6	1.1	1.6	0.37
65	0.3	0.6	0.9	0.18
100	0.2	0.36	0.55	0.12

3）装载机。装载机具有机动灵活、适应性强、作业效率高等特点，主要用于集渣、装载、推运、平整、起重、牵引等作业。

A. 装载机的分类（见表 5-95）。

表 5-95　　　　　　　　　　　装 载 机 的 分 类 表

分类要素	型　　　式
行走装置	履带式、轮胎式
传动方式	机械式传动式、液力机械传动式、液压传动式
车架结构型式	铰接车架式、整体式车架式
卸料方式	前卸式、侧卸式

B. 装载机生产率计算。

a. 装载机技术生产率为：

$$P_j = 60qk_ek_{ch}k_q/T \qquad\qquad (5-94)$$

式中　P_j——技术生产率（自然方），m^3/h；

　　q——装载机额定铲斗容积，m^3；

　　k_e——土壤可松系数，见表 5-89；

　　k_{ch}——装载机铲斗充盈系数（见表 5-96）；

　　k_q——运输机械配合系数，取 $k_q = 0.8 \sim 0.9$；

　　T——装载机一次工作循环作业时间，min。

表 5-96　　　　　　　　　　　装载机铲斗充盈系数 k_{ch} 取值表

项目	干砂土，煤	湿砂	硬质土、小碎石	块石、卵石
铲装条件	易装	中等	较难铲装	难装
充盈系数 k_{ch}	1.00~1.25	0~1.00	0.65~0.75	0.45~0.65

b. 装载机实用生产率为：

$$P_s = 8P_jk_t \qquad\qquad (5-95)$$

式中　P_s——装载机实用生产率（自然方），$m^3/$台班；

　　P_j——技术生产率（自然方），m^3/h；

　　k_t——时间利用系数，取 $0.7 \sim 0.8$。

（3）运输设备。随着施工机械化程度的提高和大型挖掘设备的投入使用，自卸汽车逐渐向系列化和大吨位重型自卸车方向发展。目前，我国已能批量生产 $10 \sim 45t$ 级的自卸汽车，并在各类工程施工中广泛使用。国外则有 $100t$ 级的自卸汽车。

A. 汽车技术生产率。

$$P_j = 60qk_ek_{ch}k_{su}/T \qquad\qquad (5-96)$$
$$T = t_z + t_y + t_x + t_d \qquad\qquad (5-97)$$
$$t_z = n/n_0 + t_r \qquad\qquad (5-98)$$
$$t_y = (60L/v_z + 60L/v_k)K' \qquad\qquad (5-99)$$

以上各式中　P_j——自卸汽车技术生产率（自然方），m^3/h 或 t/h；

　　　　q——汽车载重量，t 或容积 m^3；

　　　　k_e——土壤可松系数，块石取值范围为 $0.67 \sim 0.78$，也可按表 5-89 取值；

　　　　k_{ch}——汽车装满系数，视与挖掘机配合情况而定；

　　　　k_{su}——运输损耗系数，可取 $0.94 \sim 1.0$；

　　　　T——汽车一次工作循环作业时间，min；

　　　　t_z——装车时间，min；

　　　　t_y——行车时间，min；

　　　　t_x——卸车时间，min，通常为 1~1.5min；

　　　　t_d——调车、等车时间；

　　　　n——汽车需装铲斗数；

　　　　n_0——挖掘机每分钟挖装斗数；

　　　　t_r——汽车进入装车位置时间，min，通常可取 0.2~0.5min；

L——运输距离，km；

K'——加速或制动影响系数（见表 5 - 97）；

v_z、v_k——重车和空车行车速度，km/h，根据不同路段的路况和汽车牵引力来确定各段的车速。

表 5 - 97　　　　　　　加速或制动影响系数 K' 取值表

运距 L/km	0.25	0.5	1.0	1.5	2.0	5.0
K'	1.20	1.10	1.05	1.04	1.02	1.00

B. 实用生产率。

$$P_s = 8P_j k_t \qquad (5-100)$$

式中　P_s——自卸车实用生产率，m³/台班或 t/台班；

P_j——技术生产率，自然方，m³/h；

k_t——施工机械时间利用系数，见表 5 - 92，依据工作班数而定，单班制可取 0.85，两班制取 0.8，三班制取 0.75。

C. 自卸汽车需用量的计算。在规定时间内运输一定量的物料需用汽车数量为：

$$N = G/WP_s\eta \qquad (5-101)$$

或

$$N = G/W'P_s \qquad (5-102)$$

以上各式中　N——汽车需用数量，台（取整数）；

G——计划时段内运输的量，m³ 或 t；

W——计划时段内制度台班数；

P_s——汽车生产率，m³/台班或 t/台班；

η——汽车利用率，可取 0.4～0.8；

W'——额定台班数，20t 以下自卸车月工作台班数取 30，30t 以上取 20。

5.5.3　机械配套

（1）土石方机械产量指标。以机械设备的台班（时）产量为基本产量指标。机械设备的实际生产能力与其完好率、利用率和生产效率有关。上述"三率"是评定机械化施工管理水平的主要指标。"三率"的高低取决于机械设备的品质、现场作业条件、生产调度管理、维修保养和操作人员的技术水平等。确定机械设备的产量指标时，要遵照现行定额，结合工程的具体情况，进行分析综合选用。

1）机械设备作业效率。施工机械的作业效率反映机械在施工期时的有效利用程度，一般可用时间利用系数 k_t 来表示。影响 k_t 的因素很多，确定 k_t 的最好方法是现场测定机械的时间利用情况，并求得机械设备的台班（时）作业效率。一般情况可参照类似工程或参照表 5 - 92 选用。

2）常用土石方机械产量指标。

A. 常用土石方机械设备年产量和作业参考天数见表 5 - 98。

B. 常用土石方机械完好率、利用率参考指标见表 5 - 99。

表 5 - 98　　　　　　　　　　常用土石方机械设备年产量和作业参考天数表

机械名称	计算内容	年产量		全年作业天数指标/d
		单位	指标	
正铲单斗挖掘机 4m³ 以上	每立方米斗容积的开挖量	万 m³	4.0～11	125～184
轮式装载机、铲运机 3m³ 以上	每立方米斗容积的开挖量	万 m³	0.6～1.2	123～184
推土机	每马力推土量	m³	160～320	135～172
自卸汽车	每吨载重能力运输量	m³	985～3000	160～197
露天液压凿岩台车	进尺	万 m³	2.2～6.0	400/台班
移动式空气压缩机	工作时间	h	1650～2100	172～209

表 5 - 99　　　　　　　　　　常用土石方机械完好率、利用率参考指标表

机械名称	完好率/%	利用率/%	机械名称	完好率/%	利用率/%
挖掘机	80～95	55～75	露天凿岩台车	78～92	57～85
推土机	75～90	55～70	装载机	75～95	60～90
铲运机	70～95	50～75	空压机	80～95	70～85
自卸汽车	75～95	65～80	机动翻斗车	80～95	70～85

（2）机械设备的配套计算。在土石方工程施工中，不仅每一个工序配套的机械应符合使用要求，而且在机型、性能、数量和管理上，都应按施工要求进行组合配套，才能经济合理实现机械化施工。

1）凿岩穿孔机械与挖掘机的配套计算。凿岩穿孔机械与挖掘机的配套，应根据工程具体情况和施工工艺而定。一般在梯段开挖时钻孔机械与挖掘机械的工作参数和生产能力应当匹配。对于深槽开挖和陡峻而狭窄的边坡开挖，要视有无其他工序而定（若有其他工序，则不一定考虑钻孔机械与挖掘机直接配套）。

A. 配套要求。

a. 配套机械的生产能力应相一致。凿岩机械钻孔所爆破的石方量应能满足挖掘机的生产能力。

b. 凿岩机械的工作参数（孔径、孔深及爆破后的齿石块径等）应能满足挖掘机械工作性能要求（铲斗斗容、挖掘高度和深度等）。

B. 配套计算。凿岩穿孔机械与挖掘机的配套数量根据爆破设计和挖掘机的生产能力计算。按爆破设计计算钻孔延米数，进而计算凿岩机的需要量。

按梯段开挖爆破设计的孔、排距和装药结构参数计算凿岩机械需要数量，可按式（5 - 103）和式（5 - 104）计算：

$$N = L/v \tag{5-103}$$

$$L = 12.73Qqk_{su}/d^2 \Delta ek_{zh} \tag{5-104}$$

以上各式中　　N——凿岩机械需要量，台；

　　　　　　　Q——岩石开挖强度，m³/班（月）；

L——开挖岩石为 Q 时需要的钻孔进尺，m；

v——钻进速度（生产率），m/台班（台月）；

q——岩石单位耗药量，kg/m³；

k_{su}——钻孔损失系数，取值 1.05～1.20；

d——药包直径，cm；

Δ——装药线密度，g/cm；

e——炸药换算系数；

k_{zh}——装药深度系数，即装药长度与深度之比。

表 5-100 为不同斗容的一台挖掘机工作一个台班需要的钻孔延米数。此表是按照 $k_{zh}=0.5$、$k_{su}=1.2$、$q=0.5$、$\Delta=0.9$ 计算的，如设计中这几项系数不同时，则依表 5-101 所列系数进行修正。根据所选凿岩机钻进速度，可选出凿岩机械的需用量。

表 5-100　　　一台挖掘机工作一个台班需要的钻孔延米数表

控制机斗容/m³　　药包直径/mm	1.0	2.0	3.0	4.0
60	68	125	180	235
70	50	92	132	172
80	38	70	101	132
90	30	55	80	104
100	24	45	65	84
110	20	37	54	70
120	17	31	45	59
130	14	27	38	50
140	12	23	33	43
150	11	20	29	38

表 5-101　　　钻孔延米校正系数取值表

装药程度		钻孔损失		单位耗药量		炸药密度	
k_{zh}	校正 k_1	k_{su}	校正 k_2	$q/(kg/m^3)$	校正 k_3	$\Delta/(g/m)$	校正 k_4
0.40	1.25	1.06	0.88	0.30	0.6	0.65	1.38
0.45	1.11	1.08	0.90	0.35	0.7	0.70	1.29
0.50	1.00	1.10	0.92	0.40	0.8	0.75	1.20
0.55	0.91	1.12	0.93	0.45	0.9	0.80	1.13
0.60	0.83	1.14	0.95	0.50	1.0	0.85	1.06
0.65	0.77	1.16	0.97	0.55	1.1	0.90	1.00
0.70	0.72	1.18	0.98	0.60	1.2	0.95	0.95
0.75	0.67	1.20	1.00	0.65	1.3	1.00	0.90
0.80	0.63	1.22	1.02	0.70	1.4	1.05	0.86
0.85	0.59	1.24	1.04	0.75	1.5	1.10	0.82

2）挖掘机与自卸汽车的配套。

A. 配套要求。

a. 以挖掘机为主导机械。按照工作面的参数和条件选用挖掘机，再选用与挖掘机相配套的汽车。

b. 汽车斗容积与挖掘机的斗容积比 η 应适当。大斗容积的挖掘机不应配用小汽车，否则不但生产效率不高，汽车也易损坏。运距较远时，小斗容积挖掘机也可配大一些的汽车。斗容积比 η 值见表 5-102。

表 5-102 　　　　　　　　　　　　斗 容 积 比 η 值 表

运距/km	<1.0	1.0~2.5	3.0~3.5
挖掘机	3~5	4~7	7~10
装载机	3	4~5	4~5

c. 配备汽车数量应充分考虑开挖工程的特点：装车工作面狭窄，易造成汽车待装；装载工序受其他工序干扰时，时间利用率降低；出渣道路的好坏，将影响汽车的通行能力等。

B. 配套计算。挖掘机配套汽车的数量，除按生产率计算外，一般可按定额指标进行匡算。

挖掘机配套汽车数量参考见表 5-103。

装载机配套汽车数量参考见表 5-104。

表 5-103 　　　　　　　　　　挖掘机配套汽车数量参考表 　　　　　　　　单位：台

挖掘机容积 /m³	汽车/t	运距/km					
		0.5	1.0	2.0	3.0	4.0	5.0
1	8	3	3	4	5	6	6
	10	3	3	4	4	5	5
	12	2	3	3	4	4	5
2	8	4	5	7	8	9	10
	10	4	5	6	7	8	9
	12	3	4	5	6	7	8
	15	3	4	5	5	6	7
	20	3	3	4	4	5	5
3	10	4	5	7	8	9	10
	12	4	5	6	7	8	10
	15	3	4	6	6	7	9
	20	3	4	4	5	5	6
	25	3	3	4	4	5	5
	32	2	2	3	3	4	4

挖掘机容积 /m³	汽车/t	运距/km					
		0.5	1.0	2.0	3.0	4.0	5.0
4	15	4	5	6	8	9	10
	20	4	4	5	6	7	8
	25	3	4	5	5	5	6
	32	3	3	4	5	5	6
	45	2	2	3	3	4	4
6	32	5	5	6	6	6	7
	45	3	3	4	4	5	5

注 本表按1997年水利水电工程预算定额计算。

表 5-104 装载机配套汽车数量参考表 单位：台

装载机容积 /m³	汽车/t	运距/km					
		0.5	1.0	2.0	3.0	4.0	5.0
1	5	3	3	4	5	5	6
	8	2	2	3	3	4	4
	10	2	3	3	3	4	4
2	8	3	4	4	5	6	7
	10	3	3	4	5	6	6
	15	3	3	3	4	5	6
	20	2	2	3	4	4	5
3	10	3	4	5	6	6	7
	15	2	3	4	4	5	5
	20	2	2	3	3	4	4
	25	2	2	3	3	4	4
5	20	3	3	4	4	5	5
	25	3	3	4	4	4	5
	32	2	2	3	3	3	4
	45	2	2	2	3	3	4

注 根据1997年水利水电工程预算定额计算。

5.6 工程实例

5.6.1 长河坝坝肩开挖

长河坝水电站坝肩边坡高、地形陡、地质条件差，右岸边坡开挖高度339m，坡度35°~65°，开挖坡比1:0.5~1:0.95；左岸边坡开挖高度304m，坡度40°~65°，开挖坡比1:0.5~1:0.95；两坝肩开挖平均厚度约26m。

爆破钻孔设备、爆破方式与清渣根据作业面宽度、地质条件与边坡坡度具体选择。

（1）开挖爆破设计。

1）梯段爆破。以 ROC-D7 液压钻机造孔为主，采取人工装药，主爆破孔以 2 号岩石铵梯炸药为主，采取不耦合柱状连续装药。岩石爆破单位耗药量按 $0.5\sim0.55\text{kg/m}^3$。采用孔间毫秒微差起爆网络，非电毫秒雷管连网，即发电雷管起爆，塑料导爆索传爆。

2）预裂爆破。采用 KSZ-100Y 预裂钻机造孔，选用 $\phi32$ 药卷，采用不耦合空气间隔装药结构。线装药密度为 $380\sim450\text{g/m}$。为保证永久边坡不受爆破破坏，预裂孔的前排爆破孔采用拉裂孔缓冲的松动爆破方式。

3）建基面保护层一次爆除。大坝心墙基础开挖时，初拟预留 2.5m 厚的保护层。保护层采用手风钻钻设炮孔，孔底设柔性垫层，一次爆破挖除。

4）出渣。爆破后，首先由人工配合反铲对坡面松动块石进行清理，然后进行出渣作业。采用 SD32 推土机集料，PC1250-7 正铲、PC750-7 反铲挖装，32t 自卸汽车和 20t 自卸汽车运输。

（2）实际施工中的开挖情况。作业面宽度在 $0\sim2\text{m}$ 时，采用 YT-28 手风钻造孔，边坡成型采用光面爆破，人工清渣；作业面宽度在 $2\sim5\text{m}$，采用 100B 造孔，边坡成型采用预裂爆破，人工清渣；作业面宽度大于 5m 时，采用 100B、CM351 高风压钻机造孔，边坡成型采用预裂爆破，CAT320、CAT330 反铲翻渣。

施工时，工作面内翻渣到河床部位堆存在积渣平台内，定期出渣。出渣采用 PC400 反铲装 20t 自卸汽车运输。

开挖施工的主要作业参数均经过多次论证结合施工实际情况，经过专门爆破试验确定。边坡施工主要参数见表 5-105。

表 5-105　　　　　　　　　　　　　　边坡施工主要参数表

施工参数	设计值	施工拟定值	施工采用值
开挖与支护面距离	≤12～20m	喷护 12m、锚索 20m	喷护 0～10m，锚索 20m
爆破作业台阶高度	≤6～10m	3～9m	3～9m，特殊情况 20m
预裂爆破单响药量	≤50kg	一般不大于 30kg，特殊不大于 15kg	爆破位于喷护面正下方，同拟定值
梯段爆破单响药量	≤300kg	一般不大于 150kg，特殊不大于 50kg	
梯段爆破一次总药量	≤10000kg	≤8000kg	≤3000kg

爆破作业台阶高度特殊情况下取 20m，需同时满足以下条件：①作业面宽度为 $2\sim5\text{m}$；②边坡自然地形与开挖坡度接近；③开挖设计马道高差 20m。

满足这三个条件部位大型机械设备无法作业，爆破钻孔可以采用 100B 钻机，出渣必须采用人工出渣。为加快进度采用一次爆破开挖，在爆破时外侧采用加强装药，通过增加爆破抛掷量减少人工开挖量。采用深孔爆破可以达到减少人工出渣的目的，根据其他工程经验与该工程爆破试验论证，特殊情况下采用 20m 台阶高度能够保证边坡成型质量。

5.6.2　天生桥一级溢洪道开挖

溢洪道工程位于右岸垭口，总长 1860m，总开挖量 2000 万 m³。溢洪道开挖既要符合建筑物体型的要求，又要按设计要求向面板堆石坝提供坝料。

（1）对两座孤峰实施洞室爆破作业。溢洪道引渠段有两座山体孤峰突起，山坡在 60°以上，高出地面 70～80m，岩体为厚层块状灰岩。为尽快形成溢洪道的开挖作业面，实施了洞室大爆破作业。根据地形、地质和对石料粒径的要求，爆破选用单层、多排条形加强松动（抛松）爆破方案。爆破排间时差大于 100ms，同排药包时差不小于 50ms。两次大爆破共爆土石方 67 万 m³，取得了预期效果。

（2）坝料爆破开采。过渡料ⅢA、主堆石ⅢB 的开采根据爆破试验成果确定，其爆破参数见表 5-106。施工过程中根据地质条件进行适当调整。

表 5-106　　　　　　　　　坝料开采爆破参数表

坝料	间距 /m	排距 /m	孔距 /m	药卷直径 /mm	不耦合系数	孔深 /m	爆破单耗 /(kg/m³)	限定粒径 /cm
ⅢA 过渡料	2.0	2.0	80	60	1.33	11.0	1.10～1.50	30
ⅢB 主堆石	4.0	2.5	80	散装	1.00	11.0	0.50～0.65	80

（3）边坡深孔预裂技术。边坡最大开挖高度 120m，每级台阶高度 22～24m，台阶之间设马道，马道宽 12m，闸室最大台阶高 46m，施工中对保护岩体采取保护性开挖措施，部分预裂爆破参数见表 5-107。

表 5-107　　　　　　　　　部分预裂爆破参数表

孔径 /mm	孔距 /cm	孔深 /m	线装药密度/(g/m)		效　果
			计算	实际	
90	80	11.0	398.0	380	预裂和梯段使用同一网络，预裂孔先爆，效果较理想
90	90	22.0	403.2	410	
100	80	22.6	400.5	400	
100	110	22.0	443.6	425	
100	110	22.0	443.6	425	先预裂爆破，后进行梯段爆破，效果较好，半孔率 90%以上

（4）保护层开挖爆破技术。马道及底板采取保护层一次性开挖爆破，灰岩区、泥岩区保护层厚度分别为 2m 和 4m，根据爆破试验和岩石爆破范围的声波试验，确定的爆破参数为间距 1.5m，排距 1.0m，孔径 42mm，药卷直径 32mm，孔深 2.5～4.0m，底部柔性垫层或气垫长度为 30～40cm，炸药中耗 0.7kg/m³。

5.6.3　长河坝过渡料直采爆破开挖

大坝为砾石土心墙堆石坝，坝顶高程 1697.00m，最大坝高 240.0m，坝顶长度 502.85m，坝顶宽度 16.0m。大坝心墙上游、下游分别设反滤料、过渡层，上游、下游过渡层水平厚度均为 20.0m。整个大坝填筑方量达 2763.87 万 m³，其中大坝上游过渡层 125.40 万 m³，下游过渡层 121.04 万 m³，两岸过渡层 44.53 万 m³。过渡料达 290 多万 m³。

过渡料开采在江嘴料场，料场储量 3337 万 m³。料源岩性为石英闪长岩，岩质致密坚硬，岩体多呈次块状～块状结构。岩石饱和湿抗压强度 76.4～131.0MPa，软化系数 0.77～0.87，天然密度 2.70～2.89g/cm³，主要质量技术指标满足规范要求，运输条件较好。

（1）过渡料技术要求。

1）过渡料为石料场开采料，应避免采用软弱、片状、针状颗粒，要求耐风化并不易被水溶解，石料的饱和抗压强度应大于 45MPa。

2）过渡料最大粒径不大于 300mm。

3）小于 0.075mm 的颗粒含量不大于 5%。

4）小于 5mm 的颗粒含量不大于 30%，不小于 10%，$d_{15}\leqslant 8mm$。过渡料级配宜连续良好。

5）过渡料压实应采用相对密度和孔隙率控制，室内相对密度应不小于 0.9，孔隙率通过现场碾压试验确定，宜不大于 20%，相应的干密度约为 2.25g/cm³。

6）过渡料压实后的渗透系数应大于 0.01cm/s。

设计要求的过渡料级配含量见表 5-108。

表 5-108　　　　　　　　　　设计要求的过渡料级配颗粒含量表

项目	颗粒级配/%												
	粒径/mm												
	<300	<200	<100	<80	<60	<40	<20	<10	<5	<2	<0.5	<0.25	<0.075
上包线			100	93	85	74	55	39	25	15	8	6	5
下包线	100	88	69	63	54	42	24	12	5				

（2）爆破方案。采用精细爆破法开采过渡料。过渡料在江嘴料场开采，为新鲜石英闪长岩，岩体完整致密，高程 1825.00m 平台，三面临空，无压渣。岩体可爆性不好，设计炸药单耗为 2.5kg/m³。采取加密炮孔，减小单孔装药量措施，以增加细颗粒含量。过渡料爆破开挖参数见表 5-109。

表 5-109　　　　　　　　　　过渡料爆破开挖参数表

项　　目	内　　容	备　　注
台阶高度/m	8.0	有 3m 压渣
布孔方式	长方形	
钻孔直径/mm	φ90	
钻孔角度/(°)	90	
钻孔深度/m	11.0	
孔距/m	1.3	每排 15 孔
排距/m	1.0	7 排孔
前排抵抗线/m	2.0～3.0	
堵塞长度/m	1.0	

项　目	内　容	备　注
装药长度/m	10.0	
延米装药量/(kg/m)	3.75～6.00	
主爆孔装药量/kg	37.5	
后排孔装药量/kg	25.5	下部连续，上部间隔
主爆孔单耗/(kg/m³)	37.5/(1.3×1.0×11)=2.62	
爆区平均单耗/(kg/m³)	7686/3125=2.46（平均）	

炸药采用乳化炸药，规格 $\phi70mm\times40cm\times1.5kg$；孔内雷管为高精度雷管，每孔 2 发，孔外排间雷管为普通雷管，中间一条主传爆线，孔外孔间雷管为高精度雷管，起爆雷管为电雷管。

装药结构为连续、不耦合装药，炸药用竹条绑扎。起爆方式为微差顺序，导爆索传爆，其起爆网络及装药结构分别见图 5－28、图 5－29。

爆破总方量 3125m³，总装药量 7686kg。

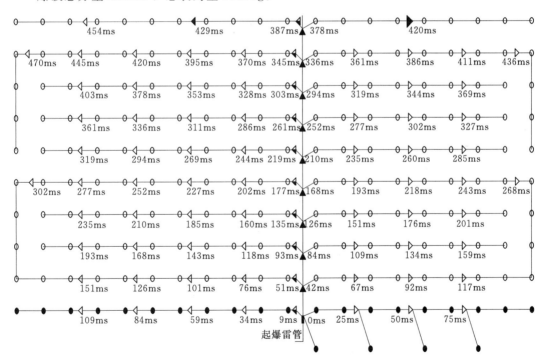

图 5－28　过渡料起爆网络图

（3）爆破结果。经对爆破料颗粒分析，所开采料最大粒径为 450mm，大于 300mm 的颗粒含量为 1.07％，剔除大于 300mm 的超径料后，其级配满足过渡料级配要求。其级配颗粒含量见表 5－110、过渡料筛分级配曲线见图 5－30。

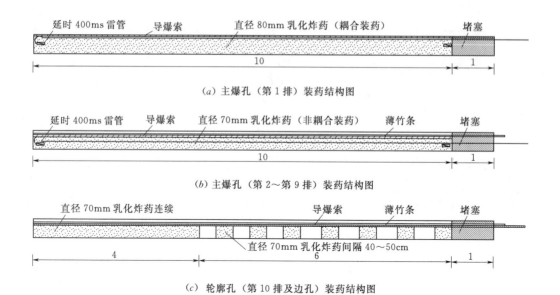

（a）主爆孔（第1排）装药结构图

（b）主爆孔（第2～第9排）装药结构图

（c）轮廓孔（第10排及边孔）装药结构图

图 5-29　过渡料爆破装药结构图（单位：m）

表 5-110　　　　　　　　　设计要求的过渡料颗粒级配表

项目	颗粒级配/%												
	粒径/mm												
	<300.000	<200.000	<100.000	<80.000	<60.000	<40.000	<20.000	<10.000	<5.000	<2.000	<0.500	<0.250	<0.075
上包线			100	93	85	74	55	39	25	15	8	6	5
下包线	100	88	69	63	54	42	24	12	5				
爆破料	100	97.33	75.62	64.91	54.72	42.81	27.96	20.18	15.06	10.76	6.98	5.02	2.53

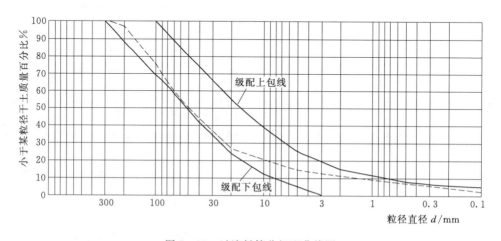

图 5-30　过渡料筛分级配曲线图

5.6.4　三峡永久船闸开挖

永久船闸位于三峡水利枢纽左岸，为双线五级连续船闸。船闸由上游引航道、船闸主体段、下游引航道、输水系统和山体排水系统组成，最大运行水头 113m。土石方开挖约 4360 万 m³，其中闸室段 2560 万 m³。最大开挖深度位于闸室段，深度达 170m。岩体主要为闪云斜长花岗。

在三峡永久船闸基础土石方开挖中，主体土石方开挖采用深孔梯段微差爆破，垂直边坡开挖采用了预裂爆破和光面爆破技术，为节省工期和施工方便，主体石方开挖和边坡开挖同步下降，采用了"预裂爆破-主体梯段爆破-缓冲爆破"或"主体梯段爆破-缓冲爆破-光面爆破"开挖方式；水平建基面保护层采用了一次爆除法、水平预裂法和水平光面爆破法三种开挖爆破技术。在钻具上主要使用液压钻机，在局部和贴坡岩石二次处理上使用了手风钻。永久船闸开挖主要钻爆参数见表 5-111。

表 5-111　　　　　　　　　　永久船闸开挖主要钻爆参数表

项目	预裂爆破	光面爆破	项目	预裂爆破	光面爆破
孔径/mm	76	89	孔深/m	9~11	9~11
孔距/m	0.8	0.7~0.8	孔径/mm	89	89
孔深/m	11.0~11.5	11.0	孔距/m	1.5	2.5~3.0
距缓冲孔的排距/m	1.2	2.0	排距/m	2.0	2.5
药卷直径/mm	25	25~32	抵抗线/m		≤2.0
不耦合系数	3.0	2.8~3.6	药卷直径/mm	70	70
装药结构	非均匀间隔装药	上部间隔、中部连续装药	装药结构	连续装药	
堵孔长度/m	1.0~2.0	0.8~1.0	堵孔长度/m	1.5	2.0
中段线装药密度/(g/m)	360~380	400~450	单孔药量/g	16.5~18.0	31.0~45.0
单位耗药量/(g/m³)		0.55~0.60	单位耗药量/(g/m³)	0.55~0.60	0.50~0.60

爆破开挖效果总结：①关于预裂爆破和光面爆破的效果，在三峡永久船闸特定的地质和结构条件下，预裂爆破效果不大理想，裂缝宽度窄，壁面平整度、半孔率低于光面爆破，钻孔内的爆炸裂隙比较发育，说明预裂爆破本身的振动影响较大，且因预裂缝较小，保护作用未能完全发挥。而光面爆破在保护层厚度不大、分段时差比较紧凑的情况下，能量的绝大部分消耗在空气和飞石上，对保留岩体振动影响小，成形好，半孔率相对较高，贴坡处理工程量少。在三峡船闸的特定条件下，直立面开挖施工中大多采用光面爆破，取得了较好的效果；②缓冲爆破是为了改善爆破效果、减轻对预裂面影响的一种爆破方式，其装药量、孔径、孔距比主爆孔小；③船闸水平建基面保护层采用了一次爆除法、水平预裂法和水平光面爆破法三种开挖爆破方法，结果表明水平光面爆破效果最佳；④主体土石方爆破采用微差爆破网络 V 形起爆形式，减小了抵抗线，提高了爆破效果，降低了工程成本。

土石方运输与堆存

土石方工程运输主要涉及开采面与卸料面作业条件，运输设备、运输方式、运输线路等要素是制约土石方工程施工强度的主要因素。推土机、装载机、铲运机和自卸汽车是常用的运输设备；运输方式常见的有公路运输、水路运输和轨道，特殊条件下可用皮带机、溜渣井、架空索道运输。

土石方渣料的堆存方式分为中转堆存和弃渣场堆存。中转堆存为工程可利用料和需加工料临时性的存放，加工料的中转堆存场需具备加工场的功能。土石方工程的弃土、弃石、弃渣应集中堆放，并采取水土保持措施。

6.1 土石方运输

土石方工程运输主要包括常规运输、辅助运输和组合运输三大种类。

常规运输分道路运输、有轨运输、带式输送和水路运输四种方式；辅助运输包括架空索道、溜渣井等方式；组合运输分带式输送-道路运输、有轨运输-道路运输、有轨运输-带式输送三种方式。

6.1.1 常规运输

道路运输在水利水电工程中具有普遍适应性，有轨运输和带式输送、水路运输是在场内特定的条件下应用。运输方式优先采用自卸汽车直接运输，选用其他运输方式时应作充分论证。采用多种运输方式时，应统筹规划、合理布置，做好各运输方式之间运输线路的衔接。

（1）道路运输。道路运输是使用载重汽车在道路上进行土石方运输的方式，主要承担近距离及水运、有轨运输优势难以发挥的短途运输。道路运输具有很强灵活性，能够较好的适应山区及偏僻地区水利水电工程的特殊性，在水利水电工程土石方工程运输中占主导地位，为常见的主要运输方式。

1）道路运输特点。道路运输主要优点是灵活性强，建设期短，投资较低，易于因地制宜，对配套设施要求不高。可以采取"点到点"运输形式，即开采面直到卸料面或填筑面，而不需转运。道路运输也可作为其他运输方式的衔接手段。道路运输适用于近距离运输，而且近距离运输费用较低，容易装车，适应性强，可作为其他运输方式的衔接手段。易于衔接有轨运输、水路运输。

道路运输不足之处：不适宜大批量运输；长距离运输运费相对昂贵；易污染环境，发生事故；消耗能量多。

2）线路规划与布置。运输线路布置应在选定运输方式基础上进行，运输线路规划应优先考虑单向循环线路，使轻型汽车、重型汽车互不干扰；合理确定路面等级，尽量降低纵坡坡率，以提高行车速度。

水利水电工程由于山谷狭窄，道路大都顺河流走向修建，如把防洪标准定得过高，势必抬高路面，加大桥涵，使筑路费用加大，另外，临时道路即使遭到损坏，恢复也较容易，因此，防洪标准可以较低，根据国内外建坝经验，其防洪标准以不低于 5 年一遇为宜或不低于施工场地的防洪标准。

运输线路的布置应满足运输量和运输强度的要求，并结合施工分期综合考虑。每个施工时段应有相应的运输线路，与填筑面、物料开采状况相适应。运输线路布置应充分利用地形条件，填筑面条件，减少修建岸坡道路。运输线路宜与工程永久交通线路相结合并自成系统。

运输线路布置应考虑地形、施工作业面分布及运输机具配备等因素，合理选用线路形式，优先采用环形线路。线路规划时应减少线路平面交叉，陡坡段的上下层道路应留有足够的安全距离，或采取其他挡护措施，在交叉路口、急弯、陡坡处应设置安全设施。运输道路通过原有桥涵时，应事先验算，并在必要时采取加固措施。

连接土石坝坝体的上下游交通干线，应避免跨越坝面。如上下游的交通量很小，经论证后，施工期可以跨越坝面，但应采取措施，并和坝体施工安排相协调。

3）线路技术标准。水利水电工程运输线路标准应根据工程规模、地形条件、设备型号等的差异进行选择，主要根据各路段的总运输量、运输高峰强度、使用时间、选用车型、行车密度等因素确定，具体执行《水电水利工程场内施工道路技术规范》（DL/T 5243—2010）标准要求。

4）自卸汽车选择。自卸汽车按其卸料方式分为后卸式自卸汽车、侧卸式自卸汽车、底卸式自卸汽车；按用途分为矿山自卸车、垃圾自卸车、煤炭运输自卸车、工程机械自卸车、污泥自卸车、农用自卸车等；按照燃料方式可分为柴油车、汽油车、新能源车（电动，天然气 CNG、LNG）及常规燃料与新能源混合双燃料车四类。天然气重卡是指以天然气为燃料的一种气体燃料重型汽车（CNG 即压缩天然气；LNG 即液化天然气）。

后卸式自卸汽车有较高的适应性，转弯半径小，可卸成均匀间隔的土堆；侧卸式自卸汽车可侧向卸料，可将物料卸成长而窄的条带；底卸式自卸汽车往返卸料均可高速行驶，可以自由倾卸散状料物，卸散料的动作快，但不能运卸大漂石和块石。水利水电工程中经常使用工程机械自卸车、农用自卸车、矿山自卸车。工程自卸车主要用于矿山、工地中短途普通路面运输；矿山自卸车属非公路用车，主要用于矿山，工程方面，比一般载重车更耐用，载重也更多，外形超宽，总质量超重，不允许在公路上行驶。

（2）有轨运输。有轨运输是采用轨道方式进行运输。有轨运输多采用电瓶车及内燃机车牵引斗车或梭式矿车，常用于距离较长、高差不大的运输和隧道开挖运输，是一种适应性较强和较为经济的运输方式。

1）设备组成。有轨运输设备由走行轨道、牵引机车、装运设备组成。

A. 走行轨道。走行轨道目前在隧道施工中，普遍使用 38kg/m 钢轨或 43kg/m 钢轨。轨道选取主要考虑以下几个方面：市场材料供应、载重要求、行车速度、可靠性要求。轨枕可以选用木枕、槽钢。轨距通常宽为 900mm。

B. 牵引机车。轨道式牵引机车有电瓶车、内燃机车。电瓶车牵引无废气污染，但电瓶须充电，能量有限。必要时可增加电瓶车台数，以保证行车速度和运输能力。内燃机车牵引能力较大，但增加洞内噪声污染和废气污染。必要时，须配备废气净化装置并加强通风。

电瓶车常用型号 14t、18t。隧道施工中为减少污染常用电瓶车作牵引车，隧道内每台电瓶车牵引一组运渣设备，并考虑部分备用电瓶车。每台电瓶车备用 1 个蓄电池组，在充电房充电备用。

C. 装运设备。运输矿车的种类很多，有梭式、曲轨侧卸式、翻转车厢式、固定车厢式等，其中隧道施工常用的有梭式矿车和曲轨侧卸式矿车。

梭式矿车简称梭矿，它是应用于矿山隧道的大型载运设备，由机车牵引，可与装渣机械组成隧道机械化作业线。梭矿既可单列使用，又能组列使用，即两辆或多辆梭矿搭接使用。梭矿采用整体式车体，下设两个转向架，车箱底部设有刮板式或链式转载机构，便于将整体车厢装满、转载或向后卸砟。

曲轨侧卸式矿车可用于隧道及地下施工的平巷和斜井运渣，可用机车牵引，也可用提升机牵引。

2）施工布置。有轨运输方式可用于场地开阔、运距较大、运输量大的工程，应与其他运输方式充分比较，慎重选择。有轨运输施工布置应采用复线及环线布置方式，站场线路布置应避免平面交叉，应综合考虑物料转运方式。

A. 轨道布置型式。有轨运输轨道布置型式有单线运输和双线运输两种。

a. 单线运输。单线运输能力较低，常用于地质条件较差或小断面开挖的隧道中。单线运输时，为调车方便和提高运输能力，应在整个路线上应合理布设会让站（错车道）。会让站间距应根据装渣作业时间和行车速度计算确定，并编制和优化列车运行图，以减少避让等待时间。会让站的站线长度应能够容纳整列车，并保证会车安全。

b. 双线运输。双线运输时，进出车分道行驶，无需避让等待，故通过能力较单线有显著提高。为了调车方便，应在两线间合理布设渡线。渡线间距应根据工序安排及运输调车需要来确定，一般间距为 100～200m，或更长，并每隔 2～3 组渡线设置一组反向渡线。

B. 工作面轨道延伸及调车措施。工作面轨道延伸，应及时满足钻眼、装渣、运输机械的走行和作业要求，并避免轨道延伸与其他工作的干扰，有时需延至开挖面。

延伸的方法可以采用浮放"卧轨""爬道"及接短轨。待开挖面向前推进后，将连接的几根短轨换成长轨。工作面附近的调车措施，应根据机械行走要求和转道类型来合理选择确定，并尽量离开挖面近一些，以缩短调车的时间。单线运输时，首先应利用就近的会让站线调车；当开挖面距离会让站较远时，则可以设置临时岔线、浮放调车盘或平移调车器来调车，并逐步前移。双线运输时，应尽量利用就近的渡线来调车，当开挖面距渡线较远时，则可以设置浮放调车盘，并逐步前移。

3）线路限制坡度。限制坡度应根据运输量、机车车辆类型和地形条件等因素，经技术经济比较确定。准轨铁路及窄轨铁路的限制坡度不宜大于规定数值，参照相关规范执行。

（3）带式输送。近年来，随着国内水电行业的发展以及机电技术的进步，胶带机正向着大型化、大倾角和可弯曲方向发展。水电行业采用带宽为1600mm的带式输送机，当带速达到6m/s时，最大运输量可达12000t/h；就运输粒径而言，国外带式输送机已发展成可运输400～800mm的大块石。

胶带机是一种连续运输机械。在高山峡谷地区高土石坝筑坝需要将数量巨大的土石料连续、高效、大运量、经济地运输。

1）带式输送特点。带式输送具有效率高，设备轻，耗能较少，运费低的特点；可适用于运输量大、使用时间较长、运距较远、地形陡峻、修路困难的工程。其缺点是灵活性小，一条输送机在同一时间内只能运一种材料；一旦发生故障，全线停运；输送机终端常须有转料斗，然后由自卸汽车转运至填筑工作面。

带式输送要求输送材料最大粒径应小于带宽的1/3且须转料。国外工程较多采用移动式转料仓（斗），再由汽车转运至填筑工作面。

2）系统设计要点。系统设计要点主要包括运输材料粒径、转料、主参数、运输上坝方式等。

A. 运输材料粒径与系统参数设计。根据有关标准，当输送已筛分硬岩石料时，带宽超过1200mm后，输料的最大粒径一般应限制在350mm，而不能随带宽的增加而进一步加大。带速越高、物料比重越大，输送物料粒径就越小。托辊的槽角越大，带面承载石料的有效宽度就越小，从而造成输送物料粒径越小。输送物料的粒径越大，胶带机倾角越小。输送物料粒径越大，胶带机的带宽也就越大。

B. 转料环节。转料环节必须可靠。

C. 主参数的确定。胶带机的主要技术参数包括运输强度、带宽、带速、胶带机倾斜角度（向上运输和向下运输）、水平输送长度、提升高度等。

D. 运输上坝方式。胶带机上坝方式主要受工程布置、填筑体设计、地形及地质条件、施工分期及运输强度等影响，可采用在坝面（或坝前）设置移动式转料仓（斗），再由汽车运至填筑工作面的方式。

（4）水路运输。水路运输是以船舶为主要运输工具，以港口或港站为运输基地，以水域包括海洋、河流和湖泊为运输活动范围的一种运输方式。水运至今仍是世界许多国家最重要的运输方式之一。

水路运输具有运载能力大、成本低、能耗少、投资省的特点，但受自然条件的限制与影响大，要与铁路、公路和管道运输配合，并实行联运。因此，尽管水路运输是最经济的运输方式，但受限于天然河道运输条件和需要配合相应的转运手段等因素，在水利水电工程中应用远不如道路运输，其主要用于需要水下开采条件下的运输。

6.1.2 辅助运输

辅助运输包括架空索道、溜渣井等方式。

（1）架空索道。按所用的钢丝绳数目架空索道可分为单线索道和双线索道。单线索道只有一根钢丝绳，它既是承重索又是牵引索。双线索道有两根钢丝绳，一根是固定的，为供小车在其上运行的承重索，另一根是牵引小车运行的牵引索。

依承重装置的运行方式，架空索道可分为往复式和循环式。往复式索道的线路上只有一个或一组固接在牵引索上的承重装置往复运行，它可爬45°的坡，但运距越长输送能力越低。循环式索道的闭合线路上，每隔一定距离布置一承重装置，多个承重装置循环运行，适用于运量大、运距长的场合。

按照架设支架的使用架空索道又可以分为单跨越单索循环式索道、多跨越单索循环式索道、单跨度多索循环式索道、多跨越多索循环式索道、单跨越单索往复式索道、单跨越多索往复式索道、缆式吊车索道运输等类型。

1) 架空索道运输基本要求。线路应尽量走直线，如转角，角度值不宜超过6°，最大不得超过12°；单级索道的长度不宜超过3000m；除特殊要求外，单跨索道最大跨距不宜超过1000m；多跨索道相邻支架间最大跨距不宜超过600m，弦倾角不宜超过45°。

2) 架空索道运输适用条件。架空索道种类、特点、适用范围见表6-1。

表6-1　　　　　　　　　　架空索道种类、特点、适用范围列表

分 类		特 点	适用范围	组 成
循环式索道	单跨单索循环式	适应范围广、运输距离远	最大运重不超过2t，跨度一般不超过1000m的点对点物料运输	承载索、返空索、牵引索、驱动装置、支架等
	多跨单索循环式	适应范围广、操作简便	最大运重不超过2t，中间支架不超过7个，每跨跨度一般不超过600m，全长一般不超过3000m的远距离物料运输	承载索、返空索、牵引索、始端支架、中间支架、终端支架、驱动装置等
	单跨多索循环式	单件运输重量大、施工效率高	运重2～5t，跨度一般不超过1000m的点对点物料运输	承载索、返空索、牵引索、驱动装置、支架等
	多跨多索循环式	单件运输重量大、操作复杂	运重2～5t，中间支架不超过7个，每跨跨度一般不超过600m，全长一般不超过3000m的远距离物料运输	承载索、返空索、牵引索、始端支架、中间支架、终端支架、驱动装置等
往复式索道	单跨单索往复式	设备简易、通道小、操作简便	最大运重不超过2t，跨度一般不超过1000m的点对点物料运输	承载索、牵引索、驱动装置、支架等；高差大时，驱动装置宜在高端支点处，重力实现货车回程
	单跨多索往复式	单件运输重量大、操作较简单	运重2～5t，跨度一般不超过1000m的点对点物料运输	承载索、牵引索、驱动装置、支架等；可改装成单跨单循环式，提高运输效率
	缆式吊车	具有吊车功能，适用于装载点在峡谷底部而卸载点在两侧山顶，只有一台货车并具有两套独立驱动系统	一般情况下最大运重不超过2t的物料运输，特殊情况下经过专门论证设计运重可增大，长河坝工程专用缆式吊车索道最大运重为10t	承载索、牵引索、提升索、两端支架、中间支架、驱动装置等

(2) 溜渣井。溜渣井主要用于溜渣运料。断面为圆形（直径一般为1.2～2.0m），方形或矩形（断面为1.5m×1.5m～2.5m×2.5m），高度一般30～60m，最高达几百米。只要溜井结构、井筒断面、溜口尺寸等选择得当，且上下部车场及运输设备配套时，溜井通过能力是足够大的。单条溜井的实际生产能力可达到每天万吨以上。

国内外许多大型水电工程如二滩、龙滩、锦屏等均已成功使用溜井解决垂直运输问题，充分利用物料自重进行运输，节约道路修筑费用，减少车辆运输工作量，降低生产成本。

6.1.3　组合运输

运输过程中根据工程不同条件选择不同的组合运输方式进行转料，主要的组合运输方式包括带式输送-道路运输、有轨运输-道路运输、有轨运输-带式输送三种。

（1）带式输送-道路运输。带式输送-道路运输转料时，转料场地宜选在填筑占压范围以外，高度适宜，轮换、交替使用，并应提前修筑，场地面积应大于 40m×50m。直接装料要设置适当的衔接设施；转料斗用于黏性土料时常因黏结会影响使用效果，应注意料斗型式的选择。

带式输送-道路运输设施的升高可通过转料台升高或转料设备升高。

1）转料台升高。带式输送机转料台升高方法有填筑面边缘升高和填筑面内升高两种。转料台升高方法见表 6-2。

表 6-2　　　　　　　　　　　　转料台升高方法列表

转料台布置	每次升高/m	方法及优缺点
填筑面边缘	3～5	随着坝体填筑升高，填筑料台，安装转料设施。转料台、带式输送机移动频繁，适于填筑面积较小，带式输送机、劳力较多的场合
填筑面内	8～10	随着坝体填筑升高，填筑料台，安装转料设施，料台占据碾压工作面。适于填筑面积大的场合

2）转料设备升高。带式输送机由高处进入填筑面可通过转料设备进行升高，主要有溜槽和斜坡带式输送机两种方法。带式输送机由高处进入填筑面转料台升高方法见表 6-3。

表 6-3　　　　　　带式输送机由高处进入填筑面转料台升高方法列表

高差消除方法	料台高度/m	方法及优缺点
溜槽	3～5	随着坝体填筑升高，人工逐段拆除溜槽，填筑料台，安装转料设施，料台一般预先堆筑。拆除方便，省工省料，有时产生料物黏结
斜坡带式输送机	3～5	随着坝体填筑升高，填筑料台、斜坡带式输送机逐步截短，安装转料设施。料物不会黏结；比较费工费料

（2）有轨运输-道路运输。有轨运输-道路运输转料方式中，挖掘机（装载机）转载的优点是机动灵活，缺点是运营费较高。料仓转载时，若把筛分、破碎等加工工序并入，则较为理想，此方式一般使用年限较长。挖掘机（装载机）转载的卸料台形式见表 6-4。

表 6-4　　　　　　　挖掘机（装载机）转载的卸料台形式列表

卸料台形式	特　　点	适用条件
地沟式	铁路和汽车路可在同一标高，挖掘机在转料沟中作业，一般不储存料物	施工场地狭窄，转载沟深 2.00～3.55m，宽 20～25m
高台式	铁路高于汽车路；挖掘机和汽车在同一高程；可储存料物	施工场地宽阔；卸料台面积由场地和料物堆存量确定，宽度宜为一个采掘带的宽度；松散料堆料斜坡应陡于 60°

（3）有轨运输-带式输送。有轨运输-带式输送转料方式中，卸料台一般宜靠近坝址附近布置。不同物料卸料台的相互位置要恰当安排，减少干扰。卸料台布置型式包括地弄漏斗式、排架漏斗式、自由式和斜坡漏斗式，根据地形条件和施工要求，各种形式可合理组合。卸料台布置型式及特点见表6-5。

表6-5   卸料台布置型式及特点列表

卸料台布置型式	特 点
地弄漏斗式	多为混凝土或浆砌石结构，土建工程量大，投资大，施工期长，限于皮带机转运；坚固耐用，运转费低。适于工期长的大中型工程
排架漏斗式	木结构型式，耗木材多，耐用性差，维修量大，但施工期较短
自由式	施工简单方便，工程量小，投资小，堆存量大，工期短，适合带式装载机喂料；若用于人工喂料，费劳力（一条带式输送机约需80～120人），效率低
斜坡漏斗式	介于排架漏斗和自由式之间

6.2 土石方堆存

土石方堆存包括中转料场堆存和弃渣场堆存。中转料场一般为可利用物料堆存，弃渣场为永久性堆存。石料中转场宜尽量靠近筛分场地或与其结合，土料中转场尽量与含水加工场地、级配调整场地结合。中转堆存场的选择与布置应结合所施工土石料加工及其相关要求综合考虑，以达到经济和高效的施工目标。

6.2.1 中转料场

中转料场堆存主要包括中转料场布置原则、备料系数和料场容量的确定及中转堆存管理等。

（1）中转料场布置原则。中转料场主要布置原则如下：①中转料场及运输道路的布置应考虑挖装条件，避免产生物料离析；②堆料场面积应满足堆料要求，距填筑面较近且交通方便；③临时中转堆存场可选择在填筑作业面内适宜的地点；④一次性备存到位材料，需要按工况考虑一定的备料系数。

（2）备料系数。高塑性黏土、土料、反滤料或垫层料存在备存、转运或再加工的损失，需要在备料时统一考虑，备料系数应按照工况具体确定。

备料系数是相同状态下筑坝材料实际备料数量与填筑使用数量的比值，高塑性黏土在西南地区因为运距远、成本高，而其中备料系数的选择在土石材料备料中具有典型和代表性。典型工程高塑性黏土备料系数见表6-6。

表6-6   典型工程高塑性黏土备料系数列表

工程项目	工程特点	高塑性黏土制备工艺	备料系数
水牛家大坝	坝高108m，高塑性黏土运距70km	洒水方法调整含水量	114.33%
毛尔盖大坝	坝高147m，高塑性黏土运距12km	挖沟注水方法调整含水量	119.13%
布沟大坝	坝高186m	洒水方法调整含水量	123.00%～125.00%
长河坝大坝	坝高147m，高塑性黏土运距60km	洒水方法调整含水量	121.00%

经统计，高塑性黏土注水法加水时施工损耗为 6%～8%，坝面施工损耗 10%～12%，转运一次损耗在 3%～5%；翻晒和平铺洒水法加水时施工损耗在 10%以上，一般情况下高塑性黏土按照 15%～25%考虑。

（3）料场容量的确定。中转堆存场主要解决采挖、加工与填筑作业不均衡、不协调状况，保证开采场或物料加工厂均衡生产。中转堆存场容量应根据工程实际条件选择。当反滤料选择在填筑面堆存时，其堆存数量可为一次作业循环填筑量的 5～8 倍。

土石坝中转堆存场一般容量较大。如糯扎渡水电站土料加工场总面积 3 万 m^2，设置 4 个料仓，保证 2 个储料、1 个开采，料仓总储量 14 万 m^3，可满足大坝月强度约 15d 的用量。长河坝电站土料加工工艺复杂，部分通过剔除超径可直接上坝，部分需要掺配后上坝，坝料运距为 22km。为解决坝料供需矛盾，分别在大坝上下游压重区域设置中转堆存场。上游为掺配料场，容量为 10 万 m^3，下游为成品料场，容量为 15 万 m^3，中转堆存场总储量 25 万 m^3，可满足大坝高峰强度 1 个月的用量。

（4）中转堆存管理。中转堆存场周围宜设置泄洪、排水措施，以及防污染的隔离防护设施。备料宜采取防雨、防雪、防尘、防蒸发、防冻等措施。

备料堆存前应检验合格，堆存过程中应防止成品料分离，分离料应处理合格后使用。对土料、反滤料要选择合适的卸料及堆存方式。堆存料应标明编号、规格、数量、检验结果以及拟铺筑的工程部位。必要时，需设置专人进行现场管理。

6.2.2 弃渣场

弃渣场堆存主要包括弃渣场选择原则、布置基本要求、拦渣堤、堆存管理要求、弃渣施工、弃渣场安全管理六个方面的内容。

（1）弃渣场选择原则。根据《开发建设项目水土保持技术规范》（GB 50433—2008），在土石方工程实施过程中产生的弃土、弃石、弃渣应集中堆放在弃渣场地，并采取水土保持措施。弃渣场选择应遵循如下原则。

1）应满足环境保护、水土保持和当地城乡建设规划要求。

2）弃渣场宜靠近开挖作业区的山沟、山坡、荒地、河滩等地段，不占或少占耕（林）地，地基承载力满足堆土要求。

3）弃渣场应布置在无天然滑坡、泥石流、岩溶、涌水等地质灾害地区。

4）堆弃渣场不得影响河道正常行洪、航运，不得抬高下游水位，渣料应避免水流冲蚀，避免引起水土流失。

5）弃渣场位置应与场内交通、渣料来源相适应。

6）弃渣场布置应在满足弃渣容量的基础上，尽量结合场地周边地形进行设计，以减少对当地群众生产、生活的影响。

7）复耕表土应在弃渣场的布置中单独规划出表层土的堆放场地，避免与开挖弃土混杂，以利于复耕使用。

（2）布置基本要求。弃渣场的布置应遵循如下基本要求。

1）根据地形地质条件、枢纽布置及施工总布置特点，渣场应就近分区合理布置并应减少施工干扰。

2）结合主体工程施工及总进度计划安排，充分利用开挖渣料，尽量减少工程弃渣量，降低工程造价。

3）渣场防护工程如拦渣坝、排水工程等工程措施，在设计时与植物措施相结合，确保渣场稳定。

4）根据渣场容量、堆渣高度、使用期限等选用适宜的工程防护措施，兼顾经济性和安全性。

5）弃渣场内无用弃渣与工程开挖料、覆盖层等需利用渣料应分开堆放，以利回采利用。

6）综合存放有需利用渣料的弃渣场地，充分考虑渣料的流向，尽量减少各工作面之间的施工干扰。

7）工程施工场地紧缺时，渣场兼作施工场地使用的应统筹安排尽早形成。

（3）挡渣堤。弃渣堆放于河岸时，应修建河岸拦渣堤。拦渣堤设计必须同时满足防洪和拦渣的要求，设计要点如下。

1）考虑防洪规划要求。弃渣场址选择的河段进行了防洪规划的，必须考虑规划中河段防洪治导线的位置，弃渣场必须在防洪治导线以外。弃渣场所在河段没有进行防洪规划的，在选址时必须联合水行政主管部门一起制定相应的防洪规划，采取防洪措施后再确定场址。

2）确定合理的埋深。如果河滩地较高，在不影响行洪条件下，弃渣可堆放在河滩地上。沿河设置挡渣堤，其基础埋深要大于河床的最大冲刷深度。

3）设计洪水位。测量拦渣堤所在河道最窄处的横断面，根据明渠均匀流公式反求10～20年最大洪水深，即可算出设计洪水位。

4）确定拦渣堤高度。应同时满足防洪及拦渣对堤顶高程的要求。防洪堤高以设计洪水计算确定，按拦渣堤要求确定堤高的步骤如下：根据项目在基建施工或生产运行中弃土、弃石、弃渣的具体情况，确定在规定时期内拦渣堤应承担的堆渣总量；由堆渣总量和堤防长度，计算堆渣高程，再加上预留的覆土厚度，即为堤顶高程。

5）确定堤后渣体堆筑方式。弃渣堆筑方式有两种：水平堆筑和斜坡堆筑。水平堆筑时，覆土后的弃渣表面与堤顶高程齐平或稍低。斜坡式堆筑，在堤后按一定坡度向上堆筑，边坡视渣体土石粒径而定。渣体每级堆筑高差不大于10m，渣体坡面上可植树种草，级间坡脚处设马道（宽1～1.5m）和排水沟。考虑边坡的稳定，当堆渣高差大于6～10m时，应设置马道，根据填筑土石料性质、边坡坡率结合施工道路情况按照6～20m高度设置一级马道，马道宽度一般为2～4m，有运输通行要求时可加宽到6～9m。

（4）堆存管理要求。弃渣场堆存管理必须做好分期弃渣，合理安排施工道路系统和排水规划。

1）弃渣分期规划。根据渣料来源时间分布、渣场规划功能要求、道路条件、渣场地质地形条件对弃渣场分期规划。

2）施工道路规划。根据不同填筑高程从主干道规划接入路口，在具备条件部位场内形成局部循环通道；对具有使用功能要求的渣场，在成型后需上下交通顺畅，为后期相关工作提供交通条件；具备使用功能要求的道路标准除满足弃渣堆放外，还需要满足使用功能标准。

3）排水系统规划。渣场须设临时排水系统，雨季施工时渣场内侧布置排水沟，集中引排到永久排水系统，汇入沟水。卸料面形成向外侧微倾的坡面以利排水。

（5）弃渣施工。弃渣施工包括内容为施工控制参数、施工技术要求、运行车辆管理和作业面管理等。

1）施工控制参数。施工控制参数包括成型边坡坡度、堆存分层厚度、马道宽度与设置高差、最终弃渣高度。

2）施工技术要求。按先挡后堆原则，以确保规范弃渣，防止土石料侵占河道或道路。采取分层卸料、分层防护的方案。卸料分层高度以坡面预留马道高程控制，卸料完成后使用推土机铺料，回填一层后，采用反铲削坡，然后跟进坡面护坡工作。

3）运行车辆管理。渣场来料料源复杂并需要分区堆放，各卸料区应明显识别。所有运输车辆须挂牌运输，标明所运土石料的类别、部位与卸料区域等信息加以明显区别，以便现场施工人员管理。

4）作业面管理。堆存面设专人指挥各部位卸料，确保车辆卸料到位及卸料安全。配备推土机及时平整堆积的土石料。堆存区施工管理人员加强与料源区的联系与沟通，及时掌握各施工区到填筑区的来料时间、强度、数量等信息，并根据这些作业信息部署和调整好渣场的管理与维护工作。

（6）弃渣场安全管理。弃渣施工区域存在发生泥石流、坍塌、滑坡、车辆运行交通事故等安全隐患，施工安全管理需要重点抓汛期、雨季施工，安全巡视检查和安全监测等工作。

1）汛期、雨季施工。汛期检查渣场沟内的排水系统，特别是上游的沟水排水系统、渣场排水系统、渣场四周山坡坡脚部位等，对雨季堆积的崩塌落石、冲积泥石流及时派反铲、汽车清理后复工。对渣场、沟水系统定期检查发现障碍物，及时清理，避免因排水不畅而发生泥石流。

汛期渣场上不得布置人员居住和设备停放场地，闲置设备及时撤出渣场，减免泥石流灾害的损失。根据工程区实际情况，雨季石料开采、填筑存在停工的可能性，特别是在大暴雨，汛期建立现场值班制度，派安全人员24h对渣场进行安全巡查，并加强雨季渣场堆渣边坡的变形监测。

在雨季施工过程中，由于渣场和料场关系复杂和所处部位地形复杂，施工过程中会出现边坡坍塌、泥石流等意外事故，一旦出现意外，根据情况启动分级应急响应机制，积极投入险情处理。

2）安全巡视检查。渣场堆存高度增大后，须随时检查堆渣体的稳定情况，一旦发现深陷、裂缝等现象，要及时撤离人员与设备，采取补救措施，防止因坍塌引发安全事故。

3）安全监测。为保证施工期间安全，根据需要布置施工期临时安全监测系统进行弃渣体变形监测。根据情况可在马道上设置沉降与水平位移观测点进行变形监测。

6.3 工程实例

6.3.1 瀑布沟砾石土带式运输

瀑布沟工程黑马料场开采的砾石毛料须经筛分处理，将成品砾石土料运往成品堆料场，皮带运距约 5.3km，公路运距约 15km。黑马料场与堆料场高差达 660m，料场输送最大生产能力为 1000t/h（月最大填筑强度为 18 万 m³，平均为 10.8 万 m³）。根据经济性比较，瀑布沟工程成品砾石土料运输选择为胶带机输送，优点是筛分系统布置紧凑，胶带机全部沿荒山布置，穿越可耕地少，对民宅干扰少；并且皮带机架空高度较小，可靠性、安全性较高，维护方便。

（1）砾石土料加工及输送工艺。瀑布沟工程黑马料场砾石土料加工及输送工艺：20t 自卸汽车运输→筛分系统筛去超径石（Ⅰ区砾石土筛去大于 80mm 大料，零区筛去大于 60mm 大料）→振动筛出料口→胶带机 P1→胶带机 P2→下行胶带机 P3 输送至黑马隧洞口→4km 隧洞胶带机→中转接料斗→胶带机 C1→胶带机 C2→中转料场胶带机 C3→堆料机→堆料场。

（2）胶带机输送系统设计。砾石土胶带机输送系统总共由 7 条中长型胶带机及堆料机组成。

1）胶带机系统设计技术参数。生产率为 $q = 1000t/h$；带宽为 $b = 1000mm$ 或 1200mm；带速为隧洞长胶带机 $v = 4m/s$，其余胶带机带速 $v = 3.15m/s$；输送物料为砾石土，粒度 $0 \sim 80mm$；松散密度为 $1.7t/m³$；运行时间按照 12h/d；运行输送距离 $s = 5.3km$。

砾石土胶带机输送系统中 P1、C1、C2 为上行胶带机，P2、P3、隧洞长胶带机为下行胶带机。最大上行角度为 9°，最大下行角度为 −13°。

2）设计计算参数。水平或上运行阻力系数 0.025，下运行阻力系数 0.012；上托辊间距 1200mm，下托辊间距 3000mm；系统的启制动加减速度不大于 $0.1m/s²$；胶带安全系数大于 6。

3）安全制动系统。每条胶带机均配置制动器，同时对于上运行 P2 胶带机安装了逆止器，每条胶带均设有清扫器，配置液压自动拉紧装置。

4）堆料系统。选用旋臂式堆料机作为中转料场的堆料设备。

5）电器系统。砾石土筛分输送电气系统设有一套完整的对筛分系统、胶带机控制系统。采用 PLC 模块集中控制和全程视频监控管理。

（3）输送系统技术特点与难点。输送系统技术特点：输送速度快，选用了混合型带速；全程前倾托辊；拉紧装置自动化高；加密双向拉线开关；液压调速盘式制动器；胶带安全系数高。

输送系统技术难点：跑偏控制技术；安全运行控制技术；经济运行控制技术。

6.3.2 长河坝工程缆式吊车运输

长河坝水电站大坝为砾石土心墙堆石坝，最大坝高 240.0m，坝顶长度 502.85m，大坝填筑方量达 2763.87 万 m³。长河坝水电站两岸边坡高、地形陡，边坡开挖施工现场临时设施与施工道路布置困难，施工材料运输存在水平运输、垂直运输和人工运输等多种方式。施工中材料主要运输方案选择，通过机械便道运输到施工区域附近，再通过 10t 左右岸跨河缆索转运到工作面内固定卸料点。

（1）系统设计。缆式吊车系统承重索跨度 570m，左岸锚固点高程为 1770.00m，右岸锚固点高程为 1745.00m，缆索提升高度为 250～300m，设计提升总重 10t。缆索吊承重索采用无支架缆索，缆索两端锚固在两岸岩体上，吊装系统主要包括：索道主缆索、起重索、牵引索、主缆索跑车及下挂结构、设置在两岸的缆索转向系统及卷扬机。

缆索吊装系统包括：由承重索、牵引索、起重索、主缆索跑车、吊钩、缆索地面转向系统构成的主缆索体系；由两岸承重索锚固系统、地面转向系统地锚、卷扬机地锚及基础构成的锚固和基础体系。

长河坝工程缆索吊主要参数见表 6-7。

表 6-7 长河坝工程缆索吊主要参数列表

序号	类别	参数	备 注
1	单组额定净起重量	100kN	共两组天线，一辆跑车，跑车额定起重 100kN（含吊具）
2	起升高度	250m	河道至左岸公路高差
3	单机起升速度	35m/min	—
4	单机牵引速度	30m/min	—
5	承载索规格	$2\phi48$	$f_{max}=28.5\text{m}$，$f/L=1/20$
	起重（牵引）卷扬机及起重索		
6	卷扬机型号	2JGL10 电控快速	
	电机型式、功率	132kW	
	容绳量	700m	
	卷扬机台数	1（双筒）	
	起重索钢丝绳规格	$1\phi22$	
	牵引索钢丝绳规格	$1\phi20$	
7	跑车重量	4t（单组）	走行小车、上下挂、牵引滑车组

（2）系统施工。承重索地锚采用 50t 预应力锚索入弱风化岩层 15m 左右，锚固段长度 10m，预应力锚索总长度为 30m。每个锚固点设两根预应力锚索，锚头之间采用 $\phi299\text{mm}\times16\text{mm}$ 连接成锚梁，承重索直接固定在锚梁上，并在锚梁下设转向滑轮组，供牵引绳和起重绳导向之用。在锚固点下设转向装置锚固平台，平台上采用锚杆将转向装置预埋件固定。采用 2JGL10 型电控快速卷扬机，卷扬机布置在锚固点下游，采用锚杆将卷扬机基础与基岩连接。

6.3.3 小湾工程溜井

小湾左岸孔雀沟人工砂石加工系统主要生产大坝混凝土所需成品砂石骨料，系统处理能力 2050t/h，成品生产能力 1750t/h。生产料源从临近加工系统的孔雀沟石料场开采，部分利用工程可用开挖渣料。孔雀沟石料场为相对独立的山脊，其地理位置离左砂加工系统直线距离约 700m，揭顶高程 1700.00m，终采高程 1240.00m，有用料储量 951 万 m^3，剥离量约 540 万 m^3。石料场存在采区面积小、开采高差大、开采道路布置困难等特点。

由于大坝混凝土最大月浇筑强度达 23 万 m^3，有用料开采运输月强度达 25 万 m^3，加上无用料剥离，开挖强度月最高达到 45 万 m^3，其开采运输强度较高。考虑沿山体分层布置运输道路难以满足工程需要，为确保料源的开采和运输强度满足工程需要并降低安全隐患，借鉴了国内外矿山溜矿竖井和德沃夏克水电站、二滩水电站使用溜渣竖井的成功经验，经研究并综合比选，确定在料场中心部位采用溜渣竖井溜渣，将料源由常规的公路水平运输变为垂直运输。结合开采规划，有用料开采按12m梯段分层进行，运输方式通过在料场中心部位高程1512.00m对称布置2个直径6m深194m的溜渣竖井，经溜渣竖井直接进入竖井底部粗碎车间破碎，破碎后的产品由底部胶带机运输至砂石系统半成品料仓，单个竖井运输渣料能力为1600t/h；料场剥离主要采用翻渣措施至高程1360.00m拦渣平台并经高线公路转运至孔雀沟渣场。

小湾水电站孔雀沟石料场应用溜渣竖井方案具有可靠性、安全性和经济性，为狭小、陡峻的料场开采运输提供了实践经验，同时利于减少征地面积、植被保护和水土保持。但采用溜渣竖井方案，工作环境相对较差，应考虑具体可行的通风除尘设施，并防止堵井。

6.3.4　长河坝工程高塑性黏土中转堆存

长河坝水电站心墙堆石坝高塑性黏土填筑总量为22.1万 m³，由泸定电站海子坪土料场供应。受泸定水电站的蓄水淹没、移民迁址等影响，需将大坝所用高塑性黏土料一次性全部从泸定运至长河坝水电站附近的野坝备料场进行备存。

经土料备存系数测定及土料实际备存干密度测算，充分考虑各个施工环节可能的损耗且参照国内类似水电站已有的统计资料，最终确定从野坝备存场至上坝施工损耗量按21%考虑，高塑性黏土最终备存量为33万 m³。

工程实践表明：在施工过程中通过重量核算上坝过程中净损失为16%（备料面运输计量到坝面完成压实成品计量），其他损失考虑3%～5%考虑，则原规划施工损耗量21%较为合理。

高塑性黏土备存场选在野坝村原 S211 公路与改线公路之间的空地，备存场面积为36674m²。备存场地面做成单向2%的坡度，坡度由上游向下游方向放坡。沿备存场周边根据实际地形设置排水沟；在备存场临原 S211 侧设置浆砌石（M7.5）挡墙，挡墙高1.0m、宽0.5m。回填后将场地表面整平并碾压后即可进行黏土堆放。

根据实测备存场的面积，结合需备存总量要求，备存场堆料高度约12～15m，需超出原地面高3～4m。土料堆放需沿公路边坡满堆，超出路面部分备存时按"土牛"状堆存。

备存场地具备堆存条件后，测出黏土堆存的范围，采用后退法进行分层堆料，分层厚度3m左右，每层堆满后，由推土机进行平整，局部施工可由装载机辅助平料。

备料堆存完成后进行表面防护及地表水引排。备存场场地采用石渣回填平整；备存场地面做成单向2%的坡度，以利排水，且高出四周50cm以上；沿备存场周边根据地形情况设置排水沟，排水趋势整体为向下游方向，最后集中引排至下游侧过路涵管，保证排水顺畅。排水沟内部净尺寸为40cm×40cm的正方形，采用30cm厚的浆砌石（M7.5）砌筑。汛期来临之前清理排水沟中的杂物，确保排水沟畅通。

因备存时间超过五年，为确保土料质量，在边坡和黏土表面铺设复合土工膜，进行全封闭覆盖保护，以防止土料污染和含水率变化。土工膜规格：200g/0.2mm/200g，土工膜间采用热合焊接连接，顶部用预制混凝土块压重，防止大风掀翻土工膜。

土料备料场设值班室派专人看守，并在土料周围的浆砌石墙上加设绿色隔离网，将围栏和土工膜一起用膨胀螺栓固定在土料周围的挡墙上。使用过程中，土料表面的土工膜随用随取，当天用完后及时覆盖，以免渗入雨水影响土料的含水率。

2011 年 4—8 月进行土料备存，2013 年 1 月碾压试验时检验含水率。实测上部 20cm 为 18%，20～350cm 含水率平均值为 24%～28%，接近最优含水率，最下部 3m 含水率平均值为 30%～31%，比备存时略高。

7 土石方填筑

7.1 填筑材料的分类及性质

7.1.1 填筑材料分类

填筑材料为天然或者加工的土石混合料，按照工程定义统一为广义的土料。国内在土分类方面，将土分为一般土和特殊土，根据不同粒组相对含量将一般土划分为巨粒土、含巨粒土、粗粒土、细粒土及特殊土等。

美国陆军工程师兵团、垦务局及材料试验学会将粒径大于 0.075mm、颗粒含量大于 50% 称为粗粒土，美国公路工作者协会把粒径在 0.075～2.000mm 之间、颗粒含量大于 50% 的土称为粗粒土；日本土质工程学会定义粗粒料为块石、碎石（或卵砾石）、石屑、石粉等粗颗粒组成的无黏性混合料，或含有大量粗颗粒的混合土。

7.1.2 填筑材料性质

不同类别的工程，对填筑材料的物理和力学性质的研究重点和深度都各自不同。除填筑材料的粒径级配外，其各个组成部分（固相、液相、气相）之间的比例，将影响到土的物理性质，如单位体积重、含水量、孔隙比、饱和度和孔隙度等。

黏性土的状态分为坚硬、可塑和流动三种，塑性指数反映了土的可塑状态的范围。液性指数反映天然黏性土的状态，等于天然含水量和塑性界限的差值与其塑性指数的比值，小于 0 时土处于坚硬状态；大于 1 为流动状态；0 与 1 之间为可塑状态。

砂土的密实状态是决定砂土力学性质的重要因素之一，用相对密度表示。相对密度数值等于 1 时，最密实；等于 0 时，最松散。

（1）压缩和固结性质。填筑材料在荷载作用下其体积将发生压缩，测定填筑材料的压缩特性可分析工程建筑物的地基沉降和变形。饱和黏土的压缩时间取决于土中孔隙水排出的快慢。逐渐完成土压缩的过程，即土中孔隙水受压而排出土体之外，同时导致孔隙压力消失的过程称土的固结或渗压。

某些黏土中超静孔隙水压力完全消失后，土还可能继续压缩，称次固结。产生次固结的原因一般认为是土的结构变形。反映土固结快慢的指标是固结系数，土层的水平向固结系数和垂直方向的不一定相同。土的压缩量还和它的应力历史有关。土层在其堆积历史上曾受过的最大有效固结压力称先期固结压力。它与现今作用的有效覆盖压力相同时，土层为正常固结土；若先期固结压力大于现今的覆盖压力，则为超固结土；反之则为欠固结土。对于超固结土，外加荷载小于其先期固结压力时，土层的压缩很微小，外加荷载一旦超过先期固结压力，土的变形将显著增大。

（2）填筑材料的强度性质。强度性质通常指土体抵抗剪切破坏的能力，与填筑材料的类型、密度、含水量和受力条件等因素有关。饱和砂或干砂或砂砾的强度表现为颗粒接触面上的摩阻力，它与作用在接触面上的法向有效应力 σ 和砂的内摩擦角有关。纯黏性土的不排水抗剪强度仅表现为内聚力，而与法向应力无关。一般土则既有内聚力又有摩阻力。

饱和土中孔隙为水充满，受外加荷载作用时，控制土体强度的不是其所受的总应力 σ，而是有效应力 σ'（即总应力与孔隙压力 μ 之差）。因而强度试验的条件不同，所得的强度指标亦不同。试验时，不允许土样排水所得到的是土的总强度指标；如允许完全排水则得到的是土的有效强度指标。理论上用有效应力和有效强度指标进行工程计算较为合适，但正确判别实际工程土体中的孔隙水压水较困难，因而目前生产上仍多用总强度原理和总强度指标。

（3）填筑材料的流变性质。填筑材料的流变特性主要表现为：常荷载下变形随时间而逐渐增长的蠕变特性；应变一定时，应力随时间而逐渐减小的应力松弛现象；强度随时间而逐渐降低的现象，即长期强度问题。

作用在填筑材料上的荷载超过某一限值时，土体的变形速率将从等速转变至加速而导致蠕变破坏，作用应力越大，变形速率越大，达到破坏的时间越短。通过试验可确定变形速率与达到破坏时间的经验关系，并用以预估滑坡的破坏时间。产生蠕变破坏的限界荷载小于常规试验时填筑材料的破坏强度。从长期稳定性要求，采用的填筑材料强度应小于室内试验值。填筑材料强度随时间而降低的原因，不只限于蠕变的影响。填筑材料的蠕变变形因修建挡土墙或其他建筑物而被阻止时，作用在建筑物上的土压力就随时间逐渐增大。

（4）填筑材料的压实性质。通过人工压实可提高填筑材料强度、降低压缩性和渗透性。填筑材料的压实程度与压实功能、压实方法和含水量有关。压实功能不增大而仅增加压实次数或碾压次数所能提高填筑材料的压实度有一定限度，超过该限度再增加压实或碾压次数则无效果。压实的方法也影响压实效果，研究填筑材料的压实性能，可选择最合适的压实机具。为改善填筑材料的压实性能，可铺撒少量添加剂。中国古代已盛行掺加生石灰来改善土的压实性能。此外，人工控制填料的级配，也可达到改善压实性能的目的。

（5）填筑材料的应力-应变关系。填筑材料的变形和强度是土的最重要的工程性质。正常固结黏土和松砂的剪应力和轴向应变的曲线呈双曲线型，在整个剪切过程中，填筑材料的体积发生收缩，这类填筑材料具有应变硬化的特性。超固结黏土和密实砂的应力-应变曲线则有峰值，其后应变再增大时，则填筑材料的强度下降，最后达稳定值。剪切过程中，土的体积先有轻微压缩，随后即不断膨胀，这类填筑材料具有应变软化的特征。

（6）填筑材料的动力性质。填筑材料在岩爆、基础振动。地震等动力作用下的变形和强度特性与静荷载下有明显不同。填筑材料的动力性质主要指模量、阻尼、振动压密、动强度等，它与应变幅度的大小有关。应变幅度增大（<10），填筑材料的动剪切模量减小，而阻尼比例则增大。填筑材料的动模量和阻尼是动力机器基础和抗震设计的重要参数，可在室内或现场测试。饱和砂土液化的主要机理是土的有效强度在动荷载作用下瞬时消失，导致土体结构失稳。一般松的粉细砂最容易发生液化，但砂的结构和地层的应力历史也有一定的影响。具有内聚力的黏性土一般不发生液化现象。

（7）特殊填筑材料的工程性质。特殊填筑材料包括黄土、软土、膨胀土、多年冻土、盐渍土、红黏土等。

1）黄土的工程性质。一般分为新黄土和老黄土两大类，其性质也有显著差异。新黄土一般较为疏松、湿陷性强、颜色较浅；老黄土相对较密实、一般不具有湿陷性、黏粒含量高一些，颜色带红色。

2）软土的工程性质。软土的孔隙比一般大于1.0，天然含水量常高出其液限，不排水抗剪强度很低，压缩性很高，因而常需加固处理。最简单的方法是预压加固法。软土强度的增加有赖于孔隙压力的消失，因而在地基中设置砂井以加快软土中水的排出，这是最常用的加固方法之一。预压加固过程中通过观测地基中孔隙水压力的消失来控制加压，这是保证施工安全和效率的有效方法。此外，也可用碎石桩和生石灰桩等加固软土地基。

3）膨胀土的工程性质。黏土中的黏土矿物（主要是蒙脱石），当遇水或失水时，将发生膨胀或收缩，引起整个土体的大量胀缩变形，给建筑物带来损害。

4）多年冻土的工程性质。高纬度或高海拔地区，气温寒冷，土中水分全年处于冻结状态且延续三年以上不融化冻土称多年冻土。冻土地带表层土随季节气温变化有冻融交替的变化，季节冻融层的下限即为多年冻土的上限，上限的变化对建筑物的变形和稳定有重大影响。

5）盐渍土的工程性质。盐渍土的定义是盐土或碱土以及不同程度盐化、碱化的土壤的统称，是含盐量超过一定数量的土，土的含盐量以盐占干土质量的百分数表示。我国一般岩土工程中盐渍土的界限含盐量标准是0.5%，在交通系统中，界限为易溶盐含量超过0.3%的土壤。盐渍土主要特点是组成成分中含有盐、具有盐胀性、溶陷性、腐蚀性和吸湿性。盐渍土病害主要有盐胀、溶陷、翻浆和腐蚀等。

6）红黏土的工程性质。热带和亚热带温湿气候条件下由石灰岩、白云石、玄武岩等类岩石风化形成的残积黏性土。黏土矿物主要是高岭石，其活动性低。中国红黏土的特点一般是天然含水量高、孔隙比大，液限和塑性指数高，但抗水性强，压缩性较低，抗剪强度也较高，可用作土坝填料。

7.2 填筑规划

7.2.1 填筑料加工

填筑料加工规划包括土料、反滤料、垫层料、过渡料的加工规划。

（1）土料的加工。土料的加工包括含水量、级配的调整。含水量调整包括降低、提高土料含水量，降低土料含水量的方法有挖装运卸过程中的自然蒸发、翻晒、掺料等，提高土料含水量的方法有料场加工、料堆加水及在开挖、装料、运输过程中加水等。

级配调整包括掺合、超径料处理。掺合应优先选用水平互层铺料、立采掺拌混合的工艺；剔除超径粒级可采用振动筛或简易条筛筛除。

（2）反滤料、垫层料的加工。反滤料、垫层料的加工包括破碎筛分、掺合的方法。

采用爆破开采石料为原料生产反滤、垫层料主要方法为破碎筛分生产，掺配生产工艺过程有给料口开度控制法和精确皮带秤控制法。开度控制法是通过调整给料口的开度来调整生产料级配的传统方法，精确皮带秤控制法通过皮带秤进行精确计量方法。

反滤料、垫层料的掺合方法是利用骨料直接生产反滤料、垫层料的方法，一般采用水平互层铺料、立采掺拌混合的工艺。

（3）过渡料的加工。过渡料的加工一般采用爆破直采法生产和简易筛分剔除法生产。当无天然砂石料，同时粗粒径较大的过渡料可用爆破直采技术开采加工，其成品率一般在60％左右；当有天然砂石料时，可通过简易筛除超径和冲洗细料、泥的生产工艺进行加工生产。

7.2.2　填筑面内施工道路

填筑面施工道路应根据填筑料源的特点进行布置，宜在砂、石料上采用斜坡道作为填筑面内施工道路。土石坝填筑面内施工道路如需要跨越心墙、跨趾墙进行施工道路布置时，需采用专项技术措施。

7.2.2.1　作业面道路

填筑作业面内施工道路应结合分期填筑规划统一布置，在平面与立面上协调好不同高程的道路连接，使作业面内临时道路的形成与覆盖（或消除）满足填筑要求。

（1）布置。填筑作业面内施工道路须与作业面外道路形成统一的道路运输体系，应采用环形线路，减少平面交叉，交叉路口、急弯、陡坡处应设置安全装置。

作业面施工道路单车环形线路比往复双车线路行车效率高、更安全，应尽可能采用单车环形线路。一般在填筑面内干线多用复双车线路，尽量做到会车不减速，填筑卸料区多用单车环形线路。

填筑面内穿越防渗体系的施工道路应避免重型车辆频繁穿越，以免破坏填土层面。如上坝道路布置困难，而运输坝料的车辆必须通过防渗体，应调整防渗体填土工艺，在防渗体填筑布置临时道路，临时道路需要按填筑质量标准进行相应处理。

当填筑区局部根据需要先期升高，根据填筑的需要可在砂、石料区无施工限制区域内设置临时道路，其布置为"之"字形，道路随着填筑体升高而逐步延伸，连接不同高程，临时路的纵坡一般较陡，为10％左右，局部可达12％～15％。填筑区内布置的临时施工道路需要按填筑质量标准进行相应处理。

当场外地形陡峻，地质条件较差，修路困难，可在填筑区内上游面、下游面布置临时或永久性的施工道路。临时施工道路在填筑完成后消除。

（2）临时道路处理。临时道路处理包括防渗体内的临时施工道路、石料区内的临时施工道路游坡面。

1）防渗体内的临时施工道路。当设计运行且汽车必须穿越心墙时，可采用铺设垫层土石料、钢板的方法，填土前临时道路部分应清除经验收后填土。

2）石料区内的临时施工道路处理。在铺料前需对已填筑界面及临时斜坡道路面进行处理。填筑体坡面临时施工道路接缝处理见图7-1，填筑体坡面临时施工道路碾压见图7-2。

先采用挖掘机将"之"字路内侧边坡松散料的挖除，分散堆放在斜坡道路面上备用。"之"字路外侧增填道路部分采用回采与"之"字路内侧边坡挖除的松散料混合后，再由反铲挖掘机人工配合整平。

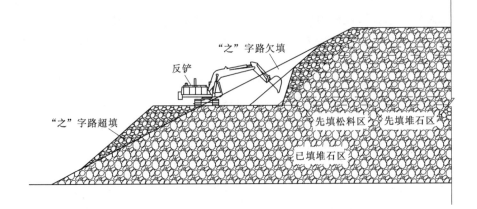

图 7-1　填筑体坡面临时施工道路接缝处理图

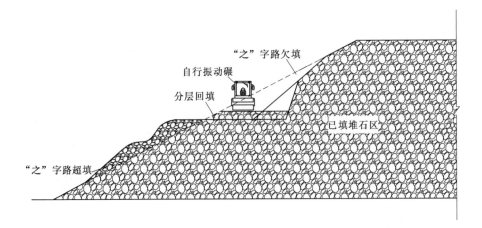

图 7-2　填筑体坡面临时施工道路碾压图

　　填筑过程中，实时控制每层填筑料摊铺厚度。碾压设备靠近边缘处碾压，仍碾压不到之处用手扶式小型振动碾或液压平板夯加强碾压。

7.2.2.2　跨心墙技术

　　根据心墙填筑材料的不同，跨心墙技术可分为跨土工膜心墙技术和跨土心墙技术，两者不同之处在于不同心墙材料导致心墙宽度的差异而带来的跨越措施的不同，共同之处在于跨心墙施工道路所采用的技术措施必须保护心墙不受到破坏。

　　（1）跨土心墙技术。心墙砂砾石坝坝体上游区填料运输，汽车必须穿越心墙时可采用土石垫层、钢板和减压板三种或者其组合方法。

　　1）土石垫层跨心墙。采用分两区平起填筑，在分段处底层铺垫一层低含水量土料，并压成光面，上铺厚80～100cm的砂砾石或石渣料，形成宽10～12m跨心墙道路。跨心墙道路一般随坝体填筑的升高，靠近左右坝肩交换布置，并和上下游道路衔接顺畅。一般心墙黏土和坝壳砂卵石填筑升高5～10m，穿越心墙道路交换设置一次。

　　2）钢板跨心墙。事先将过心墙道路部位垫高两层，高约70cm，再在上面铺设20mm

厚钢板，防止车辆直接在仓面上碾压。每一填筑层上的施工道路用完后，用汽车吊移走钢板，对发生剪切破坏和光面的部位予以挖除，再分层回填碾压。

但是大型钢板移位困难，坝面需要有汽车吊协助作业；需要钢材量较大，若铺筑一条双车道的过心墙道路，就需要厚20mm的钢板40t多（路宽6m、长40m的情况下；若路再长，所需钢板就会更多）；钢板上要焊移位起吊吊耳，不利于行车。

3）减压板跨心墙。长河坝工程采用减压板跨心墙技术措施，在跨心墙运输道路位置布置减压板，板中间用"箱体连接键＋限位环"连接。每块减压板的宽度4.0m，长度3.488m，高度0.198m，减压板由顶板（1.0cm厚钢板）和底板（0.8cm厚钢板）焊接而成。

（2）跨土工膜心墙技术。根据国内不同工程实践，跨土工膜心墙技术措施可采用钢板桥、简易钢栈桥等方法。

1）钢板桥。土工膜心墙宽度较小，当工程规模不大，运输强度不高，使用中小型运输车辆运输时可采用钢板桥措施。即在土工膜部位形成凹槽，将土工膜放在凹槽内，在其上铺设钢板，车辆通过钢板形成的桥跨越心墙。

长河坝工程围堰为复合土工膜心墙坝施工前期采用厚25mm钢板，宽4.0m、长4.0m的跨心墙钢板桥作为连接堰体上下游交通设施，由于工程施工强度大、车辆吨位重、跨越频次高，钢板变形大为保证复合土工膜心墙不损伤后改为钢栈桥。

2）简易钢栈桥。简易钢栈桥是高强度施工条件下跨复合土工膜心墙技术措施，通过长河坝工程实践应用表明，该技术措施可靠、经济、实用。

长河坝复合土工膜心墙土石围堰全部填料均来自下游，堰体填筑施工道路需跨越各区堰料，对土工膜心墙关键部位应采取保护措施，防止土工膜压坏。在研究跨心墙技术措施时对比了压砂袋、钢板桥、简易钢栈桥三种跨措施，并进行了钢板桥、简易钢栈桥的对比试验分析，确定了满足填筑施工强度要求条件下的设备通行及保护土工膜的跨越措施——简易钢栈桥。

简易钢栈桥宽4.0m、长4.0m，共加工3座，2座使用，1座备用。单座简易钢栈桥由两榀组成，每榀宽2.0m、长4.0m。堰体填筑施工过程中，心墙部位架设2座，即重车与空车分别设置，以满足堰体填筑料运输的通车要求，以及土工膜焊接施工时的交叉使用。简易钢栈桥采用摊铺垫层料的小型挖掘机吊装。

跨心墙简易钢栈桥吊装频次要求，主要应考虑土工膜焊接施工及心墙施工因素，一般按照每填筑2层（单层厚50cm），吊装一次简易钢桥较为合理。简易钢栈桥跨土工膜心墙结构见图7-3。

7.2.2.3 跨趾墙技术

在面板堆石坝施工中，运输线路难免跨越趾板和垫层区。面板坝施工规范要求，当运输道路跨越趾板及垫层区时，应有可靠措施确保趾板及垫层质量不受影响。工程实践证明，在采取活动钢栈桥、垫石渣等技术措施后，施工道路线路跨越趾墙和垫层是可行的。

（1）钢栈桥。路桥线型的平面布置和桥梁选型是活动钢栈桥跨趾板的核心环节。

为了满足坝体不同高程部位的填筑需要，沿大坝左右岸坡平均每20m高度，要布置

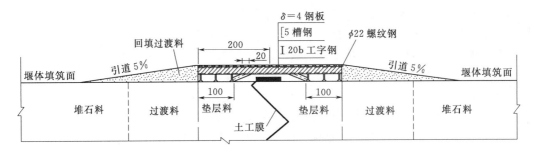

图 7-3　简易钢栈桥跨土工膜心墙结构示意图（单位：cm）

一座趾板桥，在坝外与施工支线路相接，在坝内与填筑体相连；要充分考虑桥梁使用期对填筑体结构的影响，并减少使用后的拆除处理工作量，此外还要分析相邻高程部位的桥梁施工干扰。

桥梁选型首先是根据现场地形条件确定桥梁安装施工的可能性；然后是要满足上坝料填筑的高强度、大吨位的运输需要，满足平面布置确定的大跨度要求；最后，从经济合理的角度，在桥梁选型时要考虑便于拆装，能周转使用。

一般采用贝雷钢栈桥跨趾板，桥墩台为钢筋混凝土结构，桥身及墩身采用钢结构组装成型。

（2）钢筋笼石渣回填。当地形条件许可，采用钢筋笼石渣回填临时便道措施保护趾板并通过便道连接填筑体内部与外部。钢筋笼及石渣修筑跨趾板道路技术措施主要分为趾板混凝土面以下、趾板混凝土面以上、基础面与止水保护三个方面。

跨趾板混凝土面以下的部分，采用石渣回填时，回填料的坡比可按 1∶1.5 左右控制，为了减小石渣对趾板的占压，在趾板平段在适当高程浇筑高 55cm、长 2.0m 的混凝土平台，混凝土标号与趾板相同，以便设置钢筋笼护坡，钢筋笼可设置钢筋预埋在回填的石渣内，增加钢筋笼的稳定，回填至跨趾板面高程时，应确保路面宽度。

跨趾板混凝土面以上的部分，随坝体填筑的上升修筑，道路两侧码放钢筋笼，钢筋笼的坡比为 1∶0.5 左右，钢筋笼之间采用钢筋对拉，钢筋笼中间填筑石渣。钢筋笼跨趾板施工道路修筑过程中，为了不对趾板已浇筑完成的混凝土产生破坏，可先在趾板上铺 50cm 厚的砂土，然后码放钢筋笼且回填石渣，为了便于砂土拆除，将砂土装在编织袋内；另外，为了确保已安装好的周边缝 F 形铜止水在回填石渣时不被破坏，在回填石渣前，先将采用钢板制作的 F 形铜止水保护罩安装完成，并在保护罩的底部和顶部利用编织袋装土回填密实。

7.2.3　填筑分期

填筑分期规划应遵循以下原则。

（1）应分析工程所在地区降雨、气温、蒸发、霜冻、积雪等各种气象要素的长期观测资料，统计各种气象要素不同量级出现天数，确定对各种坝料的影响程度。

（2）分期填筑时，应平起填筑、均衡上升。当采用临时填筑断面度汛时，其顶宽应满足机械设备作业要求，临时填筑断面填筑区与其他填筑区高差应满足相应规范要求。

（3）防渗体应与其上下游反滤料及部分坝壳料平起填筑。

（4）垫层料应与过渡料和部分主堆石料平起填筑，均衡上升；当反滤料或垫层料填筑滞后于坝壳料时，应预留施工场地。

（5）同一期填筑面宜按主要工序数目划分为若干个面积大致相等的填筑区段。

（6）运输车辆不宜穿越心墙、斜墙和趾板；若需穿越时应提出专门的施工措施。

7.2.4 填筑面作业规划

填筑作业面规划指作业面的流水作业规划，目的是提高工序作业效率。

（1）流水作业内容。填筑面作业包括铺料、碾压、取样检查三道主要工序，各工序应按流水作业法连续进行。填筑施工存在多料种、多工序共同作业，施工作业集中，彼此关系密切，应协调相互间的关系。填筑面作业应统一管理，合理安排，分段流水作业，填筑面应层次分明，作业面平整，均衡上升，减少接缝，减少坝体不均匀沉降。

填筑面流水作业包括流水作业组织方式、流水作业段设计、流水作业段的划分。

（2）流水作业组织方式。施工时，各个填筑坝料分区内按作业单元形式进行设备配置，作业单元内按作业流水段形式进行流水作业施工。各个填筑分区作业按照工序进行循环作业，坝面填筑施工作业可分为放线、卸料，铺料、平料，碾压，检测、评定四个工序。从资源配置角度分类，填筑四个工序可以分为铺料（含卸料、平料）、碾压、检测（含评定）三个流水作业段。

（3）流水作业段设计。填筑面内各个施工单元独立施工，单元内工序作业流程分铺料流水作业段（含卸料、铺料、平料工序）、碾压流水作业段、检测验收流水作业段（含现场取样、质量评定、质量验收工序），三个作业流水段循环施工。填筑时各作业流水段之间紧密衔接，确保层次清楚，避免施工干扰。

铺料流水作业段是按指定区域、铺土厚度等完成填筑料的放线、卸料、铺料、平料等工序，为下一步碾压工作做好准备，主要设备配套为汽车、推土机、平地机等。碾压流水作业段主要利用压实设备将填筑料碾压到满足设计要求，主要设备为压实机具。检测流水作业段是对压实的填筑料进行检测试验和质量评定，确定可进行下一道工序的依据，包含试验取样、检测、评定工序。

（4）流水作业段的划分。填筑工作面较大时，将填筑面依施工设备的品种、型号、数量、质量检测评定等综合条件划分成施工单元，施工单元内按照作业流水段进行施工作业，形成分段流水作业面。根据本工程的条件，堆石料区每个分段作业流水段面积一般控制在 3000～5000m² 左右，砾石心墙区一般控制在 2000～4000m² 左右，过渡料、反滤料单元依据心墙填筑单元设置、布置与作业程序进行划分。填筑作业流水段划分参考见表 7-1。

表 7-1　　　　　　　　　　　　填筑作业流水段划分参考表

工程项目	防渗土料	堆石料
糯扎渡工程	1000～2000m²	3000～5000m²
长河坝工程	4000～6000m²	15000～25000m²

7.3 填筑设备选型与配置

摊铺与压实设备是土石方填筑主要的施工设备，需要根据施工填筑材料的性质、施工强度、施工技术要求、作业条件等综合因素选择配置。

7.3.1 选型配置原则与方法

填筑设备的配置应结合设备配置原则进行分析，综合比选性能与技术指标，按照高效、经济原则确定设备型号、数量，科学合理进行设备选择配置。

（1）配置原则。填筑设备配置应综合考虑设计规定的质量控制标准、填筑材料性质、结构状态、施工强度与施工场面大小、坝面施工设备与坝料运输设备的效能匹配、坝面的作业条件、各工序间设备施工流水作业的配套等因素确定，同时也需要满足特殊部位、高寒地区与高海拔施工需要。

（2）配置方法。土石方填筑设备配置总体上按照初步选定，施工试验确定，先选定主导设备，再选定辅助设备的程序配置；同种设备按照先选型，后数量的原则配置。土石方填筑主导设备为振动碾、铺料设备，辅助设备为小型夯实机具、辅助摊铺的反铲等。

1）设备选型配置。黏性土料、砾质土及软弱风化土石混合料可用振动凸块碾压实；反滤料压实振动平碾适用于各种施工方法；气胎碾适用于土砂平起法施工；机械夯板适用于松土厚度较大的先土后砂法；平板振动夯适用于设计宽度小的土砂平起法施工；羊足碾和气胎碾适用于压实土；升钟坝曾使用过平板振动夯夯实砂，蛙式夯夯实0.8m宽的土。

坝壳料的压实振动碾适用于堆石、砂卵石、砂砾石和砾质土；气胎碾适用于砂、砂砾料、砂质土、黏性土料；尖齿碾仅适用于软弱风化石料。

2）设备数量配置。配置设备的生产效率必须满足施工强度的要求，施工强度是设备选择配置中的决定性因素，根据施工强度选择如何进行石方压实时，为了效率，可减少压实遍数，一般选择大吨位振动碾，因为振动碾吨位越大，有效压实厚度越大，碾压遍数可相应减少。

7.3.2 摊铺设备

摊铺设备可根据土石材料的不同进行选择，推土机和平地机是主流的摊铺设备，反铲、装载机可作为辅助铺料设备。大面积堆石料摊铺时，选择大功率推土机效率高；过渡料、反滤料、土料可使用装载机配合推土机铺料；细土料、反滤料、垫层料大面积时可使用平地机进行精确控制铺料。为控制关键性填筑材料如反滤料、垫层料用量和保证质量，可使用反铲配合控制边界和剔除超径避免粗料集中。

反滤料使用摊铺器可精确控制土石料摊铺边界，使用3D数字平地机可精确控制土石料摊铺平整度，这两者综合配套使用可保证摊铺施工质量和保证经济性。3D数字平地机是安装了数字控制系统平地机，施工精度能够达到10mm以内。

7.3.3 碾压设备

根据土料压实技术的不同，碾压设备可分不同类型。碾压设备的不同类型适应了土石方填筑压实技术的发展，满足了工程建设的需要。

（1）土石料压实技术。根据作用机理不同，压实方法可分为静压、振动碾压、强夯和冲碾压实等。

静力碾压式压实机械利用碾轮的重力作用，使被压层产生永久变形而密实。其碾轮分为光碾、羊足碾和轮胎碾等。光碾压路机压实的表面平整光滑，使用最广，适用于各种路面、垫层、飞机场道面和广场等工程的压实槽碾。羊足碾单位压力较大，压实层厚，适用于路基、堤坝的压实。轮胎碾的轮胎气压可调节，可增减压重，单位压力可变，压实过程有揉搓作用，使压实层均匀密实，且不伤路面，适用于道路、广场等垫层的压实。

振动式压实机械以机械激振力使材料颗粒在共振中重新排列而密实，其特点是振动频率高，对黏结性低的松散土石，如砂土、碎石等压实效果较好。振动碾一般压到 8 遍后沉降变化不大，振动压实技术在施工速度和压实密度上受到限制，振动碾压技术目前是坝体堆石碾压的常规技术，其施工速度和碾压堆石的密实度已基本到了一个极限。

在高土石坝施工技术的发展方面，近年来进行了速度更快、压实效果更好的压实技术和机械的探索与研究，冲击碾和 32t 自行式振动碾是新技术在水利水电工程中应用的代表。通过大量的试验与应用证明，在目前的水利水电施工中振动碾的优势仍不可能被其他压实机械代替，其仍是主流施工压实机械。土石方填筑工程应优选重型振动碾压设备，自身质量为 18～26t 的牵引式振动碾和总质量为 26t 的自行式振动碾得到较多应用，总质量为 32t 的自行式振动碾也开始应用。采用了大质量碾磙、激振力较高的振动碾及相关配套措施，压实孔隙率已普遍优于 20 世纪末期填筑标准。

洪家渡工程经现场碾压试验将冲击碾首选应用于次堆石，实践表明，冲击碾压实具有铺填厚度大、工作效率高等优点，土石坝填筑施工中有一定的应用前景。

冲击夯依靠机械的冲击力压实土壤。有利用二冲程内燃机原理工作的火力夯，利用离心力原理工作的蛙夯和利用连杆机构及弹簧工作的快速冲击夯等。其特点是夯实厚度较大，适用于狭小面积及基坑的夯实。

强夯靠夯锤从高处自由落体产生冲击力，从地表传入土中的压力波起压实作用。强夯击振力很大，可达 10000kN 以上。由于击振力太大，对周围约束要求高、效率低，主要用于机场、填海等领域。大坝上下游方向为临空面，无约束，强夯对块石的破碎作用也很厉害，故不宜采用。振动碾压靠高频振动使土体处于运动状态，土粒间阻力大大减少，在静重和压力波的动力作用下使土体得到压实。

（2）碾压设备选择。选择合适的压路机通常靠现场施工人员的经验和现有设备种类来确定，然而选择压路机不但要考虑被压实的材料和工作效率，还要考虑到搬运、摊铺工作以及施工现场的其他条件。

同一种土石料虽有几种压实机械可供选择，但其压实效率和经济效益是有差异的。含水量略低的黏性土防渗料，可用羊足碾压实；对含水量略高的，可用气胎碾压实；对黏性土料、砾质土及软弱风化土石混合料也可用振动凸块碾压实。糯扎渡、瀑布沟、石头河坝都使用振动凸块碾碾压心墙，国外常使用40～50t气胎碾，甚至90～100t气胎碾碾压心墙。

平、凸块振动碾目前国内使用的碾重约为10～32t，适用于黏性土料、砂质土及软弱风化土石混合料，压实功能大，厚度达30～40cm，一般碾压4～8遍可达设计要求，生产效率高。压实后表层有8～10cm的松土层，填土表面不需刨毛处理。凸块振动碾因其良好的压实性能，国内外已广泛采用，成为防渗土料的主要压实机具。

气胎碾国内目前使用的碾重为18～50t，国外已采用100t或更大的碾重。适用于黏性土、砂质土，以及含水量范围偏于上限的土料，铺层厚度较大（20～50cm），碾压遍数较少（6～15遍），生产效率高，适用于高强度施工。不会产生松土层，对雨季施工有利，但压实后填土层面需洒水湿润并刨毛处理。对偏湿土料有一定应用领域。

（3）压实设备分类。压实设备通常分为压路机（以滚轮压实）和夯实机（以平板压实）两大类。

1）压实设备分类。按施力原理不同，压路机又分为静碾压路机、轮胎压路机、振动压路机和冲击式压路机四大系列，夯实机有振动夯实机和打击夯实机。压实设备分类见表7-2。

表7-2 压 实 设 备 分 类 表

类别	系列	种类	主要结构型式	规格（总重量）/t
压路机	静碾压路机	三轮静碾压路机	偏转轮转向，铰接转向	10.0～25.0
		两轮静碾压路机	偏转轮转向，铰接转向	4.0～16.0
		拖式静碾压路机	拖式光轮，拖式羊脚轮	6.0～20.0
	轮胎压路机	自行式轮胎压路机	偏转轮转向，铰接转向	12.0～40.0
		拖式轮胎压路机	拖式，半拖式	12.5～100.0
	振动压路机	轮胎驱动单振动压路机	光轮振动，凸块轮振动	2.0～25.0
		串联式振动压路机	单轮振动，双轮振动	12.5～18.0
		组合式振动压路机	光面轮胎-光轮振动	6.0～12.0
		手扶式振动压路机	单轮振动，双轮振动	0.4～1.4
		拖式振动压路机	光轮振动，凸块轮振动	2.0～18.0
		斜坡式振动压路机	光拖式爬坡，自行爬坡	
		沟槽振动压路机	沉入式振动，伸入式振动	
	冲击式压路机	冲击式方滚压路机	拖式	
		振冲式多棱压路机	自行式	
夯实机	振动夯实机	振动平板夯实机	单向移动，双向移动	0.050～0.800
		振动冲击夯实机	电动机式，内燃机式	0.050～0.075
	打击夯实机	爆炸夯实机		
		蛙式夯实机		

2）压路机分类。压路机按工作质量大小可分为小型、轻型、中型、重型和超重型，拖式轮胎压路机按质量分类见表7-3、光轮压路机按质量分类见表7-4、振动压路机按质量分类见表7-5。

压路机系列	无配重/t	有配重/t	压实宽度/mm	轮胎型号
轻型	4	12.5	2200	12.00-20
中型	8	25.0	2400	14.00-20
重型	16	50.0	3100	18.00-28
超重型	25	100.0	3200	21.00-28

表 7-4   光轮压路机按质量分类表

压路机系列	质量/t	线荷载/(kN/m)	发动机功率/kW	应用范围
轻型	≤5	<40	≤20	压实人行道和修补黑色路面路，路基和路面的初步预压实
中型	6~10	40~60	20~38	路基和路面的中间压实以及简易路面的最终压实
重型	≥10	>60	≥38	砾石和碎石路基以及沥青路面混凝土的最终压实

表 7-5   振动压路机按质量分类表

压路机系列	质量/t	发动机功率/kW	适应范围
小型	<1	<10	狭窄地带和小型工程
轻型	1~4	12~34	修补工作，内槽填土等
中型	5~8	40~65	基层、低基层和面层的压实
重型	10~14	78~110	街道、公路、机场等的压实
超重型	16~25	120~188	筑堤、公路、土坝等的压实

（4）新型压实设备。近年来，应用土石方填筑工程的压实设备更新较快，其压实方式也从振动碾压向冲击碾压发展，新型压实设备代表主要有冲击碾和32t振动碾。

1）冲击碾。洪家渡工程施工时采用冲碾压实机具为租用南非的蓝派（LANDPAC）专利冲击压实机，冲击压实机的碾压主体为3~6边等边多边形的冲碾压实轮，它由一台轮式拖拉机牵引。现阶段我国在已有国产冲碾压实机具在公路、铁路、机场港口等行业广泛应用，已取得较为成熟经验。

A.土石料压实的有效深度。冲碾压实机的碾轮由一台轮式拖拉机以8~12km/h的速度沿地面拖拽，通过接触地面和交替地抬高碾轮再向下砸落压实表面。这种方式产生了一系列高冲击、高振动的撞击力，其振幅高达22cm，频率仅为2Hz。试验表明，冲击压实力在2000~4000kN之间变化，约为碾轮自重的17倍。有效压实深度1.5~2.5m，压实度在90%~105%之间。经冲碾压实的堆石体，其干密度可达到2.3~2.4t/m³（目前面板坝主堆石料设计干密度一般为2.1~2.19t/m³），冲碾压实时主堆石料的铺筑层厚可达1.6m（普通碾目前为80cm）。因此，使用冲碾压实机既可在0.80~1.00m铺层上直接碾压，又可在用常规振动碾分层铺筑厚度在1.20~1.60m之间增强补压，实现高效填方压实。

B. 行驶速度和施工效率。振动碾行驶速度 2～5km/h，碾压遍数 6～12 遍不等。冲击碾行驶速度 8～12km/h，碾压遍数 10～30 遍不等，每小时填方 1000m³ 以上。冲击碾是一种高效率解决高填方沉降稳定的方法。

C. 自检性。传统的振动碾完成，检测方法大都采用随机选点，以点代面。而冲击碾进行增强补压后，普遍下沉量 5～10cm，使堆石料的密实度和力学指标明显提高，这种覆盖式的检测方法是其他任何检测手段所不及的。

洪家渡工程在振动碾压平整之后的次堆石区采用冲碾压实技术。由于冲击碾的冲击力主要是靠行走速度来实现的，所以填筑单元长×宽应大于 30m×18m。洪家渡工程采用的单元长度 60～400m、宽度 40～180m。从提高效率出发，经试验填筑厚度取 160cm。按前进法铺料、推土机平场，振动碾碾压 6 遍后，冲击碾碾压 27 遍，干密度可满足设计要求。边角需要振动碾辅助碾压。由于主体密实度大，边角部分的楔形体体积很小，在坝轴方向一边受基础约束，另一边受碾压堆石主体的约束，其本身也比较密实，不可能有不利的变形产生，因此可将这一辅助工作量减到最小。

洪家渡工程面板坝次堆石区填筑料最大粒径 160cm，振动碾碾压后平均干密度为 2.144t/m³，而冲击碾碾压后平均干密度为 2.198t/m³，提高 0.054t/m³，不但在施工期有效地降低了堆石体的变形，而且对降低坝体运行期的变形效果也会更好。冲碾压实技术比振动碾压技术的冲击能量大，洪家渡面板坝次堆石区经冲碾压实后，堆石破碎情况并不严重，仅铺筑层表面有 10cm 左右疏松、破碎，细料含量增加。仪器埋设深度在 80cm 时，冲碾压实不会造成仪器的损坏。

2）32t 自行式振动碾。32t 自行式压路机是目前国内外最大自行式压路机，具有超大激振力、作用深度大、密实度均匀、生产效率高、机动灵活、视野良好等特点，可广泛应用于公路、高铁、机场、水坝、港口等基础压实作业和道路基础等压实、补强设备。我国面板堆石坝的行业标准：主堆区的平均填筑密度 2.2～2.3t/m³，相应的孔隙率 21%～25%，铺层厚度 0.6～0.8m。使用 32t 重型压路机孔隙率达 20% 以下，压实模量可提高 20% 以上；铺层厚度可达 0.8～1.0m，可保证压实质量，降低堆石填筑和压实的成本。

国产 32t 自行式压路机已在国内多个大型水电、公路、机场工程项目中应用，具有明显的经济性和能够确保工程，国内已建和在建的云南德泽工程、江坪河工程、长河坝工程、猴子岩工程都使用 32t 自行式压路机，32t 自行式压路机与常规压路机压实比较见表 7-6。

表 7-6   32t 自行式压路机与常规压路机压实比较表

类别	32t 自行式压路机	常规压路机
松铺厚度	500～600mm	300～350mm
压到 93 区	2 遍	4～5 遍
压到 95 区	3 遍	6～8 遍
压到 96 区	4 遍	基本达不到
压实极限	压实度可到 99%	压实度基本只能到 95%
作用力影响深度	可达 1.2m	0.5m

长河坝工程使用32t平碾进行堆石碾压，并进行32t、26t凸碾砾石土料碾压对比试验有如下结论：相同遍数和厚度情况下，32t碾与26t碾可以提高全料压实度1.80%～2.80%，平均数值为2.288%；相同遍数和厚度情况下，32t碾与26t碾可以提高一定的细料压实度，铺土30cm时为4%～6%，铺土40cm时为2%～4%。

当铺土厚度为40cm时，使用32t碾与26t碾相比可以减少碾压遍数4遍以上，说明使用32t碾可以加大铺土厚度。考虑其对砾石土料二次破碎，国内在长河坝、两河口高坝中砾石土料仍选用26t凸碾施工。

（5）辅助压实设备。辅助压实设备主要对常规大型碾压设备无法作业的边角部位和有特殊要求的部位进行压实作业，主要有冲击夯、振动平板夯、液压振动夯等类型设备。

1）冲击夯。目前主流冲击夯都是内燃动力的，电夯与蛙夯已经基本淘汰，冲击夯的激振力越大，施工质量越有保证，施工速度也越快。振动冲击夯应适用于黏性土、砂及砾石等散状物料的压实。汽油冲击夯是最常见的振动冲击夯，也称为火力夯，HCR90A型的汽油冲击夯是常用的类型。

HCR90主要功能参数及使用：功率4kW；跳起高度是40～50mm；冲击能量56N·m；冲击力1500kg；冲击频率9～11Hz；前进速度不小于8m/min。冲击夯在可燃混合气的燃爆力作用下朝前上方跃离地面，并在自重作用下，坠落地面夯击土壤，夯锤一跃一坠，机身前移。

2）振动平板夯。振动平板夯广泛用于各种小型建筑基础，各种回填基础、道路、广场、管道沟槽等压实和沥青混凝土路面的修补。其原理是通过夯机的上下振动使被压实材料产生共振，共振材料会造成它们颗粒间的相对位移，互相楔紧而使密度增加。当表面层被振实后，此振实层又会把振动传递给更深的部位层，从而达到较大的夯实深度和理想的夯实效果。振动平板夯特点是对非黏性的砂质土、砾石、碎石的夯实效果最佳。常用的HZR100、HZR200主要技术参数见表7-7。

表7-7　　　　　　　　常用的 HZR100、HZR200 主要技术参数表

技术参数	HZR100	HZR200
振动频率/Hz	48	48
振幅/mm	≤3	≤3
激振力/kN	16	21
行进速度/(m/min)	15～20	15～20
爬坡能力/%	0～20	0～20
发动机功率/kW	4	4
发动机转速/(r/min)	3600	3600
夯板工作面积/m²	0.2	0.2
整机质量/kg	100	160
外形尺寸/(mm×mm×mm)	1000×700×510	1100×400×930

3）液压振动夯。液压振动夯是通过液压马达驱动偏心质量块高速旋转从而产生激振力，对接触的作业面进行夯实的机械。它属于挖掘机液压附件，主要由夯板装置、减震

垫、偏心装置、液压马达、机架、连接头、连接销轴等组成。在工程施工中用于平面、斜坡夯实与快速打桩任务，可与大型压路机配合使用，完成公路、铁路、机场、水电等大型压路机达不到的工作面夯实任务。

液压振动夯特点是结构紧凑，机构灵活，实施范围小，可完成边角、勾缝等处的夯实任务，可靠性强，安全性高，操作简便维护方便。液压振动夯装在液压挖掘机斗杆端部，利用挖掘机液压作动力，适合于沥青混合物、各种砂质土壤、砾石、碎石和灰土夯实作业。液压振动夯主要用于建筑或构筑物基础夯实，市政工程中的路基、路面、上下水道填土夯实，尤其适用于各种斜坡的夯实作业，具有用途广泛，夯实效果好，生产效率高，操作方便的特点。

液压振动夯在国外生产使用已多年，国外一些专业生产厂家如韩宇工程机械、大韩重工业等公司已经将该类产品系列化，可以配套在各类型的液压挖掘机上，从而使挖掘机成为一台高效的震动夯实机，拓展挖掘机功能，使挖掘机成为多功能工程机械。韩宇工程液压振动夯技术参数见表7-8，大韩重工业液压振动夯技术参数见表7-9。

表7-8　　　　　　　　　　韩宇工程液压振动夯技术参数表

型号	重量/kg		流量/(L/min)		工作压力/MPa	适配吨位/t
	NA/PA	ND/PD	NA/NA	PA/PD		
EPC05	242	238	46~65		空载：3~5；额定荷载：10~14	4~6
EPC10	400	409	50~120			6~10
EPC15	685	709	80~170			11~16
EPC20	1000	1065	110~200			17~25
EPC30	1340	1373	160~250			26~40

表7-9　　　　　　　　　　大韩重工业液压振动夯技术参数表

技术参数	DHC03	DHC06	DHC08	DHC10
转速/(r/min)	2000	2000	2000	2000
流量/(L/min)	45~75	85~105	120~170	120~170
工作压力/MPa	10~13	10~13	15~20	15~20
标配夯板尺寸/(m×m)	0.9×0.55	1.16×0.55	1.35×0.9	1.35×0.9
重量/kg	300	500	900	950
适配吨位/t	4~9	11~16	17~23	23~30

液压振动夯产品源自国外，与国外相比，国内对液压振动夯的研发设计相对较晚，产品技术主要是引进吸收，但是近几年该产品在国内发展迅速，技术已经相对成熟，研发生产厂家众多，具有代表性的如安徽惊天液压、烟台金山重工、泰安恒大机械，主要集中在国内配套生产厂家，都是专业从事挖掘机生产厂家，其生产的液压振动夯型号已经覆盖多数挖掘机型号，配套挖掘机吨位为2.0~35.0t，产品主要性能已经达到国外同等产品水平，并具备各自性能特点。安徽惊天液压振动夯技术参数见表7-10，金山重工液压振动夯技术参数见表7-11，恒大机械液压振动夯技术参数见表7-12。

表 7-10　　　　　　　　　　安徽惊天液压振动夯技术参数表

型号	激振力/kN	转速/(r/min)	机器质量/kg	标配夯板尺寸 /(m×m)	适用挖掘机/t
GTH35	35	2000	350	0.6×0.85	3.5~9.0
GTH90	90	2000	700	0.75×1.1	12.0~20.0
GTH130	130	2000	950	50.85×1.25	24.0~35.0

表 7-11　　　　　　　　　　金山重工液压振动夯技术参数表

技术参数	DHRB02	DHRB03	DHRB04	DHRB06	DHRB08	DHRB10
激振力/kN	40	40	54	82	100	120
流量/(L/min)	25~40	30~55	50~100	90~110	100~140	130~170
机器质量/kg	165	310	390	740	940	1490
系统压力/MPa	15	17	18	19	20	21
适用挖掘机/t	2~3	4~6	7~11	12~16	17~23	24~30

表 7-12　　　　　　　　　　恒大机械液压振动夯技术参数表

技术参数	VC60S	VC120S	VC220S	VC250S	VC330S
激振力/kN	26	40	63	100	160
转速/(r/min)	2700	2700	2400	2400	2400
机器质量/kg	400	430	560	750	820
标配夯板尺寸/(m×m)	0.66×0.44	0.7×0.5	0.85×0.6	1.0×0.7	1.2×0.8
适用挖掘机/t	2~7	4~9	10~20	15~22	20~30

7.4　施工试验

7.4.1　碾压试验

在填筑施工前需要进行碾压试验确定压实方法（压实机械类型、机械参数、施工参数等）、填筑工艺及复核设计标准。碾压试验在施工前 3 个月完成，碾压试验场地可选择在备料场或填筑体附近。

（1）试验步骤。碾压试验主要通过以下步骤来确定压实工作参数。

1）确定坝料填筑工序的主要施工机械设备、铺料方式、铺料厚度、填筑组合类型和组合模数。

2）进行不同厚度、碾压遍数、加水量和碾压设备试验，选取最佳施工参数。

3）进行接缝碾压试验和复核试验。

（2）压实参数和试验组合。碾压试验根据压实参数进行试验组合，试验组合方法可采用淘汰法。

1）压实参数。压实参数主要为机械参数和施工参数，当压实设备选定后，机械参数已经明确；施工参数包括铺土厚度、碾压遍数、行车速度、含水控制标准以及石料的加水量等。

2）试验组合。试验组合方法有经验确定法、循环法、淘汰法（逐步收敛法）和综合法，试验组合方法一般采用淘汰法。各种碾压试验设备的碾压参数组合见表7-13。

每次试验只变动一个参数，固定其他参数，逐步缩小参数范围，到最后确定各种参数的最佳值。用确定最佳值参数进行复核试验，验证确定的施工参数的合理性和是否满足设计要求。对于等级较低的土石坝，可以采用经验确定法。

表7-13   各种碾压试验设备的碾压参数组合表

碾压机械	凸块振动碾（压实黏性土及砾质土）	轮胎碾	振动平碾（压实堆石和砂砾料）
机械参数	碾重（选择1种）	轮胎的气压、碾重（选择3种）	碾重（选择1种）
施工参数	1. 选3种铺土厚度； 2. 选3种碾压遍数； 3. 选3种含水率	1. 选3种铺土厚度； 2. 选3种碾压遍数； 3. 选3种含水率	1. 选3种铺土厚度； 2. 选3种碾压遍数； 3. 洒水及不洒水
复核试验参数	按最优参数进行	按最优参数进行	按最优参数进行
全部试验组数	10	16	9

压实机械一般根据经验和已有设备选择，特殊情况下需要进行压实机械类型选择试验。在不洒水状态，每个试验块按全部碾压遍数碾压，用相应遍数的沉降率换算各碾压遍数的干密度时，则可简化为四个组合。

（3）碾压试验要求。碾压试验要求按照相关规范进行，本节重点强调试验场地、试验取样标准。

1）试验场地。场地基础坚实平整，选用试验料填筑基层，在基层上试验。黏性土每个试验面积不小于4.00m×6.00m（宽×长）；碎（砾）石土与砂砾石每个试验区不小于6.00m×10.00m；堆石及漂石不小于6.00m×15.00m。

试验区的两侧（垂直行车方向）应预留出一个碾宽。顺碾方向的两端应留出4.00～5.00m作为停车和错车非试验区。

应综合考虑各种因素，选择合适的试验组合方法。其中，黏性土碾压场地布置（铺土厚度、含水率固定、不同碾压遍数）见图7-4，堆石料碾压场地布置（两种铺料厚度、不洒水、不同碾压遍数）见图7-5。

沉降量测定时，测点布置方格网点距1.00～1.50m。

2）试验取样。取样数量：黏性土每一组合取样10～15个；砾石土每一组合取样10～15个；砂及砂砾料每一组合取样6～8个；堆石料每一组合取样不少于3个。

7.4.2　含水量调整试验

含水量调整试验分为增加含水量（加水）试验和降低含水量（减水）试验。土料含水率与优含水率差别较大时应进行调整，防渗土料含水率的调整应在作业面外进行，特殊情况下，可在作业面调整土料的含水率。当土料的平均含水率需增加1%～2%时，可在作

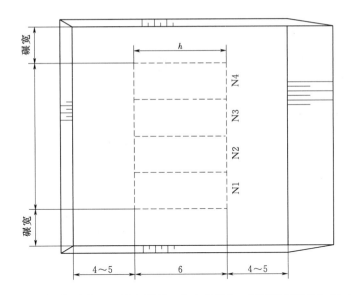

图 7-4 黏性土碾压场地布置（铺土厚度、含水率固定、不同碾压遍数）图（单位：m）

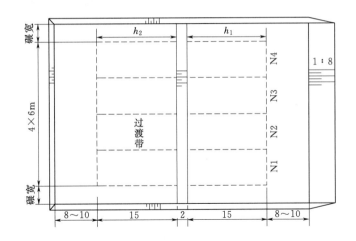

图 7-5 堆石料碾压场地布置（两种铺料厚度、不洒水、不同碾压遍数）图（单位：m）

业面直接洒水，否则宜在料场加水调节；当土料的含水率大于施工控制含水率上限的 1% 以内时，碾压前填筑面应进行翻晒，降低土料的含水率。

（1）增加含水量试验。增加含水量试验可采用畦块灌水、表面喷水、堆料加水等方法。

1）畦块灌水法。适用于地势平坦、浸润土层较厚、增加含水量幅度较大、采用立面开采、土料垂直渗透系数较大的料场。有时，可结合钻孔注水，以增加渗透作用。

畦块灌水试验程序如下：在料场布置畦块，坑内注水、浸泡。浸泡期间随时打检查孔，沿深度每 0.5m 测取土料的含水率变化值，并记录水深、浸泡时间、气温等。坑内水深一般为 1m 左右，浸润深度达数米，浸泡时间与土性有关，一般 30～40d。试坑的大小以 1m×1m 或 1m×2m 为宜，坑距通过试验而定。开沟注水是畦块灌水法的一个特例。

2）表面喷水法。渗透系数较大、采用平面开采的土场。喷水前，应将土场表面耙松约 0.6m；喷水后，要有足够的停置时间，使水渗透均匀，并及时采运上坝，或堆积成土堆备用。

3）堆料加水法。为加快土料湿润速度，同时由于料场距坝较远，供水困难时，可选择距坝较近、供水方便的堆料场地分层铺土、分层喷水润湿来提高土料含水率，有的工程还在土堆上设畦灌水，以尽快满足增加含水率的要求。

4）工程实例。

A. 小浪底大坝防渗土料表面洒水加水。小浪底大坝防渗土料 1B 区土料属重粉质壤土，天然含水量只有 6%～8%左右，而最优含水量在 14%～16%左右。因此在料场进行加水调节，加水调节方法曾使用了深槽灌水法和表面洒水法。通过试验，多采用的是在土表面洒水然后用推土机把洒过水的土料堆积起来，装料时根据含水量情况再用装载机适当地翻拌一次，然后装车运输上坝。洒水用水管直接洒水或洒水车洒水。

B. 毛尔盖水电站大坝碎石土开沟注水加水。毛尔盖水电站大坝采用碎石土心墙堆石坝，最大坝高 147.0m，填筑量约 1100 万 m³，其中碎石土心墙填筑约 157 万 m³，采用团结桥料场碎石土作为防渗土料。团结桥料场碎石土防渗料天然含水率平均值约为 6%，最优含水率平均值约为 12%。根据料场的料层分布情况，需采取掺配的方式进行级配和含水量的调整。

掺配前，先测定碎石土和纯黏土堆积密度，确定不同土料摊铺厚度；再测定碎石土和纯黏土的天然含水率及其混合料的最优含水率，确定其混合料的加水率，计算每层料单位面积加水量。备料场内至少分为 3 个堆料区，安排掺配、储存、混合回采 3 道工序将在 3 个堆料区内形成循环作业。

为准确计量现场加水量，每条水带都有水表计量。同时准备测算挖沟的总长度、总深度、总宽度以及个数，然后再计算出每条沟需要的加水量。加水时应在该小区范围内实施总量控制，并尽量加水均匀。加水坑道横向布置，长 3m、宽 1m、深 1m，坑道间距 1m。每个料面应同时采用两条水带分区加水，加水作业应避免与摊铺施工发生干扰，输水带的布置不得穿过摊铺作业面。

从施工水池接钢管（或加强 PVC 管）明铺至上料面。为便于操作，掺配场内采用装卸方便的消防水带或 PE 软管输水，现场人工洒水。

加水量计算按照碎石土防渗料天然含水率平均值与最优含水率平均值差值增加 2%计算（2%为施工损失量），按月掺配强度计算到每日加水量，每日加水时间按 20h 计，折算到每小时平均须加水量 30t。

水池以下干（支）管口径 80mm。干管水池端装 80SG35 - 20 管道增压泵和截止阀各一个，干管以下接两条支管至上料面，每条支管出口端接（2×50）mm 叉管，每根叉管不宜过长（不超过 1m），每根叉管上装 LXS - 50 水表和截止阀各一个，出口端装 50mm 口径消防水带接口。

加水后每 5d 应抽样检测料堆表面两层料（碎石土料和黏土料各一层）的含水率，每个料堆抽样 5 组。同时要观察记录每个探坑内黏土料层含水率是否一致、底层是否有干土存在等情况。

（2）降低含水量试验。降低含水量试验可采用翻晒、掺料、强制干燥等方法。

1）翻晒法。通常使用圆盘耙或带松土器的推土机松动土层来翻晒。将料场的试验场地划分成几个翻晒区，松土与翻晒轮换作业。试验中应记录气温、风力、翻晒时间和次数、土料含水率变化、水面日蒸发量、需要设备和人力数量等，以便分析翻晒参数和效果。

黑河大坝部分土料采用逐层翻晒法降低含水率（3％～4％），其工艺流程为：推土机松土器松动原状土层深30cm，每天数次用七铧犁沿纵横方向翻晒，翻晒间隔时间和遍数根据含水率和当天气温而定。土料合格后，用推土机堆集待运，每层合格土料松土平均厚度13.5cm。黑河土料翻晒实践说明，12月、1月、2月为冰冻期，平均气温低于6℃，蒸发量小于0.5mm/d，不适合土料翻晒；6—8月气温高于25℃，蒸发量大于2.5mm/d，一天可以翻晒一层适合土料；5—9月平均蒸发量为2.1mm/d，两天可以翻晒一层适合土料；4—10月平均蒸发量为1.5mm/d，3～4d可以翻晒一层适合土料。

2）掺料法。在黏土内掺入低含水率的材料。

3）强制干燥法。使用机械对高含水率的黏性土采用风干、烘烤等方法进行强制干燥，以降低土料含水率。

7.4.3 级配调整试验

土石料的调整级配试验可采用掺配、剔除等方法。

（1）掺配法。粗细料掺配时，采取粗料、细料按比例逐层铺筑料堆，用挖掘机立面混合或推土机斜面混合方法制备掺配料。

掺合各层厚度按式（7-1）计算。

$$H_{细} = h_{粗}(\rho_{d粗}/\rho_{d细})n \tag{7-1}$$

式中　$H_{细}$——细料层厚度，cm；

　　　$\rho_{d粗}$——粗料层干密度，g/cm³；

　　　$\rho_{d细}$——细料层干密度，g/cm³；

　　　$h_{粗}$——粗料层厚度（预先确定值），cm；

　　　n——细料与粗料的比例，按质量计。

铺料时，先铺粗料。铺粗料时用进占法卸料，铺细料时用后退法卸料。在铺料过程中，每层细料和粗料分别取10～20个试样测定含水率和颗粒级配。

（2）剔除法。剔除法可用于剔除特定的粒组，有开采设备直接剔除法和筛分剔除法。

开采设备直接剔除法使用设备（挖掘机、推土机、装载机）在开采过程中剔除，适用于含超径石不多的料层。如推土机推集料时，配置多齿耙，耙除超径粗粒。

在剔除量大、质量要求严格时应采用简易筛分剔除法，可针对性剔除特定的粗粒组和细粒组，有车载条筛剔除法、简易条筛剔除法和振动条筛剔除法。

1）车载条筛剔除法。车载条筛剔除法是在砂砾石料开采过程中，在运输车辆上直接安装简易条筛剔除通过开采过程剔除砂砾石料特定超径的方法，可适应于施工强度不大、质量要求不高的剔除过程和混凝土骨料系统的粗选。

水牛家电站工程反滤料采用移动式车载条筛方式剔除河床天然砂石料超径石。车载条筛架设在斯太尔红岩自卸汽车（或别拉斯）上，两侧伸出车厢 1m 左右；采用 Φ100 钢管或 [12 槽钢作骨架，格栅采用大于 Φ22 钢筋焊接而成，格栅之间的净尺寸为 40cm 左右，尺寸偏差控制在 ±2mm 范围内；条筛坡度为 40°。

2）简易条筛剔除法。简易条筛剔除法是通过建立简易条筛系统利用土、石料重力作用分选剔除超径的方法，适用于砾石土料、砂砾石料施工强度不大的剔除过程，可采用固定和移动简易条筛系统。

3）振动条筛剔除法。振动条筛剔除法是通过建立振动条筛分选系统筛除特定粒组，适用于砾石土料、砂砾石料施工强度大、质量要求高的剔除过程。

长河坝水电站砾石土心墙料采用振动条筛剔除土料超径料（>150mm），过程中进行剔除工艺性试验，验证利用振动给料机筛土的可行性。检验设备对土料的适用程度；验证设备的产能；验证筛分后土料的废品率；检验土料过筛后的含水率变化情况；检验土料过筛后的级配变化情况；验证一台给料机工作时的施工设备配套工况；验证受料结构的合理性。通过试验得出设备选型的结论，提出设备及系统的改进建议，为确定固定土料筛分系统的工艺流程与系统布置提供依据。

A. 剔除方案。长河坝水电站砾石土中 150mm 超径料采取全部过筛剔除。先用简易条筛做了筛分试验，简易条筛筛除超径石，由于依靠重力自然分选，土料筛分成品率低（为 60% 左右），工程中土料使用涉及用地和土料质量要求等特点，必须把提高土料成品率作为生产设计与施工管理的重点。因此提出了动力筛的方案，动力筛可以最大限度提高成品率。

参照国内外类似工程，土料过筛处理的工程实例少，有用振动筛的工程，但振动筛对原料粒径要求不能太大（不宜超过 300mm），否则容易损坏设备。本工程土料场中超径石最大粒径达 700mm 左右，如果一次性剔除 150mm 超径，振动筛不适用，因此考虑选用振动给料机（棒条筛）进行筛除。

B. 系统布置。系统布置在汤坝料场下部河滩，占地面积约 5.5 万 m²，系统分为受料平台、筛分平台、成品料和超径料堆存平台三个平台。

成品料平台形成 3% 左右的缓坡，以利于排水，从下游至上游依次设置细料堆存区（5900m²）、粗料堆存区（5000m²）和合格料堆存区（13400m²），各堆存区间用混凝土挡墙隔开，防止混料。最上游侧设置超径石堆存区（16500m²）。

筛分平台布置在成品料堆存区内侧，平台尺寸为 160m×40m，从上游至下游形成 3% 左右的缓坡。筛分平台与成品料堆存平台间填筑坡比按 1:1 控制，并采用 1m 厚 C15 贴坡混凝土挡护。平台内布置 5 台 ZSW2160 振动条筛，设备间距 33m，平台上游、下游分别修建一条施工道路与场外连通。

受料平台布置在筛分平台内侧，平台尺寸为 160m×40m，从上游至下游形成 3% 左右的缓坡。受料平台与筛分平台间采用 C15 衡重式混凝土挡墙防护（设备安装段除外），根据现场地形，在平台后边坡中部及下游侧分别修建一条施工道路与场外连通。

C. 工艺性试验。通过多次筛分测试，在正常情况下，筛料速度平均每车 4min，当连续供料时设备理论试验产能（原料）621t/h，但由于堵料或车辆不连续等因素的影响，给料机存在空转时间。对于含水率适中不堵料时，筛分速度平均 13 车/h 左右，一般工况下的设备试验产能（原料）538t/h。

正常工况下，1台给料机的供料设备需要1台斗容1.8m³的液压挖掘机（斗容不能小于1.8m³，否则不能满足连续供料），运距500m以内时25t自卸车2辆（运距增加时车辆相应增加）；筛下出料设备需要2台3m³装载机（装载机不停歇运行基本满足筛料速度，考虑长时间运行工况下的不确定间歇因素，应考虑备用设备）。

D. 试验成果。试验检测项目包括偏细料、偏粗料及合格料原料级配和含水率，筛后各原料级配及含水率，筛余料比例。筛余料中有用料含量（废品率）。

不同类型料筛分完成后，最大粒径得到了有效控制。筛分后试验检测无超径石。P5含量较筛前减小，黏粒及粉粒含量较筛前增大，均符合土料剔除超径后的级配变化规律。全料含水较筛前略有增大，符合变化规律。

合格料筛分前后检测指标统计见表7-14。

表7-14　　　　　　　　　　合格料筛分前后检测指标统计表

检测指标		最大粒径/mm	P_5含量/%	含水率/%	粉粒含量/%	黏粒含量/%
筛分前	1	165	43.6	9.3	24.7	10.4
	2	138	40.7	9.7	26.1	11.0
筛分后	1	130	34.4	10.7	31.1	13.2
	2	90	33.0	10.8	30.2	13.7

偏粗料筛分前后检测指标统计见表7-15。

表7-15　　　　　　　　　　偏粗料筛分前后检测指标统计表

检测指标		最大粒径/mm	P_5含量/%	含水率/%	粉粒含量/%	黏粒含量/%
筛分前	1	181	59.1	7.6	18.9	10.2
	2	162	62.5	7.3	16.4	8.9
筛分后	1	124	52.0	8.8	20.5	11.9
	2	141	52.7	8.6	19.6	11.4

偏细料筛分前后检测指标统计见表7-16。

表7-16　　　　　　　　　　偏细料筛分前后检测指标统计表

检测指标		最大粒径/mm	P_5含量/%	含水率/%	粉粒含量/%	黏粒含量/%
筛分前	1	94	21.8	17.3	42.4	19.7
	2	86	22.3	17.0	39	19.5
筛分后	1	75	20.2	17.9	44.4	22.2
	2	89	20.5	18.0	44.8	22.5

土料筛分情况统计见表7-17。

表 7-17   土料筛分情况统计表

料物类别名称	筛分车数/车	筛分总量/kg	筛余料总量		筛余料有用料含量（废品率）		筛余料超径石含量	
			质量/kg	比例/%	质量/kg	比例/%	质量/kg	比例/%
偏粗料	2	96000	2665	2.78	186	0.19	2479	2.59
偏细料	2	81600	423	0.52	10	0.01	413	0.51
合格料	2	88800	1969	2.22	347	0.4	1622	1.82

从表 7-17 可以看出，振动给料机对不同性质砾石土料筛分时，筛余料中有用料含量均很少，与简易条筛对比起到了提高土料利用率的效果（简易条筛废品率为 2.0%～7.5%）。

ZSW2160 型振动给料机用于砾石土超径剔除满足功能要求，设备选型合理，对设备进行技术改进后将更有利于提高产能。土料过筛后最大粒径能得到有效控制，无超径（>150mm)料。土料过筛前后的 P_5 含量、含水率、黏粒含量对比符合变化规律。各类性质土料筛分后废品率小于 1%，达到提高土料利用率的效果。

E. 系统产能及设备数量核算。

a. 计算指标。填筑强度，砾石土高峰期填筑强度取 21 万 m³/月（压实后）；填筑干密度，根据土料填筑技术要求取 2.14g/cm³；土料设计含水率，取 10%；施工不均衡系数，取 1.3；平均月工作时间，25d×14h/d=350h；土料成品率（考虑过筛、堆存、运输等损耗），取 85%。

b. 系统产能。成品产能，210000×2.14×(1+10%)×1.3/350=1836t/h，取 2000t/h；过筛产能，2000/85%=2353t/h，取 2500t/h。

c. 设备数量。给料机过筛产能为 538t/h，系统设备台数为 2500/538＝4.6 台，取 5 台。

另外通过厂家对设备进行技术改进后，预计其产能将提高 15% 左右，系统运行时间除雨天影响外可延长，通过延长系统运行时间可提高系统产能。通过措施提高的产能作为备用考虑，以满足系统不均衡生产的需要。

(3) 综合应用工程实例。水牛家电站工程为坝高 108m 的碎石土心墙堆石坝，在施工过程中根据工程实际情况研究分析，利用了当地天然砂石材料作为反滤、过渡料料源并提出直接从砂石料场同时开采、生产反滤、过渡料的新工艺——两采一掺法。

两采一掺法不仅简化施工工序及工艺，而且系统生产的可靠程度增加，有利于保证和加快工程建设进度；同时由于投入的固定成本少，工序简单，可使生产成本大大降低，其中过渡料生产成本降低约 5%～120%，反滤料生产成本降低约 45%～145%；施工过程中不产生弃料，保证工程建设达到经济、环保的目标。

1) 理论依据。水牛家电站工程砂石料的级配特征与反滤料相比偏粗，比过渡料偏细（河流砂石料存在整体比过渡料偏细的趋势）。过渡料偏细反映在对小于 5mm 粒径要求不大于 15%，而河流堆积的砂石料平均一般在 18%～30%。工程区河流沉积砂石料的级配特征在空间上分布为上部细（上部 1～3m 为 18%～35% 左右），下部粗（15%～20%）。

基于此，如果利用上部砂石料开采反滤料，再利用下部砂石料开采过渡料，在开采过程中将上部反滤料剔除的砂石料掺入过渡料，最后开采过渡料。两次开采，过程中一次掺合便可实现同时开采反滤料、过渡料。

两采一掺法施工工艺为利用上部（1～3m）细料用反铲开采通过简易可方便移动条筛生产反滤料，生产超径砂石料通过条筛自然堆积在生产完反滤后的场地，堆积厚度按照试验分析结果具体确定（以满足过渡料粒径范围为准），推土机平整后利用反铲开采实现过程中自然掺合，生产过渡料。

2）工艺设计。在施工工艺设计时需要考虑受河床补给的地下水位、河床水位、地面高程三者的关系，确保施工安全。施工中通过加宽河床可以降低河床水位和地下水位，可以增加开采量。按照过渡、反滤料的质量要求，结合工程实际情况，在满足工程所需工程量的条件下，进行优化设计。设计结果为：反滤料开采合理深度2.0m，过渡料为水下开采，水位高出地面0.5～0.7m。

A. 反滤料生产工艺设计。开采前将覆盖层清理干净，逆河流方向开采，由下游向上游，由河流侧向山侧通片推进。开采深度按2.0m控制，宽度由反铲的操作范围确定。

开采时遵循由下游向上游，由河床到岸边的原则逐次逐片推进。每区采完后，需用推土机将弃料推回至原采区范围，并尽可能推平。均摊已备回采过渡料。开采反滤料时，采用先围水，再生产还是直接水下开采生产，由生产实际情况具体决定。在施工过程中及时对砸坏的车载架子进行修复，对架子上的超径石及时清除，对每次筛子上不能自行滚落的超径石，由于将混入成品堆料，必须派专人在每次卸料时将其清除出成品料堆外。

B. 过渡料生产工艺。过渡料生产时，水深达50～70cm，可以通过加宽或改河道的方式降低水位，确保过渡料开采时机械设备的正常作业。若加宽河床活改河道达不到上述要求，使用反铲利用砂砾料修道路保证过渡料正常开采。过渡料开采深度按4.2m控制（含回填弃料高度）。

C. 生产性试验成果。反滤料工艺设计理论平均级配与工艺试验后实测级配、碾压试验后实测级配保持一致：含砂率偏低设计值5%左右；小于1mm含量偏大3%～6%；小于0.25mm总量一致，但含泥量偏小1%～2%。

过渡料的生产性工艺试验结果表明过渡料级配完全满足设计要求的小于5mm含量小于15%、小于0.075mm含量小于2%的要求；同时上述两指标均比原下部3～6m天然砂砾料优。原天然砂石料作为过渡料偏细，掺配后生产的过渡料较原天然砂石料偏粗。

7.4.4 平铺立采掺配工艺试验

反滤、垫层料及心墙土料需要采用平铺立采工艺加工生产，施工前需要针对掺配材料特性、掺配设备性能、掺配工艺参数进行掺配试验以验证土料掺配工艺流程的可行性，确定掺配设备和优选掺配施工参数。

（1）施工参数选择。掺配材料特性、施工强度及质量控制要求是选择掺配施工参数的主要依据，掺配工艺试验前主要需要明确以下参数：不同材料的铺料厚度及其控制方法；掺配设备及其性能指标要求；拟定掺拌次数、料堆总高度等。

（2）试验流程。掺配工艺根据掺配材料不同而有所差异：反滤料、垫层料为加工料源，掺配工艺重点在于对设备和掺配参数的研究；砾石土料典型掺配，由于掺配土料为天然材料，存在超径、含水调整以及质量不均匀，工艺过程复杂等特征。

砾石土料掺配工艺流程见图 7-6。

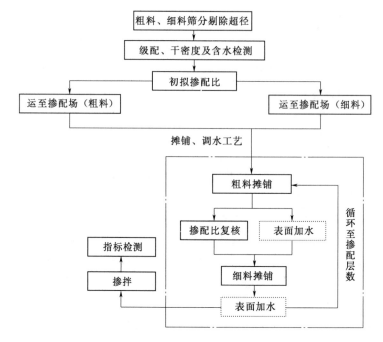

图 7-6 砾石土料掺配工艺流程图

（3）工程实例。长河坝电站大坝为砾石土心墙堆石坝，最大坝高 240.0m，心墙防渗土料筑量 428 万 m³，由金汤土料场提供。金汤土料场料源分布复杂，存在合格料区（30%＜P_5＜50%）、粗料区（P_5＞50%）和细料区（P_5＜30%）。为提高土料利用率，需要对土料进行加工试验研究，主要研究内容为所有土料过筛处理剔除超径石后 P_5 超标和偏细土料的粗、细平铺立采掺配施工工艺。

1）试验目的、程序。掺配工艺试验方案主要验证土料掺配工艺流程的可行性及土料掺配过程中 P_5 含量的波动范围。掺配试验为一个区，试验区面积（掺配料堆顶部）为 30m×25m。

掺配试验工作程序如下。

A. 采区内进行掺配料原料检测，鉴定出粗料、细料及初步指标情况。

B. 将粗料、细料分类过筛后分类、分层备存至上游压重体高程 1520.00m 处，备存过程中试验检测人员均须掺配前的指标检测。

C. 粗料、细料备存完成后进行掺配料的互层铺筑。粗料铺料厚度固定为 50cm，细料铺料厚度根据粗料、细料相关检测结果计算确定。粗料、细料铺筑过程中每一层进行 5 组干密度及颗粒级配检测。

D. 粗料、细料互层铺筑及试验检测完成后进行现场掺配。掺配设备为正铲或反铲，掺配 6 遍后每 100m³ 取样检测一组颗粒级配。

2）试验工作过程。土料开挖前首先进行料原检测，确定掺配料取料部位，然后采用液压反铲装 20t 自卸汽车运至筛分系统分类过筛处理，剔除大于 150mm 砾石。

掺配料过筛处理后，采用 20t 自卸汽车运输至掺配场，运距约为 28km。运输过程中采取彩条布对土料进行保护，避免含水率变化或扬尘。为了使掺配料原料达到混掺的目的，粗料、细料摊铺前进行分层备料，分层厚度控制为 1.0m，同时试验检测人员对粗料、细料进行指标检测。

掺配料原料分层备存并检测完成后，进行粗料、细料互层立采装车摊铺。现场每铺完一层掺配料，均采用试坑法对掺配料进行 P_5 及干密度检测，以此复核掺配比，并计算下一层掺配料铺料厚度。铺料时采用装载机（或反铲）装 20t 自卸汽车运输至掺配场，SD - 320 推土机按计算确定的铺料厚度进行平料，平料过程中测量人员对铺料厚度及铺料范围进行跟踪控制，铺料时按照先粗后细的顺序进行铺筑。

粗料、细料分层铺筑并经试验检测完成后进行现场掺配。掺配设备采用正铲或反铲进行，掺配遍数选择为 6 遍，掺配后每 100m³ 进行一组全级配的检测。

固定粗料铺料厚度 0.5m 时细料铺料厚度计算见表 7 - 18。

表 7 - 18　　　　　　　　固定粗料铺料厚度 0.5m 时细料铺料厚度计算表

名称	实 测 值					计算值	掺配比（体积比，粗：细）
	粗料 P_5 /%	粗料干密度 /(g/cm³)	粗料厚度 /m	细料 P_5 /%	细料干密度 /(g/cm³)	细料厚度 /m	
第一层粗料、细料	54.75	2.06	0.5	24.72	1.52	0.44	1：0.88
第二层粗料、细料	57.38	2.07	0.5	24.49	1.73	0.46	1：0.92
第三层粗料、细料	49.36	2.04	0.5	20.14	1.68	0.17	1：0.34
第四层粗料、细料	52.35	2.05	0.5	23.22	1.79	0.27	1：0.54
第五层粗料、细料	55.06	2.11	0.5	30.26	1.89	0.53	1：1.06
平均值	53.78	2.07	0.5	24.57	1.72	0.37	1：0.74

每层粗料、细料铺料完成后，测量人员均对铺料厚度进行过程控制并复核。粗料、细料分层备存及摊铺过程中，进行原料检测，土料摊铺过程中检测指标及组数见表 7 - 19。

表 7 - 19　　　　　　　　土料摊铺过程中检测指标及组数表

取样阶段	检测指标	干密度/(g/cm³)	含水率/%	全级配/%
分层备存	粗料	—	30	30
	细料	—	30	30
分层摊铺	粗料	25	25	25
	细料	25	25	25

粗料、细料铺料过程中，现场对每层土料松铺干密度进行检测，粗料、细料每层各取样检测 5 组，土料松铺干密度见表 7 - 20。

表 7-20　　　　　　　　　　　　　土料松铺干密度表

料源种类	粗　料				
实测干密度/(g/cm³)	2.06	2.07	2.04	2.05	2.11
料源种类	细　料				
实测干密度/(g/cm³)	1.52	1.73	1.68	1.79	1.89

由表 7-20 的干密度统计可以看出，粗料松铺干密度最大为 2.11g/cm³，最小为 1.04g/cm³，平均为 2.07g/cm³，细料松铺干密度最大为 1.89g/cm³，最小为 1.52g/cm³，平均为 1.72g/cm³。

现场铺料并经试验检测完成后，采用正铲或反铲对（前期掺配试验成果表明正铲与反铲均可用于土料的掺配）掺配区土料进行掺配。掺配遍数为 6 遍，掺配完成后进行掺配后土料颗粒级配检测。现场掺配过程中将土料从底部到顶部薄层一次掺配，同时按 100m³ 进行一组取样检测。

3）主要试验成果。现场掺配过程中，P_5 含量分布见图 7-7。

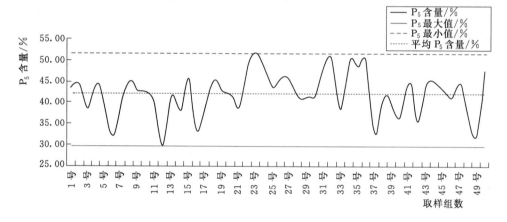

图 7-7　P_5 含量分布图

现场掺配过程中，P_5 含量分布见图 7-8。

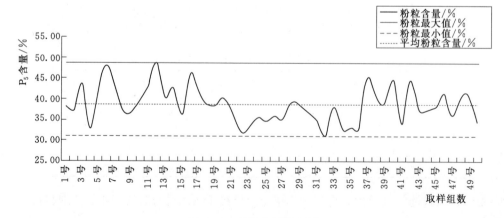

图 7-8　粉粒含量分布图

现场掺配过程中，黏粒含量分布见图7-9。

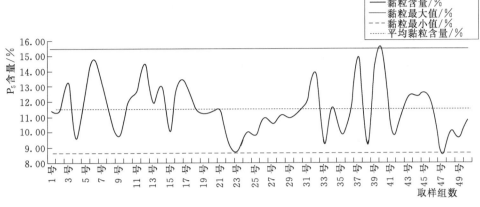

图7-9 黏粒含量分布图

现场掺配完成后，进行了理论掺配与实际掺配后各指标的对比分析，其结果见表7-21。

表7-21　　　　　　　　　　　理论掺配与实际掺配指标对比结果表

序号	名 称		P₅含量/%	粉粒含量/%	黏粒含量/%
1	理论掺配（平均值）		43.00	38.58	11.57
2	实际掺配	最大值	51.70	48.80	15.46
		最小值	29.68	31.03	8.66
		平均值	42.04	38.58	11.50
3	较平均值最大波动值（理论）		13.32	10.22	3.89
4	较平均值最大波动值（实际）		12.36	10.22	3.96

由表7-21可以看出，掺配后理论值与计算的目标值较为接近。理论掺配时P_5含量最大波动值为13.32%，粉粒含量最大波动值为10.22%，黏粒含量最大波动值为3.89%。现场实际掺配时P_5含量最大波动值为12.36%，粉粒含量最大波动值为10.22%，黏粒含量最大波动值为3.96%。

4）掺配试验结论。

A. 通过掺配工艺试验，掺拌后的土料检测指标基本能满足设计要求，且P_5含量分布较均匀，因此，平铺立采的掺拌工艺可行，可用于正式生产。

B. 现场采用正铲或反铲掺配6遍后，取样结果表明各指标理论掺配平均值与现场实际掺配平均值较为接近，P_5含量最大波动值为13.32%，粉粒含量最大波动值为10.22%，黏粒含量最大波动值为3.89%。现场实际掺配时P_5含量最大波动值为12.36%，粉粒含量最大波动值为10.22%，黏粒含量最大波动值为3.96%。

7.5　摊铺、碾压与坡面修整

7.5.1　摊铺

同一种填筑材料的摊铺施工方法有进占法、后退法、网格卸料法；控制不同材料界面的摊铺施工方法有先砂后土法、界限摊铺器、挤压边墙、斜坡翻模等工艺方法。

7.5.1.1 进占卸料法

土石填筑材料中土料和堆石料一般情况下均采用进占法卸料。

(1) 方法原理。填筑施工过程中，填筑材料运输的自卸汽车行走在填筑层初步推平但尚未碾压的作业面上，物料卸在作业面平台的前沿，再由推土机将物料推至已碾压验收的填筑面上，此方法为填筑材料摊铺卸料方法，进占法铺料施工工艺见图7-10。

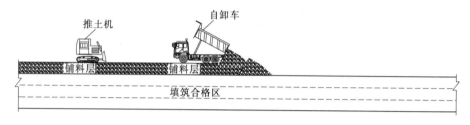

图7-10 进占法铺料施工工艺图

(2) 优点、缺点。优点：推土机平料时，物料由高往低滚落，使颗粒较大的石料落在填筑层下部，细颗粒料在填筑层的上面，这有利于工作面的推平整理，提高碾压质量；同时，细颗粒与大颗砾石料间的嵌填作用，有利于提高干密度。缺点：自卸汽车及推土机行走在未经碾压的平台上，对车辆的轮胎及推土机链轨磨损严重。

(3) 适用范围。在土料填筑施工过程中，要求重车不得碾压合格填筑面，采用进占法卸料可以保护碾压合格填筑面。堆石料由于石料粒径大、强度高，采用进占法摊铺卸料便于工作面的整平，可提高工作效率和保证施工质量；在高强度的填筑条件下，当填筑面小、卸料受限时，堆石料也可采用混合法卸料，即进占法为主，后退法为辅的卸料方法。

7.5.1.2 后退卸料法

土石方工程填筑材料中砂砾料一般情况下采用后退法卸料。

(1) 方法原理。填筑施工过程中，填筑材料运输的自卸汽车行走在合格碾压的作业面上，物料直接卸在合格碾压的作业面上，再由推土机推平填筑材料的摊铺卸料方法，后退法铺料施工工艺见图7-11。

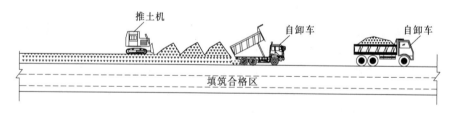

图7-11 后退法铺料施工工艺图

(2) 优点、缺点。优点：自卸汽车在已碾压过的平台上行走，轮胎磨损较小。缺点：推土机平料时，颗粒大的石块容易上浮，难以推平，造成工作面凸凹不平。大块石的尖角突出，使振动碾行走时跳跃，尖角周围不易压实。

(3) 适用范围。为防止过渡料、反滤料在填筑卸料过程中的二次分离和或粗颗粒集中，过渡料一般采用后退法卸料，即在已压实的层面上后退卸料形成密集料堆，再用推土机平料。

7.5.1.3 网格卸料法

网格卸料法可适用于薄层填筑时控制填筑铺料厚度和填筑工程量。

在松铺填土时，采用网格分配法，确定每格内的倒土数量，控制松铺厚度。根据松铺厚度计算每车摊铺料面积，确定堆放密度。根据车辆的装料方量以及预计松铺厚度对路基表面画出方格网，严格按照网格布料，确保填筑层厚均匀。

7.5.1.4 不同材料界面的填筑处理

填筑料界面处理是土石方填筑工程的关键环节，主要内容包括填筑材料界面处理，填筑材料与其他结构物之间界面处理。填筑材料界面处理包括不同材料间界面处理和同种材料不同施工期间界面处理。不同材料间界面处理措施包括土、砂界面的"先砂后土"法、界限摊铺器法；同种材料不同施工期间界面处理，如堆石料边坡的台阶接缝法和无台阶接缝法等。填筑材料与其他结构物之间界面处理包括填筑材料与基岩面及混凝土面之间的处理。填筑材料与基岩面之间处理通常为铺设细石料或者砂砾石过渡料；填筑材料与混凝土面之间处理包括挤压边墙技术和翻模固坡技术。

（1）"先砂后土"法。土石坝施工中，对于心墙与相邻反滤料及坝壳料的填筑有"先砂后土"与"先土后砂"两种施工方法。《碾压式土石坝施工规范》（DL/T 5129—2013）中提出心墙坝填筑时宜采用"先砂后土"的平起填筑法施工。

"先砂后土"法即在土石坝施工中先填筑黏土心墙两侧的反滤料后再填筑土料的土石料施工方法。"先砂后土"的施工方法先填砂砾料或反滤料后，可以在填完土后用凸块振动碾紧贴边线部位进行骑缝碾压，保证心墙边线部位的压实质量，而且土料与相邻反滤料及砂砾料的接缝是以斜坡形式相衔接，从而增大了不同筑坝材料的接触面积，确保了结合部的结合质量。

实践证明"先砂后土"法中土料是在有侧限条件下压实，较之"先土后砂"法更有利于土料的压实，且土料抗渗比降提高一倍。长河坝大坝心墙部位填筑采用了"先砂后土"填筑程序，长河坝大坝填筑分层施工流程见图 7－12。

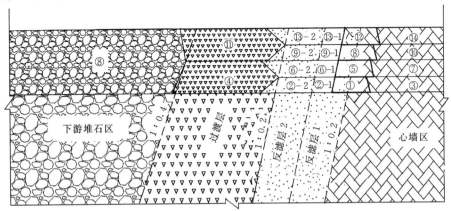

图 7－12　长河坝大坝填筑分层施工流程图

①～⑭—坝料及其施工顺序；②-1、②-2、⑥-1、⑥-2、
⑨-1、⑨-2、⑬-1、⑬-2—同一种料施工顺序

（2）界限摊铺器法。界限摊铺器是一钢结构的框架无底箱体，由角钢和钢板制作而成，主要用于土料与反滤料间界限控制。可使不同填筑材料间界限分明，其交界线为一条直线，避免二者混杂，确保其在平面和空间结构尺寸，不仅保证质量，节约材料用量，而且简化施工、加快施工进度、节约投资。

界限摊铺器是一钢结构框架的无底箱体，由角钢和钢板制作而成，其尾部梯形出料口宽度和高度分别为反滤料设计宽度和其施工填筑厚度。反滤料由自卸汽车直接卸入其内，由推土机或反铲牵引，一次将反滤料摊铺成型。

长河坝工程使用土砂同铺的摊铺器，长4m、宽3m，摊铺厚度40cm，可确保其设计宽度在1~1.5m范围内土砂同时一次摊铺成功。双料摊铺器由推土机顺反滤料与心墙料边线牵引，然后采用反铲将提前堆好的反滤料上料至自制双料摊铺器内铺料，心墙料由装载机上料。双料界限摊铺器铺料施工工艺见图7-13。

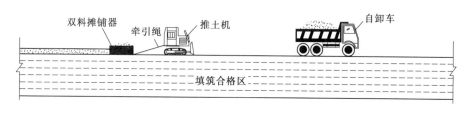

图7-13　双料界限摊铺器铺料施工工艺图

（3）挤压边墙施工技术。挤压边墙施工技术是通过借鉴道路工程的混凝土路缘拉模施工技术而摸索出来的一种面板坝垫层料坡面施工的新技术，具有与垫层料同期上升，能同步完成堆石坝上游坡面保护的特点。

挤压边墙施工技术是在面板堆石坝的每一层垫层料之前，沿着面板堆石坝上游垫层料设计边线，采用混凝土挤压机连续挤压出一低强度、低弹模、半透水的干贫混凝土小墙，称为挤压式边墙。待该边墙混凝土达到一定强度后，再在其下游侧铺填垫层料，并用振动碾水平碾压完成垫层料的填筑施工。

边墙设计典型断面为梯形，边墙以铰接的方式使其能适应垫层的沉降变形，其底部不会形成空腔，有效避免了空腔对面板地的不利影响。上游坡面可根据坝坡坡比进行调整。

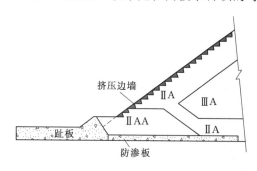

图7-14　挤压边墙与坝体结构布置图

挤压边墙与坝体结构布置见图7-14，上游成型坡度与设计一致。

挤压边墙、垫层料、过渡料填筑施工程序见图7-15。

（4）翻模固坡技术。翻模固坡技术通过利用在垫层料中锚固、带楔形板的新型翻升模板系统进行面板堆石坝垫层料和固坡施工，实现了垫层料填筑与固坡砂浆一次成形。

翻模固坡技术的原理是通过在填筑上游坡面支立带楔板的模板；在模板内填筑垫层料；振动碾初碾后拔出楔板，在模板与垫层料之间形成一定厚度的间隙；向此间隙内灌注

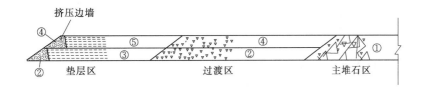

图 7-15 挤压边墙、垫层料、过渡料填筑施工程序图
①～⑤—施工先后顺序

砂浆；再进行终碾，由于模板的约束作用，使垫层料及其上游坡面防护层砂浆达到密实并且表面平整。模板随垫层料的填筑而翻升。

（5）界面处理其他方法。界面处理其他方法包括垫层料界面处理、心墙界面处理和坝壳料界面处理等。

1）垫层料界面处理。除挤压边墙和翻模固坡技术外，混凝土面板堆石坝上游垫层坡面处理还有碾压砂浆、喷涂沥青等方法。

碾压砂浆施工。垫层料坡面斜坡碾压完成后，摊铺厚 5～8cm 低标号水泥砂浆，用斜坡振动碾压实形成防护层。一般填筑面升高 10～20m 进行一次坡面碾压砂浆固坡施工。砂浆固坡护面施工摊铺幅宽按 2～3m，厚度 5～8cm，采用 10t 斜坡振动碾碾压，砂浆初凝前错距法碾压，碾迹搭接 10～20cm，采用静碾、振碾各两遍。

乳化沥青施工。在压实后的垫层坡面，喷洒 2～3 层乳化沥青，各层间撒以河沙，沥青初凝时，用轻型滚筒碾静压 2～3 遍，形成坚实的护坡表面。

2）心墙界面处理。心墙与基础接触面根据条件不同分别采取喷泥浆、铺土工膜等技术措施：当接触面为覆盖层时，采用复合土工膜部位处理；当接触面为混凝土面或岩石面，采用涂刷浓泥浆处理。

A．接触面复合土工膜部位处理。选用粒径偏细的防渗土料和小型运输设备进占法卸料；复合土工膜上铺土厚度在 0.50～0.60m 以内，宜分层采用轮胎薄层静碾；厚度达 0.50m 以上时，宜采用选定的压实机具薄层静碾压；0.80～1.20m 以上可采用选定的压实机具和碾压参数正常碾压；复合土工膜上 0.20～1.20m 范围压实标准宜按照低于设计标准 2%～3% 控制。

B．接触面涂刷浓泥浆处理。在混凝土或岩石面上填土时，应洒水湿润，并边涂刷浓泥浆、边铺土、边夯实，泥浆涂刷高度应与铺土厚度一致，并应与下部涂层衔接，不得在泥浆干涸后铺土和压实。泥浆土与水质量比宜为 1∶2.50～1∶3.00，宜通过试验确定；填土含水率应大于最优含水率 1.0%～3.0%，并用轻型碾压机械碾压，适当降低干密度，待厚度在 0.80m 以上时方可用大型压实机具正常压实。

3）坝壳料界面处理。坝壳料与岸坡及刚性建筑物结合部位，回填 1.50～2.50m 宽过渡料，宜采用垂直坝轴线方向碾压，不易压实的边角部位应减薄铺料厚度，用轻型振动碾压实或用平板振动器及其他压实机械压实。

7.5.2 填筑料碾压

根据碾压作业面的工作条件的不同，碾压可分为平面碾压作业和坡面碾压作业。大坝、道路基础和场地填筑为平面碾压作业，是碾压施工的常态，作业方法可分为进退错距法和条带搭接法。面板坝垫层、土工膜防渗垫层等需要坡面碾压作业，采用斜坡碾压法施工。

大坝填筑面内心墙土料碾压机具行驶方向以及铺料方向应平行于坝轴线，堆石料、过渡料振动碾实方向应平行于坝轴线，靠岸坡部位可顺岸坡碾压。

7.5.2.1 填筑面作业碾压方法

填筑面作业碾压方法包括进退错距法和条带搭接法，大坝坝面施工常用进退错距法。

(1) 进退错距法。进退错距法具有操作简便，可与其他工序比较协调，错距容易掌握，碾压、铺土和质检等工序协调，便于分段流水作业，压实质量容易保证等特点，因此，在土石方工程中使用最为广泛。

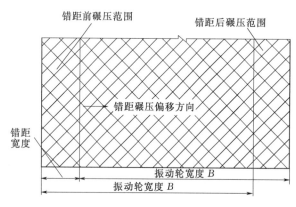

图 7-16　进退错距法碾压施工示意图

1) 方法原理。错距碾压法是指在已铺料平整、洒水后的分块填筑仓号内，自行式振动碾从该条带一侧按确定的速度、振动工况、重叠往返次数等施工参数振动行驶结束后，向另一侧偏移一个小于振动轮半宽的宽度（即错距宽度）再进行振动行驶，完成整个填筑仓号压实的施工过程，进退错距法碾压施工见图 7-16。

采用错距碾压法施工时第一个和最后一个振动轮宽碾压条带需振动碾压至设计碾压遍数，故存在两侧超压情况，错距宽度采用式 (7-2) 计算：

$$W = B/(N/n) - \Delta \qquad (7-2)$$

式中　B——振动轮宽，cm；

N——碾压遍数；

n——错距前重叠碾压遍数，宜取偶数，一进一退各算一遍；

Δ——振动碾行驶偏差允许值，cm。

采用错距碾压法施工时，要注意的事项有：重叠碾压遍数取值不宜过大，一般取 2 遍为宜。如碾宽 213cm 的振动碾碾压 8 遍，振动碾行驶偏差允许值 6cm 情况下，重叠碾压遍数 1 遍，错距宽度为 20cm，重叠碾压遍数 2 遍，错距宽度为 47cm，重叠碾压遍数 4 遍，错距宽度为 100cm。根据施工经验，重叠碾压遍数 2 遍便于施工操作。

振动碾行驶时，常发生一定宽度的行驶偏差，对偏差值要加以控制，否则会产生漏压情况。振动碾行驶偏差允许值一般取 5~10cm 较适宜。

由于碾压条带两侧需进行超压处理，因而整个碾压条带要有足够的宽度，否则不经济。

2) 主要技术指标。经济碾压条带宽度和错距宽度是进退错距法碾压主要技术指标。

采用错距碾压法施工，由于碾压条带两侧存在超压带，因而整个碾压条带的宽度有一个经济指标，即为碾压条带的经济宽度。

采用错距碾压法施工时，整个碾压条带的经济宽度 L（m）可按式（7-3）计算：

$$L = 2W[n + 2n + \cdots + (N-n)]/(100N_\rho) \tag{7-3}$$

式中　W——错距宽度，cm；

　　　N——碾压遍数；

　　　n——错距前重叠碾压遍数，宜取偶数，一进一退各算一遍；

　　　N_ρ——能承受的自行式振动碾施工效率下降率，为 3%～5%。

以碾压堆石为例，碾压 8 遍，重叠碾压遍数 2 遍，错距宽度为 47cm，ρ 取 5%，则经济宽度为 28.2m；如碾压 10 遍，则经济宽度为 26.3m。如果工作面宽度小于计算宽度，则选用错距碾压法不经济，可选择搭接碾压法。因此，从经济性分析，在场面宽时（如土石坝面、基础面），一般选择错距碾压法，狭窄工作条件（如道路）一般选择搭接碾压法。

实际施工中，主要通过经验来确定错距宽度，尚未有人对此做过系统的理论分析，且振动轮与土壤的相互作用研究是一个典型的三重非线性问题（土壤材料的非线性、几何变形的非线性及接触非线性），用理论分析的方法不一定能得到满意的解答。

对振动压实过程进行仿真分析和试验研究表明：土壤竖向应力沿轮宽方向对称分布，在距离轮缘约 1/5～1/4 处，土壤竖向应力衰减明显。应力值的减小表明该处的压实度相对较低，从而说明从轮中心到离轮边缘 1/5～1/4 轮宽处压实度变化较小，自离轮缘 1/5～1/4 轮宽处开始，压实度明显减小。通过对土壤竖向应力的分析认为，从应力开始明显衰减处重叠压实，可以获得较均匀的整体压实度。因此，建议施工中取 1/5～1/4 轮宽作为错距宽度。

根据上述研究成果，错距 1/5～1/4 轮宽可以保证压实效果，结合错距宽度计算公式，土、石料碾压 8～10 遍条件下整个碾压效果最佳，能量利用效率最高。

（2）条带搭接法。施工场面狭窄、碾压遍数有特殊要求时，常采用条带搭接法碾压施工，土石料碾压试验一般也采用条带搭接法进行碾压。

条带搭接碾压法是指在已铺料平整、洒水后的分块填筑仓号内，自行式振动碾从该条带一侧按确定的速度、振动工况、重叠往返次数等施工参数振动行驶结束，向另一侧偏移留出搭接宽度后进行振动行驶，整个区域压实完成一个循环后，再进行另一个循环，直到完成整个填筑仓号的压实遍数，搭接法碾压施工示意见图 7-17。

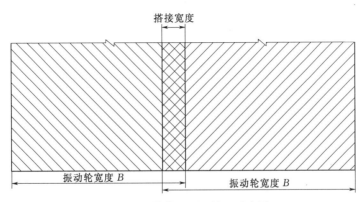

图 7-17　搭接法碾压施工示意图

采用搭接碾压法施工时，要注意的事项有：重叠碾压遍数宜取偶数，碾压过程要记忆碾压遍数。重叠碾压遍数取值一般取2遍为宜。

振动碾行驶时搭接宽度不宜小，否则会产生漏压情况。与错距碾压法比较，自行式振动就位难度稍大些，振动碾行驶的搭接宽度一般取10～15cm。

（3）工程应用。采用错距碾压法施工时，检查碾压遍数与是否存在漏压，可在碾压完成后一同进行，只需量测压痕间距即可。采用搭接碾压法施工时，检查碾压遍数与是否存在漏压现象需在施工过程中进行，碾压完成后也要做检查。采用错距碾压法和搭接碾压法施工，在质量控制理论上都有保障，但相对来说错距碾压法质量检查方法更简便。

现行施工规范对土石坝碾压施工推荐采用错距法碾压，碾压时错距不大于50cm；当采用搭接碾压时，搭接宽度不小于15cm。因为常规坝面条件下，错距法比搭接法碾压遍数一次合格率保证率高。

洪家渡水电站的大坝碾压试验表明：1遍错距碾压法的碾压效率较低，经济性不佳；2遍错距碾压法与2遍搭接碾压法的碾压效率相近，可据现场施工条件分别选用。根据错距碾压法分析，当工作面宽度小于经济宽度，则选用错距碾压法不经济，可选择搭接碾压法。

长河坝工程在仓面长度在200m、宽度10～20m条件下通过实时监控系统试验结果表明：搭接20cm碾压8遍碾压遍数合格率按照面积比率为83％～90％，平均为85％左右；错距法碾压8遍碾压遍数合格率按照面积比率为90％～93％，平均为91％左右。搭接40cm碾压8遍合格率在95％左右，但经济性较差。实时监控系统试验数据说明错距法客观上确实存在搭接宽度施工控制难度大，需要放大搭接宽度保证施工质量。

7.5.2.2 斜坡碾压方法

当土石方工程的填筑坡面作为其他结构基础时，如面板坝、土工膜防渗的垫层料作为面板和土工膜基础时，需要采用斜坡碾压法施工对坡面进行压实处理。

（1）方法原理。斜坡碾压时，坡面填筑料铺筑随主填筑区的升高而同步进行，在每层填筑料铺筑时，需要向上游超宽，当其铺筑高度达到3～5m或到一定高程后，再由人工配合机械进行削坡。削坡可采用激光导向反铲修整，并辅以人工清理，然后继续填筑，待斜坡面长度达到一定高度时，则利用布置于坡面顶部的卷扬机牵引满足一定重量要求的斜坡振动碾压，一般先静碾压2遍后再振动碾压4遍。振动碾压时，上行振动，下行静碾，直到达到设计要求。

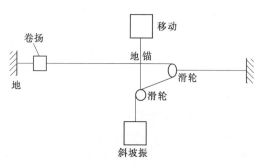

图7-18　基岩固定地锚示意图

（2）工程应用。天门河水库垫层斜坡碾压施工前拟定固定锚点及卷扬机牵引和160型推土机移动牵引两种方案，比较后根据工程实际情况选择160型推土机移动牵引方案。

方案一：在坝上游边的左岸或右岸埋设地锚，基岩固定地锚示意见图7-18。反铲挖机作为导向及移动地锚（该地锚必须移动）的工具，卷扬机通过固定在反铲上的转向滑轮牵引钢丝绳，固定在反铲上的固定双轮滑轮与固定在 YZT14L 型振动碾（YZT14 拖式改装）上的固定双轮滑轮用 2～4 股钢丝相连，用反铲的移动通过卷扬机控制来完成斜坡碾压。

方案二：不设置左岸、右岸固定地锚面，采用 160 型推土机行走牵引钢丝绳，坝面斜坡碾压的部位使用反铲挖掘机作为导向及移动地锚使用。在振动碾上设动滑轮，在反铲挖机处设定滑轮（转向滑轮），用推土机和挖机的移动来完成斜坡碾压。

通过计算、比较，发现方案一中，要重新购买大吨位的卷扬机，同时右岸的基岩不利于打固定的地锚；而方案二，可以利用工地现有机械设备，不用设置固定地锚，同时施工灵活。最后决定采用方案二，推土机移动地锚示意见图 7-19。斜坡碾压移动振动碾示意见图 7-20。

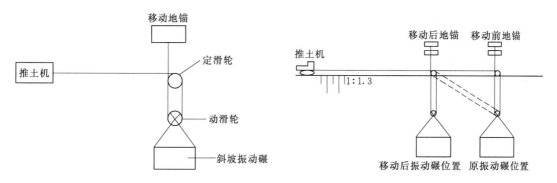

图 7-19 推土机移动地锚示意图   图 7-20 斜坡碾压移动振动碾示意图

7.5.3 坡面修整

土石方填筑工程边坡修整作业分为粗修和精修两道工序，施工可根据需要选择，传统作业条件下粗修使用反铲修整削坡，精修为人工修整削坡。近年来，随着激光精确制导技术和 GPS 数字化机械技术新技术发展，反铲通过精确定位技术实现高精度、高效坡面修整作业。

7.5.3.1 人工削坡

面板坝坡面修整先采用反铲粗削，然后人工精削的方法。经过反铲粗修的坡面一般有 10～20cm 需要人工削坡精修。

人工削坡前先进行测量放线控制。测量网格一般按照 5m 间距设置，放好点后，立即在点位上竖直方向打桩（测量桩必须牢靠，便于持久使用，采用长 1.2m、ϕ12 的钢筋桩），待测量数据计算好，按设计面高程上升 50cm 在钢筋桩上牢固绑扎胶布（胶布上边缘为高出设计面 50cm）作为拉线控制依据，每个施工程序根据具体要求用尼龙线拉线，安排自上而下平行削坡作业，依此基准线人工精细削坡至设计控制坡面。人工削坡作业时，需要考虑机械、人工对坡面的扰动，综合考虑预留 5cm 作为碾压的下沉量，即按比设计面高出 5cm 拉线进行人工精修坡面。

人工削坡测量网格为 5m×5m，沿垂直坝轴线方向根据测量桩先把线拉好（拉线必须拉紧，线中间不能有石头鼓线，尽量减小由于拉线过程产生的误差），沿坝坡自上而下根据拉线进行修整（修整时并不能确定两排垂直坝轴线方向测量桩中间部分是否到位，因此需根据已拉好的垂直坝轴线方向的线再拉 1 根平行坝轴线方向的线自上而下跟踪控制），对于修坡须铲除的料用溜槽自上而下排除。在人工修坡过程中往往会出现局部骨料集中的情况，特别注意一定要及时掺配细料，以免对平整度与干密度产生影响。

圆弧面削坡控制与平面区域削坡控制相似，但由于圆弧段的面不在同一平面上，对测量放点、拉线有更高要求。测量放点、打桩时每排测量桩必须垂直坝轴线，即按圆弧半径方向放点、打桩，且与平行坝轴线方向相对应的测量桩应控制在同一高程上，方格网成扇形布置，且通过计算，人工精修时两排垂直坝轴线方向测量桩之间距离最大处不得超过 2m。

7.5.3.2 反铲削坡

反铲修整削坡可分为坡面粗修和坡面精修。传统意义上反铲修坡为坡面粗修，随着科技发展，坡面的反铲精修成为一种趋势和施工技术发展方向。激光导向反铲和数字化反铲分别代表机械使用技术发展的不同阶段，数字化反铲可实现真正意义上的精准修整边坡。

（1）反铲粗修。根据反铲臂长度，一般填筑面上升 2～3m 需要采用反铲对坡面进行粗修。根据施工经验，坡面有 30～50cm 需反铲进行修整。由于反铲斗齿及操作本身的原因，反铲修坡控制不好很容易导致对原填筑面的扰动，引起坡面质量隐患。因此，操作时可在反铲斗齿上焊一槽钢，测量点一般按照 10m×10m 方格网，拉线原则为比设计面高 8cm，设专人指挥反铲及保护测量桩。

（2）激光导向反铲削坡。激光导向反铲操作简单，使用方便，工作效率高。采用激光导向反铲修坡能保证坡面的平整度与准确性。天生桥一级水电站工程垫层修坡主要采用激光导向反铲进行，局部由人工修整。边坡修整先用激光导向反铲修整，垫层边坡修整时宜留 5cm 的保护层，使碾压后的边坡基本上达到设计边坡。一般地激光导向反铲不能完全达到预留 5cm 的保护层，需要人工配合。

激光导向反铲修坡，需根据设备性能确定每次修坡间隔高度。面板坝垫层料具体修坡方法为：坝体每上升 3～4m，用激光导向反铲将原来超填的 30cm 垫层料，刮除 22cm，预留 8cm 作为斜面压实和坝体沉降的预留量。修整边坡前施工要求放线，激光导向反铲履带一侧正好压着上游边线，激光发射器置于修坡下部平台上，按设计边坡调好后发射激光，操作室的接收器接收到信号后，调整伸缩臂的坡度，即可进行修坡，修刮上来的垫层料堆于坝面可重复使用。

（3）数字化反铲修坡。数字化反铲就是将全球卫星定位系统、机载智能引导系统组合在一起，安装在施工机械上，对施工机械实时动态测量，并将机械实时动态数字数据通过智能引导系统，反馈至机械操作手，及时、准确地指导操作手完成各项任务。

系统包括接收机、电台、挖掘机上传感器、驾驶楼内安置车载显示器及基准站、卫星接收天线、无线电数据链电台及发射天线、直流电源等。

系统通过检测安装在挖掘机上的各种角度传感器，实时获知机位状态，经过解算校准过的主要枢轴尺寸，准确获知铲斗与施工基准设定的工作目标的具体里程桩号、高程。依据设计图纸，将设计参数转换成标准数据链，生成工地文件，再上传至挖掘机控制系统中，数据链通过机载控制系统转换成标准模块，通过驾驶室内的控制箱（车载显示器）显示图形、不同 LED 高程显示和声音信号等方式指示实际铲斗与目标工作面的具体位置，引导操作手精确施工。

智能系统的精确引导，可避免坡面修筑欠挖和过挖现象的产生，无需安排大量工人对预留的 20cm 虚土进行低效率的修整，只需要为挖掘机更换修整铲斗，便可以精确、高效完成全部任务。

7.5.3.3 削坡机削坡

渠道削坡机用于长距离、大断面渠道的清土找平施工，可对粗坡面进行精削、找平。自动削坡机削切采用智能操作时，一键遥控启动，自动连续切削，触摸屏菜单设置，工作效率高，每次切削宽度 1.2m，每分钟可切削 3～6m。渠道削坡机与渠道衬砌机、磨光机等机械配套使用，可以完成大型渠道的开挖和混凝土衬砌机械化施工。削坡作业工作内容包括：测量放样、轨道铺设、设备安装调试、削坡施工、平整度检查。

削坡施工时采用挖掘机粗削、削坡机精削。挖掘机粗削时，为保证削出的坡面平整，先用人工按标准修整宽 0.5m 的标准断面，挂施工线将挖掘机的斗齿改造成平板状，测量人员用仪器指挥挖掘机削坡。粗削坡自上而下进行，将削坡土刮至渠底，预留 10～15cm 厚的保护层，以免发生超挖或欠挖，并防止对基础的扰动或破坏。削坡机精削时，利用皮带将削除的土方输送到渠底，然后由自卸车运至指定地点。压实后的渠坡削坡后的平整度不大于 1cm/2m，符合要求，则移机到下一工作面。

7.6 填筑质量控制

7.6.1 填筑材料性能指标及检测

填筑材料性能指标是填筑材料是否可以作为填筑材料使用的标准与依据，《水电水利工程天然建筑材料勘察规程》（DL/T 5388—2007）对水利水电土石方填筑材料提出指标要求，《水电水利工程土工试验规程》（DL/T 5355—2006）、《水电水利工程水库区工程地质勘察技术规程》（DL/T 5336—2006）及《土工试验方法标准》（GB 50123—1999）提出了指标检测方法。

（1）砂砾料。砂砾料技术指标及检测方法见表 7-22。

表 7-22   砂砾料技术指标及检测方法表

项　目	检测方法	技术标准
砾石含量	筛析法	$5mm\sim\frac{3}{4}$ 填筑层厚度的颗粒粒径含量宜大于 60%
相对密度	振动台法或表面振动法	压实后 $D_r\geq0.85$
含泥量	筛析法	≤10%（黏粒、粉粒）
内摩擦角	三轴压缩试验/直接剪切试验	碾压后不小于 30°
渗透系数	常水头渗透试验	碾压后，大于 1×10^{-3}cm/s

砂砾料渗透系数应大于防渗体的 50 倍；干燥区的渗透系数可小些，含泥量亦可适当增加。

（2）反滤料。反滤层用料技术指标及检测方法见表 7-23。

表 7 - 23 反滤层用料技术指标及检测方法表

项　目	检测方法	技术标准
不均匀系数	筛析法	≤8
颗粒形状	筛析法	无片状、针状颗粒
含泥量（黏粉粒）	筛析法	≤5%
渗透系数	常水头渗透试验	≥5.0×10^{-3}cm/s

对于塑性指数大于 20 的黏土地基，第一层粒度 D_{50} 的要求：当不均匀系数 C_u≤2 时，D_{50}≤5mm；当不均匀系数为 2＜C_u≤5 时，D_{50}≤5～8mm。

（3）防渗土料。防渗土料指标要求及检测方法见表 7 - 24。

表 7 - 24 防渗土料指标要求及检测方法表

项　目	检测方法	细粒土粒技术指标	风化土料技术指标	
		均质坝土粒	防渗体土料	防渗体土料
最大粒径	筛析法			小于 150mm 或碾压铺土厚度的 2/3
击实后大于 5mm 碎、砾石含量	筛析法			宜为 20%～50%。填筑时不得发生粗料集中、架空现象
＜0.075mm 细粒含量	筛析法			应大于 15%
黏粒（＜0.005mm）含量	密度计法或移液管法	10%～30%为宜	15%～40%为宜	大于 8%为宜
塑性指数	塑液限联合测定法；碟式仪液限试验、搓滚法塑限试验	7～17	10～20	＞8
击实后渗透系数	变水头渗透试验	＜1×10^{-4}cm/s	小于坝壳透水料的 50 倍	
天然含水率	烘干法、酒精燃烧法	在最优含水率的 -2%～+3% 范围为宜		
有机质含量（以质量计）	重铬酸钾容量法	＜5%	＜2%	
水溶盐含量（指易溶盐和中溶盐总量，以质量计）	易溶盐总量烘干法；中溶盐酸浸提-质量法	＜3%		
硅铁铝比 SiO$_2$/Al$_2$O$_3$	SiO$_2$ 重量法，铁铝 EDTA 滴定法	2～4		
土的分散性	碎块试验、针孔试验、双比重计、孔隙水可溶盐试验	宜采用非分散性土		

（4）接触黏土。接触黏土指标要求及检测方法见表 7-25。

表 7-25   接触黏土指标要求及检测方法表

项　目		检测方法	技术指标
颗粒组成	＞5mm	筛析法	＜10%
	＜0.075mm	筛析法	＞60%
	＜0.005mm	密度计法或移液管法	不应低于 20%～30%
塑性指数		塑液限联合测定法，碟式仪液限试验、搓滚法塑限试验	＞10
最大粒径		筛析法	20～40mm
SiO_2/Al_2O_3		SiO_2 重量法，铁铝 EDTA 滴定法	2～4
渗透系数		变水头渗透试验	＜$1×10^{-6}$cm/s
允许坡降		变水头渗透试验	宜大于 5
有机质含量		重铬酸钾容量法	＜2%
水溶盐		易溶盐总量烘干法，中溶盐酸浸提-质量法	＜3%
天然含水率		烘干法、酒精燃烧法	宜略大于最优含水率
分散性		碎块试验、针孔试验、双比重计、孔隙水可溶盐试验	宜采用非分散性土

（5）（砾）石类土防渗料。（砾）石类土料作防渗体时，碎（砾）石类防渗土料指标要求及检测方法见表 7-26。

表 7-26   碎（砾）石类防渗土料指标要求及检测方法表

项　目	检　测　方　法	技　术　指　标
＞5mm 粒径含量	筛析法	不宜大于 50%（对高坝，应为 20%～50%），填筑时不得发生粗料集中、架空现象
＜0.075mm 粒径含量	筛析法	不应小于 15%
黏粒含量	密度计法或移液管法	全级配中宜不低于 6%～8%
最大颗粒粒径	筛析法	不宜大于 150mm 或不超过碾压铺土层厚 2/3
塑性指数	塑液限联合测定法，碟式仪液限试验、搓滚法塑限试验	＞6
渗透系数	变水头渗透试验	击实后小于 $1×10^{-5}$cm/s，并应小于坝壳透水料的 50 倍（允许比降宜为 2～3）
有机质含量（按质量计）	重铬酸钾容量法计量法测定	＜2%
水溶盐含量	易溶盐总量烘干法，中溶盐酸浸提-质量法	＜3%
天然含水率或填筑控制含水率	烘干法	与最优含水率接近，变化幅度宜在 -2%～+3% 范围内
SiO_2/Al_2O_3	SiO_2 重量法，铁铝 EDTA 滴定法	2～4

（6）堆石料性能指标。堆石料原岩指标要求及检测方法见表 7－27。

表 7－27　　　　　　　　　堆石料原岩指标要求及检测方法表

项　　目		检测方法	技术指标
饱和抗压强度/MPa	坝高不小于 70m	单轴抗压强度试验	＞40
	坝高小于 70m	单轴抗压强度试验	＞30
冻融损失率/％		直接冻融法	＜1
干密度/（g/cm³）		量积法、水中称量法和密封法	＞2.4
硫酸盐及硫化物含量（换算成 SO₂）/％		《建筑用卵石碎石》（GB/T 14685—2011）	＜1

7.6.2　填筑质量控制

填筑材料施工指标试验检测是填筑施工过程质量的标准与要求，《碾压式土石坝设计规范》（DL/T 5395—2007）提出水利水电土石方填筑施工技术指标，《碾压式土石坝施工规范》（DL/T 5129—2013）提出水利水电土石方填筑施工检测方法。

（1）施工指标。《碾压式土石坝设计规范》（DL/T 5395—2007）提出了含砾和不含砾的黏性土、砂砾石和砂、堆石料填筑施工技术指标。

1）含砾和不含砾的黏性土。含砾和不含砾的黏性土的填筑碾压标准应以压实度和最优含水率作为施工控制指标。用标准击实的方法，如采用轻型击实试验，对 1 级、2 级坝和高坝的压实度应不小于 98％～100％，3 级及其以下的坝（高坝除外）压实度应不小于96％～98％，对高坝如采用重型击实试验，压实度可适当降低，但不低于 95％；设计地震烈度为Ⅷ度、Ⅸ度的地区，宜取上述规定的大值；有特殊用途和性质特殊的土料，如高塑性土、膨胀土、湿陷性黄土，其压实度宜根据工程实际情况论证确定；砾石土按全料试样求取最大干密度和最优含水率，并复核细料干密度。

2）砂砾石和砂。砂砾石的相对密度不应低于 0.75，砂的相对密度不应低于 0.70，反滤料宜为 0.70 以上；砂砾石中粗粒料含量小于 50％时，应保证细料（小于 5mm 的颗粒）的相对密度符合上述要求。砂砾石料按相对密度要求分别提出不同含砾量的压实干密度作为填筑碾压控制标准。

3）堆石料。堆石的填筑碾压标准宜用孔隙率为设计控制指标，堆石料的孔隙率可在20％～28％间选取；堆石的碾压质量可用施工参数（包括碾压设备的型号、振动频率及重量、行进速度、铺筑厚度、加水量、碾压遍数等）及干密度同时控制。

（2）检测方法。《碾压式土石坝施工规范》（DL/T 5129—2013）提出了防渗体、反滤料、过渡料、垫层料及砂砾料、砂砾石、砂、堆石料的施工压实控制指标检测方法。根据不同坝料采用不同检测方法（见表 7－28），检测方法、检测密（密实）度、含水率，现场试验、室内试验应按照《水电水利工程土工试验规程》（DL/T 5355—2006）、《水电水利工程粗粒土试验规程》（DL/T 5356—2006）的规定进行。

核子水分-密度仪法、附加质量法、瑞利波、压沉值等快速检测方法宜与环刀法、灌水（沙）法等方法结合使用，满足稳定性、准确性、精度要求。

表 7 - 28　　　　　　　　填筑材料施工指标检测方法汇总表

坝料类别		施工控制指标	现场密（密实）度检测方法	现场含水率检测方法
防渗土料	黏性土	干密度、含水率或压实度（D）	烘干法、烤干法、核子水分-密度仪法、酒精燃烧法、红外线烘干法、微波烘干法	挖坑灌水（沙）法、环刀法、三点击实法、核子水分-密度仪法
	碎（砾）石土		烘干法、烤干法、核子水分-密度仪法、红外线烘干法	挖坑灌水（沙）法、三点击实法、碎（砾）石土最大干密度拟合法、核子水分-密度仪法
反滤料、过渡料、垫层料、排水层料、砂砾石料		干密度或相对密度（D_r）	挖坑灌水（沙）法、附加质量法、瑞利波法、压沉值法	烘干法、烤干法
堆石料		孔隙率（n）	挖坑灌水（沙）法、附加质量法、瑞利波法、压沉值法	烘干法、风干法

堆石料、过渡料采用挖坑灌水法测密度的试坑直径不小于坝料最大粒径的 2～3 倍，最大不超过 2.00m，试坑深度为碾压层厚。反滤料和过渡料应控制颗粒级配，堆石料填筑质量以施工参数为主并按规定检查压实质量。

（3）填筑材料施工检测新技术。土石料施工检测新方法主要包括高坝砾（碎）石土料和石料检测新技术。

1）心墙料。高坝心墙防渗材料一般使用砾（碎）石土较多，施工过程中要求对填筑土料细料和全料压实度进行控制，由于砾（碎）石土最大粒径一般都在 100mm 以上，常规三点击实试验无法进行全料压实度检测。

近年来在西南地区天然砾（碎）石土施工质量控制经验总结，提出砾（碎）石土最大干密度拟合法进行高土石坝全料压实度控制；糯扎渡掺砾土料全料 2688kJ/m³ 功能条件下 95％压实度与细料 20mm 592kJ/m³ 功能条件下 98％压实度标准基本一致，在工程中使用 20mm 细料压实度进行填筑过程质量控制，φ300 大击实定期对全料压实度复核。当土料黏粒含量高时，20mm 细料比 5mm 容易筛分，因此，使用 20mm 细料方便施工。

2）堆石料。堆石料密度一般用试坑灌水法检测，因堆石最大粒径达 100cm，试坑尺寸大，劳动强度大，费力、费时，检测效率低、代表性差且具有破坏性，难以满足多仓面、高强度、机械化快速施工要求。大型土石填筑工程堆石填筑方量按传统的施工检测评定与施工进度产生矛盾。先进的检测仪器并采取快速质量检验评定方法，已成为业界探寻的共同点。

国内小浪底、水布垭、瀑布沟、糯扎渡等大坝工程施工中采用一种新的、快速无损的原位密度附加质量法测定堆石密度；国内浙江汤浦水库东主坝在坝体正式填筑前的碾压试验过程中，把填筑层的压实沉降率作为试验项目之一，找寻沉降率与施工参数包括填筑厚度、碾压遍数之间的关系及沉降率与孔隙率（或干密度）之间的关系，取得了良好的效果。

附加质量法为大坝堆石体压实效果检测指标——密度的检测提供了一种快速、非破损性的实时测试手段，可以成为坑测法压实效果指标检测及质量评定的有益补充。采用附加质量法现场实时检测出来的堆石体密度值可作为单元工程验收评定的依据。但附加质量法检测结果易受检测环境中振动和检测对象中大块石的影响。附加质量法也成功应用于机场、公路等粗粒料填筑的压实密度检测。

7.7 特殊土料处理

采用特殊性质的土料时，需要进行专门的试验研究其填筑标准和方法，特殊性质的土料包括膨胀土、黄土、分散性土、红黏土和盐渍土等。

7.7.1 膨胀土

膨胀土具有吸水膨胀软化、失水收缩干裂的特性。采用膨胀土筑坝时，常选择心墙坝型使填土处于约束应力之下；在采用斜墙坝型时，在斜墙的顶上，则必须加足够的盖重；在坝顶部位，则需换用非膨胀土或掺合料，避免膨胀软化的危害作用以及降低填筑密度、填筑含水率控制在最优含水率的湿侧等。

膨胀土具有很高的黏聚性，当含水量较大时，一经施工机械搅动，将黏结成塑性很高的巨大团块，很难晾干。随着水分的逐渐散失，土块的可塑性降低，由于黏聚性的继续作用，土块的力学强度逐步增大，从而使土块坚硬，难于击碎、压实。因此，如果含水量高的膨胀土直接用作填筑材料，将会增加施工难度，延长工期，并且质量难以保证。

（1）膨胀土特征。

1）粒度组成中黏粒（$<2\mu m$）含量大于30%。

2）黏土矿物成分中，伊利石-蒙脱石等强亲水性矿物占主导地位。

3）土体湿度增高时，体积膨胀并形成膨胀压力；土体干燥失水时，体积收缩并形成收缩裂缝。

4）膨胀、收缩变形可随环境变化往复发生，导致土的强度衰减。

5）属液限大于40%的高塑性土。

6）属超固结性黏土。

膨胀土的基本特征表现为胀缩特性、裂隙性、超固结性。

（2）膨胀土的危害。由于膨胀土具有很高的黏聚性，当含水量较大时，一经施工机械搅动，将黏结成塑性很高的巨大团块，很难晾干。随着水分的逐渐散失，土块的可塑性降低，由于黏聚性的继续作用，土块的力学强度逐步增大，从而使土块坚硬，难于击碎、压实。因此，如果含水量高的膨胀土直接用作填筑材料，将会增加施工难度，延长工期，并且质量难以保证。

膨胀土路基遇雨水浸泡后，土体膨胀，轻者表面出现厚10cm左右的蓬松层，重则在50～80cm深度范围内形成"橡皮泥"；若在干燥季节，随着水分的散失，土体将严重干缩龟裂，其裂缝宽度1～2cm，裂缝深度可达30～50cm，雨水可通过裂缝直接灌入土体深处，使土体膨胀湿软，从而丧失承载能力，且由于膨胀土具有极强的亲水性，土体越干燥密实，其亲水性越强，膨胀量越大，当膨胀受到约束时，土体中会产生膨胀力，当这种膨胀力超过上部荷载或临界荷载时，出现严重的崩解，从而造成局部坍塌、隆起或裂缝。

（3）膨胀土的治理。基于对膨胀土工程性质的研究和大量工程实践经验的总结，国内外膨胀治理技术也在逐步发展，膨胀土治理技术主要有换土法、预湿法、压实控制法、化学处理法（改性处理）、土工格网加固法等方法。

1）换土法。用非膨胀土将膨胀土换掉是一种简易可靠的办法，但对于大面积的膨胀土分布地区显得不经济，且生态环境效益差。

2）预湿法。在施工前给土体浸水，使土体充分膨胀，并维持其高含水量，使土体体积保持不变，就不会因土体膨胀造成建筑破坏，但这种方法无法保证填筑体要求的足够强度和刚度。

3）压实控制法。该法控制膨胀土在低于容重和高含水量下压实可以有效减少膨胀，但高含水量的膨胀黏土压实很困难，而土体在低于容重下压实际强度较小，同样不能满足工程要求。

4）全封闭法（外包式路堤）。该法又称包盖法。在堤心部位填膨胀土，用非膨胀土来包盖堤身。包盖土层厚不小于 1m，并要把包盖土拍紧，将膨胀土封闭，其目的也是限制堤内膨胀土温度变化。但边坡处往往是施工碾压的薄弱部位。如果封闭土层与路堤土一道分层填筑压实，并达到同样的压实度，则处理效果会更好一些，但在实际施工中很难做到。

5）化学处理法（改性处理）。在膨胀土中掺石灰、水泥、粉煤灰、氯化钙和磷酸等。通过土与掺入剂之间的化学反应，改变土体的膨胀性，提高其强度，达到稳定的目的。国内外大量试验表明：掺石灰的效果最好，由于石灰是一种较廉价的建筑材料，用于改良膨胀土比掺其他材料经济。但因膨胀土天然含水量常较大，土中黏粒含量多，易结块，要将大土块打碎后再与石灰搅匀，施工中大面积采用有一定难度。此外，掺拌石灰施工时易扬尘（尤其掺生石灰），造成一定环境污染。

石灰改良土的改良机理包括阳离子交换作用、胶凝作用、碳酸化作用和化学作用四个方面。

A. 阳离子交换作用。石灰中的 Ca^{2+} 与土颗粒表面的阳离子，如 Na^+、K^+、H^+ 发生交换作用，使土颗粒胶体的双电层中扩散层变薄，土颗粒间结合力增强，土体强度提高，改善土体性质。由于石灰中的 Ca^{2+} 与土颗粒表面的阳离子发生交换作用，改变了土颗粒表面的带电性质，从而使胶体颗粒加速絮凝，使小的团粒相互凝聚变成大的团粒。

B. 胶凝作用。石灰中的 CaO 与土中的 SiO_2、Al_2O_3 发生反应，生成复杂的化合物，如硅酸钙盐、铝酸钙水化物，产生较强的黏结作用，使改良土的强度提高。

C. 碳酸化作用。改良土中的石灰与空气中的 CO_2 发生钙化反应，生成 $CaCO_3$ 使土硬化，起到了固化土体的作用。

D. 化学作用。由于生石灰与水在熟化过程中，发生吸水、发热、膨胀作用，可以降低土体含水量，促进土体的固结，这也有助于土体强度的提高。

6）土工格网加固法。土工格网加固法是受加筋土技术用于解决土体稳定加固边坡成功的实践所启示，近年来才开始采用的一种新方法。通过在膨胀土路堤施工中分层水平铺格网，充分利用土工网与填土间的摩擦力和咬合力，增大土体抗剪强度，约束膨胀土的膨胀变形，达到稳定目的。由于膨胀土路堤的风化作用深度一般在 2m 以内，所以土中加网长度只需在边坡表面一定范围内，施工方便。同时，土中加网后可采用较陡的边坡坡率，比正常路堤填筑节省用地，技术和经济效果好，是一种值得采用和推广的方法。

（4）膨胀土石灰改良路基场拌法施工。膨胀土石灰改良路基场拌法施工包括施工准备、基底处理、粉碎拌和、分层填筑、填料精平、洒水晾晒、碾压夯实、检验和整修养生 9 道工序过程。

1）施工准备。生灰改良膨胀土，在临时工程规划中，就需考虑安装球磨机等相关石灰加工设备的场地，做好碎土设备、稳定土拌和站的规划建设，并做好相应环境保护工作。熟石灰改良膨胀土，应选择一避风近水的场所进行石灰的消解、过筛，并把消解残余物集中堆放，及时清除，做好相应的环境保护工作。

2）基底处理。按照施工互不干扰的原则，划分作业区段，区段长度宜在 100～200m 之间；然后清除基底表层植被等杂物，做好临时排水系统，并在施工的过程中，随时保持临时排水系统的畅通。再对基底进行平整和碾压，并利用轻型动力触探仪或 K30 进行基底试验，经检验合格后方可进行填土。

3）粉碎拌和。液压碎土机在破碎膨胀土前应清除土中石块及树根等杂物，以免损坏液压碎土机；然后需检测膨胀土的含水量，当含水量合适时，即可进行粉碎。用装载机装料倒入碎土机仓斗内，人工配合疏通筛网进行粉碎作业，以免堵塞料斗。人工配合清理筛余物，并装入料仓内进行二次粉碎。用输送机把粉碎合格的膨胀土运至稳定土拌和设备的料仓内，用泵把石灰泵入粉料仓内，按照设计给定的施工含灰率，调试稳定土拌和设备，直到满足设计要求为止。因为石灰扬尘易对拌和设备的润滑部件造成损坏，从而造成计量的不准，含灰率有所改变，所以应定时在出料口检测含灰率，并做出适当调整。

4）分层填筑。按横断面全宽纵向水平分层填筑压实方法，填筑的松铺厚度由试验段确定。采用自卸车卸土，应根据车容量和松铺厚度计算堆土间距，以便平整时控制厚度的均匀。为保证边坡的压实质量，一般填筑时路基两侧宜各加宽 50cm 左右。

5）填料精平。填料摊铺平整使用推土机进行初平，然后用压路机进行静压或弱振一遍，以暴露出潜在的不平整，再用平地机进行精平，确保作业面无局部凹凸。层面控制为水平面，无需做成 4% 的路拱。

6）洒水晾晒。改良后膨胀土的填料在碾压前应控制其含水量在由试验段压实工艺确定的施工允许含水量范围内。当填料含水量较低时，应及时采用洒水措施，洒水可采用取土场内洒水闷湿和路堤内洒水搅拌两种办法；当填料含水量过大时，可采用在路堤上翻开晾晒的办法。

7）碾压夯实。当混合料处于最佳含水量以上 1%～2%，即可进行碾压。压实顺序应按先两侧后中间，先慢后快，先轻压静压后重压的操作程序进行碾压，两轮迹搭接宽度一般不小于 40cm。两区段纵向搭接长度不小于 2m。

8）检验。路基填土压实的质量检验应随分层填筑碾压施工分层检验。含灰率检测采用 EDTA 或钙离子直读仪法，压实度采用环刀法进行检测，地基系数采用 K30 承载板试验进行检测。

9）整修养生。使路基成形，达到规范要求的，在下层完成经检验质量合格后，若不能立即铺筑上层的或暴露于表层的改良土必须保湿养生，养生可采用洒水或用草袋覆盖的方法，养生期一般不少于7d。

7.7.2 黄土

黄土广泛分布于我国西北地区、华北地区，其主要特征是：①粉土颗粒含量大，可达60%～70%，黏粒含量约15%～25%，砂粒很少，塑性指数一般为8%～14%；②碳酸钙含量，一般达15%～20%或更高，在土粒间起胶结作用，形成在干燥时其结构稳定，浸水后因土粒间胶结软化而使结构崩溃的亚稳结构；③原状黄土有大孔隙，垂直节理发育，一般干密度1.20～1.47g/cm³，孔隙率33%～64%，因结构强度而使土层处于欠压密状态；④天然含水量低，一般只有10%～15%，甚至小于10%；⑤有湿陷性，即在浸水后会因结构崩溃而发生附加变形。

黄土在天然含水量时，一般具有较高的强度和较小的压缩性。但遇水后，在自重压力，或自重压力与附加压力共同作用下，有的会产生大量的沉陷变形，有的却并不发生湿陷。前者称为湿陷性黄土，后者称为非湿陷性黄土。

湿陷性黄土又分为自重湿陷性黄土（在自重压力作用下产生湿陷性的）和非自重湿陷性黄土（自重压力与附加压力共同作用下产生湿陷性的）。黄土产生湿陷的原因主要是其具有大孔结构和多孔性，被水浸湿后，水分子进入颗粒之间，土的强度降低，在压力作用下，颗粒彼此靠近，从而发生湿陷。土的大孔、多孔性的是湿陷产生的内因，而水和压力则是湿陷产生的外界条件。影响黄土湿陷性的主要物理性质指标为天然孔隙比和天然含水量。

在湿陷性黄土地基上进行工程建设时，必须考虑因地基湿陷引起附加沉降对工程可能造成的危害，选择适宜的地基处理方法，避免或消除地基的湿陷或因少量湿陷所造成的危害。

（1）湿陷性黄土的特征。在天然状态下，湿陷性黄土表现出如下的工程特性：①塑性较弱，液限一般23%～33%，塑限为15%～20%，塑性指数多为8～13；②含水较少，天然含水率一般10%～25%，常处于半固态或硬塑状态，饱和度一般为30%～70%；③压实度程度很差，孔隙较大，孔隙率大，常为45%～55%，孔隙比0.8～1.1，干密度常为1.3～1.5g/cm³；④抗水性弱，遇水强烈崩解，膨胀量较小，但失水收缩较明显，遇水失陷明显；⑤透水性强，由于大孔和垂直节理发育，故透水性比一般黏性土要强得多且具有明显的各向异性；⑥强度较高，尽管空隙率高，但压缩性仍然属于中等，抗剪强度较高。

（2）湿陷性黄土的危害。黄土虽然是在干旱或半干旱气候条件下形成的欠压密土，但并不是在任何荷载作用下受水浸湿都会产生湿陷。黄土本身具有一定的结构强度，当压力较小时受水浸湿，由于它在颗粒接触处所产生的剪应力小于其结构强度，与一般黏性土一样，只产生少量的压缩变形。只有当压力增大到某一数值以致剪应力大于其结构强度时，下沉速度才突然加快，从而反映出湿陷的特点。通常将黄土开始湿陷时的相应压力称为湿陷的起始压力，也可看作黄土受水浸湿后的结构强度。当湿陷性黄土实际所受的压力不小于土的湿陷起始压力时，土就开始产生湿陷；反之，如小于这一压力，则只产生压缩变形，而不发生湿陷变形。

压缩变形和湿陷变形是完全不同的两个概念，通常压缩变形在荷载施加后立即产生，随着时间的增长而逐渐趋向稳定。对于大多数湿陷性黄土地基来说（饱和黄土和新近堆积黄土除外），压缩变形在施工期间就能完成一大部分，在构造物竣工后半年即基本趋于稳定。而湿陷变形的特点是地基浸水后才突然发生，一般受水浸湿后 1～3h 就开始湿陷，而且变形量大，常常超过正常压缩变形的几倍甚至几十倍。就一般湿陷事故来说，往往 1～2d 时间内就可能产生 20～30cm 的变形量，这种量大、速率快而又不均匀的变形，往往使构造物产生严重变形，甚至破坏。湿陷的出现完全取决于是否受水浸湿，以及浸湿的范围和程度。有的构造物在施工期间即产生湿陷事故，而有的则在几年甚至几十年后才出现湿陷事故。

自重湿陷性黄土的场地受水浸湿后地表塌陷特征很明显。例如，在防渗不太好的长期流水的灌溉渠道两侧，常出现与渠道平行的纵向裂缝，在横向则形成一级一级的湿陷台阶；在局部低洼地段，积水后出现碟形凹地，自积水中心往外，形成一道道同心圆状的环形裂缝。在山西南部某工地有一水龙头长期漏水，日积月累，最后竟形成一个直径近 50m 的碟形湿陷凹地，湿陷中心部位的地面下沉达 100cm 以上。

工程建设前期的勘察阶段，需要增加大量的室内土工湿陷性试验，以期尽量将工程场地内黄土的湿陷性用湿陷系数、湿陷等级等物理力学性指标客观、准确地表达出来，设计时需要首先考虑地基处理、基础类型、黄土湿陷性的消除。对已建工程而言，如果对黄土的湿陷性或湿陷程度考虑不够，随着工程的投入使用和地下水位的变化、污水的排放、洗手间等集中用水处的渗漏等，土体的含水量会逐步增大，土体的形变也会越来越大，直至土体的结构发生破坏。此时，会导致建（构）筑物地基变形、基础拉裂、墙体裂缝，甚至成为危险建（构）筑物直至拆除，带来不可估量的损失。

碾压后的黄土是否具有湿陷性，决定于碾压过程中对其原状结构的破坏程度。湿陷性黄土用于筑坝时，只有在合适的含水率下压实到较高的密实度，彻底破坏其原状结构，才能消除其湿陷性。黄土一般不耐冲刷，且塑性偏低，适应变形的能力较差，易发生裂缝，因此要求做好反滤保护。对于保护 1 级、保护 2 级及高坝黄土防渗体的反滤料，最好经过试验验证。

（3）湿陷性黄土的治理。消除黄土湿陷性地基处理方法主要有灰土（或素土）垫层法、重锤表层夯实及强夯、深层搅拌桩法、挤密桩法、桩基础、预浸水法等几种。

1）灰土（或素土）垫层法。垫层法是先将基础下的湿陷性黄土一部分或全部挖除，然后用素土或灰土分层夯实做成垫层，垫层厚度一般为 1.0～3.0m，以便消除地基的部分或全部湿陷量，并可减小地基的压缩变形，提高地基承载力，可将其分为局部垫层和整片垫层。当仅要求消除基底下 1～3m 湿陷性黄土的湿陷量时，宜采用局部或整片土垫层进行处理；当同时要求提高垫层土的承载力或增强水稳性时，宜采用局部或整片灰土垫层进行处理。经这种方法处理的灰土垫层的地基承载力可达到 300kPa（素土垫层可达 200kPa），且有良好的均匀性。

垫层的设计主要包括垫层的厚度、宽度、夯实后的压实系数和承载力设计值的确定等。垫层设计的原则是既要满足建筑物对地基变形及稳定的要求，又要符合经济合理的要求。同时，还要考虑以下几方面的问题：

A. 局部土垫层的处理宽度超出基础底边的宽度较小，地基处理后，地面水及管道漏水仍可能从垫层侧向渗入下部未处理的湿陷性土层而引起湿陷，因此，设置局部垫层不考虑起防水、隔水作用，地基受水浸湿可能性大及有防渗要求的建筑物，不得采用局部土垫层处理地基。

B. 整片垫层的平面处理范围，每边超出建筑物外墙基础外缘的宽度，不应小于垫层的厚度，即并不应小于2m。

C. 在地下水位不可能上升的自重湿陷性黄土场地，当未消除地基的全部湿陷量时，对地基受水浸湿可能性大或有严格防水要求的建筑物，采用整片土垫层处理地基较为适宜。但地下水位有可能上升的自重湿陷性黄土场地，应考虑水位上升后，对下部未处理的湿陷性土层引起湿陷的可能性。

2）重锤表层夯实及强夯。重锤表层夯实适用于处理饱和度不大于60%的湿陷性黄土地基。一般采用2.5～3.0t的重锤，落距4.0～4.5m，可消除基底以下1.2～1.8m黄土层的湿陷性。在夯实层的范围内，土的物理、力学性质获得显著改善，平均干密度明显增大，压缩性降低，湿陷性消除，透水性减弱，承载力提高。非自重湿陷性黄土地基，其湿陷起始压力较大，当用重锤处理部分湿陷性黄土层后，可减少甚至消除黄土地基的湿陷变形。

强夯法加固地基机理是将一定重量的重锤以一定落距给予地基以冲击和振动，从而达到增大压实度、改善土的振动液化条件、消除湿陷性黄土的湿陷性等目的。强夯加固过程是瞬时对地基土体施加一个巨大的冲击能量，使土体发生一系列的物理变化，其作用结果是使一定范围内的地基强度提高、孔隙挤密。

单点强夯是通过反复巨大的冲击能及伴随产生的压缩波、剪切波和瑞利波等对地基发挥综合作用，使土体受到瞬间加荷，加荷的拉压交替使用，使土颗粒间的原有接触形式迅速改变，产生位移，完成土体压缩—加密的过程。加固后土体的内聚力虽受到破坏或扰动有所降低，但原始内聚力随土体密度增大而得以大幅提高；夯锤底下形成夯实核，呈近似的抛物线形，夯实核的最大厚度，呈近似的抛物线形，夯实核的最大厚度与夯锤半径相近，土体成千层饼状，其干密度大于1.85g/cm^3。

3）深层搅拌桩法。深层搅拌桩是复合地基的一种，近几年在黄土地区应用比较广泛，可用于处理含水量较高的湿陷性弱的黄土。它具有施工简便、快捷、无振动，基本不挤土，低噪声等特点。

深层搅拌桩的固化材料有石灰、水泥等，一般都采用后者作固化材料。其加固机理是将水泥掺入黏土后，与黏土中的水分发生水解和水化反应，进而与具有一定活性的黏土颗粒反应生成不溶于水的、稳定的结晶化合物，这些新生成的化合物在水中或空气中发生凝硬反应，使水泥有一定的强度，从而使地基土达到承载力要求。

深层搅拌桩的施工方法有干法施工和湿法施工两种。

干法施工就是"粉喷桩"，其工艺是用压缩空气将固化材料通过深层搅拌机械喷入土中并搅拌而成。因为输入的是水泥干粉，因此必然对土的天然含水量有一定的要求，如果土的含水量较低时，很容易出现桩体中心固化不充分、强度低的现象，严重的甚至根本没有强度。在某些含水量较高的土层中也会出现类似的情况。因此，应用粉喷桩的土层中含水量应超过 30%，在饱和土层或地下水位以下的土层中应用更好。

湿法施工是将水泥搅拌成浆后注入土中的方法。水泥浆通过柱塞式泥浆泵强制注入，除非特殊情况很少断浆，施工中一般采用预搅下沉时就喷浆的工艺，因此桩体的均匀性比干法施工好。但喷浆增加了水泥土的含水量，强度会受到一定影响，实际应用时需根据土的工程性质，尤其是含水量情况作出适当的选择。

4）挤密桩法。挤密桩法适用于处理地下水位以上的湿陷性黄土地基，施工时，先按设计方案在基础平面位置布置桩孔并成孔，然后将备好的素土（粉质黏土或粉土）或灰土在最优含水量下分层填入桩孔内，并分层夯（捣）实至设计标高止。通过成孔或桩体夯实过程中的横向挤压作用，使桩间土得以挤密，从而形成复合地基。值得注意的是，不得用粗颗粒的砂、石或其他透水性材料填入桩孔内。

灰土挤密桩和土桩地基一般适用于地下水位以上含水量 14%～22% 的湿陷性黄土和人工黄土、人工填土，处理深度可达 5～10m。灰土挤密桩是利用锤击打入或振动沉管的方法在土中形成桩孔，然后在桩孔中分层填入素土或灰土等填充料，在成孔和夯实填料的过程中，原来处于桩孔部位的土全部被挤入周围土体，通过这一挤密过程，从而彻底改变土层的湿陷性质并提高其承载力。

主要作用机理分两部分。

A. 机械打桩成孔横向加密土层，改善土体物理力学性能，在土中挤压成孔时，桩孔内原有土被强制侧向挤出，使桩周一定范围内土层受到挤压，扰动和重塑，使桩周土孔隙比减小，土中气体溢出，从而增加土体密实程度，降低土压缩性，提高土体承载能力。土体挤密范围，是从桩孔边向四周减弱，孔壁边土干密度可接近或超过最大干密度，也就是说压实系数可以接近或超过 1.0，其挤密影响半径通常为 $(1.5～2)d$（d 为挤密桩直径），由内向外，干密度逐渐减小，直至土的天然干密度，试验证明沉管对土体挤密效果可以相互叠加，桩距越小，挤密效果越显著。

B. 灰土桩与桩间挤密土合成复合地基，上部荷载通过它传递时，由于它们能互相适应变形，因此能有效而均匀地扩散应力，地基应力扩散得很快，在加固深度以下附加应力已大为衰减，无需坚实的下卧层。

5）桩基础。桩基础既不是天然地基，也不是人工地基，属于基础范畴，是将上部荷载传递给桩侧和桩底端以下的土（或岩）层，采用挖孔、钻孔等非挤土方法而成的桩，在成孔过程中将土排出孔外，桩孔周围土的性质并无改善。但设置在湿陷性黄土场地上的桩基础，桩周土受水浸湿后，桩侧阻力大幅度减小，甚至消失，当桩周土产生自重湿陷时，桩侧的正摩阻力迅速转化为负摩阻力。

因此，在湿陷性黄土场地上，不允许采用摩擦型桩，设计桩基础除桩身强度必须满足要求外，还应根据场地工程地质条件，采用穿透湿陷性黄土层的端承型桩（包括端承桩和摩擦端承桩），其桩底端以下的受力层：在非自重湿陷性黄土场地，必须是压缩性较低的非湿陷性土（岩）层；在自重湿陷性黄土场地，必须是可靠的持力层。这样，当桩周的土受水浸湿，桩侧的正摩阻力一旦转化为负摩阻力时，便可由端承型桩的下部非湿陷性土（岩）层所承受，并可满足设计要求，以保证建筑物的安全与正常使用。

6）预浸水法。预浸水法是在修建建筑物前预先对湿陷性黄土场地大面积浸水，使土体在饱和自重应力作用下，发生湿陷产生压密，以消除全部黄土层的自重湿陷性和深部土层的外荷湿陷性。预浸水法一般适用于湿陷性黄土厚度大、湿陷性强烈的自重湿陷性黄土场地。由于浸水时场地周围地表下沉开裂，并容易造成"跑水"穿洞，影响建筑物的安全，所以空旷的新建地区较为适用。

7.7.3 分散性土

分散性黏土在世界各地都有发现，美国、澳大利亚普遍发现分散性黏土，以色列、加纳、委内瑞拉、墨西哥、巴西、南非、泰国、越南、伊朗等国都发现有许多分散性黏土沉积层。我国分散性黏土分布也很普遍，在工程上遇到的有黑龙江、新疆、江苏等地，在地质勘探中发现分散性黏土的有湖北、浙江、广西、宁夏、辽宁、山东、河南、青海、吉林等省份。

分散性黏土遇到含盐量低的水会出现冲蚀和淋蚀破坏，给水利工程带来危害，事实上已有不少水利工程受到破坏和损坏，但是分散性黏土用来筑坝还是可行的。

（1）分散性土的特征及危害。分散性土（dispersive clay）是黏土在低含盐量水中（或纯净水中）细颗粒之间的黏聚力大部分甚至全部消失，呈团聚体存在的颗粒体自行分散成原级黏土颗粒的土，它的抗冲蚀能力很低。分散性黏土遇水后土颗粒逐渐脱落而形成悬液，极易被水流带走，其破坏要比细砂和粉土更为容易，因此容易造成堤坝管涌、路基失稳等现象。而非分散性黏性土由于其凝聚力很大，只会发生流土破坏，不会发生管涌破坏，有反滤保护时，其临界比降可以超过 20 以上，而一般取 4～5 为黏性土的抗渗允许坡降。

（2）分散性土的治理。工程实践证明对分散性黏土采取一定的措施，是能够有效防止对填筑体的破坏的。最近几年，许多分散性黏土室内试验确实表明有足够数量细砂颗粒的砂反滤能够控制分散性黏土的冲蚀并堵塞集中渗流。

设计和施工防止分散性黏土冲蚀措施主要如下。

1）在容易有集中渗流的地方，如岩基表面上或者在可能有很大不均匀沉陷的地方，有选择地填筑一些非分散性黏土。

2）在标准普氏最优含水量或非常接近标准普氏最优含水量的条件下，良好地控制压实密度。

3）特别谨慎地处理分散性黏土坝下的岩基表面（封闭裂缝）。

4）用消石灰或其他化学剂，把分散性状态的土料变成非分散性状态的土料。

5）用砂砾石混合料或其他材料盖住易遭受冲蚀或淋蚀的分散性黏土表面，防止干缩裂缝的产生或降到最低程度。

国内外的资料证明，用分散性黏土作防渗体的土坝，在采用必要的措施后，完全可以正常运用。美国新墨西哥州的洛斯·埃斯特罗斯（Los Esteros）黏土心墙坝，坝高 67m、坝长 580m、顶宽 11m，1976 年 6 月开始施工时发现心墙土料是分散性黏土，进行试验并采取补救措施——在心墙底部与岩基接触面上铺填 1.5m 厚的掺 4% 石灰的心墙土料，在心墙与原设计的反滤料之间增加一层经过试验能保护分散性黏土的反滤层，至今运行正常。阿根廷的乌鲁姆（ULLum）坝是世界上少数几个在地震活动区修建的、用分散性黏土作心墙的土石坝之一，坝高 67m、坝顶长 4000m，心墙底部填用 2% 石灰处理的分散性土，在心墙两侧用上部厚度不小于 2.0m、下部厚度不小于 5.0m 的砂反滤层。该坝在 20世纪 70 年代后期修建，至今未见有被损坏的报道。

（3）应用案例。引嫩扩建工程是向大庆油田供水的引水工程，北起原中引总干渠，南至龙虎泡水库，全长 97.1km，黑龙江省水利水电勘测设计研究院组织了地质、规划、土壤、化验、测量等专业对中分散性黏土进行综合调查，查明分散性黏土分布达 45.2km。对分散土性黏土治理，经方案比较，采取土工膜方案。在堤顶和迎水坡用不透水薄膜（防渗膜）包起来，在迎水坡土工膜上面覆盖 80cm 当地土层，碾压密实，再在这个基础上加20cm 非分散土，种植草皮，堤顶在土工膜上面加 50cm 当地土层，碾压密实，在坡水坡换土 20cm，种植草皮（为当地地面草皮长得好，可将清基的草皮覆上），经过通水运行未发现工程破坏问题。

安肇新河中游河道堤段有 11173m 是分散黏土土堤。1990 年工程建成，运行一年后，堤面就出现填土 0.5～1.5m³ 的溶洞，完好的堤肩被冲没，内外边坡冲刷严重，每年需维修，投入费用大，效果也不好。1995 年汛前，选择两处典型段，进行了消石灰处理，包括三个步骤。第一步，马堤坝坡表土削掉 38cm，尽量清除溶洞的部分，一般垂直于堤坡 1.3m 深，需要全部清除溶洞和软弱地方，并用石灰（3%）土回填修补，充分压实溶洞和软弱地方。第二步，把从坝上削下来的土或事先取自土料场的土和 3% 的消石灰拌和，在最优含水率下养护 3d，然后把处理好的材料平铺在坝的外壳上，用履带拖拉机碾压两遍。第三步，整平所有扰动的地方，敷设表土 3～5cm 并施以碱蓬、铁帚籽处理。石灰处理试验观测成果是：经过 500mm 降雨的考验后，用石灰处理的裸面冲蚀是轻微的，并且草皮覆盖较好，而未经石灰处理的溶洞和冲沟更加严重。

7.7.4　红黏土

红黏土是在湿热气候条件下的风化产物，我国南方分布较多。红黏土是碳酸盐类岩石经风化后残积、坡积形成的褐红色黏土，天然孔隙比大于 1.0，在一般情况下天然含水量接近塑性，饱和度大于 85%。

红土化作用在物质体现上分为黏土化、富铁化以及富铝化阶段。随着红土化作用的程度不同，结合红土工程地质性质的变化我国的红黏土分为三类：红土性土、砖红土、红土型铁矿。在我国分布最广的是第一类红土性土，红黏土、网纹红土及岩浆岩风化残积红土都属于这类红土，其在红土化作用的过程中处于中期阶段。

（1）红黏土的特征与危害。红黏土主要特征如下。

1）矿物成分以高岭石为主。

2）化学成分，土悬液的 pH 值小于 7。

3）物性指标，比重高达 2.8～2.9 或更高；流塑限都高而塑性指数不大。

4）渗透性，团粒间的大空隙使红土具有较大的渗透性，比一般黏土大。

5）压缩性，由于粒间结合力强而耐水，其容重虽低，但具有中低压缩性。在高压力下压缩变形并未停止，但没有因团粒结构崩溃而突然下沉的现象。

6）抗剪强度比同样密度的一般黏土高，并具有某些粒状土的性质。

红黏土地区由于红土化作用，产生了水土流失和地基开裂等地质灾害问题。红黏土形成过程中的微团粒化作用，土颗粒细小，因而造成水土流失。土颗粒细小，比表面积大，吸附的结合水膜增多，遇水膨胀失水收缩。而且红土化的过程中，形成的红黏土成散粒状，稳定性差。

红黏土作为填筑材料时，存在沉降变形大、变形稳定时间长、施工压实困难等问题。红黏土在路基施工的过程中，在改良时因其结团，很难破碎，只能对红黏土的表面进行改良。通过研究不同粒径范围内红黏土及石灰改良土的承载比，发现对干密度、吸水率和膨胀率强度、稳定性的影响很大，因此施工过程中应控制粒径的大小。

以往曾认为，红黏土黏粒含量和含水率高，密度低，不适宜作筑坝材料。但实践证明，红黏土具有较高的抗剪强度和抗冲刷能力，且具有中低压缩性，用红黏土填筑的土坝已运行多年，情况良好。1969 年建成的毛家村土坝，坝高 80.5m，用红黏土作为心墙材料，迄今运行正常。

红黏土干燥脱水的不可逆性也比一般黏土突出，是物理力学性质试验时需注意的问题。由于红黏土在高压力下的变形特性，使得高坝的总沉降量往往偏大，不利于裂缝控制，因此要求论证其压缩性是否满足要求。

（2）红黏土的治理。红黏土作为填筑材料的问题，主要是颗粒细小引起毛细现象严重，亲水性强结合水膜厚度大，渗透性差等。掺加无机材料主要是提高黏结力和降低土的天然含水率；掺加砂砾或砂性土是通过改变级配，增加粗骨料含量；采用隔水保护法如设置粒料吸收层、包芯法和包边法等改善水稳定性；施工技术的改进，如增大压实功能，减小含水率和降低松铺厚度。

现在常用的固化剂从形态上，分为固态固化剂和液态固化剂两种，从化学构成上分为固化剂和助固化剂两部分。固化剂改性土时，掺加可溶性无机盐，可以促进水化进行。固化剂、黏土和水之间发生各种化学反应，形成稳定的结构。

1）石灰加固。石灰稳定类基层是指将一定掺量的石灰和粉碎松散后的土经拌和，按最优含水率的条件下摊铺、压实和养护成型，且抗压强度满足规范要求。掺加石灰对土进行改性，主要是由于发生化学反应，使黏土的塑性降低，形成稳定的结晶结构。反应包括离子交换反应、$Ca(OH)_2$ 结晶反应、碳酸化反应以及火山灰反应。

土的表层与空气接触生成碳酸钙，这个反应是在土颗粒的表层进行，形成坚硬的晶体，阻止了进一步的反应，因此碳酸化的过程持续时间长。上述的各种反应过程形成胶凝物质、结晶结构，使土的强度和水稳定性增强。

采用石灰改性高液限土，液限与塑性指数都减小，CBR 值大幅增加。南宁地区高液限土掺加 5% 的石灰改性试验，发现在含水率高于最优含水率 4% 时，浸泡 45d 的 CBR 值增大。在高液限土路基中，通过掺加 6% 的生石灰对其改良，可用于高速公路路基填料。

2）水泥加固。水泥的强度来自水泥水化的过程，在此过程中水泥从无水状态转变成含有结合水的水化物，形成强度，水泥稳定土的强度也是来源于此。黏土掺入水泥进行改性，是由于水泥水化形成稳定的骨架结构，在孔隙中形成交织的结构。

3）砂砾改性。红黏土因其细粒含量较大，液塑限高，通过掺拌砂砾可以减少细粒的含量，降低液塑限，从而提高土体承载力。高液限土中掺加砂砾改良，根据掺砂率的多少分为三种结构型式。

第一种称为悬浮结构，这种情况下砂砾的掺量比较低，为 10% 左右，此时主要还是以红黏土细粒为主，砂砾虽然粒径大，但是彼此之间没有接触，未起到骨架的作用。此时，砂砾对液塑限和强度的影响不大。

第二种称为悬浮-密实结构，随着砂砾的掺量增加，达20%～30%之间时，红黏土的细粒含量所占的比例减少，液限明显下降，有些砾石之间接触，构成骨架，土体强度明显增强，收缩性下降。

第三种称为密实结构，砂砾的掺量超过30%，细粒含量所占的比例更少，砾石彼此之间紧密接触，骨架结构完整，粒径大的砾石之间由细粒填充，此时液限小，承载能力增大，收缩小。但是继续增大掺砂率，对红黏土的改性效果不是很明显。

（3）高液限红黏土改良研究。广西全州至兴安高速公路为红黏土属高液限土，不得直接用于路基填筑。工程区域红黏土广泛分布借用符合要求的路基填料需要远距离调运且废弃红黏土数量巨大，很不经济。改良高液限红黏土研究非常必要，通过掺砂砾、石灰、粉煤灰、二灰（生石灰、粉煤灰）、水泥及康耐稳定剂等试验进行液限、塑限、CBR等试验研究红黏土的路用性能改良效果，结论认为工程区红黏土惰性较强，提出掺加30%的砂砾是最有效、最经济的改良措施。

1）掺砂砾改良。掺砂砾改良直接改变了高液限红黏土的物质组成，增大了粗粒土含量，从而达到改善红黏土物理力学性质的目的，随着掺量的增加，甚至可以直接将混合土改变为粗粒土。

试验用砂砾采用天然砂砾，级配良好，最大粒径5cm，堆积密度1.70g/cm³，紧装密度1.80g/cm³。按质量比砂砾：土分别为1:2、2:3、1:1、3:2等4种配比进行试验。试验成果表明，随着掺量的增加，液限、塑性指数分别从56.5%、29.3逐渐降低至35.2%、14.8，CBR值从17.5%逐渐增大到46.6%。当掺量为30%时，液限、塑性指数分别为47%、24，已满足高速公路路基填料的要求。因此，若砂砾来源较困难时，30%是最经济的配比。当然，若砂砾材料充足，也可适当提高掺量以达到更佳效果。

2）掺石灰改良。石灰为生石灰，按生石灰：天然土为3%、4%、5%、6%、7%等5种质量配比进行试验，成果表明，随着掺量的增加，液限、塑性指数基本没变化，CBR值从17.5%增大到56.5%。由此可见，掺石灰对提高液限红黏土的强度有较明显的作用，但对其他方面的改良作用甚微。因此，本区域红黏土与石灰发生的阳离子交换较少，而凝胶作用、碳酸化作用相对较强。

3）掺粉煤灰改良。粉煤灰中含大量的SiO_2、Al_2O_3及CaO、MgO等，也可与黏土发生阳离子交换作用、碳酸化作用、凝胶作用，从而也可用来改良高液限土。

试验用粉煤灰为化肥厂无烟煤粉煤灰，堆积密度0.76g/cm³，紧装密度0.86g/cm³。试验按粉煤灰：天然土质量比为8%、10%、13%、16%等4种配比进行。成果表明：掺粉煤灰对降低高液限红黏土的液限、塑性指数基本无效果，而且随着掺量的增大，CBR值呈降低趋势。因此可以推测，粉煤灰与该地区的红黏土基本不发生阳离子交换等各项作用，且随着粉煤灰含量的增大，混合土的细粒组分也随着增大。

4）掺二灰改良。二灰主要为生石灰、粉煤灰，按质量比1:4～1:5混合。因此，掺二灰改良可发挥生石灰和粉煤灰的各自特长，提高混合土的早期强度和最终强度。

按二灰：天然土总质量比为13%、17%、20%、23%等4种配比进行试验。成果表明：掺二灰总的来说可以降低液限及塑性指数的，但降低幅度较小，仅约 2%，效果不显著，不能满足工程需要；CBR 值增大效果较显著，但掺量增大至一定程度后呈减小趋势。因此，更进一步说明了粉煤灰与红黏土间的各项物理化学作用均较弱。

5）掺水泥改良。水泥改良土的机理主要是水泥矿物与土中水发生水化、水解反应，分解出 $Ca(OH)_2$ 及其他水化物，这些水化物自行硬化或与土颗粒相互作用形成水泥石骨架，从而提高粗粒成分，改善土的工程性质。

水泥采用 P. O325 普通硅酸盐水泥，按水泥：天然土质量比为 3%、5%、7% 等 3 种配比试验。成果表明：掺水泥能降低高液限红黏土的液限、塑性指数，降低幅度约 3%，效果不显著；但掺水泥能显著提高强度，且 CBR 值与掺量相关性较好，掺量增加，其 CBR 值呈抛物线形增大，最大达 71.5%。

另外，考虑到水泥与土作用的时效性，在水泥与土拌和 10d 后再做液限/塑限试验，3 组改良土的液限分别 49%、48.4%、47.2%，降低 2% 以内。

6）掺土壤稳定剂改良。"康耐"土壤稳定剂是一种高分子土壤稳定剂，主要通过与土壤中阳离子进离子交换而改变土壤的物理力学性质。将"康耐"剂稀释后按"康耐"土壤稳定剂：天然土质量比为 5/10 万、8/10 万、10/10 万、20/10 万等 4 种配比进行试验，试验成果显示，掺加"康耐"土壤稳定剂降低高液限红黏土的液限、塑性指数效果不明显，且仅能少量提高 CBR 值。

7.7.5 盐渍土

盐渍土是盐土和碱土以及各种盐化土壤、碱化土壤的总称。盐土是指土壤中可溶性盐含量达到对作物生长有显著危害的土类。碱土是指土壤中含有危害植物生长和改变土壤性质的多量交换性钠的土类。

盐渍土是一种土层内合有石膏、芒硝、岩盐（硫酸盐或氯化物）等易溶盐且其含量大于 0.5% 的土。具有溶陷性、膨胀性和腐蚀性，其地基承载力变化大，随着季节和气候的变化而变化，在干燥时盐分呈结晶状态，地基承载力较高，一旦浸水后，晶体溶解变为液体，承载力降低，压缩性增大；土中含硫酸盐类结晶，体积膨胀，溶解后体积缩小，易使地基土的结构破坏，强度降低并形成松胀盐土；由于盐类遇水溶解，使地基容易产生溶蚀现象，降低地基的稳定性。在天然状态下，盐渍土为很好的地基，一旦自然条件改变就会产生严重的溶陷、膨胀和腐蚀，使建筑物裂缝、倾斜或结构被腐蚀破坏。

（1）盐渍土的成因。盐渍土的成因主要是海水浸入到沿岸地区或内陆盆地、洼地中，易溶盐随水流由高处带往低处，或冲积平原上易溶盐地下水位上升，经过毛细作用和蒸发作用，盐分残留、凝聚地面而形成。盐渍土一般分布在地表至地面下 1.5m 的部位，个别可达 4.0m，土的含盐量多集中在近地表处，向深部逐渐减小；受季节性变化很大，旱季盐分向地表大量聚集，表层含盐量增高，雨季盐分被水淋滤下渗，含盐量下降。

（2）盐渍土的病害及机理。按盐渍土中所含主要易溶盐成分的阴离子把盐渍土分成：氯盐渍土、硫酸盐渍土、碳酸盐渍土等。盐渍土作为一种特殊土壤，在工程上被当作填筑料和基础持力层时具有诸多的特殊性。如含氯化物盐渍土中所含的氯化物溶解度较大、吸湿性强，结晶时其体积不发生变化，因此不会发生大的盐胀病害。但氯化物盐渍土最忌淋溶湿化，一旦被水浸蚀，就会出现过度的黏附性和坍塌现象，密度随之下降，强度降低，产生溶蚀现象。硫酸盐在结晶时会结合一定数量的水分子，体积增大，脱水时体积又缩小，这个过程反复作用就会破坏土体结构，导致冻胀、盐胀、翻浆等病害，降低路面稳定性等。

1）盐溶。由淡水或低矿化度溶液对岩盐地层的溶解作用而产生各种形态洞穴的物理地质现象，定义为盐溶。盐溶发生时，侵入物破坏了岩盐体的原来结构，使之出现溶洞、溶孔，成片时为溶塘、溶沟。孔洞露出地表时，称为明洞；隐伏在地表下的，称为暗洞。

2）次生盐渍化。次生盐渍化又称为再盐渍化，它本身并非病害，但能促进盐渍土的其他不良地质作用，如冻胀、盐胀、翻浆等的发生，是造成病害的一个根本性因素。而引起次生盐渍化的根本原因就是盐渍土中的毛细管水上升。

3）腐蚀。盐渍土中含大量易溶盐，它使土具有明显的腐蚀性，会对工程设施构成威胁，严重影响其耐久性和安全性。

氯盐盐渍土：氯盐中起主要腐蚀作用的是氯离子，它对混凝土结构中的钢筋等的腐蚀性很强。

硫酸盐盐渍土：硫酸盐以钠盐为主，会腐蚀水泥、黏土制品（砂浆、混凝土、砖等），这是因为硫酸盐能与水泥水化物起化学反应生成新相，同时产生体积膨胀，致使水泥制品、砖等粉化、剥裂，导致其强度降低而受破坏。

4）盐胀。盐渍土会随土体中温度、湿度的变化而体积膨胀。盐渍土的体积膨胀一般分为结晶膨胀和非结晶膨胀，具代表性的分别为硫酸盐渍土和碳酸盐渍土。如填筑土盐渍土的硫酸钠大于2％时，其体积的膨胀高度肉眼可见，严重安全。秋后温度降低，往往引起较深范围土层中硫酸盐吸水结晶体积增大，表面看来，这好像为土体聚冰冻结，其实不然，因而称之为盐胀以示区别。

碳酸盐是盐的非结晶过程。碳酸盐中含有大量的吸附性阳离子，具有很强的亲水性，遇水后很快与胶体颗粒相互作用，在胶体颗粒和粒土颗粒周围形成稳固的结合水薄膜，从而减少了颗粒间的黏聚力，引起土体膨胀。

5）松胀。松胀就是指本来密实度较高的土体，在土体膨胀的反复周期作用下，出现不可逆变形，致使体积膨胀、土体结构松散。松胀的本质还是在于盐渍土的膨胀性，因而多发生在硫酸盐和碳酸盐含量较高的填筑料中，且多出现在表层。随着昼夜温度升降的反复作用，无外载作用部位体积膨胀不能恢复；同时，随着土体体积的增大，会出现宽度不等的裂缝，在风和强烈阳光的作用下，表层土体中的水分迅速散去，剩下土颗粒及不含水分的盐晶，促使裂缝扩展，相互贯通，并向地层下延伸，加速了土体的松胀程度。

夏季气候炎热，盐渍土地区地温极高，土中含易溶盐的溶液经土体中的毛细管上升至地面，继而水分蒸发后，留下无水的结晶盐，久而久之在表层形成一层污雪状的松散层，表层原来的密实土被这层松散层所覆盖，致使松胀病害出现。松胀程度与土中含硫酸盐的多少、土的类型以及当地的气候、水文条件有关。此外，深度还与路堤的阳坡和阴坡有关，如同一地段阳坡松胀深度为0.1～0.20m，阴坡仅为0.05～0.10m。松胀深度也随地区差别而有所不同，一般是在0.30m以内，在南疆铁路上有些地段其松胀深度超过0.30m。

6）冻胀和翻浆。含盐的水比不含盐的水的冰点低，但温度低于含盐水的冰点也会冰结，所以盐渍土仍会产生冻结现象。当路堤在冬季受到冻结作用时，水分经常是由温度较高的土层向温度较低的土层方向移动，以致在临界冻结深度聚冰层附近就发生水分聚集的现象。聚集的水分来自基地的地下水，通过其毛细管作用而上升。冰冻土层中的冰粒或冰层，使其体积大大超过了土原有的孔隙和含水体积，即称之冻胀现象。

盐胀和冻胀区别如下。

A. 冻胀是从他处的水转移聚集到冻结区，使水、土冻结成为整体而膨胀；而盐胀是在温度变化影响下，土体本身所含易溶盐和水分的结晶变化结果。

B. 冻胀有明显的外部水分转移；而盐胀则保持原有水分不变。

C. 冻胀必须在气温达到零度以下才能出现；而盐胀在一定温度下，当土中易溶硫酸盐溶液达到饱和溶解度时即可发生。

至春季融冻时，上层冰粒首先溶化，而下层一时尚未溶化，则上层的水分无法下渗，致使上层填土中的含水量超过液限，加上周期荷载通过时的挤压、冲击作用，因而使路基出现翻浆。因硫酸盐的晶体在春溶时脱水，延长了翻浆时间，再加上硫酸盐吸附钠离子的膨胀作用，路面就泥泞不堪。

（3）盐渍土的病害治理。盐渍土病害通常不是单一发生的，而是几种病害会在同一地段同时、反复出现。盐渍土地区的病害要以预防为主，病害出现后，要及早进行处治。在岩盐发育地段进行土石方工程填筑时，根据溶洞发育程度、岩盐厚度和松密程度等分别对待。

A. 当岩盐厚度较薄、溶洞发育、岩盐结构疏松时，一般采用换填，即清除岩盐，用片石、砾石土、细砂分层换填。对于盐渍土覆盖层浅而且含盐量低的情况，也可以采用浸水预溶法。

B. 当岩盐厚度较厚、溶洞发育、岩盐结构致密时，一般采取揭开盐壳，填堵溶洞并捣实，然后回填卵、碎石至原地面，并采取人工方法（钻孔自流排水）来降低岩盐下承压水水头高度，以达到控制溶洞发育的目的。

C. 对于防止次生盐渍化而引起的工程病害，一般采取控制路基最小高度的措施（抬高路基），但这种措施造价较高。也可利用砂石料设置一层隔断层，使毛细水上升的高度达不到盐渍土填料。但是在西部地区，砂石料不一定能够满足需要。另可使用土工布隔断水分的浸蚀，但这种方法对施工要求严格，施工质量不宜控制，也很难完全隔断水的浸蚀。

D. 解决对周围环境的腐蚀问题，可采用特种水泥、加大钢筋保护层厚度，或是在构筑物外表涂上沥青等进行预处理。

E. 防止盐渍土膨胀一般以预防为主，即严格控制路基填土中引起膨胀的盐分的含量：硫酸钠含量小于 2％，碳酸钠的含量不大于 0.5％。如果路基出现膨胀，可以采取钻孔灌浆（$BaCl_2$）的方法消除膨胀。若出现松胀，可对松胀部分重新密实，或是把表面松散层除去、换填。

8 数字化施工技术

随着卫星定位技术和互联网络技术、无线网络技术的发展，数字化施工技术在土石方工程施工管理得到推广应用。数字化施工技术通过糯扎渡、毛尔盖、长河坝和溧阳抽水蓄能电站等工程应用，已由工序控制技术发展到施工过程控制和全过程控制，其技术的发展也由传统的激光、微波、声波控制技术发展到 3D 技术、数字化信息平台和智能机器人自动实现技术。

8.1 设备控制技术

设备控制技术包括超声波定位测距技术、激光控制技术、卫星导航控制技术、无人驾驶技术等。

8.1.1 超声波定位测距技术

超声波在空气中的衰减较大，只适用于较小的范围。超声波在空气中的传播距离一般只有几十米。短距离的超声波测距系统已经在实际中应用，测距精度为厘米级。超声波定位系统可用于无人车间等场所中的移动物体定位。

超声波检测是一种物理手段，利用超声波的性质来判断目标的距离，是根据超声波在检测区域内运动时遇到界面反射所呈现的特征来判断物体位置状况的无损检测方法。

超声波检测是通过观察与分析反射波或透射波的时延与衰减情况，来获得物体内部有无缺陷以及缺陷的位置、大小和性质方面的信息。超声波传感器的特点是其方向性好且可以达到厘米级定位精度，在一些要求较高的定位系统都是采用基于超声波传感器的测距方式。

在实际中发现利用 16 位的定时器能够探测的距离仅在 1.46m 之内，通过采用降低时间精度来提高超声波的工作范围，把时间精度降低为原来的 1/3，则探测范围可达到 4.8m，实际检验该设计可以实现且有良好准确的测距效果。

8.1.2 激光控制技术

激光控制技术在世界发达国家已经得到广泛的使用，近年来国内在农田基本建设、水利水电工程、公路铁路建设、机场建设和市政工程等土方工程中得到推广应用。激光控制技术主要用于施工工作面的自动找平或开挖坡度控制。

激光自动控制技术是利用激光束参照平面作为非视觉控制手段，代替常规机械设备中操作人员的目测判断方法，自动控制铲刀刀口的升降高度，以便达到精确整平的效果。主要由激光发射器、激光接收器、控制器等组成。

8.1.3　卫星导航控制技术

卫星导航控制技术指利用全球的卫星定位导航系统进行施工过程的控制与管理，目前只有美国的全球定位系统及俄罗斯的格洛纳斯系统是完全覆盖全球的定位系统。中国北斗卫星导航系统是中国自行研制的全球卫星导航系统，是继美国的全球定位系统、俄罗斯的格洛纳斯卫星导航系统之后第三个成熟的卫星导航系统。北斗卫星导航系统和美国全球定位系统、俄罗斯格洛纳斯系统、欧盟伽利略系统，是联合国卫星导航委员会已认定的供应商。

数字化机械就是将卫星导航技术、机载智能引导系统组合在一起，安装在施工机械上，对施工机械实时动态测量，并将机械实时动态数字数据通过智能引导系统，反馈至机械操作手，及时、准确地指导操作手完成各项任务。

数字化挖掘机可实现对坝料挖、装全过程进行监控，在整个开挖过程中可对开挖成型断面几何尺寸精确控制并可同步实现跟踪记录总的挖掘吨数、每小时挖掘吨数和工程挖掘进度。

数字化平地通过安装在推土机、平地机上的全球卫星定位监测技术实时准确地获知铲刀三维位置和姿态，系统通过比较数字化三维设计基准模型与当前铲刀三维位置及姿态信息，以图形、数值和声音信号等多种方式指示实际铲刀与目标工作面的相对位置，引导操作手手动或自动控制铲刀，从而做到对铲刀位置姿态进行实时的三维自动控制。

数字化压路机采用最先进的高精度全球卫星导航系统实时差分定位技术（RTK 定位）、CAN 总线技术以及成熟的振动碾压传感器技术，通过系统配套应用软件实时处理获知的压路机钢轮准确三维位置和姿态信息，以及压实传感器实时监测到的钢轮振动响应状况，以图形、数值和声音信号等多种方式显示 CMV（压实测量值）值、行驶轨迹、速度、振动频率、碾压次数、碾压遍数、厚度、横坡坡度值等信息，及时发现碾压薄弱区，从而有效引导操作人员工作。碾压原始数据也能够保存下来，从而达到碾压过程控制和事后查看追溯的目的。

8.1.4　无人驾驶技术

自动驾驶系统可综合实现设备作业速度自动控制、设备自动作业控制、触屏监控、自动避障转向等功能，可分为无人驾驶系统和驾驶辅助系统。无人驾驶系统可分为模拟人工智能无人驾驶系统和自动导航驾驶系统。

模拟人工智能无人驾驶系统依靠装在设备不同部位的摄像机、测距传感器和激光雷达等设备以及精确详细的导航地图，根据计算机系统模拟人工智能实现无人驾驶。

自动导航驾驶系统可分为液压转向自动导航驾驶系统和方向盘式自动导航驾驶系统。液压转向自动导航驾驶系统由高精度差分基准站、车载导航终端、系统控制软件和液压控制自动驾驶模块四部分组成。系统包括卫星天线、导航光靶、转子方向传感器、电磁液压阀、手机信号模块、拥有固定 IP 的网络、电脑、卫星接收机和服务器监听软件等。方向盘式自动导航驾驶系统由卫星自动导航、电控液压转向、作业机具控制、油门开度自动调节、自动避障、遥控点火起步、紧急自动熄火和终端显示等多项自动化控制技术组成。主要包括卫星接收机、控制箱、电磁方向盘、角度传感器、便携式基站等。

8.2 设备自动管理技术

施工过程设备自动管理技术包括车辆自动识别、车辆自动称重、油料自动管理、自动加水控制等。

8.2.1 车辆自动识别

车辆自动识别系统包括近距离（几个厘米）识别的感应式 IC 卡出入管理系统和远距（10m 内）识别的微波频段远距离射频车辆自动识别系统。

（1）感应式 IC 卡出入管理系统。感应式 IC 卡出入管理系统主要由 IC 卡、PLC 入口逻辑程序控制机和外围设施构成，系统是一种近距离感应卡，识读距离只有几个厘米，也称为非接触式卡。在实际使用中，需要车主将车辆停下来→摇下车窗→手持 IC 卡伸出车窗外→进行刷卡→再继续进出。

IC 卡车辆出入管理系统需要停车，不能实现更为先进和人性化的无障碍自动出入；很多停车场是在地下，IC 卡车辆出入管理系统使得车主要在上坡的位置停车、校验和通过，给车主带来了不便。

（2）微波频段远距离射频车辆自动识别系统。微波频段远距离射频车辆自动识别系统是采用数字技术、控制技术及国际先进的 RFID 技术，与计算机软件技术相结合，对进出工程场地的运输车辆实行无人值守型管理。系统自动判断和记录车辆进出时间和次数，并自动生成报表供查询和打印。

经过系统注册的远距离标签卡粘贴在工程车挡风玻璃前，当车辆驶入或驶出工程场地到达天线正前方时，远距离标签卡被天线传来的红外信号激活工作。远距离标签卡发出无线射频信号（ID 识别代码）经接收天线接收处理后传送到系统控制器，ID 识别代码经系统控制器逻辑处理后上传电脑系统控制软件。系统控制软件对传来的 ID 识别代码作逻辑判断。此 ID 号是经过系统注册的合法卡，则启动设备抓拍此工程车辆图片并与此 ID 号的相关登记内容一同保存于数据库中；若此 ID 号不是经过系统注册的非法卡，则不抓拍图片，另把此 ID 号记录到黑名单中，供管理员查询。

系统采用世界领先的微波频段远距离射频识别技术，每部车辆上均安装有一张预先在系统注册的有源感应卡。有源感应卡会不断的发射微波信号，当安装在出入口附近的远距离阅读器接收到感应卡信号后，远距离读卡器通过 485（或者韦根）接口将卡信号发给通道控制器。通道控制器判断卡片的合法性，如果合法，则控制器上的继电器动作，驱动道闸开启，允许车辆出入，否则不予放行。可在门卫处安装一台计算机，用来实时监控车辆出入记录，包括车辆部门、司机姓名、牌照以及照片。可配合图像抓拍模块，在车辆出入时，实时抓拍当前车辆照片并保存在数据库中。

系统控制模式有单通道进出控制和双通道进出控制两种。

单通道进出控制。通道宽度 2~4m，读卡距离最好限定在 10m 以下，如有需要可以不必停车，车速控制在 60km/h 以下为宜，感应卡选择 ML300/301，将其安装在车的挡风玻璃后面或者车内合适地方。ML-RFS-300 阅读器用不锈钢立柱固定在通道旁或者悬于通道顶部恰当位置，安装时可根据现场实际情况调整至最佳离地高度和角度。

双通道进出控制。通道总宽度 4～6m，一进一出，读卡距离限定在 10m 以下，若有需要可以不必停车，车速控制在 60km/h 以下为宜。感应卡选择 ML300/301，将其安装在车的挡风玻璃后面或者车内合适地方。ML‐RFS‐300 阅读器用不锈钢立柱固定在通道旁或者悬于通道顶部恰当位置，安装时可根据现场实际情况调整至最佳离地高度和角度。

8.2.2 车辆自动称重

车辆自动称重系统是采用数字技术、显示技术、控制技术及国际先进的 RFID 技术，与计算机软件技术相结合，对进出工程场地的运输车辆实行智能化管理。系统自动判断和记录车辆进出时间和次数以及称重的重量，并可以立即打印报表，电脑自动生成数据备份以供查询。系统主要由远距离读卡系统、图像抓拍系统、LED 显示系统、软件管理系统四个分系统组成。

远距离读卡系统对过往车辆进行数据采集；图像抓拍系统可实时对过往车辆进行监控，车辆刷卡瞬间进行图像抓拍，图像自动保存，方便管理人员随时查验；LED 显示系统显示相关内容"××号车第××次进出场"，供司机及相关人员查看，使系统工作直观、人性化；软件管理系统对车辆信息进行实时登记显示和存储，供司机和管理者进行数据核对和打印，并且具有自动报号功能。

8.2.3 油料自动管理

油料自动管理系统适用于建有自有固定油站的使用单位各级管理者和操作者，系统具备发卡、监控、中心管理功能，系统分为发卡系统、监控系统、中心管理系统三个子系统。

发卡系统包括数据维护、卡片管理、日常工作、查询管理等工作内容。

监控系统包括系统信息维护、系统设备管理、数据处理、动态显示等功能。

中心管理系统包括权限设置、基础数据设置、车辆管理、维修保养、油料管理、油料查询、油料报表等工作内容。

8.2.4 自动加水控制

利用无线射频技术（RFID）、自动控制技术和 CDMA 无线技术建立运输坝料车辆自动加水控制系统，系统可实现自动读取加水车辆信息、自动显示车辆加水状态、自动控制加水设施工作状态功能。自动加水控制系统由加水站、射频读卡器、车辆射频卡等组成。无线射频技术具有非接触、阅读速度快、无磨损、自动化等优势，在实现上坝运输车辆加水自动监控功能的同时不影响施工进度。

加水站应布置在坝区附近或坝内的平直路段，排水系统应通畅。加水站设置射频读卡器，并配备字幕、语音提醒装置。车辆进入加水区后自动开启控制阀加水，加够水量后自动关闭阀门，并发出提醒信号。车辆射频卡内记录有载重量，系统根据输入的坝料加水率（以质量比计）自动计算加水量，当加水站射频读卡器读取到车辆信息后，系统启动加水程序，自动阀门开启，结束后自动关闭并同步向司机发出提醒信号，车辆方可离开。如果采用流量计，系统可直接读取流量计数据判定加水量，如果供水管内流量较稳定，通过率定后输入流量值，系统根据加水时间判断加水量。

系统采用信号自动提示车辆空闲、正在加水、加水结束等不同过程状态。当信号提醒空闲时，待加水车辆进入加水区，系统自动读取车辆信息，自动打开加水管道阀门，加水结束后自动关闭阀门，信号提示车辆可离开。

自动加水控制系统主要监控设备是在加水站面对车辆一侧安装无线射频接收装置，车辆面对加水车一侧安装信息板，信息板的信息能被加水站的无线射频接收装置接收，接收到信息传递到自动加水控制系统，实现自动加水，并把自动加水后的信息通过无线通信技术传送到控制中心。当车辆未按要求加水时，系统向驾驶室与管理人员发出报警信号。系统自动将加水量信息发送到总控制中心，评判加水量是否达标；当不达标时予以报警提示。系统同时具有加水量统计功能，并根据需要形成分类统计报表。

8.3 数字化填筑控制系统

数字化填筑控制系统采用地理信息系统、海量数据库技术、网络技术、多媒体及虚拟现实（VA）技术，开发大坝施工质量与进度实时监控综合信息集成系统，对大坝施工过程中涉及质量、进度各种相关信息进行采集与数字化处理，构建大坝施工数字化信息平台。

8.3.1 系统功能及组成

（1）系统功能。数字化填筑控制系统可实现对填筑施工过程高精度实时监测与反馈。系统采用空间定位技术（卫星差分定位技术、无线移动定位技术、激光定位技术、无线射频技术）、无线网络技术、GIS 技术和数据库技术，构建大坝填筑碾压质量自动监测与反馈系统，实现大坝填筑碾压质量实时监测与预警。

坝料开采、加工、上坝运输、坝外加水、坝面卸料全过程明暗线实时监控。采用测距定位技术、传感器技术、GIS 技术和数据库技术，结合商用 ZIGBEE 产品与定位产品，构建坝料运输实时监控分析系统，结合智能控制技术实现智能交通。采用无线射频技术、自动控制技术，构建坝料运输车辆加水自动控制系统，实现坝料加水量的精确控制。

施工信息的 PDA 现场采集及反馈。采用分布并行计算技术、无线网络技术和嵌入式编程技术，构建基于 PDA 的大坝施工信息采集与分析系统，实现大坝施工动态信息的实施采集与分析。

网络环境下工程信息的集成与三维可视化管理。采用视频采集与传送技术、计算机网络技术，集成商用视频监控设备和 ADSL 数据传送设备，提供工程远程管理与监控工作平台。运用数据库技术（数据仓库与数据挖掘技术），综合大坝施工过程中各类监测信息，实现大坝施工信息长期跟踪与动态分析。

（2）系统组成。数字化控制系统主要由卫星定位基准站、总控中心、现场分控站、监控终端、自卸汽车流动站、碾压机械流动站通信网络和应用软件组成。

1）卫星定位基准站。卫星定位基准站是整个监测系统的"位置标准"。双频接收机单点（一台接收机进行卫星信号解算）精度只能达到亚米级的观测精度，无法满足实际工程需要。为了提高接收机的计算精度，使用 GPS-RTK 技术，利用已知的基准点坐标来修正实时获得的测量结果。通过无线电数据链，将基准站的观测数据和已知位置信息实时发送给流动站，与流动站的观测数据一起进行载波相位差分数据处理，从而计算出流动站的空间位置信息，以提高碾压机械设备的测量精度，使精度提高到厘米级，这样就可满足心墙堆石坝碾压质量控制的要求。

2）总控中心。总控中心设在工程管理营地，是大坝施工质量实时监控的核心组成部分。总控中心配置高性能服务器和图形工作站、高速无线内部网络、大功率 UPS、双通道投影监控屏幕等，以实现对系统数据的有效管理和分析应用，其主要包括服务器系统、工作站系统、投影监控屏幕等。

总控中心主要功能包括：接收入库各碾压机械流动站、自卸车流动站的监测数据；监测原始数据和分析次生数据的管理、维护与备份；利用服务器端应用程序，对碾压机械行车速度、激振力输出状况和卸料匹配情况进行实时分析，并在上述参数不达标时，从服务器端发送报警信息给驾驶室司机、便携式 PDA 和监控终端的 PC；坝面碾压质量、上坝运输实时监控：包括碾压机械运行轨迹、行进速度、碾压遍数、铺层厚度以及激振力等的监控；自卸车实时位置的显示、卸料地点的确定、加水量等的监控以及上坝强度、道路行车密度、加水记录统计报表的生成；系统软件的管理与维护，以及安全管理、用户权限管理。

3）现场分控站。现场分控站应设置在大坝施工作业面附近，以方便现场信息传递和反馈，并根据大坝建设进程调整分控站位置。现场分控站需 24h 常驻监控人员，便于施工现场实时监控碾压质量，一旦出现质量偏差，可以在现场及时进行纠偏工作。分控站主要由网络通信设备（有线网或无线 WiFi 网络）、图形工作站（或高性能 PC）、双向对讲机等组成。

分控站主要功能。根据填筑和运输单元计划表，建立监控单元，并进行单元属性的配置和规划，设定监控参数；仓面碾压过程和上坝运输过程自动监控；发布收仓指令，进行碾压质量统计分析；自动反馈坝面施工质量监控信息；根据反馈的碾压信息，发布整改指令。

4）监控终端。监控终端负责接收、发送卫星定位信息、状态信息及控制信息，其包括自卸汽车流动站、碾压机械流动站、手持式数字终端。

手持式数字终端（personal digital assistant mobile phone），即个人数字助理，是信息接收和发送，以及辅助个人工作的数字工具。

5）自卸汽车流动站。心墙堆石坝上坝运输实时监控系统通过在上坝运输自卸车上安装自动定位设备及 RFID 卡（无线射频卡），在加水站安装射频读卡器、加水阀自动控制装置及报警装置，实现对于自卸车从料源点到坝面的全过程定位与卸料、加水监控，并通过 PDA 实现自卸车调度信息的及时更新。上坝运输实时监控系统由自卸车流动站、GPRS 无线通信数据链路、加水点控制站、监控中心及 PDA 车辆调度模块组成。

GPS 接收机以 60s 时间间隔进行常规的空间三维定位，卸载操作设备提交卸料操作信号，此时额外进行空间定位；DTU 通过 GPRS 无线通信数据链路将定位数据发送至位于总控中心的系统服务器；无线射频卡内写有车辆编号及额定装载方量。

在自卸车进入加水区后，读卡器感应到该车信号，读取该车属性并设置加水时间同时开启加水阀；若感应到车辆在加水时间内离开加水区，读卡器启动报警装置现场报警并通知服务器发送报警短信至质量管理人员的手持 PDA。各加水点的车辆加水信息由读卡器通过 GPRS 模块传送到服务器集中管理，定期生成加水量汇总报表。车辆加水时间根据运载方量、应加水量与加水点流量联合换算得出。

上坝运输实时监控系统以上坝运输自卸车为监控对象，上坝运输过程控制指标中的道路车流量、卸料地点指标为自卸车机械运动的结果；加水量则可理解为加水站流量与车辆加水时间的乘积，则在已知加水站流量的前提下，车辆加水量可由车辆加水时间进行控制，而加水阀门的开关操作可通过识别自卸车进入或离开加水区域为触发。因此，选取空间定位技术实现对于道路车流量、卸料地点的监控，选取自动识别技术实现加水区域车辆自动识别继而实现加水量自动控制。

自卸车车载 GPS 采用单点定位模式。该模式的定位原理为在一个待定点上，用一台接收机独立跟踪 GPS 卫星，测定待定点（天线）的绝对坐标。其优点是作业方式简单，可以单机作业，适于堆石坝施工总布置区域内的自卸车实时定位。通过选取适当的单点定位 GPS 设备，自卸车定位精度可达米级，满足卸料地点判定的精度要求。

6）碾压机械流动站。碾压机机载 GPS 采用差分定位模式。载波相位差分将载波相位观测值通过数据链传到流动站（碾压机机载 GPS 接收机），然后由流动站进行载波相位定时监控系统研究，其定位精度可达厘米级，满足碾压遍数与压实厚度监控的精度要求（压实厚度的监控须经过数学运算减小误差）。实地采用实时动态快速定位（real time kinematics，简称 RTK）技术进行监控，其特点是以载波相位为观测值的实时动态差分 GPS 定位，满足碾压机施工监控的实时、快速定位要求。

在碾压机上安装高精度 GPS 定位设备与激振力监测设备，实现对于各项碾压控制参数的实时监测与反馈控制。心墙堆石坝碾压质量实时监控系统由碾压机械流动站、GPS 基准站、GPRS 无线通信数据链路及监控中心组成。

碾压机流动站 GPS 接收机以 1Hz 频率对碾压机械进行空间三维定位，并通过无线电差分网络与 GPS 基准站进行实时动态差分，获得高精度的碾压机械空间位置数据；激振力监测设备采用定时监测与动态监测相结合的方式，固定时间间隔（如 60s）且在碾压机械振动状态（碾压机振动挡位电路信号）发生变化时，读取数字信号；DTU 通过 GPRS 无线通信数据链路将定位数据与激振力数据发送至位于总控中心的系统服务器；报警接收设备负责接收碾压机超速报警与激振力不达标报警，以提醒碾压机驾驶员规范作业。

7）通信网络。数字化大坝控制坝面施工通信系统分为监控中心无线通信设施、高精度 GPS 基准站无线电差分网络和碾压车载无线传输网络三个组成部分，各部分可根据实际情况采用无线电通信、GPRS 无线移动网络或者 WiFi、ZIGBEE 技术方案。

数字化大坝控制上坝料运输通信系统，通过安装在车辆中的 GPS 接收模块、GPS 天线接收卫星信号对车辆定位并通过中央处理器将信息数据化提交给设备中的 GSM 通信模块处理为无线通信信号发给 GSM 网络，GSM 网络根据信号中包含的目的地址发送到固定地址，再由当前的中心 GSM 通信服务器中的 GPRS 通信管理软件处理后存储在中心数据库。

数字化大坝控制施工现场信息 PDA 实时采集系统通过 GPRS 无线移动网络实时采集传输现场信息并通过设备中的 GSM 通信模块处理为无线通信信号提交到中心数据库。数字化大坝控制位于野外网络系统设备、设施，工作适宜温度为$-30\sim60℃$，应注意防水、防冰雪。

通信网络组建。为把获取的监测数据传送到总控中心和现场分控站，需建设系统通信网络。应根据实际情况制定相应的无线通信组网方案，该方案应包括监控中心（总控中心和现场分控站）通信网络、高精度 GPS 基准站无线电差分网络、施工机械监测终端传输网络三个部分。

监控中心通信网络。监控中心通信网络分为中心营地网络和现场分控站网络两部分。现场分控站网络对网速和网络质量都有较高要求，同时要求能够满足在施工现场自由移动，以保证现场分控站能稳定、快速、方便地和监控中心服务器系统进行数据交换，宜采取"有线网络＋无线局域网"的网络组建方式。

高精度 GPS 基准站建设。GPS 差分基准站及基准站无线网络要求数据传输稳定，空间上应全方位覆盖大坝填筑区域。宜采用 VHF 无线电方式建立差分网络。在基准站采用 PDL 无线电发射电台，24h 广播基准点测量结果，碾压机械上的 GPS 设备只要一开机就能够接收到该网络信号。

施工机械流动站 GPRS 传输网络。为把碾压机械的监测数据传送到总控中心，需组建施工机械流动站数据传输网络。碾压机械运动中作业的特点决定了数据传输网络必须使用无线网，要把监测数据传输到距离较远的总控中心服务器上。使用无线电扩频技术无法满足，宜选用移动通信运营商的 GPRS 通用无线分组数据传输网络作为施工机械流动站数据传输网。

8）应用软件。应用软件包括商业软件和专业软件。商业软件包括数据库服务器操作系统、数据库系统、电子地图商业引擎等；专业软件包括服务器端软件、数据库管理分析软件、监控终端软件、IE 端程序。

8.3.2 填筑单元工作流程

仓面划分是确定碾压填筑单元数字化监控基本流程前的基本工作，填筑施工单元以仓面划分为基础。坝料碾压实时监控以填筑施工单元为监控单元，压实机具、操作人员为操作中心，分控站为现场管控中心，总控中心为信息集成与管理中心。

（1）仓面规划。作业前进行仓面规划，包括施工单元、仓面划分、仓面施工参数设置、仓面施工设备配套。仓面划分应根据作业区域大小、坝料分区及预计碾压后的高程在系统内设计并设置，并在现场进行标示；仓面施工参数设置包括仓面名称、碾压遍数、允许最大行驶速度、激振力、铺料厚度等；仓面施工设备配套将仓面与挖装、运输、铺料、碾压设备在系统内对应。

应合理划分碾压仓面并规划派遣仓面碾压机械，使每台碾压设备在指定区域内作业，避免随意交叉。每个碾压区域宜为规则多边形并标出明显的边界，便于碾压控制。碾压设备就位后开始当前仓面的碾压作业和监控，碾压方向应平行于坝轴线，并按施工参数进行作业。

（2）碾压数字化监控流程。碾压填筑单元的数字化监控基本流程见图 8-1，主要分为确定监控仓面、仓面设定、启动监控、实时监控、预警纠偏等过程。

仓面施工完成后，系统自动生成碾压设备行驶轨迹图、碾压遍数图、压实高程图、压

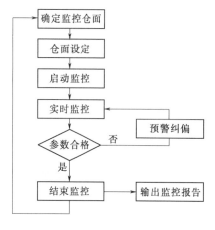

图 8-1 碾压填筑单元的数字化
监控基本流程图

实厚度图、激振力输出状态图等，统计碾压遍数达标率、压实厚度达标率，输出的过程监控成果报告应作为仓面过程质量控制的基础性资料保存。

（3）碾压数据管理流程。碾压数据管理流程见图 8-2。

8.3.3 实时监控系统

数字化填筑实时监控系统可对填筑材料的装、运、卸、加水、摊铺、碾压全过程实时监控。定位精度控制要求：碾压设备水平方向定位精度宜在±2cm以内、竖直方向定位精度宜在±3cm之内，自卸车辆精度宜在±100cm之内，摊铺、平整精度应在±5cm之内。

（1）装、运、卸监控。在坝料运输自卸车上安装定位装置，对坝料从料场（源）装料、运输过程、卸料进行全过程位置监控，通过微波探测车辆空满载状况并识别装卸动作。系统应实现如下功能：①不同料源开采区域工况实

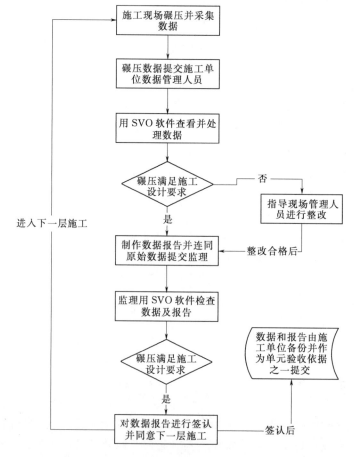

图 8-2 碾压数据管理流程图

时监控；②挖装工艺实时监控；③车辆定位与装卸实时监控；④不同料源填筑区域工况实时监控。

（2）加水监控。利用无线射频技术（RFID）、自动控制技术和 CDMA 无线技术建立运输坝料车辆加水量自动监控系统，系统可实现如下功能：①自动读取加水车辆信息；②自动显示车辆加水状态；③自动控制加水设施工作状态。

（3）摊铺监控。在坝料摊铺设备上安装定位装置、采用激光系统或现场测量系统对坝料摊铺全过程监控，系统可实现如下功能：①铺料厚度实时监控；②铺料不平整度实时监控。

（4）碾压监控。碾压监控内容包括行走速度、激振状态、碾压轨迹、碾压遍数、预警处理。

1）行走速度。通过对碾压设备空间、时间信息进行定位与跟踪，可实现对其工作状态、行走速度、方向等的监控，可在监控终端上以图形、动画实时进行信息显示。为防止在很短时间间隔内出现速度剧变的监测结果，宜采用移动平均方法，将前若干秒的平均速度作为当前即时速度。

碾压设备行走速度标准：监测速度不得超过规定最高行走速度。当监测到碾压设备超速时，系统向碾压设备驾驶室、分控站、总控中心及 PDA 上发出报警，引导碾压设备按规定行走速度进行碾压作业。

2）激振状态。通过采集振动碾挡位状态或激振力数据信息，可实现激振状态在各监控终端上以图形、声、光实时显示监控。当采用监控振动操作挡位开关状态的方式时，监测仪能识别对应于强振（低频高振）、弱振（高频低振）和静碾的不同信号；当采用监控振动轮激振力数据的方式时，激振力信号需与事先确定的标准做对比，判定是否超出标准。

当监测到激振力状态不在要求的工况时，系统在各监控终端发出提醒和警告，并实时显示在碾压设备操作室，引导碾压设备按规定行走速度进行碾压作业。

3）碾压轨迹。定位仪按一定频率测定碾压设备的空间位置，系统根据监测数据实时计算碾压设备行走轨迹，自动绘制碾压轨迹图，在各监控终端以图形、动画实时显示。碾压轨迹图中的轨迹线可区分正常、超速、欠振等状态。通过与碾压仓面事先设置的导航线的对比，监控系统实时引导碾压设备按照规定路线进行碾压。

当监测到不符合要求的碾压轨迹时，系统在各监控终端发出提醒和警告，引导碾压设备按规定线路进行碾压作业。

4）碾压遍数。监控系统根据碾压设备有效的碾压轨迹（行进速度和激振状态）自动计算碾压遍数，并在各监控终端实时显示。碾压遍数以遍数分布图显示，不同颜色代表不同遍数，并准确显示漏碾、欠碾区域。

碾压遍数图形报告作为工序质量验收依据，按遍数达标面积占仓面面积的百分比判定。糯扎渡工程仓面碾压合格标准为：验收仓内达到规定碾压遍数的合格率应大于 90%，且达到小于规定遍数 2 遍的合格率大于 95%；验收仓内碾压面积应达到其开仓铺料面积的 90% 以上。

当碾压遍数不满足合格标准时，系统发出报警至各反馈终端上。仓面监控人员根据监控到的碾压质量信息，向施工人员发布仓面整改指令，系统重新开仓引导碾压机进行补碾，并自动记录补碾信息，更新碾压遍数数据和图形。

5）预警处理。当碾压设备行驶速度、碾压遍数参数不在设定范围（高于最大值或低于某数值），预警系统发出警报，现场及时纠正。系统报警信息可通过设备驾驶室、分控站、总控中心及 PDA 四种方式传送。

施工现场纠正可通过操作人员直接纠正、现场管理人员指挥操作手纠正和分控站提示现场管理人员再到操作人员三种方式。操作人员可通过监控屏直接显示、PDA 信息提示进行纠正；分控站管理人员、现场管理人员和操作人员可通过直接指挥或对讲机提示指挥。设备操作人员显示屏受显示信息内容限制，一般情况仅显示设备行驶轨迹、速度等直接控制设备状态的参数。

9 安 全 防 护

由于水电工程规模大、时间长、范围广，工程所在区域内地质和水文条件复杂多变、工序复杂、施工干扰大，存在的安全隐患较多。土石方工程区域性强，不同地区的地形、地质水文条件差异较大，安全防护措施应因地制宜，不能生搬硬套。施工中往往遇到平面上多工序、立体上多层面的平行、交叉作业，时间、空间方面相互间的干扰较大。尤其是近年来，水利水电工程中高边坡、深基坑大量出现，安全防护难度不断加大，确保边坡稳定已成为工程能否正常进行的关键。

广大技术人员在"以人为本、安全第一"的理念指导下，安全防护意识持续提高，通过不断总结积累经验，引进吸收国外新技术、新材料、新设备、新工艺等，并广泛应用计算机、现代通信、互联网等技术，采用预测模型、实时监测等手段，使得水电工程的安全防护得到了显著的发展。

9.1 防护类型及选择原则

土石方工程的施工过程也是形成工程边坡和基坑的过程。为保护土石方开挖与填筑工程的施工期安全，在永久支护结构施工前，必须对边坡和基坑进行安全防护。安全防护设计应根据工程地形、地质、水文、气象等自然条件，以及工程规模、特性、工期、施工分期、分标情况等，在施工方案中得到充分体现，并在施工过程中得到执行。对于因工程规模大、强度高、工期长、自然条件复杂多变、受外部条件和环境的影响大等特点，而出现边坡失稳、基坑坍塌、地基管涌或流沙等事故隐患、苗头和征兆，须及时会诊，制订方案，快速处理，以保证施工人员和设备的安全及后续工程的顺利进行。

9.1.1 防护类型

开挖与填筑工程的防护类型包括边坡变形防护、沉降变形防护和渗透变形防护等。

9.1.1.1 边坡变形防护

(1) 按防护形式上可以分为植被防护、工程防护，以及将两者结合使用的综合防护。

(2) 按边坡性质可分为土质边坡防护技术、石质边坡防护技术、填筑体边坡防护技术和弃渣场边坡防护技术等。

(3) 按照功能特点可分为如下防护类型。

1) 以增加边坡抗滑能力为主的防护，如挡土墙、抗滑桩、锚杆、锚桩、锚索、灌浆、压脚、加筋等措施方法。

2) 以减少边坡下滑力为主的防护，如防雨、排水、削坡减载等措施、方法。

3）进行安全监测的措施、方法，主要包括边坡变形监测、地下水监测和应力应变监测等。

（4）按照加固部位深度可分为如下防护类型。

1）表层处置，主要包括喷混凝土、块石、钢筋石笼、现浇混凝土护坡、模袋混凝土护坡、植被生态护坡和柔性防护等措施、方法。

2）浅层加固，主要包括喷锚支护、框构混凝土锚杆、锚桩等措施、方法。

3）深层加固，一般为永久与临时加固结合，主要包括预应力锚索、锚洞、抗滑桩、灌浆等措施、方法。

（5）对于深基坑土质边坡防护方法分为放坡开挖、土钉墙、明排降水、井点降水、阻水帷幕，以及钢板桩、钢筋混凝土板桩、钻（挖）孔灌注桩、地下连续墙与钢支撑分层支撑等。

9.1.1.2　沉降变形防护

（1）以保持地下水位，减少有效应力为主的措施、方法，如阻水帷幕、井点回灌等。

（2）以进行土体固结，增加变形模量为主的措施、方法，如预固结灌浆、应急加固灌浆等。

（3）以控制沉降为目的的观测，如水位、流量、沉降观测等。

9.1.1.3　渗透变形防护

（1）以减少渗透压力，防止管涌、流沙和接触冲刷等渗透变形的措施、方法，如低水位施工、抽排水降低外水水位、围堤提高内水水位等。

（2）以延长渗途径，增加渗透阻力方法，如蓄水反滤填土、透水材料覆盖压重、减压井、板桩或连续墙等。

（3）以控制渗透变形为目的的观测，如水位、渗流量监测。

9.1.2　选择原则

工程施工中，安全防护类型选择应遵守以下原则。

（1）技术合理、安全可靠。支护结构型式很多，适用范围不同，实际施工中主要使用其中一种、两种或不同类型的支护结构的组合。选择什么样的支护结构，需要针对具体情况进行多方论证，确保其科学合理、安全可靠。

（2）施工快捷、方便灵活。针对不同的防护对象，防护工程施工要在确保安全的前提下尽可能选择方便灵活的防护措施，快速完成支护，确保施工作业面处于安全状态。例如锚杆（桩）能对被锚固的岩层产生压应力，主动加固岩土体，有效防止边坡变形，其施工方便快速，布置灵活，安全可靠，是边坡浅表层和楔形体加固常用的方法。

（3）就地取材、成本经济。在石材充足且坡面易受水流侵蚀的土质边坡、严重剥落的软质岩石边坡、周期性浸水及受水流冲刷较轻的河岸或水库岸坡等采用砌石、堆石防护；在弃渣场边坡、堆石料填筑边坡应用大块径堆石护坡不失为一项经济措施。

（4）超前考虑、永临结合。安全防护应做到超前考虑、提前规划，尽量做到临时性防护措施与永久性防护设计有机结合，使其临时防护安全有效且避免不必要的浪费；采用预制混凝土或需要专门采购防护用特殊材料应预留一定的时间。

（5）生态环保、融入自然。随着环保意识的提高，支护形式在环境保护的要求是必须要考虑的。例如尽量减少对原始地貌及生态环境的扰动破坏，不大挖大填，对支护坡面进行绿化，尽可能让边坡景观与自然环境协调等。如喷锚支护作为边坡支护的一种手段，对增强边坡稳定是有效的，也是比较经济的，但其弱点是最后形成的坡面缺少生机。又如削坡减载也是稳定边坡的一种行之有效的方法，但削坡面积过大，会对生态环境造成破坏。选择合适的支护结构进行支护，减少削坡数量，可以保护生态植被，减少对地质环境的扰动破坏。

（6）积极采用"四新"技术。新技术、新工艺、新材料、新设备的应用，能够加快施工速度、降低工程成本、保护环境、降低施工难度。如新型成孔设备的使用，可以使工效大大提高，同时让施工难度降低；注浆技术的改进，可以提高锚固力；压力分散型、拉力分散型、拉压结合型锚杆的应用，可以充分发挥锚固段的潜力并提高单根锚索的抗拔力；自进式锚杆解决了破碎地层、坍塌地层的钻孔难题；变形监测的信息化技术可以使边坡的动态变化置于掌控之中。

9.2　边坡工程安全防护

9.2.1　常用防护技术

边坡工程防护常常根据边坡性质选择防护技术。

（1）土质边坡防护技术。土质边坡常常受到大气降水、地下水、河水以及风吹日晒等自然因素的作用，从而导致其变形和破坏。土质边坡的破坏形式主要有冲刷、表面溜坍、滑坡，为使其稳定，一方面采取措施排除表面和坡体内的水，另一方面还应对边坡进行防护与加固。

土质边坡防护使用的较多的是排水防护、框架防护、砌石防护、锚喷防护、植物防护等技术。

（2）石质边坡防护技术。石质边坡因岩体性质、岩面结构、节理发育情况不同，其破坏形式主要有蠕变、剥落、崩塌、倾倒、滑移、滑坡和复合型。石质边坡防护使用的较多的是锚喷混凝土防护、柔性防护、锚杆和锚桩防护、抗滑桩防护、预应力锚索防护等。

（3）填筑体边坡防护技术。填筑体根据其填筑高度、填筑材料和填筑体周边环境的不同，常用的防护形式有坞工防护、锚喷防护、加筋挡墙防护和植物防护等。

（4）弃渣场边坡防护技术。弃渣场根据其弃渣堆放高度、弃渣材料和弃渣场的周围环境的不同，选择不同的边坡防护技术，目前弃渣场常用的边坡防护形式有石笼防护、坞工防护和植物防护等。

9.2.2　常用防护技术特点及施工
9.2.2.1　排水防护

排水防护是保证边坡稳定的重要措施之一，一般分为地表排水和地下排水两种。地表排水是通过修筑截水沟、排水沟、吊沟、跌水与急流槽等工程设施，最大限度地把地面水从地表排走，防止其渗入坡体内。通过钻设排水孔、开挖排水洞等工程设施，降低已在边坡内形成地下水位高度的过程是地下排水。

（1）防护特点。简单实用、设置灵活、对提高边坡的稳定性效果显著。

（2）适用范围。排水防护适用于地表水和地下水丰富的边坡。

（3）地表排水施工。地表排水设施的设置及施工要点如下。

1）边坡开挖前首先完成截水沟的施工。截水沟结合地表及地质条件一般沿等高线布置，长度为200～500m，超过500m时，在中间适当位置处增设泄水口，由急流槽或急流管分别引排。当自然边坡较缓时，宜采用梯形截水沟；当山体陡峭时，宜采用矩形截水沟。对于分级开挖的边坡，在每级的马道上均设置截水沟。

2）控制好沟渠的纵坡坡度，以防被水流冲刷或淤积，沟底纵坡坡度一般不小于0.5％。土质沟渠的最小纵坡为0.25％；沟壁铺砌沟渠的最小纵坡为0.12％。

3）沟渠的顶面高度应高出设计水位0.1～0.2m。

4）通过改变排水沟设置的方向来调整水流的速度。一般来说，对于水流速度接近于2m/s的排水沟，通过将沟渠布置成曲线来改变水流方向；对于流速大于2m/s的沟渠，可采用加大圆弧的半径来实现。

5）急流槽是集中排泄方边坡流水的重要设施，大多采用矩形断面，槽底与两侧斜坡表面平齐，槽深最小0.2m，槽底宽最小0.25m。槽底每隔2.5～5.0m设置一个凸榫，嵌入坡体内0.3～0.5m，防止槽体顺坡下滑。

6）跌水是人工排水沟渠的特殊形式，是山区边坡排水常见的结构物，用于陡坡地段。由于纵坡大、水流湍急、冲刷作用严重，所以跌水必须用浆砌块石或混凝土砌筑。

7）防冲和防淤，在暴雨中，随着水流一起运动的大块石头可能破坏和堵塞排水系统，需设置集石井以便于检查和维护。

8）滑坡体及后缘的周边排水沟渠，必须严格做好防水、止水措施，以防水流沿沟体裂缝集中渗入。

（4）地下排水施工。地下排水设施的施工要点如下。

1）排水孔。排水孔按布置部位不同可分为坡面排水孔、地下洞室排水孔及挡土墙预埋排水管。排水孔施工应：①严格按设计图纸、文件规定尺寸的放样，孔位放样偏差不大于10cm；②孔径符合要求，孔斜误差控制在孔深的1‰以内；③当钻孔穿过不良地层，出现塌孔、掉块或集中渗漏时，应立即停钻，查明原因，一般情况下，可采取压缩段长进行灌浆的方法进行处理；④终孔后，将孔内杂物清除，并用高压水洗孔；⑤排水管应具有足够的刚度和强度，为保证排水孔不发生淤堵，通常在排水管外面包裹土工布等透水材料保护。

2）排水洞。为有效降低高边坡岩体内地下水位，一般在开挖边坡的岩体内每间隔一定的高差布置一条排水洞，排水洞断面较小，一般为（2.0～3.0m）×（2.5～3.5m）（宽×高），其施工应：①排水洞的施工一般在边坡开挖前进行；②严格执行爆破设计，小药量、短进尺、弱爆破，安排专人对造孔、装药、联网、堵塞和起爆工序的质量进行检查；③每循环测量放样时，须对上一循环的断面进行检查，并将超欠挖情况及时通知钻爆人员，以便对钻爆参数进行微调，减小超挖，对欠挖的部位及时进行处理，确保隧洞开挖后的尺寸和规格满足设计要求；④开挖后及时进行支护，以确保围岩的稳定；⑤提前做好喷射混凝土的配合比设计，砂、石、水泥符合有关标准和技术规程规范要求，喷混凝土施工前，对所喷部位表面进行冲（吹）洗，采用预埋钢筋的办法控制喷射混凝土的厚度；⑥喷射施工时，喷嘴在尽量保持与受喷面垂直的情况下，按螺旋形轨迹一圈压半圈的方式沿横向移动，层层喷射，确保混凝土均匀密实，表面平整，以减少回弹。喷射混凝土初凝后，立即洒水养护，持续养护时间不小于7d。

3）支挡结构物的排水。施工应注意以下几点：①当边坡采用挡土墙进行防护时，根据墙后渗水量的大小在墙身适当的位置布设排水孔，排水孔断面尺寸一般为5cm×10cm、10cm×10cm、15cm×20cm的矩形孔或直径为5~10cm的圆孔，间距2~3m，浸水挡土墙为1.0~1.5m，孔口内高外低，坡度3%~5%，上层、下层交错布置。最下一排排水孔高出地面30cm，并高出墙前排水沟水位30cm；河岸浸水挡土墙，最下一排排水孔底部应高出正常河水位30cm；衡重式挡土墙，还应在衡重台的高度设置一排排水孔，干砌挡土墙可不设排水孔；②对于墙后需要回填的挡土墙，最下一排排水孔的位置应尽可能低，以排除填土区底部积水；当墙前有排水沟、河流等其他设施时，最下排水孔底部会高出回填土底部，一般采用在墙后填土达到距最低一排排水孔30cm左右时，铺设黏土分层压实至排水孔，作为防水层，然再进行墙后填土施工；浆砌石挡墙的排水孔布置时注意错开竖向砌缝，防止因应力集中导致挡土墙出现开裂；③孔口的反滤料确保洁净无尘、级配合理、分层清晰。排水孔与反滤层结合处应采取防止堵塞的措施，采用土工布作反滤层时，在土工布和回填土之间布设一层粗砂，防止土粒附着在土工布上影响排水效果。

9.2.2.2 砌石防护

砌石防护分为干砌片石、浆砌片石、砌筑混凝土预制块几种形式，是工程中坡面防护应用最多的技术。坡面经防护后，能够防止雨水对坡面的冲刷，同时对坡体也具有一定的稳定作用。

（1）防护特点。砌石护坡具有就地取材、施工方便、坚固耐用、弃渣利用的特点。

（2）适用范围。干砌片石护坡适用于边坡坡度较缓、料源丰富、有少量地下水渗出、易受水流侵蚀的土质边坡，严重剥落的软质岩石边坡，周期性浸水及受水流冲刷较轻（流速小于2~4m/s）的河岸或水库岸坡的防护。浆砌片（卵）石护坡适用于石料来源丰富、坡面坡度1:0.75~1:1、水流速度较大（3~6m/s）、波浪作用较强、有流冰与漂浮物等撞击的边坡。浆砌预制块防护适用于石料缺乏地区。

（3）浆砌片石防护施工。

1）施工工艺。施工准备→现场测量放样→基础清理与验收→石料修整、清洗、湿润→砂浆拌制→浆砌石砌筑→砂浆勾缝、抹面→洒水养护→验收评定。

2）施工要点。

A. 先护脚，再护坡，最后封顶，自下往上逐层砌筑。

B. 基础清理范围大于设计断面30~50cm，基础清理结束后应进行承载力检验，合格后及时进行砌筑，若不能及时施工时，做好防护，以防建基面被水浸蚀或污染，超挖部位采用符合要求的材料逐层回填。

C. 石料无风化，强度、软化系数满足设计、规范要求，表面洁净湿润无污染，棱角分明、大面平整。砌筑用的砂浆原材料经检验合格，尽量集中拌制，拌制时计量准确，随用随拌。现场存放的砂浆须做好保湿防冻措施。

D. 砌筑采用坐浆法，砂浆铺设厚度 3～5cm，上下错缝，内外搭接，不得采用外面侧立石块、中间填心的砌筑方法，相邻段高差控制在 1.2m 以内，分段位置设在沉降缝处，各段水平砌缝基本一致。

E. 砌体外露面在砌筑后 12～18h 之内，采用草袋等物遮蔽及时养护，养护时间一般为 14d。

F. 反滤料逐层铺设，运输时切不可从高处向下倾倒，排水管随砌随安，位置、坡度符合设计要求。

（4）干砌片石防护施工。对于土质、软岩及易风化的边坡，宜选干砌片石防护，以防雨、雪水冲刷，不仅能够节约投资，也能适应冻胀严重和边坡的较大变形。干砌片石防护时一般在其下面设置 10～15cm 厚的砂砾或碎石反滤垫层。干砌片石虽有一定的支撑能力，但主要作用是防止水流冲刷边坡，故要求被防护的边坡自身应基本稳定。干砌片石最好用砂浆勾缝，以防水分浸入，并提高其整体强度。干砌石砌体工程的施工工艺如下：

1）施工工艺。施工准备→现场测量放样→基础清理与验收→运卸石料→石料修整、砌筑→验收评定。

2）施工要点。

A. 用于砌筑的石料经检验符合设计、规范要求，使用前洗除表面泥土和水锈杂质。

B. 砌筑应紧密，砌缝相互错开，嵌接牢固，砌缝宽度不大于 25mm，砌筑后的坡面平顺，整齐美观。

C. 坡顶和侧边选用较整齐的石块砌筑平整。

D. 为使沿石块的全长有坚实支承，所有前后的明缝均使用小片石料填塞紧密。

9.2.2.3　植被防护

植被防护是利用植物本身具有涵养水土、固土的特性达到稳定边坡、美化生态环境目的的技术，是一种新型的集岩土工程学、恢复生态学、植物学、土壤肥料学于一身的复合工程技术，体现了人与自然和谐相处的理念。它主要有铺草皮护坡、三维植物网护坡、液压喷播植草护坡、挖沟植草护坡、植被混凝土绿化护坡等。

（1）防护特点及适用范围。植被防护特点及适用范围见表 9-1。

表 9-1　　　　　　　　　　植被防护特点及适用范围表

序号	防护类型	特点	适用范围
1	铺草皮护坡	施工季节限制少、速度快，前期管理难度大	适用于自身稳定的土质边坡，强风化岩质边坡也可使用，坡率为 1:1，局部不陡于 1:0.75，在半干旱、干旱地区使用时须保证养护用水的供应
2	三维植物网护坡	固土性能优良，消能作用明显，网络加筋突出，保温功能良好	适用于各类自身稳定的土质边坡，强风化边坡也可使用，土石相间的边坡经过处理后方可使用，常用坡率一般为 1:1.5，一般不超过 1:1.25，在半干旱、干旱地区使用时须保证养护用水的供应
3	液压喷播植草护坡	速度快、质量高，受外界影响因素小，能够满足不同自然条件的要求	适用于各类自身稳定的土质边坡，土石相间的边坡经过处理后方可使用，常用的坡率为 1:1.5～1:1.20，当坡率超过 1:1.25 时应结合其他方法使用，在半干旱、干旱地区使用时须保证养护用水的供应

序号	防护类型	特点	适用范围
4	挖沟植草护坡	传统沟播、三维植被网和液压喷播的集合，兼顾了三者的优点，实现了优势互补	适用于易开挖沟槽、自身稳定的软质岩边坡，常用坡率1:1.0～1:1.25，当坡率超过1:1.0时，应结合坡面锚杆使用，最大不得大于1:0.75
5	植被混凝土绿化护坡	美化、加固边坡	适用于坡度不大于90°，坡体稳定，无潜在地质隐患的土质边坡、盐碱地边坡、软硬岩边坡、混凝土边坡

（2）植物防护施工。植物防护的工艺流程及施工要点见表9-2。

表9-2 植物防护的工艺流程及施工要点表

序号	防护类型	工艺流程	施工要点
1	铺草皮护坡	坡面平整→准备草皮→铺草皮→前期养护	适用于自身稳定的土质边坡，强风化岩质边坡也可使用，坡率为1:1，局部不陡于1:0.75，在半干旱、干旱地区使用时须保证养护用水的供应
2	三维植物网护坡	固土性能优良，消能作用明显，网络加筋突出，保温功能良好	适用于各类自身稳定的土质边坡，强风化岩坡也可使用，土石相间的边坡经过处理后方可使用，常用坡率一般为1:1.5，一般不超过1:1.25，在半干旱、干旱地区使用时须保证养护用水的供应
3	液压喷播植草护坡	速度快、质量高，受外界影响因素小，能够满足不同自然条件的要求	适用于各类自身稳定的土质边坡，土石相间的边坡经过处理后方可使用，常用的坡率为1:1.5～1:2.0，当坡率超过1:1.25时应结合其他方法使用，在半干旱、干旱地区使用时须保证养护用水的供应
4	挖沟植草护坡	传统沟播、三维植被网和液压喷播的集合，兼顾了三者的优点，实现了优势互补	适用于易开挖沟槽、自身稳定的软质岩边坡，常用坡率1:1.0～1:1.25，当坡率超过1:1.0时，应结合坡面锚杆使用，最大不得大于1:0.75
5	植被混凝土绿化护坡	美化、加固边坡	适用于坡度不大于90°，坡体稳定，无潜在地质隐患的土质边坡、盐碱地边坡、软硬岩边坡、混凝土边坡

9.2.2.4 框架防护

框架防护是在开挖好的坡面上，采用浆砌片块石、混凝土预制块、组装式混凝土梁或现浇混凝土等材料，形成菱形、方形、人字形、弧形等不同形式的框架，必要时在框架节点处增设锚杆、锚索，框架内种草或回填碎石、卵石，以达到加固、绿化边坡目的的一种坡面防护技术。

（1）防护特点。框架植物防护具有随坡就势、布置灵活、形式多样、工程量小、对坡面的扰动小、防止水土流失、美化边坡的特点。

（2）适用范围。一般用于浅层稳定性差且难以绿化的高陡岩坡和贫瘠土坡中。对于不同稳定性的边坡，应采用不同的框架形式和锚固形式的组合进行加固或防护。

（3）框架植被防护施工。

1）施工工艺。施工准备→测量放样→坡面修整、框架基础开挖→搭设脚手架→锚杆孔定位→钻孔、清孔→锚杆安装→注浆→支立模板→浇筑混凝土→回填种植土→植草。

2) 施工要点。

A. 各种材料提前准备。

B. 脚手架为双排，立杆间距约 2m，下面支垫方木，横杆高度约 1.5m，最下面横杆离地面的高度不大于 30cm，斜撑不可遗漏。

C. 锚杆孔位偏差不大于 15cm，孔斜偏差 2°～4°，钻孔根据锚杆直径和长度采用手风钻或其他钻孔设备，终孔后用风或水将钻孔（吹）冲洗干净。

D. 锚杆安装前对杆体清污除锈，通过居中托架确保孔内锚杆居中。

E. 框架纵横梁是主要受力构件，量小施工困难，浇筑时须三面立模，顶面模板上预留孔口，作进料、振捣之用，振捣完毕后及时封闭。

9.2.2.5 石笼防护

用于防护的石笼可由人工在现场用钢筋焊接而成（由于制作费工费料，多用于应急抢险或临时工程防护），也可采用优质低碳钢丝、不锈钢丝等新材料工厂化批量生产的宾格网。由于钢丝网石笼具有质地轻、强度高、柔性大，可根据需要制作成不同的形状，施工方便，耐久性强，不仅可用于应急抢险护坡和临时工程护坡护脚，也广泛应用于水下工程护坡护脚等工程。

（1）防护特点。石笼防护具有很好的柔韧性、透水性、耐久性以及防冲刷能力，在地基产生不均匀沉陷时，能自行进行适应性的微调，因而不会产生沉陷缝，整体结构不会遭到破坏，经济实用，成本低。

（2）适用范围。石笼防护主要用作河道、岸坡防护。同时应用到基础地质条件差、建筑材料缺乏或运输不便、沿河或具有较大汇水面、冰冻地区或季节性冰冻地区的弃渣场防护工程。

（3）石笼防护施工。制作石笼的材料有铁丝、竹木、土工合成材料。形状有箱形、扁形、圆柱形、柱形。由于竹木耐腐蚀性较差，主要用于临时工程的防护，石笼的施工要点如下。

1) 施工工艺。施工准备→放线定位→基地处理→安放石笼→装填石料→石笼封盖。

2) 施工要点。

A. 石笼安装前，先对边坡和基底进行修正或处理，处理后基底的承载力符合设计要求。

B. 在单元工程的同一水平层施工时，应将石笼全部就位后再开始填充石料，摆放时上下层之间错缝搭接，避免出现纵向贯通缝。

C. 用于填充石料的强度、软化系数等指标应满足设计及规范要求，薄片、条状等形状的石料不宜采用，填料粒径与石笼规格匹配。

D. 填到笼内的石料摆放有序、合理，大小均匀，密实，空隙处用小碎石填塞。为了防止石笼网变形，相邻两个石笼（包括同一石笼的相邻格室）的填石高差不应过大。

E. 当在已完成的底层网上面安装石笼网时，应用绑线沿新装石笼下部边框将其固定在底层的石笼上，同一层相邻的石笼也应用绑线相互系牢，使石笼网连成一体；除钢筋石笼外，其他石笼用于缝合的绑线，材质必须与网面材质一致，间距符合厂家要求。

9.2.2.6 锚杆（桩）防护

锚杆是将拉力传递给稳定岩土层的构件，它能对被锚固的岩层产生压应力，主动加固岩土体，有效防止边坡变形。加固深度一般从数米至数十米，大量应用于岩土边坡的加固，也应用于基础和地下工程的加固。锚桩介于锚杆和抗滑桩之间，多根钢筋组成的桩体极大提高了抗剪强度，加固边坡浅层中型不稳定或潜在不稳定块体效果显著。

锚杆按是否施加预应力分为预应力锚杆和非预应力锚杆，按受力方式分为拉力型、压力型及压力分散型，按锚杆形成方式分为钻孔型和自进型；锚固长度划分为端头锚杆和全长锚杆；按锚固方式可分为机械锚杆、黏结锚杆、摩擦锚杆；按材料性质可划分为钢筋、玻璃纤维、木、竹锚杆等，按钢筋强度可分为普通锚杆和高强锚杆。

（1）防护特点。锚杆（桩）具有适应性强、操作简便、使用灵活、施工速度快、可与其他支护形式组合使用等特点。

（2）适用范围。常用锚杆的适用范围见表9-3。

表9-3   常用锚杆的适用范围表

序号	锚杆类型	适用条件
1	灌浆型预应力锚杆（集中拉力型）	1. 锚固地层为岩体或土层； 2. 单锚拉力设计值200～10000kN； 3. 对位移控制要求严格的工程； 4. 锚杆长度可达100m或更大
2	机械型预应力锚杆（集中拉力型）	1. 锚固地层为坚硬岩体； 2. 单锚拉力设计值60～1000kN； 3. 地层开挖后必须立即提供初始预应力，或工程抢险； 4. 锚杆长度可达50m
3	荷载分散型锚杆	1. 锚固地层为软岩或土层； 2. 单锚拉力设计值600～3000kN； 3. 采用集中拉力型锚杆无法满足高拉力设计值的软岩地层锚固工程； 4. 锚杆长度可达50m； 5. 压力分散型锚杆还适用于严重腐蚀性环境，或有拆除芯体要求的锚固工程
4	全长黏结型锚杆	1. 岩体或土层加固； 2. 对位移控制要求不严格的工程； 3. 单锚拉力设计值较小（50～350kN）； 4. 锚杆长度2～12m
5	树脂卷锚杆与快硬水泥卷锚杆	1. 岩体加固； 2. 需提供初始预应力的岩石锚固工程； 3. 单锚拉力设计值30～150kN； 4. 锚杆长度1.2～12.0m
6	自进式中空锚杆和普通中空锚杆	1. 岩体加固； 2. 地质条件复杂、钻孔后极易塌孔的地层支护（自钻式中空锚杆）； 3. 隧道、地下工程或边坡工程长度大于2.5m的锚杆支护； 4. 单锚拉力设计值100～350kN
7	摩擦型锚杆	1. 塑性流变岩体加固，或承受爆破振动影响的矿山巷道支护； 2. 隧道或地下工程的临时支护或初期支护； 3. 单锚拉力设计值不大于100kN； 4. 锚杆长度1.2～3.0m

（3）普通锚杆（桩）施工。普通锚杆和锚桩由于具有安全、快速的特点，因此在边坡的加固处理中应用十分广泛。

1）施工工艺。普通锚杆施工分为先注浆后插杆或先插杆后注浆两种方式，其施工工艺如下。

A. 先注浆后插杆。测量放线→钻机就位→造孔→清孔→灌注水泥砂浆→安装锚杆→封孔→检测，该工艺适用于垂直孔、下倾孔。

B. 先插杆后注浆。测量放线→钻机就位→造孔→清孔→安插锚杆体→灌注水泥砂浆→检测，适用于仰角孔和水平孔。

2）施工要点。

A. 锚杆施工前先进行工艺性试验，以确定最优的施工参数和工艺。

B. 长度小于5m的锚杆采用手风钻造孔，大于5m的锚杆根据设计要求选用回转钻机或其他钻孔设备造孔，但不论采用哪种设备钻孔，都必须将偏差严格控制在规范和设计的允许范围之内。

C. 锚杆安装前，除去杆体表面的油污和锈迹，同时通过安装孔内托架，以保证杆体在孔内的位置符合要求。

D. 严格控制砂浆的配合比。对采用先注浆后插杆工艺时，先将注浆管出浆口插入距孔底10～20cm处，然后随着砂浆的注入缓慢均匀拔出，杆体插入孔口无砂浆溢出时，及时补浆。采用先插杆后注浆工艺时，采用孔口管或灌浆塞封闭孔口，灌浆过程中适当加压，灌浆结束后及时封闭进浆管路、回浆管路。

（4）自进式锚杆施工。自进式锚杆是一种将钻进、注浆、锚固功能合而为一的锚杆，它在复杂地层（软岩，土层，断裂带等）条件下的锚固效果较好。

1）施工工艺。钻头、锚杆孔通气检查→钻进→杆体联结加长→安装止浆塞→注浆→安装垫板、螺母。

2）施工要点如下。

A. 钻进前先对锚杆的中心孔和钻头的水孔进行检查，如有堵塞现象，应及时清理疏通，以便顺利注浆。

B. 钻孔达到设计深度后，采用水或高压风将孔内粉尘和积水冲（吹）干净，直至孔口排水排气正常，然后卸下钻机和连接套，及时安装锚垫板和螺母，对杆体进行临时加固。

C. 注浆材料为纯水泥浆或1∶1水泥砂浆，水灰比宜为0.4～0.5，采用水泥砂浆时，砂子粒径不大于1.0mm。

D. 水泥浆体强度达到5.0MPa后上紧螺母。

（5）预应力锚杆施工。预应力锚杆框架边坡防护能够使结构与地层连锁在一起，形成一种共同工作的复合体，使其能有效地承受拉力和剪力，并能提高潜在滑移面上的抗剪强度，有效阻止坡体发生位移。

1）施工工艺。施工准备→锚孔钻造→锚杆安制→锚孔注浆→框架梁（锚梁、锚墩或十字架梁）施工→锚孔张拉锁定→验收封锚。

2）施工要点。

A. 根据图纸，按设计将锚孔位置准确测放在坡面上，孔位误差不得超过规范要求。

B. 岩层中采用潜孔钻机成孔，在岩层破碎或松软饱水等易于塌缩孔和卡钻埋钻的地层中施工，必要时采用跟管钻进技术。

C. 钻进过程中对每个孔的地层变化、钻进状态（钻压、钻速）、地下水等情况做好施工记录。如遇塌孔缩孔等不良钻进现象时，立即停钻，及时进行固壁灌浆处理（灌浆压力 0.1~0.2MPa），待水泥砂浆初凝后，重新扫孔钻进。

D. 钻孔孔位、孔深斜度符合设计要求。为确保锚孔直径，要求实际使用钻头直径不小于设计孔径。为确保锚孔深度，孔深不小于设计孔深并且实际钻孔深度大于锚索设计长度 0.5m 以上。

E. 锚孔清理。钻进达到设计深度后，不能立即停钻，要求稳钻 1~2min，防止孔底尖灭，达不到设计孔径。在钻孔完成后，使用高压空气（风压 0.2~0.4MPa）将孔内岩粉及水体全部清除出孔外，以免降低水泥砂浆与孔壁岩土体的黏结强度。除相对坚硬完整岩体外，不得采用高压水冲洗。若遇锚孔中有承压水流出，待水压、水量变小后方可下安锚筋与注浆，必要时在周围适当部位设置排水孔处理。如果设计要求处理锚孔内部积聚水体，一般采用灌浆封堵二次钻进等方法处理。

F. 锚固注浆。注浆采用一次注浆法，砂浆经试验比选后确定施工配合比。实际注浆量一般要大于理论的注浆量，或以锚具排气孔不再排气且孔口浆液溢出浓浆作为注浆结束的标准。施工过程中，做好注浆记录。

G. 框架梁（锚梁、锚墩或十字架梁）施工。如锚杆与竖梁箍筋相干扰，可局部调整箍筋的间距。在锚孔周围钢筋较密集，混凝土振捣密实，保证质量。

9.2.2.7　锚喷防护

锚喷防护是锚杆防护与喷射混凝土防护的组合。锚喷防护还可以与钢筋片网联合进行防护，即将锚杆、钢筋网和喷射混凝土三者有机结合起来，共同工作以提高边坡岩土结构的强度和抗变形刚度，减小岩（土）体侧向变形，增强边坡的整体稳定性。

（1）防护特点。

1）锚喷防护既可以用于坡体的局部加固，也易于实施整体加固；既可一次完成，也可以分次完成；既可作为临时支护，也可作为永久支护，因此它适应范围广，灵活性强。

2）喷射混凝土和锚杆都具有早强性能，施作后迅速发挥其对岩体的支护作用，及时性较强。

3）喷射混凝土能与坡面全面紧密地黏结，因而可以抵抗岩块之间沿节理的剪切和张裂。另外坡面被喷射混凝土封闭后，阻止了地表水对坡体的侵蚀，减少了膨胀性岩体的潮解软化和膨胀，有利于边坡的稳定。

（2）适用范围。锚喷防护主要适用于岩性较差、强度较低、易被风化的岩石边坡；或虽为坚硬岩层但风化严重、节理发育易受自然因素影响、大面积碎落的边坡。

（3）锚喷防护施工。锚喷防护分为素喷混凝土、打设锚杆后再喷射混凝土及先打锚杆再挂网，最后喷射混凝土三种形式。

1）施工工艺。锚喷支护施工工艺流程：施工准备→坡面整修→初喷混凝土→钻孔→安装锚杆→注浆→挂网→二次喷射混凝土→养护。

2）施工要点。

A. 搭设的脚手架在确保安全的前提下，须满足操作手作业的要求。

B. 锚杆钻孔时钻杆要与坡面垂直，孔位误差控制在 10cm 以内，孔深不小于锚杆埋设深度且不超过 5cm。

C. 锚杆安装完成后对坡面进行二次清理，然后安装混凝土垫块以控制网片的保护层厚度，同时在坡面上埋设标志，便于操作手控制混凝土的喷射厚度。

D. 网片挂设时，相邻两片之间搭接 10～20cm，并用镀锌铁丝绑扎牢固，对于平整度较差的坡面，可适当调整网片与坡面间的距离。

E. 喷射作业时，喷头与受喷面基本垂直，自下而上分层喷射，每次喷射厚度 5～7cm，后一次喷射要在前一层终凝前进行。

F. 喷射过程中，混凝土表面如出现干裂松散、滑移、裂缝等现象，应及时清除，重新喷射。回弹下落的混凝土及时清理干净，不得将回弹料收集后再用于喷射。

G. 喷射混凝土终凝后 2h 开始洒水养护，持续 14d，在混凝土充分凝固前，不得受水流的直接冲刷。

9.2.2.8 柔性防护

柔性防护是采用模块化安装方式将高强度钢丝绳、锚杆及其他附件组合而成的防护结构，它分为以覆盖、包裹坡面或岩石的主动防护系统和拦截斜坡上滚落石的被动防护系统两种。

（1）防护特点。柔性防护网抗拉、抗冲击及变形能力强，能主动保护松动岩体或被动拦截滚石，结构简单、可靠耐久，产品构件工厂标准化生产，适用于任何复杂的地形，占地面积小、工程造价较低、施工快捷。

（2）适用范围。通常情况下，柔性防护主要应用于边坡表面和浅层的防护。当坡面浮石数量较多、松动岩块块度较大、稳定性差、清除难度大时宜采用主动防护系统。但边坡存在滑动层且厚度超过 3m 时，不宜单独采用，必须考虑与预应力锚索或预应力锚杆结合使用，主动加固系统中采用的锚杆，抗拔能力强，但其抑制变形的能力较差，会随土体的蠕动而产生变形，因此，对存在以蠕动引起滑动破坏的边坡，不能采用标准结构型式的，主动加固采用。

当浮石下落速度估计超过 25～30m/s 时，因冲击力较大，须考虑采用主动防护网进行防护，或在不同高程分级设置多道被动防护网，或采取其他防护措施。当边坡较高、坡面陡峻，特别是近直立、上缓下陡的边坡宜采用被动防护系统。

（3）主动防护网施工。

1）施工工艺。施工准备→钻孔→锚杆安装→支撑绳安装→铺挂钢丝格栅网→钢绳网安装→检查后拆除排架。

2）施工要点。

A. 自上而下将坡面上的浮土、松动石块清理干净，必要时局部加固，避免施工中落石伤人。

B. 锚杆孔的孔位采用软尺（皮尺）进行放样确定，在孔间距允许调整范围内，尽可能将孔位布置在坡面的坑凹处，附近无凹坑的孔位采用人工将孔口修凿出直径×深度约

15cm×20cm 的凹坑。

C. 锚杆孔尽量与坡面垂直，孔径不小于 42mm，孔深大于锚杆设计长度 5～10cm，钻孔结束后，将孔内清理干净。

D. 锚杆自上而下先注浆后安装，砂浆严格按照设计配合比进行拌制，自孔底一次性注入，中途不得停灌，砂浆初凝前，不允许扰动锚杆，养护 3d 后，方可进行下道工序施工。

E. 支撑绳的下料长度比测量出来每根支撑绳两端锚杆间的距离多增加 2m，支撑绳拉紧后两端用 2～4 个钢丝绳卡子（支撑绳长度小于 15m 时用 2 个，大于 15m 小于 30m 时用 4 个）将支撑绳卡死，形成 4.5m×4.5m 的网格（可在 4.2～4.8m 间进行调整）。

F. 钢绳网从自上向下铺设，四周用 8mm 的缝合绳将钢绳网与纵向、横向支撑绳连接起来并拉紧，缝合绳的两端各用两个绳卡与网绳牢固连接。钢绳网拉好后，用细石混凝土将锚杆孔口的凹坑回填密实。

（4）被动防护网施工。

1）施工工艺。施工准备→测量定位→基坑开挖→锚杆安装并灌注基础混凝土→基座安装→钢柱及上拉锚绳安装→支撑绳、钢绳网安装→钢绳网缝合→金属网安装。

2）施工要点。

A. 安装前对坡面防护区域内影响施工安全的浮石进行清理。

B. 确定安装位置时，以设计文件为依据，需充分考虑现场的地形条件。

C. 覆盖层较薄的基坑，虽未达到设计深度，但已开挖到基岩，则在基坑内的锚杆位置钻孔，待锚杆插入基岩并注浆后再灌注上部基础混凝土。

D. 为了保证下支撑绳尽可能紧贴地面，基座顶面一般不应高出地面 10cm。

E. 钢柱通过与基座间的连接和上拉锚绳来固定，通过拉锚绳调整钢柱方位满足设计要求，误差不得大于 5°，上拉锚绳上的减压环宜距钢柱顶 0.5～1.0m。

F. 支撑绳安装时严格控制其位置，安装就位后予以固定。

G. 钢丝绳网不得与钢柱和基座等构件直接连接，缝合绳两端应重叠 1.0m 后各用两个绳卡与钢丝绳网固定。

9.2.2.9　抗滑桩防护

抗滑桩是一种承受弯剪作用的柱状构件，它利用穿过滑坡体深入于滑床的桩柱，将桩身上部所承受的滑体推力传递给下部的侧向土体或岩体，依靠桩身下部的侧向阻力来承担边坡的下推力，从而使边坡保持平衡或稳定。抗滑桩的制作材料经历了木桩、钢桩和钢筋混凝土桩三个阶段，截面形式分为圆形、管形、矩形（包含正方形、长方形）；结构型式有单桩、排桩、群桩，依桩头约束条件分为普通桩和锚索桩；抗滑桩的成桩方法有打入桩、静压桩、就地灌注桩，就地灌注桩的成孔工艺分为机械钻孔和人工挖孔两种。小型的土质滑坡体一般采用打入桩，水利水电工程施工中，大（中）型滑坡体较多，就地灌注桩使用的较为普遍。

（1）防护特点。抗滑力强，支挡效果好，通常一根桩能够承担的推力达数千至上万千牛，如果推力较大时可多排桩联合使用。桩位布置灵活，即可集中布置也可分开布置，既能单独使用，也可与其他支挡工程配合使用，对滑坡体的扰动小，施工安全。抗滑桩大多采用人工开挖就地浇筑混凝土的施工工艺。群桩同时施工，间隔开挖，对滑坡体的扰动小，各桩施工工作面之间干扰少，如果采用机械成孔就更加安全。资源投入不多，施工方便、安全，成桩后能迅速发挥抗滑作用。桩坑还可以作为勘探井，验证滑动面的位置和滑动方向，及时调整设计。

（2）适用范围。

1）依据桩身材料，最早采用的木桩能就地取材，易于施工，但桩身强度不高，桩长有限，一般适用于边坡浅层滑坡的治理、临时工程或抢险工程。钢桩强度高，施打容易、快速，接长方便，但受桩身断面尺寸限制，横向刚度较小，造价偏高。钢筋混凝土桩断面刚度大，抗弯能力高，施工方式多样，可打入、静压成桩，其缺点是混凝土抗拉能力有限。

2）依据施工方式，水工上常用的钢筋混凝土抗滑桩，采用机械或人工开挖成孔。机械成孔速度快，劳动强度低，安全性相对较好，适用于各种地质条件。但地形较陡的边坡工程，因机械进入和架设困难较大，冲击岩层或者孤石时速度慢；遇到斜岩时容易产生偏孔。人工开挖操作简单，施工方便，不需要大型机械设备，多桩可同时施工，并能在开挖的过程中对地质条件进行核对，施工质量容易保证且施工成本低，适用于结构较密实的土或岩石层且断面面积较大的桩孔施工。但挖孔时工人在井下作业，人身安全问题较为突出，在无地下水或少量地下水且孔径或边长在1.2m以上时，较为适宜，对可能遇到流沙、渗水、塌方或孔内存在有毒、有害气体及孔壁支护结构复杂而不经济时，均不宜采用人工开挖成孔；另外，成孔太深或孔径较小时，上下提土占用时间较长，工效相应降低，且孔底空气稀薄，容易造成安全事故，也不宜采用开挖成孔。

3）依据桩的组合方式，单桩是抗滑桩常用的结构型式，其特点是简单、受力明确。若采用单桩不足以承担较大的推力或使用单桩不经济时，可采用排架式抗滑桩、框架式抗滑桩、锚索桩等组合桩。锚索桩由预应力锚索和桩体共同工作，改变了桩的悬臂受力状况和桩完全靠侧向地基反力抵抗滑坡推力的机理，桩身应力状态和桩顶变位得到了改善，极大节省了原材料，降低了造价，且可取得更好的支护与加固效果，但对锚固锚索的岩体地质条件要求较高。

（3）预制打入桩施工。

1）施工工艺。预制打入桩：施工准备→桩机就位→起吊预制桩→稳桩→打桩→接桩→送桩→中间检查验收→移动桩机。

2）施工要点。

A. 就位后的打桩机，应位置准确、机身稳定。

B. 桩尖插入桩位后，先用小落距轻击数次，待桩入土一定深度后，再对桩锤、桩帽、桩垫及打桩机导杆进行调整，使之与打入方向成一直线。10m以内短桩可用线坠双向校正；10m以上或接长桩必须用经纬仪双向校正。

C. 打桩顺序按基础设计标高先深后浅；依桩的规格先大后小、先长后短。由于桩的密集程度不同，可由中间向两侧对称进行，也可由一侧向单一方向进行。

D. 锤重由工程地质条件，桩的类型、结构、密集程度及施工条件来确定。初期应缓慢间断地试打，在确认桩中心位置及角度无误后再转入正常施打，重锤低击。打桩期间应经常校核检查桩机导杆的垂直度或设计角度。

E. 桩长不够时，采用焊接或浆锚法接桩。接桩前应对下节桩的顶部进行检查，损伤部位适当修复。如桩头严重破坏时应重新补打。

F. 设计要求送桩时，送桩的中心线应与桩身吻合一致。

G. 打桩过程中，出现贯入度剧变、桩身突然倾斜、位移或有严重回弹、桩顶或桩身出现严重裂缝或破碎情况时应暂停施工，并及时会同有关单位，研究处理办法。

（4）现浇钢筋混凝土桩施工。

1）施工工艺。挖孔灌注桩：施工准备→测量放样→锁口施工→桩身开挖、护壁→钢筋安制→混凝土浇筑→检测、验收。

2）施工要点。

A. 机械造孔桩在正式施工前，应进行工艺试验，以检验钻孔机具和工艺措施对地层的适应性。

B. 重要和大型灌注桩，需按设计要求进行试桩和荷载试验。

C. 桩孔密集时，则采用隔孔跳打法，布置孔位时要注意冲击振动对周围孔的成形或施工的影响。

D. 群桩人工开挖时采用跳孔间隔的开挖顺序。

E. 边开挖边支护，即当开挖 1.5～2.0m 后，停止开挖，及时支护。

F. 基岩桩身以钻爆法开挖为主，人工撬挖为辅，钻孔深度 75～100cm，非电延期雷管分段起爆，并控制每段起爆的装药量。

G. 为避免井口周围杂物落入及地表水流入井内，井口用浇筑钢筋混凝土锁口，锁口顶面高出地面 20～30cm，四周挖设排水沟。

H. 钢筋混凝土、钢衬板、钢木支撑、喷锚等是护壁的主要形式，依据岩体特性和涌水情况选择护壁形式。

I. 为了加快施工速度，改善井内的作业环境，提前将桩身钢筋在地面加长，用起吊设备送入井下就位后，人工固定。

J. 桩身挖至设计标高后，将护壁、孔底的淤泥、积水清理干净，立即封底，进行桩身混凝土浇筑。桩身混凝土浇筑采用溜筒入仓，溜筒末端距孔底高度不宜大于 2m。

9.2.2.10 预应力锚索防护

预应力锚索是一种主要承受拉力的杆状构件，通过钻孔将钢绞线穿过滑动面深埋在稳定岩层中，然后在被加固边坡表面施加预应力，从而达到加固边坡、限制变形的目的。在岩质边坡加固中，通过预应力的施加，不仅发挥结构本身强度，而且增加潜在滑动面上的法向应力，有效控制边坡卸荷松弛变形，增强结构面的天然紧密状态和凝聚力，增大抗滑力。

锚索的分类如下：按照受力方式分为主动加力锚索和被动加力锚索；按外锚的调整情况分为可调锚索和不可调锚索；按锚索自由端结构分为有黏结锚索和无黏结锚索；按锚体材料分为高强钢丝束、钢丝绳锚和钢绞线锚；按锚固段荷载的分布情况分为荷载集中型锚索和荷载分散型锚索。

（1）防护特点。锚索布置灵活，既可系统布置，亦可随机布置，另外预应力锚索由高强度材料组成并有可靠的锚固体系，因而它能提供数量可观的预应力；预应力锚索一般较长，能够锚入到深部比较坚固稳定的岩层中去；预应力锚索施工过程安全快速、造价低、支护后的边坡稳定持久，而且还能与其他加固措施配套使用；在高边坡的开挖中，采用预应力锚索即增加了边坡的稳定，也减少了开挖工程量，节约了工期。

（2）适用范围。预应力锚索应用范围较广，能够加固边坡和结构物，但对坡面较陡，尤其是危岩陡倾、滑体很厚、锚索自由段过长、下滑力过大、滑体十分松软、滑床为松软土体情况不适用。

（3）预应力锚索防护施工。预应力锚索施工时的主要工序有钻孔、锚索安制、注浆、张拉、封孔等。

1）施工流程。钻孔（锚索制作）→锚索安装→内锚段注浆→外锚头垫墩浇筑→锚索张拉→封孔注浆→外锚头保护。

2）施工要点。

A. 一般采用潜孔冲击式钻机钻孔，钻孔偏差控制指标为：孔口位置小于10cm、孔斜小于2%，钻进过程中随时校验钻具并加设导向装置，钻孔结束后，对孔深进行检查，并用高压风吹孔，待孔内粉尘吹干净，且孔深不小于锚索设计长度时，塞好孔口。钻孔过程中出现渗水、卡钻、塌孔异常现象时，应立即停钻，查明原因，采取如跟管、压力注浆等措施后再行钻进。

B. 锚索制作和钻孔同步进行，下料长度为锚索设计长度、锚头高度、千斤顶长度、工具锚和工作锚的厚度以及张拉操作余量的总和，钢绞线截断余量为50mm，经验收合格的锚索挂牌标识。

C. 因锚索长度和现场条件不同，常采用机械辅助人工或人工直接安装，安装前后需对索体进行检查，不符合要求的及时进行修整或更换。

D. 注浆用的浆液一般为纯水泥浆，配比通过试验确定，采用挤压式灰浆泵注入，压力0.2～0.3MPa。采用黏结式内锚段时，注浆前必须对止浆环的充气压力进行检查。当回浆管出浓浆、其密度不小于进浆密度、孔内吸浆量不小于理论吸浆量时，开始屏浆，屏浆压力0.2MPa，时长30min。

E. 锚墩混凝土浇筑前先将基面清理干净，然后安装钢筋，再安装承压垫板和孔口套管，安装时采用水平尺进行检验和校正，确保安装后的承压板与钻孔轴线垂直，钢套管与钻孔轴线重合，混凝土浇筑后及时进行养护。

F. 张拉前对压力表、千斤顶和油泵进行配套标定，绘制分级张拉吨位及压力表读数对照表、分级张拉钢绞线理论伸长值表，作为张拉的依据，压力表损坏或者千斤顶出现拆装的情况时，要重新对整套张拉设备进行标定。张拉分为单股分级预紧张拉和单股预紧整体分级张拉两种形式。张拉过程中出现异常情况时，应立即停止工作，查明原因并使问题得到解决后再行张拉。

G. 张拉结束后对张拉端进行封孔灌浆。端头锚灌浆前须对二次灌浆管路的畅通情况进行检查，灌浆结束标准和内锚段相同。

H. 封孔注浆结束后，除锚具端头预留50mm钢绞线外，将多余的部分切除，然后对索体部分灌注水泥浆，锚固装置用混凝土或其他措施进行保护。

9.2.2.11 挡土墙防护

挡土墙是一种能够承受侧向岩土压力，用来支撑天然或人工边坡，保持岩土稳定的结构物。依结构型式不同分为重力式挡土墙、悬臂式挡土墙、扶壁式挡土墙、锚杆式挡土墙、桩板式挡土墙、加筋挡土墙。按照材料分为混凝土挡土墙、钢筋混凝土挡土墙、浆砌石挡土墙、加筋土挡土墙。

（1）防护特点。重力式挡土墙结构简单，施工方便，可就地取材，适应性较强，但其断面尺寸大，墙身工程量大，对地基的承载力要求较高。当挡土高度低于6m时，常为首选结构。悬臂式挡土墙和扶壁式挡土墙墙身断面小，对基底承载力要求不高，构造简单，受力明确，施工方便，能够充分发挥材料的强度性能。锚杆式挡土墙结构轻、工程量小、造价低，但施工工艺复杂。桩板式挡土墙构件断面小、结构质量轻、柔性大、工程量小、构件可预制，有利于实现结构轻型化、机械化。加筋土挡土墙为柔性结构，变形适应能力强，面板和筋带可以提前制作，在现场人工砌筑或机械碾压，采用装配式施工，施工速度快。

（2）适用范围。重力式挡土墙一般用于地质条件较好、石料丰富、挡墙高度小于6m的部位。悬（扶）臂式挡土墙：当地基承载力低、石料缺乏时较为适合。锚杆式挡土墙适应于地基承载力较低、挡墙高度大于12m、当地石料缺乏的情况。桩板式挡土适应于填方工程量较大、当地石料缺乏的情况。加筋土挡土墙适应于地基较软的填方地段。

（3）挡土墙防护施工。挡土墙虽因结构型式和材料不同，种类较多，且各自特点明显，但作用相同。混凝土挡土墙、钢筋混凝土挡土墙、浆砌石挡土墙、锚杆式挡土墙、加筋土挡土墙是水利水电工程中应用最多的几种形式。挡土墙主要由基础、墙身、排水设施和伸缩缝等构成。

1）施工工艺。

A. 重力式挡土墙的施工工艺流程为：施工准备→测量放线→基坑开挖（处理）→基底验收→基础施工→墙身施工→墙后回填。

B. 悬（扶）臂式挡土墙施工工艺流程为：施工准备→基坑开挖（处理）→基底验收→钢筋安装→模板支架安装→混凝土浇筑→混凝土养护→模板支架拆除→沉降缝处理→墙背回填。

C. 锚杆式挡土墙施工工艺流程为：施工准备→清理边坡→布置钻孔→钻孔→安设锚杆→注浆→验收锚杆→安装锚头→挡土墙施工。桩板式挡土墙施工工艺流程为：施工准备→挖孔→成孔检查→串放钢筋笼→立模→混凝土浇筑→养护→拆除模板→安装桩间板→墙背回填。

D. 加筋土挡土墙施工工艺流程为：施工准备（场地平整、构件预制、放样、筋带加工、填料准备）→基坑开挖→基础混凝土浇筑→墙面板安装→筋带铺设→填料铺筑→填料压实→附属工程。

2）施工要点。

A. 挡土墙施工尽量避开雨季，施工前首先施做排水设施。

B. 不稳定边坡处挡土墙施工的原则是"步步为营"，分段、跳槽开挖，并及时进行挡土墙的修建。一般跳槽开挖的长度不大于总长的 20%。同时对滑坡体上（后）部进行刷坡卸载，以减小滑坡体产生的下滑力。刷坡卸载按自上而下的顺序进行。

C. 挡土墙基底面反坡的坡度应符合设计要求，不得做成顺坡。当地基承载力不足且墙趾处地形平坦时，为减少基底压力，增加基底的抗倾覆稳定性，通常采用扩大基础的方法。当地基为软弱土层（如淤泥、软黏土等）时，可采用砾石、碎石、矿渣或灰土等质量较好的材料换填，以扩散基底压力。

D. 挡土墙的基础埋置深度应根据地基的性质、承载力要求、冻胀影响、地形和水文地质等诸多因素综合分析确定。设置在土质地基上的挡土墙，埋深不小于 1.0m；受水流冲刷时应在冲刷线以下至少 1.0m；受冻胀影响时，应在冻胀线以下 0.25m。

E. 墙身包括墙背、墙面、墙顶和护栏四部分。浆砌石砌筑时，石料、砂浆强度符合设计要求，孔隙填塞密实，以保证墙体的整体性和刚度。混凝土浇筑前应彻底清除底部淤泥、杂物、积水，高度较低的挡土墙可连续浇筑，均匀上升；墙身高度大于 6m 的挡土墙，应分层浇筑，层与层之间的施工缝进行凿毛处理。混凝土灌注完毕后，安排专人在初凝前进行混凝土收面，混凝土终凝前再次进行压光处理，然后再覆盖保水材料进行洒水保湿养生。

F. 挡土墙泄水孔间距一般为 2～3m，上、下交错布置。泄水孔尺寸视泄水量的大小而定，一般为 5cm×10cm、10cm×10cm、15cm×20cm 的方孔或直径 5～10cm 的圆孔。安装时，最下一排泄水孔的出水口应高出原地面 0.3m 以上，并向下倾斜，确保排水顺畅。另外在进水口周围覆盖具有反滤作用的粗颗粒材料，以免孔道被阻塞。干砌挡土墙可不设泄水孔。

G. 一般每隔 10～15m 设置一道伸缩缝，缝宽 2～3cm。自墙顶垂直贯通至基底，缝内填塞沥青麻筋或涂以沥青的木板等弹性材料，填缝时，沿墙的内、外、顶三侧填塞，深度不小于 15cm。干砌挡土墙可不设伸缩缝。

H. 墙背回填填料优选粗粒土、砂粒土或砂卵石，分层摊铺、逐层碾压、密实度满足设计要求。

9.3　基坑工程安全防护

基坑是为给地面以下建（构）筑物基础顺利施工创造条件所开挖出的空间。基坑工程包括支护工程和土石方开挖工程。基坑支护能为深、大基坑的开挖和建筑物的施工创造安全环境，过去基坑防护形式较为单一，随着我国大中型水利水电工程的建设，深、大基坑的安全防护技术也得到了快速发展。

9.3.1　常用防护技术

深基坑施工时，常用挡土结构、支锚结构、土方开挖和降水等技术对基坑进行安全防护。其中，挡土结构包括钢板桩、钢筋混凝土板桩墙、钻孔灌注桩、人工挖孔桩、水泥搅拌桩、高压旋喷桩、地下连续墙和土钉墙。支锚体系包括钢支撑、钢筋混凝土支撑和预应力锚杆。土方开挖包括有内支撑开挖方式和无支撑开挖方式两种。基坑降水包括轻型井点、喷射井点、自流深井、真空管井、电渗井点。

9.3.2 常用防护技术特点及施工

9.3.2.1 钢板桩

（1）钢板桩特点。具有良好的耐久性，可重复利用，施工方便，工期短，不足是不能挡水和土中的细小颗粒，当地下水位较高时，需采取隔水或降水措施，抗弯能力较弱，支护刚度小，基坑开挖后变形较大。

（2）适用范围。适用于深度小于7m的基坑，当深度超过7m时，须设置多层支撑或锚拉杆。

（3）钢板桩施工。

1）施工流程。钢板桩的安装方法分为锤击、振动、射水三种。振动下沉法是常用的施工方法，其工艺流程为施工准备→测量放线→定位开槽→安装导向架→打设钢板桩→开挖围檩沟槽→安装围檩→支撑拼接、安装→挖土、基础施工→支撑、围檩拆除→钢板桩拔出。

2）施工要点。

A. 选择钢板桩的形式时，应综合考虑工程所在地场地特点，钢板桩的特性、施工方法等方面的问题。

B. 钢板桩使用前，应对长度、宽度、厚度、垂直度和锁口形状等外观质量进行检查，不合要求的板桩予以矫正。

C. 安装导架时应注意以下几点：采用全站仪和水平仪控制和调整导梁的位置，导梁的高度要适宜，要有利于控制板桩的施工高度和提高施工工效。安装好的导梁不能随着板桩的打设而产生下沉和变形，导梁的位置应尽量垂直，并不得与板桩发生碰撞。

D. 当钢板桩需要接长时，为了保证自身强度，须错开接头位置。

E. 板桩优先采用屏风式打入法，施工顺序根据板桩现场的情况确定。打桩前在板桩的锁口内涂抹油脂，以方便打入或拔出，插打过程中随时监测每根桩的斜度不超过1‰，当偏斜过大不能用拉齐方法调正时，拔起重打。

F. 板桩拔除前，应对拔桩方法、顺序和拔桩时间及桩孔处理仔细研究。拔桩时可先用振动锤将板桩锁口振活以减小土的黏附，然后边振边拔。对较难拔除的板桩可先用柴油锤将桩振下100～300mm，再与振动锤交替振打、振拔。对拔除阻力较大的板桩，采用间歇振动的方法拔除。

G. 基础施工期间，严禁碰撞支撑，更不得任意拆除支撑或在支撑上任意切割、电焊，也不应在支撑上搁置重物。

9.3.2.2 钢筋混凝土板桩

（1）钢筋混凝土板桩特点。钢筋混凝土板桩施工简单、现场作业时间短。但由于钢筋混凝土板桩的施打一般采用锤击方法，振动与噪声大，同时沉桩过程中挤土现象较为严重，另外桩体在工厂预制好后再运至工地，成本较灌注桩略高。

（2）适用范围。由于其截面形状及配筋对板桩受力较为合理，槽榫结构可以解决接缝防水，无需考虑拔桩问题，并且可根据需要设计，已可制作厚度较大（如厚度达500mm以上）的板桩，并有液压静力沉桩设备，故在基坑工程中仍是支护板墙的一种使用形式。适用于开挖深度小于10m的中小型基坑。

（3）钢筋混凝土板桩施工。

1）施工流程。钢筋混凝土板桩沉桩方法有打入法、水冲插入法和成槽插入法，最常用的打入法的工艺流程为施工准备→测量放线→设置导向围檩→钻机就位→打设定位桩→板桩插入→拆除导向围檩→板桩打入设计深度→冲洗桩身→桩缝处理→基坑开挖。

2）施工要点。

A. 预制桩身时，混凝土应一次浇注，不得留有施工缝，钢箍位置的混凝土表面不得出现规则的裂缝，板桩凸榫不得有缺角破损等缺陷。

B. 预制好的板桩起吊时强度应大于设计强度的70%，吊点位置的偏差不宜超过200mm，吊索与桩身轴线的夹角不得小于45°。

C. 板桩堆存时，在其下面均匀铺设支垫，多层堆放时每层支垫均应在同一垂直线上。现场堆码不超过3层，工厂堆码不超过7层。

D. 板桩装运前须按沉桩顺序绘制好装桩图，按图装车，运输中，用木楔将支垫垫实并采取适当的加固措施。

E. 沉桩方法有打入法、水冲插入法和成槽插入法，目前最常用的是打入法。钢筋混凝土板桩采用锤击下沉时，桩头和桩尖部位，应采取加固措施，锤击时，应用桩帽、桩垫，并经常检查，发现异常情况应立即停击。

F. 围檩装置拆除后即可对已插桩成屏风墙体的板桩墙逐一打到设计高程。送打桩时初始阶段应轻打，顺序与插入桩时顺序相反，即后插的桩先送，先插的桩后送。每一屏风段墙体的最后几根桩不送打，与下一施工段流水接口。

9.3.2.3 钻（挖）孔灌注桩

（1）钻（挖）孔灌注桩特点。

1）钻孔灌注桩，与沉入桩中的锤击法相比，施工噪声和振动要小的多；对地基的适应性强，墙身强度高，刚度大，支护稳定性好，变形小，因混凝土在水下灌注，质量控制的难度较大。

2）人工挖孔桩成孔机具简单，作业时无振动、无噪声，对施工现场周围的原有建筑物影响小。对施工场地狭窄、邻近建筑物密集的情况尤为适用。施工速度快，可多个桩孔同时施工，桩底清理干净，施工质量可靠，但安全风险较高。

（2）适用范围。

1）机械钻孔桩适用于开挖深度不超过10m的黏土层、不超过8m的砂性土层以及不超过5m的淤泥质土层的基坑防护。

2）人工挖孔桩一般适用于地下水位以上的上述底层，对于地下水丰富且难于抽水的地层、有松砂层尤其地下水位以下有松砂层、有连续软弱土层、孔内缺氧或含有有毒气体时，不宜或不能采用。

（3）钻（挖）孔灌注桩施工。

1）施工流程。钻孔灌注桩的成孔方式有干式和湿式两种。

干式作业的工艺流程为：施工准备→测量放线→护筒埋设→钻机就位→钻孔→首次清孔→下钢筋笼→二次清孔→混凝土灌注→钻机移位。

湿式作业的工艺流程为：施工准备→测量放线→护筒埋设→泥浆制作→钻机就位→钻

孔→首次清孔→下钢筋笼→二次清孔→混凝土灌注→钻机移位。

人工挖孔桩施工流程为：施工准备→测量放线→孔口混凝土浇筑→挖孔护壁→清孔→安装钢筋笼→混凝土灌注。

2）施工要点。

A. 钻孔灌注桩的成孔方法分为干法和湿法两种，湿式作业前应布置好钻孔用泥浆制备及循环、排水、清渣系统，确保作业时造孔浆液循环畅通，污水排放彻底，钻渣清运顺利。

B. 清孔分两次进行，第一次在成孔后立即进行，第二次在钢筋笼吊放和混凝土导管安装完毕后进行。

C. 钢筋笼制作时，分段长度应根据加工精度、变形控制要求及起吊等因素综合考虑，一般控制在8m左右。为防止钢筋笼在运输和吊装过程中产生过大变形，除以适当的间隔布置加强箍筋外，还可以在钢筋笼内侧设置临时支撑，或在钢筋笼外侧或内侧沿轴线方向设置支柱，以增大钢筋笼刚度。

D. 为保证钢筋保护层混凝土的厚度，一般在主筋外侧设置钢筋定位器，其沿桩长的间距为2～10m，每一断面设4～6处。

E. 钢筋笼吊放时尽量避免与孔壁发生碰撞。对分段制作的钢筋笼，在逐段接长时，须保证主筋位置正确、竖直。

F. 混凝土灌注过程中要确保导管始终埋在混凝土中，埋入深度不得小于2m，导管应勤拆勤提，一次提管拆管的长度不得大于6m。灌注混凝土时对灌入速度进行控制，以防钢筋笼上浮。混凝土实际灌注高度应超过设计桩顶标高80～100cm，以保证设计桩顶标高以下混凝土的质量符合设计要求。

G. 人工挖孔桩挖土时的分段开挖深度一般为0.8～1.0m吊土用的垂直运输机具可根据挖孔深度选用电动工具或手动工具。如遇大量渗水，则在孔底一侧挖集水坑，用潜水泵抽排。

H. 现浇混凝土护壁时，护壁模板一般由4～8块活动钢模板或木模板组合而成，高度根据开挖深度确定，上下两节护壁间搭接长度50～75mm。开挖后应在24h内一次性将护壁混凝土灌注完毕。护壁混凝土应振捣密实，当混凝土达到一定强度，一般为12～24h后即可拆模进行下一循环的施工。成孔后利用探笼对孔身进行检查，清理干净孔底的虚渣。

I. 为防止塌孔，灌注混凝土使用的导管不得与孔壁发生碰撞。混凝土应分层灌注，逐层振捣密实，分层高度不得超过1.5m。

9.3.2.4　水泥浆搅拌桩

（1）水泥浆搅拌桩特点。水泥浆搅拌桩最大限度地利用了原土，具有挡土、止水的双重功能，成桩速度快、施工效率高、成本低，而且施工时无振动、无噪声、污染小。

（2）适用范围。水泥搅拌桩适用于基坑开挖深度小于6m、淤泥、淤泥质土、黏土、粉质黏土、粉土、素填土等土层。有机质土、泥炭质土须通过试验来确定。当地表为厚度较大的杂填土或含有直径大于100mm石块时，须慎重使用。

（3）水泥浆搅拌桩施工。

1）施工流程。施工准备→测量放线→钻机就位调试→预搅下沉→喷浆搅拌上升→重复下沉搅拌→设备清洗移位。

2）施工要点。

A. 开机前对成桩机械和输浆管路进行检查，确保设备运转正常，输浆管路畅通。

B. 成桩过程中喷浆必须连续进行，如因故中断，应在 12h 内采取补喷措施，补喷搭接长度不小于 1.0m。

C. 泵送水泥浆前，预先将输浆管路润湿，以利浆液的输送。制浆水泥一般采用普通硅酸盐水泥，严禁使用快硬水泥，每根桩所需水泥浆应一次单独拌制完成，搅拌时间 5～10min，存放时间不得超过 2h，否则应予以废弃。进入存浆池的水泥浆应加筛过滤，以防浆内结块损坏泵体。泵送要连续，当停机超过 3h 时应立即将管路拆卸并对其进行清洗。

D. 通过电机的工作电流监测来控制下沉速度，如搅拌机的入土切削负荷太大，电机工作电流超过额定电流时，应放慢速度，或在不影响桩身质量的前提下，从输浆管路适当补给清水以利钻进。

E. 搅拌桩桩位平面误差不得大于 50mm，桩身垂直偏差不得超过 1‰。通过控制注浆压力和喷浆量使水泥浆均匀地喷浇在桩体中，以保证桩身强度达到设计要求。

9.3.2.5 高压旋喷桩

（1）高压旋喷桩特点。施工占地少，振动小，噪声较低，成本较高，易对环境造成污染，特殊土质不宜采用。

（2）适用范围。高压旋喷桩适用于淤泥、黏土、砂土、黄土等土层的基坑防护，对于砾石直径过大、含量过多的土层或有大量纤维物质的腐殖土喷射效果较差，对于地下水流速过大或出现涌水的基坑工程应慎重使用。

（3）高压旋喷桩施工。

1）施工流程。高压旋喷分为单管法、二重管法和三重管法。其工艺流程为施工准备→测量放线→钻机就位→调整钻架角度→钻孔→插管（打管）→试喷→高压喷射注浆→喷射结束→拔管→设备清洗。

2）施工要点。

A. 喷射前应对高压设备和管路系统进行检查，注浆管和喷嘴内不得有任何杂物，注浆管接头密封性能良好，压力、流量满足设计要求。

B. 将钻孔的倾斜度控制在 1.5‰ 以内。

C. 喷射时对压力、流量、冒浆量做好记录，水、空气、浆液的压力和流量须符合设计要求，否则重新进行插管喷射。

D. 由于天然地基的土层性质沿深度变化较大，高压旋喷桩施工时，应按地质资料针对不同土层性质，在不同深度分别选用合适的旋喷参数，深层硬土可采用增加压力和流量，或适当降低旋转和提升速度。

E. 旋喷过程中冒浆量小于注浆量的 20% 属正常现象，超过 20% 或完全不冒浆时则应查明原因并采取相应的措施。

9.3.2.6 地下连续墙

（1）地下连续墙特点。地下连续墙施工时噪声、振动小，墙体刚度大、强度高、整体性好，集挡土、承重、截水、抗渗于一体；对施工场地的要求低，造价高。

（2）适用范围。地下连续墙适用于各种地层。岩溶地区或承压水头较高的砂砾地层施工难度较大。

（3）地下连续墙施工。

1）施工流程。地下连续墙根据墙身处地层的地质、水文条件，采用导板抓斗、冲击钻等机械或人工开挖成槽。其机械成槽的施工工艺为施工准备→测量放样→导向墙施工→设备就位、调试→槽身开挖→槽内清理→安装钢筋笼→安装接头管→水下混凝土浇筑→拔出接头管。

2）施工要点。

A. 导墙顶面应高出地面 100mm 左右，以防止地表水流入槽内。混凝土强度达到 70% 后方可拆模，拆模后应立即设置横向支撑，防止导墙变位，直至成槽时才可拆除支撑。

B. 在复杂地层中施工时，可根据相应的地质条件采用多种成槽工法的组合。

C. 成槽时将泥浆液面高度控制地下水位 0.5m 以上，且不低于导墙顶面以下 0.3m，当液面下降时应及时补浆，以防槽壁坍塌。在泥浆容易渗漏的土层施工时，应适当提高泥浆黏度并增加储备量，提前准备好锯末、稻草等堵漏材料。施工过程中应定期对泥浆的质量控制指标进行检测，并及时进行调整。遇到较厚的粉砂层、细砂层时，可适当提高黏度指标。在地下水位较高，又不宜提高导墙顶标高的情况下，可适当提高泥浆的相对密度，但不宜超过 1.25。当仅调整膨润土的用量不能满足要求时，可掺加重晶石粉等掺合物。

D. 钢筋笼的加工应根据地下连续墙墙体配筋图和单元槽段划分的长度进行，最好做成一个整体。如果地下连续墙深度很大或受起重设备能力的限制，也可先分段制作，吊放时再逐段连接起来，接头采用帮条焊为宜。钢筋笼在起吊、运输和吊放前应制定周密适宜的施工方案，避免在此过程中发生不可恢复的变形。

E. 不论采用哪种施工接头，均应满足受力和防渗要求，并应施工简便、质量可靠，且有利于下一单元槽段的成槽。

F. 用于混凝土浇筑的导管，在首次使用前应进行气密性试验。导管的数量根据槽段的长度来确定，导管间距一般为 3～4m，距槽段端部的距离不得超过 2m。浇筑过程中，导管口应始终埋入混凝土 1.5m 以上，但也不宜超过 9m，否则会使混凝土在导管内流动不畅，甚至产生钢筋笼上浮。浇筑过程中导管不能做横向运动，以防沉渣和泥浆混入混凝土内。混凝土浇筑应连续一次完成，浇筑高度超过设计标高 300～500mm。

9.3.2.7 土钉墙

（1）土钉墙特点。设备简单，施工时噪声、振动小，不影响环境。随基坑开挖逐层分段支护，不占或少占单独作业时间，对开挖的干扰小，不需单独占用场地，对现场狭小、放坡困难、有相邻建筑物时优势比较明显。成本较其他支护结构显著降低。

（2）适用范围。土钉墙适用于开挖深度为 5～10m、地下水位以上或经人工降水后的人工填土、黏性土和弱胶结砂土。不可用于含水丰富的粉细砂土、砂砾卵石层、饱和软弱土层，以及对变形要求严格的基坑支护。

（3）土钉墙施工。

1）施工流程。土钉墙由土钉、钢筋网片和喷射混凝土构成，其施工工艺流程为施工准备（包括钢筋网片、锚杆土钉的制作）→排水→开挖修坡→初喷混凝土→打孔→安装土钉→注浆→挂网→终喷混凝土→张拉→验收。

2）施工要点。

A. 为确保边坡的稳定，分段开挖修坡完成后，应及时进行后续工序的施工。

B. 地表水和地下水对土钉墙施工的影响很大，因此在一般土质中的土钉墙施工前，要根据场地周边建（构）筑物情况及水文地质条件，编制合理的降排水方案，并严格执行。分层开挖时，地下水位应至少低于本层开挖面以下 0.5m。施工期间合理控制水位下降，防止水位出现大的波动，同时保证地面沉降不超过设计允许值。

C. 开挖应按施工方案要求，分层分段进行，严禁超挖。采用机械开挖时，将距基坑设计边线 20～60cm 的土层作为预留土，采用人工开挖并修坡。

D. 喷射混凝土前，清理受喷面，埋设好控制喷射厚度的标志，并对机械设备及风、水、电管线进行全面检查和试运转。

E. 土钉成孔有干、湿两种方法，但不论采用哪种方法均要将孔内清理干净。土钉孔的平面位置、深度、孔径、孔向误差应满足要求。

F. 成孔并清孔完毕后，及时安设土钉，以防塌孔。因土钉通常向下倾斜，可采用孔底注浆法，注浆应连续进行，为保证注浆饱满，可进行二次压力注浆，如出现久注不满的情况时，在排除浆液渗入地下管道或冒出地表等原因后，可采用间歇注浆法。

G. 钢筋网按设计要求制作，安装时先用细丝绑扎，然后点焊，网片之间的搭接长度不小于 20cm，土钉头通过垫板与钢筋网牢固连接。

H. 土钉在软土中成孔困难，工程中常用具有相应强度的钢管替代钢筋，安装时可直接采用人工打（顶）入软土层中。

I. 施工过程中加强对边坡变形情况的观测，特别是水平位移和周边的沉降，及时掌握变形发展趋势并进行反馈分析，确保施工安全。

9.3.2.8 钢支撑

（1）钢支撑特点。结构简单，受力明确，安装拆除速度快，支撑材料可以循环重复使用，造价较低。当基坑内布置有支撑时，不利于大规模的机械化作业。

（2）适用范围。钢支撑适用于开挖深度一般、平面形状为狭长形且较为规则的基坑支护。

（3）钢支撑施工。

1）施工流程。钢支撑施工工艺流程为施工准备→测量定位→支撑起吊安装→施加预应力→支撑拆除。

2）施工要点。

A. 施工时严格遵循"先支撑、后开挖，限时支撑。分层开挖、严禁超挖，先换撑、后拆除"的原则。

B. 构件按设计尺寸加工，安装时所有支撑连接处均应垫紧贴密，螺栓连接紧固，确保支撑体系为轴心受力。

C. 每根钢支撑安装完成之后，立即按设计要求逐级施加预应力，支撑拆除前，应先接触预应力。

D. 土方开挖和结构施工时，做好监测工作，发现异常及时补加预应力。

E. 不允许在钢支撑上堆放荷载，挖土时不得碰撞钢支撑，防止支撑失稳。

9.3.2.9 基坑井点降水

（1）井点降水特点。井点降水能防止地下水因渗流而产生流沙、管涌等破坏作用，大大改善施工作业条件，提高工效，加快施工进度。可减少土方开挖量，但一次性投入较高，运行费用较大。

（2）适用范围。井点降水适用于地下水埋藏较浅的砂石类或粉土类地层、周围环境容许地面有一定的沉降、基坑开挖深度及抽水量不大或工期较短的情况。

（3）井点降水施工。

1）施工流程。当基坑开挖深度范围内有地下水或存在饱和软土层、坑底以下一定范围内存在承压水时，需要选择合适的方法进行降水。常用的降水技术有轻型井点降水、喷射井点降水、自流深井降水、真空管井降水、电渗井点降水。真空管井的施工方法与自流深井基本相同，电渗井点一般与轻型井点或喷射井点结合使用，其施工工艺分别如下：

A. 轻型井点降水。施工准备→排放集水总管→井点成孔施工→井点管埋设→井点管与集水总管连接。

B. 喷射井点降水。喷射井点地面管网敷设复杂，施工效率低，成本高，管理困难，施工方法与轻型井点基本相同。

C. 自流深井降水。自流深井主要由井管和水泵组成，深井之间用集水总管连接。其抽水量大，降水深度较深。深井施工的工艺流程由成孔工艺和成井工艺两部分，具体的工艺流程为施工准备→钻机就位→开孔→下护口管→钻进→终孔后冲孔换浆→下井管→泥浆稀释→填砂→止水封孔→洗井→下泵试抽→水电管线布置→试抽水→正式抽水→水位及流量记录。

2）施工要点。

A. 施工前首先编制好施工组织设计，包括井点降水方法，井点管长度、构造和数量，降水设备的型号和数量，井点系统布置图，井孔施工方法及设备，质量和安全技术措施，降水对周围环境影响的估计及预防措施等。

B. 在组装前对降水设备的管道、部件和附件等进行检查和清洗，运输、装卸和堆放时不得损坏滤网。

C. 造孔时确保井孔应垂直，孔径上下一致，埋设时井点管应居于井孔中心，滤管不得紧靠井孔壁或插入淤泥中。

D. 井孔采用湿法施工时，在填灌砂滤料前应把孔内泥浆稀释，待含泥量小于 5％时方可灌砂，砂滤料回填高度符合各类井点要求。

E. 井点管安装完毕并对管路接头全面检查后，进行试抽，一般开始出水浑浊，经一定时间后出水应逐渐变清，对长期出水混浊的井点应予关停或更换。

F. 降水施工完毕，根据结构施工情况和土方回填进度，陆续关闭和逐根拔出井点管。土中所留孔洞立即用砂土填实。

G. 如基坑坑底进行压密注浆加固时，要待浆液初凝后再进行降水施工。

9.3.2.10　逆作法

逆作法可以分为全逆作法、半逆作法、部分逆作法、分层逆作法。

（1）逆作法特点。逆作法受力结构合理，安全可靠度高，能极大降低支护费用、缩短施工总工期，施工方便快捷，环境污染小。可使建筑物上部结构的施工和地下基础结构施工平行立体作业，在建筑规模大、上下层次多时，大约可节省工时 1/3；受力良好合理，围护结构变形量小，因而对邻近建筑的影响亦小；施工可少受风雨影响，且土方开挖较少或基本不占总工期。最大限度利用地下空间，扩大地下室建筑面积；一层结构平面可作为工作平台，不必另外架设开挖工作平台与内撑，能大幅度削减支撑和工作平台等大型临时设施；开挖和施工交错进行，逆作结构自身荷载由立柱直接承担并传递至地基，减少了大开挖时卸载对持力层的影响，降低了基坑内地基回弹量。

逆作法存在一定不足，如逆作法支撑位置受地下室层高的限制，无法调整高度，如遇较大层高的地下室，有时需另设临时水平支撑或加大围护墙的断面及配筋。由于挖土是在顶部封闭状态下进行，基坑中还分布有一定数量的中间支承柱和降水用井点管，目前尚缺乏灵活、高效的小型挖土机械，使挖土的难度增大。

（2）适用范围。逆作法适用于对周围变形要求严格且深度较大的基坑。

（3）逆作法施工。先沿建筑物地下室轴线或周围进行地下连续墙或其他支护结构施工，同时在建筑物内部的有关位置浇筑或打下中间支承桩和柱，然后再施工地面一层的梁板楼面加强地下连续墙、支撑桩柱等结构的刚度，作为施工期间在底板封底之前承受上部结构自重和施工荷载的支撑，随后逐层向下开挖土方和浇筑各层地下结构，直至底板封底。同时，由于地面一层的楼面结构已完成，为上部结构施工创造了条件，所以可以同时向上逐层进行地上结构的施工。如此地面上、下同时进行施工，直至工程结束。

9.3.3　降水沉降与渗透变形控制

9.3.3.1　降水沉降控制

在降水过程中，一方面部分细微土粒被水流带出；另一方面降水后土体含水量降低，土体产生固结，进而引起周围地面的沉降。在建筑物密集的地区进行降水施工，长时间的降水会引起较大的地面沉降，产生较为严重的后果。为防止或减少降水对周围环境的影响，避免过大的地面沉降，可采取以下几种技术措施。

（1）回灌技术。降水对周围环境的影响，是由于土体内地下水流失造成的。回灌技术即在降水井点和要保护的建（构）筑物之间打设一排井点，在降水井点抽水的同时，通过回灌井点向土层内灌入一定数量的水，形成一道隔水帷幕，从而阻止或减少回灌井点外侧被保护建（构）筑物地下的地下水流失并保持基本不变，以防止因地下水位降低使地基自重应力增加而引起地面沉降。

（2）砂沟、砂井回灌。在降水井点与被保护建（构）筑物之间设置砂井作为回灌井，沿砂井布置一道砂沟，将降水井点抽出的水，适时、适量排入砂沟，再经砂井回灌到地下。

（3）减缓降水速度。砂质粉土中降水的影响范围可达 80m 以上，降水曲线也较为平缓，为此可将井点管加长，减缓降水速度，防止产生过大的沉降。亦可在井点系统降水过程中，配置小型离心泵阀，减缓抽水速度，还可在邻近被保护建（构）筑物一侧，将井点管间距加大，需要时甚至暂停抽水。

（4）为防止抽水过程中将细微土粒带出，可根据土的粒径选择滤管滤网。另外确保井点管周围砂滤层的厚度和施工质量，亦能有效防止降水引起的地面沉降。

9.3.3.2　渗透变形控制

岩土体在地下水渗透力（动水压力）的作用下，部分颗粒或整体发生移动，引起岩土体变形和破坏的作用和现象称为渗透破坏。渗透类型一般有管涌、流沙等，表现为鼓胀、浮动、断裂、泉眼、沙浮、土体翻动等。基坑有承压水存在时，基坑开挖减少了不透水覆盖厚度，容易出现突涌。渗透变形可使地基承载力降低，甚至围堰、围挡土体整体性流动破坏。防止渗透变形的技术措施有如下几种。

（1）采用降水、排水等方法降低地下水压力或采取在低水位时进行施工。尤其在粉细沙层中的基坑开挖，降水是关键。

（2）构筑恰当的挡土、阻水设施，挡土与阻水功能合一，并使阻水帷幕到达基底以下不透水层，保证基坑不出现管涌、流沙等现象。

（3）粉细砂层中的基坑开挖应选用截面抗弯好、整体性能强和具有良好抗渗性能的支护结构，防止粉细沙在动水作用下产生流沙、管涌等。

（4）规范施工、严密监测。严格按照规范要求施工，建立动态的安全监测系统，随时掌握土层、支护结构、邻近建筑物的变化情况，保证基坑与邻近建筑物的安全。

参 考 文 献

［1］ 水利电力部水利水电建设总局. 水利水电工程施工组织设计手册［M］. 北京：水利电力出版社，1990.

［2］ 全国水利水电工程施工技术信息网. 水利水电工程施工手册［M］. 北京：中国电力出版社，2002.

［3］ 《岩土工程手册》编写委员会. 岩土工程手册［M］. 北京：中国建筑工业出版社，1996.

［4］ 《水利水电施工工程师手册》编写委员会. 水利水电施工工程师手册［M］. 北京：中科多媒体电子出版社，2003.

［5］ 刘殿书. 中国爆破新技术［M］. 北京：冶金工业出版社，2008.

［6］ 杨文渊. 工程爆破常用数据手册［M］. 北京：人民交通出版社，2002.

［7］ 汪旭光. 爆破手册［M］. 北京：冶金工业出版社，2010.

［8］ 刘殿中. 工程爆破实用手册［M］. 北京：冶金工业出版社，1999.

［9］ 张正宇. 现代水利水电工程爆破［M］. 北京：中国水利水电出版社，2003.

［10］ 徐至钧，曾宪明，李宪奎. 深基坑支护新技术精选集［M］. 北京：中国建筑工业出版社，2012.